普通高等教育基础课系列教材

# 理论力学立体化教程

主　编　张建华
副主编　韩立新　董　茳
参　编　唐克东　白　冰　牛锦超
　　　　刘　云　杨开云

机 械 工 业 出 版 社

本书为普通高等教育基础课系列教材，以土木、水利、机械等工程实际为背景，应用性突出、直观性强、理论严谨、逻辑清晰，注重概念的阐述和力学模型建立的过程。本书在编写上遵循由浅入深、循序渐进的原则，通过对课程内容和体系的改革，做到理论与应用并重。本书例题、习题丰富，能满足使学生熟练掌握基本理论、基本方法和计算技能的教学要求，同时注重与相关课程的贯通和融合；数字化教学资源形式多样，读者可以通过扫描书中的二维码链接观看相关的数字化教学资源，更便于读者学习参考，实现了“互联网+教育”的有机融合。

全书共分 14 章，第 1~4 章为静力学部分，第 5~8 章为运动学部分，第 9~12 章为动力学部分，第 13 章为达朗贝尔原理（动静法），第 14 章为虚位移原理。

本书可作为高等学校工科各专业的理论力学课程教材，也可供有关工程技术人员参考。

**图书在版编目（CIP）数据**

理论力学立体化教程/张建华主编．—北京：机械工业出版社，2024.1
普通高等教育基础课系列教材
ISBN 978-7-111-74758-1

Ⅰ.①理…　Ⅱ.①张…　Ⅲ.①理论力学-高等学校-教材　Ⅳ.①O31

中国国家版本馆 CIP 数据核字（2023）第 249397 号

机械工业出版社（北京市百万庄大街 22 号　邮政编码 100037）
策划编辑：张金奎　　责任编辑：张金奎　李　乐
责任校对：张勤思　薄萌钰　韩雪清　　封面设计：王　旭
责任印制：刘　媛
唐山楠萍印务有限公司印刷
2024 年 5 月第 1 版第 1 次印刷
184mm×260mm · 20.5 印张 · 507 千字
标准书号：ISBN 978-7-111-74758-1
定价：64.90 元

电话服务　　网络服务
客服电话：010-88361066　　机　工　官　网：www.cmpbook.com
010-88379833　　机　工　官　博：weibo.com/cmp1952
010-68326294　　金　书　网：www.golden-book.com
**封底无防伪标均为盗版**　　机工教育服务网：www.cmpedu.com

# 前言

理论力学研究物体的机械运动及物体间的相互机械作用，是高等学校工科专业的一门专业基础课，也是后续力学课程和专业课程的基础。

本书的编写遵循由浅入深、循序渐进的原则，不仅继承了这门课程理论严密、逻辑性强的优点，还附有大量例题和习题供教师参考和学生学习，设置的思考题可启发思维，培养创新精神。本书通过信息技术手段，有机融合省级精品在线开放课程、省级线上一流课程和省级线上线下混合一流课程的数字资源，充分体现了“互联网+教育”的融合。本书的数字资源包括知识点和典型题目的讲解视频、工程机构三维动画、思考题动画等。

本书内容包括静力学、运动学、动力学、达朗贝尔原理（动静法）和虚位移原理。其中静力学主要研究力的基本性质、力系的简化和力的平衡条件；运动学研究物体机械运动的几何性质，而不涉及引起物体机械运动的物理原因；动力学则研究物体的机械运动与所受力之间的关系；达朗贝尔原理（动静法）是通过虚加惯性力利用静力学的方法求解动力学问题；虚位移原理是应用功的概念分析系统的平衡。本书推荐学时数为48~64。本书可与中国大学MOOC在线开放课程“理论力学”（授课老师：张建华、唐克东、韩立新等）配合使用。

本书由张建华任主编，韩立新、董莊任副主编，参编人员有唐克东、白冰、牛锦超、刘云和杨开云。

由于编者的水平有限，书中不足之处在所难免，敬请读者批评、指正，帮助本书不断提高和完善。

编 者

# 主要符号表

| | |
|---|---|
| $\boldsymbol{a}$ | 加速度 |
| $\boldsymbol{a}_{\mathrm{t}}$ | 切向加速度 |
| $\boldsymbol{a}_{\mathrm{n}}$ | 法向加速度 |
| $\boldsymbol{a}_{\mathrm{a}}$ | 绝对加速度 |
| $\boldsymbol{a}_{\mathrm{r}}$ | 相对加速度 |
| $\boldsymbol{a}_{\mathrm{e}}$ | 牵连加速度 |
| $\boldsymbol{a}_{\mathrm{C}}$ | 科氏加速度 |
| $A$ | 面积 |
| $f_{\mathrm{d}}$ | 动摩擦系数 |
| $f_{\mathrm{s}}$ | 静摩擦系数 |
| $\boldsymbol{F}$ | 力 |
| $\boldsymbol{F}'_{\mathrm{R}}$ | 主矢 |
| $\boldsymbol{F}_{\mathrm{s}}$ | 静滑动摩擦力 |
| $\boldsymbol{F}_{\mathrm{N}}$ | 法向约束力 |
| $\boldsymbol{F}_{\mathrm{I}}$ | 惯性力 |
| $\boldsymbol{g}$ | 重力加速度 |
| $h$ | 高度 |
| $\boldsymbol{i}$ | $x$ 轴的单位矢量 |
| $\boldsymbol{I}$ | 冲量 |
| $\boldsymbol{j}$ | $y$ 轴的单位矢量 |
| $J_z$ | 刚体对 $z$ 轴的转动惯量 |
| $J_C$ | 刚体对质心 $C$ 的转动惯量 |
| $k$ | 弹簧的刚度系数 |
| $\boldsymbol{v}$ | 速度 |
| $\boldsymbol{v}_{\mathrm{a}}$ | 绝对速度 |
| $\boldsymbol{v}_{\mathrm{e}}$ | 牵连速度 |
| $\boldsymbol{v}_{\mathrm{r}}$ | 相对速度 |
| $\boldsymbol{v}_C$ | 质心速度 |
| $V$ | 势能、体积 |
| $W$ | 力的功 |
| $x$、$y$、$z$ | 直角坐标 |
| $\omega$ | 角速度 |
| $\alpha$ | 角加速度 |
| $\alpha$、$\beta$、$\psi$、$\varphi$ | 角度坐标 |
| $\delta$ | 滚动摩阻系数 |
| $\boldsymbol{k}$ | $z$ 轴的单位矢量 |
| $l$ | 长度 |
| $L_C$ | 刚体对点 $C$ 的动量矩 |
| $m$ | 质量 |
| $M_z$ | 对 $z$ 轴的矩 |
| $M$ | 力偶矩 |
| $M_O$ | 对 $O$ 点的主矩 |
| $n$ | 质点数 |
| $\boldsymbol{p}$ | 动量 |
| $q$ | 载荷集度、广义坐标 |
| $R$，$r$ | 半径 |
| $\boldsymbol{r}$ | 矢径 |
| $s$ | 弧坐标 |
| $t$ | 时间 |
| $T$ | 动能、周期 |
| $\mathrm{\delta}$ | 变分符号 |
| $\mathrm{d}$ | 微分符号 |
| $\omega_{\mathrm{a}}$ | 绝对角速度 |
| $\omega_{\mathrm{r}}$ | 相对角速度 |
| $\omega_{\mathrm{e}}$ | 牵连角速度 |
| $\rho$ | 密度、曲率半径 |
| $\varphi_{\mathrm{f}}$ | 摩擦角 |

# 目录

## 动 力 学

# 静 力 学

# 引　言

知识点视频　知识点视频

静力学是研究物体在力系作用下平衡规律的科学。

静力学研究的对象不是实际物体，而是将实际物体抽象化（或理想化）的力学模型，包括质点、质点系、刚体和刚体系。当研究的问题与研究对象的尺寸和姿态等无关，仅与质量有关时，该研究对象的力学模型是质点。质点是具有质量而其尺寸可以忽略不计的点。质点系是质点的集合。刚体是特殊的质点系，当研究的问题与研究对象的质量、尺寸、姿态有关，但与其变形无关或者变形很小可以忽略不计时，该研究对象的力学模型就是刚体。所谓刚体是指在力的作用下，其内部任意两点之间的距离始终保持不变的物体，这是一个理想化的力学模型。在力的作用下，称变形不能忽略不计的物体为变形体。

力，是物体间相互的机械作用，这种作用效果使物体的机械运动状态发生变化。

力对物体的作用效果由三个要素——力的大小、方向、作用点来确定，习惯称之为力的三要素。故力应以矢量表示，本书中用黑斜体字母 $\boldsymbol{F}$ 表示力矢量，而用普通字母 $F$ 表示力的大小。在国际单位制中，力的单位是 N 或 kN。

一般情况下，作用于物体上的力不止一个，往往有多个力作用其上。把作用于物体上的一组力称为力系。

如果一个力系作用于物体的效果与另一个力系作用于该物体的效果相同，称这两个力系互为等效力系。

不受外力作用的物体可称其为受零力系作用。一个力系如果与零力系等效，则称该力系为平衡力系。

在静力学中，主要研究以下三个问题：

### 1. 物体的受力分析

分析某个物体共受几个力作用，以及每个力的作用位置和方向。

### 2. 力系的等效替换（或简化）

将作用在物体上的一个力系用与另一个与它等效的力系来替换，称为力系的等效替换。用一个简单力系等效替换一个复杂力系，称为力系的简化。某力系与一个力等效，则称此力为该力系的合力，而该力系的各力为此力的分力。将一个力系的合力代替该力系的过程称为力的合成，将合力替换为几个分力的过程称为力的分解。

研究力系等效替换并不限于分析静力学问题，也是为动力学提供基础。

### 3. 建立各种力系的平衡条件

研究作用在物体上的各种力系所需满足的平衡条件。

物体的受力分析、力系的平衡条件在解决工程实际问题中有着非常重要的意义，是设计各种结构与机构静力计算的基础，在工程中有着广泛的应用。

# 第1章 静力学公理和受力分析

静力学的基本概念、公理及物体的受力分析是研究静力学的基础。本章着重介绍刚体和力的概念以及静力学基本公理、工程中常见的约束和约束力，最后介绍物体的受力分析及受力图的画法。

## 1.1 刚体和力的概念

知识点视频

### 1.1.1 刚体的概念

实际物体受力时，其内部各点之间的相对距离都要发生改变，这种改变称为**位移**。各点位移累加的结果，使物体的形状和尺寸发生改变，这种改变称为**变形**。当物体的变形很小时，变形对物体的运动和平衡几乎没有影响，因此在研究力的作用效应时，变形可以忽略不计，此时的物体便可以抽象为刚体。

**刚体**是指在力的作用下，其内部任意两点之间的距离始终保持不变的物体。事实上，任何物体在力的作用下都会产生不同程度的变形，因此绝对的刚体并不存在，刚体只是一个理想化的力学模型。这种理想化的方法，在研究问题时是非常必要的，只有忽略一些次要的、非本质的因素，才能充分揭露事物的本质。

将物体抽象为刚体是有条件的，这与所研究的问题的性质有很大关系。如果在所研究的问题中，物体的变形是主要的因素时，就不能把物体当作刚体，而是把它看作为变形体。

静力学的研究对象只限于刚体，或由若干刚体组成的刚体系统。也就是说，静力学研究刚体或刚体系统的平衡问题，所以也称其为刚体静力学，它是研究变形体力学的基础。

### 1.1.2 力的概念

力的概念是人们在日常生活和长期的生产实践中逐步形成的。例如，抬重物的时候，物体压在肩头，人由于肌肉紧张而感受到力的作用；用手推小车，小车会由静止开始运动；从高空落下的物体，受地球引力的作用，其速度会越来越大；挑担时，扁担会发生弯曲变形等。这样，人们通过大量的实践活动，逐步由感性到理性，建立了抽象的力的概念。**力是物体间相互的机械作用**，这种作用使物体的机械运动状态发生变化。力的作用形式是多种多样的，大致可分为两类：一类是物体间直接接触作用，如弹力、摩擦力等；另一类是“场”对物体的作用，如万有引力、静电力等。尽管各种物体间相互作用力的来源和性质不同，但在力学中将撇开力的物理本质，只研究各种力的共同表现，即力对物体产生的效应。力对物体产生的效应一般可分为两个方面：使物体的运动状态发生变化和使物体变形。通常把前者称为力的运动效应（外部效应），后者称为力的变形效应（内部效应）。理论力学中，物体都被视为刚体，因而只研究力的运动效应，至于力的变形效应将在后续力学课程中介绍。

实践表明，力对物体的作用效应取决于**力的三要素**：力的大小、方向和作用点。当三要素中的任意一个改变时，力的作用效应也随之不同。

力的大小：度量力的大小通常采用国际单位制，力的单位是 N（牛、牛顿）或 kN（千牛、千牛顿）。

力的方向：就是力作用的方位和指向。例如，说一个物体垂直朝下坠落，这里的“垂直”就是方位，“朝下”就是指向。

力的作用点：就是力实际作用的部位。实际上，当两个物体直接接触而产生力的作用时，力是分布在一定的区域内的。例如，用手去搬重物，力是分布在手与重物接触的面积上的。只有当接触面积相对较小的时候，可以抽象地看作力是集中在一点，这样的力称为**集中力**，这个点称为作用点。不能看作集中力的力，称为**分布力**，它又可以分为面分布力和体分布力。面分布力分布于物体相接触的表面上，如风、雪对屋顶的作用力；而体分布力则分布于物体内部的各个点上，如地球吸引物体的重力。

由此可见：力是一个既有大小又有方向的量，可以用一个矢量来表示，如图 1-1 所示。该矢量的长度（$|\overrightarrow{AB}|$）按一定比例表示力的大小，矢量线的方位和箭头的指向表示力的方向，矢量的起点（点 $A$）或终点（点 $B$）表示力的作用点。表示力的矢量称为**力矢**，力矢线段所在的直线称为力的作用线（见图 1-1 的虚线）。常用黑体字母 $\boldsymbol{F}$ 表示力矢，而用普通字母 $F$ 表示力的大小。书写时，为简便起见，常在普通字母上方加一带箭头的横线表示力矢。

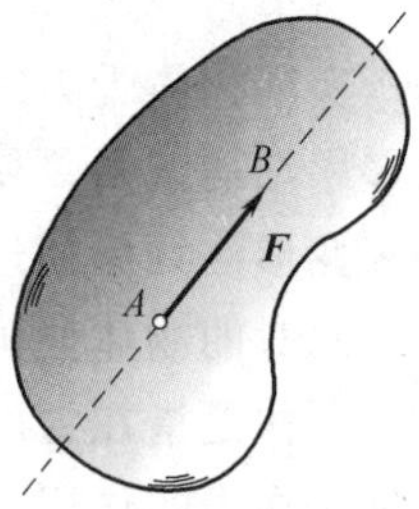

图 1-1

同时作用在刚体上若干个力所形成的集合称为**力系**。若力系由 $n$ 个力 $\boldsymbol{F}_1$，$\boldsymbol{F}_2$，…，$\boldsymbol{F}_n$、组成，则该力系表示为($\boldsymbol{F}_1$，$\boldsymbol{F}_2$，…，$\boldsymbol{F}_n$)。工程中常见的力系，按其作用线所在的位置，可以分为平面力系和空间力系；按其作用线的相互关系，分为共线力系、平行力系、汇交力系和任意力系等。

作用于同一刚体上的两组力系（$\boldsymbol{F}_{11}$，$\boldsymbol{F}_{12}$，…，$\boldsymbol{F}_{1n}$）和（$\boldsymbol{F}_{21}$，$\boldsymbol{F}_{22}$，…，$\boldsymbol{F}_{2n}$），如果它们对该刚体的作用效果完全相同，则称此两组力系互为**等效力系**，等效的两个力系可以相互代替。力系的简化就是用一个简单的力系等效替换一个复杂的力系。

如果某一力系（$\boldsymbol{F}_1$，$\boldsymbol{F}_2$，…，$\boldsymbol{F}_n$）与一个力 $\boldsymbol{F}_{\mathrm{R}}$ 等效，那么力 $\boldsymbol{F}_{\mathrm{R}}$ 称为该力系的**合力**，力 $\boldsymbol{F}_1$，$\boldsymbol{F}_2$，…，$\boldsymbol{F}_n$ 称为合力 $\boldsymbol{F}_{\mathrm{R}}$ 的**分力**。

如果某一力系（$\boldsymbol{F}_1$，$\boldsymbol{F}_2$，…，$\boldsymbol{F}_n$）作用在刚体上，并不改变该刚体原有的运动状态，那么该力系称为**平衡力系**。

### 1.1.3 平衡的概念

平衡是指物体相对于惯性参考系（如地球表面）保持静止或做匀速直线运动的状态。如静止于地面上的房屋、桥梁、水坝等建筑物，在直线轨迹上做匀速运动的列车等，都处于平衡状态。平衡是物体做机械运动的特殊情况，一切平衡都是相对的、有条件的和暂时的，而运动是绝对的。

作用于物体的力系使物体处于平衡状态所应满足的条件称为**平衡条件**。

### 1.1.4　总结

对力系进行简化有利于揭示各种力系对刚体的总效应，研究力系的简化既有利于导出力系的平衡条件，又为动力学分析奠定了必要的基础。研究物体的受力分析、力系的平衡条件，并应用这些平衡条件解决工程技术问题，是静力学的主要内容。

静力学在工程技术中有着广泛的应用，是设计结构、构件和机械零件时进行静力计算的基础，同时也是学习后续课程的基础。

知识点视频

## 1.2　静力学公理

人们通过生活和生产实践中长期积累经验的总结，对力的基本性质进行了概括和归纳，得出了一些能深刻反映力的本质的一般规律，其正确性已在长期的实践中得到了反复验证，为人们所公认，称为静力学公理。静力学的全部推论都可借助于数学论证，从这些公理推导出来，因此，它们是静力学理论体系的基础。

**公理1　二力平衡公理**

作用在刚体上的两个力，使刚体保持平衡的充分和必要条件是：这两个力的大小相等，方向相反，且在同一条直线上，如图1-2所示，即

$$\boldsymbol{F}_1=-\boldsymbol{F}_2 \tag{1-1}$$

这个公理表明了作用于刚体上的最简单的力系平衡时所必须满足的条件。对刚体而言，这个条件既必要又充分，但对变形体（或多体）来讲，这个条件并不充分。如图1-3所示，柔软的绳索受到两个等值反向的拉力时可以平衡，但是受到两个等值反向压力时，就不能平衡了。

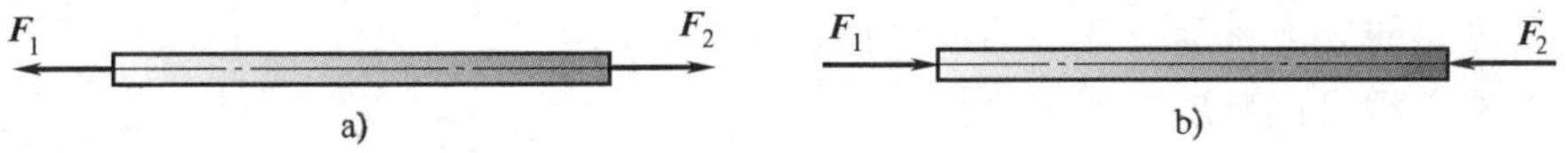


图 1-2

只在两个力作用下平衡的构件，称为**二力构件**（二力杆）。它所受的两个力必定是沿着两力作用点的连线，且等值、反向。工程实际中存在很多二力构件，如矿井巷道中起支护作用的三铰拱（见图1-4），若不计 $BC$ 杆的自重，就可以将其看作二力杆。

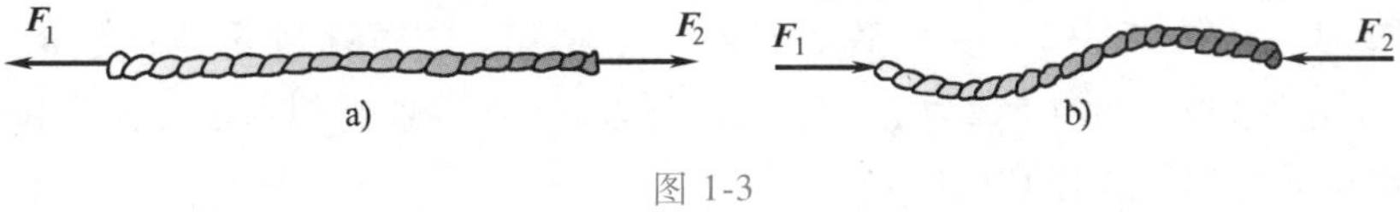


图 1-3

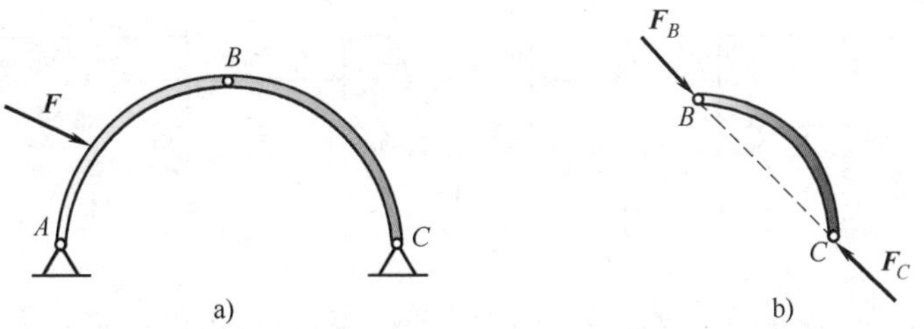


图 1-4

**公理 2　力的平行四边形法则**

作用在物体上同一点的两个力，可以合成为作用在该点的一个合力。合力的大小和方向，由这两个力为边构成的平行四边形的对角线确定，如图 1-5a 所示。或者说，合力矢等于这两个力矢的矢量和，即

$$\boldsymbol{F}_R=\boldsymbol{F}_1+\boldsymbol{F}_2 \tag{1-2}$$

注意：式（1-2）是一个矢量式，它与代数式 $F_R=F_1+F_2$ 的意义完全不同，不能混淆。

方便起见，应用此公理求两汇交力合力的大小和方向时，可由任一点 $O$ 起，作一个力三角形，如图 1-5b、c 所示。力的三角形的两个边分别为力矢 $\boldsymbol{F}_1$ 和 $\boldsymbol{F}_2$，第三边 $\boldsymbol{F}_R$ 即代表合力矢，但要注意：力的三角形只表明合力的大小和方向，合力的作用点仍在汇交点 $A$。

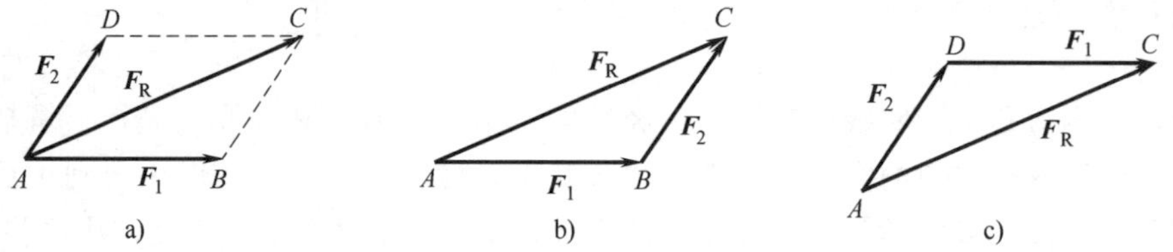


图 1-5

从图 1-5b、c 可以看出，力的三角形法则与分力的选取顺序无关，可以先作 $\boldsymbol{F}_1$，也可以先作 $\boldsymbol{F}_2$，所得的合力都是一样的。平行四边形法则既是力的合成法则，又是力的分解法则，它表明了最简单力系的简化规律，是复杂力系简化的基础。

**公理 3　加减平衡力系原理**

在作用于刚体上的任何一个力系上，加上或减去任一平衡力系，并不改变原力系对刚体的作用效应。就是说，如果两个力系只相差一个或几个平衡力系，则它们对刚体的作用是相同的，因此可以等效替换。

这个公理是研究力系等效变换的重要依据。

根据上述公理可以导出下列推论：

**推论 1　力的可传性**

作用于刚体上某点的力，可以沿其作用线移到刚体内任意一点，并不改变它对刚体的作用效应。

证明：设力 $\boldsymbol{F}_A$ 作用在刚体上的点 $A$，如图 1-6a 所示。根据加减平衡力系原理，可在力的作用线上任取一点 $B$，并加上等值、反向的两个力 $\boldsymbol{F}_B$ 和 $\boldsymbol{F}_B'$，使 $\boldsymbol{F}_A=\boldsymbol{F}_B=-\boldsymbol{F}_B'$，如图 1-6b 所示。由公理 3，力 $\boldsymbol{F}_A$ 和 $\boldsymbol{F}_B'$ 是一个平衡力系，可减去，这样只剩下一个力 $\boldsymbol{F}_B$，如图 1-6c 所示。于是，力 $\boldsymbol{F}_A$ 与力系（$\boldsymbol{F}_A$，$\boldsymbol{F}_B$，$\boldsymbol{F}_B'$）以及力 $\boldsymbol{F}_B$ 均等效，相当于把原来作用于 $A$ 点的力 $\boldsymbol{F}_A$ 沿其作用线传递到了任意的一点 $B$。

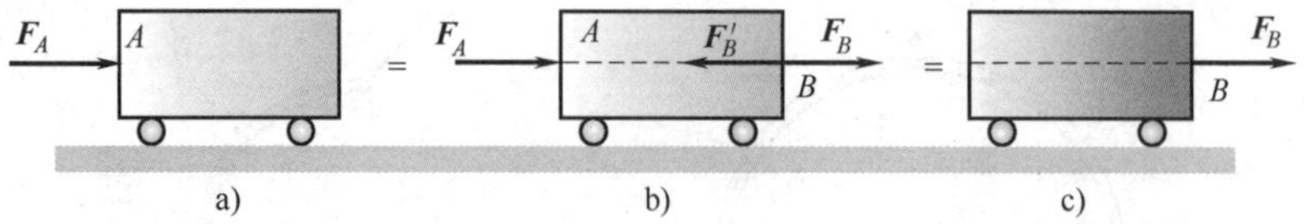


图 1-6

由此可见，对于刚体来说，力的作用点已不是决定力的作用效应的要素，它已被作用线

所代替。此时力矢可以沿着作用线移动，这种矢量称为**滑移矢量**。

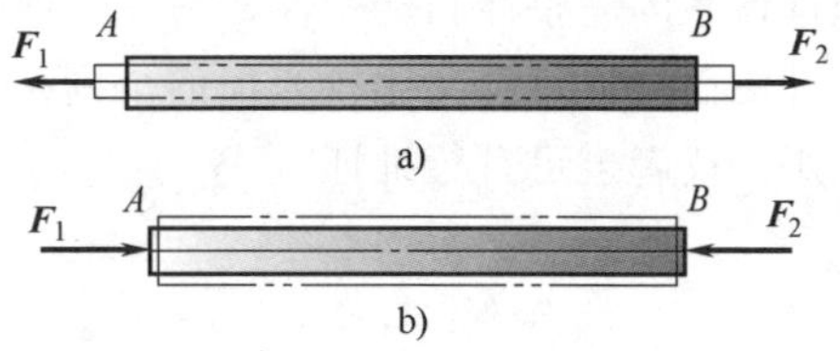

图 1-7

但要特别注意：力的可传性原理，只适用于刚体。如果要考虑力对物体的内效应，即考虑力对物体的变形效应时，力将不能随便移动，力的可传性原理将不再适用。如图 1-7a 所示的变形杆 $AB$，受到等值共线反向的拉力作用，杆被拉长。如果把这两个力沿作用线分别移动到杆的另一端，如图 1-7b 所示，杆将被压短。

**推论 2　三力平衡汇交定理**

刚体受同一平面内不相互平行的三力作用而平衡，则此三力的作用线必汇交于一点。

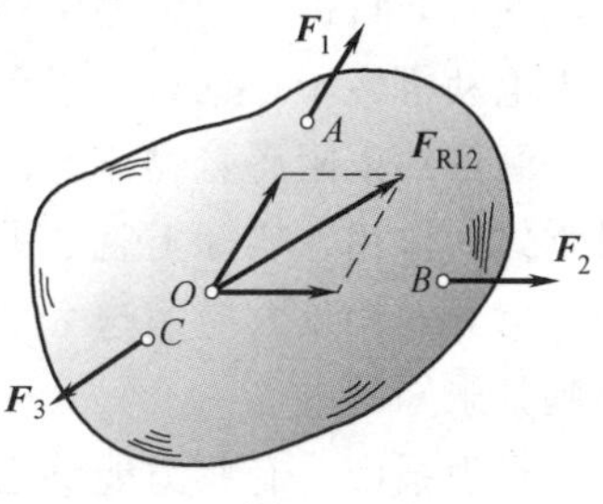

图 1-8

证明：如图 1-8 所示，在刚体的 $A$、$B$、$C$ 三点上，分别作用三个相互平衡的力 $\boldsymbol{F}_1$、$\boldsymbol{F}_2$、$\boldsymbol{F}_3$。其中力 $\boldsymbol{F}_1$ 和 $\boldsymbol{F}_2$ 的作用线根据力的可传性汇交于点 $O$，然后根据力的平行四边形法则，得合力 $\boldsymbol{F}_{R12}$，且通过汇交点 $O$。则力 $\boldsymbol{F}_3$ 应与 $\boldsymbol{F}_{R12}$ 平衡，由于两个力平衡必须共线，所以力 $\boldsymbol{F}_3$ 必定与力 $\boldsymbol{F}_1$ 和 $\boldsymbol{F}_2$ 共面，且通过力 $\boldsymbol{F}_1$ 与 $\boldsymbol{F}_2$ 的交点 $O$。于是定理得证。

注意：此定理的逆定理并不成立。通常可以利用该定理来确定某些未知力的作用线。

**公理 4　作用和反作用定律**

作用力和反作用力总是同时存在、同时消失。两力的大小相等、方向相反，沿着同一直线，分别作用在两个相互作用的物体上。

这个公理概括了物体间相互作用的关系，表明作用力和反作用力总是成对出现的，这也是牛顿第三定律。必须强调指出：作用力和反作用力虽然成对出现，且等值、反向、共线，但是它们分别作用于两个不同的物体，所以它们不是一对平衡力。今后，作用力和反作用力用同一字母表示，但要在其中之一的字母右上方加“′”。

**公理 5　刚化原理**

变形体在某一力系作用下处于平衡，若将此变形体刚化为刚体，其平衡状态保持不变。

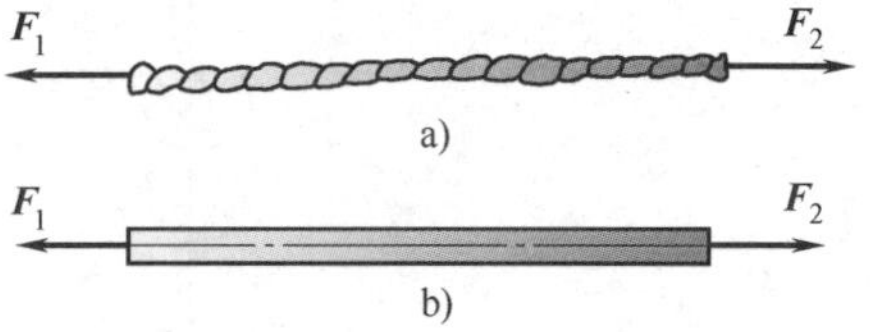

图 1-9

这个公理提供了把变形体看作为刚体模型的条件。如图 1-9 所示，绳索在等值、反向、共线的两个拉力作用下处于平衡，如将绳索刚化成刚体，其平衡状态保持不变。然而绳索在两个等值、反向、共线的压力作用下并不能平衡，这时绳索就不能刚化为刚体。但刚体在上述两种力系的作用下都是平衡的。

由此可见，当变形体平衡时，刚化为刚体仍然平衡，从而可以在刚体静力学的基础上，考虑变形体的特性，可进一步研究变形体的平衡问题。

静力学全部理论都可以由上述五个公理推证而得到，如前述的推论 1 和推论 2。本篇（静力学部分）基本上采用这种逻辑推演的方法，建立静力学的理论体系。这一方面能保证理论体系的完整性和严密性，另一方面也可以培养读者的逻辑思维能力。然而，对于某些易于理解而推证过程又比较烦琐的个别结论，本书将省略其证明过程，直接给出结论，以便于应用。读者也可自行推证。

知识点视频

## 1.3 约束和约束力

如果物体的运动没有受到其他物体的直接制约（例如：飞行中的飞机、炮弹和小鸟等），则把该物体称为**自由体**。反之，如果物体的运动要受到其他物体的直接制约，使其沿某一方向的运动是不能实现的（如机车受铁轨的限制，只能沿轨道运动；电动机转子受轴承的限制，只能绕轴线转动；重物由钢索吊住，不能下落等），此类物体称为**非自由体**。那些能够对非自由体的某些位移起限制作用的周围物体称为**约束**。例如：铁轨对于机车，轴承对于电动机转子，钢索对于重物等都是约束。

既然约束阻碍着物体的位移，也就是约束能够起到改变物体运动状态的作用，所以约束对物体的作用，实际上就是力，这种力称为**约束力**。约束力的方向总是与该约束所能够阻碍的位移方向相反。应用这个准则，可以确定约束力的方向或作用线的位置，至于约束力的大小则是未知的。

在力系中，有些力能够主动地使物体产生运动（或运动趋势），这种力称为**主动力**。例如：物体的重力、流体压力、电磁力等均为主动力。而一般情况下，约束力是由主动力的作用而引起的，所以约束力也称为被动力，它随主动力的变化而变化。在静力学问题中，主动力通常是已知的，而约束力是未知的，因此对约束力的分析，就是受力分析的重点内容。

下面介绍几种在工程中常见的约束类型和确定约束力方向的方法。

### 1.3.1 柔性体约束

绳索、链条和胶带等均属于柔性体约束，只能阻止物体上与绳索连接的那一点沿绳索的中心线离开绳索方向的运动。所以其约束力一定作用在物体与绳索的接触点上，方向沿绳索的中心线，背离物体，是理想化的单侧约束。该约束力只能是拉力，不能是压力（见图 1-10）。通常用 $\boldsymbol{F}_{\mathrm{T}}$ 表示此类约束力。

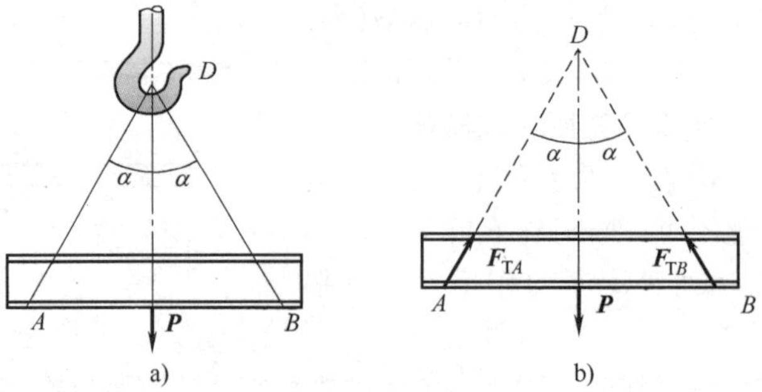


图 1-10

当它们绕在轮子上，对轮子的约束力沿轮缘的切线方向（见图 1-11）。

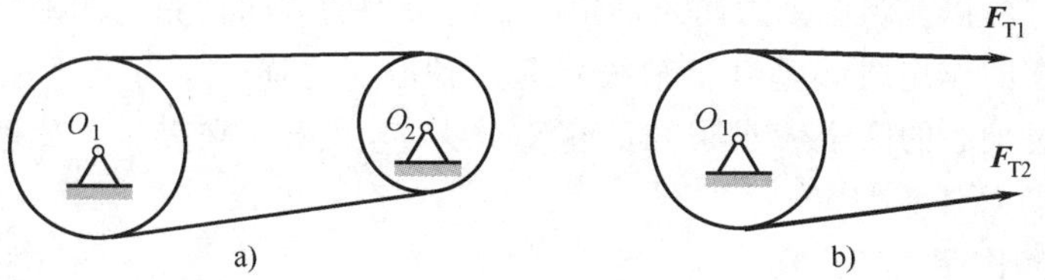


图 1-11

### 1.3.2　具有光滑接触表面的约束

两个相互接触的物体，如果接触面光滑无摩擦，约束只能限制被约束物体沿二者接触面公法线方向的运动，而不能限制其沿着接触面切线方向的运动，则此类约束称为**光滑接触面约束**。例如，支持物体的固定面（见图 1-12、图 1-13）、啮合齿轮的齿面（见图 1-14）、机床中的导轨等，当摩擦忽略不计时，都属于这类约束。

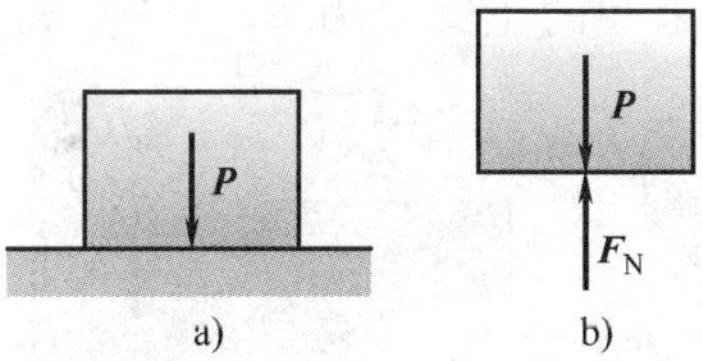


图 1-12

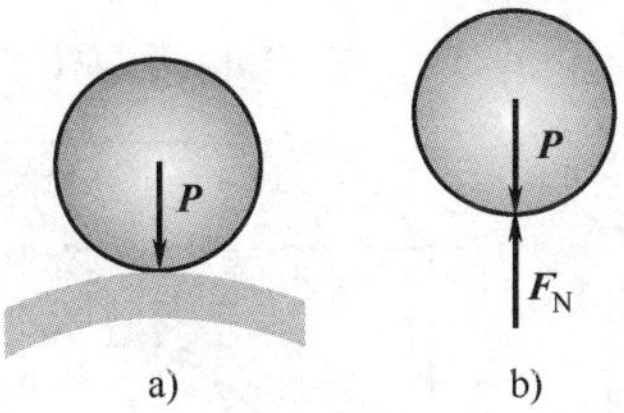


图 1-13

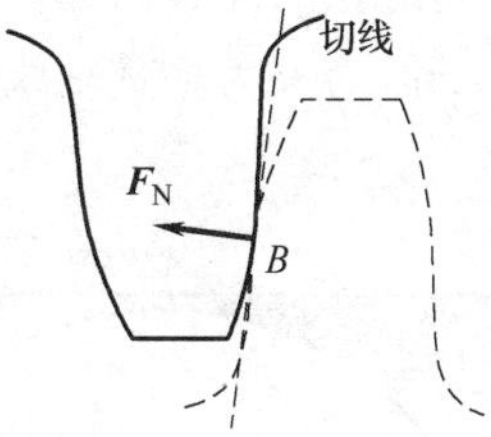


图 1-14

光滑支撑面对物体的约束力，作用在接触点处，方向沿接触表面的公法线，指向被约束物体（单侧约束），这种约束力称为法向约束力，通常用 $\boldsymbol{F}_N$ 表示。

### 1.3.3　光滑铰链约束

这类约束有向心轴承、圆柱铰链和固定铰链支座等。

知识点视频　机构动画

**1. 向心轴承**（径向轴承）

图 1-15a、b 所示为轴承装置，可画成图 1-15c 所示的简图。轴可在孔内任意转动，也可沿孔的中心线移动；但是，轴承阻碍着轴沿径向向外的位移。当轴和轴承在某点 $A$ 光滑接触时，轴承对轴的约束力 $\boldsymbol{F}_A$ 作用在接触点 $A$，且沿公法线指向轴心（图 1-15b），但是，随着轴所受的主动力不同，轴和孔的接触点的

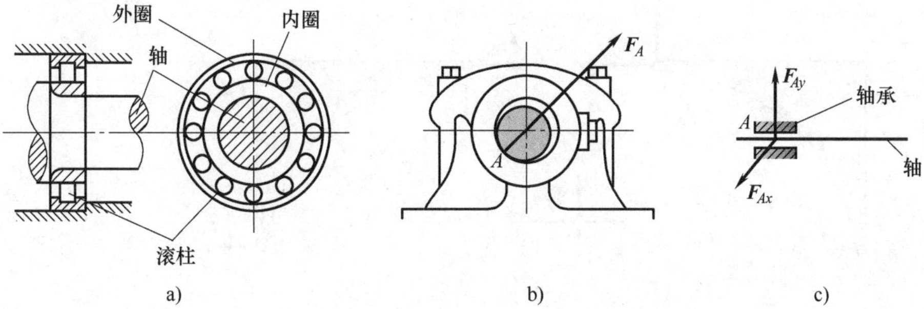


图 1-15

位置也随之不同。所以，当主动力尚未确定时，约束力的方向预先不能确定。然而，无论约束力朝向何方，它的作用线必垂直于轴线并通过轴心。这样一个方向不能预先确定的约束力，通常可用通过轴心的两个大小未知的正交分力 $\boldsymbol{F}_{Ax}$、$\boldsymbol{F}_{Ay}$ 来表示，如图 1-15b、c 所示，$\boldsymbol{F}_{Ax}$、$\boldsymbol{F}_{Ay}$ 的指向暂可任意假定。

机构动画　机构动画

2. 圆柱铰链和固定铰链支座

图 1-16a 所示的拱形桥，它是由两个拱形构件通过圆柱铰链 $C$ 以及固定铰链支座 $A$ 和 $B$ 连接而成的。圆柱铰链简称**铰链**，它是由销钉 $C$ 将两个钻有同样大小孔的构件连接在一起而成的（见图 1-16b），其简图如图 1-16a 所示的铰链 $C$。如果铰链连接中有一个构件固定在地面或机架上作为支座，则这种约束称为固定铰链支座，简称固定铰支，如图 1-16b 所示的支座 $B$。其简图如图 1-16a 所示的固定铰链支座 $A$ 和 $B$。

在分析铰链 $C$ 处的约束力时，通常把销钉 $C$ 固连在其中任意一个构件上，如构件Ⅱ上，则构件Ⅰ、Ⅱ互为约束。显然，当忽略摩擦时，构件Ⅱ上的销钉与构件Ⅰ的结合，实际上是轴与光滑孔的配合问题。因此，它与轴承具有同样的约束性质，即约束力的作用线不能预先定出，但约束力垂直轴线并通过铰链中心，故也可用两个大小未知的正交分力 $\boldsymbol{F}_{Cx}$、$\boldsymbol{F}_{Cy}$ 和

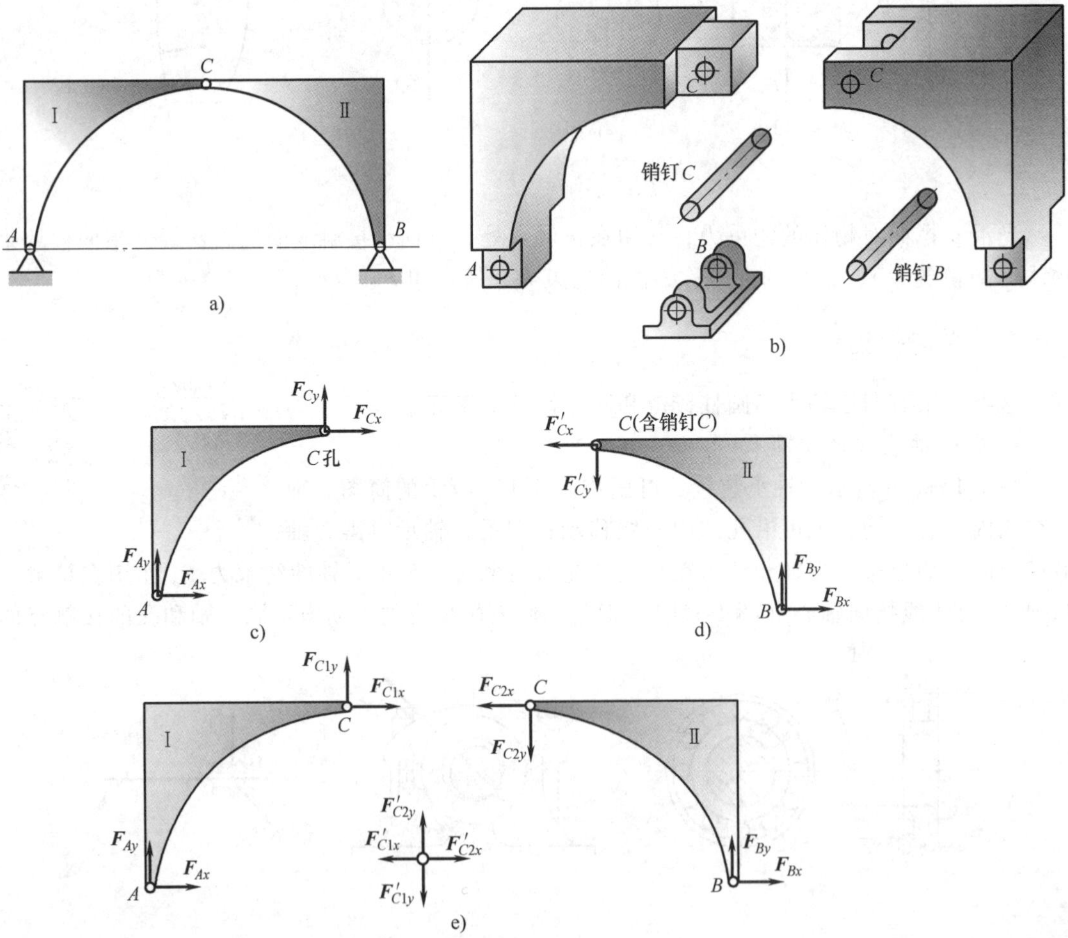


图 1-16

$\boldsymbol{F}'_{Cx}$、$\boldsymbol{F}'_{Cy}$来表示，如图 1-16c、d 所示。其中 $\boldsymbol{F}_{Cx}=-\boldsymbol{F}'_{Cx}$、$\boldsymbol{F}_{Cy}=-\boldsymbol{F}'_{Cy}$，表明它们互为作用与反作用关系。

同理，把销钉固连在 $A$、$B$ 支座上，则固定铰支 $A$、$B$ 对构件 Ⅰ、Ⅱ 的约束力分别为 $\boldsymbol{F}_{Ax}$、$\boldsymbol{F}_{Ay}$ 与 $\boldsymbol{F}_{Bx}$、$\boldsymbol{F}_{By}$，如图 1-16c、d 所示。

当需要分析销钉 $C$ 的受力时，才把销钉分离出来单独研究。这时，销钉 $C$ 将同时受到构件 Ⅰ、Ⅱ 上的孔对它的反作用力。其中 $\boldsymbol{F}_{C1x}=-\boldsymbol{F}'_{C1x}$，$\boldsymbol{F}_{C1y}=-\boldsymbol{F}'_{C1y}$，为构件 Ⅰ 与销钉 $C$ 的作用力与反作用力；又 $\boldsymbol{F}_{C2x}=-\boldsymbol{F}'_{C2x}$，$\boldsymbol{F}_{C2y}=-\boldsymbol{F}'_{C2y}$，则为构件 Ⅱ 与销钉 $C$ 的作用力与反作用力。销钉 $C$ 所受到的约束力如图 1-16e 所示。

当将销钉 $C$ 与构件 Ⅱ 固连为一体时，$\boldsymbol{F}_{C2x}$ 与 $\boldsymbol{F}'_{C2x}$，$\boldsymbol{F}_{C2y}$ 与 $\boldsymbol{F}'_{C2y}$为作用在同一刚体上的成对的平衡力，可以消去不画。此时，力的下标不必再区分为 $C1$ 和 $C2$，铰链 $C$ 处的约束力仍如图 1-16c、d 所示。

上述三种约束（向心轴承、圆柱铰链和固定铰链支座），它们的结构虽然不同，但构成约束的性质是相同的，都可表示为光滑铰链。此类约束的特点是只限制两物体径向的相对移动，而不限制两物体绕铰链中心的相对转动及沿轴向的位移。

### 1.3.4　滚动支座

机构动画

为了保证构件由于热胀冷缩和受力变形时既能发生微小的转动，又能发生微小的移动，在桥梁、屋架等结构中经常采用滚动支座约束。这种支座是在铰链支座与光滑支承面之间，装有几个滚轴而构成的，又称滚轴支座，如图 1-17a 所示，其简图如图 1-17b 所示。它可以沿支承面移动，允许由于温度变化而引起结构跨度的自由伸长或缩短。显然，滚动支座的约束性质与光滑面约束相同，其约束力必垂直于支承面，且通过铰链中心，但指向可以先假定，其正确性可以根据以后的计算结果来判定，如图 1-17c 所示。

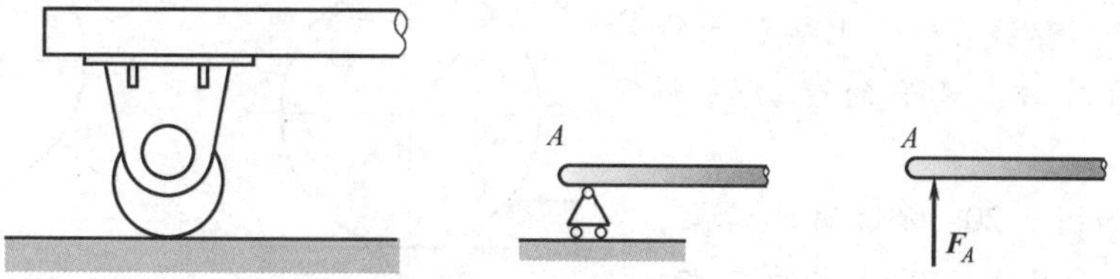


a)　　b)　　c)

图 1-17

机构动画

### 1.3.5　球铰支座

如图 1-18a 所示，把物体一端制造为球形，并置于与基础固结的球形凹窝的支座中，在球心部位加一块封板而构成球铰支座，简称球铰。球铰使构件的球心不能有任何位移，但可绕球心任意转动。若忽略摩擦，其约束力应是通过球心但方向不能预先确定的一个空间力，可用三个正交分力 $\boldsymbol{F}_x$、$\boldsymbol{F}_y$、$\boldsymbol{F}_z$ 表示，其简图及约束力如图 1-18b 所示。

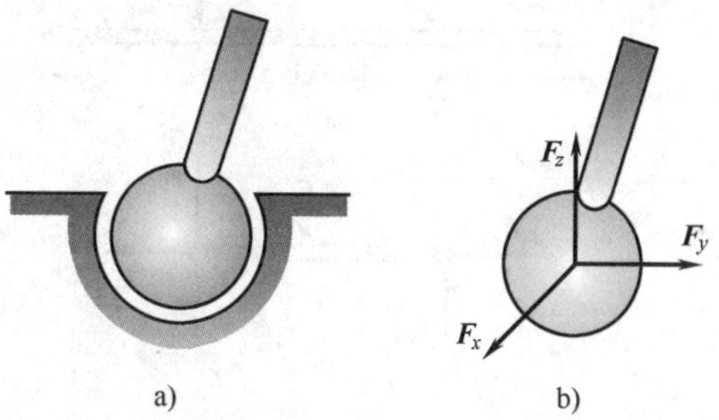


a)　　b)

图 1-18

除了以上介绍的几种常见约束之外，工程中有的约束比较复杂，分析时需要加以简化或抽象化，在以后的某些章节中，我们将再做介绍。事实上，在工程问题中需要将实际约束的构造及其性质进行分析，分清主次，略去一些次要因素，就可能把实际约束简化为上述约束的形式之一。

## 1.4 物体的受力分析和受力图

知识点视频

在研究静力学问题时，一般需要根据已知的条件和待求的未知量，从与问题有关的许多物体中，选取某一物体（某几个物体组合）作为研究对象，分析物体受哪些力的作用，以及每个力的作用位置和作用方向，这种分析过程称为物体的**受力分析**。

为了清晰地表示物体的受力情况，我们把所研究的物体（称为受力体）从周围物体（称为施力体）中分离出来，单独画出它的简图，这个步骤叫作取研究对象或取分离体。然后在所研究的对象上画上已知的主动力，并根据约束的类型，正确画出约束力。这种表示物体受力的简明图形，称为**受力图**。画物体受力图是解决静力学问题的一个重要步骤。下面举例说明。

**例 1-1** 用力 $\boldsymbol{F}$ 拉动碾子以压平路面，重为 $\boldsymbol{P}$ 的碾子受到一石块的阻碍，如图 1-19a 所示。试画出碾子的受力图。

**解：**（1）取碾子为研究对象（即取分离体），并单独画出其简图。

（2）画主动力。有碾子的重力 $\boldsymbol{P}$ 和杆对碾子中心的拉力 $\boldsymbol{F}$。

（3）画约束力。因碾子在 $A$ 和 $B$ 两处受到石块和地面的约束，如不计摩擦，均为光滑接触面，故在 $A$ 处受石块的法向约束力 $\boldsymbol{F}_A$ 的作用，在 $B$ 处受地面的法向约束力 $\boldsymbol{F}_B$ 的作用，它们都沿着碾子上接触点的公法线而指向圆心。碾子的受力图如图 1-19b 所示。

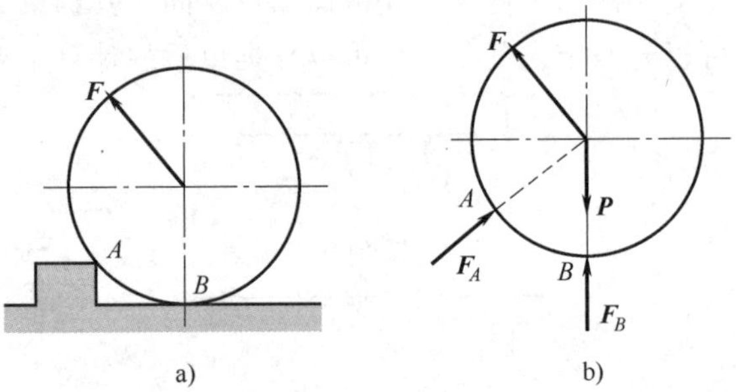

图 1-19

**例 1-2** 如图 1-20a 所示的连续梁，载荷 $\boldsymbol{F}_1$ 和 $\boldsymbol{F}_2$ 为已知，不计梁的自重，$A$、$C$、$B$ 处均为铰链约束。分别画出梁 $ACB$、$AC$ 和 $CB$ 的受力图。

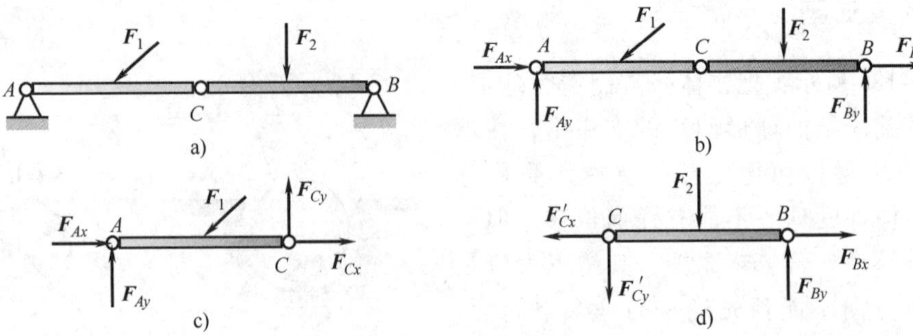

图 1-20

解：(1) 先取梁 $ACB$ 整体为研究对象，画受力图如图 1-20b 所示。它受到主动力 $\boldsymbol{F}_1$ 和 $\boldsymbol{F}_2$，以及固定铰链 $A$、$B$ 的约束力，可用两对大小未定的正交分力 $\boldsymbol{F}_{Ax}$、$\boldsymbol{F}_{Ay}$ 和 $\boldsymbol{F}_{Bx}$、$\boldsymbol{F}_{By}$ 表示，对于中间的铰链 $C$，它相对于梁 $ACB$ 整体而言，属于内部，铰链 $C$ 的约束力是成对出现并且相互抵消的。

(2) 再选择梁 $AC$ 为研究对象，画受力图如图 1-20c 所示。它受到主动力 $\boldsymbol{F}_1$、铰链 $A$ 的约束力 $\boldsymbol{F}_{Ax}$ 和 $\boldsymbol{F}_{Ay}$，以及销钉 $C$ 对其的约束力 $\boldsymbol{F}_{Cx}$ 和 $\boldsymbol{F}_{Cy}$。

(3) 最后选择梁 $CB$ 及销钉 $C$ 为研究对象，画受力图如图 1-20d 所示。它受到主动力 $\boldsymbol{F}_2$、铰链 $B$ 的约束力 $\boldsymbol{F}_{Bx}$ 和 $\boldsymbol{F}_{By}$，以及梁 $AC$ 对销钉 $C$ 的作用力 $\boldsymbol{F}'_{Cx}$和 $\boldsymbol{F}'_{Cy}$。

注：由本例可以看出，把销钉附在一个物体上进行受力分析比较简便。

另外，虽然梁 $AC$ 和梁 $CB$ 均受到三个力的作用，但仅仅知道主动力 $\boldsymbol{F}_1$ 或 $\boldsymbol{F}_2$ 的方向，并不符合三力汇交定理的条件，无法由此来确定铰链 $A$、$B$ 处的约束力方向。除了二力构件之外，一般情况下，都用两个正交的力来表示固定铰链的约束力。

**例 1-3**　如图 1-21a 所示，重为 $\boldsymbol{P}$ 的电动机由水平梁 $AB$、斜杆 $CB$ 和墙壁支撑，$A$、$C$、$B$ 三处均为光滑铰链连接。如不计梁 $AB$ 和杆 $CB$ 的自重，试分别画出杆 $CB$ 和梁 $AB$（包括电动机）的受力图。

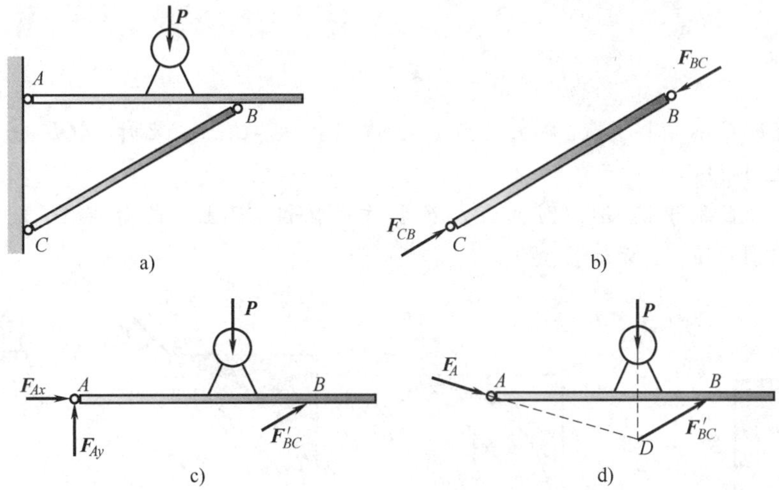


图 1-21

解：(1) 首先分析二力杆 $CB$，其受力图如图 1-21b 所示。一般情况下，$\boldsymbol{F}_{CB}$ 与 $\boldsymbol{F}_{BC}$ 的指向不能预先判定，可先任意假设杆受拉力或压力。以后根据平衡方程求得的力为正值，说明原假设力的指向正确；若为负值，则说明实际杆受力与原假设指向相反。

(2) 取梁 $AB$（包括电动机）为研究对象。它受有主动力 $\boldsymbol{P}$ 的作用。梁在铰链 $B$ 处受有二力杆 $CB$ 给它的约束力 $\boldsymbol{F}'_{BC}$的作用。根据作用和反作用定律，$\boldsymbol{F}'_{BC}=-\boldsymbol{F}_{BC}$。梁在 $A$ 处受固定铰链给它的约束力，可用两个大小未定的正交分力 $\boldsymbol{F}_{Ax}$、$\boldsymbol{F}_{Ay}$ 表示。梁 $AB$ 的受力图如图 1-21c 所示。

进一步分析，梁 $AB$ 在 $\boldsymbol{P}$、$\boldsymbol{F}'_{BC}$和 $\boldsymbol{F}_A$ 三个力作用下平衡，故可根据三力平衡汇交定理，确定铰链 $A$ 处约束力 $\boldsymbol{F}_A$ 的方向，$D$ 即为汇交点，也可以画图如图 1-21d 所示。

**例 1-4**　如图 1-22 所示的三铰拱桥，设各拱自重不计，在铰链 $C$ 处的销钉上作用有载荷

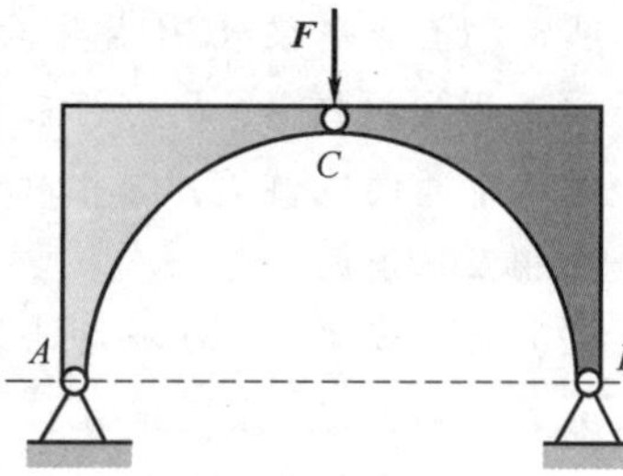

图 1-22

$F$。（1）分别画出拱 $AC$ 和 $CB$ 以及销钉 $C$ 的受力图。（2）若销钉 $C$ 属于拱 $AC$，分别再画出拱 $AC$ 和 $CB$ 的受力图。（3）若销钉 $C$ 属于拱 $CB$，分别再画出拱 $AC$ 和 $CB$ 的受力图。

解：(1) 当左右两拱均不包含销钉 $C$ 时，拱 $AC$ 和 $CB$ 均为二力杆，其受力如图 1-23a、b 所示。其中 $F_A$ 和 $F_B$ 分别为 $A$、$B$ 的约束力，$F_{CA}$ 和 $F_{CB}$ 分别为销钉 $C$ 对拱 $AC$ 和 $CB$ 的作用力。同样，销钉 $C$ 将受到主动力 $F$、拱 $AC$ 和 $CB$ 对销钉 $C$ 的作用力 $F'_{CA}$ 和 $F'_{CB}$，其受力图如图 1-23c 所示。

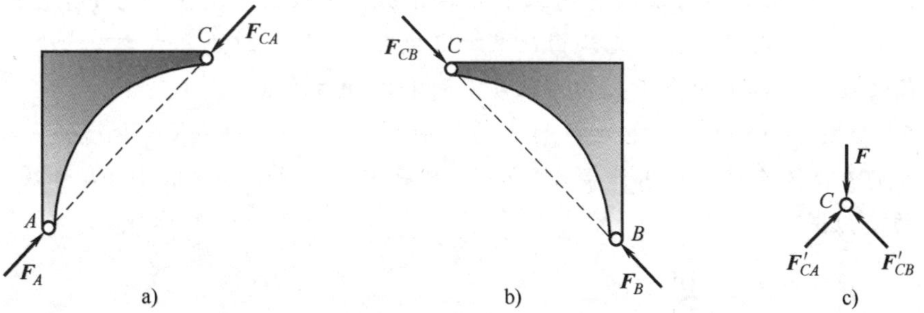

图 1-23

(2) 若销钉 $C$ 属于拱 $AC$，则主动力 $F$ 也作用在拱 $AC$ 上，此时拱 $CB$ 为二力杆，$CB$、$AC$ 受力图如图 1-24a、b 所示。

(3) 若销钉 $C$ 属于拱 $CB$，则主动力 $F$ 也作用在拱 $CB$ 上，此时拱 $AC$ 为二力杆，$AC$、$CB$ 受力图如图 1-25a、b 所示。

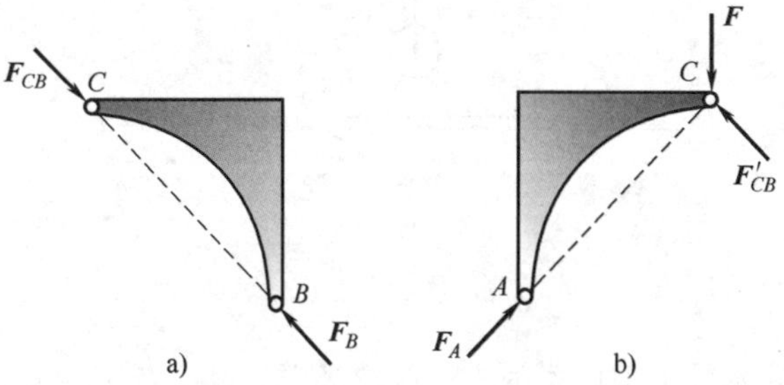

图 1-24

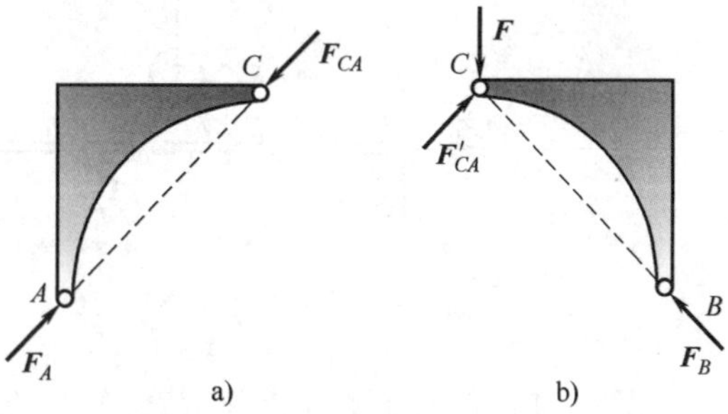

图 1-25

例 1-5　如图 1-26a 所示，梯子的两部分 $AB$ 和 $AC$ 在 $A$ 点铰接，又在 $D$、$E$ 两点用水平绳连接。梯子放在光滑水平面上，不计其自重，但在 $AB$ 的中点 $H$ 处作用一铅直载荷 $F$。试分别画出绳子 $DE$ 和梯子的 $AB$、$AC$ 部分以及整个系统的受力图。

解：(1) 绳子 $DE$ 的受力分析。绳子两端 $D$、$E$ 分别受到梯子对它的拉力 $F_D$、$F_E$ 的作用。

(2) 梯子 $AB$ 部分的受力分析。如图 1-26b 所示，它在 $H$ 处受载荷 $F$ 作用，在铰链 $A$ 处受 $AC$ 部分给它的约束力 $F_{Ax}$、$F_{Ay}$ 的作用。在点 $D$ 受绳子对它的拉力 $F'_D$，在点 $B$ 受光滑地

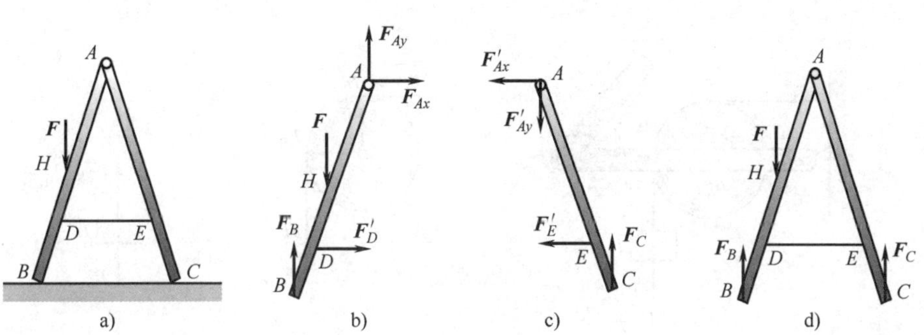


图 1-26

面对它的法向约束力 $F_B$ 的作用。

(3) 梯子 AC 部分的受力分析。如图 1-26c 所示，在铰链 A 处受 AB 部分对它的作用力 $F'_{Ax}$ 和 $F'_{Ay}$，在点 E 受绳子对它的拉力 $F'_E$，在 C 处受光滑地面对它的法向约束力 $F_C$。

(4) 整个系统的受力分析。如图 1-26d 所示，由于铰链 A 处以及绳子与梯子连接点 D、E 所受的力，都成对地作用在整个系统内，称为内力。内力对系统的作用效应相互抵消，因此可以除去，并不影响整个系统的平衡。故在整体的受力图上不必画出内力，只需画出系统以外的物体给系统的作用力，这种力称为外力。这里的载荷 $F$ 和约束力 $F_B$、$F_C$ 都是作用于整个系统的外力。

应该指出，内力与外力的区分不是绝对的。例如，当我们把梯子的 AC 部分作为研究对象时，$F_{Ax}$、$F_{Ay}$ 和 $F'_D$ 均属外力，但取整体为研究对象时，$F_{Ax}$、$F_{Ay}$ 和 $F'_D$ 又成为内力。可见，内力与外力的区分，只有相对于某一确定的研究对象才有意义。

**例 1-6**　如图 1-27a 所示的支撑托架由杆 AC、CD 和滑轮 B 铰接而成。物重为 $P$，各杆、滑轮及绳子的自重不计，忽略摩擦。试分别画出滑轮 B、重物、杆 AC、杆 CD 以及整个系统的受力图。

**解：**(1) 以滑轮 B 和绳索为研究对象，受力图如图 1-27b 所示。B 处为光滑铰链约束，铰链销钉对轮孔的约束力 $F_{Bx}$ 和 $F_{By}$；在 E、H 处绳索的拉力分别为 $F_{TE}$ 和 $F_{TH}$。

(2) 以重物 H 为研究对象，画受力图如图 1-27c 所示。其受到重力 $P$ 及绳索的拉力 $F'_{TH}$。

(3) 以二力杆 CD 为研究对象，画受力图如图 1-27d 所示，假设其受拉。

(4) 以杆 AC（包括销钉）为研究对象，画受力图如图 1-27e 所示。A 为固定铰支座，有约束力 $F_{Ax}$、$F_{Ay}$，B 处有 $F'_{Bx}$ 和 $F'_{By}$，C 处有 $F'_{CD}$。

(5) 以整体为研究对象，画受力图如图 1-27f 所示。系统所受的外力为：主动力 $P$、A 支座的约束力 $F_{Ax}$ 和 $F_{Ay}$、D 支座的约束力 $F_{DC}$ 以及绳子的拉力 $F_{TE}$。

正确地画出物体的受力图，是分析和解决力学问题的基础。画受力图时应该注意以下几点：

1）必须明确研究对象。根据求解需要，可以取单个物体为研究对象，也可以取由几个物体组成的系统为研究对象。要把研究对象从周围物体的联系中分离出来，单独画出它的简图。不同的研究对象，其受力图是不同的。

2）正确确定研究对象受力的数目。由于力是物体之间相互的机械作用，因此，对每一个力都应明确它是哪一个施力物体施加给研究对象的，力决不是凭空产生的。同时，也不可漏掉任何一个力。一般可先画已知的主动力，再画约束力；凡是研究对象与外界接触的地

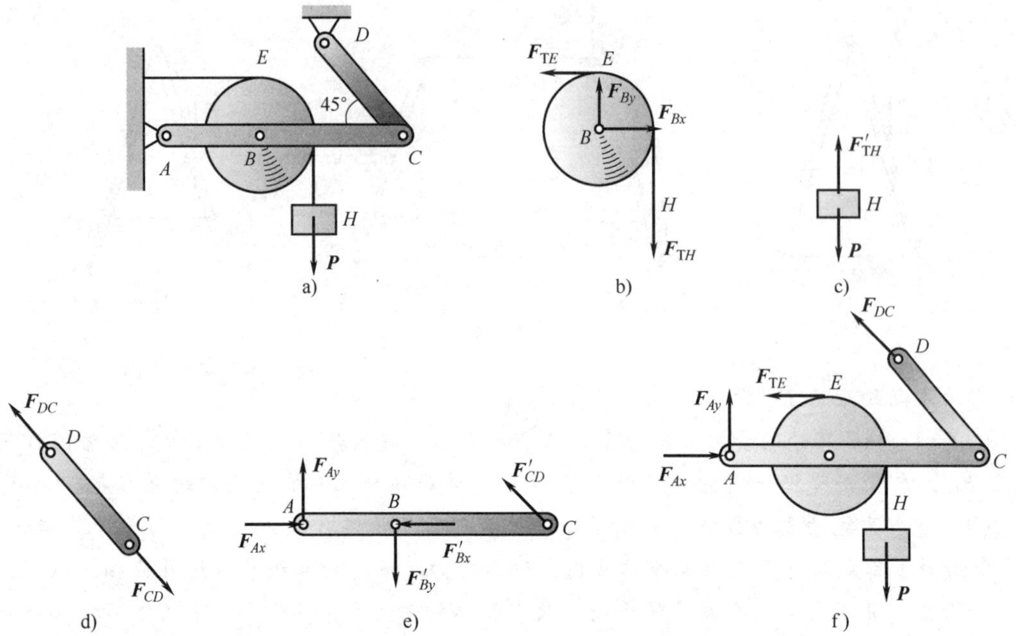


图 1-27

方，都一定存在约束力。

3）正确画出约束力。一个物体往往受到几个约束的同时作用，此时应分别根据每个约束本身的特性来确定其约束力的方向，而不能凭主观臆测。

4）当分析两物体间的相互作用力时，应遵循作用力和反作用力关系：二者等值、反向、共线，分别作用在两个不同的物体上。当画整个系统的受力图时，由于内力成对出现，组成平衡力系，因此不必画出内力，只需画出全部外力。

## 小　　结

1. 静力学主要研究刚体在力的作用下平衡的规律。具体研究以下三个问题：

（1）物体的受力分析；

（2）力系的等效替换；

（3）力系的平衡条件。

2. 力是物体间相互的机械作用，这种作用使物体的机械运动状态发生变化（包括变形）。

力的作用效应由力的大小、方向和作用点决定，它们被称为力的三要素。作用在刚体上的力可以沿着作用线移动，这种力矢是滑动矢量。

3. 静力学公理是力学的最基本、最普遍的客观规律。

公理 1　二力平衡公理。

公理 2　力的平行四边形法则。

以上两个公理，阐明了作用在一个物体上最简单的力系的合成规则及其平衡条件。

公理 3　加减平衡力系原理。

这个公理是研究力系等效变换的依据。

公理 4 作用和反作用定律。

这个公理阐明了两个物体之间相互作用的关系。

公理 5 刚化原理。

这个公理阐明了变形体抽象成刚体模型的条件，扩大了刚体静力学的应用范围。

4. 约束和约束力

限制非自由体某些位移的周围物体，称为约束，例如：绳索、光滑铰链、滚动支座、二力构件、球形铰链及轴承等。约束对非自由体施加的力称为约束力，约束力的方向与该约束所能阻碍的位移方向相反。画约束力时，应分别根据每个约束本身的特性确定其约束力的方向，切忌主观臆测。

5. 物体的受力分析和受力图是研究物体平衡和运动的前提。画物体受力图时，首先要明确研究对象（即取分离体）。物体受的力分为主动力和约束力。当分析多个物体组成的系统受力时，要注意分清内力与外力，还要注意作用力与反作用力之间的相互关系。

## 思 考 题

思考题 1-1

1-1 下列说法是否正确？为什么？

（1）若作用在刚体同一平面内的三个力汇交于一点，则刚体一定平衡。

（2）从大小上说，合力一定比分力大。

1-2 若已知合力 $\boldsymbol{F}_R$ 的大小和方向，能否确定其分力的大小和方向？

1-3 如思考题 1-3 图所示，在求铰链 $B$ 的约束力时，能否将作用在 $AB$ 杆上的力 $\boldsymbol{F}$ 沿其作用线移动至 $BC$ 杆上？

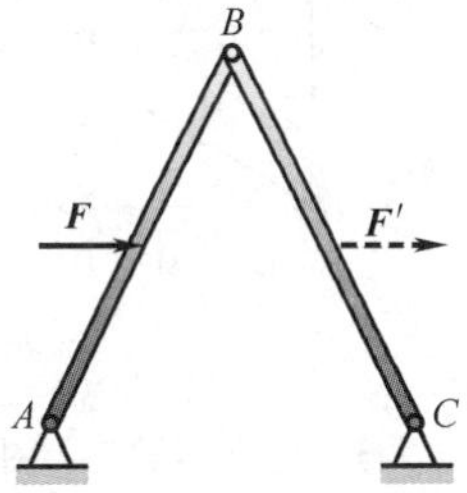

思考题 1-3 图

1-4 如思考题 1-4 图所示，各物体均处于平衡中，凡未标记出者，均不计自重和摩擦，请判断各个受力图是否正确？并讲明原因。

1-5 说明下列式子的意义和区别：

（1）$\overline{F}_1=\overline{F}_2$；（2）$\boldsymbol{F}_1=\boldsymbol{F}_2$；（3）力 $\overline{F}_1$ 等效于力 $\overline{F}_2$。

思考题 1-5

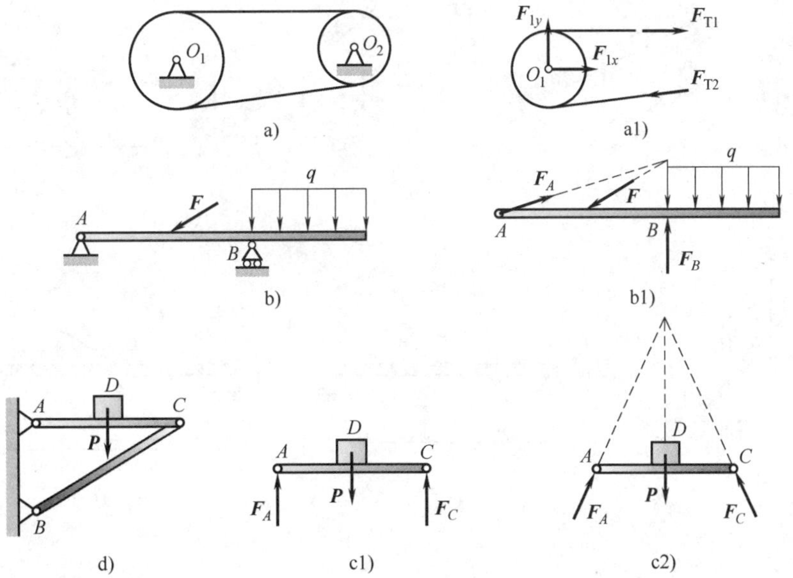

思考题 1-4 图

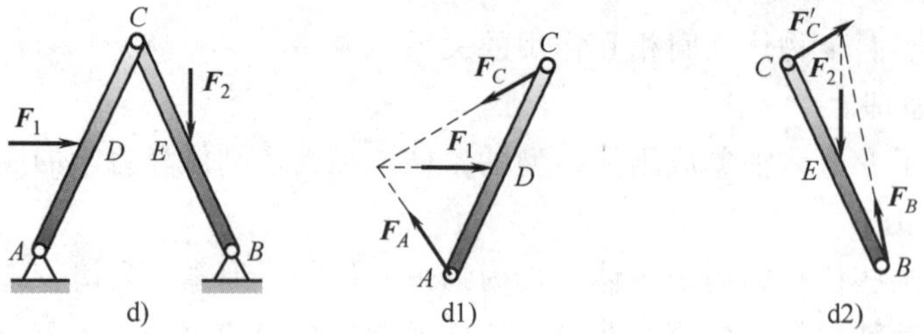


思考题 1-4 图（续）

## 习　题

下列习题中，凡是未标出自重的物体，自重不计。接触面均为光滑面。

1-1　如习题 1-1 图所示，$Oxy$ 与 $Ox_1y_1$ 分别为正交与斜交坐标系。试将同一个力 $\boldsymbol{F}$ 分别对两坐标系进行分解和投影，并比较分力与力的投影之间的区别和联系。

1-2　如习题 1-2 图所示，画出下面两种情况下，各构件的受力图，并加以比较。

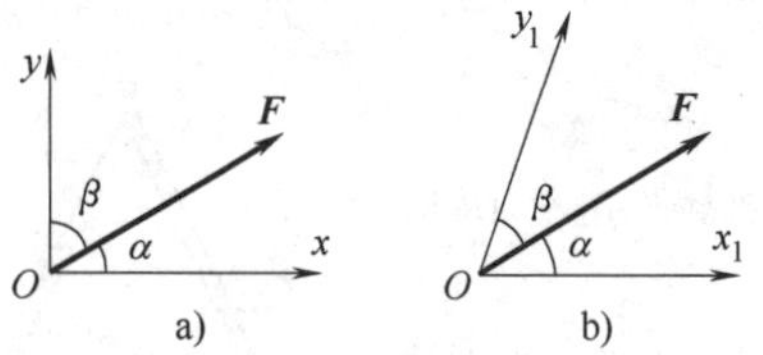


习题 1-1 图

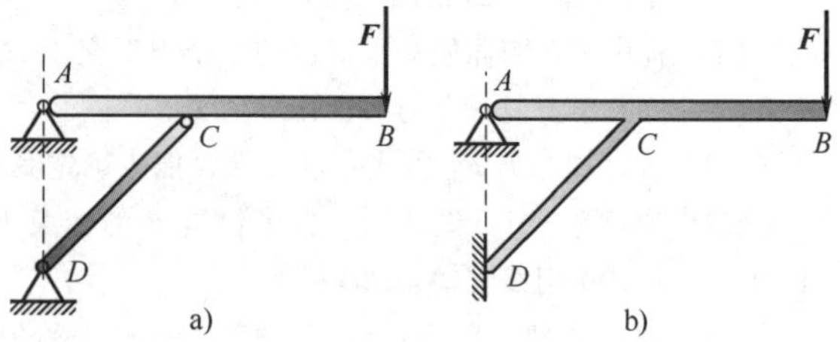


习题 1-2 图

1-3　画出习题 1-3 图中各物体的受力图。

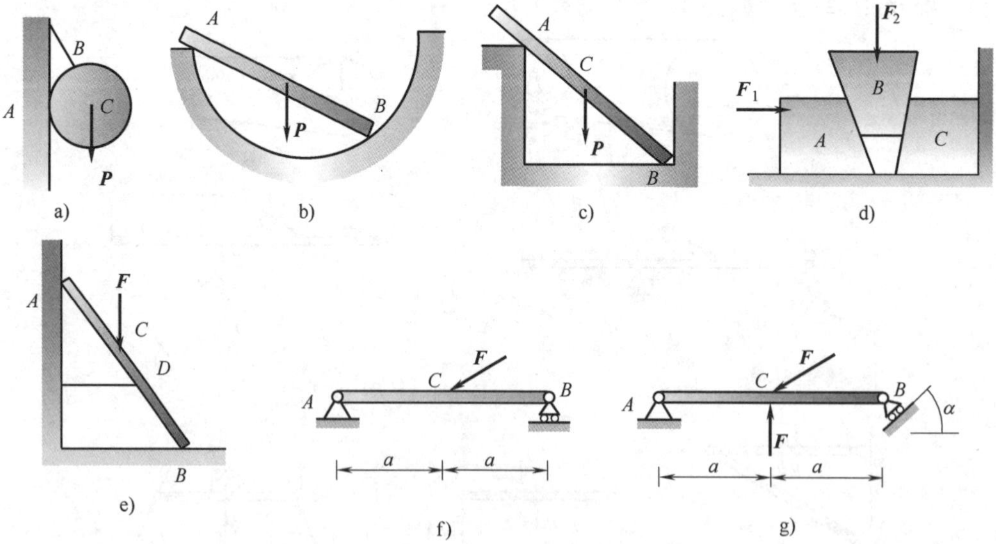


习题 1-3 图

1-4　画出习题 1-4 图所示物体系统中各物体及系统整体的受力图。

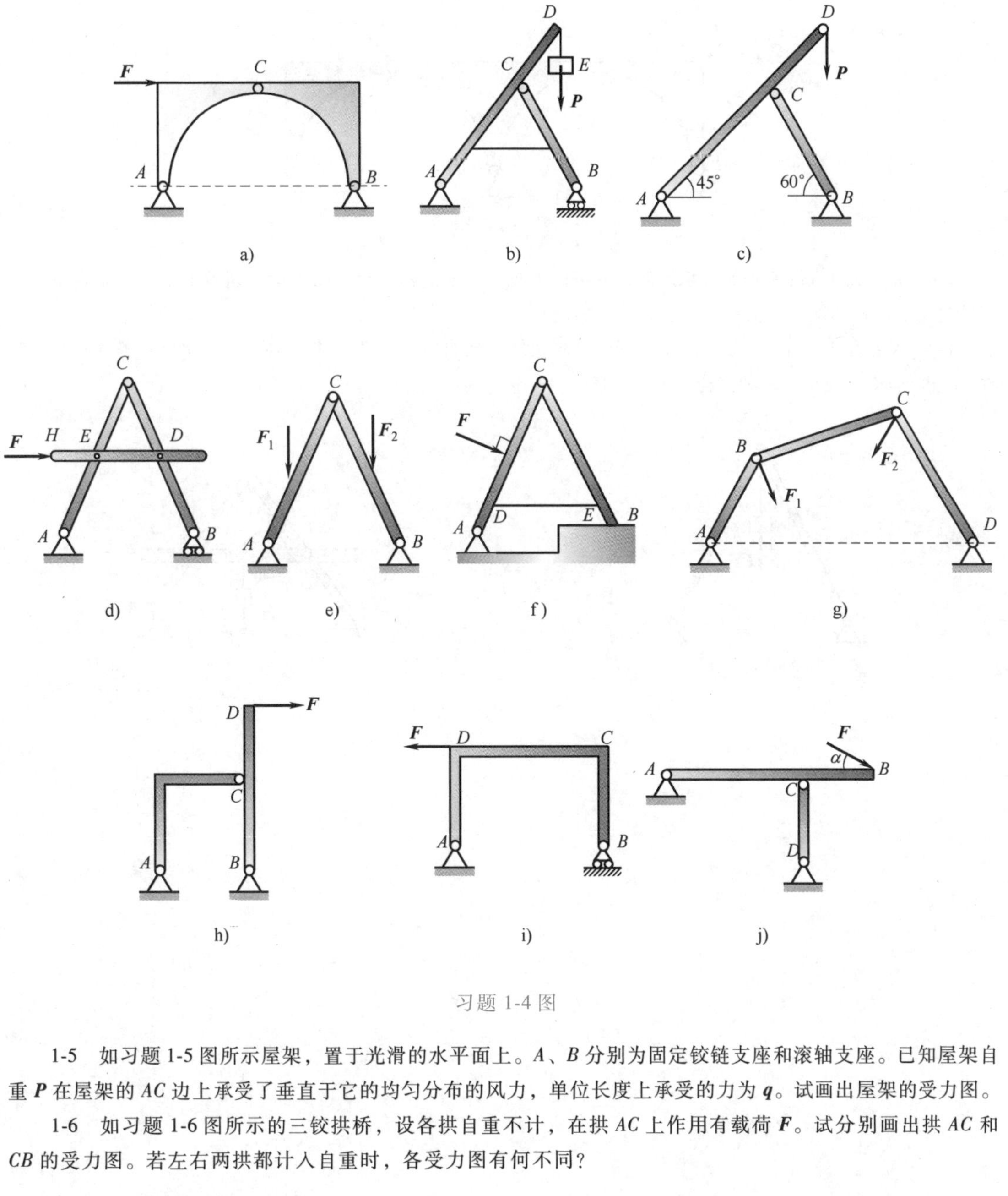


习题 1-4 图

1-5　如习题 1-5 图所示屋架，置于光滑的水平面上。$A$、$B$ 分别为固定铰链支座和滚轴支座。已知屋架自重 $\boldsymbol{P}$ 在屋架的 $AC$ 边上承受了垂直于它的均匀分布的风力，单位长度上承受的力为 $\boldsymbol{q}$。试画出屋架的受力图。

1-6　如习题 1-6 图所示的三铰拱桥，设各拱自重不计，在拱 $AC$ 上作用有载荷 $\boldsymbol{F}$。试分别画出拱 $AC$ 和 $CB$ 的受力图。若左右两拱都计入自重时，各受力图有何不同？

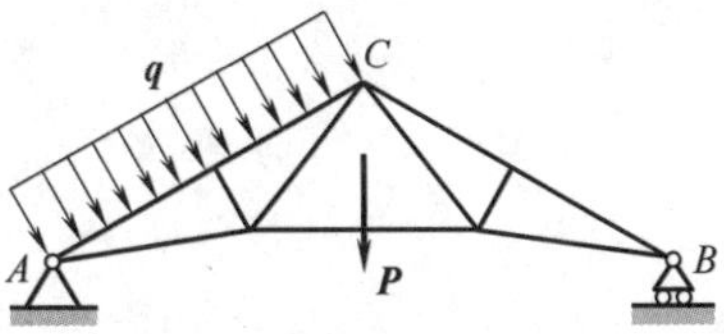


习题 1-5 图

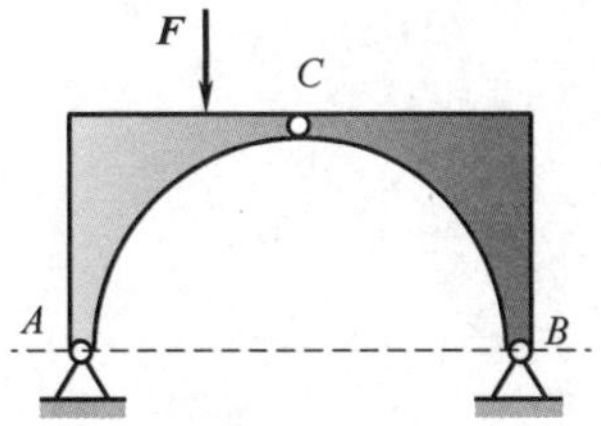


习题 1-6 图

1-7　画出习题 1-7 图所示双跨三铰拱各构件和整体的受力图。

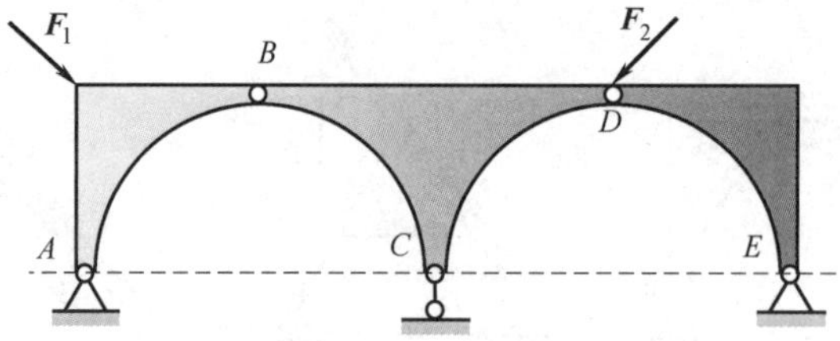


习题 1-7 图

1-8　如习题 1-8 图所示的支承吊架，在销钉 *B* 处用绳子起吊一个重物，请分别画出不计杆件自重和计杆件自重的两种情况下，销钉 *B* 和各杆的受力图。

1-9　如习题 1-9 图所示结构，不计杆、滑轮及绳子的自重，忽略摩擦，请分别画出结构整体、杆 *AC*、杆 *CB* 和杆 *DE*（包括滑轮和重物）的受力图。

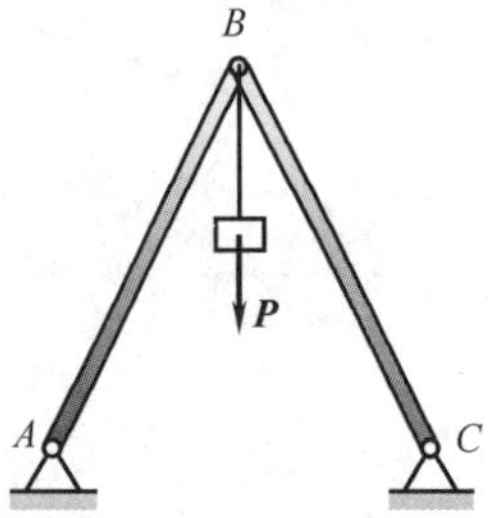


习题 1-8 图

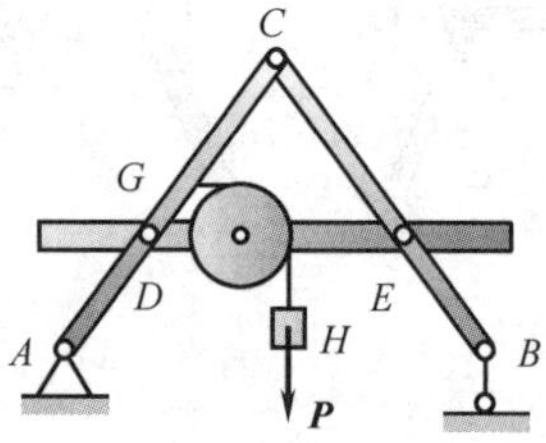


习题 1-9 图

# 第2章

# 平 面 力 系

作用在物体上的力系是多种多样的，为了更好地研究这些复杂力系，应将力系进行分类。按作用线是否位于同一平面内将力系分为平面力系和空间力系；按作用线的相互关系将力系分为汇交力系、力偶系、平行力系和任意力系。因此力系有图2-1所示的形式。

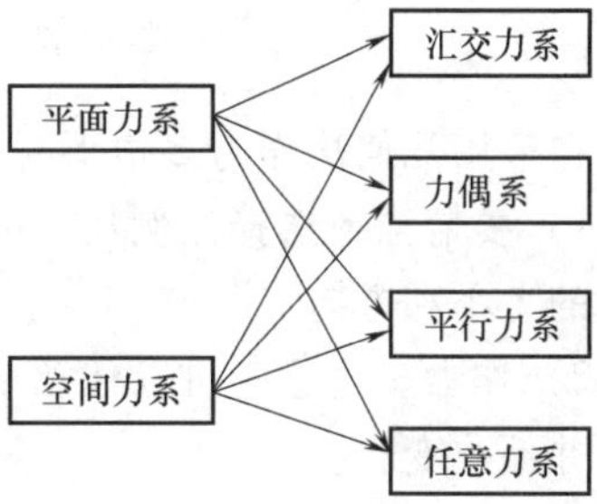


图2-1

平面力系的研究不但在实际工程中有广泛的应用，而且也为空间力系的研究奠定了基础。本章研究平面汇交力系、平面力偶系、平面平行力系、平面任意力系的简化、合成与平衡以及物体系的平衡问题。

知识点视频

## 2.1　平面汇交力系的合成与平衡的几何法

平面汇交力系是指其作用线都在同一平面内且汇交于一点的力系。平面汇交力系的研究，一方面可以解决工程中关于这类静力学的问题，另一方面也为研究复杂的平面力系打下基础。

下面将采用几何法和解析法来研究平面汇交力系的合成和平衡问题。

### 2.1.1　平面汇交力系的合成的几何法

平面汇交力系合成的理论依据是力的平行四边形法则或三角形法则。

设在刚体上作用有平面汇交力系 $\boldsymbol{F}_1$、$\boldsymbol{F}_2$、$\boldsymbol{F}_3$，各力的作用线汇交于点 $A$，根据力的可传性，可将各力沿其作用线移至汇交点 $A$，如图2-2a所示。

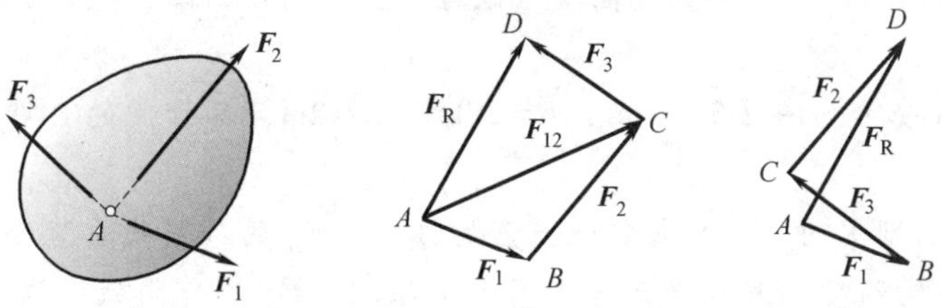


图2-2

根据力的三角形法则，将 $\boldsymbol{F}_1$、$\boldsymbol{F}_2$ 合成得到 $\boldsymbol{F}_{12}$，再与 $\boldsymbol{F}_3$ 合成得到一个通过汇交点 $A$ 的合力 $\boldsymbol{F}_R$，其对刚体的作用与原力系对该刚体的作用等效，如图2-2b所示。其实在作图时，

中间矢量 $\boldsymbol{F}_{12}$ 不必画出，只要把各力矢量首尾相接，画出一个多边形 $ABCD$，即为该平面汇交力系的力多边形，最终的矢量 $\overrightarrow{AD}$ 为此力多边形的封闭边，它代表此平面汇交力系合力 $\boldsymbol{F}_{\mathrm{R}}$ 的大小与方向，也称为合力矢，它的作用线仍应通过原汇交点 $A$。由于矢量的加法满足交换律，任意变换各分力矢的作图顺序，可得不同形状的力多边形，但其合力矢仍然保持不变，如图 2-2c 所示。这种求合力矢的几何作图法，称为**力多边形法则**。显然，不论汇交力的数目有多少，都可以用这种方法求其合力。

综上所述，平面汇交力系的合成结果为一个合力，其大小与方向由力多边形的封闭边来表示，且作用线通过汇交点，合力等于各分力的矢量和（几何和）设平面汇交力系包含 $n$ 个力，则

$$\boldsymbol{F}_{\mathrm{R}} = \boldsymbol{F}_1 + \boldsymbol{F}_2 + \cdots + \boldsymbol{F}_n = \sum_{i=1}^{n} \boldsymbol{F}_i \tag{2-1}$$

在采用几何法作力多边形时，应当注意以下几点：

1）要恰当地选择比例尺，并正确地画出各力的方向，只有这样才能在图上准确地表示合力的大小和方向。

2）作力多边形时可以任意变换力的顺序，虽然得到的力多边形的形状不同，但其合成结果并不改变。

3）在力多边形中，各力首尾相连。合力的方向由第一个力的起点指向最后一个力的终点。

### 2.1.2 平面汇交力系平衡的几何条件

由于平面汇交力系可用其合力来代替，显然，平面汇交力系平衡的充分和必要条件是：该力系的合力等于零。用矢量等式表示为

$$\boldsymbol{F}_{\mathrm{R}} = \sum_{i=1}^{n} \boldsymbol{F}_i = 0 \tag{2-2}$$

此时，力多边形中最后一个力的终点与第一个力的起点相重合，构成了一个封闭的力多边形。所以，平面汇交力系平衡的必要和充分条件是：该力系的力多边形能够自行封闭，这就是平面汇交力系平衡的几何条件。

求解平面汇交力系的平衡问题时可用图解法，即按比例先画出封闭的力多边形，然后用直尺和量角器在图上量得所要求的未知量；也可根据图形的几何关系，用三角公式计算出所要求的未知量，这种解题方法称为几何法。该方法虽然比较简单，但要求作图精确，否则会出现较大的误差。

**例 2-1** 梁 $AB$ 受力如图 2-3a 所示，$F=20\mathrm{kN}$，$a=2\mathrm{m}$，不计梁的自重，求支座 $A$、$B$ 的约束力。

**解**：以梁 $AB$ 为研究对象，根据铰链支座的性质，$\boldsymbol{F}_B$ 的作用线垂直于支承面，而 $\boldsymbol{F}_A$ 的作用线方向本来不能确定，但根据三力平衡汇交原理，$\boldsymbol{F}_A$ 的作用线必通过 $\boldsymbol{F}$ 与 $\boldsymbol{F}_B$ 的交点 $D$（见图 2-3b）。采用 $1\mathrm{cm}=5\mathrm{kN}$ 的比例尺作出力的三角形如图 2-3c 所示，并根据平衡条件：力三角形自行封闭，可以确定 $\boldsymbol{F}_A$ 和 $\boldsymbol{F}_B$ 的指向。从图上量得

$$F_A = 19.5\mathrm{kN},\ F_B = 9.3\mathrm{kN},\ \alpha = 20°30'$$

通过以上例题，可总结几何法解题的主要步骤如下：

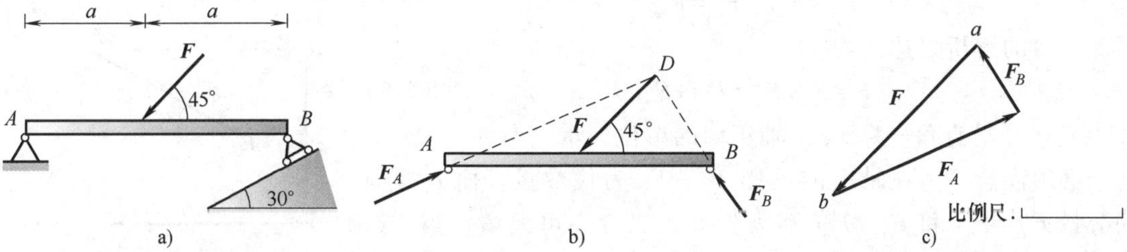


图 2-3

1）选取研究对象。根据题意，选取适当的平衡物体作为研究对象，并画出简图。

2）分析受力，画受力图。在研究对象上，画出它所受的全部已知力和未知力。若某个约束力的作用线不能根据约束特性直接确定（如铰链），而物体又只受三个力作用，则可根据三力平衡汇交原理确定该力的作用线。

3）作力多边形或力三角形。选择适当的比例尺，作出该力系的封闭力多边形或封闭力三角形。必须注意：作图时一般从已知力开始，根据矢序规则和封闭特点，就可以确定未知力的指向。

4）求出未知量。用比例尺和量角器在图上量出未知量，或者用三角公式计算出来。

## 2.2　平面汇交力系合成与平衡的解析法

解析法是通过力矢在坐标轴上的投影来分析力系的合成及其平衡条件的。为此，先介绍力在坐标轴上投影的概念。

### 2.2.1　力在坐标轴上的投影

知识点视频

如图 2-4 所示，力 $\boldsymbol{F}$ 在 $xOy$ 平面内，从它的起点 $A$ 和终点 $B$ 作 $Ox$ 轴的垂线 $Aa$ 和 $Bb$，则线段 $ab$ 称为力 $\boldsymbol{F}$ 在 $x$ 轴上的投影，通常用 $F_x$ 表示。同理，从点 $A$ 和 $B$ 作 $Oy$ 轴的垂线 $Aa'$和 $Bb'$，则线段 $a'b'$称为力 $\boldsymbol{F}$ 在 $y$ 轴上的投影，通常用 $F_y$ 表示。若已知力 $\boldsymbol{F}$ 与坐标轴 $Ox$、$Oy$ 间的夹角为 $\alpha$、$\beta$，则

$$\begin{cases} F_x = F\cos\alpha \\ F_y = F\cos\beta = F\sin\alpha \end{cases} \tag{2-3}$$

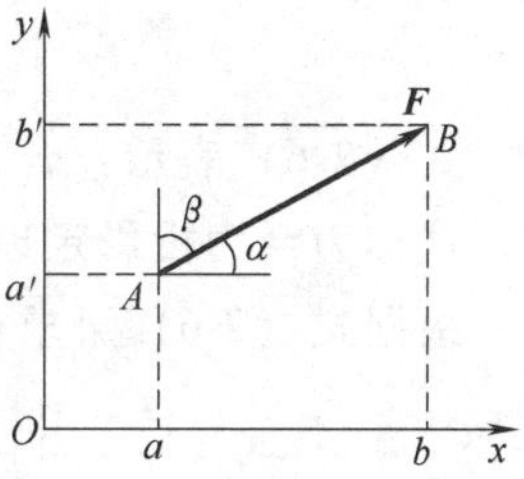


图 2-4

即力在某轴上的投影，等于力的大小乘以力与投影轴正向之间夹角的余弦。力在轴上的投影为代数量，当投影指向与坐标轴正方向一致（力与轴正向之间的夹角为锐角）时，其值为正；当投影指向与坐标轴负方向一致（力与轴正向之间的夹角为钝角）时，其值为负。由几何关系可以求出力 $\boldsymbol{F}$ 的大小和方向

$$F = \sqrt{F_x^2 + F_y^2}\text{；}\cos\alpha = \frac{F_x}{F}\text{，}\cos\beta = \frac{F_y}{F} \tag{2-4}$$

由图 2-5 可知，力 $\boldsymbol{F}$ 沿正交轴 $Ox$、$Oy$ 可分解为两个分力 $\boldsymbol{F}_x$ 和 $\boldsymbol{F}_y$ 时，其分力与力的投影之间有下列关系：

$$\boldsymbol{F}_x=F_x\boldsymbol{i},\ \boldsymbol{F}_y=F_y\boldsymbol{j}$$

因此，力的解析表达式为

$$\boldsymbol{F}=\boldsymbol{F}_x+\boldsymbol{F}_y=F_x\boldsymbol{i}+F_y\boldsymbol{j} \tag{2-5}$$

其中 $\boldsymbol{i}$、$\boldsymbol{j}$ 是沿直角坐标 $x$、$y$ 轴正向的单位矢量。

必须注意：力在轴上的投影 $F_x$、$F_y$ 为代数量，而力沿轴的分量 $\boldsymbol{F}_x=F_x\boldsymbol{i}$ 和 $\boldsymbol{F}_y=F_y\boldsymbol{j}$ 则为矢量，二者不可混淆。当 $Ox$、$Oy$ 两轴不正交时，力沿两轴的分力 $\boldsymbol{F}_x$ 和 $\boldsymbol{F}_y$ 在数值上也不等于力在两轴上的投影 $F_x$、$F_y$（参见第 1 章习题 1-1）。

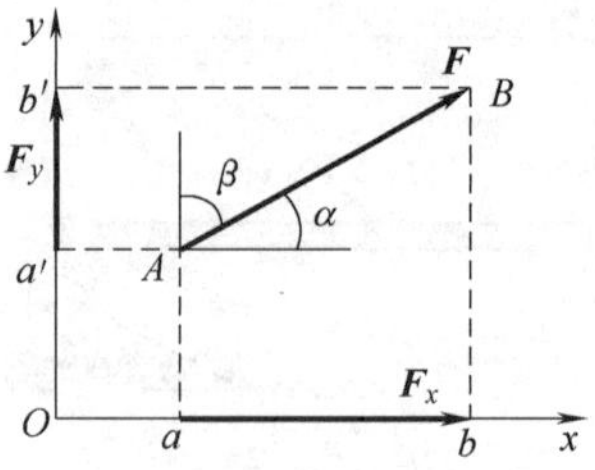


图 2-5

## 2.2.2 平面汇交力系合成的解析法

知识点视频

设有一平面汇交力系作用于某个刚体上，则在此力系的力多边形所在的平面内，以汇交点作为坐标原点，建立直角坐标系 $Oxy$。从各个顶点分别向 $Ox$、$Oy$ 轴作垂线，求得各分力 $\boldsymbol{F}_1$，$\boldsymbol{F}_2$，…，$\boldsymbol{F}_n$ 和合力 $\boldsymbol{F}_\mathrm{R}$ 在 $Ox$、$Oy$ 轴上的投影，如图 2-6a、b 所示。

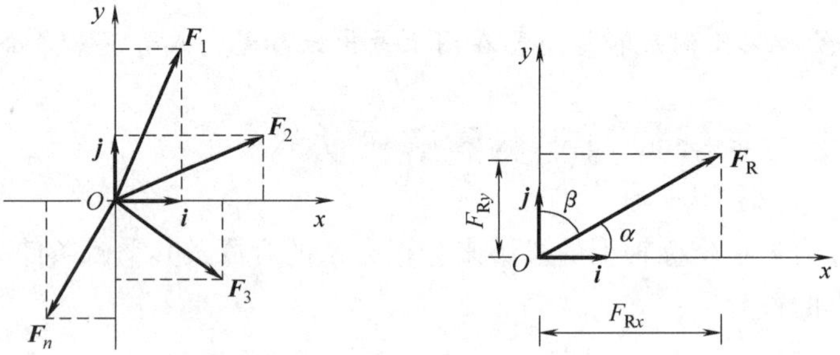


a) b)

图 2-6

$$\begin{cases} F_{\mathrm{R}x}=F_{1x}+F_{2x}+\cdots+F_{nx}=\sum\limits_{i=1}^{n}F_{ix} \\ F_{\mathrm{R}y}=F_{1y}+F_{2y}+\cdots+F_{ny}=\sum\limits_{i=1}^{n}F_{iy} \end{cases} \tag{2-6}$$

知识点视频

式（2-6）表示：合力在任一轴上的投影等于各分力在同一轴上投影的代数和，这称为**合力投影定理**。

根据式（2-6）可求得合力矢的大小和方向余弦分别为

$$\begin{cases} F_\mathrm{R}=\sqrt{F_{\mathrm{R}x}^2+F_{\mathrm{R}y}^2}=\sqrt{\left(\sum\limits_{i=1}^{n}F_{ix}\right)^2+\left(\sum\limits_{i=1}^{n}F_{iy}\right)^2} \\ \cos(\boldsymbol{F}_\mathrm{R},\boldsymbol{i})=\dfrac{\sum\limits_{i=1}^{n}F_{ix}}{F_\mathrm{R}};\cos(\boldsymbol{F}_\mathrm{R},\boldsymbol{j})=\dfrac{\sum\limits_{i=1}^{n}F_{iy}}{F_\mathrm{R}} \end{cases} \tag{2-7}$$

**例 2-2** 求图 2-7 所示平面汇交力系的合力。

**解：** 利用合力投影定理，得

$$F_{Rx} = \sum_{i=1}^{4} F_{ix}$$
$$= F_1\cos30° - F_2\cos60° - F_3\cos45° + F_4\cos45°$$
$$= 200N \times \cos30° - 300N \times \cos60° - 100N \times \cos45° + 250N \times \cos45°$$
$$= 129.25N$$

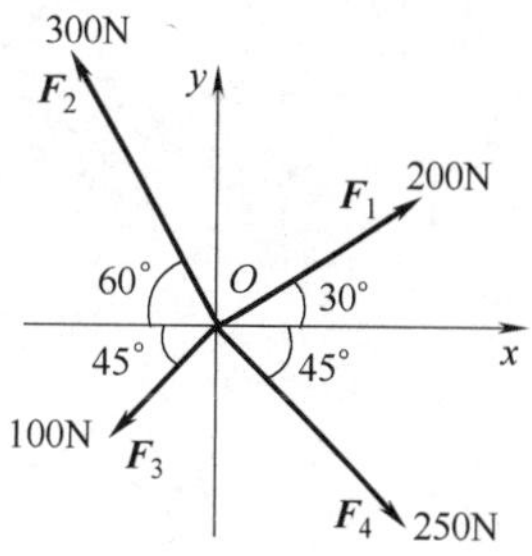

图 2-7

$$F_{Ry} = \sum_{i=1}^{4} F_{iy} = F_1\sin30° + F_2\sin60° - F_3\sin45° - F_4\sin45°$$
$$= 200N \times \sin30° + 300N \times \sin60° - 100N \times \sin45° - 250N \times \sin45°$$
$$= 112.35N$$

$$F_R = \sqrt{F_{Rx}^2 + F_{Ry}^2} = \sqrt{(129.25)^2 + (112.35)^2} = 171.25N$$

$$\cos(\boldsymbol{F}_R, \boldsymbol{i}) = \cos\alpha = \frac{F_{Rx}}{F_R} = 0.755;\ \cos(\boldsymbol{F}_R, \boldsymbol{j}) = \cos\beta = \frac{F_{Ry}}{F_R} = 0.656$$

则合力 $\boldsymbol{F}_R$ 的作用线通过汇交点 $O$，与 $Ox$、$Oy$ 轴的夹角分别为 $\alpha = 41°$，$\beta = 49°$。

### 2.2.3　平面汇交力系的平衡方程

由 2.1 节知，平面汇交力系平衡的充分和必要条件是：该力系的合力 $\boldsymbol{F}_R$ 等于零，即

$$F_R = \sqrt{F_{Rx}^2 + F_{Ry}^2} = \sqrt{\left(\sum_{i=1}^{n} F_{ix}\right)^2 + \left(\sum_{i=1}^{n} F_{iy}\right)^2} = 0$$

欲使上式成立，必须同时满足：

$$\sum_{i=1}^{n} F_{ix} = 0;\ \sum_{i=1}^{n} F_{iy} = 0 \tag{2-8}$$

于是，平面汇交力系平衡的必要和充分条件是：各力在两个坐标轴上投影的代数和分别等于零。式（2-8）称为平面汇交力系的平衡方程。这是两个独立的方程，可以求解两个未知量。

下面举例说明平面汇交力系平衡方程的实际应用。

**例 2-3**　如图 2-8a、b 所示的正方形结构所受载荷 $\boldsymbol{F}$ 已知，且 $F = F'$。试求其中 1，2，3 各杆受力。

**解**：图 2-8a：由对称性可知，1、3 杆的受力竖直相等，即 $F_1 = F_3$，$F_4 = F_3$，选销钉 $A$ 为研究对象，受力分析如图 2-8c 所示，选 $\boldsymbol{F}$ 作用线的反方向为 $x$ 轴的正方向，由平衡方程可得

$$\sum F_x = 0,\ 2F_3\sin45° - F = 0$$

解得

$$F_1 = F_3 = \frac{\sqrt{2}}{2}F(\text{拉})$$

选销钉 $D$ 为研究对象，受力分析如图 2-8d 所示，选 $\boldsymbol{F}_2$ 指向方向为 $x$ 轴的正方向，由平衡方程可得

$$\sum F_x = 0,\ 2F'_3\sin45° + F_2 = 0$$

解得

$$F_2 = -F(\text{压})$$

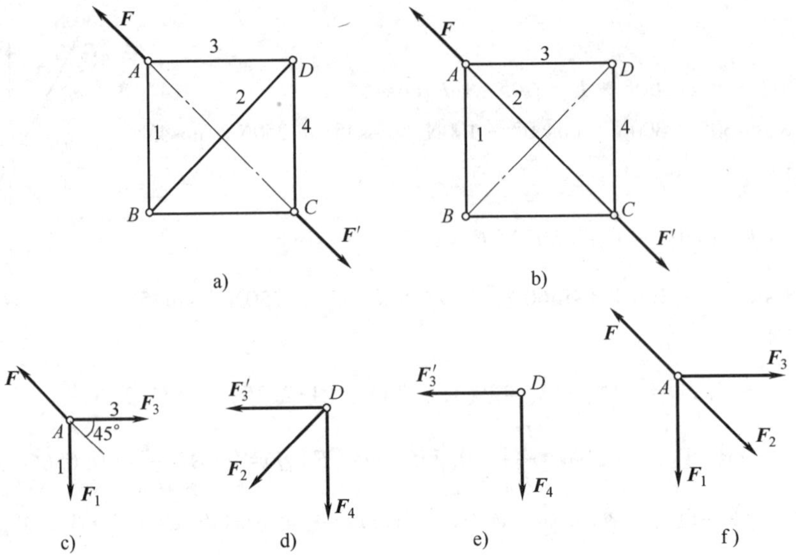


图 2-8

图 2-8b：选销钉 $D$ 为研究对象，受力分析如图 2-8e 所示，由平衡方程可得

$$\sum F_x = 0,\ F'_3 = 0$$

$$\sum F_y = 0,\ F_4 = 0$$

选销钉 $A$ 为研究对象，受力分析如图 2-8f 所示，选 $\boldsymbol{F}_2$ 指向方向为 $x$ 轴的正方向，由平衡方程可得

$$\sum F_x = 0,\ F_2 - F = 0$$

$$F_2 = F(\text{拉})$$

**例 2-4** 如图 2-9a 所示，物体重 $P=20\text{kN}$，用绳子挂在支架的滑轮 $B$ 上，绳子的另一端接在绞车 $D$ 上，通过转动绞车就可以提起重物。设滑轮的大小、杆 $AB$ 和 $CB$ 的自重以及摩擦略去不计。$A$、$B$、$C$ 三处均为光滑铰链连接，当物体处于平衡状态时，求杆 $AB$ 和 $CB$ 所受的力。

**解**：取支架、滑轮和重物为研究对象，建立坐标系如图 2-9b 所示，列平衡方程可得

$$\sum F_x = 0,\ -F_{AB} - F_{BC}\cos 30° - F_{\mathrm{T}}\sin 30° = 0$$

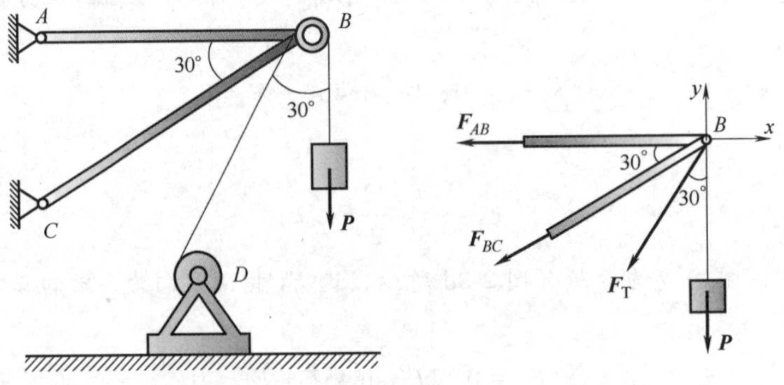


图 2-9

$$\sum F_y = 0\ ,\ -F_{BC}\sin30° - F_{\mathrm{T}}\cos30° - P = 0$$

其中 $F_{\mathrm{T}}=20\mathrm{kN}$，解得

$$F_{AB}=54.64\mathrm{kN}(\text{拉力}),F_{BC}=-74.64\mathrm{kN}(\text{压力})$$

注：所求结果中，$\boldsymbol{F}_{AB}$ 为正值，表示该力的假设方向与实际方向相同，即杆 $AB$ 受拉力。$\boldsymbol{F}_{BC}$ 为负值，表示该力的假设方向与实际方向相反，即杆 $CB$ 受压力。

例 2-5　如图 2-10a 所示在钢架的点 $B$ 作用一个水平力 $\boldsymbol{F}$，不计钢架自重，求支座 $A$、$D$ 的约束力。

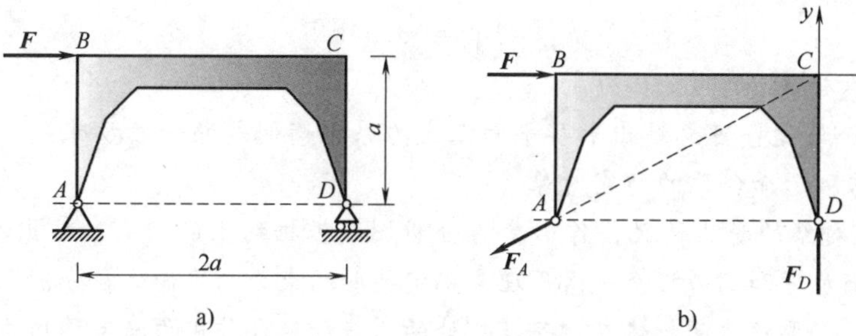


图 2-10

解：以钢架为研究对象，由三力汇交平衡原理，支座 $A$ 的约束力必通过点 $C$，建立坐标系如图 2-10b 所示，列平衡方程得

$$\sum F_x = 0,\ F - F_A \times \frac{2}{\sqrt{5}} = 0$$

$$\sum F_y = 0,\ F_D - F_A \times \frac{1}{\sqrt{5}} = 0$$

解得

$$F_A = 1.12F,\ F_D = 0.5F$$

例 2-6　混凝土管放置架如图 2-11a 所示，管的自重 $P=10\mathrm{kN}$，$A$、$B$、$C$ 三处均为光滑铰链连接，放置架自重及摩擦忽略不计，求杆 $AC$ 的内力和铰 $B$ 的约束力，以及管对杆 $AB$ 的作用力。

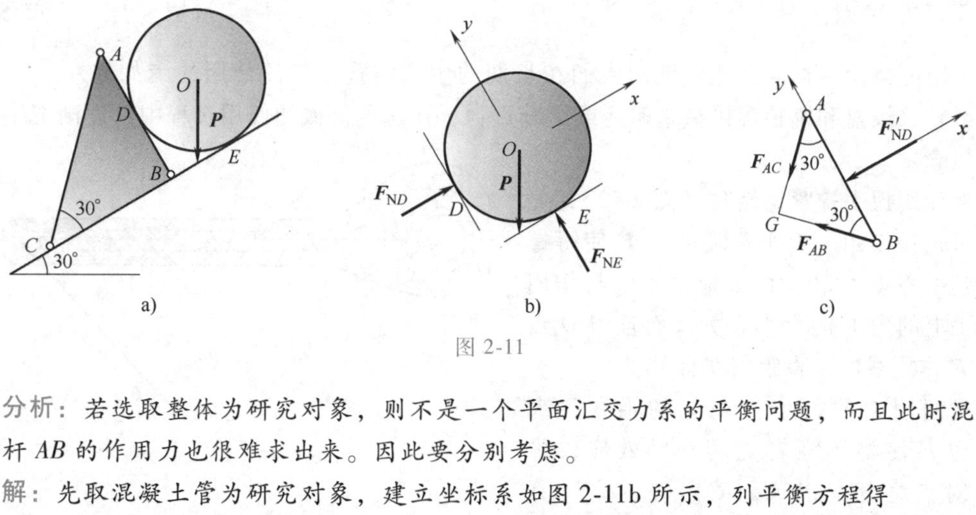


图 2-11

分析：若选取整体为研究对象，则不是一个平面汇交力系的平衡问题，而且此时混凝土管对杆 $AB$ 的作用力也很难求出来。因此要分别考虑。

解：先取混凝土管为研究对象，建立坐标系如图 2-11b 所示，列平衡方程得

$$\sum F_x = 0,\ F_{ND} - P\sin30^\circ = 0$$

求得

$$F_{ND} = 5\text{kN}$$

根据作用和反作用定理，混凝土管对杆 $AB$ 的作用力为 $F'_{ND} = F_{ND} = 5\text{kN}$

再取杆 $AB$ 为研究对象，铰 $B$ 的约束力 $\boldsymbol{F}_B$ 的方向可以按照三力平衡汇交原理确定，建立坐标系如图 2-11c 所示，列平衡方程得

$$\sum F_x = 0,\ -F_{AC}\sin45^\circ - F_{AB}\sin45^\circ - F'_{ND} = 0$$

$$\sum F_y = 0,\ -F_{AC}\cos45^\circ + F_{AB}\cos45^\circ = 0$$

求得

$$F_{AC} = F_{AB} = -3.54\text{kN}$$

$\boldsymbol{F}_{AC}$ 为负值，所以杆 $AC$ 受的是压力。

通过上面几个例题，可总结出求解平面汇交力系平衡问题的一般步骤：

1）根据题意，选择合适的研究对象。

2）分析研究对象的受力情况，作出受力分析图。根据约束的形式，画出相应的约束力，可以应用二力平衡原理和三力汇交平衡原理来确定某些约束力的方向。在分别取两个连接的物体作为研究对象时，要注意两物体在相互连接处的力应该符合作用力与反作用力之间的关系。

3）在采用解析法列平衡方程求解未知量时，要适当选择投影轴，尽量使每一个平衡方程中只出现一个未知量，尽量避免联立求解方程。在列平衡方程的过程中，对于未知的约束力，当其指向由约束的性质不能完全确定时，可以先假设一个方向，再根据求解结果的正负号来判断假定的指向是否正确。如果计算结果为正，表示该力的实际指向与假设的方向是一致的；如果为负，则表示该力的实际指向与假设的方向相反。

## 2.3 力矩与平面力偶

一般情况下，力对刚体的作用效应使刚体的运动状态发生改变（包括移动与转动），其中力对刚体的移动效应可用力矢的大小和方向来度量；而力对刚体的转动效应可用力对点之矩（简称力矩）来度量。

知识点视频

### 2.3.1 力对点之矩

力矩的概念同样源自于实践，人们在长期的生产实践中广泛使用的诸如杠杆、滑轮、绞盘和辘轳等机械来搬运或提升重物，在这些机械的使用过程中，逐渐产生了力矩的概念。

例如用扳手拧紧螺帽时（图 2-12），凭经验可知：作用于扳手一端的力 $\boldsymbol{F}$ 使得螺帽绕其中心点 $O$ 转动的效应，不仅与作用在扳手上的力 $\boldsymbol{F}$ 的大小有关，而且与 $O$ 点到力 $\boldsymbol{F}$ 作用线的垂直距离 $h$ 有关。

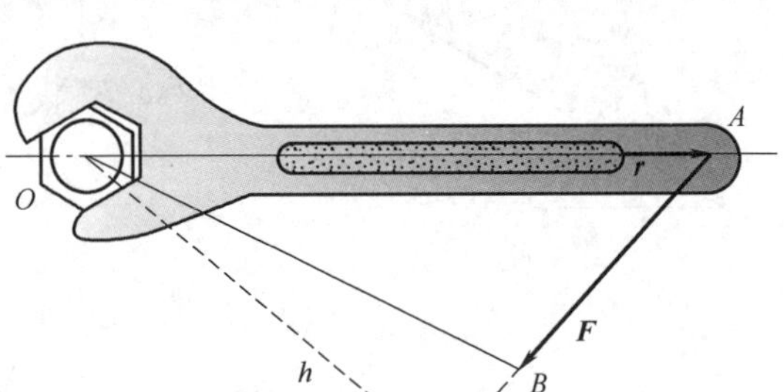

图 2-12

我们用力的大小 $F$ 与 $h$ 的乘积，来度量力 $\boldsymbol{F}$ 使物体绕 $O$ 点转动的效应，称为**力对点之矩**，以 $M_O(\boldsymbol{F})$ 表示。计算

公式为

$$M_O(\boldsymbol{F}) = \pm Fh \tag{2-9}$$

其中点 $O$ 称为**矩心**，点 $O$ 到力的作用线的垂直距离 $h$ 称为**力臂**。对于平面问题，力对点之矩是一个代数量，它的绝对值等于力的大小与力臂的乘积，它的正负可按下述方法确定：力使物体绕矩心逆时针转动时为正，反之为负。力矩的单位为 N · m（牛 · 米）或 kN · m（千牛 · 米），在工程中常用 kg · m（公斤 · 米）或 t · m（吨 · 米）表示。

由图 2-12 容易看出，力 $\boldsymbol{F}$ 对点 $O$ 之矩的大小也可用△$OAB$ 面积的两倍表示，即

$$M_O(\boldsymbol{F}) = \pm 2S_{\triangle OAB} \tag{2-10}$$

如以 $\boldsymbol{r}$ 表示由点 $O$ 到 $A$ 的矢径，由矢量积定义，$\boldsymbol{r}\times\boldsymbol{F}$ 的大小就是△$OAB$ 面积的两倍。由此可见，此矢量积的模 $|\boldsymbol{r}\times\boldsymbol{F}|$ 就等于力 $\boldsymbol{F}$ 对点 $O$ 之矩的大小，其指向与力矩的转向符合右手法则。

应当注意：首先，力矩必须与矩心相对应，不指明矩心来谈力矩是没有任何意义的；其次，前面是由力对于物体上固定点的作用引出力矩的概念，在具体应用时，对于矩心的选择无任何限制，作用于物体上的力可以对于任意点取矩。

根据以上所述，可以得出力矩性质：

1）力 $\boldsymbol{F}$ 对于 $O$ 点之矩不仅取决于 $\boldsymbol{F}$ 的大小，同时还与矩心 $O$ 的位置有关。矩心位置不同，力矩随之改变。

2）力 $\boldsymbol{F}$ 对于任一点之矩，不会因该力沿着其作用线移动而发生改变，因为此时力和力臂的大小均未改变。

3）力的大小等于零或者力的作用线通过矩心时，力矩等于零。

4）互成平衡的两个力对同一点之矩的代数和为零。

### 2.3.2 合力矩定理

合力矩定理：平面汇交力系的合力对于平面内任一点之矩等于所有各分力对于该点之矩的代数和。

证明：如图 2-13 所示，以 $\boldsymbol{r}$ 表示由点 $O$ 到点 $A$ 的矢径，$\boldsymbol{F}_{\mathrm{R}}$ 为平面汇交力系 $\boldsymbol{F}_1$，$\boldsymbol{F}_2$，…，$\boldsymbol{F}_n$ 的合力，即

$$\boldsymbol{F}_{\mathrm{R}} = \boldsymbol{F}_1 + \boldsymbol{F}_2 + \cdots + \boldsymbol{F}_n$$

以 $\boldsymbol{r}$ 对上式两端作矢积，有

$$\boldsymbol{r}\times\boldsymbol{F}_{\mathrm{R}} = \boldsymbol{r}\times\boldsymbol{F}_1 + \boldsymbol{r}\times\boldsymbol{F}_2 + \cdots + \boldsymbol{r}\times\boldsymbol{F}_n$$

由于力 $\boldsymbol{F}_1$，$\boldsymbol{F}_2$，…，$\boldsymbol{F}_n$ 与点 $O$ 共面，上式各矢积平行，因此上式矢量和可按代数和计算。而各矢量积的大小就是力对点 $O$ 之矩，于是证得合力矩定理，即

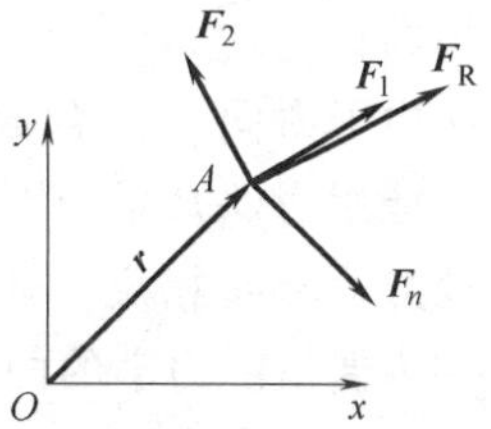

图 2-13

$$M_O(\boldsymbol{F}_{\mathrm{R}}) = M_O(\boldsymbol{F}_1) + M_O(\boldsymbol{F}_2) + \cdots + M_O(\boldsymbol{F}_n) = \sum_{i=1}^{n} M_O(\boldsymbol{F}_i) \tag{2-11}$$

按照力系等效的概念，式（2-11）易于理解，且应适用于任何有合力存在的力系。

顺便指出，当平面汇交力系平衡时，合力为零；由式（2-11）可知，各力对任一点 $O$ 之矩的代数和皆为零。即

$$\sum_{i=1}^{n} M_O(\boldsymbol{F}_i) = 0 \tag{2-12}$$

式（2-12）说明：可用力矩方程代替投影方程求解平面汇交力系的平衡问题。

例 2-7　如图 2-14 所示挡土墙，自重为 $P_1=75\text{kN}$，$a_1=1\text{m}$，$a_2=1.6\text{m}$，$a_3=3\text{m}$，铅垂土压力 $P_2=120\text{kN}$，水平土压力 $F=90\text{kN}$。试求三力对前趾 $O$ 点之矩，并判断挡土墙是否会倾倒？

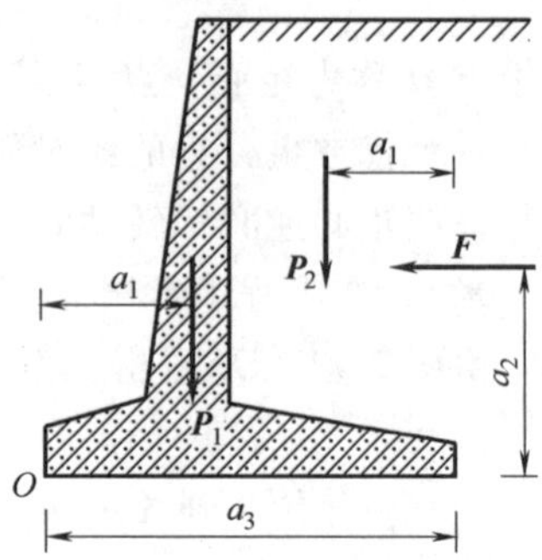

图 2-14

解：挡土墙的重力 $\boldsymbol{P}_1$ 对点 $O$ 之矩为

$$M_O(\boldsymbol{P}_1)=-P_1a_1=-75\text{kN}\cdot\text{m}$$

铅垂土压力 $\boldsymbol{P}_2$ 对点 $O$ 之矩为

$$M_O(\boldsymbol{P}_2)=-P_2(a_3-a_1)=-240\text{kN}\cdot\text{m}$$

水平土压力 $\boldsymbol{F}$ 对点 $O$ 之矩为

$$M_O(\boldsymbol{F})=F\times1.6\text{m}=144\text{kN}\cdot\text{m}$$

所以，三力对前趾 $O$ 点之矩的和为

$$\sum M_O(\boldsymbol{F}_i)=M_O(\boldsymbol{P}_1)+M_O(\boldsymbol{P}_2)+M_O(\boldsymbol{F})=-171\text{kN}\cdot\text{m}$$

由于水平土压力 $\boldsymbol{F}$ 欲使挡土墙绕 $O$ 点倾倒，一般把 $M_O(\boldsymbol{F})$ 称为倾覆力矩；同时，重力 $\boldsymbol{P}_1$、$\boldsymbol{P}_2$ 则阻止挡土墙绕 $O$ 点倾倒，称为稳定力矩。计算结果

$$M_O(\boldsymbol{P}_1)+M_O(\boldsymbol{P}_2)>M_O(\boldsymbol{F})$$

所以，挡土墙不会倾倒。

知识点视频

### 2.3.3　力偶与力偶矩

实践中，我们常常见到驾驶员用双手转动方向盘、人们用手指开关水龙头、钳工用丝锥攻螺纹等。在方向盘、水龙头、丝锥等物体上，都作用了成对的等值、反向且不共线的平行力。一对等值、反向、平行的力，其矢量和显然等于零，但是由于它们不共线而不能相互平衡，它们能使物体改变转动状态。这种由两个大小相等、方向相反且不共线的平行力组成的力系称为**力偶**，如图 2-15 所示，记作（$\boldsymbol{F}$，$\boldsymbol{F}'$）。力偶的两力之间的垂直距离 $d$ 称为力偶臂，力偶所在的平面称为力偶的作用面。

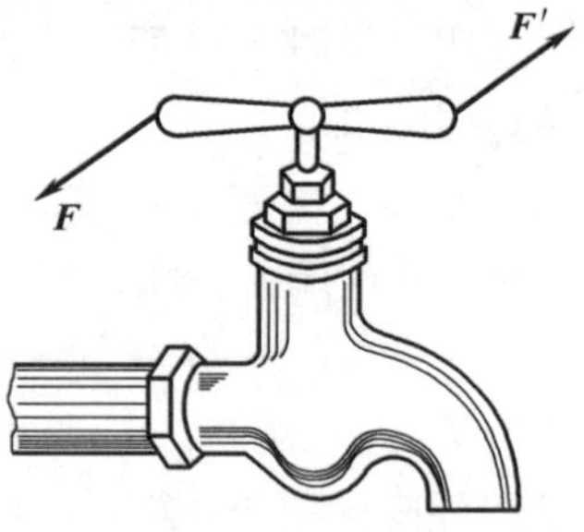

图 2-15

由于力偶不能合成为一个力，也不能用一个力来平衡，它只能用力偶来平衡。如直升机的双螺旋桨产生的两个驱动力偶必须转向相反，才能使直升机在空间静止平衡。因此，力和力偶是静力学的两个基本要素。

力偶无合力，即力偶对物体不产生移动效应。力偶只能使物体产生转动效应。如何度量力偶对物体的转动效应呢？显然可用力偶的两个力对其作用面内某点的矩的代数和来度量。设有力偶（$\boldsymbol{F}$，$\boldsymbol{F}'$），其力偶臂为 $d$，如图 2-16 所示。力偶对作用面内任意一点 $O$ 的矩为 $M_O(\boldsymbol{F},\boldsymbol{F}')$，则

$$M_O(\boldsymbol{F},\boldsymbol{F}')=M_O(\boldsymbol{F}')+M_O(\boldsymbol{F})=F'(d+x)-Fx=Fd \tag{2-13}$$

式（2-13）中的矩心 $O$ 是任意选取的，由此可知，力偶的作用效应取决于力的大小和力偶臂的长短，与矩心的位置无关，即该力系对作用平面内所有点的力矩都相同。力偶对物体的转动效应只取决于力偶中力的大小和二力之间的垂直距离（力偶臂）。因此，以乘积 $Fd$ 作为度量力偶对物体转动效应的物理量，这个量称为**力偶矩**，记作 $M(\boldsymbol{F},\boldsymbol{F}')$，简记为 $M$。

$$M=\pm Fd=\pm 2S_{\triangle OAB}$$

式中的正负号表示力偶的转向：逆时针转动为正，顺时针转动为负。力偶矩是一个代数量。力偶矩的单位与力矩相同，也是 N·m（牛·米）。

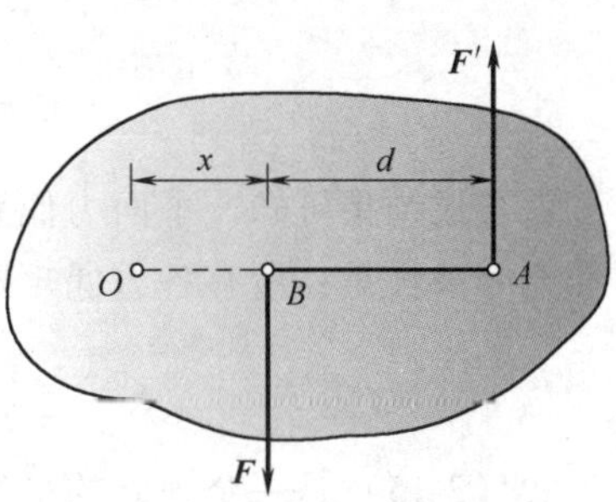

图 2-16

虽然力矩和力偶对刚体都产生转动效应，但是力对点之矩与力偶矩是两个完全不同的概念。前者反应力对刚体转动效应的强弱，与矩心 $O$ 的位置密切相关；后者反映力偶对刚体转动效应的强弱，与矩心无关。

平面力偶对物体的作用效应，由以下两个因素决定：

1）力偶矩的大小；

2）力偶在作用平面内的转向。

### 2.3.4　同平面内力偶的等效定理

既然力偶对刚体的转动效应取决于力偶矩，那么位于同平面内的两个力偶，如果它们的力偶矩相等，则这两个**力偶等效**，这就是同平面内力偶等效的条件。由此可得如下重要性质：

1）在力偶矩保持不变的前提下，力偶可以在其作用面内任意移转，而不改变它对刚体的作用，即力偶对刚体的作用与力偶在其作用面内的位置无关（见图 2-17）。

2）只要保持力偶矩的大小和力偶的转向不变，可以同时改变力偶中力的大小和力偶臂的长短，而不改变力偶对刚体的作用（见图 2-18）。

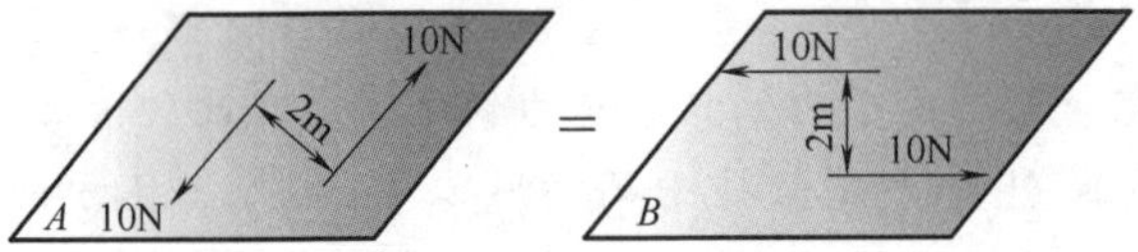

图 2-17

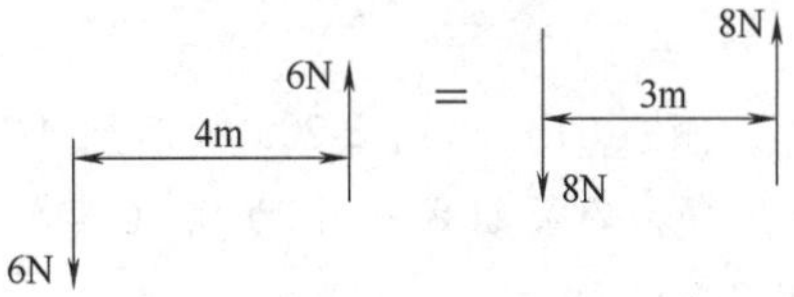

图 2-18

由此可见，力偶臂的长短、力的大小和力在平面内的位置都不是力偶的特征量，只有力偶矩才是力偶作用的唯一量度。今后常用图 2-19 所示的符号表示力偶，其中的箭头表示力偶的转向，$M$ 表示力偶矩。

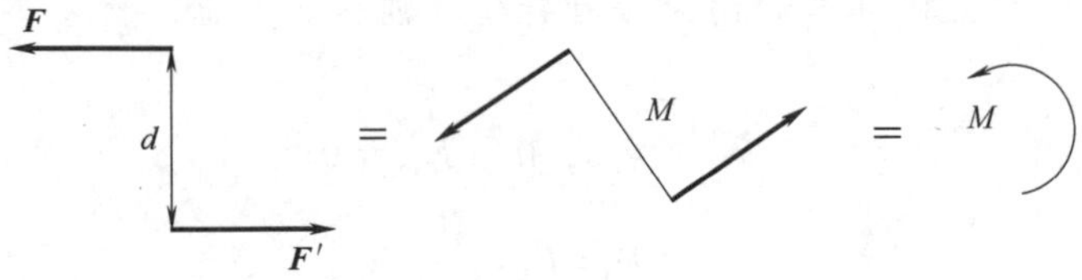

图 2-19

知识点视频

### 2.3.5　平面力偶系的合成和平衡条件

作用在刚体上同一平面内的许多力偶构成**平面力偶系**。

由于平面力偶矩值是一个代数量，所以在同一平面内的任意个力偶可合成为一个合力偶，合力偶矩等于各个力偶矩的代数和，可写为

$$M = M_1 + M_2 + \cdots + M_n = \sum_{i=1}^{n} M_i \qquad (2\text{-}14)$$

由合成结果可知，平面力偶系平衡时，其合力偶矩等于零。因此，平面力偶系平衡的必要和充分条件是：所有各力偶矩的代数和等于零，即

$$\sum_{i=1}^{n} M_i = 0 \qquad (2\text{-}15)$$

式（2-15）是一个独立的平衡方程，可求解平面力偶系内的一个未知量。

**例 2-8** 图 2-20a、b、c 所示梁 $AB$ 上作用着一个力偶，力偶矩为 $M$，梁的长度为 $l$，不计梁的自重。求下列三种情况下的支座约束力。

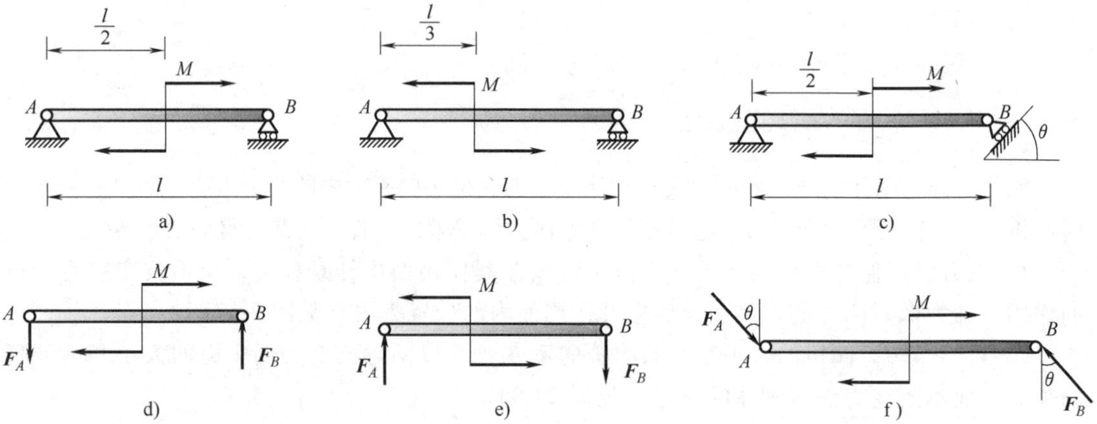


图 2-20

解：（1）以图 2-20a 所示梁 $AB$ 为研究对象，由于力偶只能与力偶平衡，在此种情况下，$\boldsymbol{F}_A$、$\boldsymbol{F}_B$ 必须组成一个力偶（其转向为逆时针）才能保持平衡。所以 $F_A = F_B$，且方向如图 2-20d 所示。

$$\sum M = 0,\ F_A l - M = 0$$

求得

$$F_A = F_B = \frac{M}{l}$$

（2）以图 2-20b 所示梁 $AB$ 为研究对象，由于力偶只能与力偶平衡，在此种情况下，$\boldsymbol{F}_A$、$\boldsymbol{F}_B$ 必须组成一个力偶（其转向为顺时针）才能保持平衡。所以 $F_A = F_B$，且方向如图 2-20e 所示。

$$\sum M = 0,\ M - F_A l = 0$$

求得

$$F_A = F_B = \frac{M}{l}$$

（3）以图 2-20c 所示梁 $AB$ 为研究对象，由于力偶只能与力偶平衡，在此种情况下，$\boldsymbol{F}_A$、$\boldsymbol{F}_B$ 必须组成一个力偶（其转向为逆时针）才能保持平衡。所以 $F_A = F_B$，且方向如图 2-20f 所示。

$$\sum M = 0,\ F_A l\cos\theta - M = 0$$

求得

$$F_A = F_B = \frac{M}{l\cos\theta}$$

**例 2-9** 图 2-21 所示的工件上作用有三个力偶，其中 $M_1=M_2=10\text{N}\cdot\text{m}$，$M_3=20\text{N}\cdot\text{m}$，固定螺柱 $A$、$B$ 的距离 $l=200\text{mm}$。求两个光滑螺柱所受的水平力。

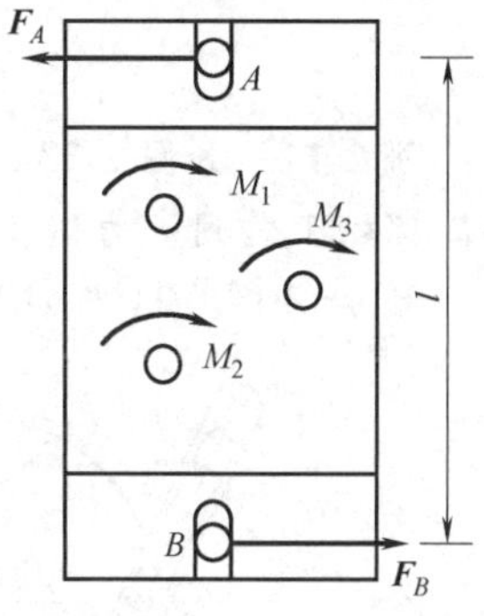


图 2-21

**分析：** 工件在水平面内受到三个力偶和两个螺柱的水平约束力的作用。根据力偶系的合成定理，三个力偶合成后仍为一力偶，如果工件平衡，必有一约束力偶与它相平衡。因此螺柱 $A$、$B$ 的水平约束力 $\boldsymbol{F}_A$、$\boldsymbol{F}_B$ 必组成一力偶。

**解：** 选工件为研究对象。由于力偶只能与力偶平衡，在此种情况下，$\boldsymbol{F}_A$、$\boldsymbol{F}_B$ 必须组成一个力偶（其转向为逆时针）才能保持平衡。由力偶系的平衡条件知

$$\sum M=0,\ F_A l-M_1-M_2-M_3=0$$

求得

$$F_A=\frac{M_1+M_2+M_3}{l}=\frac{10\text{N}\cdot\text{m}+10\text{N}\cdot\text{m}+20\text{N}\cdot\text{m}}{200\times10^{-3}m}=200\text{N}$$

因为 $\boldsymbol{F}_A$ 是正值，故所假设的方向是正确的，而螺柱 $A$、$B$ 所受的力，应该与 $\boldsymbol{F}_A$、$\boldsymbol{F}_B$ 大小相等，方向相反。

**例 2-10** 图 2-22a 所示半径为 $r_1$ 的行星轮由曲柄 $OA$ 带动，沿半径为 $r_2$ 的固定齿轮（太阳轮）滚动，已知曲柄上作用一力偶矩为 $M$ 的力偶，行星轮上作用一力偶矩为 $M_1$ 的力偶，两力偶的转向如图所示。齿轮的压力角为 $\theta$，不计各构件的自重和摩擦，当机构平衡时，求两个力偶矩 $M$ 和 $M_1$ 的关系。

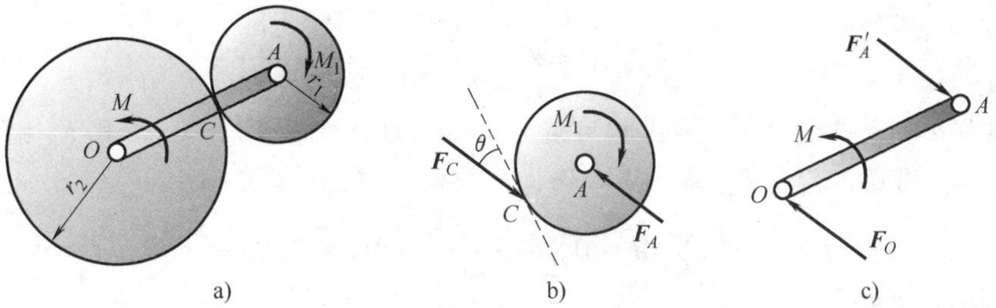


图 2-22

**解：** 先取行星轮为研究对象。由于行星轮平衡，且力偶只能由力偶来平衡，则啮合力 $\boldsymbol{F}_C$ 与光滑铰链 $A$ 处的约束力 $\boldsymbol{F}_A$ 必组成一力偶，且转向与 $M_1$ 相反，由此确定出 $\boldsymbol{F}_A$ 与 $\boldsymbol{F}_C$ 的指向如图 2-22b 所示。列平衡方程

$$\sum M=0,\ -M_1+F_A r_1\cos\theta=0$$

求得

$$F_A=F_C=\frac{M_1}{r_1\cos\theta}$$

再以曲柄 $OA$ 为研究对象，其上作用着矩为 $M$ 的力偶及 $\boldsymbol{F}'_A$ 和 $\boldsymbol{F}_O$，且 $F_A=F'_A$，方向如图 2-22c 所示。同理，$\boldsymbol{F}'_A$ 与 $\boldsymbol{F}_O$ 必组成力偶，列平衡方程

$$\sum M=0,\ M-F'_A(r_1+r_2)\cos\theta=0$$

把 $F'_A=\dfrac{M_1}{r_1\cos\theta}$ 代入，求得

$$M=\frac{r_1+r_2}{r_1}M_1$$

**例 2-11** 如图 2-23a 所示机构的自重不计。圆轮上的销子 $A$ 放在摇杆 $BC$ 上的光滑导槽内。圆轮上作用一力偶，其力偶矩为 $M_1=2\text{kN}\cdot\text{m}$，$OA=r=0.5\text{m}$。在图示位置时，系统平衡，且 $\theta=30°$，$OA$ 与 $OB$ 垂直。求作用于摇杆 $BC$ 上的力偶矩 $M_2$ 和铰链 $O$、$B$ 处的约束力。

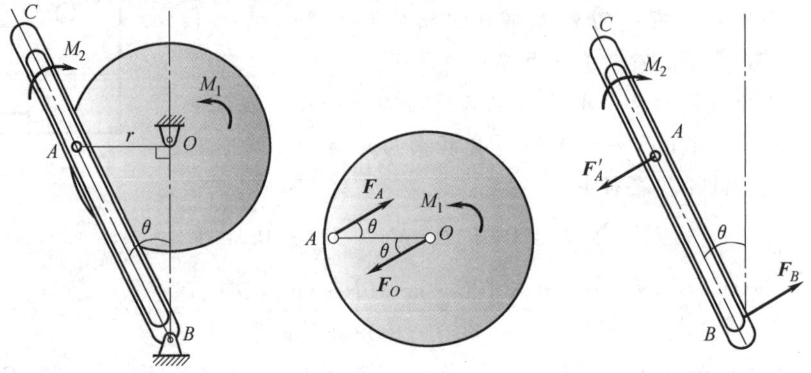


图 2-23

**解**：先取圆轮为研究对象，其上作用着矩为 $M_1$ 的力偶及光滑导槽对销子 $A$ 的作用力 $\boldsymbol{F}_A$ 和铰链 $O$ 处的约束力 $\boldsymbol{F}_O$。由于力偶必须由力偶来平衡，所以 $\boldsymbol{F}_A$ 与 $\boldsymbol{F}_O$ 必定组成一力偶，且转向与 $M_1$ 相反，由此确定出 $\boldsymbol{F}_A$ 与 $\boldsymbol{F}_O$ 的指向，如图 2-23b 所示。列平衡方程

$$\sum M=0,\ M_1-F_A r\sin\theta=0$$

求得

$$F_A=F_O=\frac{M_1}{r\sin 30°}$$

再以摇杆 $BC$ 为研究对象，其上作用着矩为 $M_2$ 的力偶及 $\boldsymbol{F}'_A$ 和 $\boldsymbol{F}_B$，且 $F_A=F'_A$，方向如图 2-23c 所示。同理，$\boldsymbol{F}'_A$ 和 $\boldsymbol{F}_B$ 必组成力偶，列平衡方程

$$\sum M=0,\ F'_A\cdot\frac{r}{\sin\theta}-M_2=0$$

求得

$$M_2=4M_1=8\text{kN}\cdot\text{m},\ F_B=F'_A=\frac{M_1}{r\sin 30°}=8\text{kN}$$

## 2.3.6 力矩的解析表达式

如图 2-24 所示，已知力 $\boldsymbol{F}$、作用点 $A(x,y)$ 及其与水平方向的夹角 $\alpha$。欲求力 $\boldsymbol{F}$ 对坐标原点 $O$ 之矩，可以通过其分力 $\boldsymbol{F}_x$ 和 $\boldsymbol{F}_y$ 对点 $O$ 之矩而得到，即

$$M_O(\boldsymbol{F})=M_O(\boldsymbol{F}_x)+M_O(\boldsymbol{F}_y)=x\cdot F\sin\alpha-y\cdot F\cos\alpha$$

利用力的投影 $\boldsymbol{F}=F_x\boldsymbol{i}+F_y\boldsymbol{j}=(F\cos\alpha)\boldsymbol{i}+(F\sin\alpha)\boldsymbol{j}$，则有

$$M_O(\boldsymbol{F})=x\cdot F_y-y\cdot F_x \tag{2-16}$$

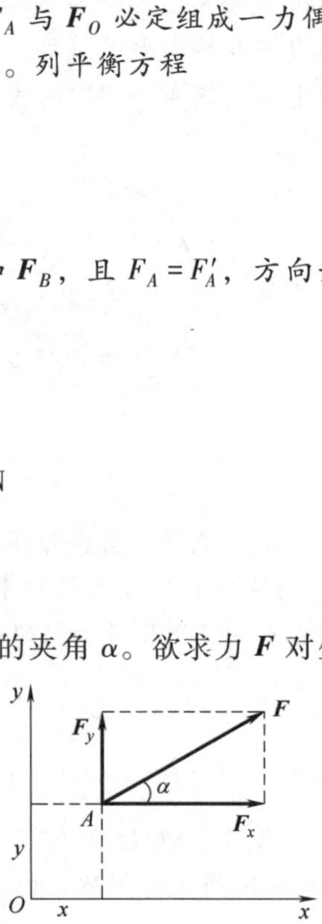


图 2-24

式 (2-16) 为平面内力矩的解析表达式。其中 $x$、$y$ 为力 $\boldsymbol{F}$ 作用点的坐标，$F_x$ 和 $F_y$ 为力 $\boldsymbol{F}$ 在 $x$、$y$ 轴的投影。计算时应注意它们的代数量代入。

若将式（2-16）代入式（2-11），即可得合力 $\boldsymbol{F}_{\mathrm{R}}$ 对坐标原点之矩的解析表达式，即

$$M_O(\boldsymbol{F}_{\mathrm{R}}) = \sum_{i=1}^{n}(x_i \cdot F_{yi} - y_i \cdot F_{xi}) \tag{2-17}$$

## 2.4　平面任意力系向作用面内任一点的简化

当力系中各力的作用线处于同一平面内且呈任意分布时，称其为平面任意力系。

### 2.4.1　力的平移定理

知识点视频

力的平移定理是平面任意力系向一点简化的依据，首先介绍这个定理。

力的平移定理：作用在刚体上的力 $\boldsymbol{F}$，可以平行移到同一刚体上任一点 $B$，但必须同时附加一个力偶，其力偶矩等于原来的力 $\boldsymbol{F}$ 对新作用点 $B$ 之矩。

证明：如图 2-25 所示，欲将作用在刚体上点 $A$ 的力 $\boldsymbol{F}$ 平行移到任一点 $B$，可以在 $B$ 点加上一对大小相等、方向相反且共线、作用线与 $\boldsymbol{F}$ 平行的一对平衡力 $\boldsymbol{F}'$，$\boldsymbol{F}''$，且 $\boldsymbol{F}=\boldsymbol{F}'=-\boldsymbol{F}''$。根据加减平衡力系公理，力系（$\boldsymbol{F}$，$\boldsymbol{F}'$，$\boldsymbol{F}''$）与力 $\boldsymbol{F}$ 是等效的。力系（$\boldsymbol{F}$，$\boldsymbol{F}'$，$\boldsymbol{F}''$）又可看作一个作用在点 $B$ 的力 $\boldsymbol{F}'$和一个附加力偶（$\boldsymbol{F}$，$\boldsymbol{F}''$），其力偶矩为 $M=\pm F \cdot d=M_B(\boldsymbol{F})$。

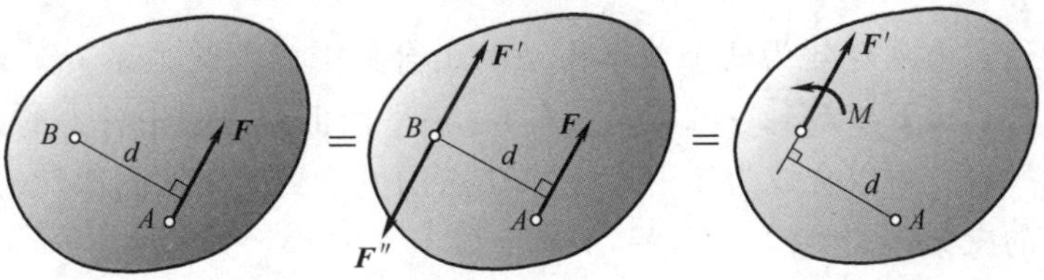


图 2-25

显然，上述分析的逆过程同样成立：作用于同一刚体的同一平面内的一个力和一个力偶，总可以合成为一个力，此力的大小和方向与原力相同，但是它们的作用线却要相距一定的距离 $d=\dfrac{|M|}{F}$。

实际上，日常生活和工程实际中的许多现象也可以用力的平移定理来解释。如乒乓球、排球、足球等球类运动中的旋转球、厂房立柱偏心受压发生的弯曲变形、齿轮受圆周力作用使齿轮轴发生弯曲和扭转的组合变形等。在用扳手丝锥攻螺纹时，如果只在扳手一端加力 $\boldsymbol{F}$，平移后的力 $\boldsymbol{F}_1$ 将使丝锥弯曲甚至折断，因此这种操作是不允许的（见图 2-26）。

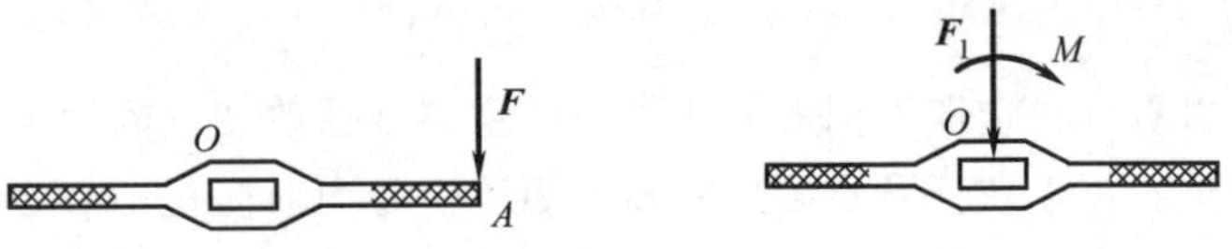


a)　　b)

图 2-26

特别注意的是：在力的平移定理中所说的“等效”，是指力对刚体的作用效应不变。但是当研究变形体时，力是不能移动的。

### 2.4.2 平面任意力系向作用面内一点简化：主矢和主矩

知识点视频

设作用于刚体上的平面任意力系 $\boldsymbol{F}_1$，$\boldsymbol{F}_2$，…，$\boldsymbol{F}_n$，各力的作用点分别为 $A_1$，$A_2$，…，$A_n$，如图 2-27a 所示。在平面内任取一点 $O$，称为**简化中心**，应用力的平移定理，把各力都平移到点 $O$。这样，得到作用于点 $O$ 的力 $\boldsymbol{F}_1'$，$\boldsymbol{F}_2'$，…，$\boldsymbol{F}_n'$，以及相应的附加力偶，其矩分别为 $M_1$，$M_2$，…，$M_n$，如图 2-27b 所示。这些力偶作用在同一平面内，它们的矩分别等于力 $\boldsymbol{F}_1$，$\boldsymbol{F}_2$，…，$\boldsymbol{F}_n$ 对点 $O$ 的矩，即

$$M_i = M_O(\boldsymbol{F}_i)$$

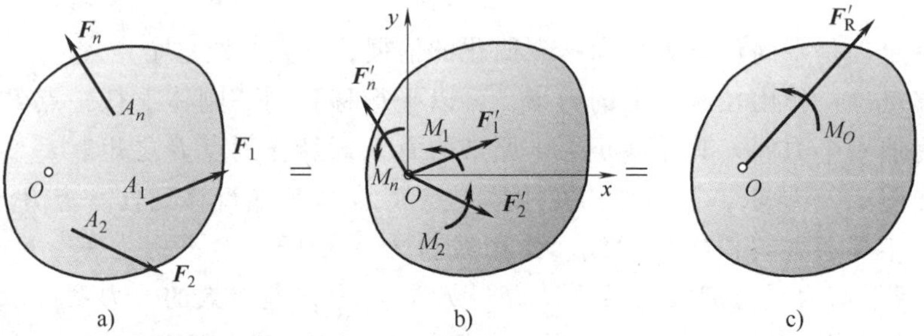


图 2-27

这样，平面任意力系等效为两个简单力系的组合：平面汇交力系 $\boldsymbol{F}_1'$，$\boldsymbol{F}_2'$，…，$\boldsymbol{F}_n'$和平面力偶系（$\boldsymbol{F}_1$，$\boldsymbol{F}_1'$），（$\boldsymbol{F}_2$，$\boldsymbol{F}_2'$），…，（$\boldsymbol{F}_n$，$\boldsymbol{F}_n'$）。该平面汇交力系中各力的大小和方向分别和原力系的保持一致，可以合成为作用线通过 $O$ 点的一个力 $\boldsymbol{F}_R'$（见图 2-27c），力矢 $\boldsymbol{F}_R'$称为原平面任意力系的**主矢**：

$$\boldsymbol{F}_R' = \boldsymbol{F}_1' + \boldsymbol{F}_2' + \cdots + \boldsymbol{F}_n' = \boldsymbol{F}_1 + \boldsymbol{F}_2 + \cdots + \boldsymbol{F}_n = \sum_{i=1}^{n} \boldsymbol{F}_i \tag{2-18}$$

而平面力偶系中各附加力偶的力偶矩分别等于原力系中各力对简化中心 $O$ 点的矩，可以合成为一个合力偶，这个合力偶的矩 $M_O$ 等于各附加力偶矩的代数和，又等于原来各力对点 $O$ 之矩的代数和，称为该力系对于简化中心 $O$ 的**主矩**：

$$M_O = M_1 + M_2 + \cdots + M_n = M_O(\boldsymbol{F}_1) + M_O(\boldsymbol{F}_2) + \cdots + M_O(\boldsymbol{F}_n) = \sum_{i=1}^{n} M_O(\boldsymbol{F}_i) \tag{2-19}$$

上面所得结果可陈述如下：

在一般情形下，平面任意力系向作用面内任选一点 $O$ 简化，可得一个力和一个力偶。这个力等于该力系的主矢，作用线通过简化中心 $O$，这个力偶的矩等于该力系对于点 $O$ 的主矩。

从上面两式可以看到：选取不同的简化中心，主矢不会改变，因为主矢总是等于各力的矢量和，是自由矢量，可以在任意点画出。而主矩等于各力对简化中心之矩的代数和，简化中心不同时，各力矩的力臂以及转向将会发生改变，所以在一般情况下主矩与简化中心的选择有关。故主矩必须指明简化中心。

注意：力系的合力和力系的主矢是两个不同的概念。主矢只有大小和方向两个要素，并不涉及作用点，可以在任意点画出。而合力是一个力，除了大小和方向之外，还要指明作用点。

取坐标系 $Oxy$，如图 2-28 所示，$\boldsymbol{i}$、$\boldsymbol{j}$ 是沿直角坐标 $x$、$y$ 轴正向的单位矢量。则力系主矢 $\boldsymbol{F}'_{\mathrm{R}}$的解析表达式为

知识点视频

$$\boldsymbol{F}'_{\mathrm{R}}=\boldsymbol{F}'_{\mathrm{R}x}+\boldsymbol{F}'_{\mathrm{R}y}=\left(\sum_{i=1}^{n}F_{xi}\right)\cdot\boldsymbol{i}+\left(\sum_{i=1}^{n}F_{yi}\right)\cdot\boldsymbol{j}$$

于是主矢 $\boldsymbol{F}'_{\mathrm{R}}$的大小和方向余弦分别为：

$$F'_{\mathrm{R}}=\sqrt{F'^{2}_{\mathrm{R}x}+F'^{2}_{\mathrm{R}y}}=\sqrt{\left(\sum_{i=1}^{n}F_{xi}\right)^{2}+\left(\sum_{i=1}^{n}F_{yi}\right)^{2}}$$

$$\cos(\boldsymbol{F}'_{\mathrm{R}},\boldsymbol{i})=\frac{\sum\limits_{i=1}^{n}F_{xi}}{F'_{\mathrm{R}}},\quad\cos(\boldsymbol{F}'_{\mathrm{R}},\boldsymbol{j})=\frac{\sum\limits_{i=1}^{n}F_{yi}}{F'_{\mathrm{R}}}$$

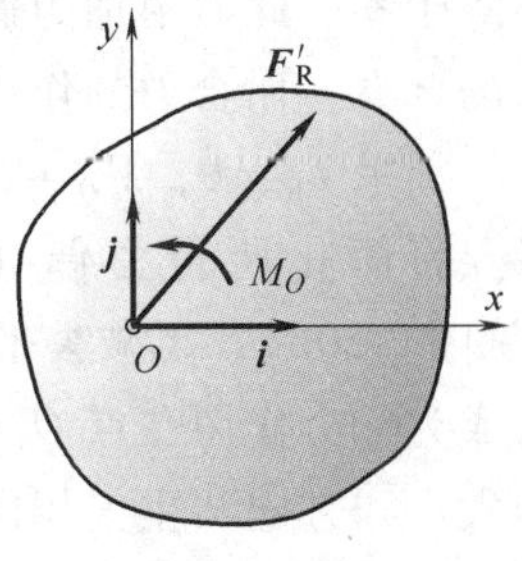


图 2-28

力系对点 $O$ 的主矩 $M_O$ 的解析表达式为

$$M_O=\sum_{i=1}^{n}M_O(\boldsymbol{F}_i)=\sum_{i=1}^{n}(x_i\cdot F_{yi}-y_i\cdot F_{xi})\tag{2-20}$$

其中，$x_i$、$y_i$ 为力 $\boldsymbol{F}_i$ 作用点 $A_i$ 的坐标。

下面应用力系简化理论说明固定端约束以及约束力的表示方法。

物体的一端完全固定在另一物体上，这种约束称为固定端约束。例如插入地面的电线杆、悬臂梁、在刀架和卡盘上夹紧不动的车刀和工件等，如图 2-29a 所示。这种约束不但限制物体在约束处沿任意方向的移动，也限制物体在约束处的转动。固定端约束对物体的作用，是在接触面上作用了一群约束力。在平面问题中，这些力为一平面任意力系，如图 2-29b 所示。将这群力向作用平面内点 $A$ 简化得到一个力和一个力偶，如图 2-29c 所示。一般情况下这个力的大小和方向均为未知量，可用两个未知分力来代替。因此，在平面力系情况下，固定端 $A$ 处的约束作用可简化为两个约束力 $\boldsymbol{F}_{Ax}$、$\boldsymbol{F}_{Ay}$ 和一个矩为 $M_A$ 的约束力偶，如图 2-29d 所示。

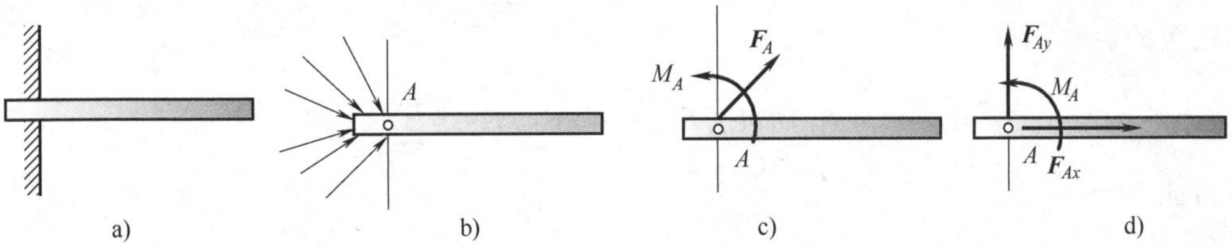


图 2-29

比较固定端支座与固定铰链支座的约束性质可见：固定端支座除了限制物体在水平方向和铅直方向移动外，还能限制物体在平面内转动。而固定铰链支座没有约束力偶，因为它不能限制物体在平面内转动。

知识点视频

### 2.4.3　平面任意力系的简化结果分析

平面任意力系向作用面内一点简化的结果，可能有四种情况，即：①$\boldsymbol{F}'_{\mathrm{R}}=\boldsymbol{0}$，$M_O\neq0$；②$\boldsymbol{F}'_{\mathrm{R}}\neq\boldsymbol{0}$，$M_O=0$；③$\boldsymbol{F}'_{\mathrm{R}}\neq\boldsymbol{0}$，$M_O\neq0$；④$\boldsymbol{F}'_{\mathrm{R}}=\boldsymbol{0}$，$M_O=0$。下面对这几种情况做进一步的分析讨论。

（1）平面任意力系简化为一个力偶的情形　此时，$\boldsymbol{F}'_{\mathrm{R}}=\boldsymbol{0}$，$M_O\neq0$，即力系的主矢等于

零，而力系对于简化中心的主矩不等于零。则原力系合成为合力偶，合力偶矩为 $M_O$。因为力偶对于平面内任意一点的矩都相同，此时，简化结果与简化中心的选择无关。

（2）平面任意力系简化为一个合力的情形　如果 $\boldsymbol{F}'_{\mathrm{R}} \neq \boldsymbol{0}$，$M_O=0$，即主矩等于零，主矢不等于零。此时附加力偶系互相平衡，只有一个与原力系等效的力 $\boldsymbol{F}'_{\mathrm{R}}$。显然，$\boldsymbol{F}'_{\mathrm{R}}$就是原力系的合力，而合力的作用线恰好通过选定的简化中心 $O$。

如果 $\boldsymbol{F}'_{\mathrm{R}} \neq \boldsymbol{0}$，$M_O \neq 0$，即主矢和主矩都不等于零，此时力系仍然可以简化为一个合力。只要将简化所得力偶（其力偶矩等于主矩）$M_O$ 用两个力 $\boldsymbol{F}_{\mathrm{R}}$ 和 $\boldsymbol{F}''_{\mathrm{R}}$表示，且 $F_{\mathrm{R}}=F''_{\mathrm{R}}$（见图 2-30b），再减去平衡力系（$\boldsymbol{F}'_{\mathrm{R}}$，$\boldsymbol{F}''_{\mathrm{R}}$），于是就将作用于点 $O$ 的力 $\boldsymbol{F}'_{\mathrm{R}}$和力偶（$\boldsymbol{F}_{\mathrm{R}}$，$\boldsymbol{F}''_{\mathrm{R}}$）合成为一个作用在点 $O_1$ 的力 $\boldsymbol{F}_{\mathrm{R}}$，如图 2-30c 所示。这个力 $\boldsymbol{F}_{\mathrm{R}}$ 就是原力系的合力。合力矢的大小和方向与主矢相同，合力的作用线在点 $O$ 的哪一侧，需根据主矢和主矩的方向确定，合力作用线到点 $O$ 的距离可按下式计算：

$$d=\frac{|M_O|}{F_{\mathrm{R}}}$$

下面证明平面任意力系的合力矩定理。由图 2-30c 易见，合力 $\boldsymbol{F}_{\mathrm{R}}$ 对点 $O$ 的矩为

$$M_O(\boldsymbol{F}_{\mathrm{R}})=F_{\mathrm{R}}d=M_O$$

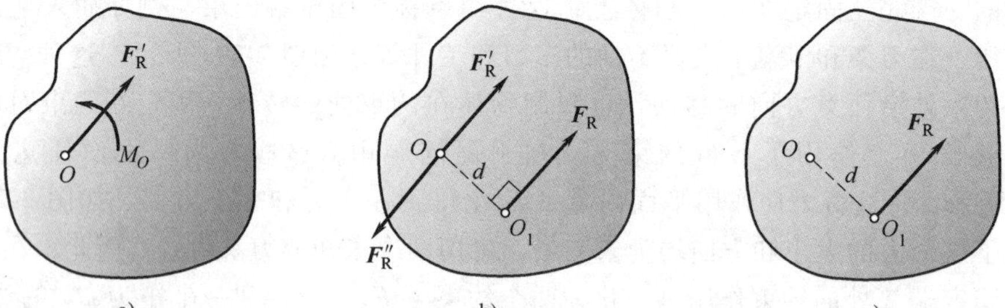


图 2-30

根据主矩的定义，有

$$M_O=M_O(\boldsymbol{F}_1)+M_O(\boldsymbol{F}_2)+\cdots+M_O(\boldsymbol{F}_n)=\sum_{i=1}^{n} M_O(\boldsymbol{F}_i)$$

所以得证

$$M_O(\boldsymbol{F}_{\mathrm{R}})=\sum_{i=1}^{n} M_O(\boldsymbol{F}_i)$$

由于简化中心 $O$ 是任意选取的，故上式有普遍意义，可叙述如下：平面任意力系的合力对作用面内任一点的矩等于力系中各力对同一点的矩的代数和。这就是合力矩定理。利用此定理可以方便求出合力作用线的位置，以及采用分力计算合力矩等。

（3）平面任意力系平衡的情形　如果力系的主矢、主矩均等于零，即

$$\boldsymbol{F}'_{\mathrm{R}}=\boldsymbol{0}，M_O=0$$

则原力系平衡，这种情形将在下节详细讨论。

**例 2-12**　如图 2-31 所示平面任意力系，已知 $F_1=40\sqrt{2}\mathrm{N}$，它与 $x$ 轴正向的夹角为 45°，$F_2=80\mathrm{N}$，$F_3=40\mathrm{N}$，$F_4=110\mathrm{N}$，$M=2000\mathrm{N}\cdot\mathrm{mm}$，各力作用位置如图所示，尺寸单位均为 mm。求该力系向 $O$ 点简化的结果以及力系合力的大小、方向和作用线方程。

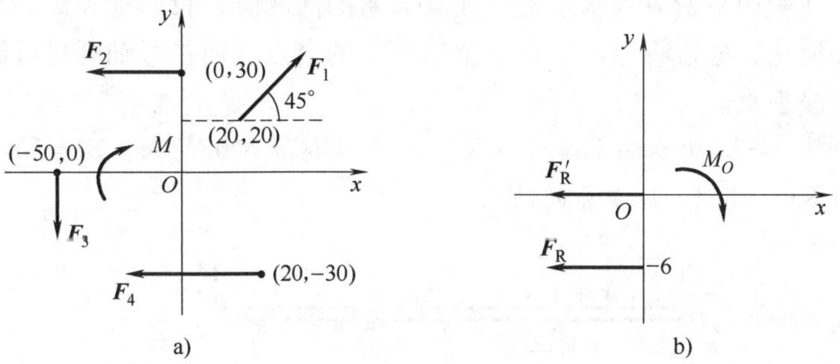


图 2-31

解：(1) 向 $O$ 点简化

$$\sum F_x = F_1 \cdot \cos45^\circ - F_2 - F_4 = -150\text{N}$$

$$\sum F_y = F_1 \cdot \sin45^\circ - F_3 = 0$$

求得该力系的主矢 $\boldsymbol{F}'_{\mathrm{R}} = -150\boldsymbol{i}\text{N}$

主矩为

$$M_O = F_2 \times 30\text{mm} + F_3 \times 50\text{mm} - F_4 \times 30\text{mm} - M = -900\text{N}\cdot\text{mm}\ (\text{顺时针})$$

(2) 合力的大小：$F_{\mathrm{R}} = 150\text{N}$，方向：水平向左，如图 2-31b 所示。

合力 $\boldsymbol{F}_{\mathrm{R}}$ 对点 $O$ 之矩的解析表达式为

$$M_O = M_O(\boldsymbol{F}_{\mathrm{R}}) = xF_{\mathrm{R}y} - yF_{\mathrm{R}x} = x\left(\sum F_{yi}\right) - y\left(\sum F_{xi}\right)$$

将合力的作用点 (0,−6) 及已求得的数值代入上式，可以得到作用线的方程为

$$y = -6\text{mm}$$

## 2.5　平面任意力系的平衡条件和平衡方程

知识点视频

由上一节的分析结果可知：若平面任意力系的主矢和对任意点的主矩不同时为零时，力系合成为一力和一力偶，力系是不平衡的。

若 $\boldsymbol{F}'_{\mathrm{R}} = \boldsymbol{0}$，$M_O = 0$，则力系必然平衡。

于是，平面任意力系平衡的必要和充分条件是：力系的主矢和对于任一点的主矩都等于零。

这些平衡条件可用解析式表示，即

$$\begin{cases} \sum_{i=1}^{n} F_{xi} = 0 \\ \sum_{i=1}^{n} F_{yi} = 0 \\ \sum_{i=1}^{n} M_O(\boldsymbol{F}_i) = 0 \end{cases} \tag{2-21}$$

由此可得出平面任意力系平衡的解析条件是：力系内各力在任意两个坐标轴上的投影的代数和分别等于零，以及各力对于任意一点之矩的代数和也等于零。式 (2-21) 称为平面任意力系的平衡方程，它是平衡方程的基本形式，有三个独立方程，可以求解三个未知量。

应该指出，在应用平衡方程求解平面任意力系的问题时，投影轴和矩心是可以任意选取的。为了使计算简化，通常将矩心选在多个未知力的交点，而投影轴则尽可能与该力系中多数未知力的作用线垂直。

**例 2-13** 如图 2-32a 所示的水平外伸梁，均布载荷 $q=20\text{kN/m}$，$F_1=20\text{kN}$，力偶矩 $M=16\text{kN}\cdot\text{m}$，$a=0.8\text{m}$。求 $A$、$B$ 支座的约束力。

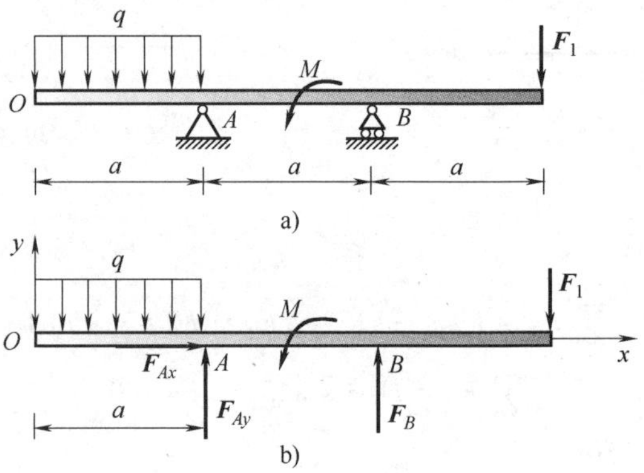


图 2-32

**解：** 以梁为研究对象，作用在梁上的力有：$\boldsymbol{F}_1$、均布载荷 $q$ 的合力 $\boldsymbol{F}_2$（大小为 $qa$，作用点在均布载荷的中点）、矩为 $M$ 的力偶和支座反力 $\boldsymbol{F}_{Ax}$、$\boldsymbol{F}_{Ay}$、$\boldsymbol{F}_B$，如图 2-32b 所示。列平衡方程

$$\sum F_x = 0\ ,\ F_{Ax} = 0$$

$$\sum F_y = 0\ ,\ F_{Ay} + F_B - F_1 - F_2 = 0$$

$$\sum M_A(\boldsymbol{F}) = 0,\ M + F_B \cdot a + F_2 \cdot \frac{a}{2} - F_1 \cdot 2a = 0$$

求得 $F_{Ax}=0$，$F_{Ay}=24\text{kN}$，$F_B=12\text{kN}$。

**例 2-14** 如图 2-33a 所示的水平悬臂梁 $AB$，其上作用有集中力 $\boldsymbol{F}$ 和最大集度为 $q$ 的三角形分布载荷，梁总长为 $6l$，不计自重，求固定端 $A$ 的约束力。

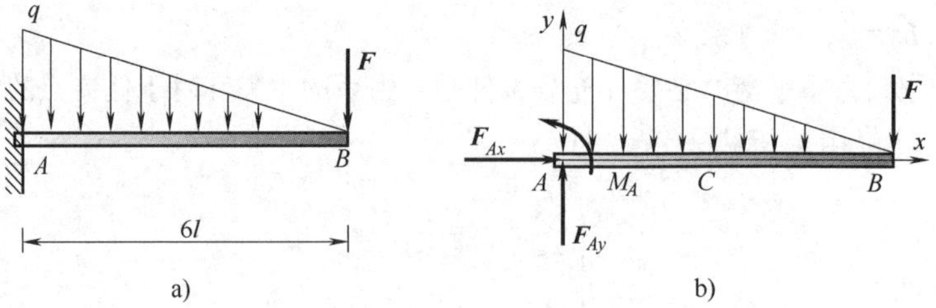


图 2-33

**解：** 以梁为研究对象，作用在梁上的力有：$\boldsymbol{F}$、三角形分布载荷 $q$ 的合力 $\boldsymbol{F}_q$（大小为 $\frac{q}{2}\cdot 6l$，作用点在三角形载荷的 $\frac{6l}{3}$ 处）和支座反力 $\boldsymbol{F}_{Ax}$、$\boldsymbol{F}_{Ay}$ 及 $M_A$。建立坐标系如图 2-33b 所示，列平衡方程

$$\sum F_x = 0\ ,\ F_{Ax} = 0$$

$$\sum F_y = 0\ ,\ F_{Ay} - F - F_q = 0$$

$$\sum M_A(\boldsymbol{F}) = 0,\ M_A - F_q \cdot 2l - F \cdot 6l = 0$$

求得 $F_{Ax}=0$，$F_{Ay}=3ql+F$，$M_A=6l(ql+F)$。

**例 2-15**　图 2-34 所示起重机重 $P_1=10\text{kN}$，可绕铅垂轴 $AB$ 转动；起重机的挂钩上挂一重为 $P_2=40\text{kN}$ 的重物。起重机的重心 $C$ 到转动轴的距离为 1.5m，其他尺寸如图所示。求轴承 $A$、$B$ 处的约束力。

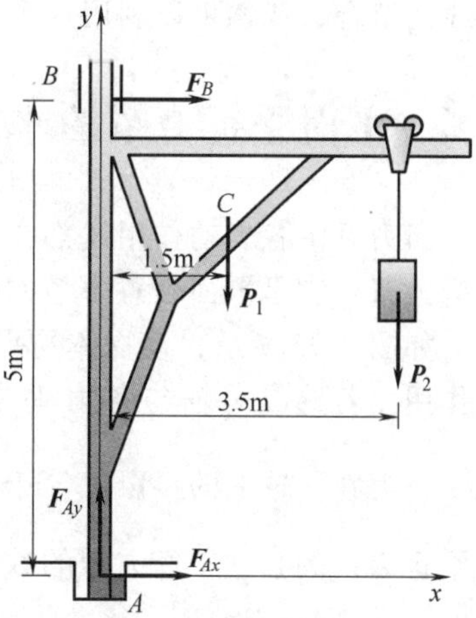


图 2-34

**解：**以起重机为研究对象，作用在它上面的力有：主动力 $\boldsymbol{P}_1$ 和 $\boldsymbol{P}_2$、支座反力 $\boldsymbol{F}_{Ax}$ 和 $\boldsymbol{F}_{Ay}$、约束力 $\boldsymbol{F}_B$。建立坐标系如图所示，列平衡方程

$$\sum F_x = 0\ ,\ F_{Ax} + F_B = 0$$

$$\sum F_y = 0\ ,\ F_{Ay} - P_1 - P_2 = 0$$

$$\sum M_A(\boldsymbol{F}) = 0,\ -F_B \times 5\text{m} - P_1 \times 1.5\text{m} - P_2 \times 3.5\text{m} = 0$$

求得 $F_{Ay}=50\text{kN}$，$F_{Ax}=31\text{kN}$，$F_B=-31\text{kN}$。

$\boldsymbol{F}_B$ 为负值，说明它的方向与假设的方向相反。

平面任意力系的平衡方程除了前面所表示的基本形式外，还有可以写为二矩式和三矩式的形式，具体如下：

$$\begin{cases} \sum\limits_{i=1}^{n} F_{xi} = 0 \\ \sum\limits_{i=1}^{n} M_A(\boldsymbol{F}_i) = 0 \\ \sum\limits_{i=1}^{n} M_B(\boldsymbol{F}_i) = 0 \end{cases} \tag{2-22}$$

其中 $A$、$B$ 两点的连线不得垂直于 $x$ 轴。

为什么上述形式的平衡方程也能满足平面任意力系平衡的必要和充分条件呢？这是因为，如果力系对点 $A$ 的主矩等于零，则这个力系必然不能简化为一个力偶；那么这个力系要么可以简化为经过点 $A$ 的一个力，要么就是平衡的。同时根据力系对另一点 $B$ 的主矩也为零，则这个力系要么有一合力沿 $A$、$B$ 两点的连线，要么平衡。如果再加上 $\sum\limits_{i=1}^{n} F_{ix}$，那么力系如有合力，则此合力必与 $x$ 轴垂直。式（2-22）的附加条件：$A$、$B$ 两点的连线不得垂直于 $x$ 轴，完全排除了力系简化为一个合力的可能性，因此所研究的力系必是平衡的。

同理，也可写出三矩式的平衡方程：

$$\begin{cases} \sum\limits_{i=1}^{n} M_A(\boldsymbol{F}_i) = 0 \\ \sum\limits_{i=1}^{n} M_B(\boldsymbol{F}_i) = 0 \\ \sum\limits_{i=1}^{n} M_C(\boldsymbol{F}_i) = 0 \end{cases} \tag{2-23}$$

其中 $A$、$B$、$C$ 三点不能共线。为什么必须有这个附加条件，读者可自行证明。

上述三组方程（2-21）~方程（2-23）都可用来解决平面任意力系的平衡问题。究竟选用哪一组方程，可以根据具体条件确定。对于受平面任意力系作用的单个刚体的平衡问题，只可以写出三个独立的平衡方程，也只能求解三个未知量。任何第四个方程只是前三个方程的线性组合，我们可以利用这个非独立的方程来校核计算的结果。

## 2.6 平面平行力系的平衡方程

当力系中各力的作用线都在同一个平面内且相互平行（但不重合）时，则称其为**平面平行力系**，它是平面任意力系的一种特殊情形。

如图 2-35 所示，设物体受平面平行力系 $\boldsymbol{F}_1$，$\boldsymbol{F}_2$，…，$\boldsymbol{F}_n$ 的作用，若选取 $x$ 轴与各力垂直，则不论该力系是否平衡，每一个力在 $x$ 轴上的投影恒等于零，即有 $\sum_{i=1}^{n} F_{xi} = 0$。所以平面平行力系的独立平衡方程的数目只有两个，即

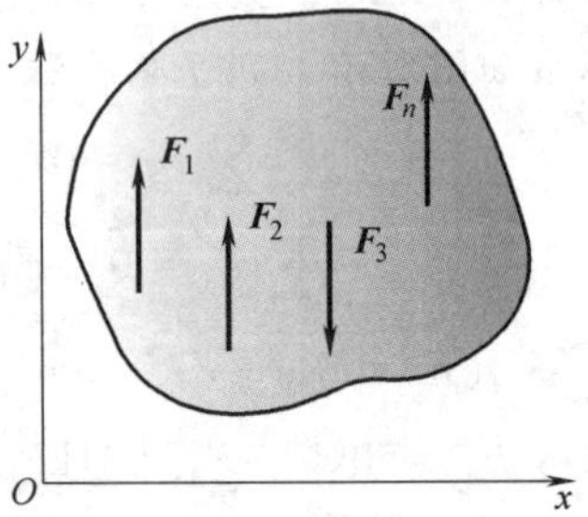

图 2-35

$$\begin{cases} \sum_{i=1}^{n} F_{yi} = 0 \\ \sum_{i=1}^{n} M_O(\boldsymbol{F}_i) = 0 \end{cases} \tag{2-24}$$

平面平行力系的平衡方程，也可用两个力矩方程的形式，即

$$\sum_{i=1}^{n} M_A(\boldsymbol{F}_i) = 0, \ \sum_{i=1}^{n} M_B(\boldsymbol{F}_i) = 0 \tag{2-25}$$

其中 $A$、$B$ 两点的连线不得与各力的方向平行。

**例 2-16** 如图 2-36 所示的塔式起重机。机架自重为 $\boldsymbol{P}$，其作用线到右轨道 $B$ 的距离为 $e$，最大载重量为 $\boldsymbol{P}_1$，其距离右轨道 $B$ 的最大距离为 $l$，轨道 $AB$ 的间距为 $b$。平衡荷重 $\boldsymbol{P}_2$ 的作用线到左轨道 $A$ 的距离为 $a$。欲使起重机在满载和空载时都不致翻倒，求平衡荷重 $\boldsymbol{P}_2$。

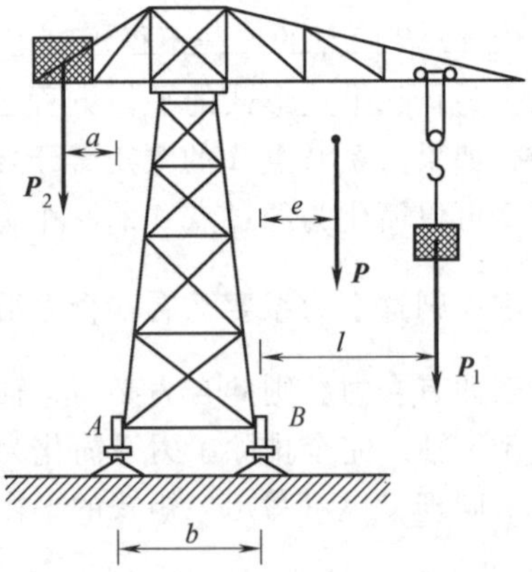

图 2-36

解：欲使起重机不翻倒，应使作用在起重机上的所有力满足平衡条件。起重机所受的力有：机架的重力 $\boldsymbol{P}$、载荷的重力 $\boldsymbol{P}_1$、平衡荷重 $\boldsymbol{P}_2$，以及轨道的约束力 $\boldsymbol{F}_A$ 和 $\boldsymbol{F}_B$。

若起重机在满载时翻倒，则其将绕 $B$ 点顺时针转动，轨道 $A$ 将离开地面，即 $F_A = 0$。所以，若使起重机在满载时不翻倒，必须有 $F_A \geqslant 0$。这时求出的 $\boldsymbol{P}_2$ 值是所允许的最小值。

$$\sum M_B(\boldsymbol{F}) = 0, \ P_2 \cdot (a+b) - F_A \cdot b - P \cdot e - P_1 \cdot l = 0$$

求出
$$F_A = \frac{1}{b}[P_2(a+b) - Pe - P_1 l] \geqslant 0$$

即
$$P_2 \geqslant \frac{Pe+P_1 l}{a+b}$$

空载时，$P_1=0$。若起重机在空载时翻倒，则其将绕点 $A$ 逆时针转动，轨道 $B$ 将离开地面，即 $F_B=0$。所以，若使起重机在空载时不翻倒，必须有 $F_B \geqslant 0$。这时求出的 $\boldsymbol{P}_2$ 值是所允许的最大值。

$$\sum M_A(\boldsymbol{F})=0,\ P_2 a+F_B b-P(b+e)=0$$

求出
$$F_B=\frac{1}{b}[-P_2 a+P(b+e)] \geqslant 0$$

即
$$P_2 \leqslant \frac{P(b+e)}{a}$$

起重机实际工作时不允许处于极限状态，要使起重机不会翻倒，平衡荷重应在这两者之间，即

$$\frac{Pe+P_1 l}{a+b} \leqslant P_2 \leqslant \frac{P(b+e)}{a}$$

## 2.7　静定和超静定问题

知识点视频

当物体平衡时，其独立的平衡方程的总数是一定的（平面任意力系有 3 个独立的方程、平面汇交力系和平面平行力系各有 2 个独立的方程、平面力偶系则只有 1 个独立的方程）。因此，对于每一种力系来说，能够求解的未知量的数目也是有限的。

当物体中的未知量数目等于独立平衡方程的数目时，则所有未知数都能由平衡方程求出，这样的问题称为**静定问题**，显然前面列举的各例都是静定问题。在工程实际中，有时为了提高结构的承载能力，常常增加多余的约束，使这些结构的未知量的数目多于平衡方程的数目，由平衡方程不能求出全部的未知量，这样的问题称为**超静定问题**。

需要注意的是：超静定问题并不是不能解决的问题，只是不能仅仅用静力学的平衡方程来解决。此时，必须考虑物体因受力作用而产生的变形，加列一些补充方程，才能使方程的数目等于未知量的数目。超静定问题已超出刚体静力学的范围，须在材料力学和结构力学中研究。

下面举出一些静定和超静定问题的例子。

设用两根绳子悬挂一重物，如图 2-37a 所示，未知的约束力有两个，而重物受平面汇交力系作用，共有两个平衡方程，因此是静定的。如用三根绳子悬挂重物，且力线在平面内交于一点，如图 2-37b 所示，则未知的约束力有三个，而平衡方程只有两个，因此是超静定的。

设用两个轴承支承一根轴，如图 2-37c 所示，未知的约束力有两个，轴受平面平行力系作用，共有两个平衡方程，因此是静定的。若用三个轴承支承，如图 2-37d 所示，则未知的约束反力有三个，而平衡方程只有两个，因此是超静定的。

在求解静定的物体系统的平衡问题时，可以选每个物体为研究对象，列出全部平衡方程，然后求解；也可先取整个系统为研究对象，列出平衡方程，此时方程中不包含内力，式中未知量较少，解出部分未知量后，再从系统中选取某些物体作为研究对象，列出另外的平

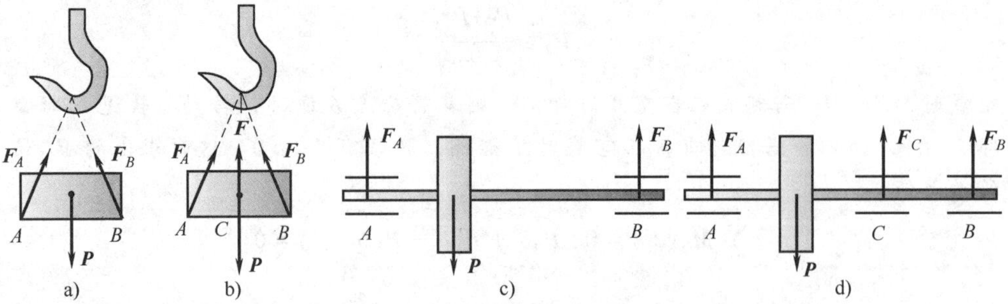


图 2-37

衡方程，直至求出所有的未知量为止。在选择研究对象和列平衡方程时，应使每一个平衡方程中的未知量个数尽可能少，最好是只含有一个未知量，以避免求解联立方程。

知识点视频

## 2.8 刚体系统的平衡

工程结构或机构都是由两个或两个以上构件按照一定的约束方式连接而成的系统，由于工程静力学中构件的模型都是刚体，所以这样的系统统称为**刚体系统**，如组合构架、三铰拱等。

在研究刚体系统的平衡问题时，不仅要知道外界物体对于这个系统的作用，同时还应分析系统内各刚体之间的相互作用。外界物体作用于系统的力称为该系统的外力；系统内部各物体之间相互作用的力称为该系统的内力。应当指出，当整个系统平衡时，则组成该系统的每一个刚体也都平衡。因此在研究这类平衡问题时，既可以取系统中的某个刚体为分离体，也可以取各个刚体的组合、甚至可以取整个系统为研究对象，这要根据问题的具体情况以便于求解为原则来适当地选取。

**例 2-17** 如图 2-38a 所示的组合梁 $ABC$ 在 $B$ 点铰接，$C$ 为固定端，$M=20\text{kN}\cdot\text{m}$，$q=15\text{kN/m}$，求支座 $A$、$B$、$C$ 处的约束力。

**解**：(1) 先取梁 $AB$ 为研究对象，受力如图 2-38b 所示，为平面平行力系。列平衡方程

$$\sum M_A(\boldsymbol{F})=0,\ F_B\times 3\text{m}-q\times 2\text{m}\times 2\text{m}=0$$

$$\sum M_B(\boldsymbol{F})=0,\ -F_A\times 3\text{m}+q\times 2\text{m}\times 1\text{m}=0$$

求解可得 $F_A=10\text{kN}$，$F_B=20\text{kN}$。

(2) 再取梁 $BC$ 为研究对象，受力如图 2-38c 所示。列平衡方程

$$\sum F_x=0,\ F_{Cx}=0$$

$$\sum M_C(\boldsymbol{F})=0,\ F'_B\times 2\text{m}+q\times 1\text{m}\times 1.5\text{m}+M+M_C=0$$

$$\sum M_B(\boldsymbol{F})=0,\ F_{Cy}\times 2\text{m}-q\times 1\text{m}\times 0.5\text{m}+M+M_C=0$$

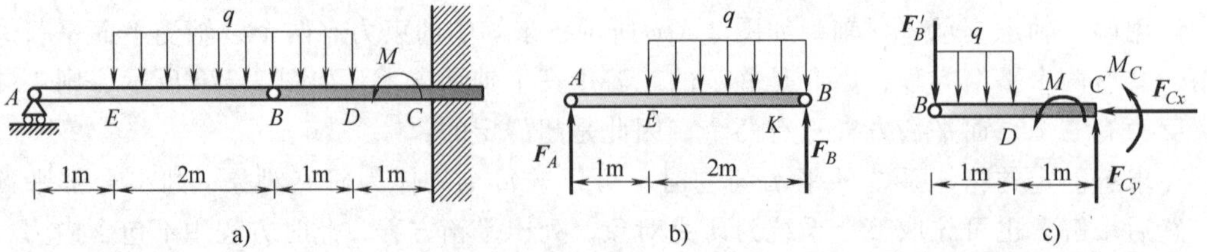


图 2-38

求解可得 $M_C=-82.5\text{kN}\cdot\text{m}$，$F_{Cx}=0\text{kN}$，$F_{Cy}=35\text{kN}$。

**例 2-18**　如图 2-39a 所示的起重机位于多跨梁上，起吊重物 $P=10\text{kN}$，起重机自重 $W=50\text{kN}$，尺寸 $a=3\text{m}$，$b=1\text{m}$，$c=4\text{m}$，不计梁的自重，求支座 $A$、$B$、$D$ 处的约束力。

**解**：(1) 先取起重机 $EGH$ 为研究对象，受力如图 2-39b 所示，为平面平行力系。列平衡方程

$$\sum M_G(\boldsymbol{F})=0, F_H\times 2\text{m}-W\times 1\text{m}-P\times 5\text{m}=0$$

求解可得 $F_H=50\text{kN}$。

(2) 再取梁 $CD$ 为研究对象，受力如图 2-39c 所示，列平衡方程

$$\sum F_x=0,\ F_{Cx}=0$$

$$\sum F_y=0,\ F_{Cy}-F'_H+F_D=0$$

$$\sum M_C(\boldsymbol{F})=0,\ -F'_H\times 1\text{m}+F_D\times 6\text{m}=0$$

求解可得 $F_D=8.33\text{kN}$，$F_{Cx}=0\text{kN}$，$F_{Cy}=41.67\text{kN}$。

(3) 最后取梁 $AC$ 为研究对象，受力如图 2-39d 所示，列平衡方程

$$\sum F_x=0,\ F_{Ax}-F'_{Cx}=0$$

$$\sum F_y=0,\ F_{Ay}-F'_G+F_B-F'_{Cy}=0$$

$$\sum M_A(\boldsymbol{F})=0,\ F_B\times 3\text{m}-F'_G\times 5\text{m}-F'_{Cy}\times 6\text{m}=0$$

求解可得 $F_B=100\text{kN}$，$F_{Ax}=0$，$F_{Ay}=-48.3\text{kN}$（负号说明实际情况与图中所设方向相反）。

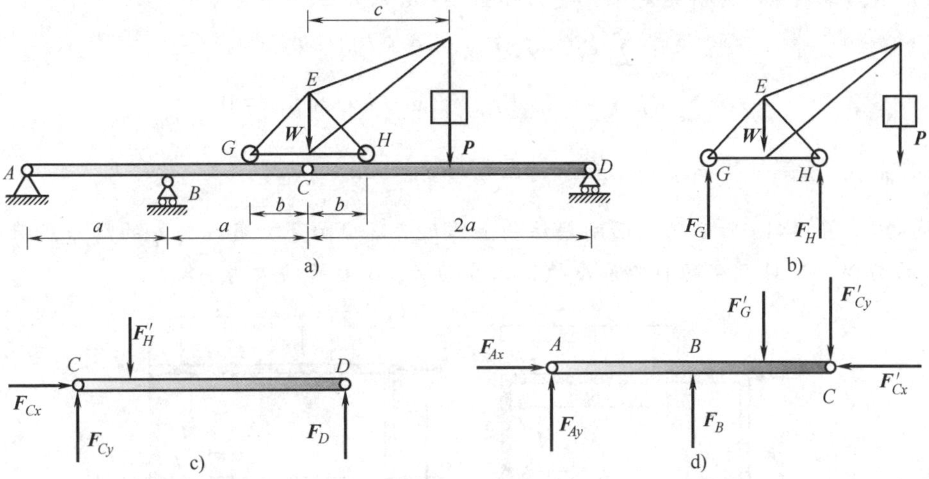


图 2-39

**例 2-19**　如图 2-40a 所示的构架，不计杆件自重，载荷 $F=60\text{kN}$，求铰链 $A$、$E$ 处的约束力及杆 $BD$、$BC$ 的内力。

**解**：(1) 先取杆 $AB$ 为研究对象，受力如图 2-40b 所示，列平衡方程

$$\sum M_B(\boldsymbol{F})=0,\ F\times 3\text{m}-F_{Ay}\times 6\text{m}=0$$

求解可得 $F_{Ay}=30\text{kN}$。

(2) 再以整体为研究对象，受力如图 2-40c 所示，列平衡方程

$$\sum F_x=0,\ F_{Ax}+F_{Ex}=0$$

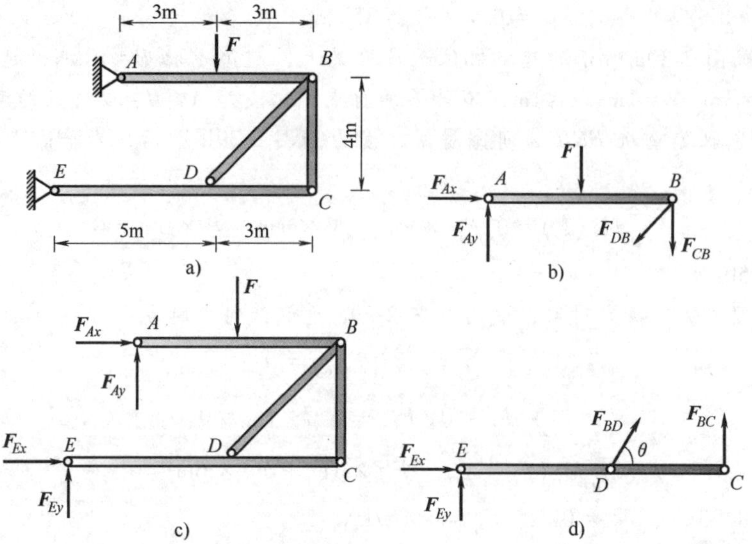


图 2-40

$$\sum F_y = 0,\ F_{Ay} + F_{Ey} - F = 0$$

$$\sum M_A(\boldsymbol{F}) = 0,\ F_{Ex} \times 4\text{m} - F_{Ey} \times 2\text{m} - F \times 3\text{m} = 0$$

求解可得 $F_{Ax} = -60\text{kN}$，$F_{Ex} = 60\text{kN}$，$F_{Ey} = 30\text{kN}$。

（3）最后取杆 $EC$ 为研究对象，受力如图 2-40d 所示，列平衡方程

$$\sum F_x = 0,\ F_{BD}\cos\theta + F_{Ex} = 0$$

$$\sum M_D(\boldsymbol{F}) = 0,\ F_{BC} \times 3\text{m} - F_{Ey} \times 5\text{m} = 0$$

其中 $\cos\theta = \dfrac{3}{5}$，求解可得 $F_{BD} = -100\text{kN}$（压），$F_{BC} = 50\text{kN}$（拉）。

例 2-20　图 2-41a 所示的平面刚架结构上作用有集中力 $\boldsymbol{F}$、集度为 $q$ 的均布载荷和力偶矩为 $M$ 的力偶，不计刚架的自重和摩擦，求支座 $A$、$B$ 处的约束力。

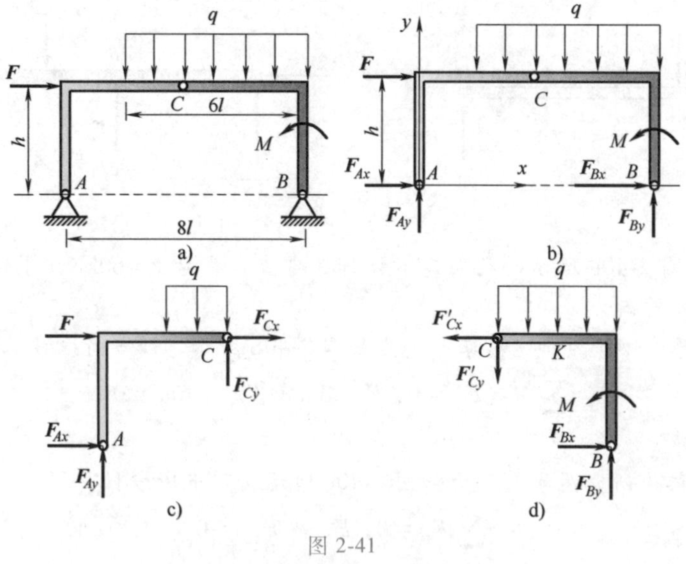


图 2-41

解：(1) 先取刚架整体为研究对象，受力如图 2-41b 所示，列平衡方程

$$\sum F_x = 0,\ F_{Ax} + F + F_{Bx} = 0$$

$$\sum M_A(\boldsymbol{F}) = 0,\ -F \cdot h - q \cdot 6l \cdot 5l + M + F_{By} \cdot 8l = 0$$

$$\sum M_B(\boldsymbol{F}) = 0,\ q \cdot 3l \cdot 6l + M - F_{Ay} \cdot 8l - F \cdot h = 0$$

(2) 再取曲杆 $AC$ 为研究对象，受力如图 2-41c 所示，列平衡方程

$$\sum M_C(\boldsymbol{F}) = 0,\ -F_{Ay} \cdot 4l + F_{Ax} \cdot h + q \times 2l \times l = 0$$

联立求解可得 $F_{Ax}=\dfrac{1}{2}\left(-F+\dfrac{14ql^2}{h}+\dfrac{M}{h}\right)$；$F_{Ay}=\dfrac{1}{8}\left(-\dfrac{Fh}{l}+18ql+\dfrac{M}{l}\right)$；

$$F_{Bx}=-\frac{1}{2}\left(F+\frac{14ql^2}{h}+\frac{M}{h}\right);\ F_{By}=\frac{1}{8}\left(\frac{Fh}{l}+30ql-\frac{M}{l}\right)。$$

注：本题的第 2 步如果取曲杆 $BC$ 为研究对象，受力如图 2-41d 所示，同样可以计算。

**例 2-21** 如图 2-42a 所示的滑道连杆机构，在连杆上作用水平力 $\boldsymbol{F}$，滑道倾角为 $\beta$，$OA=r$，机构自重及各处摩擦均不计。当机构平衡时，求曲柄 $OA$ 上的力偶矩 $M$ 与角 $\theta$ 的关系。

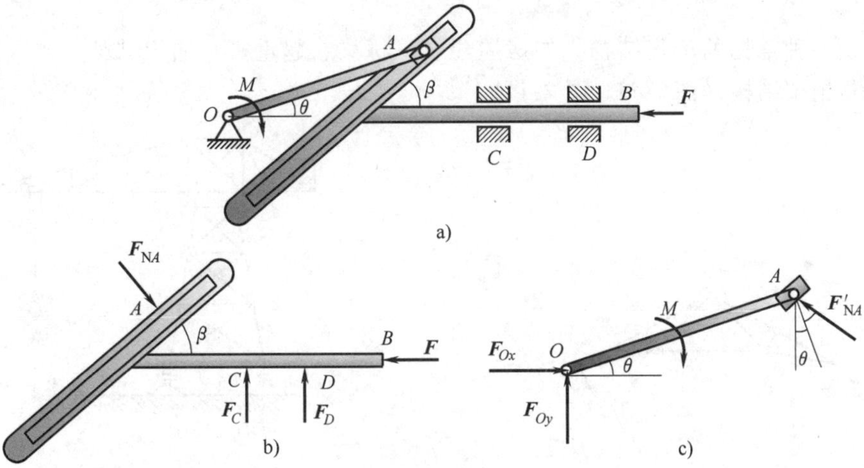


图 2-42

解：(1) 先取滑道 $ACB$ 为研究对象，受力如图 2-42b 所示，列平衡方程

$$\sum F_x = 0,\ F_{NA}\sin\beta - F = 0$$

求解可得 $F_{NA}=\dfrac{F}{\sin\beta}$。

(2) 再取曲柄及滑块为研究对象，受力如图 2-42c 所示，列平衡方程

$$\sum M_O(\boldsymbol{F}) = 0,\ -M + F'_{NA} \cdot \cos(\beta - \theta) \cdot r = 0$$

求解可得 $M=Fr\dfrac{\cos(\beta-\theta)}{\sin\beta}$。

通过对以上例题进行分析，可以将求解平面刚体系统平衡问题的注意事项和解题步骤归纳如下：

1) 分析刚体系统的组成，判断系统是否为静定系统。

2）根据题目要求，以解题简便为原则，适当地选择研究对象，并作受力分析图。研究对象的选取，可以是整个系统，也可以是系统中某一部分，一般总是先选择受力简单、构架简单的部件进行分析。

3）对所选取的研究对象进行受力分析，在解除约束时，要严格按照约束的性质，画出相应的约束力，切忌凭主观臆断。

4）对所选取的研究对象列平衡方程时，应使每一个平衡方程中的未知量个数尽可能少，最好是只含有一个未知量，以避免求解联立方程。可以适当选择几个未知力的交点为矩心，所选的坐标轴应与较多的未知力垂直。

5）如果求得的约束力或约束力偶为负值，表示力的指向或力偶的转向与受力图中的假设相反。用它求解其他未知量时，应该连同负号一起代入其他的平衡方程。

6）在求出全部所需的未知量后，可以再列一个非独立的平衡方程，校验计算结果。

## 2.9 平面简单桁架的内力计算

### 2.9.1 平面桁架

知识点视频

桁架是一种常见的工程结构，如房屋建筑、桥梁、起重机、油田井架、电视塔等都是桁架结构（图 2-43、图 2-44）。

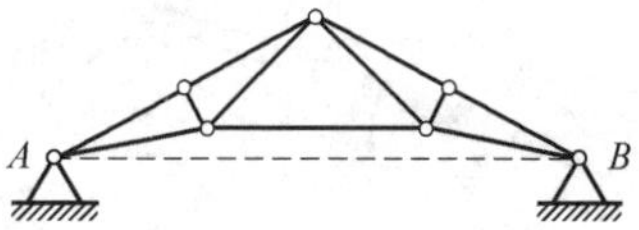


图 2-43

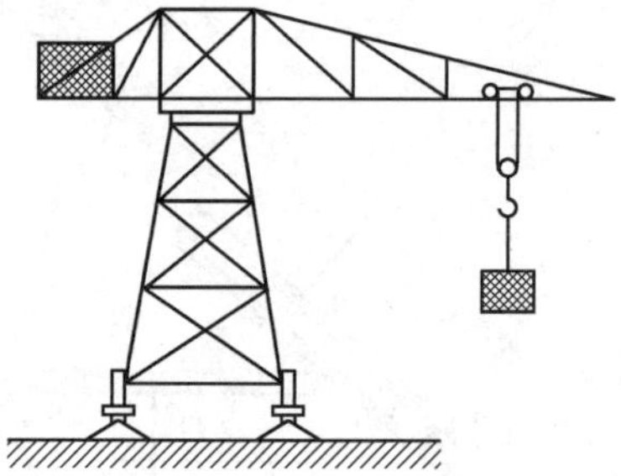

图 2-44

**桁架**是一种由杆件彼此在两端用铰链连接而成的结构，它在受力后几何形状不变。如果桁架中所有的杆件都在同一平面内，这种桁架称为平面桁架。桁架中各杆件的连接点称为**节点**。

为了简化桁架的计算，工程实际中常采用以下几个假设：

1）桁架的杆件都是直杆，且其轴线位于同一平面内；

2）杆件两端用光滑的铰链连接；

3）桁架所受的载荷都作用在桁架平面内的节点上；

4）不计桁架中各杆件的自重，或把自重平均分配到杆件两端的节点上。

这样的桁架，称为理想桁架。当然这些假设与工程实际有些差别，如桁架的节点不是铰接的，杆件的中心线也不可能绝对是直的。但上述假设能够简化计算，且所得的结果在工程上所允许的误差范围内。根据这些假设，桁架的杆件都可看成为只是两端受力作用的二力杆件，所以各杆的内力必定沿着杆轴线方向的拉力或压力。

下面介绍两种计算桁架杆件内力的方法：节点法和截面法。

知识点视频

**1. 节点法**

桁架的每个节点都受一个平面汇交力系作用。为了求每个杆件的内力，可以逐个地取节点为研究对象，由已知力求出全部未知力（杆件的内力），这就是节点法。

知识点视频

**2. 截面法**

适当地选取一截面，假想地把桁架截开，再考虑其中任一部分的平衡，求出这些被截杆件的内力，这就是截面法。

一般来说，节点法多用于需要求出桁架所有杆件内力的情况。应用节点法时，节点上未知内力的杆件不能多于两根；截面法多用于求出某一杆件或某几个杆件的内力，或者是校核桁架内力的计算结果。应用截面法时，选择适当的力矩方程，常可较快地求出某些指定杆件的内力。由于平面任意力系只有三个独立的平衡方程，截面法每次最多只能截断三根内力未知的杆件。对于某些桁架的计算，我们可以同时运用节点法和截面法。

**例 2-22**　如图 2-45a 所示的单跨桁架桥梁，受铅垂力 $\boldsymbol{F}$ 的作用，求 1、2、3 杆的内力。

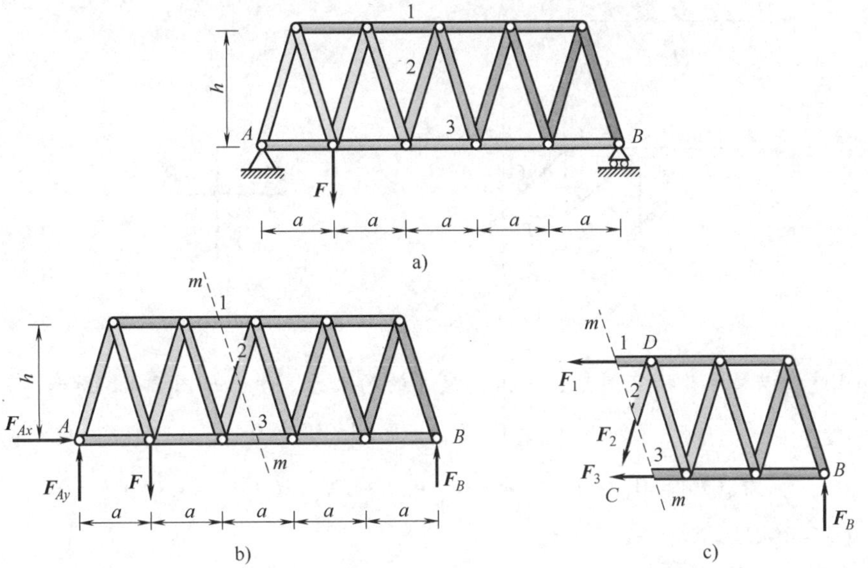


图 2-45

**解**：（1）先以整体为研究对象，求出支座 $A$、$B$ 的竖向约束力。受力如图 2-45b 所示，列平衡方程

$$\sum F_x = 0,\ F_{Ax} = 0$$

$$\sum F_y = 0,\ F_{Ay} + F_B - F = 0$$

$$\sum M_A(\boldsymbol{F}) = 0,\ F_B \cdot 5a - F \cdot a = 0$$

求解得 $F_A = \dfrac{4F}{5}$，$F_B = \dfrac{F}{5}$。

（2）选择截面 $m—m$，将桁架截开，取受力较为简单的右半部分为研究对象，这部分桁架受到杆的内力 $\boldsymbol{F}_1$、$\boldsymbol{F}_2$、$\boldsymbol{F}_3$ 及约束力 $\boldsymbol{F}_B$ 的作用，受力如图 2-45c 所示，列平衡方程

$$\sum F_y = 0,\ F_B - \frac{h}{\sqrt{h^2 + (a/2)^2}}F_2 = 0$$

$$\sum M_C(\boldsymbol{F}) = 0,\ F_B \cdot 3a + F_1 \cdot h = 0$$

$$\sum M_D(\boldsymbol{F}) = 0,\ F_B \cdot \frac{5a}{2} - F_3 \cdot h = 0$$

求解得 $F_1 = -\dfrac{3a}{5h}F$，$F_2 = \dfrac{\sqrt{4h^2+a^2}}{10h}F$，$F_3 = -\dfrac{a}{2h}F$。

例 2-23　图 2-46a 所示为平面桁架结构，其各部分尺寸如图所示，若 $F_1 = 10\text{kN}$，$F_2 = F_3 = 20\text{kN}$，求 4、5、7、10 杆的内力。

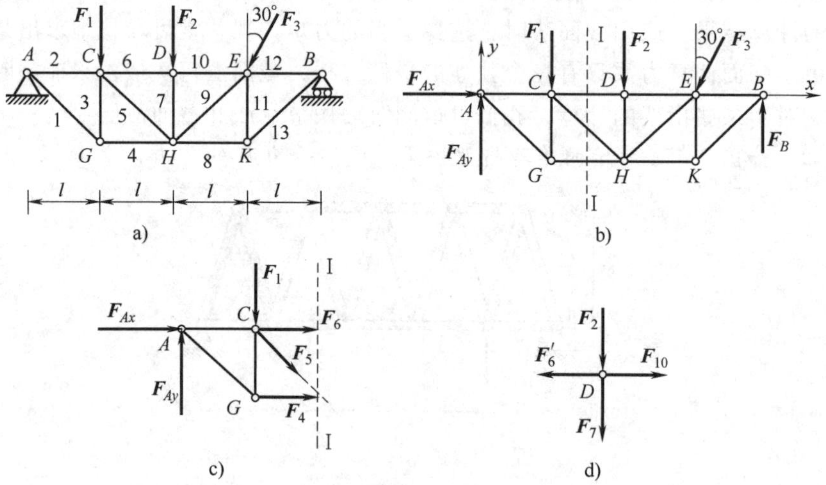


图 2-46

解：(1) 先以整体为研究对象，求出支座 $A$ 的约束力。受力如图 2-46b 所示，列平衡方程

$$\sum F_x = 0,\ F_{Ax} - F_3\sin30° = 0$$

$$\sum M_B(\boldsymbol{F}) = 0,\ -F_{Ay} \cdot 4l + F_1 \cdot 3l + F_2 \cdot 2l + F_3\cos30° \cdot l = 0$$

求解可得 $F_{Ax} = 10\text{kN}$，$F_{Ay} = 21.83\text{kN}$。

(2) 再取 $ACG$ 部分，用一个假想平面 Ⅰ—Ⅰ 将桁架的 4、5、6 杆截断，取其左端为研究对象，受力如图 2-46c 所示，列平衡方程

$$\sum F_x = 0,\ F_{Ax} + F_4 + F_6 + F_5\cos45° = 0$$

$$\sum M_C(\boldsymbol{F}) = 0,\ -F_{Ay} \cdot l + F_4 \cdot l = 0$$

$$\sum M_H(\boldsymbol{F}) = 0,\ -F_{Ax} \cdot l - F_{Ay} \cdot 2l - F_6 \cdot l + F_1 \cdot l = 0$$

求解可得 $F_4 = 21.83\text{kN}$，$F_5 = 16.73\text{kN}$，$F_6 = -43.66\text{kN}$。

(3) 最后选取节点 $D$ 为研究对象，受力如图 2-46d 所示，列平衡方程

$$\sum F_x = 0,\ F_{10} - F'_6 = 0$$

$$\sum F_y = 0,\ -F_2 - F_7 = 0$$

求解可得 $F_7 = -20\text{kN}$，$F_{10} = -43.66\text{kN}$。

（4）判断各杆受拉力或受压力

原假定各杆均受拉力，计算结果 $F_4$、$F_5$ 为正值，表明杆 4、5 确受拉力；内力 $F_7$、$F_{10}$ 的结果为负，表明杆 7、10 承受压力。

### 2.9.2　平面桁架零内力杆（零杆）的判别

知识点视频

平面桁架中不受力的杆件称为**零内力杆**，零内力杆并不是冗杆，不能除去，因为它只是在特定载荷下才不受力，才是零杆。当载荷改变时，该杆就可能会受力。可以利用以下三种方法判别零杆：

1）无载荷两根杆非共线、同节点，则这两根杆均为零杆。如图 2-47a 所示，$F_1=F_2=0$。

2）有载荷两根杆同节点，当载荷作用线与其中一根杆共线时，则另一根不共线的杆即为零杆。如图 2-47b 所示，$F_2=0$。

3）无载荷三根杆同节点，当其中两根杆共线时，则第三根杆必为零杆。如图 2-47c 所示，$F_3=0$。

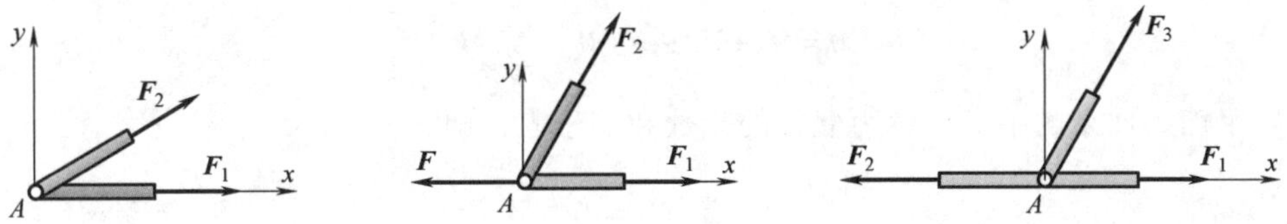


图 2-47

## 小　　结

本章主要研究平面力系的简化和平衡。在工程实际中，很多问题可以简化为平面力系来处理。因此本章的理论是本课程的一个重点内容，必须通过一定量的习题训练才能熟练掌握。

1. 平面汇交力系的合成

1）几何法：力多边形法则。合力的大小与方向由力多边形的封闭边来表示，且作用线通过汇交点。即合力等于各分力的矢量和（几何和）：

$$\boldsymbol{F}_{\mathrm{R}}=\boldsymbol{F}_1+\boldsymbol{F}_2+\cdots+\boldsymbol{F}_n=\sum_{i=1}^{n}\boldsymbol{F}_i$$

平面汇交力系平衡的几何条件为：力多边形自行封闭。

2）解析法：合力在任一轴上的投影等于各分力在同一轴上投影的代数和。即

$$F_{\mathrm{R}x}=F_{x1}+F_{x2}+\cdots+F_{xn}=\sum_{i=1}^{n}F_{xi}$$

$$F_{\mathrm{R}y}=F_{y1}+F_{y2}+\cdots+F_{yn}=\sum_{i=1}^{n}F_{yi}$$

合力矢的大小和方向余弦分别为

$$F_R=\sqrt{F_{Rx}^2+F_{Ry}^2}=\sqrt{\left(\sum_{i=1}^{n}F_{xi}\right)^2+\left(\sum_{i=1}^{n}F_{yi}\right)^2}$$

$$\cos(\boldsymbol{F}_R,\boldsymbol{i})=\frac{\sum_{i=1}^{n}F_{xi}}{F_R},\ \cos\langle\boldsymbol{F}_R,\boldsymbol{j}\rangle=\frac{\sum_{i=1}^{n}F_{yi}}{F_R}$$

平面汇交力系平衡的解析条件：各力在两个坐标轴上投影的代数和分别等于零。即

$$\sum_{i=1}^{n}F_{xi}=0,\ \sum_{i=1}^{n}F_{yi}=0$$

2. 平面力偶系

1）同平面内力偶的等效定理：同平面内的两个力偶，如果它们的力偶矩大小相等，转向相同，则这两个力偶等效。

2）力偶矩：平面力偶矩值是一个代数量，记为 $M(\boldsymbol{F},\boldsymbol{F}')$，简记为 $M$，即

$$M=\pm F\cdot d=\pm 2S_{\triangle OAB}$$

3）平面力偶系的合成：合力偶矩等于各个力偶矩的代数和。即

$$M=M_1+M_2+\cdots+M_n=\sum_{i=1}^{n}M_i$$

4）平面力偶系的平衡：各力偶矩的代数和等于零，即

$$\sum_{i=1}^{n}M_i=0$$

3. 力的平移定理：平移一个力的同时必须附加一个力偶，附加力偶的矩等于原来的力对新作用点之矩。这是平面任意力系简化的理论基础。

4. 平面任意力系向平面内任选一点 $O$ 简化，一般情况下，可得一个力和一个力偶，这个力等于该力系的主矢，即

$$\boldsymbol{F}'_R=\sum_{i=1}^{n}\boldsymbol{F}'_i=\sum_{i=1}^{n}\boldsymbol{F}_i=\left(\sum_{i=1}^{n}F_{xi}\right)\boldsymbol{i}+\left(\sum_{i=1}^{n}F_{yi}\right)\boldsymbol{j}$$

作用线通过简化中心 $O$。这个力偶的矩等于该力系对于点 $O$ 的主矩，即

$$M_O=\sum_{i=1}^{n}M_O(\boldsymbol{F}_i)=\sum_{i=1}^{n}(x_iF_{yi}-y_iF_{xi})$$

5. 平面任意力系向一点简化，可能出现的四种情况见表 2-1。

表 2-1 平面任意力系向一点简化的结果

| 主矢 | 主矩 | 合成结果 | 说明 |
|---|---|---|---|
| $\boldsymbol{F}'_R\neq\boldsymbol{0}$ | $M_O=0$ | 合力 | 此力即为原力系的合力，作用线通过简化中心 |
| | $M_O\neq0$ | 合力 | 合力的作用线到简化中心的距离 $d=\frac{\lvert M_O\rvert}{F'_R}$ |
| $\boldsymbol{F}'_R=\boldsymbol{0}$ | $M_O=0$ | 平衡 | — |
| | $M_O\neq0$ | 力偶 | 此力偶即为原力系的合力偶，此时主矩与简化中心的选取无关 |

6. 平面任意力系平衡的必要和充分条件是：力系的主矢和对于任一点的主矩都等于零。即

$$\boldsymbol{F}_{\mathrm{R}}'=\boldsymbol{0},\ M_O=0$$

平面任意力系平衡方程的一般形式：

$$\sum_{i=1}^{n}F_{xi}=0,\ \sum_{i=1}^{n}F_{yi}=0,\ \sum_{i=1}^{n}M_O(\boldsymbol{F}_i)=0$$

平面任意力系平衡方程的二矩式形式：

$$\sum_{i=1}^{n}F_{xi}=0,\ \sum_{i=1}^{n}M_A(\boldsymbol{F}_i)=0,\ \sum_{i=1}^{n}M_B(\boldsymbol{F}_i)=0$$

其中 $A$、$B$ 两点的连线不得垂直于 $x$ 轴。

三矩式：

$$\sum_{i=1}^{n}M_A(\boldsymbol{F}_i)=0,\ \sum_{i=1}^{n}M_B(\boldsymbol{F}_i)=0,\ \sum_{i=1}^{n}M_C(\boldsymbol{F}_i)=0$$

其中 $A$、$B$、$C$ 三点不能共线。

7. 刚体系统平衡问题的特点和解法

1）整体平衡与局部平衡。某些刚体系统的平衡问题，如果仅仅考虑整体，可能会出现未知约束力的数目超出了平衡方程的数目，但如果把刚体系统中的构件拆开，依次讨论每个刚体的平衡，则可以求出全部的未知量。如果系统整体平衡，那么组成系统的每一个局部都是平衡的。

2）研究对象有多种选取方法。选取的顺序不同，求解的繁简程度也不同。

3）对刚体系统进行分析时，要分清楚内力和外力。内力和外力是相对而言的，需要视所选择的研究对象而定。内力总是成对出现的，它们等值、反向、共线，作用在两个相连接的刚体上。

4）严格按照约束的性质来确定约束力，切忌主观臆断，并注意相互连接物体之间的作用力与反作用力。

5）可以对结果进行校核。

8. 桁架由二力杆铰接构成。求平面静定桁架各杆内力的方法主要有两种：

1）节点法：逐个考虑桁架中所有节点的平衡，应用平面汇交力系的平衡方程求出各杆的内力。应注意每次选取的节点其未知力的数目不宜多于2。

2）截面法：截断待求内力的杆件，将桁架截割为两部分，取其中的一部分为研究对象，应用平面任意力系的平衡方程求出被截割各杆件的内力。应注意每次截割的内力未知的杆件数目不宜多于3。

## 思　考　题

2-1　请指出思考题2-1图所示的各个力多边形中，哪些能够自行封闭？如果不是自行封闭，哪个是合力？哪个是分力？

思考题 2-1

2-2　如果力 $\boldsymbol{F}_1$ 和 $\boldsymbol{F}_2$ 在某一个轴上的投影相等，能否说这两个力一定相等？若这两个力相等，则它们在同一个轴上的投影是否一定相等？为什么？

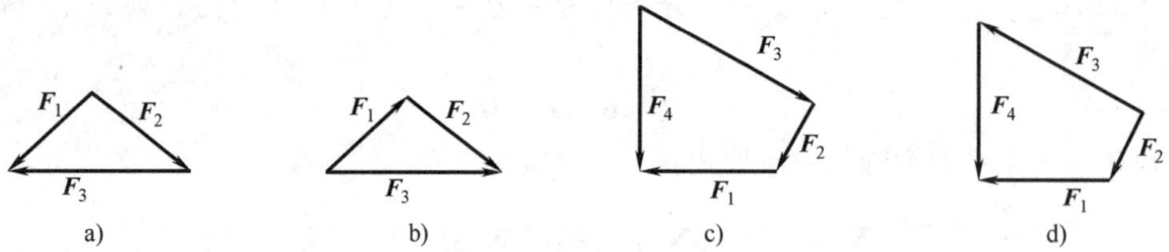


思考题 2-1 图

2-3　若一个力在某个轴上的投影为零，则该力是否一定为零？

2-4　驾驶员在操纵方向盘时，可以双手对方向盘施加一个力偶，也可以单手对方向盘施加一个力，这两种方式能否取得同样的效果？能否说明一个力可以和一个力偶等效？为什么？

2-5　力矩和力偶矩有什么区别和联系？

2-6　如思考题 2-6 图所示的组合梁，能否将作用在 $D$ 点的力 $\boldsymbol{F}$，平行移动到 $E$ 点成为力 $\boldsymbol{F}'$，并附加相应的力偶，然后再求铰链 $C$ 的约束力，这样做对吗？为什么？

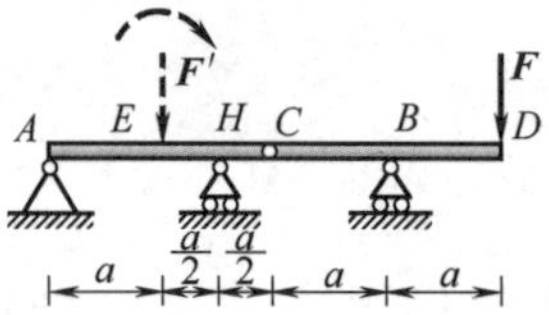


思考题 2-6 图

2-7　平面任意力系的三个独立的平衡方程，能否都用投影方程？为什么？

2-8　平面任意力系简化结果中主矢与该力系合力的区别？

思考题 2-8

2-9　“在平面力系中，如果其力多边形自行封闭，则该力系一定平衡”对吗？

2-10　沿边长 $a=2\text{m}$ 的正方形各边分别作用有 $\boldsymbol{F}_1$，$\boldsymbol{F}_2$，$\boldsymbol{F}_3$ 和 $\boldsymbol{F}_4$，且 $F_1=F_2=F_3=F_4=4\text{kN}$，则该力系向 $B$ 点简化的结果是什么？向 $D$ 点简化的结果是什么？

## 习　　题

2-1　如习题 2-1 图所示，已知 $F_1=60\text{N}$，$F_2=80\text{N}$，$F_3=150\text{N}$，$M=100\text{N}\cdot\text{m}$ 逆时针转向，$\theta=30°$，尺寸单位均为 m，求该力系向 $O$ 点简化的结果及最终结果。

2-2　如习题 2-2 图所示的力 $\boldsymbol{F}_1$、$\boldsymbol{F}_2$、$\boldsymbol{F}_3$ 和矩为 $M$ 的力偶组成的平面力系作用在等腰直角三角形平板 $ABC$ 上，其中 $F_1=3P$、$F_2=P$、$F_3=2P$、$M=aP$。求该力系向 $A$ 点简化的结果及最终结果。

2-3　把作用在平板上的各力向点 $O$ 简化，已知 $F_1=300\text{kN}$、$F_2=200\text{kN}$、$F_3=350\text{kN}$、$F_4=250\text{kN}$，试求力系的主矢和对点 $O$ 的主矩以及力系的最后合成结果，习题 2-3 图中长度单位为 cm。

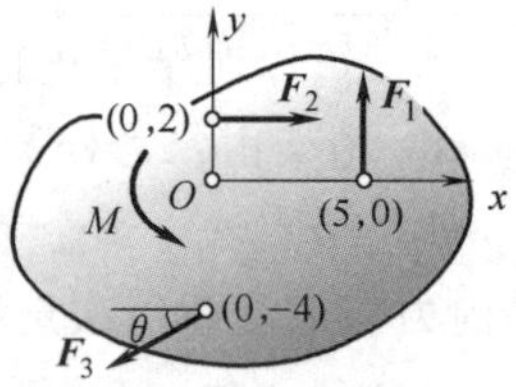

习题 2-1 图

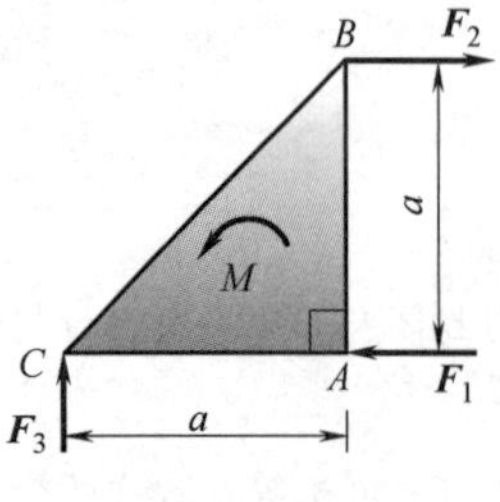


习题 2-2 图

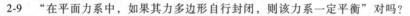

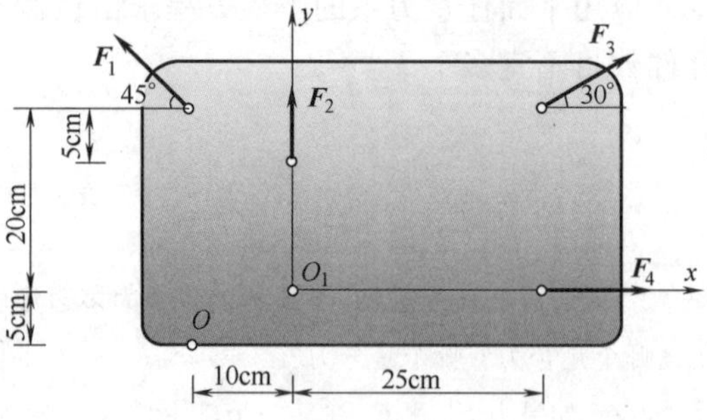


习题 2-3 图

2-4　如习题 2-4 图所示的两个支架，在销钉上作用着竖向力 $\boldsymbol{P}$，均不计各杆的自重。求杆 $AB$、$AC$ 所受到的力。

2-5　如习题 2-5 图所示的两个梁所受 $F=20\text{kN}$，求 $A$、$B$ 支座的约束力。

2-6　T 形杆 $ABC$ 的 $A$ 端固定，尺寸如习题 2-6 图所示，已知 $F=6\text{kN}$，$q=6\text{kN/m}$，$M=4\text{kN}\cdot\text{m}$。求 $A$ 端的支座反力。

2-7　如习题 2-7 图所示的梁，$F=2\text{kN}$，$q=2\text{kN/m}$，$M=4\text{kN}\cdot\text{m}$，求 $A$、$B$ 支座的约束力。

2-8　如习题 2-8 图所示，在水平梁上作用着两个力偶，其中 $M_1=60\text{kN}\cdot\text{m}$，$M_2=40\text{kN}\cdot\text{m}$，求 $A$、$B$ 支座的约束力。

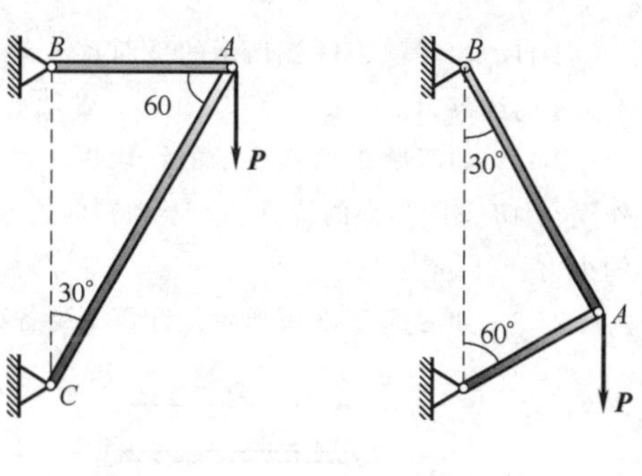


习题 2-4 图

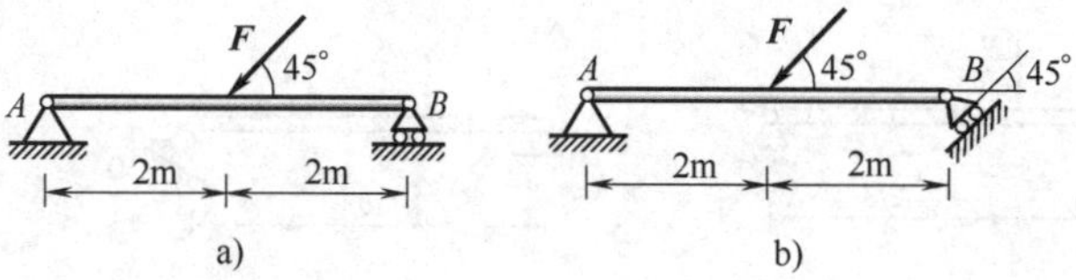


习题 2-5 图

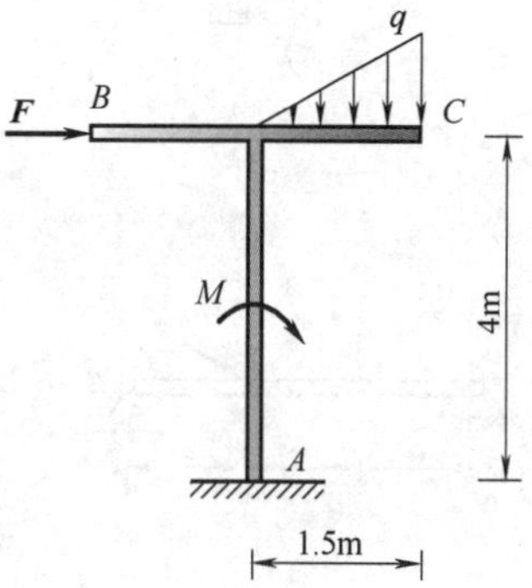


习题 2-6 图

2-9　如习题 2-9 图所示的压榨机 $ABC$，$AB$、$AC$ 的高度均为 $l$，$AB$ 的宽度为 $h$，铰链 $A$ 作用有水平力 $\boldsymbol{F}$，不计自重，假设接触面光滑，求物体 $D$ 受到的挤压力。

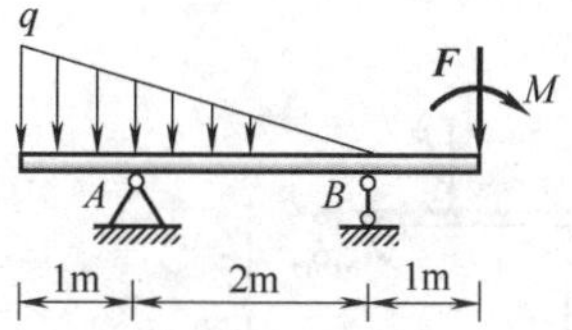


习题 2-7 图

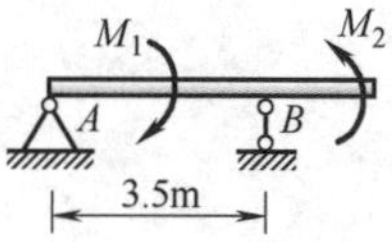


习题 2-8 图

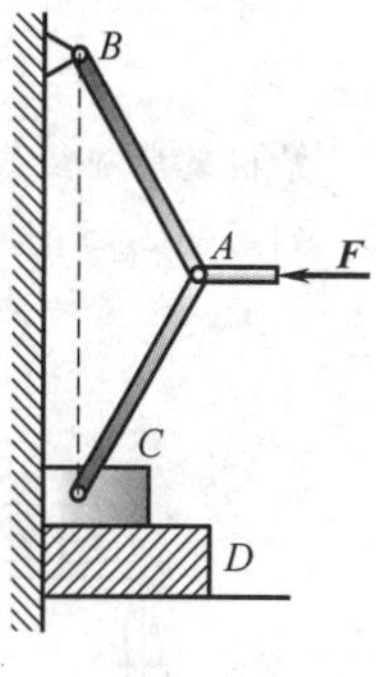


习题 2-9 图

2-10　如习题 2-10 图所示，分别计算各图中，力 $\boldsymbol{F}$ 对 $O$ 点之矩。

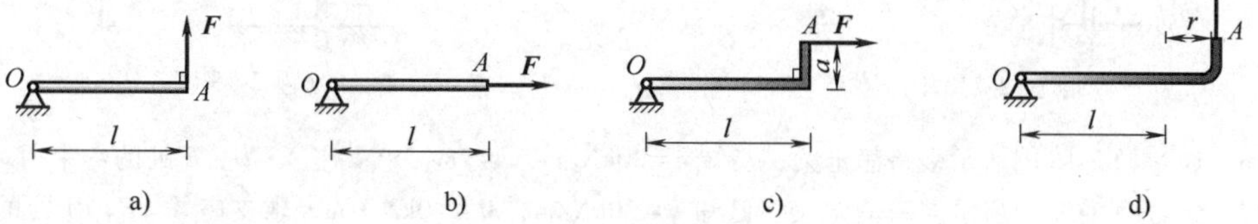


习题 2-10 图

2-11　如习题 2-11 图所示的平面系统 $M=10\text{kN}\cdot\text{m}$，不计杆件自重，求 $A$ 支座的约束力。

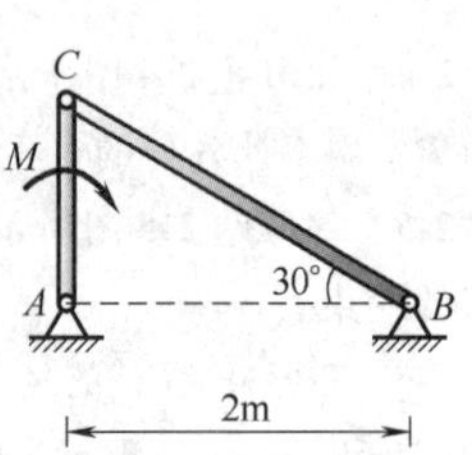


习题 2-11 图

2-12　如习题 2-12 图所示的结构以三种不同的方式支承，三种情况下作用在 $AB$ 上的力偶的位置、大小和转向均相同，求三种情况下各个支座的约束力。

2-13　如习题 2-13 图所示，计算下列各梁的支座反力，均不计自重。

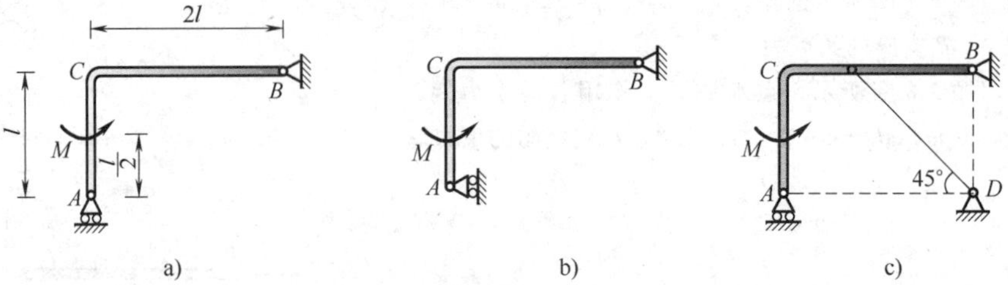


习题 2-12 图

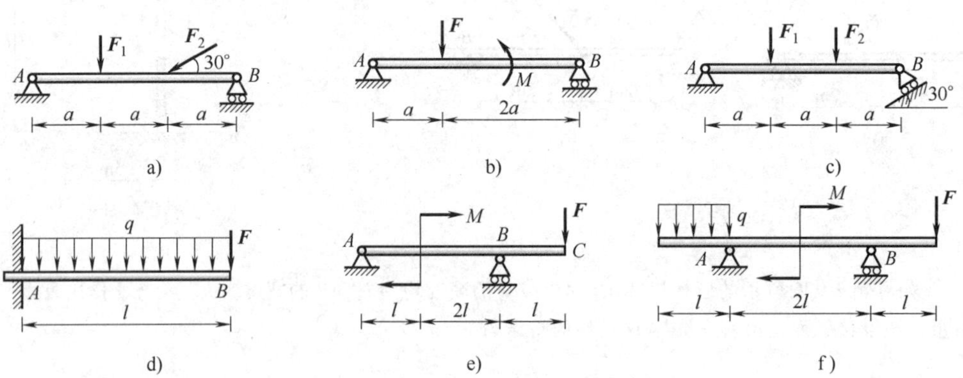


习题 2-13 图

2-14　结构的尺寸及载荷如习题 2-14 图所示，已知 $q=10\text{kN/m}$，$q_0=20\text{kN/m}$。求 $A$、$C$ 支座的约束力。

2-15　如习题 2-15 图所示，刚架由 $AC$ 和 $BC$ 两部分组成，已知 $F=40\text{kN}$，$q=10\text{kN/m}$，$M=20\text{kN}\cdot\text{m}$，$a=4\text{m}$，试求 $A$、$B$、$C$ 支座的约束力。

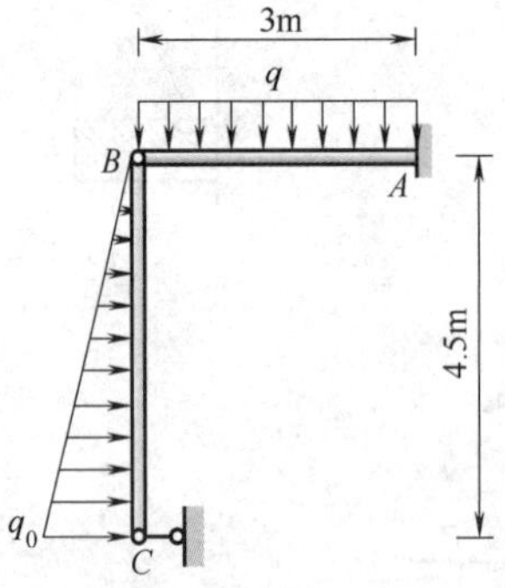


习题 2-14 图

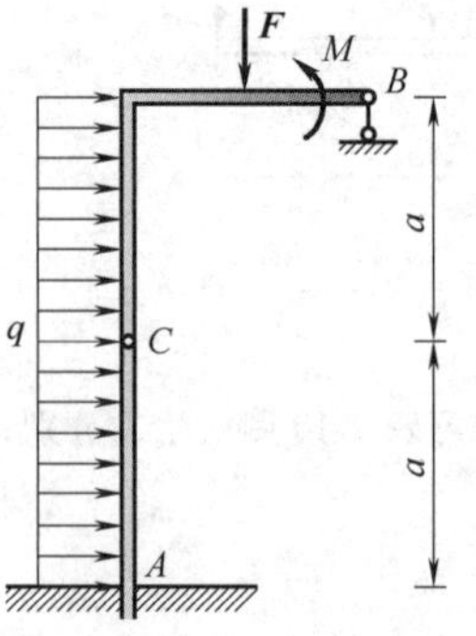


习题 2-15 图

2-16　如习题 2-16 图所示多跨静定梁，已知 $q=20\text{kN/m}$，$l=2\text{m}$，求支座 $A$、$D$、$E$ 处的约束力。

2-17　如习题 2-17 图所示多跨静定梁，已知 $q=10\text{kN/m}$，$M=40\text{kN}\cdot\text{m}$，求支座 $A$、$B$、$D$ 处的约束力及铰链 $C$ 处所受到的力。

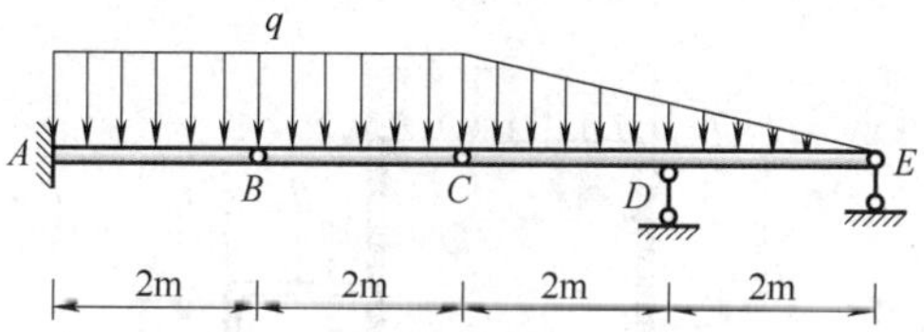


习题 2-16 图

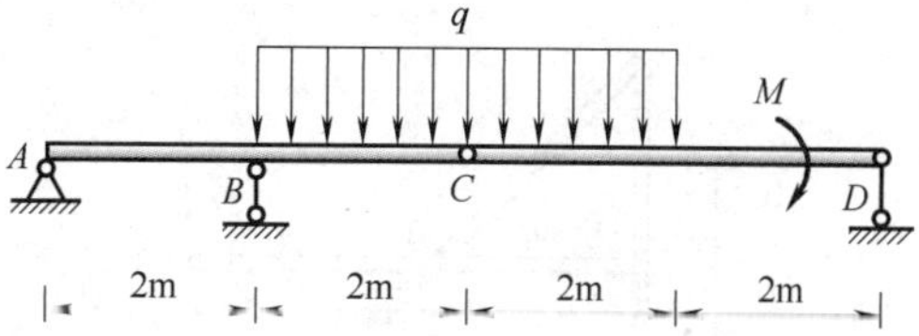


习题 2-17 图

2-18 如习题 2-18 图所示的系统，已知 $q=3\text{kN/m}$，$M=3\text{kN}\cdot\text{m}$，$BC=2\text{m}$，求支座 $A$、$B$ 处的约束力。

2-19 如习题 2-19 图所示的系统，已知 $q=0.5\text{kN/m}$，$a=2\text{m}$，求杆 $BE$、$CE$、$DE$ 的内力。

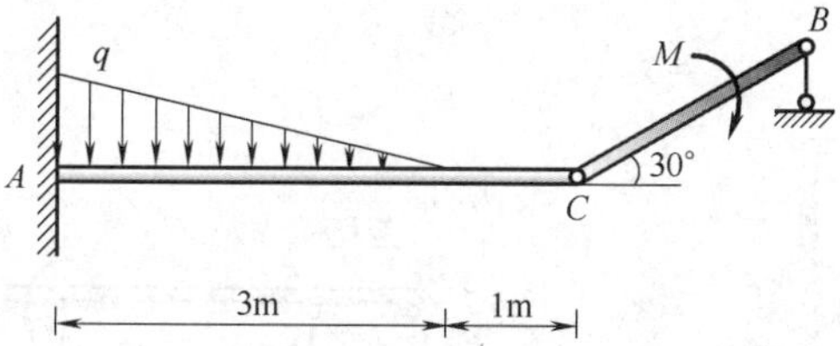


习题 2-18 图

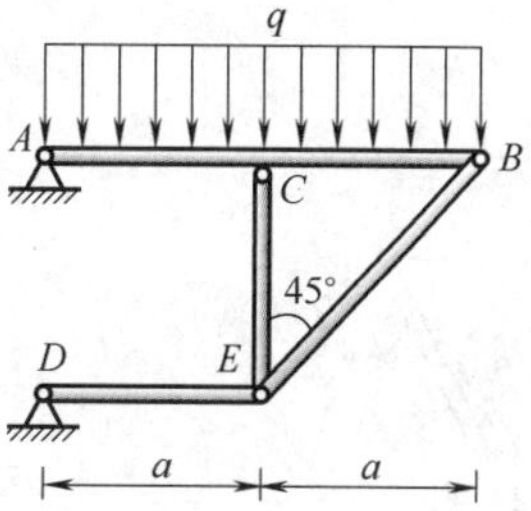


习题 2-19 图

2-20 如习题 2-20 图所示机架，不计滑轮和各杆自重以及摩擦，求支座 $A$、$C$ 处的约束力。

2-21 如习题 2-21 图所示小型机构，重物 $P=750\text{N}$，求绳索 $EC$ 的拉力和 $B$ 处的约束力。

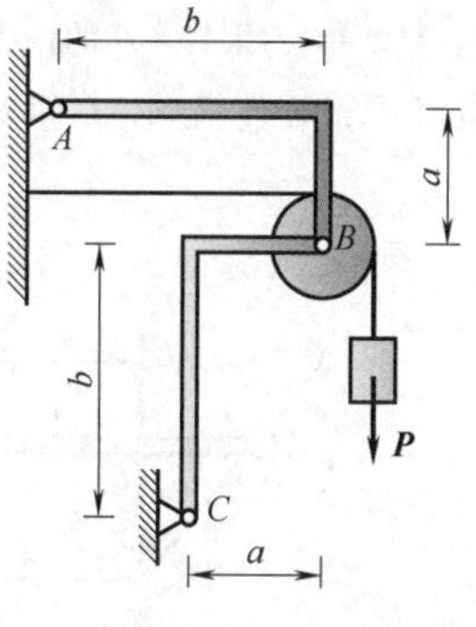


习题 2-20 图

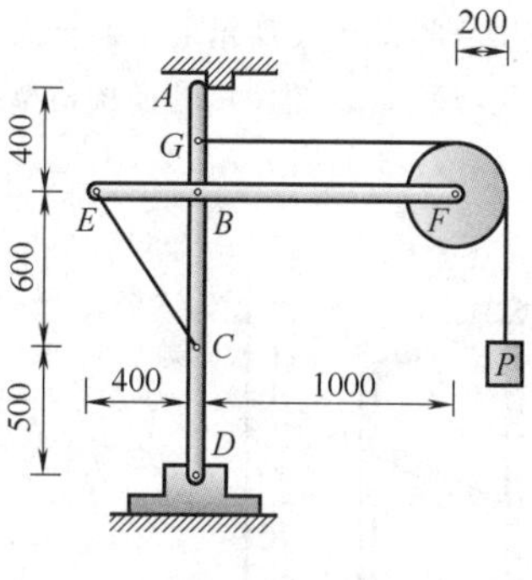


习题 2-21 图

2-22 如习题 2-22 图所示的系统，求铰链 $D$、$E$ 处的约束力。

2-23 如习题 2-23 图所示的刚架系统，已知 $q=10\text{kN/m}$，$F=100\text{kN}$，求支座 $A$、$B$、$C$ 处的约束力。

2-24 重为 $\boldsymbol{P}$ 的均质圆球放在板 $AB$ 与墙壁 $AC$ 之间，$D$、$E$ 两处均为光滑接触，尺寸如习题 2-24 图所示，不计板 $AB$ 的自重，求绳 $BC$ 的拉力。

2-25 如习题 2-25 图所示的系统，定滑轮半径为 $r$，各杆及滑轮的自重不计，忽略摩擦，计算固定端 $A$ 的支座反力。

2-26 结构的受力和尺寸如习题 2-26 图所示，求杆 1、2、3 的内力。

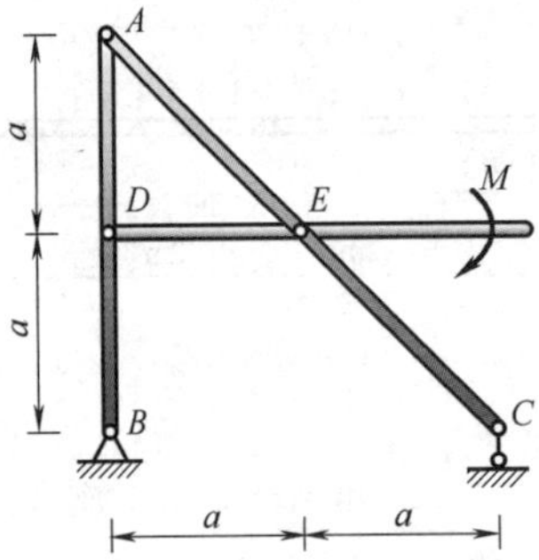


习题 2-22 图

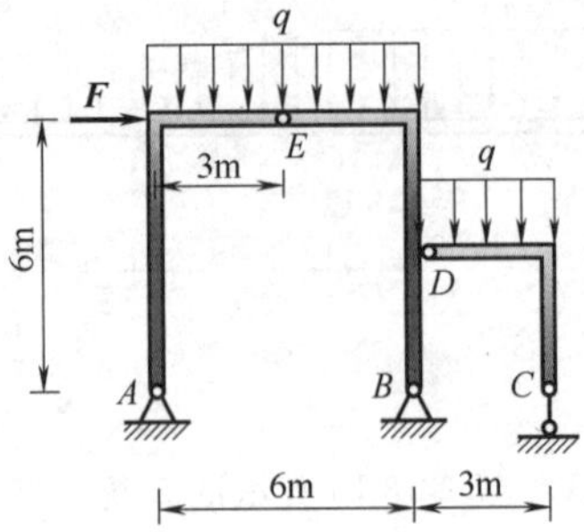


习题 2-23 图

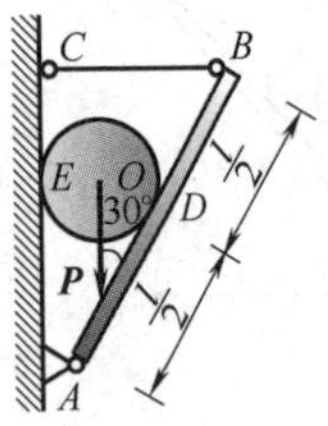


习题 2-24 图

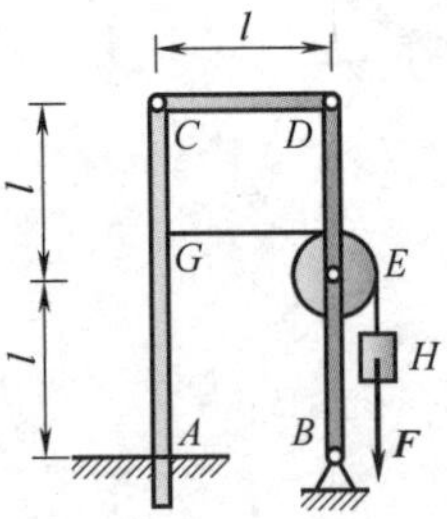


习题 2-25 图

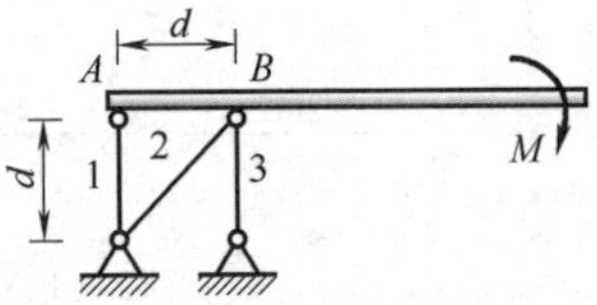


习题 2-26 图

2-27 结构的受力和尺寸如习题 2-27 图所示，$F=6\text{kN}$，求两个直杆上的力，图中长度单位为 m。

2-28 如习题 2-28 图所示的平面桁架，$\triangle ABC$ 为等边三角形，且 $AD=BD$，求杆 $CD$ 的内力。

2-29 如习题 2-29 图所示的横梁桁架结构，结构由横梁 $AC$、$BC$ 和 5 根杆件组成，横梁及各杆的自重不计，求杆 1、2、3 的内力。

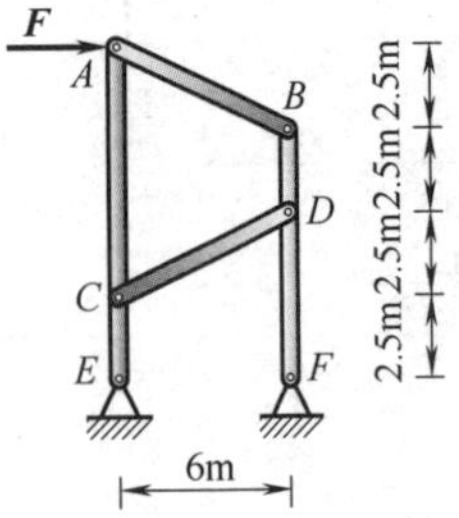


习题 2-27 图

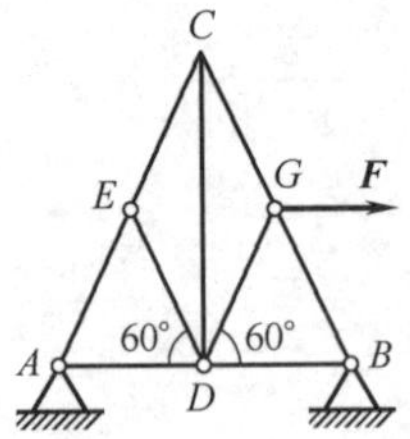


习题 2-28 图

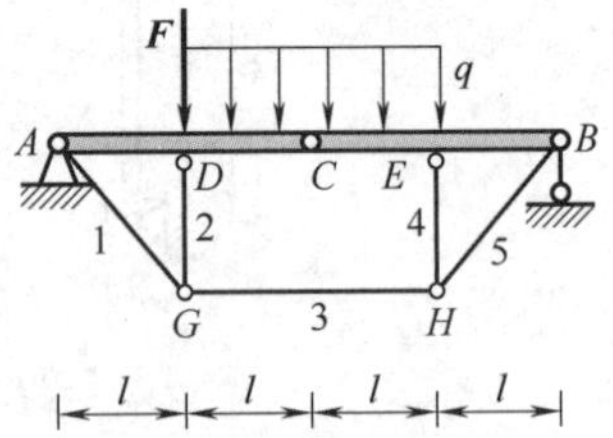


习题 2-29 图

2-30 如习题 2-30 图所示的屋架为锯齿形桁架结构，各杆的自重不计，已知 $F_C=F_E=20\text{kN}$，$F_A=F_B=10\text{kN}$，求各杆的内力。

2-31 如习题 2-31 图所示的平面组合桁架，求 $AB$ 杆的内力。

2-32 如习题 2-32 图所示的结构，已知滑轮半径 $r=a$，重物自重 $P=2F$，求支座 $A$、$E$ 处的约束力。

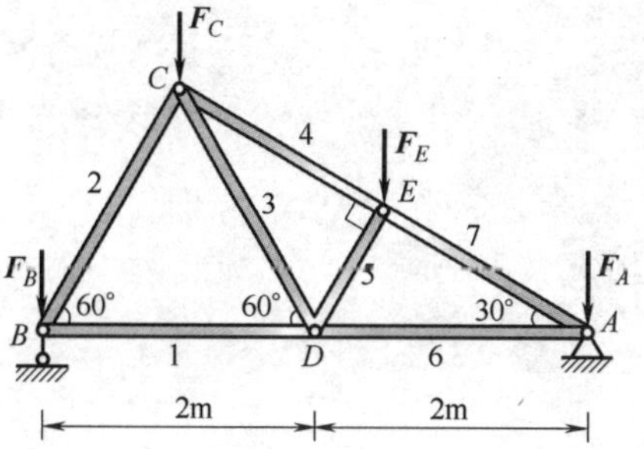


习题 2-30 图

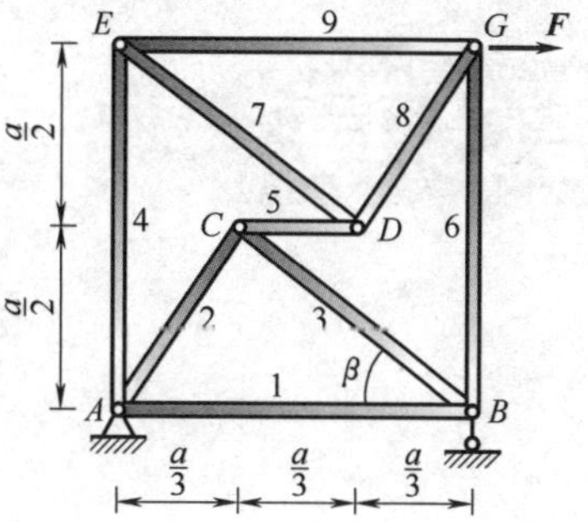


习题 2-31 图

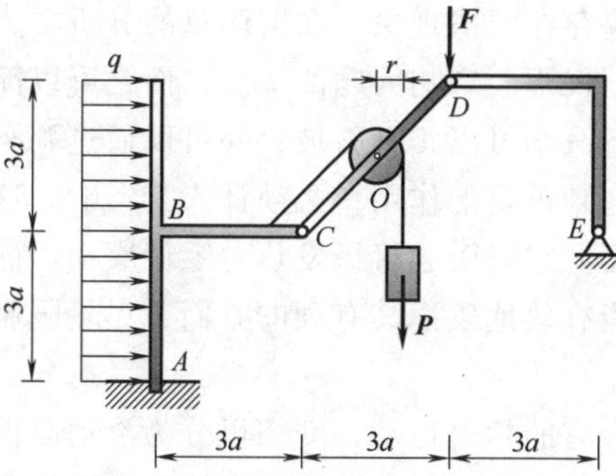


习题 2-32 图

# 第 3 章

# 摩　擦

摩擦是日常生活和工程实际中普遍存在的一种自然现象，不论是人行走、车辆行驶还是机械运转，这些过程中都普遍存在摩擦现象。在前两章的分析中，我们把物体之间的接触表面都看作光滑的，忽略摩擦不仅不会影响问题的本质，而且可以简化计算。但在实际生活和生产中，如在摩擦力的作用下汽车可以爬上斜坡，并可以通过刹车系统的摩擦力制动，螺旋千斤顶支顶车辆时，摩擦会起到重要的作用，必须计入其影响。这些都是利用摩擦有利的一面，但是摩擦也有不利的一面。它会引起机械发热、零件磨损、能量消耗、效率降低等。因此研究摩擦的目的就是为了能有效地发挥其有利的方面，尽量限制其不利的方面，以更好地为生产生活服务。

按照接触物体之间可能会有的相对运动，摩擦可分为滑动摩擦和滚动摩阻；其中根据物体之间是否有良好的润滑剂，滑动摩擦又可分为干摩擦和湿摩擦。本章只研究有干摩擦时物体的平衡问题。

摩擦是一种极其复杂的力学现象，关于摩擦机理的研究，目前已经形成一个专门学科——摩擦学。本章仅介绍工程中常用的简单近似理论。

知识点视频

## 3.1　滑动摩擦

两个表面粗糙的物体，当其接触表面有相对滑动趋势或相对滑动时，沿接触表面彼此作用着阻碍相对滑动的阻力，称为**滑动摩擦力**，简称摩擦力。摩擦力作用于相互接触处，其方向与相对滑动的趋势或相对滑动的方向相反，它的大小根据主动力作用的不同，可以分为三种情况，即静滑动摩擦力、最大静滑动摩擦力和动滑动摩擦力。

### 3.1.1　静滑动摩擦定律

在粗糙的水平面上放置一重为 $\boldsymbol{P}$ 的物体，该物体在重力 $\boldsymbol{P}$ 和法向约束力 $\boldsymbol{F}_N$ 的作用下处于静止状态，如图 3-1a、b 所示。在该物体上作用一大小可变化的水平拉力 $\boldsymbol{F}$，当拉力 $\boldsymbol{F}$ 从零值逐渐增加但不是很大时，物体仍保持静止。可见除了法向约束力 $\boldsymbol{F}_N$ 外，支承面对物体还有一个阻碍物体沿水平面向右滑动的切向约束力，此力即为**静滑动摩擦力**，简称静摩擦力，常以 $\boldsymbol{F}_s$ 表示（见图 3-1c），方向与物体相对滑动趋势相反，它的大小需用平衡条件确定。此时有

$$\sum F_x = 0,\ F_s = F$$

由上式可知，在一定的范围内，静摩擦力的大小随水平力 $\boldsymbol{F}$ 的增大而增大。但当力 $\boldsymbol{F}$ 继续

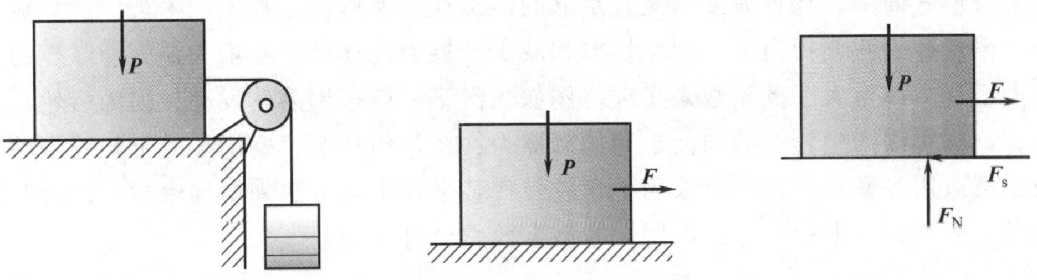


a)　　b)　　c)

图 3-1

增加达到一定值时，物体处于将要滑动但尚未开始滑动的临界状态。这时，只要力 $\boldsymbol{F}$ 再增大一点，物体即开始滑动。当物块处于平衡的临界状态时，静摩擦力达到最大值，即为最大静滑动摩擦力，简称最大静摩擦力，以 $\boldsymbol{F}_{smax}$ 表示。此后，如果 $\boldsymbol{F}$ 再继续增大，物体将失去平衡而开始滑动，综上所述，静摩擦力的大小随主动力的情况而改变，介于零与最大静摩擦力之间，即

$$0\leqslant F_s\leqslant F_{smax} \tag{3-1}$$

大量实验证明：最大静摩擦力的大小与两物体间的正压力（即法向约束力）成正比，即

$$F_{smax}=f_sF_N \tag{3-2}$$

式中，比例常数 $f_s$ 称为**静摩擦系数**，它是量纲为一的参数。式（3-1）称为**静摩擦定律**（又称库仑定律）。

静摩擦系数的大小需由实验测定，它与两接触物体的材料和表面情况（如粗糙度、温度和湿度等）有关，而一般与接触面面积的大小无关。静摩擦系数的数值可在工程手册中查到，表 3-1 列出了一部分常用材料的摩擦系数。但影响摩擦系数的因素很复杂，如果需用比较准确的数值时，必须在具体条件下进行实验测定。

**表 3-1　常用材料的滑动摩擦系数**

| 材料名称 | 静摩擦系数 | | 动摩擦系数 | |
|---|---|---|---|---|
| | 无润滑 | 有润滑 | 无润滑 | 有润滑 |
| 钢-钢 | 0.15 | 0.1～0.2 | 0.15 | 0.05～0.1 |
| 钢-软钢 | | | 0.2 | 0.1～0.2 |
| 钢-铸铁 | 0.3 | | 0.18 | 0.05～0.15 |
| 钢-青铜 | 0.15 | 0.1～0.15 | 0.15 | 0.1～0.15 |
| 软钢-铸铁 | 0.2 | | 0.18 | 0.05～0.15 |
| 软钢-青铜 | 0.2 | | 0.18 | 0.07～0.15 |
| 铸铁-铸铁 | | 0.18 | 0.15 | 0.07～0.12 |
| 铸铁-青铜 | | | 0.15～0.2 | 0.07～0.15 |
| 青铜-青铜 | | 0.1 | 0.2 | 0.07～0.1 |
| 皮革-铸铁 | 0.3～0.5 | 0.15 | 0.6 | 0.15 |
| 橡皮-铸铁 | | | 0.8 | 0.5 |
| 木材-木材 | 0.4～0.6 | 0.1 | 0.2～0.5 | 0.07～0.15 |

应该指出，式（3-2）仅仅是近似的，它远不能完全反映出静滑动摩擦的复杂现象。但

是，该公式形式简单，计算方便，又有足够的准确性，所以在工程实际中被广泛地应用。

静摩擦定律给我们指出了利用摩擦力和减少摩擦力的途径。要增大最大静摩擦力，可以通过加大正压力或增大摩擦系数来实现。例如，汽车一般都用后轮发动，因为后轮正压力大于前轮，这样可以产生较大的向前推动的摩擦力；在带传动中，要增加胶带与胶带轮之间的摩擦力，可以用张紧轮，也可以采用三角胶带代替平胶带的方法来增加摩擦力；火车在下雪后行驶时，要在铁轨上撒细沙，以增大摩擦系数避免打滑等。

### 3.1.2 动滑动摩擦定律

如果 $\boldsymbol{F}$ 再继续增大，物体将失去平衡而开始滑动，物体运动时，摩擦力将继续存在，此时称为滑动摩擦力，以 $\boldsymbol{F}_d$ 表示。实验表明：动摩擦力的大小与接触物体间的正压力成正比，即

$$F_d = f_d F_N \tag{3-3}$$

式中，$f_d$ 是动摩擦系数，它不仅与接触物体的材料和表面情况有关，还和物体的滑动速度有关。动摩擦力与静摩擦力不同，它没有变化范围。一般情况下，动摩擦系数小于静摩擦系数，即 $f_d<f_s$，这说明推动物体从静止开始滑动比较费力，但是一旦滑动起来后，要维持物体继续滑动就比较容易了。在一般工程计算中，不考虑速度变化对 $f_d$ 的影响，在精确度要求不高时，可近似认为 $f_d=f_s$。

## 3.2 考虑摩擦时物体的平衡问题

知识点视频

考虑摩擦时，求解物体平衡问题与不考虑摩擦时求解物体平衡问题的步骤大致相同，但有如下几个特点：①画受力图时，必须考虑接触面间切向的摩擦力 $\boldsymbol{F}_s$，摩擦力的方向与相对滑动趋势相反；②由于物体平衡时静摩擦力有一定的范围（$0\leqslant F_s\leqslant F_{smax}$），所以有静摩擦时物体平衡问题的解也有一定的范围，而不是一个确定的值；③在求解过程中，除了列出平衡方程外，还需列出 $F_{smax}=f_sF_N$ 作为补充方程。

工程中有不少问题只需要分析平衡的临界状态，这时静摩擦力等于其最大值，补充方程只取等号，即补充方程为 $F_{smax}=f_sF_N$。有时为了计算方便，也先在临界状态下计算，求得结果后再分析、讨论其解的平衡范围。

**例 3-1** 如图 3-2a 所示的一个矩形均质物体置于水平面上，受拉力 $\boldsymbol{F}_1$ 作用，其自重 $P=480\text{N}$。已知接触面的静摩擦系数 $f_s=\dfrac{1}{3}$，$l=1\text{m}$。试问此物体在 $\boldsymbol{F}_1$ 的作用下是先滑动还是先

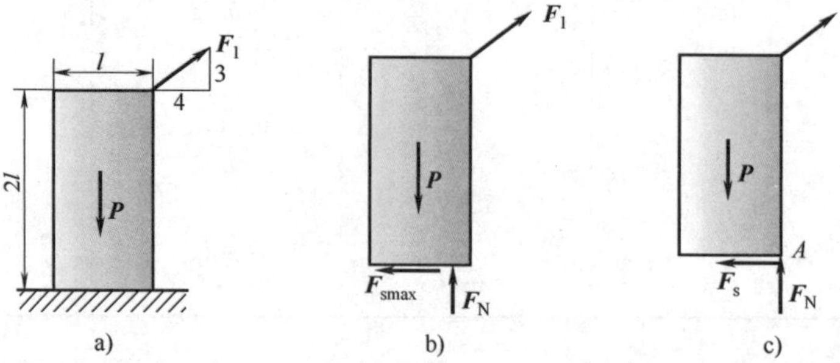


图 3-2

倾倒？并计算物体保持平衡时的最大拉力。

**解：** 可以先假设物体即将滑动，其受力分析如图 3-2b 所示，列平衡方程

$$\sum F_x = 0,\ -F_{smax} + \frac{4}{5}F_1 = 0$$

$$\sum F_y = 0,\ F_N + \frac{3}{5}F_1 - P = 0$$

$$F_{smax} = f_s \cdot F_N$$

联立求解得 $F_1 = \frac{1}{3}P = 160\text{N}$。

再假设物体即将发生倾倒，注意此时 $\boldsymbol{F}_N$ 的作用点将移至 $A$ 点，其受力分析如图 3-2c 所示，列平衡方程

$$\sum M_A(\boldsymbol{F}) = 0,\ -F_1 \cdot \frac{4}{5} \cdot 2l + P \cdot \frac{l}{2} = 0$$

联立求解得 $F_1 = \frac{5}{16}P = 150\text{N}$。

综上所述，物体保持平衡时的最大拉力应该是 $F_1 \leqslant 150\text{N}$。

注：对于放置于斜平面上，且重心相对于滑动面较高的物体，不仅要考虑其是否会滑动，还要考虑其是否会倾覆，即此类物体的平衡要受到两个方面的限制。

**例 3-2** 如图 3-3a 所示的长为 $l$ 的梯子自重为 $\boldsymbol{P}$，作用在梯子的中点上，上端靠在光滑的墙上，下端放置在粗糙的地面上，其摩擦系数为 $f_s$，若想使重为 $\boldsymbol{W}$ 的人登上梯子的顶点 $A$ 而梯子不至于滑动，试问倾角应该为多大？

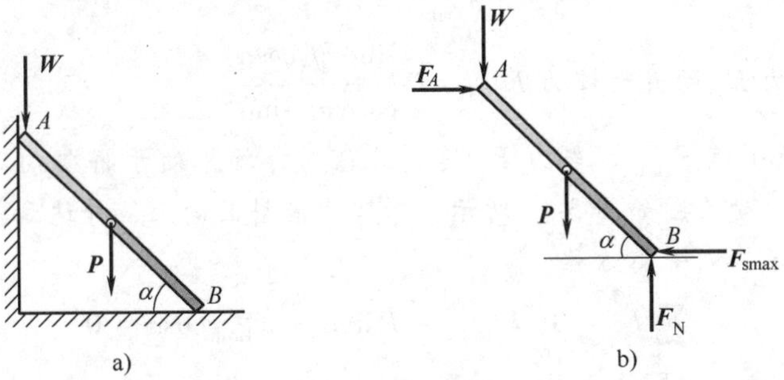


图 3-3

**解：** 取梯子为研究对象，设其处于临界状态，此时的倾角即为所求。其受力分析如图 3-3b 所示，列平衡方程

$$\sum F_x = 0,\ -F_{smax} + F_A = 0$$

$$\sum F_y = 0,\ F_N - P - W = 0$$

$$\sum M_B(\boldsymbol{F}_i) = 0,\ W\cos\alpha \cdot l - F_A\sin\alpha \cdot l + P\cos\alpha \cdot \frac{1}{2} = 0$$

$$F_{smax} = f_s F_N$$

联立求解得 $\alpha = \arctan\left(\dfrac{P+2W}{2f_s(P+W)}\right)$。

根据常识，角度 $\alpha$ 越大，梯子越容易保持平衡。故若想保持平衡，应该有

$$\alpha \geqslant \arctan\left(\frac{P+2W}{2f_s(P+W)}\right)。$$

例 3-3　如图 3-4a 所示的物体重为 $\boldsymbol{P}$，放在倾角为 $\alpha$ 的斜面上，它与斜面间的摩擦系数为 $f_s$，当物体处于平衡时，试求水平力 $\boldsymbol{F}_1$ 的大小。

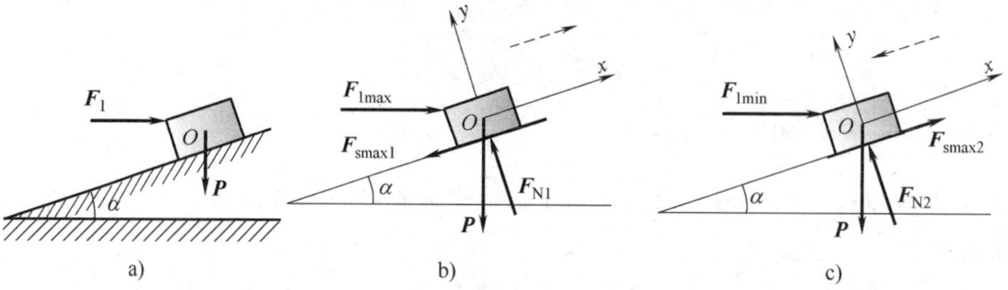


图 3-4

解：根据经验，若力 $\boldsymbol{F}_1$ 太大，物块将上滑；若力 $\boldsymbol{F}_1$ 太小，物块将下滑。因此力 $\boldsymbol{F}_1$ 的数值必在一定范围之内才能保证物体平衡。

先求力 $\boldsymbol{F}_1$ 的最大值 $F_{1\max}$。当力 $\boldsymbol{F}_1$ 达到此值时，物体处于将要向上滑动的临界状态。选物块为研究对象，受力图如图 3-4b 所示，此时摩擦力 $\boldsymbol{F}_s$ 沿斜面向下，并达到最大值 $F_{s\max1}$。物体共受四个力作用：已知力 $\boldsymbol{P}$，未知力 $\boldsymbol{F}_{1\max}$、$\boldsymbol{F}_{N1}$、$\boldsymbol{F}_{s\max1}$。列平衡方程

$$\sum F_x = 0,\ -F_{s\max1} - P\sin\alpha + F_{1\max}\cos\alpha = 0$$

$$\sum F_y = 0,\ F_{N1} - F_{1\max}\sin\alpha - P\cos\alpha = 0$$

$$F_{s\max1} = f_s F_{N1}$$

联立解出，水平推力 $\boldsymbol{F}_1$ 的最大值为 $F_{1\max} = P\dfrac{\sin\alpha + f_s\cos\alpha}{\cos\alpha - f_s\sin\alpha}$。

现再求 $\boldsymbol{F}_1$ 的最小值 $F_{1\min}$。当力 $\boldsymbol{F}_1$ 达到此值时，物体处于将要向下滑动的临界状态。选物块为研究对象，受力图如图 3-4c 所示，摩擦力沿斜面向上，并达到最大值 $F_{s\max2}$，物体的受力情况如图所示，列平衡方程

$$\sum F_x = 0,\ F_{s\max2} - P\sin\alpha + F_{1\min}\cos\alpha = 0$$

$$\sum F_y = 0,\ F_{N2} - F_{1\min}\sin\alpha - P\cos\alpha = 0$$

$$F_{s\max2} = f_s F_{N2}$$

联立解出，水平推力 $\boldsymbol{F}_1$ 的最小值为 $F_{1\min} = P\dfrac{\sin\alpha - f_s\cos\alpha}{\cos\alpha + f_s\sin\alpha}$。

综合上述两个结果可知：为使物块静止，力 $\boldsymbol{F}_1$ 应满足的条件为

$$P\frac{\sin\alpha - f_s\cos\alpha}{\cos\alpha + f_s\sin\alpha} \leqslant F_1 \leqslant P\frac{\sin\alpha + f_s\cos\alpha}{\cos\alpha - f_s\sin\alpha}。$$

特别要注意：在临界状态下求解有摩擦的平衡问题时，必须根据相对滑动的趋势，正确判定摩擦力的方向，不能任意假设。这是因为解题中引用了补充方程 $F_{s\max} = f_s F_N$，由于 $f_s$ 为正值，$\boldsymbol{F}_{s\max}$ 与 $\boldsymbol{F}_N$ 必须有相同的符号。法向约束力 $\boldsymbol{F}_N$ 的方向总是确定的，$\boldsymbol{F}_N$ 值永为正，因而 $\boldsymbol{F}_{s\max}$ 也应为正值，即摩擦力 $\boldsymbol{F}_{s\max}$ 的方向不能假定，必须按真实方向给出。

# 3.3　摩擦角和自锁现象

知识点视频

## 3.3.1　摩擦角

摩擦角是研究滑动摩擦问题的一个重要物理参数，我们以图 3-5 来阐述它的力学概念。

设水平面上放置一个物体，作用在物体上的主动力为 $\boldsymbol{F}_1$，考虑摩擦时，支承面对物体的约束力包含两个分量：法向约束力 $\boldsymbol{F}_N$ 和切向约束力 $\boldsymbol{F}_s$（即静摩擦力）。这两个分力的合力 $\boldsymbol{F}_R=\boldsymbol{F}_s+\boldsymbol{F}_N$ 称为支承面的**全约束力**，简称为全反力。$\boldsymbol{F}_R$ 与 $\boldsymbol{F}_N$ 之间的夹角 $\alpha$ 将随着摩擦力 $\boldsymbol{F}_s$ 的增大而增大。当物体处于将动未动的临界平衡状态时，静摩擦力达到最大值 $\boldsymbol{F}_{smax}$，夹角 $\alpha$ 也达到最大值 $\varphi_f$，$\varphi_f$ 就是**摩擦角**。显然有

$$\tan\varphi_f=\frac{F_{smax}}{F_N}=f_s \tag{3-4}$$

即摩擦角的正切等于静摩擦系数。可见，摩擦角与摩擦系数一样，都是表示材料的表面性质的量。

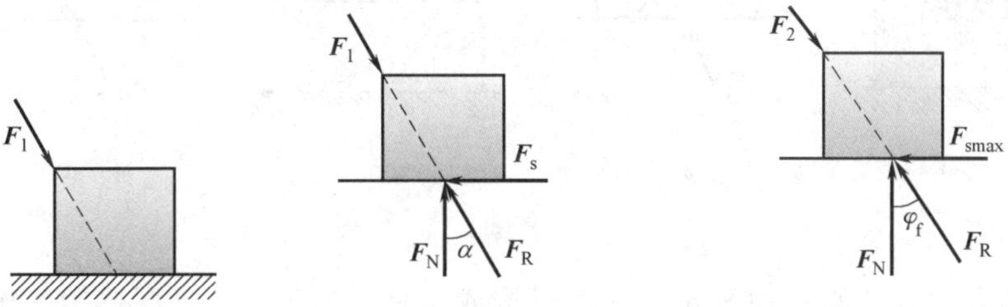


a)　　b)　　c)

图 3-5

当物块的滑动趋势方向改变时，全约束力作用线的方位也随之改变；在临界状态下，全反力 $\boldsymbol{F}_R$ 的作用线将画出一个以接触点为顶点的锥面，称为**摩擦锥**（见图 3-6）。设物块与支承面间沿任何方向的摩擦系数都相同，即摩擦角都相等，则摩擦锥是一个顶角为 $2\varphi_f$ 的圆锥。

利用摩擦角的概念，可用简单的试验方法，测定静摩擦系数。如图 3-7 所示，把需要测定的两种材料分别做成斜面和物块，把物块放在斜面上，并逐渐从零开始增大斜面的倾角 $\theta$，直到物块刚刚开始下滑时为止。这时的 $\theta$ 角就是要测定的摩擦角 $\varphi_f$，其正切就是所要测定的摩擦系数 $f_s$。

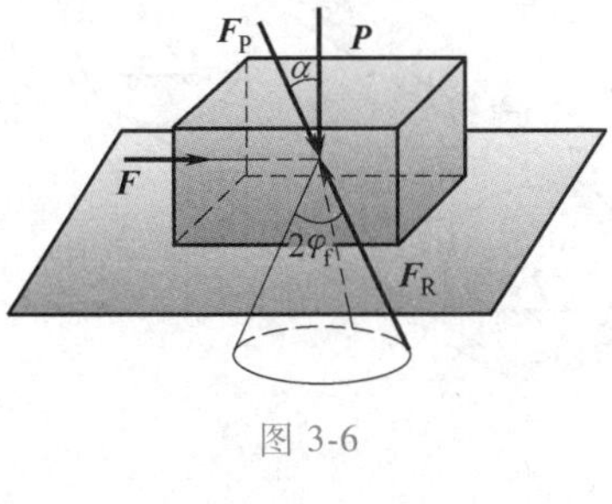


图 3-6

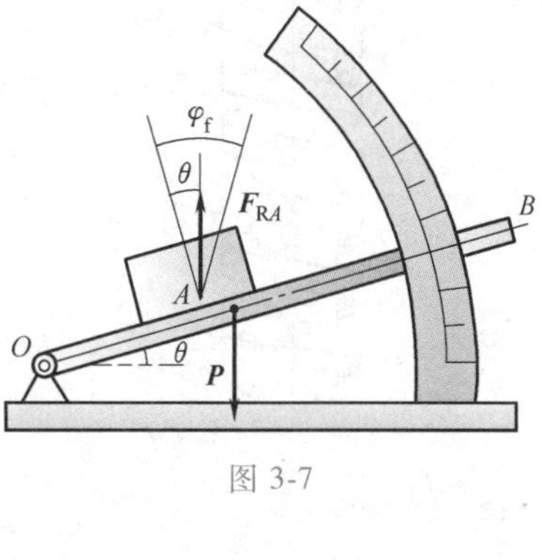


图 3-7

### 3.3.2 自锁现象

静摩擦力 $0 \leqslant F_s \leqslant F_{smax}$，所以全反力与法线间的夹角 $0 \leqslant \alpha \leqslant \varphi_f$。由于静摩擦力不可能超过最大值 $F_{smax}$，因此全反力 $\boldsymbol{F}_R$ 的作用线也不可能超出摩擦角以外，即全反力必在摩擦角之内。当物体处于将动未动的临界平衡状态时，全反力 $\boldsymbol{F}_R$ 的作用线必在摩擦角的边缘。由此可知：

若作用于物体上的全部主动力的合力 $\boldsymbol{F}$ 的作用线在摩擦角 $\varphi_f$ 之内，则无论这个力怎样大，必有一个全反力 $\boldsymbol{F}_R$ 与之平衡，物体必保持静止。这种现象称为**自锁现象**（见图 3-8a、b）。同理，若全部主动力的合力 $\boldsymbol{F}$ 的作用线在摩擦角 $\varphi_f$ 之外，则无论这个力怎样小，物体也不可能保持平衡（图 3-8c、d）。应用这个道理，可以设法避免发生自锁现象，如工作台要求在导轨中顺利滑动，不允许发生卡死的现象。

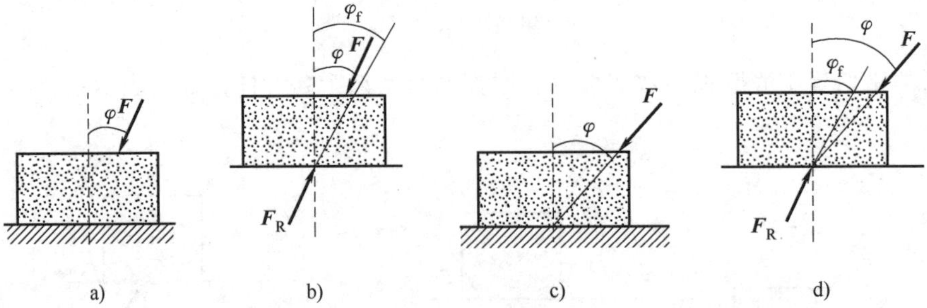


图 3-8

工程实际中常应用自锁原理设计一些机构或夹具，如千斤顶、圆锥销、压榨机等，如图 3-9 所示的螺旋千斤顶在被顶起的重物重力作用下，不会自动下降，就是因为千斤顶的螺旋升角小于其摩擦角。

**例 3-4** 如图 3-10 所示的传送带，沙石与带之间的静摩擦系数 $f_s = 0.5$，试求传动带的最大倾角 $\alpha$。

**解：** 当倾角大于摩擦角时，沙石将滚落，所以最大倾角就是摩擦角，即

$$\varphi_f = \arctan f_s = 26.56°$$

所以最大倾角为 26.56°。

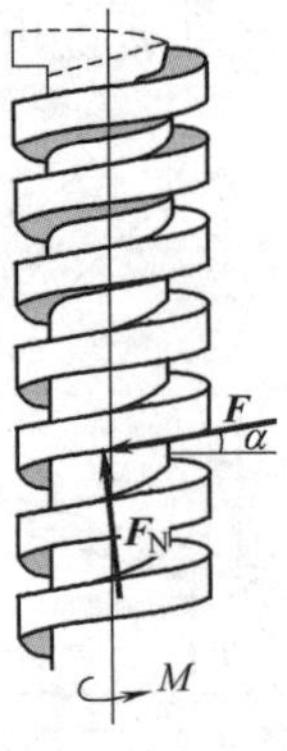


图 3-9

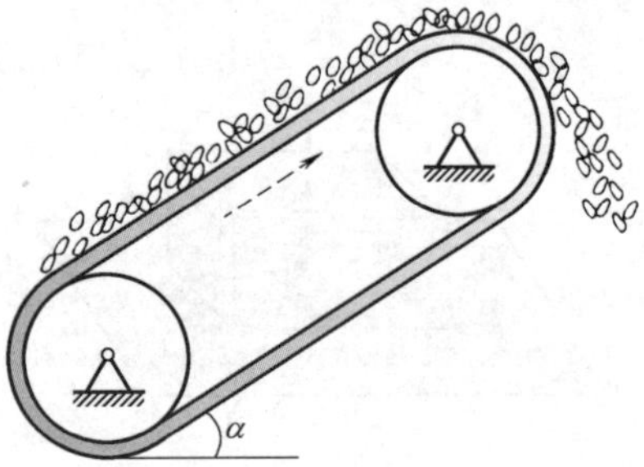


图 3-10

## 3.4　滚动摩阻

知识点视频

不仅在物体滑动时存在摩擦，当物体滚动时也同样存在摩擦。由实践经验可知，滚动比滑动省力。因此，在工程中，为了提高效率，减轻劳动强度，常常用滚动来代替滑动。早在殷商时代，我国人民就利用车子作为运输工具；搬运沉重物体时，在物体下面垫上管子；在机轴中用滚珠轴承代替滑动轴承；这些都是以滚代滑的应用实例。这些实践都说明：以滚动代替滑动所产生的阻力要小得多。那么当物体滚动时，存在什么样阻力？它有什么特性？下面通过简单的实例来分析这些问题。

设在水平面上有一滚子，自重为 $\boldsymbol{P}$，半径为 $r$，在其中心 $O$ 上作用一水平力 $\boldsymbol{F}$，如图 3-11a 所示。当力 $\boldsymbol{F}$ 较小时，滚子仍保持静止。

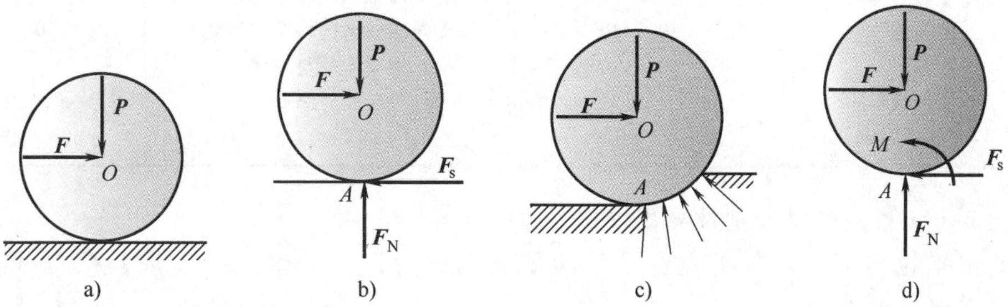


图 3-11

分析滚子的受力情形如图 3-11b 所示，在滚子与平面接触的 $A$ 点有法向约束力 $\boldsymbol{F}_N$，它与 $\boldsymbol{P}$ 等值反向；另外，还有静摩擦力 $\boldsymbol{F}_s$，阻止滚子滑动，它与 $\boldsymbol{F}$ 等值反向。但如果平面的约束力仅仅只有 $\boldsymbol{F}_N$ 和 $\boldsymbol{F}_s$，滚子是不可能保持平衡的，因为静摩擦力 $\boldsymbol{F}_s$ 与力 $\boldsymbol{F}$ 组成一力偶，将使滚子发生滚动。但是，实际上当力 $\boldsymbol{F}$ 较小时，滚子是可以平衡的。这是因为滚子和平面实际上并不是刚体，它们在力的作用下都会发生变形，有一个接触面，如图 3-11c 所示。在接触面上，物体受分布力的作用，这些力向点 $A$ 简化，得到一个力 $\boldsymbol{F}_R$ 和一个力偶，力偶的矩为 $M$。这个力 $\boldsymbol{F}_R$ 可分解为 $\boldsymbol{F}_N$ 和 $\boldsymbol{F}_s$，这个矩为 $M$ 的力偶称为**滚动摩阻力偶**（简称滚阻力偶），它与力偶（$\boldsymbol{F},\boldsymbol{F}_s$）平衡，它的转向与滚动的趋向相反，如图 3-11d 所示。

与静滑动摩擦力相似，滚动摩阻力偶矩 $M$ 随着主动力偶矩的增加而增大，当力 $\boldsymbol{F}$ 增加到某个值时，滚子处于将滚未滚的临界平衡状态。这时，滚动摩阻力偶矩达到最大值，称为**最大滚动摩阻力偶矩**，用 $M_{max}$ 表示。若力 $\boldsymbol{F}$ 再增大一点，轮子就会滚动。在滚动过程中，滚动摩阻力偶矩近似等于 $M_{max}$，所以有 $0 \leqslant M \leqslant M_{max}$。大量的实验证明：最大滚动摩阻力偶矩 $M_{max}$ 与支承面的正压力（法向约束力）$\boldsymbol{F}_N$ 的大小成正比，即

$$M_{max} = \delta F_N$$

这就是滚动摩阻定律，其中 $\delta$ 称为**滚动摩阻系数**，它具有长度的量纲，单位一般用 mm。滚动摩阻系数的物理意义如下：滚子在即将滚动的临界平衡状态时，其受力图如图 3-12a 所示。根据力的平移定理，可将其中的法向约束力 $\boldsymbol{F}_N$ 与最大滚动摩阻力偶 $M_{max}$ 合成为一个力 $\boldsymbol{F}'_N$，$F'_N = F_N$，且力 $\boldsymbol{F}'_N$ 的作用线距中心线的距离为 $d = \dfrac{M_{max}}{F_N} = \delta$，如图 3-12b 所示。因此，

滚动摩阻系数 $\delta$ 可看成在即将滚动时，法向约束力 $F'_N$ 离中心线的最远距离，也就是最大滚阻力偶（$F'_N$，$P$）的力臂，故它具有长度的量纲。

滚动摩阻系数由实验测定，它与滚子和支承面的材料的硬度和湿度等有关，与滚子的半径无关。表 3-2 列举了几种常用材料的滚动摩阻系数的值。由于滚动摩阻系数较小，因此，在大多数情况下滚动摩阻是可以忽略不计的。

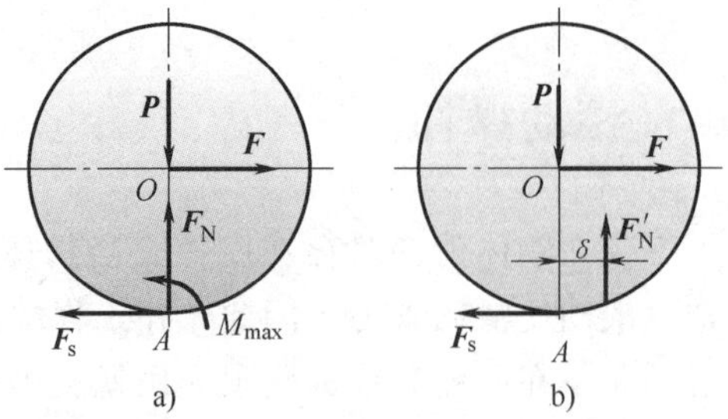


图 3-12

表 3-2　常用材料的滚动摩阻系数

| 材料名称 | δ/mm | 材料名称 | δ/mm |
|---|---|---|---|
| 铸铁与铸铁 | 0.5 | 软钢与钢 | 0.5 |
| 钢质车轮与钢轨 | 0.05 | 有滚珠轴承的料车与钢轨 | 0.09 |
| 木与钢 | 0.3~0.4 | 无滚珠轴承的料车与钢轨 | 0.21 |
| 木与木 | 0.5~0.8 | 钢质车轮与木面 | 1.5~2.5 |
| 软木与软木 | 1.5 | 轮胎与路面 | 2~10 |
| 淬火钢珠与钢 | 0.01 | | |

由图 3-13a 知，可以分别计算出使滚子滚动或滑动所需要的水平拉力 $\boldsymbol{F}$，来分析究竟是使滚子滚动省力还是使滚子滑动省力。

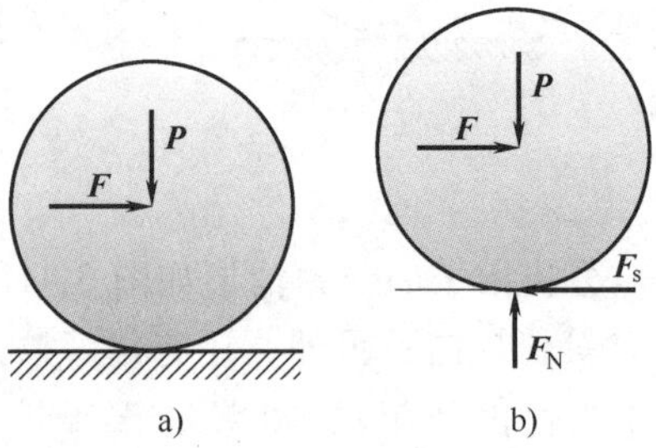


图 3-13

当物体滚动时，受力分析如图 3-13b 所示，由平衡方程 $\sum M(\boldsymbol{F})=0$，可以求得

$$F=\frac{M_{\max}}{r}=\frac{\delta F_N}{r}=\frac{\delta}{r}P$$

当物体滑动时，由平衡方程 $\sum F_x=0$，可以求得

$$F=f_s F_N=f_s P$$

一般情况下，有 $\frac{\delta}{r}\ll f_s$。因而使滚子滚动比滑动省力得多。

**例 3-5**　如图 3-14a 所示的圆柱直径为 60cm，自重 $G=3\text{kN}$，在 $\boldsymbol{P}$ 的作用下沿水平面做匀速运动。已知滚动摩阻系数 $\delta=0.5\text{cm}$，$\boldsymbol{P}$ 与水平面的夹角为 $\alpha=30°$。求 $\boldsymbol{P}$ 的大小。

**解：**取圆柱为研究对象，考虑临界状态，圆柱的受力图如图 3-14b 所示，列平衡方程

$$\sum F_y=0,\ F_N-G+P\sin\alpha=0$$

$$\sum M_A(\boldsymbol{F}_i)=0,\ M_{\max}-P\cdot\cos\alpha\cdot r=0$$

$$M_{\max}=\delta F_N$$

联立求解得 $P=\dfrac{\delta G}{r\cos\alpha+\delta\sin\alpha}=57\text{N}$。

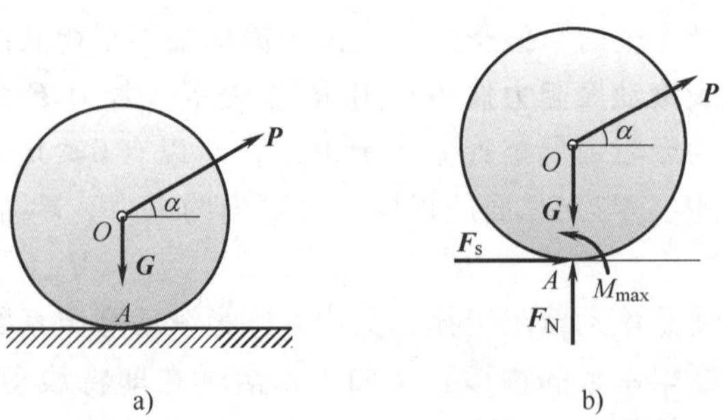


图 3-14

# 小 结

本章介绍了有关摩擦的基本理论以及具有摩擦时平衡问题的分析方法，其中重点分析了静滑动摩擦的情况，同时介绍了摩擦角和自锁现象以及滚动摩擦的概念。

1. 由于摩擦力是阻碍两物体相对运动的力，所以它的方向总是与相对运动方向或相对运动趋势的方向相反。摩擦可分为滑动摩擦和滚动摩阻。

2. 滑动摩擦力是在两个物体相互接触的表面之间有相对滑动趋势或有相对滑动时出现的切向阻力。前者称为静滑动摩擦力，后者称为动滑动摩擦力。

1）静摩擦力的方向与接触面间相对滑动趋势的方向相反，它的大小随主动力改变，需要根据平衡方程确定。当物体处于平衡的临界状态时，静摩擦力达到最大值，因此静摩擦力随主动力变化的范围在零与最大值之间，即 $0 \leqslant F_s \leqslant F_{smax}$，$F_{smax}=f_s F_N$，其中 $f_s$ 为静摩擦系数，$\boldsymbol{F}_N$ 为法向约束力。

2）动摩擦力的方向与接触面间的相对滑动的速度方向相反，其大小为 $F_d=f_d F_N$，其中 $f_d$ 为动摩擦系数，一般情况下略小于静摩擦系数 $f_s$。

3. 物体处于静止时，全反力 $\boldsymbol{F}_R$ 与 $\boldsymbol{F}_N$ 之间的夹角 $\theta$ 将随着摩擦力 $\boldsymbol{F}_s$ 的增大而增大。当物体处于将动未动的临界平衡状态时，夹角 $\theta$ 也达到最大值 $\varphi_f$，$\varphi_f$ 就是摩擦角，且 $\tan\varphi_f=f_s$。当主动力的合力作用线在摩擦锥之内时，物体将发生自锁现象。

4. 物体滚动时会受到阻碍滚动的滚动摩阻力偶作用。物体平衡时，滚动摩阻力偶矩 $M$ 随主动力的大小变化，变化范围为 $0 \leqslant M \leqslant M_{max}$，且 $M_{max}=\delta F_N$，其中 $\delta$ 称为滚动摩阻系数，它具有长度的量纲。

5. 现将考虑摩擦时的平衡问题的解题步骤总结如下：

1）根据题意判断属于哪类问题，分析所求的未知量是一个极限值还是一个变化范围。

2）适当地选取分离体。若所求的未知量是一个极限值，则考虑平衡的极限状态；若所求的未知量是一个变化范围，则应根据题意假设出一个或多个平衡状态。

3）画受力图时，首先画出主动力和一般的约束力，再根据相对滑动趋势，定出摩擦力的方向。

4）要注意补充相应的方程：$F_{smax}=f_s F_N$ 和 $M_{max}=\delta F_N$。

# 思 考 题

3-1 能否说只要受力物体是处于平衡状态，就一定有 $F_s=f_s F_N$？为什么？

3-2 法向约束力 $\boldsymbol{F}_N$ 是否一定等于物体的重力？为什么？

3-3 如思考题3-3图所示，重为 $\boldsymbol{W}$ 的物体置于斜面上，已知摩擦系数为 $f_s$，且 $\tan\alpha<f_s$，试问此物体能否下滑？如果增加物体的重量或在物体上另加一重为 $\boldsymbol{W}_1$ 的物体，问能否达到下滑的目的？

思考题 3-3

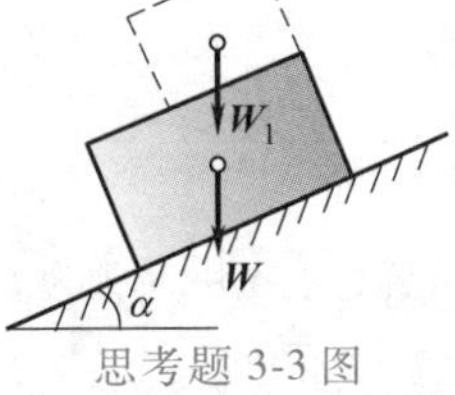


思考题 3-3 图

# 习　题

3-1　如习题3-1图所示的物体重为 $\boldsymbol{P}$，物体和水平面之间的静摩擦系数为 $f_s$，分别施加推力和拉力。试问哪种方法更省力？

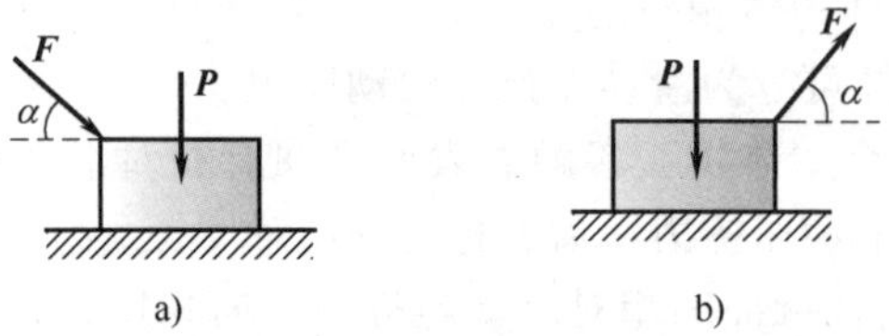


习题3-1图

3-2　请判断习题3-2图中的物体是否能保持平衡？并求出摩擦力的方向和大小。

（1）物体重 $P=1000\text{N}$，拉力 $F=200\text{N}$，$f_s=0.3$；

（2）物体重 $P=200\text{N}$，压力 $F=500\text{N}$，$f_s=0.3$。

3-3　如习题3-3图所示，已知 $P=1500\text{N}$，$f_s=0.2$，$f_d=0.18$，$F=400\text{N}$。请判断物体是否能保持静止？并求出摩擦力的方向和大小。

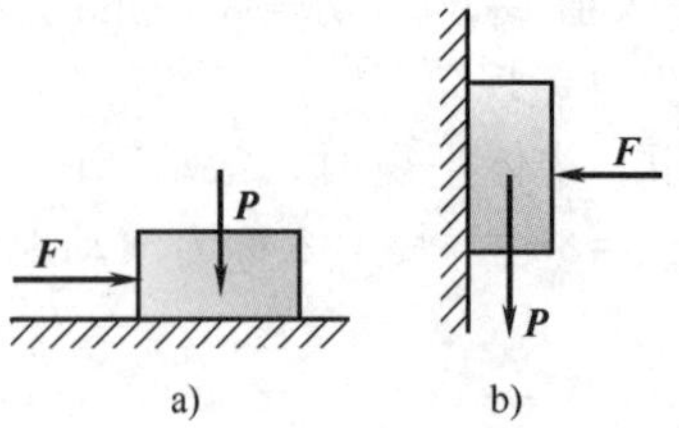


习题3-2图

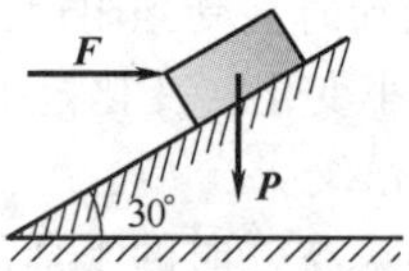


习题3-3，3-4图

3-4　如习题3-4图所示，物体重 $P=100\text{N}$，放在与水平面成30°的斜面上，物体受水平力 $\boldsymbol{F}$ 的作用，已知物体和斜面之间的静摩擦系数 $f_s=0.2$，当物体在斜面上平衡时，求力 $\boldsymbol{F}$ 的大小。

3-5　如习题3-5图所示，$A$、$B$ 两组纸片交错叠放，两组纸片的一端用纸粘连，每张纸片重0.06N，纸片总数为200张，纸片之间以及纸片与桌面之间的摩擦系数都是0.2，假设其中的某一叠纸片是固定的，计算拉出另一叠纸片所需要的水平力。

3-6　如习题3-6图所示的简易混凝土升降装置，混凝土和吊桶共重25kN，吊桶和滑道之间的静摩擦系数 $f_s=0.3$，分别求出吊桶上升和下降时绳子的张力 $\boldsymbol{F}$。

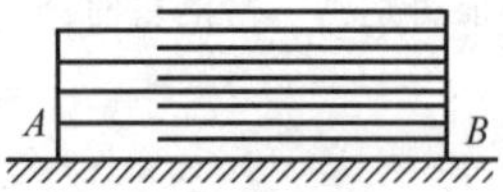


习题3-5图

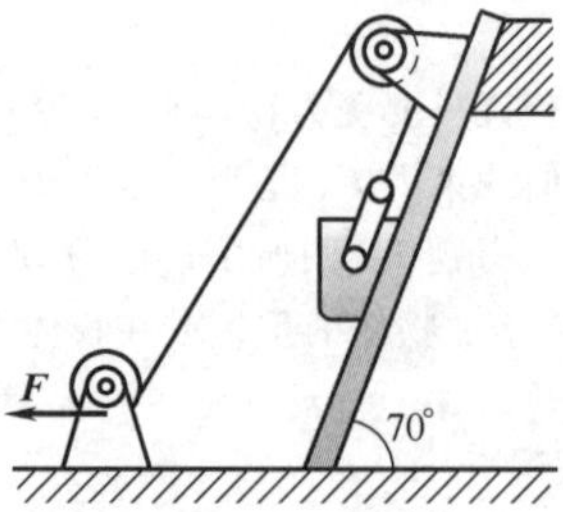


习题3-6图

3-7　如习题3-7图所示的尖劈顶重物装置，重物块 $B$ 重为 $\boldsymbol{P}$，重物与尖劈之间的摩擦系数为 $f_s$（其余有滚珠处均为光滑接触）。求：

（1）顶住重物所需的力 $\boldsymbol{F}$ 的大小。

（2）使重物不上滑所需的力 $\boldsymbol{F}$ 的大小。

3-8 如习题 3-8 图所示的两杆在 $B$ 处用套筒式滑块连接，$AD$ 杆上作用一个力偶，其力偶矩为 $M_A=40\text{N}\cdot\text{m}$，$AD$ 杆与滑块之间的摩擦系数为 $f_s=0.3$，不计自重。当系统在 $\alpha=30°$ 保持平衡时，计算力偶矩 $M_C$ 的范围。

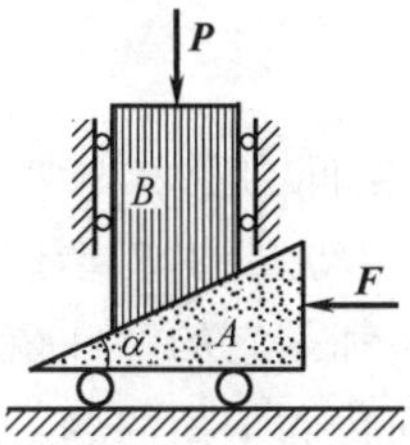

习题 3-7 图

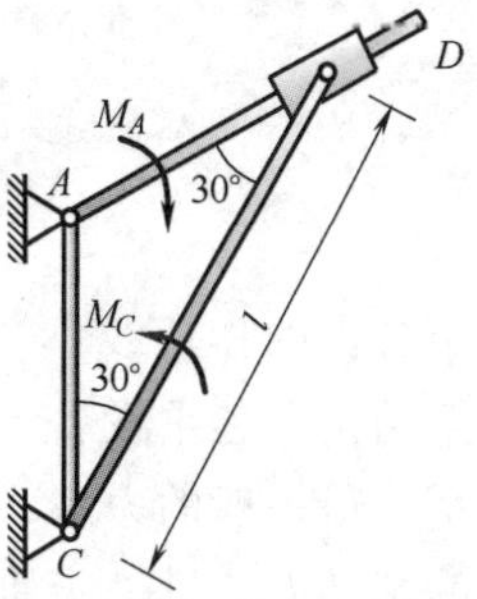

习题 3-8 图

3-9 如习题 3-9 图所示的滚子与鼓轮的总重为 $\boldsymbol{P}$，鼓轮与滚子固连，鼓轮的半径为 $r$，滚子与地面的滚阻系数为 $\delta$，鼓轮上挂有一个重为 $\boldsymbol{W}$ 的重物。计算 $W$ 等于多少时，滚子开始滚动？

3-10 如习题 3-10 图所示，轮轴 $B$ 重 100N，放在粗糙水平面上，水平细绳 $AC$ 绕过轮轴拴在铅垂墙面上，轮缘上作用一个切向力 $\boldsymbol{F}$，轮轴的大小半径分别为 0.2m 和 0.1m，与水平地面的摩擦系数为 $f_s=0.2$。当轮轴保持平衡时，计算力 $\boldsymbol{F}$ 的最大值。

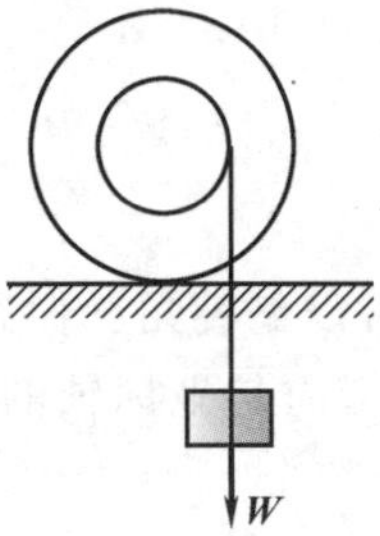

习题 3-9 图

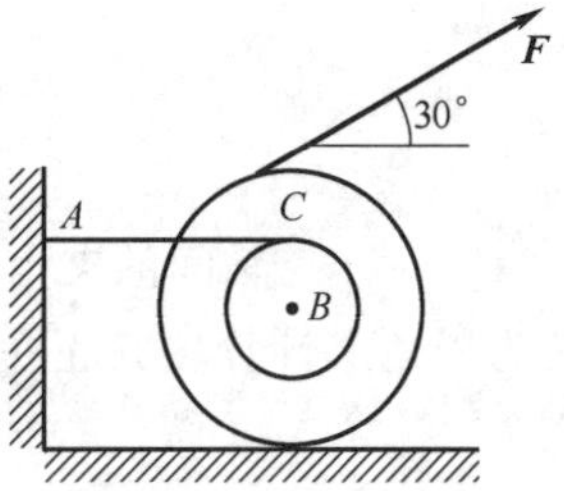

习题 3-10 图

# 第 4 章

# 空间力系

当力系中各力的作用线不一定处于同一平面时，称其为空间力系。例如，机器上的转轴、空间桁架结构、起重设备、高压输电线塔和飞机的起落架等结构均属于空间力系的情况。空间力系是最一般的力系，平面汇交力系、平面任意力系都是它的特殊情况。本章在研究平面力系的基础上，进一步研究物体在空间力系作用下的简化和平衡问题。最后介绍重心的概念及其计算公式。

知识点视频

## 4.1　空间力在直角坐标轴上的投影

若已知力 $\boldsymbol{F}$ 与正交坐标系 $Oxyz$ 三轴间的夹角分别为 $\alpha$、$\beta$、$\gamma$，如图 4-1a 所示，则力 $\boldsymbol{F}$ 在空间直角坐标轴上的投影可用直接投影法计算，其表达式为

$$\begin{cases} F_x = F\cos\alpha \\ F_y = F\cos\beta \\ F_z = F\cos\gamma \end{cases} \tag{4-1}$$

力 $\boldsymbol{F}$ 与 $x$、$y$、$z$ 三轴间的夹角 $\alpha$、$\beta$、$\gamma$ 可以是锐角，也可以是钝角。但在实际计算时，常采用夹角为锐角来计算，其正负号根据直观判断：当投影指向与坐标轴的正向一致时为正，否则为负。

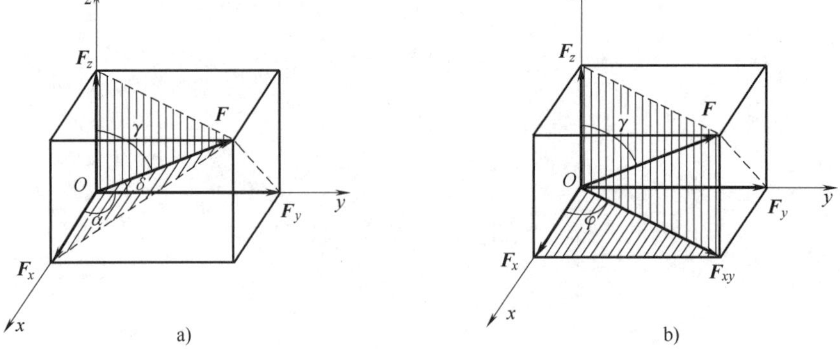


图 4-1

当力 $\boldsymbol{F}$ 与坐标轴 $Ox$、$Oy$ 间的夹角不易确定时，可把力 $\boldsymbol{F}$ 先投影到坐标平面 $xOy$ 上，得到力 $\boldsymbol{F}_{xy}$（注意 $\boldsymbol{F}_{xy}$ 仍为矢量），然后再把这个力投影到 $x$、$y$ 轴上，此为间接投影法。在图 4-1b 中，已知角 $\gamma$ 和 $\varphi$，则 $\boldsymbol{F}$ 在空间直角坐标轴上的投影计算式为

$$\begin{cases}F_x=F\sin\gamma\cos\varphi\\F_y=F\sin\gamma\sin\varphi\\F_z=F\cos\gamma\end{cases}\tag{4-2}$$

在具体计算时，取哪种方法求投影，要看问题给出的条件来定。

反过来如果已知力 $\boldsymbol{F}$ 在三轴上的投影 $F_x$、$F_y$、$F_z$，也可求出力的大小和方向，即

$$\begin{cases}F=\sqrt{F_x^2+F_y^2+F_z^2}\\\cos(\boldsymbol{F},\boldsymbol{i})=\dfrac{F_x}{F},\ \cos(\boldsymbol{F},\boldsymbol{j})=\dfrac{F_y}{F},\ \cos(\boldsymbol{F},\boldsymbol{k})=\dfrac{F_z}{F}\end{cases}\tag{4-3}$$

即 $\boldsymbol{F}=\boldsymbol{F}_x+\boldsymbol{F}_y+\boldsymbol{F}_z=F_x\boldsymbol{i}+F_y\boldsymbol{j}+F_z\boldsymbol{k}$，其中，$\boldsymbol{i}$、$\boldsymbol{j}$、$\boldsymbol{k}$ 是沿直角坐标 $x$、$y$、$z$ 轴正向的单位矢量。

应当注意：力的分解与力在坐标轴上的投影是两个不同的概念。一个力可以分解为两个或两个以上的分力，它沿坐标轴的分力是矢量，力的分解应满足矢量的运算法则。而力的投影是该力的起点与终点分别向该坐标轴作垂线而截得的线段，它是一个代数量。

## 4.2　力对点之矩矢和力对轴之矩

知识点视频

### 4.2.1　力对点之矩矢

在研究平面力系时，各力与矩心都在同一平面内，各力对点之矩都在这个力矩平面内。此时，只要知道力矩的大小和转向，就足以描述力使物体绕矩心的转动效应。因此，对于平面力系而言，我们只需要用代数量就可以表示力对点之矩。但是对于空间情况，不仅要考虑力矩的大小、转向，还要考虑力与矩心所组成的平面（力矩作用面）的方位。方位不同，即使力矩大小一样，作用效果也不相同。因此，空间力对点之矩决定于力矩的大小、力矩作用面的方位和力矩在作用面内的转向这三个因素，可以用一个矢量来表示，称为力矩矢，并用 $\boldsymbol{M}_O(\boldsymbol{F})$ 来表示，其中矢量的模即 $|\boldsymbol{M}_O(\boldsymbol{F})|=Fd=2A_{\triangle OAB}$。矢量的方位和力矩作用面的法线方向相同，矢量的指向按右手螺旋法则来确定，如图 4-2 所示。

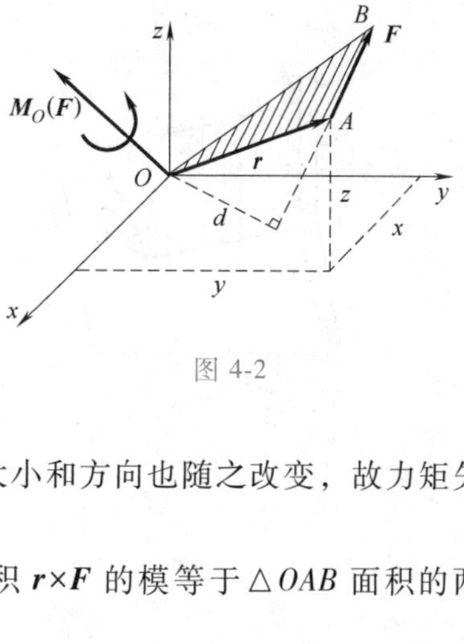

图 4-2

应当指出，由于力矩矢量 $\boldsymbol{M}_O(\boldsymbol{F})$ 的大小和方向都与矩心 $O$ 的位置有关，当矩心的位置改变时，$\boldsymbol{M}_O(\boldsymbol{F})$ 的大小和方向也随之改变，故力矩矢为一定位矢量。

若以 $\boldsymbol{r}$ 表示力 $\boldsymbol{F}$ 作用点 $A$ 的矢径，由图 4-2 易见，矢积 $\boldsymbol{r}\times\boldsymbol{F}$ 的模等于 $\triangle OAB$ 面积的两倍，其方向与力矩矢 $\boldsymbol{M}_O(\boldsymbol{F})$ 一致。因此可得

$$\boldsymbol{M}_O(\boldsymbol{F})=\boldsymbol{r}\times\boldsymbol{F}\tag{4-4}$$

式（4-4）为力对点之矩的矢积表达式，即力对点之矩矢等于矩心到该力作用点的矢径与该力的矢量积。

设力作用点 $A$ 的坐标为 $A(x,\ y,\ z)$，力在三个坐标轴上的投影分别为 $F_x$、$F_y$、$F_z$，则矢径 $\boldsymbol{r}$ 和力 $\boldsymbol{F}$ 分别为

$$\boldsymbol{r}=x\boldsymbol{i}+y\boldsymbol{j}+z\boldsymbol{k}$$

$$\boldsymbol{F}=F_x\boldsymbol{i}+F_y\boldsymbol{j}+F_z\boldsymbol{k}$$

那么

$$\boldsymbol{M}_O(\boldsymbol{F})=\boldsymbol{r}\times\boldsymbol{F}=\begin{vmatrix}\boldsymbol{i} & \boldsymbol{j} & \boldsymbol{k}\\ x & y & z\\ F_x & F_y & F_z\end{vmatrix}=(yF_z-zF_y)\boldsymbol{i}+(zF_x-xF_z)\boldsymbol{j}+(xF_y-yF_x)\boldsymbol{k} \tag{4-5}$$

由式（4-5）可知，单位矢量 $\boldsymbol{i}$、$\boldsymbol{j}$、$\boldsymbol{k}$ 前面的三个系数，应该分别对应力对点之矩 $\boldsymbol{M}_O(\boldsymbol{F})$ 在三个坐标轴上的投影，即

$$\begin{cases}[\boldsymbol{M}_O(\boldsymbol{F})]_x=yF_z-zF_y\\ [\boldsymbol{M}_O(\boldsymbol{F})]_y=zF_x-xF_z\\ [\boldsymbol{M}_O(\boldsymbol{F})]_z=xF_y-yF_x\end{cases} \tag{4-6}$$

知识点视频

### 4.2.2 力对轴之矩

工程中，经常遇到刚体绕定轴转动的情形，为了度量力绕定轴转动时对刚体的作用效果，必须了解力对轴之矩的概念。下面以开门为例加以说明，如图 4-3 所示，门上作用一力 $\boldsymbol{F}$，使其绕固定轴 $z$ 转动。现将力 $\boldsymbol{F}$ 分解为平行于 $z$ 轴的分力 $\boldsymbol{F}_z$ 和垂直于 $z$ 轴的分力 $\boldsymbol{F}_{xy}$。由经验可知，分力 $\boldsymbol{F}_z$ 不能使静止的门绕 $z$ 轴转动，只能使门沿 $z$ 轴移动。故 $\boldsymbol{F}_z$ 对 $z$ 轴之矩为零；只有分力 $\boldsymbol{F}_{xy}$ 才能使静止的门绕 $z$ 轴转动，$\boldsymbol{F}_{xy}$ 对 $z$ 轴之矩实际上就是它对平面内 $O$ 点（轴与平面的交点）之矩。现用符号 $M_z(\boldsymbol{F})$ 表示力 $\boldsymbol{F}$ 对 $z$ 轴的矩。即

$$M_z(\boldsymbol{F})=M_O(\boldsymbol{F}_{xy})=\pm F_{xy}d=\pm 2A_{\triangle OAB} \tag{4-7}$$

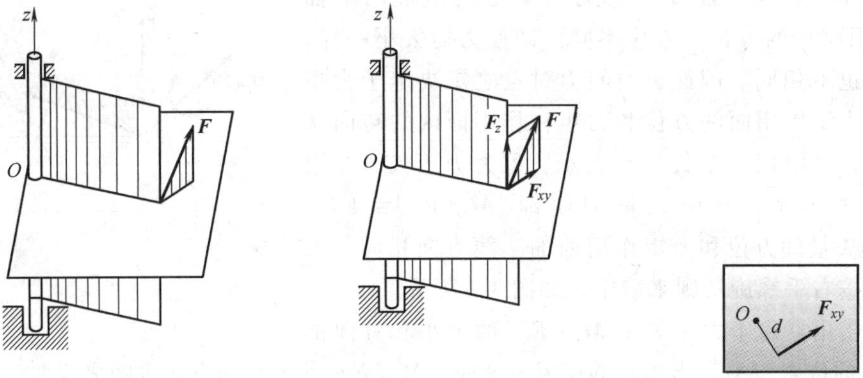


a)　　b)　　c)

图 4-3

力对轴之矩是度量该力使刚体绕该轴转动效果的量，是一个代数量，单位为 N · m，其绝对值等于该力在垂直于该轴的平面上的投影对于这个平面与该轴的交点之矩的大小。其正负号如下确定：从 $z$ 轴正向看去，若力的这个投影使物体绕该轴逆时针转动为正号，反之取负号。也可按右手螺旋法则来判断：用右手握住 $z$ 轴，使四个指头顺着力矩转动的方向，如果拇指指向 $z$ 轴正向则该力矩为正，反之为负（见图 4-4）。

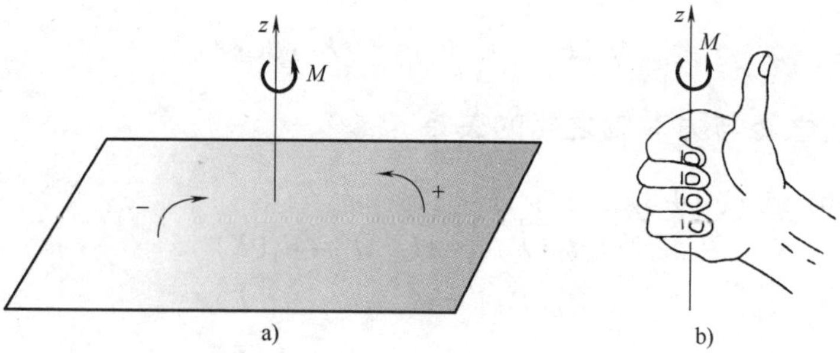


图 4-4

由此可得，力对轴之矩等于零的情形：

1）当力与轴相交时（此时 $d=0$）；

2）当力与轴平行时（此时 $|F_{xy}|=0$）。

即当力与轴在同一平面时，力对该轴的矩等于零。

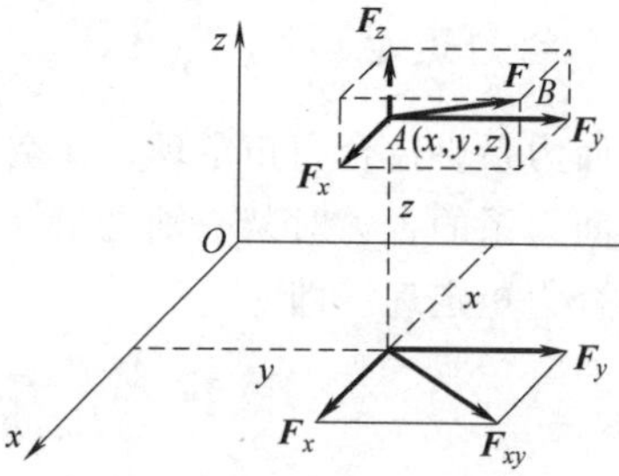


图 4-5

力对轴之矩也可用解析式表示。设力作用点 $A$ 的坐标为 $A(x,\ y,\ z)$，力在三个坐标轴上的投影分别为 $F_x$、$F_y$、$F_z$，如图 4-5 所示。根据合力矩定理，得

同理可得

$$\begin{cases} M_z(\boldsymbol{F})=M_O(\boldsymbol{F}_{xy})=M_O(\boldsymbol{F}_x)+M_O(\boldsymbol{F}_y)=xF_y-yF_x \\ M_x(\boldsymbol{F})=M_O(\boldsymbol{F}_{yz})=M_O(\boldsymbol{F}_y)+M_O(\boldsymbol{F}_z)=yF_z-zF_y \\ M_y(\boldsymbol{F})=M_O(\boldsymbol{F}_{xz})=M_O(\boldsymbol{F}_x)+M_O(\boldsymbol{F}_z)=zF_x-xF_z \end{cases} \tag{4-8}$$

以上三式是计算力对轴之矩的解析式。

**例 4-1**　如图 4-6a 所示的斜齿轮，半径为 $r$，力 $\boldsymbol{F}$ 作用在其上。求力 $\boldsymbol{F}$ 沿坐标轴的投影以及对 $y$ 轴之矩。

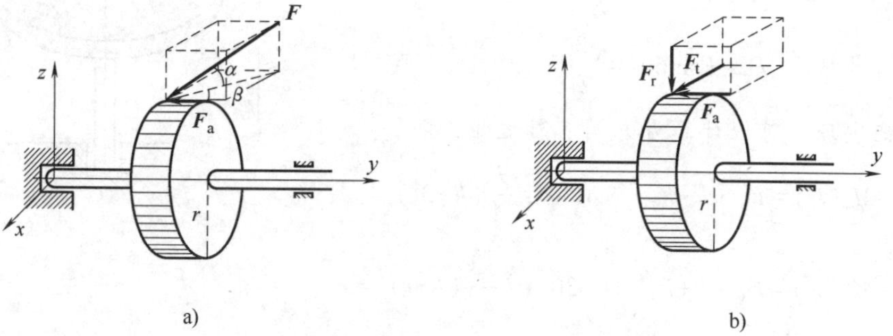


图 4-6

**解**：采用二次投影法（见图 4-6b），有

$$圆周力:F_x=F_t=F\sin\beta\cos\alpha$$

$$轴向力:F_y=-F_a=-F\cos\beta\cos\alpha$$

$$径向力:F_z=-F_r=-F\sin\alpha$$

因为分力 $\boldsymbol{F}_r$ 通过 $y$ 轴，分力 $\boldsymbol{F}_a$ 平行 $y$ 轴，所以它们对 $y$ 轴之矩均为零。只有分力 $\boldsymbol{F}_t$

对 $y$ 轴有矩

$$M_y(\boldsymbol{F})=M_y(\boldsymbol{F}_t)=r\cdot F\sin\beta\cos\alpha$$

### 4.2.3 力对点之矩与力对轴之矩的关系

知识点视频

比较式（4-6）与式（4-8），可得

$$\begin{cases}|\boldsymbol{M}_O(\boldsymbol{F})|_x=yF_z-zF_y=M_x(\boldsymbol{F})\\|\boldsymbol{M}_O(\boldsymbol{F})|_y=zF_x-xF_z=M_y(\boldsymbol{F})\\|\boldsymbol{M}_O(\boldsymbol{F})|_z=xF_y-yF_x=M_z(\boldsymbol{F})\end{cases}\tag{4-9}$$

式（4-9）说明：力对点之矩矢在通过该点的某轴上的投影，等于力对该轴的矩。

### 4.2.4 合力矩定理

平面力系讲过合力矩定理，在空间力系中力对轴之矩也有类似关系。

空间力系的合力对某一轴之矩等于力系中各分力对同一轴之矩的代数和，此即称为空间力系的合力矩定理。即

$$M_x(\boldsymbol{F}_R)=\sum_{i=1}^{n}M_x(\boldsymbol{F}_i)\tag{4-10}$$

空间合力矩定理常常被用来确定物体的重心位置。

**例 4-2** 如图 4-7 所示的水平圆盘，其半径为 $r$，力 $\boldsymbol{F}$ 作用于圆盘的外缘 $C$ 处，且位于 $C$ 处的切平面内，并与切线成 60°角，求 $\boldsymbol{F}$ 对 $x$、$y$、$z$ 轴之矩。

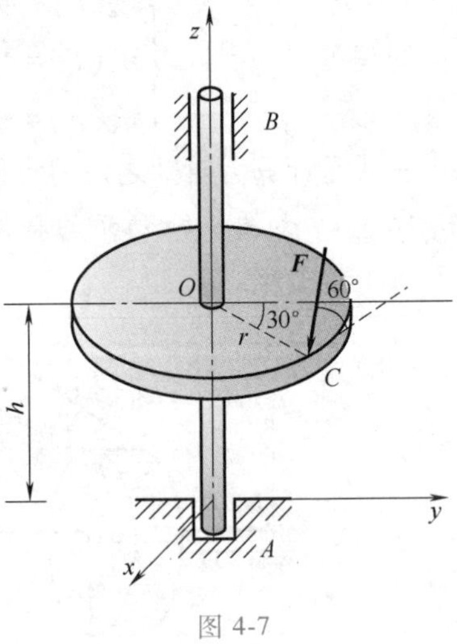

图 4-7

**解：** 力 $\boldsymbol{F}$ 沿坐标轴分解为

$$F_x=F\cos60°\cos30°=\frac{\sqrt{3}}{4}F$$

$$F_y=F\cos60°\sin30°=\frac{1}{4}F$$

$$F_z=F\sin60°=\frac{\sqrt{3}}{2}F$$

利用合力矩定理，可以计算力 $\boldsymbol{F}$ 对各轴之矩，即

$$M_x(\boldsymbol{F})=F_y\cdot h-F_z\cdot r\cos30°=\frac{F}{4}(h-3r)$$

$$M_y(\boldsymbol{F})=F_x\cdot h+F_z\cdot r\sin30°=\frac{\sqrt{3}F}{4}(h+r)$$

$$M_z(\boldsymbol{F})=-F\cos60°\cdot r=-\frac{Fr}{2}$$

### 4.2.5 空间力偶

由平面力偶理论知道，只要不改变力偶矩的大小和力偶的转向，力偶可以在它的作用面内任意移转；只要保持力偶矩的大小和力偶的转向不变，可以同时改变力偶中力的大小和力偶臂的长短，却不改变力偶对刚体的作用。实践经验还告诉我们，力偶的作用面也可以平

移。例如用螺丝刀拧螺钉时，只要力偶矩的大小和力偶的转向保持不变，长螺丝刀或短螺丝刀的效果是一样的。即力偶的作用面可以垂直于螺丝刀的轴线平行移动，而并不影响拧螺钉的效果。由此可知，空间力偶的作用面可以平行移动，而不改变力偶对刚体的作用效果。反之，如果两个力偶的作用面不相互平行（即作用面的法线不相互平行），即使它们的力偶矩大小相等，这两个力偶对物体的作用效果也不同。综合平面力偶和空间力偶的性质可知：力偶对于刚体的转动效应取决于力偶矩的大小、力偶的转向和力偶作用面在空间的方位。空间力偶对刚体的作用效应可用力偶矩矢量来度量，并用 $\boldsymbol{M}$ 表示。由于力偶矢 $\boldsymbol{M}$ 可在空间任意移动，因此空间力偶矢为一自由矢量。由图 4-8 易见，矢积 $\boldsymbol{r}\times\boldsymbol{F}$ 的模等于力偶矩的大小，其方向与力偶矩矢 $\boldsymbol{M}$ 一致。因此可得

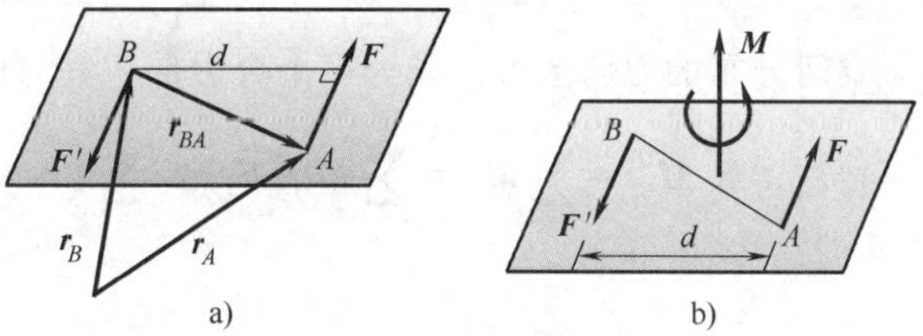


a)　　b)

图 4-8

$$\boldsymbol{M}=\boldsymbol{r}_{AB}\times\boldsymbol{F}$$

总之，空间力偶对刚体的作用效果取决于下列三个因素：

1）力偶矩矢量 $\boldsymbol{M}$ 的大小为力偶的力与其力臂的乘积 $M=Fd$，单位仍然是 N · m。

2）其方向垂直于力偶所在的平面。

3）力偶矩矢量 $\boldsymbol{M}$ 的指向符合右手螺旋法则。

## 4.3　空间任意力系的简化和平衡

当空间力系中各力的作用线在空间任意分布时，该力系称其为空间任意力系。

### 4.3.1　空间任意力系向任一点的简化

知识点视频

现在来讨论空间任意力系的简化问题。与平面任意力系的简化方法一样，应用力的平移定理，依次将作用于刚体上的力 $\boldsymbol{F}_1$，$\boldsymbol{F}_2$，…，$\boldsymbol{F}_n$ 向简化中心 $O$ 平移，同时附加一个相应的力偶矢量。这样，原来的空间任意力系被空间汇交力系 $\boldsymbol{F}_1'$，$\boldsymbol{F}_2'$，…，$\boldsymbol{F}_n'$和空间力偶系 $\boldsymbol{M}_1$，$\boldsymbol{M}_2$，…，$\boldsymbol{M}_n$ 两个简单力系等效替换，如图 4-9 所示。其中：

$$\boldsymbol{M}_1=\boldsymbol{M}_O(\boldsymbol{F}_1),\ \boldsymbol{M}_2=\boldsymbol{M}_O(\boldsymbol{F}_2),\ \cdots,\boldsymbol{M}_n=\boldsymbol{M}_O(\boldsymbol{F}_n)$$

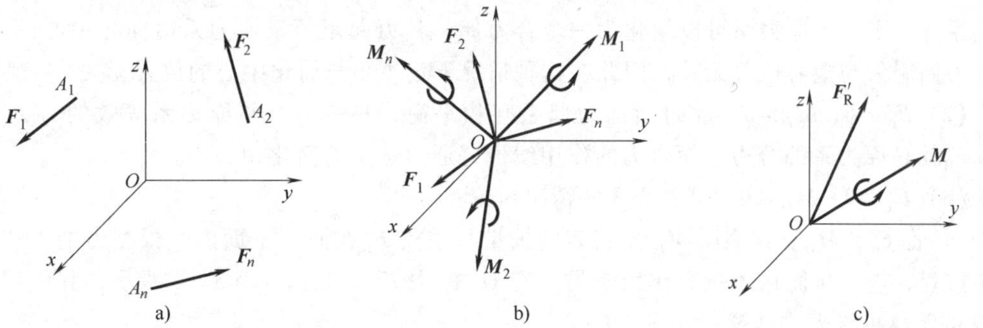


a)　　b)　　c)

图 4-9

作用于点 $O$ 的空间汇交力系可合成一力 $\boldsymbol{F}'_{\mathrm{R}}$，此力的作用线通过点 $O$，称为力系的主矢，即

$$\boldsymbol{F}'_{\mathrm{R}}=\sum_{i=1}^{n}\boldsymbol{F}'_i=\sum_{i=1}^{n}\boldsymbol{F}=\left(\sum_{i=1}^{n}F_{xi}\right)\boldsymbol{i}+\left(\sum_{i=1}^{n}F_{yi}\right)\boldsymbol{j}+\left(\sum_{i=1}^{n}F_{zi}\right)\boldsymbol{k} \tag{4-11}$$

空间分布的力偶系可合成为一个合力偶，其力偶矩矢称为原力系对点 $O$ 的主矩，即

$$\begin{aligned}\boldsymbol{M}_O&=\sum_{i=1}^{n}\boldsymbol{M}_i=\sum_{i=1}^{n}\boldsymbol{M}_O(\boldsymbol{F}_i)=\sum_{i=1}^{n}(\boldsymbol{r}_i\times\boldsymbol{F}_i)\\&=\sum_{i=1}^{n}(y_iF_{zi}-z_iF_{yi})\boldsymbol{i}+(z_iF_{xi}-x_iF_{zi})\boldsymbol{j}+(x_iF_{yi}-y_iF_{xi})\boldsymbol{k}\end{aligned} \tag{4-12}$$

于是可得如下结论：空间任意力系向任一点 $O$ 简化，可得一力和一力偶。这个力的大小和方向等于该力系的主矢 $\boldsymbol{F}'_{\mathrm{R}}$，作用线通过简化中心 $O$；这个力偶的矩矢等于该力系对简化中心的主矩。与平面任意力系一样，主矢与简化中心的位置无关，主矩一般与简化中心的位置有关。

由式（4-11）知，此力系主矢的大小和方向余弦分别为

$$\begin{cases}F'_{\mathrm{R}}=\sqrt{\left(\sum\limits_{i=1}^{n}F_{xi}\right)^2+\left(\sum\limits_{i=1}^{n}F_{yi}\right)^2+\left(\sum\limits_{i=1}^{n}F_{zi}\right)^2}\\ \cos(\boldsymbol{F}'_{\mathrm{R}},\boldsymbol{i})=\dfrac{\sum\limits_{i=1}^{n}F_{xi}}{F'_{\mathrm{R}}},\cos(\boldsymbol{F}'_{\mathrm{R}},\boldsymbol{j})=\dfrac{\sum\limits_{i=1}^{n}F_{yi}}{F'_{\mathrm{R}}},\cos(\boldsymbol{F}'_{\mathrm{R}},\boldsymbol{k})=\dfrac{\sum\limits_{i=1}^{n}F_{zi}}{F'_{\mathrm{R}}}\end{cases} \tag{4-13}$$

由式（4-12）知，此力系主矩的大小和方向余弦分别为

$$\begin{cases}M_O=\sqrt{\left(\sum\limits_{i=1}^{n}M_x(\boldsymbol{F}_i)\right)^2+\left(\sum\limits_{i=1}^{n}M_y(\boldsymbol{F}_i)\right)^2+\left(\sum\limits_{i=1}^{n}M_z(\boldsymbol{F}_i)\right)^2}\\ \cos(\boldsymbol{M}_O,\boldsymbol{i})=\dfrac{\sum\limits_{i=1}^{n}M_x(\boldsymbol{F}_i)}{M_O},\cos(\boldsymbol{M}_O,\boldsymbol{j})=\dfrac{\sum\limits_{i=1}^{n}M_y(\boldsymbol{F}_i)}{M_O},\cos(\boldsymbol{M}_O,\boldsymbol{k})=\dfrac{\sum\limits_{i=1}^{n}M_z(\boldsymbol{F}_i)}{M_O}\end{cases} \tag{4-14}$$

### 4.3.2 空间任意力系的简化结果分析

空间任意力系向一点简化的结果，可能有四种情况，即：① $\boldsymbol{F}'_{\mathrm{R}}=\boldsymbol{0}$，$\boldsymbol{M}_O\neq\boldsymbol{0}$；② $\boldsymbol{F}'_{\mathrm{R}}\neq\boldsymbol{0}$，$\boldsymbol{M}_O=\boldsymbol{0}$；③ $\boldsymbol{F}'_{\mathrm{R}}\neq\boldsymbol{0}$，$\boldsymbol{M}_O\neq\boldsymbol{0}$；④ $\boldsymbol{F}'_{\mathrm{R}}=\boldsymbol{0}$，$\boldsymbol{M}_O=\boldsymbol{0}$。下面逐一对这几种情况分析讨论。

（1）$\boldsymbol{F}'_{\mathrm{R}}=\boldsymbol{0}$，$\boldsymbol{M}_O\neq\boldsymbol{0}$　此时作用于简化中心 $O$ 的力 $\boldsymbol{F}'_1$，$\boldsymbol{F}'_2$，…，$\boldsymbol{F}'_n$ 相互平衡，但附加的力偶系并不平衡，原力系可以简化为一个合力偶，其力偶矩等于原力系对简化中心的主矩。由于力偶矩矢与矩心位置无关，因此在这种情况下，主矩与简化中心的位置无关。

（2）$\boldsymbol{F}'_{\mathrm{R}}\neq\boldsymbol{0}$，$\boldsymbol{M}_O=\boldsymbol{0}$　此时附加力偶系互相平衡，只有一个与原力系等效的力 $\boldsymbol{F}'_{\mathrm{R}}$。显然，$\boldsymbol{F}'_{\mathrm{R}}$ 就是原力系的合力，而合力的作用线恰好通过选定的简化中心 $O$。

（3）$\boldsymbol{F}'_{\mathrm{R}}\neq\boldsymbol{0}$，$\boldsymbol{M}_O\neq\boldsymbol{0}$，可分为 3 种情况讨论：

1）若 $\boldsymbol{F}'_{\mathrm{R}}\perp\boldsymbol{M}_O$；这表明 $M_O$ 所代表的矢量与主矢 $\boldsymbol{F}'_{\mathrm{R}}$ 在同一平面内，根据力的平移定理的逆过程，进一步简化为一个作用于另一点 $O_1$ 的力 $\boldsymbol{F}_{\mathrm{R}}$，如图 4-10a、b 所示，其作用线到点 $O$ 的距离可按下式计算：

$$d=\frac{|M_O|}{F'_R}$$

2）若 $F'_R//M_O$；这样的一个力和力偶的组合称为**力螺旋**，其中力垂直于力偶的作用平面。这也是空间任意力系简化的一种最终结果，不能再进一步简化了。如图 4-10c 所示，当 $F'_R$ 与 $M_O$ 方向一致时，称为右手螺旋；否则称为左手螺旋。

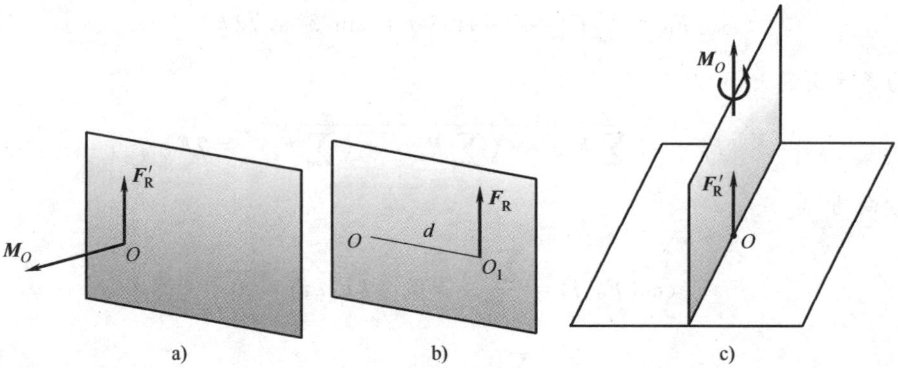


图 4-10

3）若 $F'_R$ 与 $M_O$ 成任意角度；此时可以进一步简化，把 $M_O$ 分解为平行于 $F'_R$ 的 $M_1$ 和垂直于 $F'_R$ 的 $M_2$，其中 $M_2$ 可以进一步简化为一个作用于 $O'$ 的力 $F_R$，最终形成一个力螺旋。这也是空间任意力系简化的最一般情况。如图 4-11 所示。

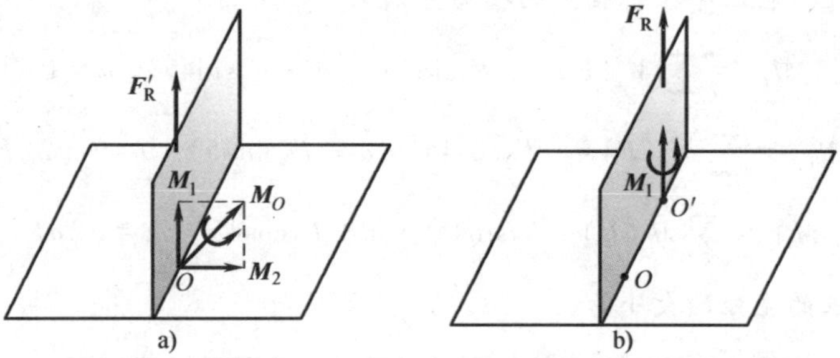


图 4-11

（4）$F'_R=0$，$M_O=0$　此时原力系平衡，这种情形将在下节详细讨论。

例 4-3　如图 4-12 所示正方体，边长为 $a$，在顶点 $O$、$A$、$B$、$C$ 上分别作用着四个力

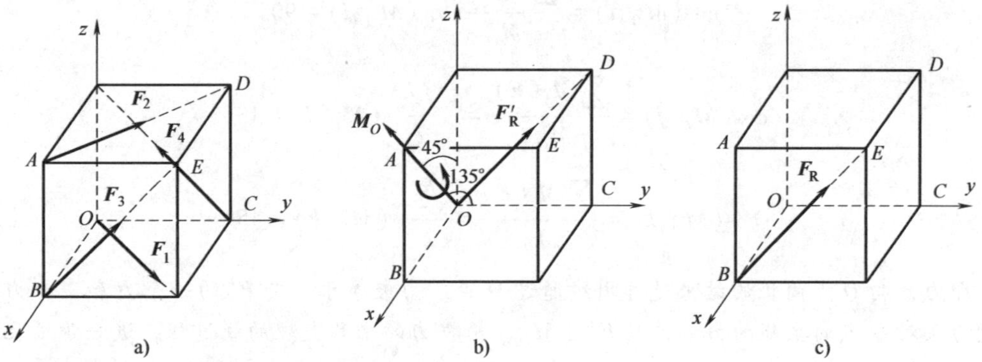


图 4-12

$\boldsymbol{F}_1$、$\boldsymbol{F}_2$、$\boldsymbol{F}_3$ 和 $\boldsymbol{F}_4$，其大小均为 $F$。求该力系向 $O$ 点简化的结果以及最终结果。

解：建立坐标系如图所示，力系的主矢在三个坐标轴上的投影分别为

$$F'_{Rx}=\sum F_x=F_1\cos45^\circ-F_2\cos45^\circ=0$$

$$F'_{Ry}=\sum F_y=F_1\sin45^\circ+F_2\sin45^\circ+F_3\cos45^\circ-F_4\cos45^\circ=\sqrt{2}F$$

$$F'_{Rz}=\sum F_z=F_3\sin45^\circ+F_4\sin45^\circ=\sqrt{2}F$$

所以该力系主矢的大小为

$$F'_R=\sqrt{\left(\sum F_x\right)^2+\left(\sum F_y\right)^2+\left(\sum F_z\right)^2}=2F$$

主矢的方向为

$$\cos(\boldsymbol{F}'_R,\boldsymbol{i})=\frac{\sum F_x}{F'_R}=0,\quad(\boldsymbol{F}'_R,\boldsymbol{i})=90^\circ$$

$$\cos(\boldsymbol{F}'_R,\boldsymbol{j})=\frac{\sum F_y}{F'_R}=\frac{\sqrt{2}}{2},\quad(\boldsymbol{F}'_R,\boldsymbol{j})=45^\circ$$

$$\cos(\boldsymbol{F}'_R,\boldsymbol{k})=\frac{\sum F_z}{F'_R}=\frac{\sqrt{2}}{2},\quad(\boldsymbol{F}'_R,\boldsymbol{k})=45^\circ$$

力系对 $O$ 点的主矩，在三个坐标轴上的投影分别为

$$M_{Ox}=\sum M_x(\boldsymbol{F})=-F_2\sin45^\circ\cdot a+F_4\sin45^\circ\cdot a=0$$

$$M_{Oy}=\sum M_y(\boldsymbol{F})=-F_2\cos45^\circ\cdot a-F_3\sin45^\circ\cdot a=-\sqrt{2}aF$$

$$M_{Oz}=\sum M_z(\boldsymbol{F})=F_2\sin45^\circ\cdot a+F_3\cos45^\circ\cdot a=\sqrt{2}aF$$

所以该力系对 $O$ 点的主矩的大小为

$$M_O=\sqrt{\left(\sum M_x(\boldsymbol{F})\right)^2+\left(\sum M_y(\boldsymbol{F})\right)^2+\left(\sum M_z(\boldsymbol{F})\right)^2}=2aF$$

主矩的方向为

$$\cos(\boldsymbol{M}_O,\boldsymbol{i})=\frac{\sum M_x(\boldsymbol{F})}{M_O},\ (\boldsymbol{M}_O,\boldsymbol{i})=90^\circ$$

$$\cos(\boldsymbol{M}_O,\boldsymbol{j})=\frac{\sum M_y(\boldsymbol{F})}{M_O}=-\frac{\sqrt{2}}{2},\ (\boldsymbol{M}_O,\boldsymbol{j})=135^\circ$$

$$\cos(\boldsymbol{M}_O,\boldsymbol{k})=\frac{\sum M_z(\boldsymbol{F})}{M_O}=\frac{\sqrt{2}}{2},\ (\boldsymbol{M}_O,\boldsymbol{k})=45^\circ$$

即力系向 $O$ 点简化的结果是作用线通过 $O$ 点、力矢等于主矢 $\boldsymbol{F}'_R$ 的一个力和一个力偶矩等于力系对 $O$ 点的主矩的力偶，且 $\boldsymbol{F}'_R\perp\boldsymbol{M}_O$，根据力的平移定理的逆过程，进一步简化为一个作用于另一点 $O'$ 的力 $\boldsymbol{F}_R=\boldsymbol{F}'_R$，其作用线到点 $O$ 的距离可按下式计算：

$$d=\frac{|M_O|}{F_R}=a$$

最终简化结果为：一个作用线通过 $B$ 点，沿对角线 $BE$ 的合力 $\boldsymbol{F}_R$。

知识点视频

## 4.4 空间任意力系的平衡条件和平衡方程

由上一节分析结果可知：当空间任意力系的主矢和主矩均为零，即 $\boldsymbol{F}'_R=\boldsymbol{0}$，$\boldsymbol{M}_O=\boldsymbol{0}$ 时，空间任意力系是平衡的。于是，空间任意力系平衡的必要和充分条件是：力系的主矢和对于任一点的主矩都等于零。

这些平衡条件可用解析式表示：

$$\begin{cases}\sum_{i=1}^{n}F_{xi}=0, \quad \sum_{i=1}^{n}F_{yi}=0, \quad \sum_{i=1}^{n}F_{zi}=0\\ \sum_{i=1}^{n}M_x(\boldsymbol{F}_i)=0, \quad \sum_{i=1}^{n}M_y(\boldsymbol{F}_i)=0, \quad \sum_{i=1}^{n}M_z(\boldsymbol{F}_i)=0\end{cases} \tag{4-15}$$

这就是空间任意力系的平衡方程，即力系内各力在直角坐标轴的每一个轴上的投影代数和均为零，以及各力对于每一轴之矩的代数和也等于零。它有六个方程，可以求解六个未知量。

我们很容易从空间任意力系的平衡方程，推导出空间汇交力系和空间平行力系的平衡方程。

如图 4-13a 所示，设物体受到一个空间汇交力系的作用，如果选择力系的汇交点为坐标系 $Oxyz$ 的原点，则不论此力系是否平衡，均有

$$\sum_{i=1}^{n}M_x(\boldsymbol{F}_i)=0, \quad \sum_{i=1}^{n}M_y(\boldsymbol{F}_i)=0, \quad \sum_{i=1}^{n}M_z(\boldsymbol{F}_i)=0$$

因此，空间汇交力系的平衡方程只有三个，可以求解三个未知量

$$\sum_{i=1}^{n}F_{xi}=0, \quad \sum_{i=1}^{n}F_{yi}=0, \quad \sum_{i=1}^{n}F_{zi}=0 \tag{4-16}$$

同理，如图 4-13b 所示，设物体受到一个空间平行力系的作用，如果选择 $z$ 轴与这些力平行，则各力对 $z$ 轴之矩为零；同时注意到 $x$，$y$ 轴都与这些力垂直，所以各力在 $x$，$y$ 轴上的投影均为零。即

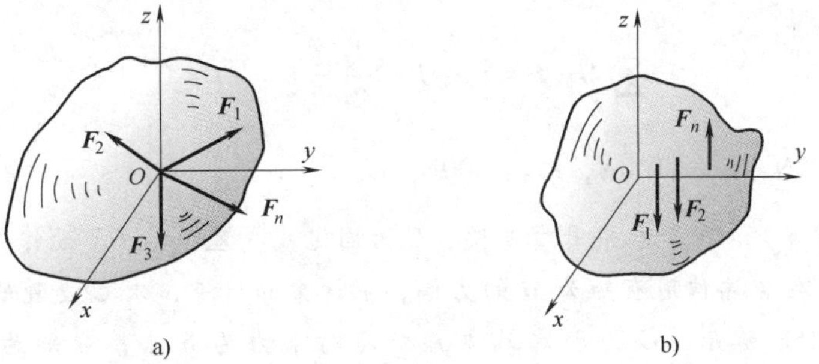


a) b)

图 4-13

$$\sum_{i=1}^{n} F_{xi} = 0, \quad \sum_{i=1}^{n} F_{yi} = 0, \quad \sum_{i=1}^{n} M_z(\boldsymbol{F}_i) = 0$$

空间平行力系的平衡方程也有三个，可以求解三个未知量

$$\sum_{i=1}^{n} F_{zi} = 0, \quad \sum_{i=1}^{n} M_x(\boldsymbol{F}_i) = 0, \quad \sum_{i=1}^{n} M_y(\boldsymbol{F}_i) = 0 \tag{4-17}$$

同理，空间力偶系的平衡方程为

$$\sum_{i=1}^{n} M_x(\boldsymbol{F}_i) = 0, \quad \sum_{i=1}^{n} M_y(\boldsymbol{F}_i) = 0, \quad \sum_{i=1}^{n} M_z(\boldsymbol{F}_i) = 0 \tag{4-18}$$

例 4-4　如图 4-14a 所示，等厚的均质正方形平板边长为 $l$，板重 $P=1200\text{N}$，通过 3 个定滑轮用钢索匀速吊起，求每根钢索的张力。

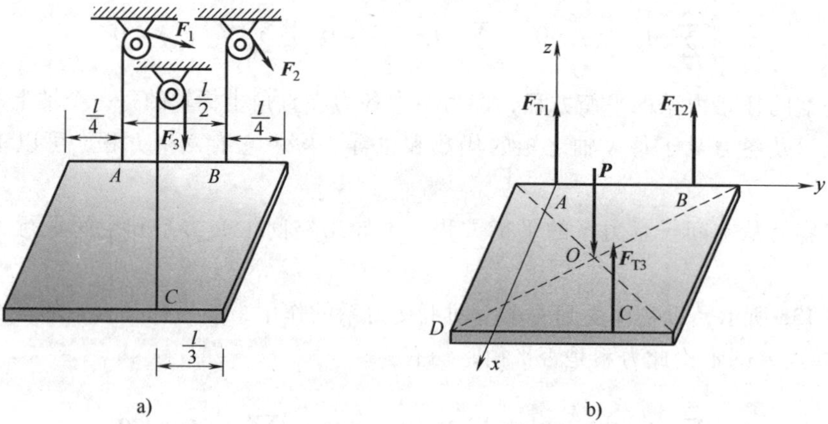


图 4-14

解：平板被匀速吊起，所以平板处于平衡状态。以平板为研究对象，它受到空间平行力系作用。建立坐标系如图 4-14b 所示，列平衡方程

$$\sum F_z = 0, \; F_{\text{T1}} + F_{\text{T2}} + F_{\text{T3}} - P = 0$$

$$\sum M_x(\boldsymbol{F}) = 0, \; F_{\text{T2}} \cdot \frac{l}{2} + F_{\text{T3}} \cdot \frac{5l}{12} - P \cdot \frac{l}{4} = 0$$

$$\sum M_y(\boldsymbol{F}) = 0, \; P \cdot \frac{l}{2} - F_{\text{T3}} \cdot l = 0$$

求得 $F_{\text{T1}}=500\text{N}$，$F_{\text{T2}}=100\text{N}$，$F_{\text{T3}}=600\text{N}$。

例 4-5　如图 4-15a 所示水平悬臂曲梁，$C$ 为固定端支座，沿 $CB$ 段作用有均布力偶，其分布集度为 $m_0$，在 $A$ 端作用有矩为 $M$ 的力偶，不计梁的自重，求 $C$ 支座的约束力。

解：如图 4-15b 所示，$C$ 为固定端支座，其约束力为 6 个，分别为 $\boldsymbol{F}_{Cx}$、$\boldsymbol{F}_{Cy}$、$\boldsymbol{F}_{Cz}$、$M_{Cx}$、$M_{Cy}$、$M_{Cz}$。由于力偶只能由力偶来平衡，所以该力系为空间力偶系。

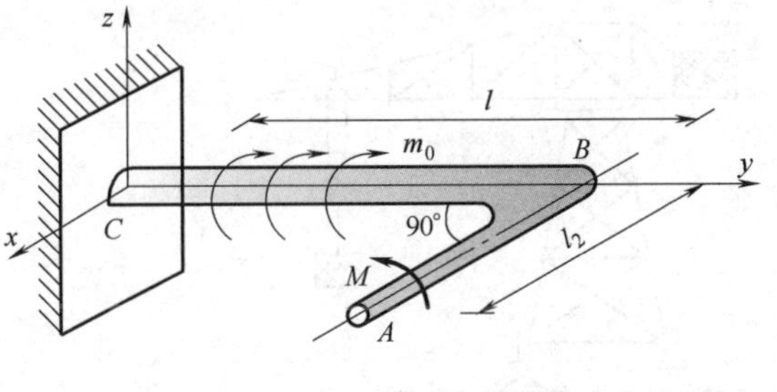


a)

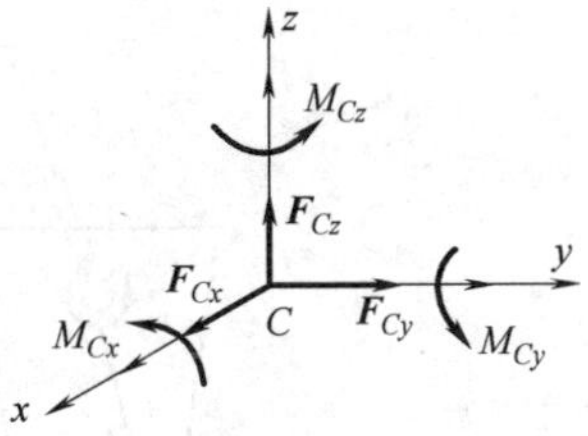


b)

图 4-15

列平衡方程

$$\sum F_x = 0,\ F_{Cx} = 0$$

$$\sum F_y = 0,\ F_{Cy} = 0$$

$$\sum F_z = 0,\ F_{Cz} = 0$$

$$\sum M_x(\boldsymbol{F}) = 0,\ M_{Cx} + M = 0$$

$$\sum M_y(\boldsymbol{F}) = 0,\ M_{Cy} - m_0 \cdot l_1 = 0$$

$$\sum M_z(\boldsymbol{F}) = 0,\ M_{Cz} = 0$$

求得 $M_{Cx} = -M$，$M_{Cy} = m_0 l_1$，$M_{Cz} = 0$。

通过对上述例题的求解，我们可以将求解空间力系平衡问题的注意事项总结如下：

1）看清楚各力在空间的位置，正确计算各力在轴上的投影和力对轴之矩，特别要注意符号。

2）在计算力对轴之矩时，常借助于合力矩定理，即通过计算该力的分力对同一轴之矩的代数和来求得该力对轴之矩。

3）适当选择投影轴和力矩轴，尽量使所建立的平衡方程中包含的未知量越少越好。

## 4.5　重心

知识点视频

### 4.5.1　重心的概念及其坐标公式

在日常生活和工程实际中会经常遇到重心的问题，重心的位置会影响物体的平衡和稳定。如冶金厂用的一种铁水包，就是利用小钩吊起包底，以倾倒铁水，为了防止它翻转造成事故，就要求铁水包无论是空载还是满载，其重心都要低于转轴（见图 4-16a）。对于塔式起重机而言，通过附加合适的配重，使得它无论是空载还是满载，其重心始终处于两个支承轮之间（见图 4-16b）。还有机床中一些高速转动的构件，如果转轴不通过重心，机床将会产生强烈的振动，这甚至会引起破坏。因此我们需要了解什么是重心和怎样确定重心的位置。

物体的重力就是地球对物体的吸引力，若想象把物体分割成无数微小部分，则重力作用于物体内每一微小部分，就是一个分布力系。严格来说，这些分布的重力是一个空间汇交力系（交于地球的中心）。由于物体的尺寸相对于地球的半径要小得多，所以对于工程中一般的物体，这种分布的重力可以视为空间平行力系，空间平行力系的合力称为物体的重力。通

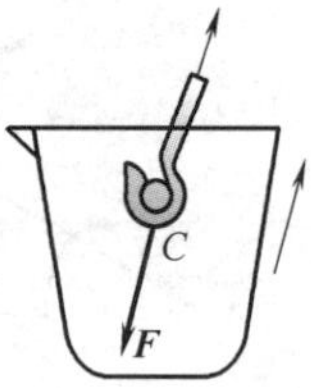


a)

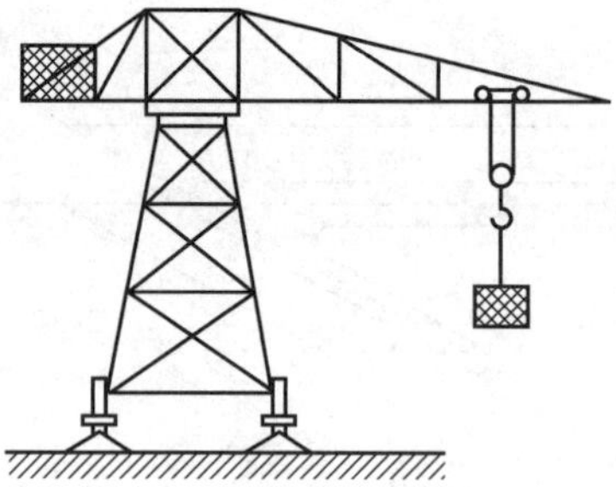

b)

图 4-16

过大量的实验，我们可以知道：无论物体在地表面上怎样放置，其平行分布重力的合力作用线，都通过此物体上一个确定的点，这一点称为物体的**重心**。

如图 4-17 所示，将物体分割成若干微小部分，其第 $i$ 部分的重力为 $\boldsymbol{P}_i$，该重力作用点的坐标为 $(x_i, y_i, z_i)$，这些重力组成空间平行力系，其合力 $\boldsymbol{P}$ 的大小就是整个物体的重力，即

$$\boldsymbol{P} = \sum \boldsymbol{P}_i$$

取直角坐标系 $Oxyz$，使重力及其合力与 $z$ 轴平行，设重心 $C$ 的坐标为 $(x_C, y_C, z_C)$，利用合力矩定理，对 $x$ 轴取矩，有

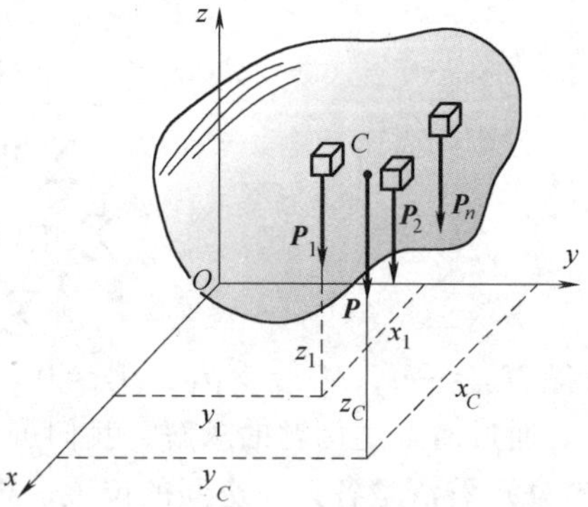


图 4-17

$$M_x(\boldsymbol{P}) = \sum M_x(\boldsymbol{P}_i)$$

即 $$P \cdot y_C = P_1 \cdot y_1 + P_2 \cdot y_2 + \cdots + P_n \cdot y_n$$

由此可得 $$y_C = \frac{\sum P_i y_i}{P}$$

同理对 $y$ 轴取矩，可得 $x_C = \dfrac{\sum P_i x_i}{P}$

再将坐标系连同物体绕 $y$ 轴旋转 90°，使得 $x$ 轴铅直向上，重心的位置不变，同样用合力矩定理，对 $y$ 轴取矩可得

$$z_C = \frac{\sum P_i \cdot z_i}{P}$$

此即重心坐标的一般公式：

$$x_C = \frac{\sum P_i x_i}{P}, \quad y_C = \frac{\sum P_i y_i}{P}, \quad z_C = \frac{\sum P_i z_i}{P} \tag{4-19}$$

物体被分割得越多，即每一小块体积越小，则按式（4-19）计算的重心位置越准确。在极限情况下可用积分计算。

如果物体是均质的，单位体积的重量 $\gamma$ 为常数，以 $\Delta V_i$ 表示微体积，物体总体积为 $V = \sum \Delta V_i$，将 $P_i = \gamma \cdot \Delta V_i$ 代入式（4-19），得到以体积形式表示的重心公式

$$x_C = \frac{\sum \Delta V_i \cdot x_i}{V},\ y_C = \frac{\sum \Delta V_i \cdot y_i}{V},\ z_C = \frac{\sum \Delta V_i \cdot z_i}{V} \tag{4-20}$$

式（4-20）表明，对于均质物体而言，物体的重心只与物体的形状有关，而与物体的重量无关，因此均质物体的重心也称为物体的**形心**。

对于平面均质薄板，其重心只需要求两个坐标即可（见图 4-18），设板的厚度为 $h$，面积为 $A$，将薄板分为若干个微小部分，每个微小部分的面积为 $A_i$，则 $\Delta V_i = A_i h$，$V = Ah$，把它们代入重心公式，得

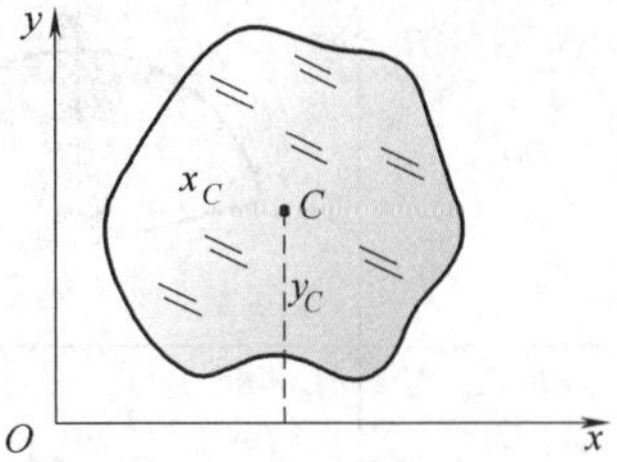

图 4-18

$$x_C = \frac{\sum A_i x_i}{A},\ y_C = \frac{\sum A_i y_i}{A} \tag{4-21}$$

### 4.5.2　确定物体重心的方法

简单几何图形的重心，可以从相关的工程手册中查到，表 4-1 列出了常见的几种简单几何图形的重心。

表 4-1　常见的几种简单几何图形的重心

| 形状 | 图形 | 面(体)积 | 重心坐标 |
|---|---|---|---|
| 矩形 | 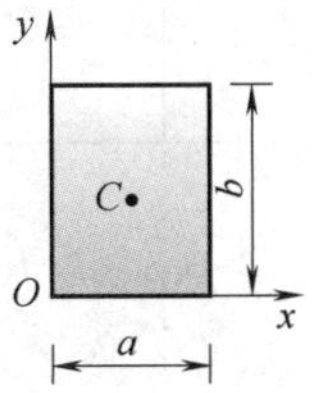 | $A = ab$ | $x_C = \frac{1}{2}a$<br>$y_C = \frac{1}{2}b$ |
| 三角形 | 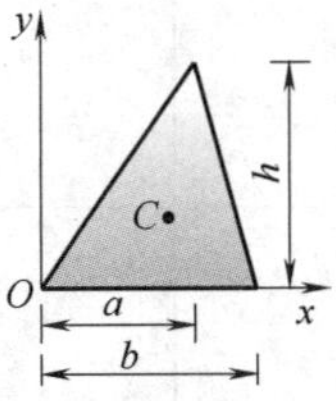 | $A = \frac{1}{2}bh$ | $x_C = \frac{1}{3}(a+b)$<br>$y_C = \frac{1}{3}h$ |
| 梯形 | 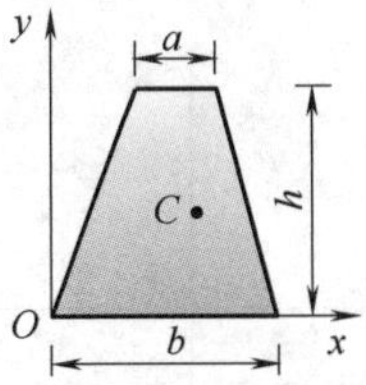 | $A = \frac{1}{2}(a+b)h$ | 在上下底中点的连线上，<br>$y_C = \frac{h(2a+b)}{3(a+b)}$ |
| 半圆形 | 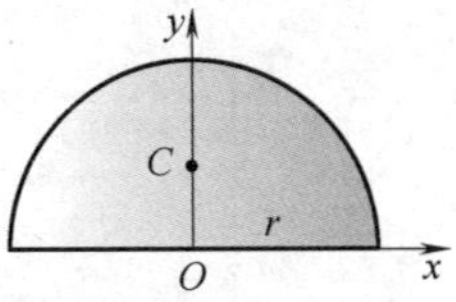 | $A = \frac{1}{2}\pi r^2$ | $x_C = 0$<br>$y_C = \frac{4r}{3\pi}$ |

（续）

| 形状 | 图形 | 面（体）积 | 重心坐标 |
|---|---|---|---|
| 扇形 | 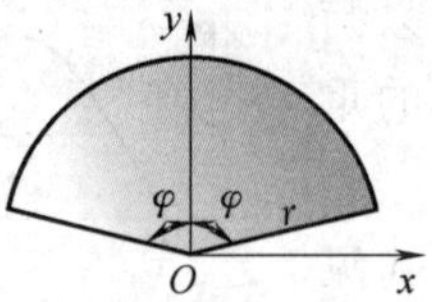 | $A=\varphi r^2$<br>（$\varphi$ 采用弧度） | $x_C=0$<br>$y_C=\dfrac{2r\sin\varphi}{3\varphi}$ |
| 圆弧 | 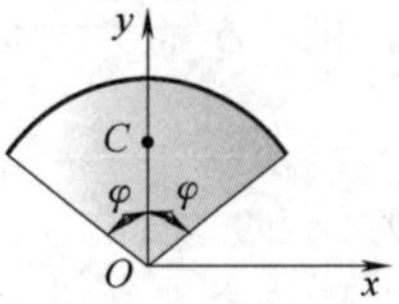 | — | $x_C=0$<br>$y_C=\dfrac{r\sin\varphi}{\varphi}$ |
| 长方体 | 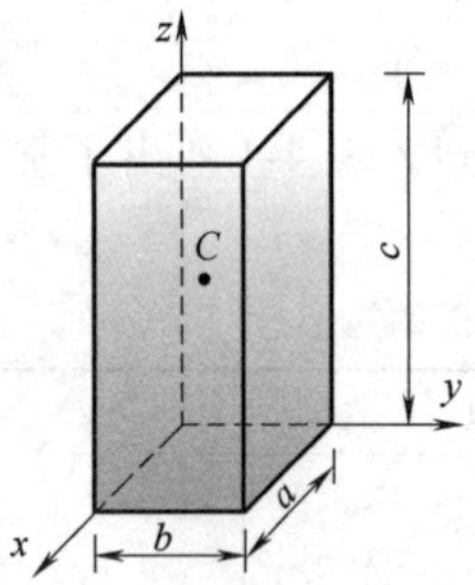 | $V=abc$ | $x_C=\dfrac{1}{2}a$<br>$y_C=\dfrac{1}{2}b$<br>$z_C=\dfrac{1}{2}c$ |
| 正圆锥体 | 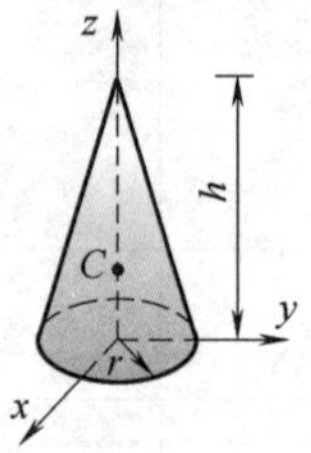 | $V=\dfrac{1}{3}\pi r^2 h$ | $x_C=0$<br>$y_C=0$<br>$z_C=\dfrac{1}{4}h$ |
| 正圆柱体 | 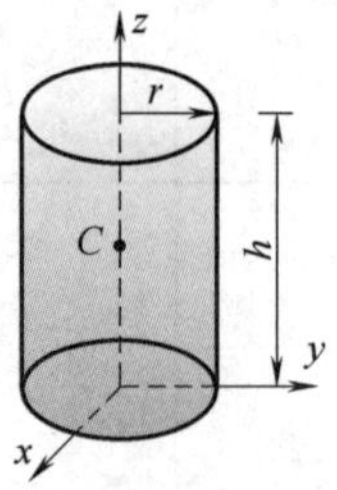 | $V=\pi r^2 h$ | $x_C=0$<br>$y_C=0$<br>$z_C=\dfrac{1}{2}h$ |
| 球面扇形体 | 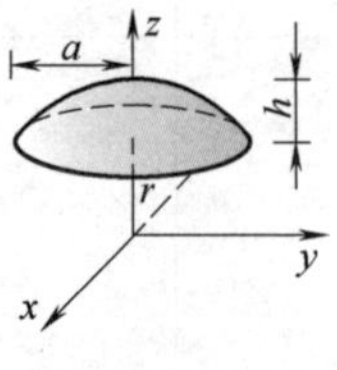 | $V=\dfrac{2}{3}\pi r^2 h$ | $x_C=0$<br>$y_C=0$<br>$z_C=\dfrac{3}{8}(2r-h)$ |

在实际工程中，物体通常是由一个或几个简单几何图形组合而成的组合体，在求组合体的重心时，常采用以下方法。

知识点视频

**1. 对称性法**

如果均质物体具有对称面、对称轴或对称中心，则其重心也一定在对称面、对称轴或对称中心上。如图 4-19 所示的工字钢和立方体。

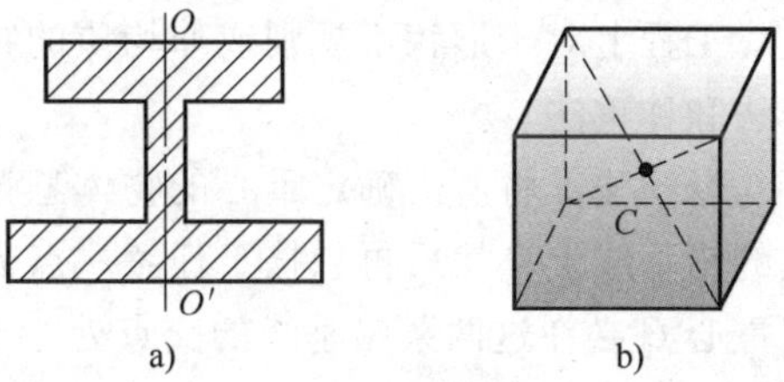


图 4-19

**2. 分割法**

该方法就是将形状较为复杂的组合体，分为几个部分，这些部分形状简单，重心容易确定，然后利用重心坐标的公式即可求出组合体的坐标。

**例 4-6**　如图 4-20 所示的槽钢截面，尺寸单位为 cm，求它的重心坐标。

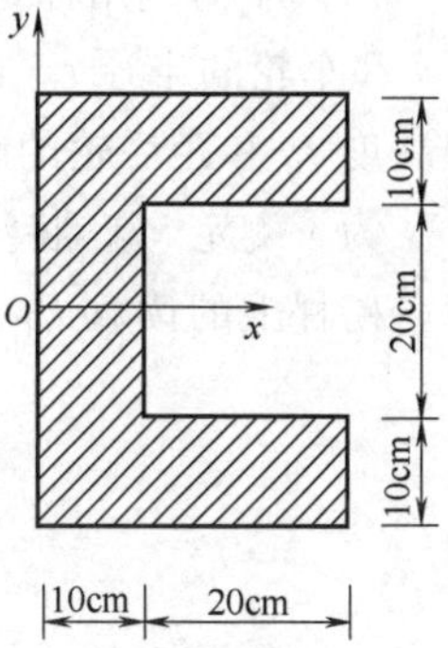


图 4-20

解：将该截面分割为三个规则的矩形，取 $x$ 轴为对称轴，显然有 $y_C=0$。

$$A_1=300\text{cm}^2,\ x_1=15\text{cm}$$

$$A_2=200\text{cm}^2,\ x_2=5\text{cm}$$

$$A_3=300\text{cm}^2,\ x_3=15\text{cm}$$

代入公式得

$$x_C=\frac{\sum A_i x_i}{A}=\frac{A_1x_1+A_2x_2+A_3x_3}{A_1+A_2+A_3}=12.5\text{cm}$$

**3. 负面积法**

如果物体中有孔洞或缺口，可以先假想将孔填满，按照分割法分割，再将孔洞处填充负的质量，代入整体分割的公式中计算。

**例 4-7**　如图 4-21 所示，在半径为 $r_1$ 的均质圆盘内，挖去一个半径为 $r_2$ 的孔洞，两圆的圆心相距半径为 $r_1/2$，求它的重心坐标。

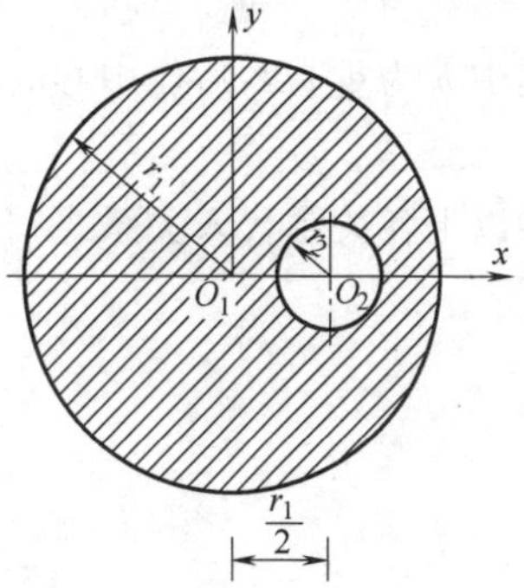


图 4-21

解：利用对称性，取 $x$ 轴为对称轴，显然有 $y_C=0$。

大圆：$A_1=\pi r_1^2$，$x_1=0$。

小圆：$A_2=-\pi r_2^2$，$x_2=\dfrac{r_1}{2}$，此部分为负面积。

代入公式得

$$x_C=\frac{\sum A_i x_i}{A}=\frac{A_1x_1+A_2x_2}{A_1+A_2}=-\frac{r_1r_2^2}{2(r_1^2-r_2^2)}$$

**例 4-8**　采用负面积法再次计算例 4-6 中的槽钢的重心。

解：大矩形：$A_1=30\text{cm}\times40\text{cm}=1200\text{cm}^2$，$x_1=15\text{cm}$；

小矩形：$A_2=-20\text{cm}\times20\text{cm}=-400\text{cm}^2$，$x_2=20\text{cm}$；

代入公式得

$$x_C = \frac{\sum A_i x_i}{A} = \frac{1200\text{cm}^2 \times 15\text{cm} - 400\text{cm}^2 \times 20\text{cm}}{1200\text{cm}^2 - 400\text{cm}^2} = 12.5\text{cm}$$

**4. 实验法**

工程上对于形状不规则或非均质的物体，可以采用实验法测定物体的重心，常用的是悬挂法和称重法。

悬挂法：将所需确定重心的物体悬挂于任意一点 $A$，根据二力平衡，重心 $C$ 必在过悬挂点的铅垂线上；然后再悬挂于任意一点 $B$，做第二次悬挂，同样做出过悬挂点 $B$ 的铅垂线，则重心 $C$ 必在这两条铅垂线的交点处。

**5. 称重法**

以汽车为例用称重法测定重心。如图 4-22 所示。先称出物体的总重 $\boldsymbol{P}$，测量出前后轮距 $l$ 和车轮的半径 $r$。设汽车左右是对称的，则重心必在对称面内，只需测定重心 $C$ 距地面的高度 $z_C$ 和距后轮的距离 $x_C$。

为了测定 $x_C$，将汽车后轮放在地面上，前轮放在磅秤上，车身保持水平，如图 4-22a 所示。磅秤上的读数 $F_1$ 为前轮处的支撑力，则重心位置可以按下式求出：

$$\sum \mathrm{M_A}(\boldsymbol{F}_i) = 0,\ F_1 \cdot l - P \cdot x_C = 0$$

即

$$x_C = \frac{F_1 l}{P}$$

测定 $z_C$，需将车的后轮抬高到任意高度 $H$，如图 4-22 所示。这时磅秤的读数 $F_2$ 为前轮处的支撑力，同理得

$$x'_C = \frac{F_2 l'}{P}$$

由图中的几何关系知

$$l' = l\cos\theta,\ x'_C = x_C\cos\theta + h\sin\theta,\ \sin\theta = \frac{H}{l},\ \cos\theta = \frac{\sqrt{l^2 - H^2}}{l}$$

其中 $h$ 为重心与后轮中心的高度差，则

$$h = z_C - r$$

将以上各关系代入关系式 $x'_C = x_C\cos\theta + h\sin\theta$ 中，整理得

$$z_C = r + \frac{F_2 - F_1}{P}\ \frac{l}{H}\sqrt{l^2 - H^2}$$

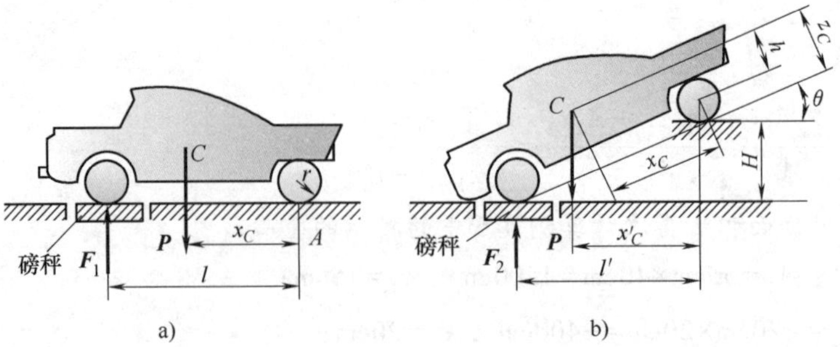


图 4-22

# 小　结

本章研究了空间力系的平衡问题，并介绍了确定物体重心的方法。重点内容是空间力在直角坐标轴上的投影及空间力对轴之矩的计算，以及利用空间力系的平衡方程去解题。

1. 力在空间直角坐标轴上的投影

（1）直接投影法。若已知力 $\boldsymbol{F}$ 与正交坐标系 $Oxyz$ 三轴间的夹角分别为 $\alpha$、$\beta$、$\gamma$，则力 $\boldsymbol{F}$ 在空间直角坐标轴上的投影计算式为

$$F_x=F\cos\alpha$$
$$F_y=F\cos\beta$$
$$F_z=F\cos\gamma$$

（2）间接投影法（即二次投影法）。已知力 $\boldsymbol{F}$ 与夹角 $\gamma$ 和 $\varphi$，则 $\boldsymbol{F}$ 在空间直角坐标轴上的投影计算式为

$$F_x=F\sin\gamma\cos\varphi$$
$$F_y=F\sin\gamma\sin\varphi$$
$$F_z=F\cos\gamma$$

（3）力 $\boldsymbol{F}$ 的大小和方向余弦分别为

$$F=\sqrt{F_x^2+F_y^2+F_z^2}$$

$$\cos(\boldsymbol{F},\boldsymbol{i})=\frac{F_x}{F},\ \cos(\boldsymbol{F},\boldsymbol{j})=\frac{F_y}{F},\ \cos(\boldsymbol{F},\boldsymbol{k})=\frac{F_z}{F}$$

2. 力对点之矩

力对点之矩矢等于力的作用点相对于矩心的位置矢径与力的矢量积，它的大小和方向都与矩心 $O$ 的位置有关，是定位矢量。设力 $\boldsymbol{F}$ 作用点 $A$ 的坐标为 $A$（$x$，$y$，$z$），力在三个坐标轴上的投影分别为 $F_x$、$F_y$、$F_z$，则矢径 $\boldsymbol{r}$ 和力 $\boldsymbol{F}$ 分别为

$$\boldsymbol{r}=x\boldsymbol{i}+y\boldsymbol{j}+z\boldsymbol{k}$$
$$\boldsymbol{F}=F_x\boldsymbol{i}+F_y\boldsymbol{j}+F_z\boldsymbol{k}$$

$$\boldsymbol{M}_O(\boldsymbol{F})=\boldsymbol{r}\times\boldsymbol{F}=\begin{vmatrix}\boldsymbol{i} & \boldsymbol{j} & \boldsymbol{k}\\ x & y & z\\ F_x & F_y & F_z\end{vmatrix}=(yF_z-zF_y)\boldsymbol{i}+(zF_x-xF_z)\boldsymbol{j}+(xF_y-yF_x)\boldsymbol{k}$$

3. 力对轴之矩

是一个代数量，单位为 N · m，其绝对值等于该力在垂直于该轴的平面上的投影对于这个平面与该轴的交点之矩的大小。即

$$M_z(\boldsymbol{F})=M_O(\boldsymbol{F}_{xy})=\pm F_{xy}\cdot h=\pm 2A_{\triangle OAB}$$

力对轴之矩也可用解析式表示。设力作用点 $A$ 的坐标为 $A(x,\ y,\ z)$，力在三个坐标轴上的投影分别为 $F_x$、$F_y$、$F_z$，则有

$$M_z(\boldsymbol{F})=xF_y-yF_x$$
$$M_x(\boldsymbol{F})=yF_z-zF_y$$
$$M_y(\boldsymbol{F})=zF_x-xF_z$$

4. 力对点之矩与力对轴之矩的关系

力对点之矩矢在通过该点的某轴上的投影，等于力对该轴的矩，即

$$|\boldsymbol{M}_O(\boldsymbol{F})|_x = yF_z - zF_y = M_x(\boldsymbol{F})$$
$$|\boldsymbol{M}_O(\boldsymbol{F})|_y = zF_x - xF_z = M_y(\boldsymbol{F})$$
$$|\boldsymbol{M}_O(\boldsymbol{F})|_z = xF_y - yF_x = M_z(\boldsymbol{F})$$

5. 空间任意力系的简化

空间任意力系向任一点 $O$ 简化，可得一主矢 $\boldsymbol{F}'_{\mathrm{R}}$ 和一力偶矢量 $\boldsymbol{M}_O$。与平面任意力系一样，主矢与简化中心的位置无关，主矩一般与简化中心的位置有关。

主矢的大小和方向余弦分别为

$$F'_{\mathrm{R}} = \sqrt{\left(\sum_{i=1}^{n} F_{xi}\right)^2 + \left(\sum_{i=1}^{n} F_{yi}\right)^2 + \left(\sum_{i=1}^{n} F_{zi}\right)^2}$$

$$\cos(\boldsymbol{F}'_{\mathrm{R}},\boldsymbol{i}) = \frac{\sum_{i=1}^{n} F_{xi}}{F'_{\mathrm{R}}},\ \cos(\boldsymbol{F}'_{\mathrm{R}},\boldsymbol{j}) = \frac{\sum_{i=1}^{n} F_{yi}}{F'_{\mathrm{R}}},\ \cos(\boldsymbol{F}'_{\mathrm{R}},\boldsymbol{k}) = \frac{\sum_{i=1}^{n} F_{zi}}{F'_{\mathrm{R}}}$$

主矩的大小和方向余弦分别为

$$M_O = \sqrt{\left(\sum_{i=1}^{n} M_x(\boldsymbol{F}_i)\right)^2 + \left(\sum_{i=1}^{n} M_y(\boldsymbol{F}_i)\right)^2 + \left(\sum_{i=1}^{n} M_z(\boldsymbol{F}_i)\right)^2}$$

$$\cos(\boldsymbol{M}_O,\boldsymbol{i}) = \frac{\sum_{i=1}^{n} M_x(\boldsymbol{F}_i)}{M_O},\ \cos(\boldsymbol{M}_O,\boldsymbol{j}) = \frac{\sum_{i=1}^{n} M_y(\boldsymbol{F}_i)}{M_O},\ \cos(\boldsymbol{M}_O,\boldsymbol{k}) = \frac{\sum_{i=1}^{n} M_z(\boldsymbol{F}_i)}{M_O}$$

空间任意力系简化的结果，见表 4-2。

表 4-2　空间任意力系简化的结果

| 主矢 | 主矩 | | 合成结果 | 说明 |
|---|---|---|---|---|
| $\boldsymbol{F}'_{\mathrm{R}}=\boldsymbol{0}$ | $\boldsymbol{M}_O=\boldsymbol{0}$ | | 平衡 | |
| | $\boldsymbol{M}_O\neq\boldsymbol{0}$ | | 合力偶 | 力偶矩等于原力系对简化中心的主矩 |
| $\boldsymbol{F}'_{\mathrm{R}}\neq\boldsymbol{0}$ | $\boldsymbol{M}_O=\boldsymbol{0}$ | | 合力 | $\boldsymbol{F}'_{\mathrm{R}}$ 作用线恰好通过选定的简化中心 |
| | $\boldsymbol{M}_O\neq\boldsymbol{0}$ | $\boldsymbol{F}'_{\mathrm{R}}\perp\boldsymbol{M}_O$ | 合力 | 合力作用线到点 $O$ 的距离为 $d=\frac{M_O}{F_{\mathrm{R}}}$ |
| | | $\boldsymbol{F}'_{\mathrm{R}}/\!/\boldsymbol{M}_O$ | 力螺旋 | 力螺旋的中心轴通过简化中心 |
| | | $\boldsymbol{F}'_{\mathrm{R}}$ 与 $\boldsymbol{M}_O$ 成任意角度 | 力螺旋 | 一个作用于 $O'$ 的力螺旋 |

6. 空间任意力系平衡的必要和充分条件是：力系的主矢和对于任一点的主矩都等于零。这些平衡条件可用解析式表示：

$$\sum_{i=1}^{n} F_{xi} = 0,\ \sum_{i=1}^{n} F_{yi} = 0,\ \sum_{i=1}^{n} F_{zi} = 0$$

$$\sum_{i=1}^{n} M_x(\boldsymbol{F}_i)=0,\ \sum_{i=1}^{n} M_y(\boldsymbol{F}_i)=0,\ \sum_{i=1}^{n} M_z(\boldsymbol{F}_i)=0$$

作为特例，空间汇交力系的平衡方程：

$$\sum_{i=1}^{n} F_{xi}=0,\ \sum_{i=1}^{n} F_{yi}=0,\ \sum_{i=1}^{n} F_{zi}=0$$

空间平行力系的平衡方程也有三个，可以求解三个未知量：

$$\sum_{i=1}^{n} F_{zi}=0,\ \sum_{i=1}^{n} M_x(\boldsymbol{F}_i)=0,\ \sum_{i=1}^{n} M_y(\boldsymbol{F}_i)=0$$

空间力偶系的平衡方程为

$$\sum_{i=1}^{n} M_x(\boldsymbol{F}_i)=0,\ \sum_{i=1}^{n} M_y(\boldsymbol{F}_i)=0,\ \sum_{i=1}^{n} M_z(\boldsymbol{F}_i)=0$$

7. 重心

求物体的重心时，实际上就是求组成物体的各个微小部分的重力所组成的平行力系的中心。确认重心的位置，对于实际工程具有重要的意义。重心坐标的一般公式为

$$x_C=\frac{\sum P_i x_i}{P},\ y_C=\frac{\sum P_i y_i}{P},\ z_C=\frac{\sum P_i z_i}{P}$$

对于简单形状的均质物体，其重心可以直接从有关的工程手册中查出，复杂形状的均质物体，可以利用对称性、分割法或负面积法求得，非均质或几何形状不规则的物体，可以采用实验法、称重法测得其重心位置。

## 思　考　题

4-1　力对轴之矩是矢量还是标量？如何判断力对轴之矩的正负号？

4-2　“只要是空间力系就可以列出 6 个独立的平衡方程”对吗？

4-3　“空间汇交力系平衡的充分和必要条件是力系的合力为零；空间力偶系平衡的充分和必要条件是力偶系的合力偶矩为零。”对吗？

4-4　计算物体重心时，如果选取两个不同的坐标系，则得出的重心坐标是否相同？如果不同，能否说物体的重心相对于物体的位置是不确定的？

4-5　物体的重心必与形心重合吗？

4-6　物体的重心必在物体内吗？

4-7　一个均质等截面的直杆，其重心在哪儿？如果把它弯成半圆形，其重心位置是否改变？

4-8　空间任意力系向两个不同点简化，请考虑如下情况是否会出现：①主矢和主矩都相同；②主矢不同，主矩都相同；③主矢相同，主矩不同；④主矢和主矩都不相同。

4-9　空间平行力系简化的最终结果有哪些可能？能否简化为一个力螺旋？

4-10　某一空间力系对不共线的 3 个点的主矩都等于零，问此力系是否一定平衡？

思考题 4-10

## 习　　题

4-1　如习题 4-1 图所示长方体，单位为 m，在其顶点 $A$ 处作用力 $F=80\text{N}$，试求 $F$ 在 $x$、$y$、$z$ 三轴上的投影，以及对三轴的矩。

4-2　如习题 4-2 图所示三棱柱，在其顶点 $A$、$B$、$C$ 处作用有 6 个力，已知 $AB=300\mathrm{mm}$，$BC=400\mathrm{mm}$，$AC=500\mathrm{mm}$。试求该力系向 $A$ 点简化的结果。

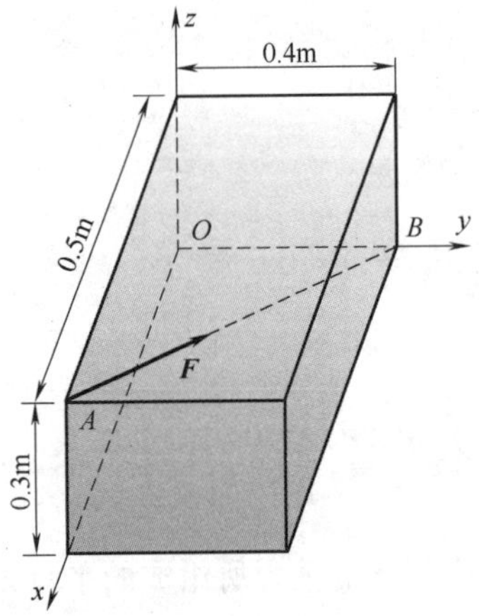


习题 4-1 图

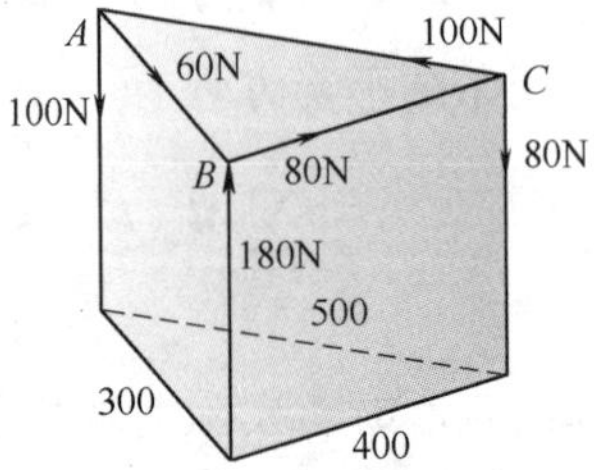


习题 4-2 图

4-3　如习题 4-3 图所示边长为 $l$ 的正六面体上作用着 6 个力，其大小为 $F_1=F_2=F_3=F_4=F$，$F_5=F_6=\sqrt{2}F$，求该力系的简化结果。

4-4　如习题 4-4 图所示一个空间任意力系，$F_1=F_2=100\mathrm{N}$，$M=20\mathrm{N}\cdot\mathrm{m}$，$b=300\mathrm{mm}$，$l=h=400\mathrm{mm}$，求该力系简化的结果。

4-5　如习题 4-5 图所示悬挂重物的钢架，杆 $OA$ 的自重不计，用铰与铅垂墙板相连，绳索 $OB$、$OC$ 的长度相等，且平面 $BOC$ 是水平的。在 $O$ 点悬挂重物 $P=1000\mathrm{N}$，求杆 $OA$ 和绳索 $OB$、$OC$ 所受的力。

4-6　如习题 4-6 图所示空间桁架，力 $F=10\mathrm{kN}$ 作用在其顶点 $A$ 处，此力在矩形 $ABDC$ 平面内，且与铅垂线成 45°角，$\triangle EAK\cong\triangle FBM$，$\triangle EAK$、$\triangle FBM$ 和 $\triangle NDB$ 均为等腰直角三角形，直角顶点分别为 $A$、$B$ 和 $D$，又 $EC=CK=FD=DM$，求各杆的内力。

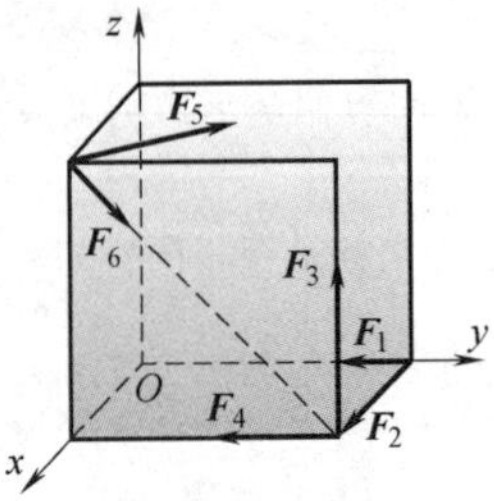


习题 4-3 图

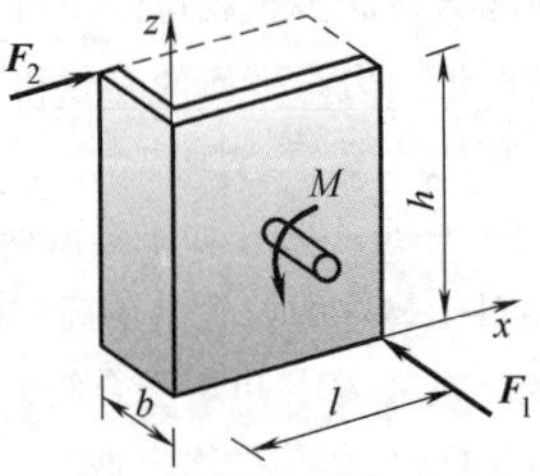


习题 4-4 图

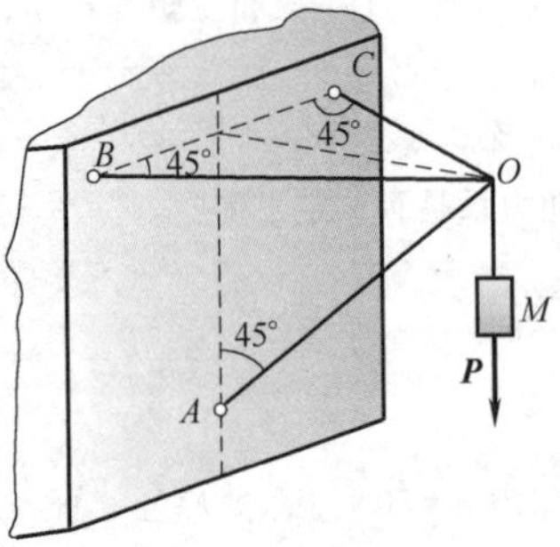


习题 4-5 图

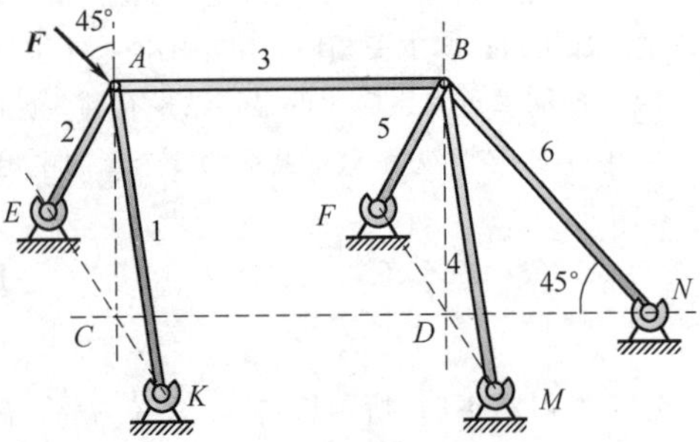


习题 4-6 图

4-7　如习题 4-7 图所示正方形薄板，边长为 $l$，不计自重，在板面上作用有力 $\boldsymbol{F}$ 和力偶矩为 $M$ 的力偶，$ABCD\text{-}A'B'C'D'$组成一个正方体，求杆 1、2 的内力。

4-8　如习题 4-8 图所示正方形薄板由 6 根直杆支撑，边长为 $a$，在顶点 $A$ 处作用着水平力 $\boldsymbol{F}$，不计各杆和薄板的自重，求各杆的内力。

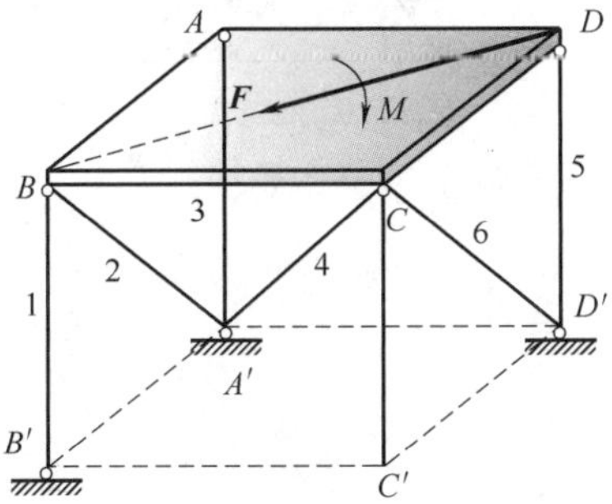


习题 4-7 图

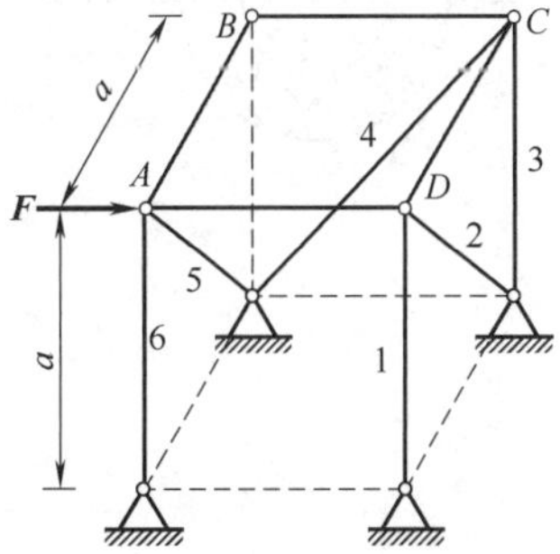


习题 4-8 图

4-9　如习题 4-9 图所示，固结在轴 $AB$ 上的 3 个圆轮，半径分别为 $r_1$、$r_2$、$r_3$，水平和铅垂作用力 $F_1=F_1'$，$F_2=F_2'$，求平衡时 $F_3$，$F_3'$的大小。

4-10　如习题 4-10 图所示 3 个力偶 $(\boldsymbol{F}_1, \boldsymbol{F}_1')$，$(\boldsymbol{F}_2, \boldsymbol{F}_2')$，$(\boldsymbol{F}_3, \boldsymbol{F}_3')$，其中 $F_1=F_1'=400\text{N}$，$F_2=F_2'=200\text{N}$，$F_3=F_3'=200\text{N}$，图上单位为 cm。求它们的合成结果。

4-11　如习题 4-11 图所示，计算各物体的重心坐标，尺寸单位均为 mm。

4-12　求习题 4-12 图所示的振荡器中偏心块的重心，已知 $R=10\text{cm}$，$r=1.7\text{cm}$，$b=1.3\text{cm}$。

4-13　如习题 4-13 图所示的正方形 $OADB$，其边长为 $l$，试在此正方形中找到一点 $E$，使得正方形在被截去等腰$\triangle OEB$ 后，$E$ 点即为剩余部分的重心。

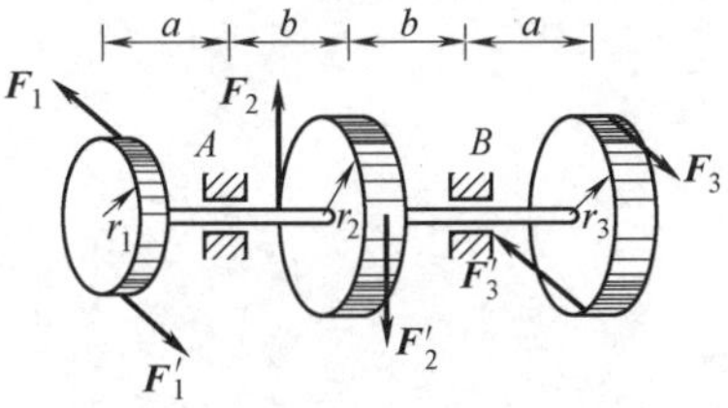


习题 4-9 图

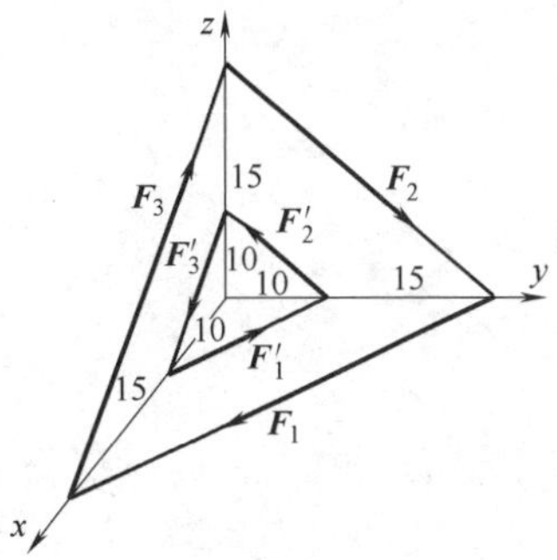


习题 4-10 图

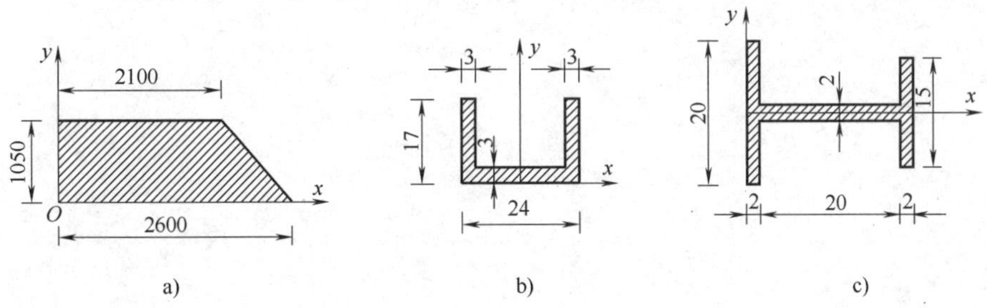


习题 4-11 图

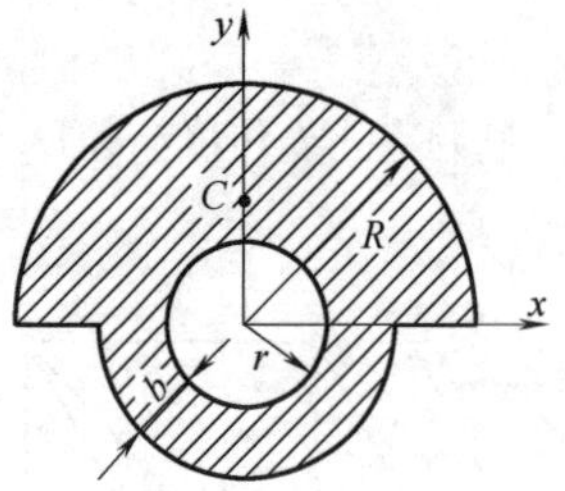

习题 4-12 图

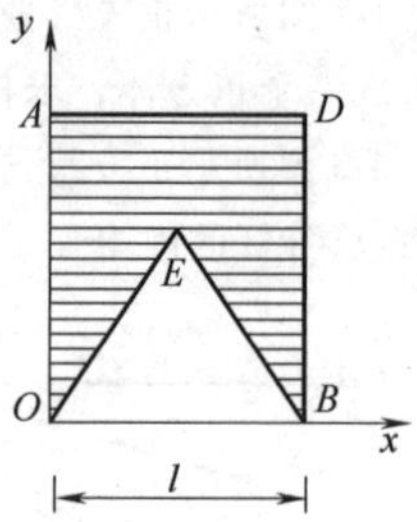

习题 4-13 图

# 运 动 学

# 引　言

知识点视频

静力学研究作用在物体上的力系的平衡条件。如果力系不平衡，物体的运动状态就会发生变化。运动学是从几何学的观点来研究物体的运动规律，而不考虑引起物体运动状态变化的物理因素。运动学只研究运动的几何性质，包括物体在空间的位置随时间变化的规律、物体的运动轨迹、速度和加速度等，而暂不考虑运动与作用力、质量之间的关系。

学习运动学一方面是为学习动力学打基础，另一方面又有独立的意义，为分析机构的运动打好基础。因此，运动学作为理论力学中的独立部分也是很有必要的。

物体在空间的位置随时间的改变称为机械运动，为了观察或描述物体的运动，观察者总是依附于某一物体上，观察者所依附的物体称为参考的物体。因此，研究一个物体的机械运动，必须选取另一物体作为参考，这个参考的物体称为**参考体**。如果所选参考体不同，那么物体对于不同参考体的运动也不同。因此，在力学中，描述任何物体的运动都需要指明参考体。与参考体固连的坐标系称为**参考系**。一般工程问题中，如未特别说明，都取与地面固连的坐标系作为参考系。对于特殊的问题，将根据需要另选与运动物体固连的坐标系为参考系。

在运动学中，度量时间要涉及“瞬时”和“时间间隔”两个概念。所谓瞬时，应理解为物体运动过程中相应的某一时刻，通常以 $t$ 表示；而时间间隔是指两瞬时 $t_1$ 与 $t_2$ 之间的一段时间，通常以 $\Delta t = t_2 - t_1$ 表示。

运动学中通常将实际物体抽象为两种力学模型；点和刚体。这里说的点是指不考虑质量、无大小、在空间占有位置的几何点；刚体是由无数个点组成的不变质点系。同一物体在不同的问题中可以抽象成不同的力学模型。选取点或者刚体，主要取决于所研究问题的性质，而不取决于物体本身的大小和形状。本篇主要研究两个方面：①介绍点和刚体相对参考坐标系运动方程的建立方法，即确定点和刚体的空间位置随时间变化规律的方法；②研究点和刚体的运动学几何特征，即点或刚体上点的运动轨迹、速度、加速度和刚体转动的角速度、角加速度。

# 第5章

# 点的运动学

点的运动是研究一般物体运动的基础，又具有独立的应用意义。本章将研究点的简单运动，也就是确定点在任一瞬时对于所选坐标系的位置，以及它的轨迹、速度和加速度等。点的运动采用矢量法、直角坐标法、自然法等多种研究方法，由于矢量法形式比较简单，便于其他方法的推导，所以本章先用矢量法来研究点的运动，然后再介绍其他几种方法。

知识点视频

## 5.1 点的运动的矢量法

用矢量表示动点在参考系中的位置、速度和加速度随时间变化规律的方法称为**矢量法**。

### 5.1.1 运动方程

设动点 $M$ 在空间做曲线运动，选取参考系上某固定点 $O$ 为参考点，则动点 $M$ 在任一瞬时的位置，如图 5-1 所示，可用**位置矢径**，即由定点 $O$ 到动点 $M$ 所引的矢量 $\boldsymbol{r}$ 来唯一确定。当点 $M$ 运动时，矢径的大小和方向随时间 $t$ 变化，所以矢径 $\boldsymbol{r}$ 是变矢量，并且是时间 $t$ 的单值连续函数，即

$$\boldsymbol{r}=\boldsymbol{r}(t) \tag{5-1}$$

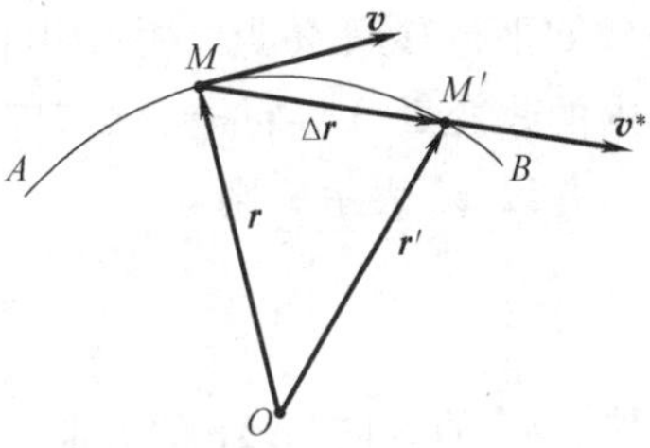

图 5-1

这个方程完全确定了任一瞬时动点 $M$ 在空间的位置，称为动点**以矢量表示的运动方程**，它表明了动点在空间的位置随时间变化的规律。动点 $M$ 在空间运动时，矢径 $\boldsymbol{r}$ 的末端将描绘出一条连续的曲线，称为矢径 $\boldsymbol{r}$ 的矢端曲线。显然，矢径 $\boldsymbol{r}$ 的矢端曲线就是动点 $M$ 的**运动轨迹**。

### 5.1.2 速度

当动点 $M$ 做曲线运动时，动点的运动快慢和方向一般都是随时间而改变的。为了描述动点的运动变化情况，需要引入速度的概念。

设在瞬时 $t$，动点位于 $M$ 点，其矢径为 $\boldsymbol{r}$；在 $t+\Delta t$ 瞬时，动点位于 $M'$点，其矢径为 $\boldsymbol{r}'$。如图 5-1 所示，在 $\Delta t$ 时间间隔内，矢径的改变量为

$$\Delta\boldsymbol{r}=\boldsymbol{r}'-\boldsymbol{r} \tag{5-2}$$

它代表动点在 $\Delta t$ 时间间隔内的位移。若 $\Delta t$ 取得很小，则动点在 $\Delta t$ 时间内所经过的路程 $\overset{\frown}{MM'}$和其运动方向，就可近似地用位移 $\Delta\boldsymbol{r}$ 来表示。故位移 $\Delta\boldsymbol{r}$ 与相应时间间隔 $\Delta t$ 的比值即

为动点在 $\Delta t$ 时间内的平均速度，并以$\boldsymbol{v}^*$表示，则

$$\boldsymbol{v}^*=\frac{\Delta \boldsymbol{r}}{\Delta t} \tag{5-3}$$

式中，$\boldsymbol{v}^*$的方向与 $\Delta\boldsymbol{r}$ 同向。

当 $\Delta t$ 趋近于零时，平均速度$\boldsymbol{v}^*$趋于一极限值，它反映了动点 $M$ 在瞬时 $t$ 的运动快慢和方向，称此极限为动点在瞬时 $t$ 的**速度**，并以$\boldsymbol{v}$表示，则

$$\boldsymbol{v}=\lim_{\Delta t\to 0}\boldsymbol{v}^*=\lim_{\Delta t\to 0}\frac{\Delta \boldsymbol{r}}{\Delta t} \tag{5-4}$$

根据矢量导数的定义，式（5-4）可以写成

$$\boldsymbol{v}=\frac{\mathrm{d}\boldsymbol{r}}{\mathrm{d}t}=\dot{\boldsymbol{r}} \tag{5-5}$$

这表明**动点的速度矢等于它的位置矢径对时间的一阶导数**。速度是矢量，它的方向是平均速度$\boldsymbol{v}^*$，也就是 $\Delta t$ 趋近于零时 $\Delta\boldsymbol{r}$ 的极限方向，亦即沿着动点的轨迹在该点的切线，并指向运动的一方。速度的大小即速度矢$\boldsymbol{v}$的模，表明点运动的快慢。在国际单位制中，速度 $\boldsymbol{v}$ 的单位为 m/s。

### 5.1.3 加速度

在点的曲线运动中，速度的大小和方向一般都随时间而变化，为了描述动点的速度变化情况，需要引入加速度的概念。

设在瞬时 $t$，动点 $M$ 的速度为$\boldsymbol{v}$，经过时间 $\Delta t$ 后，动点位于 $M'$点，其速度为 $\boldsymbol{v}'$。将速度矢量 $\boldsymbol{v}'$平行移到 $M$ 点，并作出速度平行四边形，如图 5-2a 所示，则可得动点的速度在 $\Delta t$ 时间内的改变量 $\Delta\boldsymbol{v}=\boldsymbol{v}'-\boldsymbol{v}$，$\Delta\boldsymbol{v}$ 与相应时间间隔 $\Delta t$ 的比值，即为动点在 $\Delta t$ 时间内的平均加速度，并以 $\boldsymbol{a}^*$ 表示，则

$$\boldsymbol{a}^*=\frac{\Delta \boldsymbol{v}}{\Delta t} \tag{5-6}$$

显然，$\boldsymbol{a}^*$ 的方向与 $\Delta\boldsymbol{v}$ 的方向一致。当 $\Delta t$ 趋近于零时，平均加速度的极限即为动点在瞬时 $t$ 的**加速度**，并以 $\boldsymbol{a}$ 表示，即

$$\boldsymbol{a}=\lim_{\Delta t\to 0}\boldsymbol{a}^*=\lim_{\Delta t\to 0}\frac{\Delta \boldsymbol{v}}{\Delta t}=\frac{\mathrm{d}\boldsymbol{v}}{\mathrm{d}t} \tag{5-7}$$

式（5-7）表明**动点的加速度矢等于其速度矢对时间的一阶导数**，亦等于其位置矢径对时间的二阶导数。

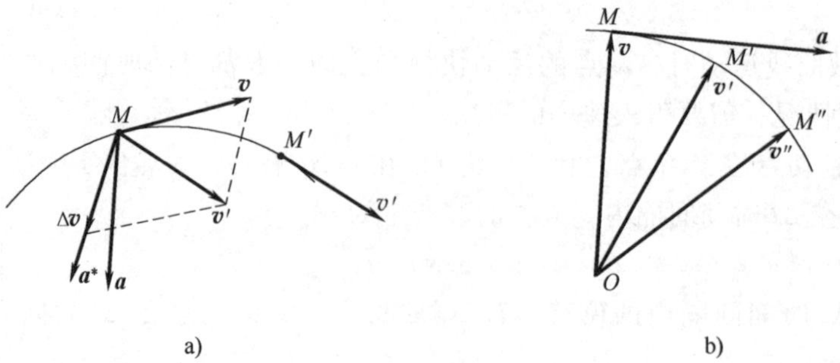


图 5-2

点的加速度也是矢量，它表征了速度大小和方向的变化。如在空间任取一点 $O$，以此为原点将动点 $M$ 在不同瞬时的速度矢 $\boldsymbol{v}$，$\boldsymbol{v}'$，$\boldsymbol{v}''$，…都平行地移到点 $O$，连接各矢量的端点就构成了矢量 $\boldsymbol{v}$ 端点的连续曲线，称为**速度矢端曲线**，动点的加速度矢 $\boldsymbol{a}$ 的方向与速度矢端曲线在相应点 $M$ 的切线平行，如图 5-2b 所示。在国际单位制中，加速度 $\boldsymbol{a}$ 的单位为 $\mathrm{m/s^2}$。

## 5.2 点的运动的直角坐标法

知识点视频

由上述可知，用矢量法描述点的运动，其速度和加速度公式形式简洁，便于理论推导，是研究点的运动的基本公式，也是整个运动学基本公式的重要组成部分。而用直角坐标及其对时间的导数表示动点在参考系中的位置、速度和加速度随时间变化规律的方法称为**直角坐标法**。这种方法是矢量法的代数运算，是常用的方法，特别是当点的运动轨迹未知时。

### 5.2.1 运动方程

建立直角坐标系 $Oxyz$ 作为参考坐标系。设动点 $M$ 在瞬时 $t$ 的坐标为 $x$，$y$，$z$，如图 5-3 所示，由于矢径的原点与直角坐标系的原点重合，因此它与矢径 $\boldsymbol{r}$ 的关系为

$$\boldsymbol{r}=x\boldsymbol{i}+y\boldsymbol{j}+z\boldsymbol{k} \tag{5-8}$$

其中 $\boldsymbol{i}$，$\boldsymbol{j}$，$\boldsymbol{k}$ 是 $Oxyz$ 坐标系沿 $x$，$y$，$z$ 三个坐标轴正向的单位矢量。

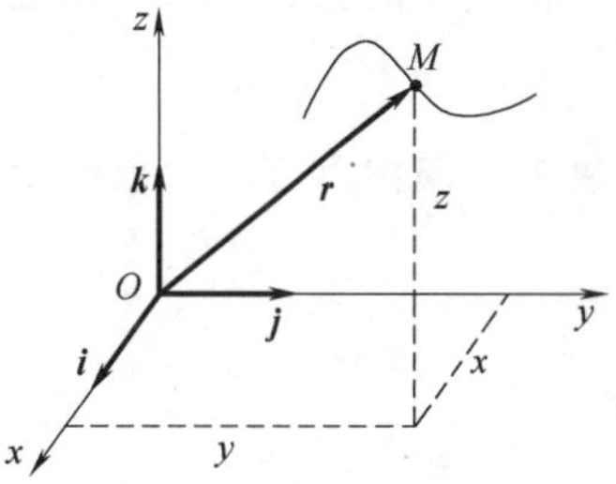


图 5-3

当动点 $M$ 运动时，其坐标 $x$，$y$，$z$ 是随着时间而变化的，都是时间 $t$ 的单值连续函数，即

$$\begin{cases} x=f_1(t) \\ y=f_2(t) \\ z=f_3(t) \end{cases} \tag{5-9}$$

这就是用**直角坐标表示的动点的运动方程**。如果知道了点的运动方程（5-9），就可以求出任一瞬时点的坐标 $x$，$y$，$z$ 的值，也就完全确定了该瞬时动点的位置。式（5-9）实际上也是点的轨迹的参数方程，只要给定时间 $t$ 的不同数值，依次得出点的坐标 $x$，$y$，$z$ 的相应数值，根据这些数值就可以描出动点的轨迹。因为动点的轨迹与时间无关，如果需要求点的轨迹方程，只需将运动方程中的时间 $t$ 消去。在工程中，经常遇到点在某平面内运动的情形，此时点的轨迹为一平面曲线。取轨迹所在的平面为坐标平面 $xOy$，则点的运动方程为

$$\begin{cases} x=f_1(t) \\ y=f_2(t) \end{cases} \tag{5-10}$$

从式（5-10）中消去时间 $t$ 即得轨迹方程

$$f(x,y)=0 \tag{5-11}$$

### 5.2.2 速度

将矢径 $\boldsymbol{r}$ 的解析式（5-9）代入式（5-8），并注意单位矢量 $\boldsymbol{i}$，$\boldsymbol{j}$，$\boldsymbol{k}$ 为常矢量，它们对时间 $t$ 的导数等于零，于是得

$$\boldsymbol{v}=\frac{\mathrm{d}\boldsymbol{r}}{\mathrm{d}t}=\frac{\mathrm{d}x}{\mathrm{d}t}\boldsymbol{i}+\frac{\mathrm{d}y}{\mathrm{d}t}\boldsymbol{j}+\frac{\mathrm{d}z}{\mathrm{d}t}\boldsymbol{k} \tag{5-12}$$

若以 $v_x$，$v_y$，$v_z$ 分别表示动点 $M$ 的速度矢$\boldsymbol{v}$ 在相应坐标轴上的投影，则速度可表示为

$$\boldsymbol{v}=v_x\boldsymbol{i}+v_y\boldsymbol{j}+v_z\boldsymbol{k} \tag{5-13}$$

比较以上两式，可得

$$\begin{cases} v_x=\dfrac{\mathrm{d}x}{\mathrm{d}t}=\dot{x} \\ v_y=\dfrac{\mathrm{d}y}{\mathrm{d}t}=\dot{y} \\ v_z=\dfrac{\mathrm{d}z}{\mathrm{d}t}=\dot{z} \end{cases} \tag{5-14}$$

**即动点的速度在直角坐标轴上的投影等于其相应坐标对时间的一阶导数。**

由速度的投影可求出速度的大小

$$v=\sqrt{v_x^2+v_y^2+v_z^2} \tag{5-15}$$

速度的方向由其方向余弦确定，即

$$\begin{cases} \cos(\boldsymbol{v},\boldsymbol{i})=\dfrac{v_x}{v} \\ \cos(\boldsymbol{v},\boldsymbol{j})=\dfrac{v_y}{v} \\ \cos(\boldsymbol{v},\boldsymbol{k})=\dfrac{v_z}{v} \end{cases} \tag{5-16}$$

### 5.2.3 加速度

将速度$\boldsymbol{v}$ 的解析式（5-13）代入式（5-7），得到点的加速度在直角坐标式中的表达式

$$\boldsymbol{a}=\frac{\mathrm{d}\boldsymbol{v}}{\mathrm{d}t}=\frac{\mathrm{d}v_x}{\mathrm{d}t}\boldsymbol{i}+\frac{\mathrm{d}v_y}{\mathrm{d}t}\boldsymbol{j}+\frac{\mathrm{d}v_z}{\mathrm{d}t}\boldsymbol{k}=\frac{\mathrm{d}^2x}{\mathrm{d}t}\boldsymbol{i}+\frac{\mathrm{d}^2y}{\mathrm{d}t}\boldsymbol{j}+\frac{\mathrm{d}^2z}{\mathrm{d}t}\boldsymbol{k} \tag{5-17}$$

若以 $a_x$，$a_y$，$a_z$ 分别表示加速度 $\boldsymbol{a}$ 在相应坐标轴上的投影，则加速度可写为

$$\boldsymbol{a}=a_x\boldsymbol{i}+a_y\boldsymbol{j}+a_z\boldsymbol{k} \tag{5-18}$$

比较以上两式，可得

$$\begin{cases} a_x=\dfrac{\mathrm{d}v_x}{\mathrm{d}t}=\dfrac{\mathrm{d}^2x}{\mathrm{d}t^2}=\ddot{x} \\ a_y=\dfrac{\mathrm{d}v_y}{\mathrm{d}t}=\dfrac{\mathrm{d}^2y}{\mathrm{d}t^2}=\ddot{y} \\ a_z=\dfrac{\mathrm{d}v_z}{\mathrm{d}t}=\dfrac{\mathrm{d}^2z}{\mathrm{d}t^2}=\ddot{z} \end{cases} \tag{5-19}$$

**即动点的加速度在直角坐标轴上的投影等于其相应速度对时间的一阶导数，也等于其相应坐标对时间的二阶导数。**

式（5-18）完全确定了加速度 $\boldsymbol{a}$ 的大小和方向。其大小为

$$a=\sqrt{a_x^2+a_y^2+a_z^2} \tag{5-20}$$

其方向可由加速度 $\boldsymbol{a}$ 的方向余弦来确定，即

$$\begin{cases}\cos(\boldsymbol{a},\boldsymbol{i})=\dfrac{a_x}{a}\\ \cos(\boldsymbol{a},\boldsymbol{j})=\dfrac{a_y}{a}\\ \cos(\boldsymbol{a},\boldsymbol{k})=\dfrac{a_z}{a}\end{cases} \tag{5-21}$$

运用式（5-9）、式（5-14）、式（5-19）通常可以求解如下两类问题：一类是已知点的运动方程，求点的速度和加速度，这类问题可以运用微分的方法来解决；另一类是已知点的加速度或速度，求点的速度或运动方程，这类问题可以运用积分的方法来解决。积分常数可根据点运动的初始条件（即初位置和初速度）确定。

**例 5-1**　曲柄连杆机构如图 5-4 所示，设曲柄 $OA$ 长为 $r$，绕 $O$ 轴匀速转动，曲柄与 $x$ 轴的夹角为 $\varphi=\omega t$，$t$ 为时间（以 s 计），连杆 $AB$ 长为 $l$，滑块 $B$ 在水平的滑道上运动，试求滑块 $B$ 的运动方程、速度和加速度。

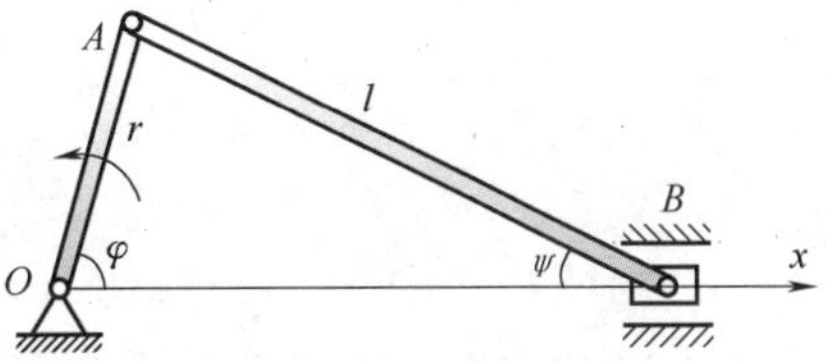

图 5-4

**解：** 如图 5-4 所示，滑块 $B$ 的运动方程为

$$x=r\cos\varphi+l\cos\psi \tag{1}$$

其中由几何关系得

$$r\sin\varphi=l\sin\psi$$

则有

$$\cos\psi=\sqrt{1-\sin^2\psi}=\sqrt{1-\left(\frac{r}{l}\sin\varphi\right)^2} \tag{2}$$

式（2）代入式（1）得滑块 $B$ 的运动方程

$$x=r\cos\varphi+l\sqrt{1-\left(\frac{r}{l}\sin\varphi\right)^2} \tag{3}$$

对式（3）求导得滑块 $B$ 的速度和加速度，即

$$v=\dot{x}=-r\omega\sin\omega t-\frac{r^2\omega\sin2\omega t}{2l\sqrt{1-\left(\dfrac{r}{l}\sin\omega t\right)^2}}$$

$$a=\dot{v}=-r\omega^2\cos\omega t-\frac{r^2\omega^2\left\{4\cos2\omega t\left[1-\left(\dfrac{r}{l}\sin\omega t\right)^2\right]+\dfrac{r^2}{l^2}\sin^2 2\omega t\right\}}{4l\left[1-\left(\dfrac{r}{l}\sin\omega t\right)^2\right]^{\frac{3}{2}}}$$

**例 5-2**　已知动点的运动方程为 $x=r\cos\omega t$，$y=r\sin\omega t$，$z=ut$，$r$、$u$、$\omega$ 为常数，试求动点的轨迹、速度和加速度。

**解：** 由运动方程消去时间 $t$ 得动点的轨迹方程为

$$x^2+y^2=r^2, \quad y=r\sin\frac{\omega z}{u}$$

动点的轨迹曲线是沿半径为 $r$ 的柱面上的一条螺旋线，如图 5-5a 所示。

动点的速度在直角坐标轴上的投影为

$$v_x=\dot{x}=-r\omega\sin\omega t$$

$$v_y=\dot{y}=r\omega\cos\omega t$$

$$v_z=\dot{z}=u$$

速度的大小和方向余弦分别为

$$v=\sqrt{v_x^2+v_y^2+v_z^2}=\sqrt{r^2\omega^2+u^2}$$

$$\cos(\boldsymbol{v},\boldsymbol{i})=\frac{v_x}{v}=\frac{-r\omega\sin\omega t}{\sqrt{r^2\omega^2+u^2}}$$

$$\cos(\boldsymbol{v},\boldsymbol{j})=\frac{v_y}{v}=\frac{r\omega\cos\omega t}{\sqrt{r^2\omega^2+u^2}}$$

$$\cos(\boldsymbol{v},\boldsymbol{k})=\frac{v_z}{v}=\frac{u}{\sqrt{r^2\omega^2+u^2}}$$

由上式知速度大小为常数，其方向与 $z$ 轴的夹角为常数，故速度矢端迹为水平面的圆，如图 5-5b 所示。

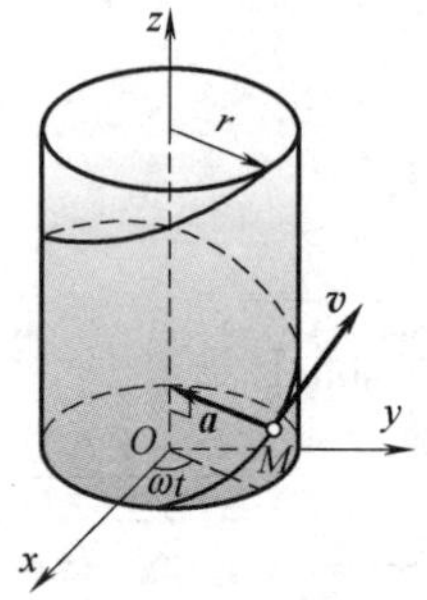


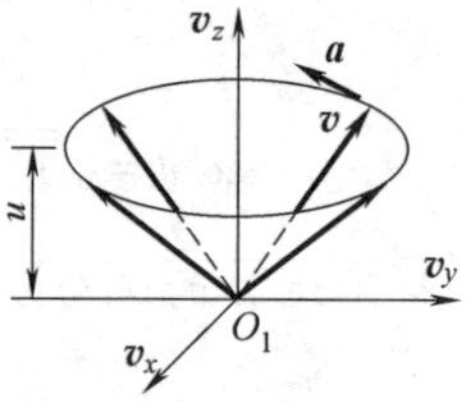


图 5-5

动点的加速度在直角坐标轴上的投影为

$$a_x=\dot{v}_x=-r\omega^2\cos\omega t$$

$$a_y=\dot{v}_y=-r\omega^2\sin\omega t$$

$$a_z=\dot{v}_z=0$$

加速度的大小和方向余弦分别为

$$a=\sqrt{a_x^2+a_y^2+a_z^2}=r\omega^2$$

$$\cos(\boldsymbol{a},\boldsymbol{i})=\frac{a_x}{a}=\frac{-r\omega^2\cos\omega t}{r\omega^2}=-\cos\omega t$$

$$\cos(\boldsymbol{a},\boldsymbol{j})=\frac{a_y}{a}=\frac{-r\omega^2\sin\omega t}{r\omega^2}=-\sin\omega t$$

$$\cos(\boldsymbol{a},\boldsymbol{k})=\frac{a_z}{a}=\frac{0}{r\omega^2}=0$$

则动点的加速度的方向垂直于 $z$ 轴，并恒指向 $z$ 轴。

**例 5-3**　图 5-6 所示为液压减震器简图，当液压减震器工作时，其活塞 $M$ 在套筒内做直线的往复运动，设活塞 $M$ 的加速度为 $a=-kv$，$v$ 为活塞 $M$ 的速度，$k$ 为常数，初速度为 $v_0$，试求活塞 $M$ 的速度和运动方程。

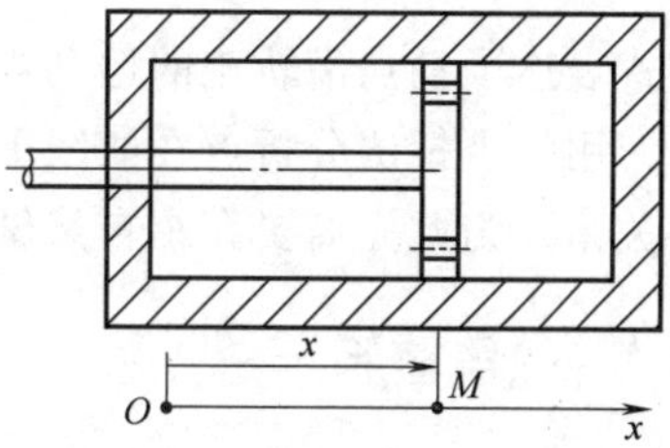

图 5-6

**解：**因活塞 $M$ 做直线的往复运动，因此建立 $x$ 轴表示活塞 $M$ 的运动规律，如图 5-6 所示。活塞 $M$ 的速度、加速度与 $x$ 坐标的关系为

$$a=\dot{v}=\ddot{x}(t)$$

代入已知条件，则有

$$-kv=\frac{\mathrm{d}v}{\mathrm{d}t} \tag{1}$$

将式 (1) 进行变量分离，并积分

$$-k\int_0^t \mathrm{d}t=\int_{v_0}^{v}\frac{\mathrm{d}v}{v}$$

得

$$-kt=\ln\frac{v}{v_0}$$

活塞 $M$ 的速度为

$$v=v_0\mathrm{e}^{-kt} \tag{2}$$

再对式 (2) 进行变量分离，得

$$\mathrm{d}x=v_0\mathrm{e}^{-kt}\mathrm{d}t$$

积分

$$\int_{x_0}^{x}\mathrm{d}x=v_0\int_0^t \mathrm{e}^{-kt}\mathrm{d}t$$

得活塞 $M$ 的运动方程为

$$x=x_0+\frac{v_0}{k}(1-\mathrm{e}^{-kt}) \tag{3}$$

## 5.3　点的运动的自然法

利用点的运动轨迹建立弧坐标及自然坐标系，并用它们来描述和分析点的运动的方法称为**自然法**。自然法主要适用于当动点运动的轨迹为已知时的情形。

### 5.3.1　运动方程

知识点视频

设动点沿已知的轨迹曲线运动，如图 5-7 所示，在轨迹上任选一定点 $O$ 为

弧坐标的原点，并规定从 $O$ 点沿弧坐标轴的某一边量取的弧长为正值，另一边则为负值。从 $O$ 点到动点之间的弧长 $s$ 称为动点的**弧坐标**。由此可知弧坐标是一代数量。点的运动轨迹已知时，在运动过程中，点在任意瞬时的位置可由弧坐标唯一地确定下来。它是时间 $t$ 的单值连续函数，即

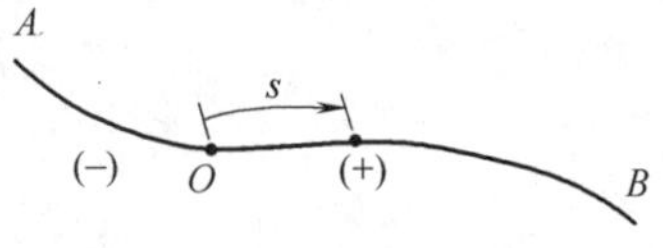

图 5-7

$$s=f(t) \tag{5-22}$$

此式表达了动点沿轨迹的运动规律，称为用**弧坐标表示的点的运动方程**。

用弧坐标法分析点在曲线上的运动时，点的速度、加速度与轨迹曲线的几何性质有密切的关系，为此先简要介绍自然轴系的概念。

知识点视频　机构动画

## 5.3.2 自然轴系

在图 5-8 所示的空间曲线 $AB$ 上，$\boldsymbol{e}_t$ 表示在 $M$ 点的切线方向上的单位矢量，指向弧坐标的正向，简称**切线单位矢量**。$\boldsymbol{e}_t'$表示与 $M$ 点临近的 $M'$的切向单位矢量。过 $M$ 点作平行于$\boldsymbol{e}_t'$的矢量$\boldsymbol{e}_t''$，并作一包含矢量$\boldsymbol{e}_t$ 和 $\boldsymbol{e}_t''$的平面 $P$。令 $M'$无限接近于 $M$ 点，在此过程中，单位矢量$\boldsymbol{e}_t$ 固定不动，$\boldsymbol{e}_t'$则不断地改变它的方向，所以，平面 $P$ 的位置也在变化，绕着$\boldsymbol{e}_t$ 不断转动。当 $M'$趋近于 $M$ 点时，平面 $P$ 将趋于某一极限位置。这个极限位置所在的平面称为空间曲线在 $M$ 点的**密切面**。显然，在空间曲线上 $M$ 点附近无限小的一段曲线可视为在密切面内的一平面曲线。对于一般空间曲线，密切面的方位将随 $M$ 点的位置而改变；至于平面曲线，密切面就是曲线所在的平面。

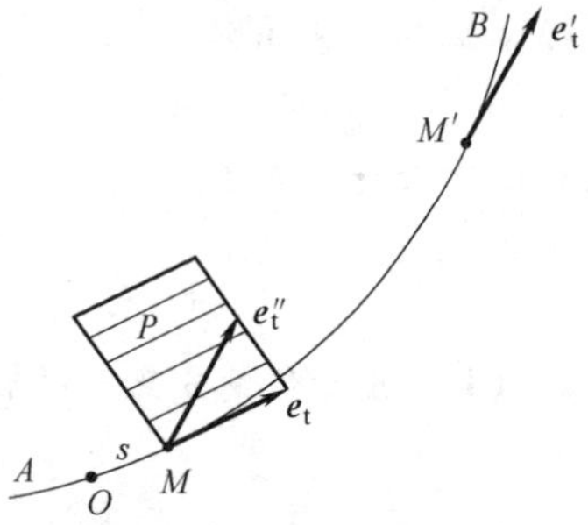

图 5-8

在图 5-9 中，$\boldsymbol{e}_t$ 是曲线在 $M$ 点的切线单位矢量。过 $M$ 点作垂直于 $\boldsymbol{e}_t$ 的平面，称为曲线在 $M$ 点的法平面。法平面与密切面的交线称为曲线在 $M$ 点的**主法线**，用 $\boldsymbol{e}_n$ 表示主法线单位矢量；在法平面内与主法线垂直的直线称为**副法线**，$\boldsymbol{e}_b$ 表示副法线单位矢量。以点 $M$ 为原点，以切线、主法线和副法线为坐标轴组成的正交坐标系称为曲线在点 $M$ 的**自然坐标系**，这三个轴称为**自然轴**，如图 5-10 所示。指向规定如下：$\boldsymbol{e}_t$ 的正向指向弧坐标的正向；$\boldsymbol{e}_n$ 的正向指向曲线内凹的一侧，即指向曲率中心；$\boldsymbol{e}_b$ 的正向则由右手法则决定，即

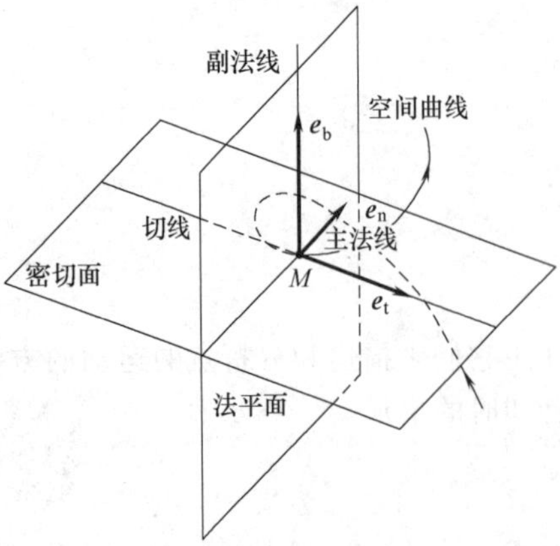

图 5-9

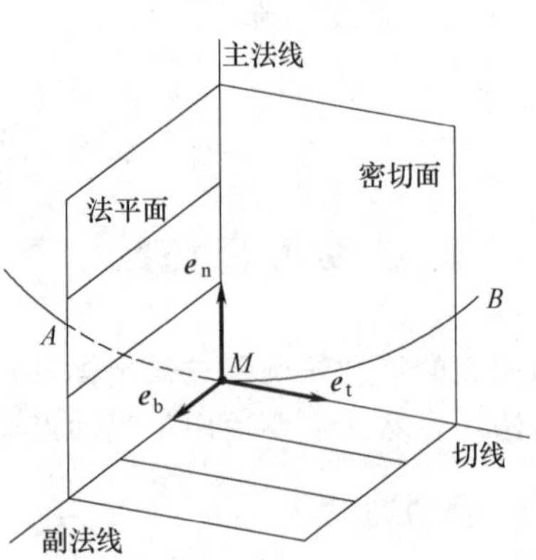

图 5-10

$$\boldsymbol{e}_{\mathrm{b}}=\boldsymbol{e}_{\mathrm{t}}\times\boldsymbol{e}_{\mathrm{n}} \tag{5-23}$$

随着点 $M$ 在轨迹上运动，$\boldsymbol{e}_{\mathrm{t}}$，$\boldsymbol{e}_{\mathrm{n}}$，$\boldsymbol{e}_{\mathrm{b}}$ 的大小虽然不变，其方向随点在曲线上的位置不断变化，故自然坐标系是沿着曲线而变动的游动坐标系。这与直角坐标系有着本质的不同，前者单位向量不断变化是动坐标系，后者单位向量不变，是定坐标系。

### 5.3.3　速度

知识点视频

设在瞬时 $t$ 动点位于 $M$，矢径为 $\boldsymbol{r}$，在瞬间 $t+\Delta t$ 动点位于 $M'$，矢径为 $\boldsymbol{r}'$，则在 $\Delta t$ 时间内，动点弧坐标的增量为 $\Delta s$，位移为 $\Delta\boldsymbol{r}$，如图 5-11 所示。由式（5-5）可知，动点在瞬时 $t$ 的速度 $\boldsymbol{v}=\dfrac{\mathrm{d}\boldsymbol{r}}{\mathrm{d}t}=\dot{\boldsymbol{r}}$，为了得到点的速度在自然轴中的表达式，把式（5-5）做如下变换：

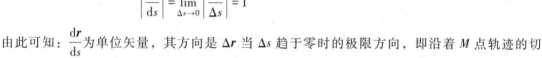

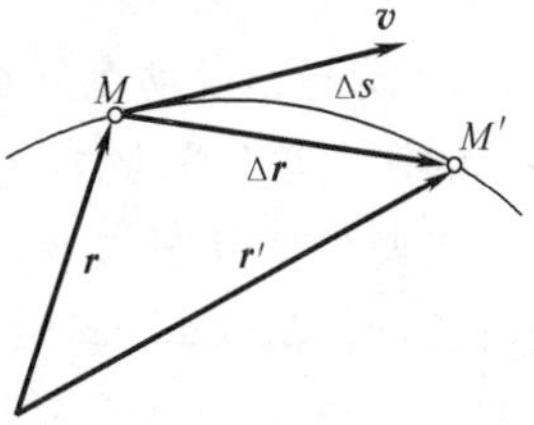


图 5-11

$$\boldsymbol{v}=\frac{\mathrm{d}\boldsymbol{r}}{\mathrm{d}t}=\frac{\mathrm{d}s}{\mathrm{d}t}\cdot\frac{\mathrm{d}\boldsymbol{r}}{\mathrm{d}s} \tag{5-24}$$

式（5-24）中$\dfrac{\mathrm{d}\boldsymbol{r}}{\mathrm{d}s}$的大小为

$$\left|\frac{\mathrm{d}\boldsymbol{r}}{\mathrm{d}s}\right|=\lim_{\Delta s\to 0}\left|\frac{\Delta\boldsymbol{r}}{\Delta s}\right|=1$$

由此可知：$\dfrac{\mathrm{d}\boldsymbol{r}}{\mathrm{d}s}$为单位矢量，其方向是 $\Delta\boldsymbol{r}$ 当 $\Delta s$ 趋于零时的极限方向，即沿着 $M$ 点轨迹的切线方向。由图 5-11 看出，无论 $M'$点是从弧的正向还是负向趋近于 $M$ 点，$\lim\limits_{\Delta s\to 0}\dfrac{\Delta\boldsymbol{r}}{\Delta s}$总是指向 $\boldsymbol{e}_{\mathrm{t}}$ 的正向，因此$\dfrac{\mathrm{d}\boldsymbol{r}}{\mathrm{d}s}=\boldsymbol{e}_{\mathrm{t}}$。于是速度$\boldsymbol{v}$ 可写成

$$\boldsymbol{v}=\frac{\mathrm{d}\boldsymbol{r}}{\mathrm{d}t}=\frac{\mathrm{d}s}{\mathrm{d}t}\cdot\frac{\mathrm{d}\boldsymbol{r}}{\mathrm{d}s}=\frac{\mathrm{d}s}{\mathrm{d}t}\boldsymbol{e}_{\mathrm{t}}=v\boldsymbol{e}_{\mathrm{t}} \tag{5-25}$$

即动点的速度沿着其轨迹的切线方向，速度在切线方向的投影等于弧坐标对时间的一阶导数。如果$\dfrac{\mathrm{d}s}{\mathrm{d}t}>0$，则 $s$ 随时间而增大，即速度指向切线正向；反之，速度指向切线负向。

### 5.3.4　加速度

知识点视频

将式（5-25）对时间取一次导数，注意到$\boldsymbol{v}$，$\boldsymbol{e}_{\mathrm{t}}$ 都是变量，并展开后得

$$\boldsymbol{a}=\frac{\mathrm{d}\boldsymbol{v}}{\mathrm{d}t}=\frac{\mathrm{d}}{\mathrm{d}x}(v\boldsymbol{e}_{\mathrm{t}})=\frac{\mathrm{d}v}{\mathrm{d}t}\boldsymbol{e}_{\mathrm{t}}+v\frac{\mathrm{d}\boldsymbol{e}_{\mathrm{t}}}{\mathrm{d}t} \tag{5-26}$$

式（5-26）右端两项都是矢量，第一项是反映速度大小变化的加速度，记为 $\boldsymbol{a}_{\mathrm{t}}$；第二项是反映速度方向变化的加速度，记为 $\boldsymbol{a}_{\mathrm{n}}$。下面分别求它们的大小和方向。

反映速度大小变化的加速度 $\boldsymbol{a}_{\mathrm{t}}$，因为

$$\boldsymbol{a}_{\mathrm{t}}=\dot{v}\boldsymbol{e}_{\mathrm{t}}=\ddot{s}\boldsymbol{e}_{\mathrm{t}} \tag{5-27}$$

显然 $\boldsymbol{a}_{\mathrm{t}}$ 是一个沿轨迹切线的矢量，因此称为切向加速度。若 $\dot{v}>0$，$\boldsymbol{a}_{\mathrm{t}}$ 指向轨迹的正向；反之，指向轨迹的负向。令

$$a_t = \dot{v} = \ddot{s} \tag{5-28}$$

$a_t$ 是一个代数量，是加速度 $\boldsymbol{a}$ 沿轨迹切向的投影。

由此可得结论：**切向加速度反映点的速度值对时间的变化率，它的代数值等于速度的代数值对时间的一阶导数，亦等于弧坐标对时间的二阶导数，它的方向沿轨迹切线。**

反映速度方向变化的加速度 $\boldsymbol{a}_n$，因为

$$\boldsymbol{a}_n = v\frac{\mathrm{d}\boldsymbol{e}_t}{\mathrm{d}t} \tag{5-29}$$

为了确定它的大小和方向，先求$\frac{\mathrm{d}\boldsymbol{e}_t}{\mathrm{d}t}$。如图 5-12 所示，在 $t$ 和 $t+\Delta t$ 瞬时，设动点分别位于轨迹上的 $M$ 和 $M'$点，对应位置的切向单位矢量为 $\boldsymbol{e}_t$ 和 $\boldsymbol{e}_t'$，矢量 $\boldsymbol{e}_t$、$\boldsymbol{e}_t'$的方位角（与水平线夹角）分别为 $\varphi$、$\varphi'$。$\Delta\boldsymbol{e}_t=\boldsymbol{e}_t'-\boldsymbol{e}_t$ 是切向单位矢量的改变量，$\Delta\varphi=\varphi'-\varphi$ 是方位角的增量。$\boldsymbol{e}_t$ 的方向是随着它的方位角 $\varphi$ 和动点弧坐标 $s$ 变化而变化的。又因为 $v=\frac{\mathrm{d}s}{\mathrm{d}t}$，$\frac{1}{\rho}=\frac{\mathrm{d}\varphi}{\mathrm{d}s}$，$\rho$ 为曲线在 $M$ 点的曲率半径。所以

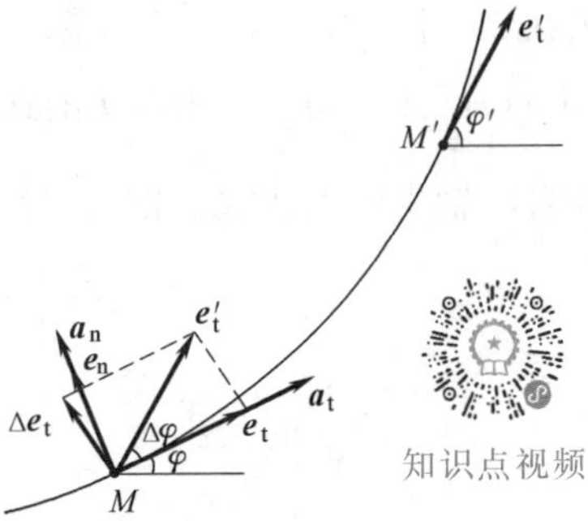


图 5-12

知识点视频

$$\frac{\mathrm{d}\boldsymbol{e}_t}{\mathrm{d}t}=\frac{\mathrm{d}\boldsymbol{e}_t}{\mathrm{d}\varphi}\frac{\mathrm{d}\varphi}{\mathrm{d}s}\frac{\mathrm{d}s}{\mathrm{d}t}=\frac{v}{\rho}\frac{\mathrm{d}\boldsymbol{e}_t}{\mathrm{d}\varphi}$$

式中$\frac{\mathrm{d}\boldsymbol{e}_t}{\mathrm{d}\varphi}$的大小为

$$\left|\frac{\mathrm{d}\boldsymbol{e}_t}{\mathrm{d}\varphi}\right| = \lim_{\Delta\varphi\to 0}\left|\frac{\Delta\boldsymbol{e}_t}{\Delta\varphi}\right| = \lim_{\Delta\varphi\to 0}\frac{2\times 1\times\sin\dfrac{\Delta\varphi}{2}}{\Delta\varphi} = \lim_{\Delta\varphi\to 0}\frac{\sin\dfrac{\Delta\varphi}{2}}{\dfrac{\Delta\varphi}{2}} = 1$$

其方向由 $\Delta\boldsymbol{e}_t$ 的极限方向决定，当 $\Delta t\to 0$，$\Delta\boldsymbol{e}_t$ 的方向趋近于轨迹在 $M$ 点的主法线方向。于是

$$\frac{\mathrm{d}\boldsymbol{e}_t}{\mathrm{d}t}=\frac{v}{\rho}\boldsymbol{e}_n$$

$$v\frac{\mathrm{d}\boldsymbol{e}_t}{\mathrm{d}t}=\frac{v^2}{\rho}\boldsymbol{e}_n$$

这表明，加速度 $\boldsymbol{a}$ 的第二分矢量的大小为$\frac{v^2}{\rho}$，其方向恒沿主法线正向，即指向曲率中心，称为法向加速度，用 $\boldsymbol{a}_n$ 表示，即

$$\boldsymbol{a}_n=\frac{v^2}{\rho}\boldsymbol{e}_n \tag{5-30}$$

**加速度在主法线上的投影等于速度大小的平方除以轨迹曲线在该点的曲率半径，方向沿着主法线，指向曲率中心，法向加速度反映点的速度方向的变化率。**

将式（5-27）、式（5-30）代入式（5-26），点的加速度在自然坐标轴系的表达式为

$$\boldsymbol{a}=\frac{\mathrm{d}v}{\mathrm{d}t}=\boldsymbol{a}_{\mathrm{t}}+\boldsymbol{a}_{\mathrm{n}}=\frac{\mathrm{d}v}{\mathrm{d}t}\boldsymbol{e}_{\mathrm{t}}+\frac{v^2}{\rho}\boldsymbol{e}_{\mathrm{n}} \tag{5-31}$$

因 $\boldsymbol{e}_{\mathrm{t}}$、$\boldsymbol{e}_{\mathrm{n}}$ 在密切面内，所以加速度 $\boldsymbol{a}$ 也处于密切面内。若以 $a_{\mathrm{t}}$、$a_{\mathrm{n}}$、$a_{\mathrm{b}}$ 分别表示加速度在自然坐标系的切线、主法线和副法线三轴上的投影，则加速度 $\boldsymbol{a}$ 亦可写为

$$\boldsymbol{a}=a_{\mathrm{t}}\boldsymbol{e}_{\mathrm{t}}+a_{\mathrm{n}}\boldsymbol{e}_{\mathrm{n}}+a_{\mathrm{b}}\boldsymbol{e}_{\mathrm{b}} \tag{5-32}$$

比较式（5-30）与式（5-31），可得点的加速度在自然轴上的投影

$$\begin{cases} a_{\mathrm{t}}=\dfrac{\mathrm{d}v}{\mathrm{d}t} \\ a_{\mathrm{n}}=\dfrac{v^2}{\rho} \\ a_{\mathrm{b}}=0 \end{cases} \tag{5-33}$$

式（5-33）完全确定了加速度 $\boldsymbol{a}$ 的大小和方向。其大小为

$$a=\sqrt{a_{\mathrm{t}}^2+a_{\mathrm{n}}^2}=\sqrt{\left(\frac{\mathrm{d}v}{\mathrm{d}t}\right)^2+\left(\frac{v^2}{\rho}\right)^2} \tag{5-34}$$

其方向可用 $\boldsymbol{a}$ 与主法线 $\boldsymbol{e}_{\mathrm{n}}$ 所夹的角 $\alpha$ 来确定，如图 5-13 所示。

$$\tan\alpha=\frac{|a_{\mathrm{t}}|}{a_{\mathrm{n}}} \tag{5-35}$$

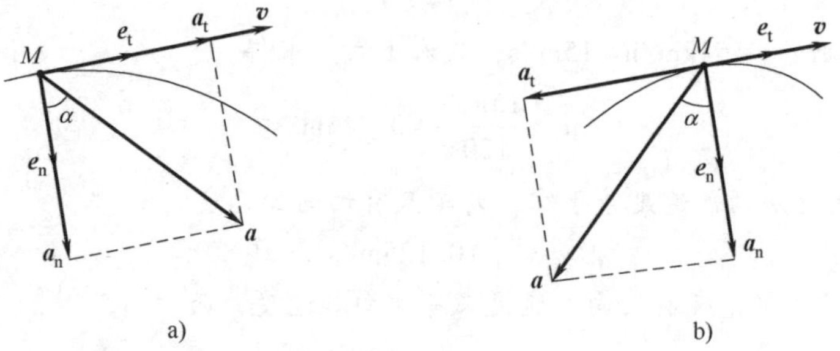


图 5-13

最后讨论几种特殊情况：

（1）直线运动　因直线轨迹的曲率半径 $\rho=\infty$，由式（5-33）可得

$$a_{\mathrm{t}}=\frac{\mathrm{d}v}{\mathrm{d}t},\ a_{\mathrm{n}}=0$$

即在直线运动中，加速度 $\boldsymbol{a}$ 等于切向加速度 $a_{\mathrm{t}}$。

（2）匀速曲线运动　即 $v=$常量。由式（5-33）可得

$$a_{\mathrm{t}}=\frac{\mathrm{d}v}{\mathrm{d}t}=0,\ a_{\mathrm{n}}=\frac{v^2}{\rho}$$

即在匀速曲线运动中，加速度大小恒为$\dfrac{v^2}{\rho}$，方向与法向加速度相同。

（3）匀变速曲线运动　即 $a_{\mathrm{t}}=$常量。由式（5-33）可得

$$a_{\mathrm{t}}=\frac{\mathrm{d}v}{\mathrm{d}t}=\text{常量},\ a_{\mathrm{n}}=\frac{v^2}{\rho}$$

即在匀变速曲线运动中，切向加速度的代数值不随时间而变化。根据运动的初始条件（$t=0$，$v=v_0$，$s=s_0$），将关系式 $a_t=\frac{dv}{dt}$ 逐次积分，可得动点的速度方程和沿已知轨迹的运动方程为

$$v=v_0+a_t t \tag{5-36}$$

$$s=s_0+v_0 t+\frac{1}{2}a_t t^2 \tag{5-37}$$

综上所述，应用弧坐标能够方便地描述点在轨迹上的位置。然而，为了描述点的速度和加速度，弧坐标法就不够用了，需要引入自然轴系。自然轴系是与轨迹的几何特性联系在一起的参考系，这就导致点的速度、加速度在自然轴系中的各个分量有着明显的几何意义。当点的运动轨迹已知时，运用自然轴系来描述点的速度、加速度比较简便；当点的运动轨迹未知时，运用直角坐标来描述则比较方便。

**例 5-4** 列车沿半径为 $R=800$m 的圆弧轨道做匀加速运动。如初速度为零，经过 2min 后，速度达到 54km/h。求列车起点和末点的加速度。

**解：** 由于列车沿圆弧轨道做匀加速运动，切向加速度 $a_t$ 等于恒量。于是有方程

$$a_t=\frac{dv}{dt}=\text{常量}$$

积分一次，得

$$v=a_t t$$

当 $t=2\text{min}=120\text{s}$ 时，$v=54\text{km/h}=15\text{m/s}$，代入上式，求得

$$a_t=\frac{15\text{m/s}}{120\text{s}}=0.125\text{m/s}^2$$

在起点，$v=0$，因此法向加速度等于零，列车只有切向加速度

$$a_t=0.125\text{m/s}^2$$

在末点时速度不等于零，既有切向加速度又有法向加速度，而

$$a_t=0.125\text{m/s}^2,\quad a_n=\frac{v^2}{\rho}=\frac{(15\text{m/s})^2}{800\text{m}}=0.281\text{m/s}^2$$

末点的全加速大小为

$$a=\sqrt{a_t^2+a_n^2}=0.308\text{m/s}^2$$

末点的全加速度与法向的夹角 $\alpha$ 为

$$\tan\alpha=\frac{|a_t|}{a_n}=0.445,\quad \theta=23.98°$$

**例 5-5** 半径为 $r$ 的轮子沿直线轨道无滑动地滚动，如图 5-14 所示，已知轮心 $C$ 的速度为 $v_C$，试求轮缘上点 $M$ 的速度、加速度、沿轨迹曲线的运动方程和轨迹的曲率半径 $\rho$。

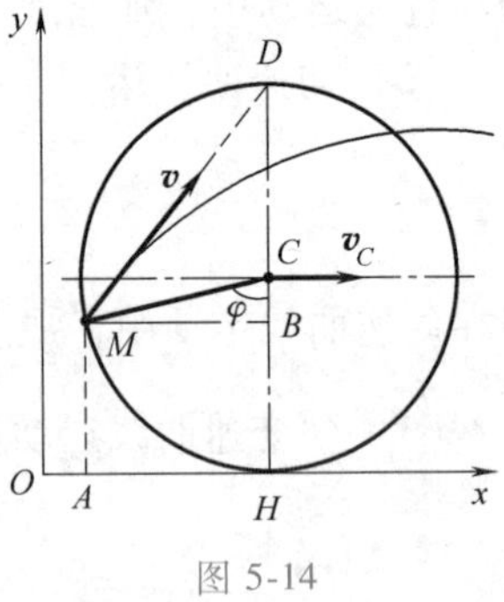

图 5-14

**解：** 沿轮子滚动的方向建立直角坐标系 $Oxy$，初始时设轮缘上的点 $M$ 位于原点 $O$ 上。在图示瞬时，点 $M$ 和轮心 $C$ 的连线与 $CH$ 所的夹角为

$$\varphi=\frac{\widehat{MH}}{r}=\frac{OH}{r}=\frac{v_Ct}{r}$$

点 $M$ 的运动方程为

$$\begin{cases}x=HO-AH=v_Ct-r\sin\varphi=v_Ct-r\sin\dfrac{v_Ct}{r}\\ y=CH-CB=r-r\cos\varphi=r-r\cos\dfrac{v_Ct}{r}\end{cases}$$

为求点 $M$ 的速度，将上式对时间求一次导数，得

$$\begin{cases}v_x=\dot{x}=v_C-v_C\cos\dfrac{v_Ct}{r}=v_C\left(1-\cos\dfrac{v_Ct}{r}\right)=2v_C\sin^2\dfrac{v_Ct}{2r}\\ v_y=\dot{y}=v_C\sin\dfrac{v_Ct}{r}=2v_C\sin\dfrac{v_Ct}{2r}\cos\dfrac{v_Ct}{2r}\end{cases}$$

点 $M$ 的速度大小为

$$v=\sqrt{v_x^2+v_y^2}=2v_C\sin\frac{v_Ct}{2r}$$

点 $M$ 的速度方向余弦为

$$\cos(\boldsymbol{v},\boldsymbol{i})=\frac{v_x}{v}=\sin\frac{v_Ct}{2r}=\cos\left(\frac{\pi}{2}-\frac{\varphi}{2}\right)$$

$$\cos(\boldsymbol{v},\boldsymbol{j})=\frac{v_y}{v}=\cos\frac{v_Ct}{2r}=\cos\frac{\varphi}{2}$$

则速度的方向角为

$$\alpha=\frac{\pi}{2}-\frac{\varphi}{2},\ \beta=\frac{\varphi}{2}$$

即点 $M$ 速度沿 $MD$ 方向。

轮缘上的点 $M$ 沿轨迹曲线的运动方程，由速度积分得

$$s=\int_0^t v\mathrm{d}t=\int_0^t 2v_C\sin\frac{v_Ct}{2r}\mathrm{d}t=4r\left(1-\cos\frac{v_Ct}{2r}\right)$$

点 $M$ 的加速度在坐标轴上的投影，由速度投影求导得

$$\begin{cases}a_x=\dot{v}_x=\dfrac{v_C^2}{r}\sin\dfrac{v_Ct}{r}\\ a_y=\dot{v}_y=\dfrac{v_C^2}{r}\cos\dfrac{v_Ct}{r}\end{cases}$$

点 $M$ 的加速度大小和方向余弦分别为

$$a=\sqrt{a_x^2+a_y^2}=\frac{v_C^2}{r}$$

$$\cos(\boldsymbol{a},\boldsymbol{i})=\frac{a_x}{a}=\sin\frac{v_Ct}{r}=\cos\left(\frac{\pi}{2}-\varphi\right)$$

$$\cos(\boldsymbol{a},\boldsymbol{j})=\frac{a_y}{a}=\cos\frac{v_Ct}{r}=\cos\varphi$$

则加速度的方向角为

$$\alpha=\frac{\pi}{2}-\varphi,\ \beta=\varphi$$

即点 $M$ 的加速度沿 $MC$，且恒指向轮心 $C$ 点。

点 $M$ 的切向加速度和法向加速度分别为

$$a_{\mathrm{t}}=\dot{v}=\frac{v_C^2}{r}\cos\frac{v_C t}{2r},\ a_{\mathrm{n}}=\sqrt{a^2-a_{\mathrm{t}}^2}=\frac{v_C^2}{r}\sin\frac{v_C t}{2r}$$

轨迹的曲率半径为

$$\rho=\frac{v^2}{a_{\mathrm{n}}}=4r\sin\frac{v_C t}{2r}$$

例 5-6　已知动点的运动方程为

$$x=20t,\ y=5t^2-10$$

式中 $x$、$y$ 以 m 计，$t$ 以 s 计，试求 $t=0$ 时动点的曲率半径 $\rho$。

解：动点的速度和加速度在直角坐标 $x$、$y$、$z$ 上的投影为

$$v_x=\dot{x}=20\mathrm{m/s}$$

$$v_y=\dot{y}=10t$$

$$a_x=\dot{v}_x=0$$

$$a_y=\dot{v}_y=10\mathrm{m/s^2}$$

动点的速度和全加速度的大小为

$$v=\sqrt{v_x^2+v_y^2}=\sqrt{400+100t^2}=10\sqrt{4+t^2}$$

$$a=\sqrt{a_x^2+a_y^2}=10\mathrm{m/s^2}$$

在 $t=0$ 时，动点的切向加速度为

$$a_{\mathrm{t}}=\dot{v}=\frac{10t}{\sqrt{4+t^2}}=0$$

法向加速度为

$$a_{\mathrm{n}}=\frac{v^2}{\rho}=\frac{400}{\rho}$$

全加速度的大小为

$$a=\sqrt{a_x^2+a_y^2}=\sqrt{a_{\mathrm{t}}^2+a_{\mathrm{n}}^2}=a_{\mathrm{n}}$$

$t=0$ 时动点的曲率半径为

$$\rho=\frac{400}{a}=\frac{400}{10}\mathrm{m}=40\mathrm{m}$$

例 5-7　一动点 $M$ 的矢径 $\boldsymbol{r}_M=2t\boldsymbol{i}+t^3\boldsymbol{j}+3t^2\boldsymbol{k}$，其中长度单位为 m，时间单位为 s。试求 $t=1\mathrm{s}$ 时，动点 $M$ 的切向加速度和法向加速度及其曲率半径。

解：将矢径 $\boldsymbol{r}$ 对时间求一阶和二阶导数，得

$$\boldsymbol{v}=\frac{\mathrm{d}\boldsymbol{r}}{\mathrm{d}t}=2\boldsymbol{i}+3t^2\boldsymbol{j}+6t\boldsymbol{k}$$

$$\boldsymbol{a}=6t\boldsymbol{j}+6\boldsymbol{k}$$

由此解得 $t=1\text{s}$ 时动点 $M$ 的速度大小

$$v=\sqrt{v_x^2+v_y^2+v_z^2}=\sqrt{2^2+(3t^2)^2+(6t)^2}$$
$$=\sqrt{4+9+36}\text{m/s}=7\text{m/s}$$

若选取 $t=0$ 瞬时动点的位置为弧坐标 $s$ 的原点，以其运动的方向为弧坐标的正向，则速度$\boldsymbol{v}$可用自然法表示为

$$\boldsymbol{v}=\frac{\mathrm{d}s}{\mathrm{d}t}\boldsymbol{e}_t=\sqrt{4+9t^4+36t^2}\,\boldsymbol{e}_t$$

将利用速度 $v$ 的函数式对时间求一阶导数，并代入 $t=1\text{s}$，得此瞬时动点 $M$ 切向加速度大小

$$a_t=\frac{\mathrm{d}v}{\mathrm{d}t}=\frac{\mathrm{d}}{\mathrm{d}t}\sqrt{2^2+(3t^2)^2+(6t)^2}$$
$$=\frac{18(t^3+2t)}{\sqrt{2^2+(3t^2)^2+(6t)^2}}=7.714\text{m/s}^2$$

可见 $a_t$ 与 $v$ 同向，动点 $M$ 沿着轨迹做加速运动。

又因 $t=1\text{s}$ 时，动点 $M$ 的加速度大小

$$a=\sqrt{a_x^2+a_y^2+a_z^2}=\sqrt{(6t)^2+6^2}$$
$$=6\sqrt{t^2+1}=6\sqrt{2}\text{m/s}^2$$

所以该瞬时动点 $M$ 的法向加速度大小

$$a_n=\sqrt{a^2-a_t^2}=3.535\text{m/s}^2$$

其方向沿着轨迹在 $M$ 处的法向，并指向曲率中心。

根据 $a_n=\dfrac{v^2}{\rho}$，可得动点 $M$ 在 $t=1\text{s}$ 时的曲率半径

$$\rho=\frac{v^2}{a_n}=13.86\text{m}$$

通过以上例题的分析，求解点的运动的方法和步骤可大致归纳如下：

（1）分析动点的运动情况，根据题意适当选择点的运动表示法。如果点的运动轨迹未知，则一般选用直角坐标法；如果点的运动轨迹已知，则选用自然法较为简单。

（2）如果运动方程未直接给出，则须根据题意来建立。在建立运动方程时，应将动点放在任意瞬时 $t$ 的位置，使它在动点的整个运动过程中都适用。通常，将动点放在参考坐标系的正向分析较方便。

（3）如果已知直角坐标表示的运动方程，则运用求导的方法求点的速度和加速度在各轴上的投影，由此即可求点的速度和加速度。

如果已知动点沿已知轨迹表示的运动方程，则运用公式

$$v=\frac{\mathrm{d}s}{\mathrm{d}t},\ a_t=\frac{\mathrm{d}v}{\mathrm{d}t},\ a_n=\frac{v^2}{\rho}$$

即可求出动点的速度、切向加速度和法向加速度，从而得出全加速度。

当已知动点的加速度，需求点的运动方程时，应先分析动点的起始条件，即 $t=0$ 时动点的初速度和初位置，然后运用积分法求解。

应当注意，如果问题中给出的不是加速度 $\boldsymbol{a}$ 与时间 $t$ 的函数关系，而是加速度 $\boldsymbol{a}$ 和位置或速度的函数关系，则往往是通过一定的变换才能积分。以动点沿 $x$ 轴做直线运动为例，积分前需做如下变换：

$$\frac{\mathrm{d}^2x}{\mathrm{d}t^2}=\frac{\mathrm{d}v_x}{\mathrm{d}t}=\frac{\mathrm{d}v_x}{\mathrm{d}x}\frac{\mathrm{d}x}{\mathrm{d}t}=v_x\frac{\mathrm{d}v_x}{\mathrm{d}x}$$

（4）在已知直角坐标表示的运动方程（或轨迹方程）时，若要分析动点的曲率半径或以自然法表示的加速度，则往往需要综合运用动点的 $\boldsymbol{r}$，$\boldsymbol{v}$，$\boldsymbol{a}$ 在各种坐标系下的表达式。

## 5.4 点的运动的极坐标法

当点做平面曲线运动时，对某些问题，例如人造卫星沿轨道的运动，采用极坐标法来分析点的运动规律比较方便。

设在动点 $M$ 运动的平面中，取定点 $O$ 为极点，自 $O$ 引射线 $OA$ 为极轴，动点 $M$ 在任一瞬时的矢径为 $\boldsymbol{r}$，则矢径的大小 $r$ 和极轴 $OA$ 到矢径 $\boldsymbol{r}$ 量得的旋转角 $\theta$ 分别称为动点 $M$ 的极径和极角，并将此两参数 $r$ 和 $\theta$ 称为动点 $M$ 的极坐标。如图 5-15 所示，当动点 $M$ 运动时，其极坐标 $r$ 和 $\theta$ 是时间 $t$ 的单值连续函数，即

$$\begin{cases}r=f_1(t)\\ \theta=f_2(t)\end{cases} \tag{5-38}$$

消去 $t$ 就可以得到用极坐标表示的轨迹方程

$$F(r,\theta)=0 \tag{5-39}$$

下面讨论点的速度和加速度的极坐标表示。

沿极径 $\boldsymbol{r}$ 取轴，称为极坐标的径向轴；过极点 $O$ 引半射线 $OB$ 与径向轴垂直，并指向 $\theta$ 增加的一方，$OB$ 称为极坐标的横向轴。单位矢量分别表示为 $\boldsymbol{e}_\mathrm{r}$，$\boldsymbol{e}_\theta$；方向如图 5-15 所示。当动点 $M$ 运动时，这两个单位矢量的方向都随时间而变化。

现将动点 $M$ 的矢径表示成

$$\boldsymbol{r}=r\boldsymbol{e}_\mathrm{r}$$

上式对时间求一阶导数，得动点 $M$ 的速度为

$$\boldsymbol{v}=\frac{\mathrm{d}\boldsymbol{r}}{\mathrm{d}t}=\frac{\mathrm{d}r}{\mathrm{d}t}\boldsymbol{e}_\mathrm{r}+r\frac{\mathrm{d}\boldsymbol{e}_\mathrm{r}}{\mathrm{d}t} \tag{5-40}$$

现计算$\dfrac{\mathrm{d}\boldsymbol{e}_\mathrm{r}}{\mathrm{d}t}$。设在 $\Delta t$ 时间内，单位矢量 $\boldsymbol{e}_\mathrm{r}$ 转过 $\Delta\theta$，其变化量为 $\Delta\boldsymbol{e}_\mathrm{r}$，如图 5-16 所示，

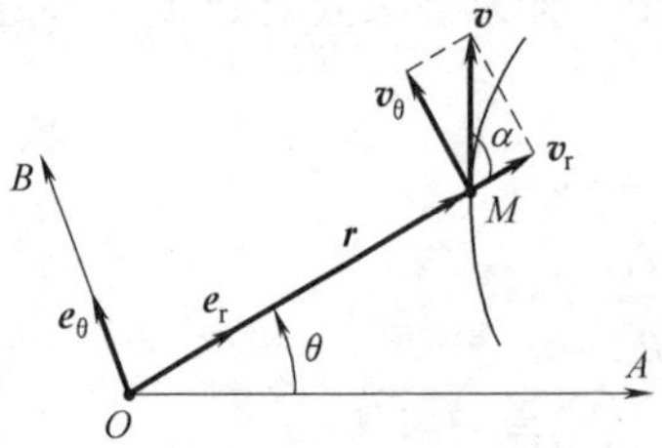


图 5-15

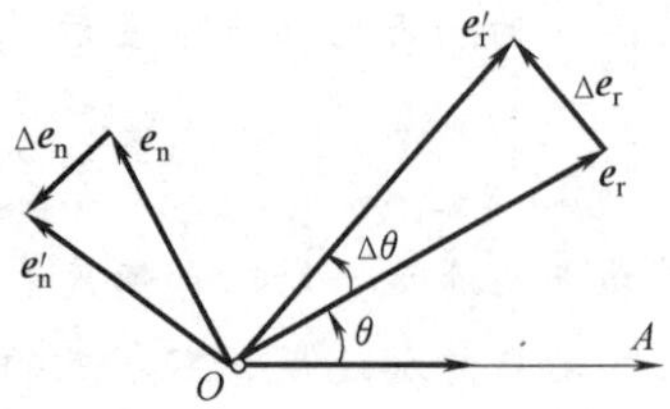


图 5-16

$$|\Delta \boldsymbol{e}_{\mathrm{r}}|=2|\boldsymbol{e}_{\mathrm{r}}|\sin\frac{\Delta\theta}{2}\approx 2\times 1\times\frac{\Delta\theta}{2}=\Delta\theta$$

对此式两边除以 $\Delta t$ 并取极限得

$$\lim_{\Delta t\to 0}\frac{|\Delta \boldsymbol{e}_{\mathrm{r}}|}{\Delta t}=\lim_{\Delta t\to 0}\frac{\Delta\theta}{\Delta t}$$

即

$$\left|\frac{\mathrm{d}\boldsymbol{e}_{\mathrm{r}}}{\mathrm{d}t}\right|=\frac{\mathrm{d}\theta}{\mathrm{d}t}$$

从上式可以看到，径向单位矢量 $\boldsymbol{e}_{\mathrm{r}}$ 对时间的一阶导数的大小，等于极角 $\theta$ 对时间的一阶导数。而 $\frac{\mathrm{d}\boldsymbol{e}_{\mathrm{r}}}{\mathrm{d}t}$ 的方向就是 $\Delta\boldsymbol{e}_{\mathrm{r}}$ 的极限方向，即与 $\boldsymbol{e}_{\theta}$ 的方向一致。即得

$$\frac{\mathrm{d}\boldsymbol{e}_{\mathrm{r}}}{\mathrm{d}t}=\frac{\mathrm{d}\theta}{\mathrm{d}t}\boldsymbol{e}_{\theta} \tag{5-41}$$

将式（5-41）代入式（5-40）得

$$\boldsymbol{v}=\frac{\mathrm{d}r}{\mathrm{d}t}\boldsymbol{e}_{\mathrm{r}}+r\frac{\mathrm{d}\theta}{\mathrm{d}t}\boldsymbol{e}_{\theta} \tag{5-42}$$

由式（5-41）可知，以极坐标表示点的运动时，点的速度矢量 $\boldsymbol{v}$ 可分解为两个相互垂直的分量，其中沿径向轴的分量 $\boldsymbol{v}_{\mathrm{r}}=\frac{\mathrm{d}r}{\mathrm{d}t}\boldsymbol{e}_{\mathrm{r}}$，称为径向速度；沿着横向轴的分量 $\boldsymbol{v}_{\theta}=r\frac{\mathrm{d}\theta}{\mathrm{d}t}\boldsymbol{e}_{\theta}$，称为横向速度。由图 5-15 所示，前者说明动点矢径大小的变化，后者说明其方向的变化。则式（5-42）可表示为

$$\boldsymbol{v}=\boldsymbol{v}_{\mathrm{r}}+\boldsymbol{v}_{\theta}=\frac{\mathrm{d}r}{\mathrm{d}t}\boldsymbol{e}_{\mathrm{r}}+r\frac{\mathrm{d}\theta}{\mathrm{d}t}\boldsymbol{e}_{\theta} \tag{5-43}$$

由式（5-43）可得速度大小和方向分别为

$$v=\sqrt{v_{\mathrm{r}}^2+v_{\theta}^2}=\sqrt{\left(\frac{\mathrm{d}r}{\mathrm{d}t}\right)^2+\left(r\frac{\mathrm{d}\theta}{\mathrm{d}t}\right)^2},\ \tan\alpha=\left|\frac{v_{\theta}}{v_{\mathrm{r}}}\right| \tag{5-44}$$

式中，$\alpha$ 为 $\boldsymbol{v}$ 和 $\boldsymbol{v}_{\mathrm{r}}$ 的夹角（见图 5-15）。

将式（5-43）对时间求一阶导数并化简即可得动点的加速度为

$$\boldsymbol{a}=\left[\frac{\mathrm{d}^2r}{\mathrm{d}t^2}-r\left(\frac{\mathrm{d}\theta}{\mathrm{d}t}\right)^2\right]\boldsymbol{e}_{\mathrm{r}}+\left(2\frac{\mathrm{d}r}{\mathrm{d}t}\frac{\mathrm{d}\theta}{\mathrm{d}t}+r\frac{\mathrm{d}^2\theta}{\mathrm{d}t^2}\right)\boldsymbol{e}_{\theta} \tag{5-45}$$

可进一步写为

$$\boldsymbol{a}=a_{\mathrm{r}}\boldsymbol{e}_{\mathrm{r}}+a_{\theta}\boldsymbol{e}_{\theta} \tag{5-46}$$

其中，$\boldsymbol{a}_{\mathrm{r}}=a_{\mathrm{r}}\boldsymbol{e}_{\mathrm{r}}$ 为径向加速度；$\boldsymbol{a}_{\mathrm{n}}=a_{\theta}\boldsymbol{e}_{\theta}$ 为横向加速度。如图 5-17 所示。

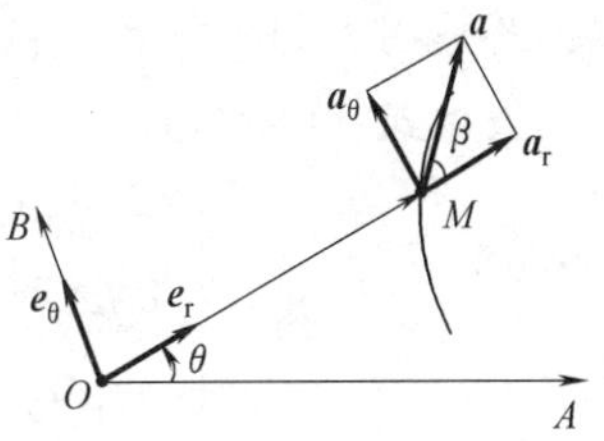

图 5-17

由式（5-46）可得动点的加速度大小和方向分别为

$$a=\sqrt{a_{\mathrm{r}}^2+a_{\theta}^2}=\sqrt{\left(\frac{\mathrm{d}^2r}{\mathrm{d}t^2}-r\frac{\mathrm{d}\theta}{\mathrm{d}t}\right)^2+\left(2r\frac{\mathrm{d}r}{\mathrm{d}t}\frac{\mathrm{d}\theta}{\mathrm{d}t}+r\frac{\mathrm{d}^2\theta}{\mathrm{d}t^2}\right)^2}$$

$$\tan\beta=\left|\frac{a_\theta}{a_r}\right| \tag{5-47}$$

式中，$\beta$ 为 $\boldsymbol{a}$ 和 $\boldsymbol{a}_r$ 的夹角（见图 5-17）。

**例 5-8** 从发射场 $B$ 垂直向上发射一火箭。在 $A$ 处用雷达对火箭进行追踪，如图 5-18 所示。试以 $l$、$\theta$、$\dot{\theta}$、$\ddot{\theta}$ 表示火箭的速度和加速度大小。

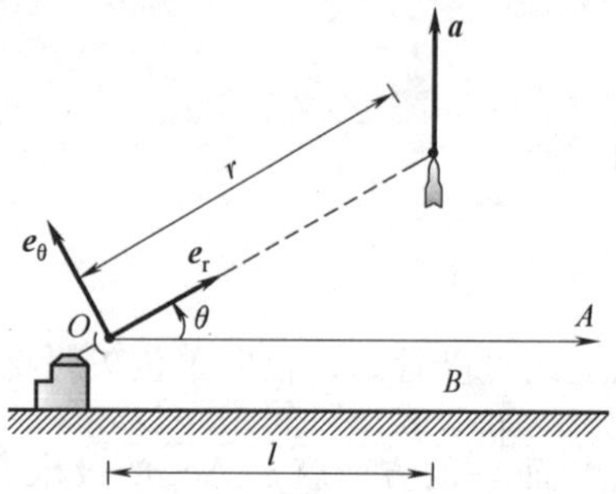

图 5-18

解：当用雷达追踪时，以极坐标（$r$，$\theta$）来确定火箭位置比较方便。如图 5-18 所示，火箭的运动方程为

$$r=\frac{l}{\cos\theta},\ \theta=\theta(t)$$

火箭的径向速度及横向速度大小分别为

$$v_r=\frac{\mathrm{d}r}{\mathrm{d}t}=\frac{l\sin\theta}{\cos^2\theta}\dot{\theta},\ v_\theta=r\frac{\mathrm{d}\theta}{\mathrm{d}t}=\frac{l}{\cos\theta}\dot{\theta}$$

则火箭速度大小为

$$v=\sqrt{v_r^2+v_\theta^2}=\frac{l}{\cos^2\theta}\dot{\theta}$$

火箭的径向加速度大小为

$$a_r=\frac{\mathrm{d}^2r}{\mathrm{d}t^2}-r\left(\frac{\mathrm{d}\theta}{\mathrm{d}t}\right)^2=\frac{2l\sin^2\theta}{\cos^3\theta}\dot{\theta}^2+\frac{l\sin\theta}{\cos\theta}\ddot{\theta}$$

火箭的横向加速度大小为

$$a_\theta=2\frac{\mathrm{d}r}{\mathrm{d}t}\frac{\mathrm{d}\theta}{\mathrm{d}t}+r\frac{\mathrm{d}^2\theta}{\mathrm{d}t^2}=\frac{l}{\cos\theta}\ddot{\theta}+2\frac{l\sin\theta}{\cos^2\theta}\dot{\theta}^2$$

则火箭加速度大小为

$$a=\sqrt{a_r^2+a_\theta^2}=\frac{l}{\cos^2\theta}(\ddot{\theta}+2\dot{\theta}^2\tan\theta)$$

建议读者用直角坐标法校核以上所得的结果。

## 小　结

1. 观察物体的运动必须选择一参考系。

2. 点的运动方程为动点在空间的几何位置随时间变化的规律。一个点相对于同一参考体，若采用不同坐标系，将有不同形式的运动方程。如

矢量式：$\boldsymbol{r}=\boldsymbol{r}(t)$

直角坐标式：$\begin{cases}x=f_1(t)\\y=f_2(t)\\z=f_3(t)\end{cases}$

弧坐标式：$s=f(t)$

等。

3. 轨迹为动点在空间运动时所经过的一条连续曲线。轨迹方程可由运动方程消去时间 $t$ 得到。

4. 点的速度和加速度都是矢量。即

$$\boldsymbol{v}=\frac{\mathrm{d}\boldsymbol{r}}{\mathrm{d}t}=\dot{\boldsymbol{r}},\ \boldsymbol{a}=\frac{\mathrm{d}\boldsymbol{v}}{\mathrm{d}t}=\dot{\boldsymbol{v}}=\frac{\mathrm{d}^2\boldsymbol{r}}{\mathrm{d}t}=\ddot{\boldsymbol{r}}$$

1）在直角坐标投影表示

$$\begin{cases} v_x=\dfrac{\mathrm{d}x}{\mathrm{d}t}=\dot{x} \\ v_y=\dfrac{\mathrm{d}y}{\mathrm{d}t}=\dot{y} \\ v_z=\dfrac{\mathrm{d}z}{\mathrm{d}t}=\dot{z} \end{cases},\quad \begin{cases} a_x=\dfrac{\mathrm{d}v_x}{\mathrm{d}t}=\dfrac{\mathrm{d}^2x}{\mathrm{d}t^2}=\ddot{x} \\ a_y=\dfrac{\mathrm{d}v_y}{\mathrm{d}t}=\dfrac{\mathrm{d}^2y}{\mathrm{d}t^2}=\ddot{y} \\ a_z=\dfrac{\mathrm{d}v_z}{\mathrm{d}t}=\dfrac{\mathrm{d}^2z}{\mathrm{d}t^2}=\ddot{z} \end{cases}$$

2）在自然坐标投影表示

$$\boldsymbol{v}=\frac{\mathrm{d}\boldsymbol{r}}{\mathrm{d}t}=\frac{\mathrm{d}s}{\mathrm{d}t}\cdot\frac{\mathrm{d}\boldsymbol{r}}{\mathrm{d}s}=\frac{\mathrm{d}s}{\mathrm{d}t}\boldsymbol{e}_\mathrm{t}=v\boldsymbol{e}_\mathrm{t},\ \boldsymbol{a}=\frac{\mathrm{d}\boldsymbol{v}}{\mathrm{d}t}=\boldsymbol{a}_\mathrm{t}+\boldsymbol{a}_\mathrm{n}=\frac{\mathrm{d}v}{\mathrm{d}t}\boldsymbol{e}_\mathrm{t}+\frac{v^2}{\rho}\boldsymbol{e}_\mathrm{n}$$

5. 点的切向加速度只反映速度大小变化，法向加速度只反映速度方向变化。当点的速度与切向加速度相同时，点做加速运动；反之，点做减速运动。

6. 求解点的运动学问题分为两类：

1）已知动点的运动，求动点的速度和加速度，它是求导的过程；

2）已知动点的速度或加速度，求动点的运动，它是求解微分方程的过程。

# 思　考　题

5-1　指出下述各量分别代表什么物理意义：

（1）$\dfrac{\mathrm{d}\boldsymbol{r}}{\mathrm{d}t}$，$\dfrac{\mathrm{d}s}{\mathrm{d}t}$，$\dfrac{\mathrm{d}x}{\mathrm{d}t}$　　（2）$\dfrac{\mathrm{d}\boldsymbol{v}}{\mathrm{d}t}$，$\dfrac{\mathrm{d}v}{\mathrm{d}t}$，$\dfrac{\mathrm{d}v_x}{\mathrm{d}t}$

5-2　点做直线运动时，若其瞬时速度为零，则其加速度是否也一定为零？点做曲线运动时，若其速度大小不变，则加速度是否为零？若点沿曲线做匀变速运动，其加速度是否一定为常量。

5-3　根据点的加速度 $\boldsymbol{a}=\boldsymbol{a}(t)$ 能否求出点的速度 $\boldsymbol{v}=\boldsymbol{v}(t)$ 及运动方程 $\boldsymbol{r}=\boldsymbol{r}(t)$？还需什么条件？

5-4　动点在平面内运动，已知其运动轨迹 $y=f(x)$ 及其速度在 $x$ 轴上的分量 $v_x$，判断下列说法是否正确：（1）动点的速度 $\boldsymbol{v}$ 可完全确定；（2）动点的加速度在 $x$ 轴上的分量 $a_x$ 可完全确定；（3）当 $v_x\neq0$ 时，一定能确定动点的速度$\boldsymbol{v}$、切向加速度 $a_\mathrm{t}$ 和法向加速度 $a_\mathrm{n}$ 及全加速度 $\boldsymbol{a}$。

5-5　在点的曲线运动中，$a_\mathrm{t}$、$v$、$s$ 三者之间的关系与点的直线运动中，$a$、$v$、$s$ 三者之间的关系是否完全相同？

5-6　点的下述运动是否可能？

（1）加速度越来越大，而速度大小不变；

（2）加速度越来越小，而速度越来越大；

（3）加速度越来越大，而速度越来越小；

（4）加速度大小不变且不为零，速度大小也不变；

（5）速度大小不变，而加速度越来越小；

（6）速度越来越大，而全速度大小为零；

（7）切向加速度越来越大，而全加速度大小不变；

（8）切向加速度越来越小，而法向加速度越来越大。

5-7　点沿思考题 5-7 图所示的曲线运动，所设的速度 $\boldsymbol{v}$ 和加速度 $\boldsymbol{a}$ 的情况哪些是正确的，哪些是不正确的？并说明理由。

思考题 5-7

5-8　点 $M$ 沿螺线自外向内运动，如思考题 5-8 图所示，它走过的弧长与时间成正比，问点的加速度是越来越大，还是越来越小？这点越跑越快，还是越跑越慢（是否重复?），还是快慢不变？

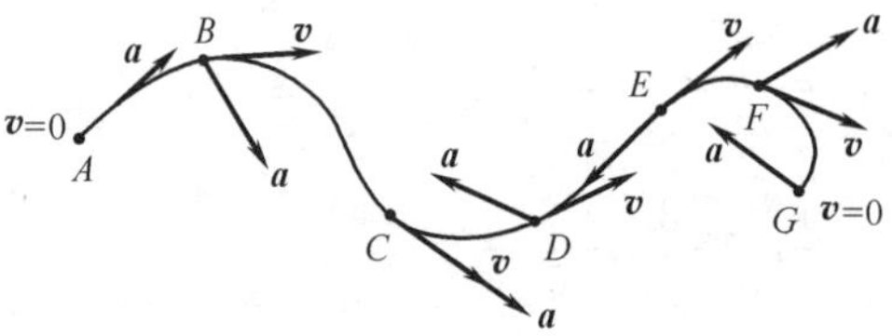

思考题 5-7 图

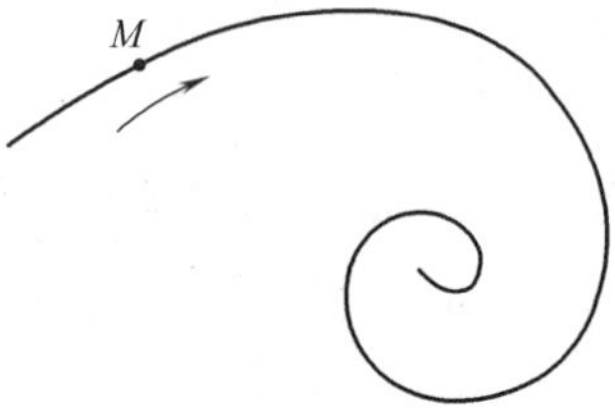

思考题 5-8 图

5-9　做曲线运动的两个动点，初速度相同、运动轨迹相同、运动中两点的法向加速度也相同。下述说法是否正确？

（1）任一瞬时两动点的切向加速度必相同；

（2）任一瞬时两动点的速度必相同；

（3）两动点的运动方程必相同。

## 习　题

5-1　如习题 5-1 图所示曲线规尺的各杆，长为 $OA=AB=200\text{mm}$，$CD=DE=AC=AE=50\text{mm}$。如杆 $OA$ 以等角速度 $\omega=\dfrac{\pi}{5}\ \text{rad/s}$ 绕 $O$ 轴转动，并且当运动开始时，杆 $OA$ 水平向右，求尺上点 $D$ 的运动方程和轨迹。

5-2　如习题 5-2 图所示，半圆形凸轮以等速 $v_0=0.01\text{m/s}$ 沿水平方向向左运动，而使活塞杆 $AB$ 沿铅直方向运动。当运动开始时，活塞杆 $A$ 端在凸轮的最高点上。如凸轮的半径 $R=80\text{mm}$，求活塞上 $A$ 端相对于地面和相对于凸轮的运动方程和速度。

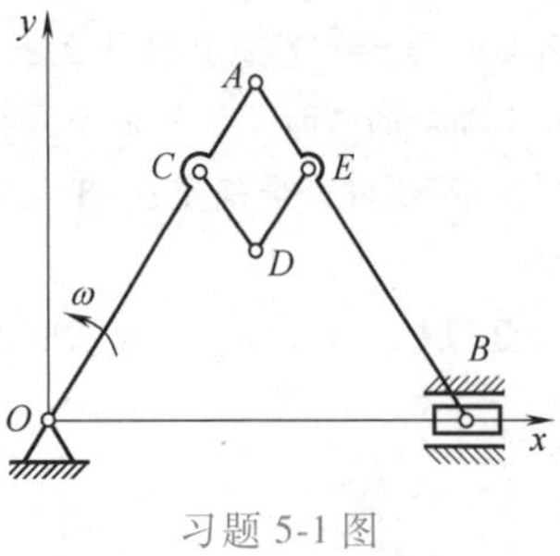

习题 5-1 图

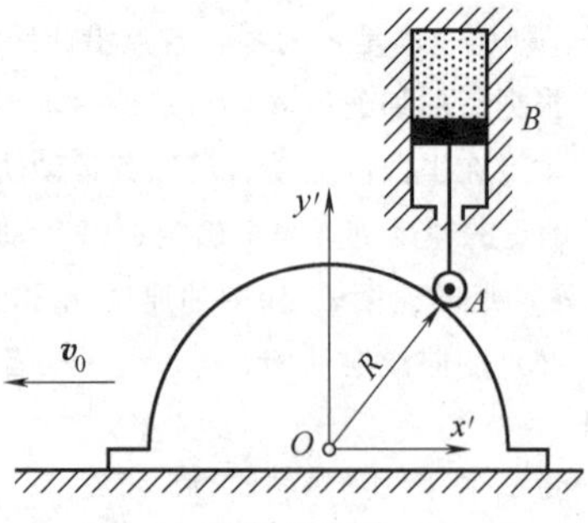

习题 5-2 图

5-3　如习题 5-3 图所示 $AB$ 杆长 $l$，以 $\varphi=\omega t$ 的规律绕 $B$ 点转动，$\omega$ 为常量。而与杆连接的滑块 $B$ 以 $s=a+b\sin\omega t$ 的规律沿水平线做谐振动，$a$、$b$ 为常量。求 $A$ 点的轨迹。

5-4　如习题 5-4 图所示雷达在距离火箭发射台为 $l$ 的 $O$ 处观察铅直上升的火箭发射，测得角 $\theta$ 的规律为 $\theta=kt$（$k$ 为常数）。写出火箭的运动方程并计算当 $\theta=30°$、$60°$时，火箭的速度和加速度。

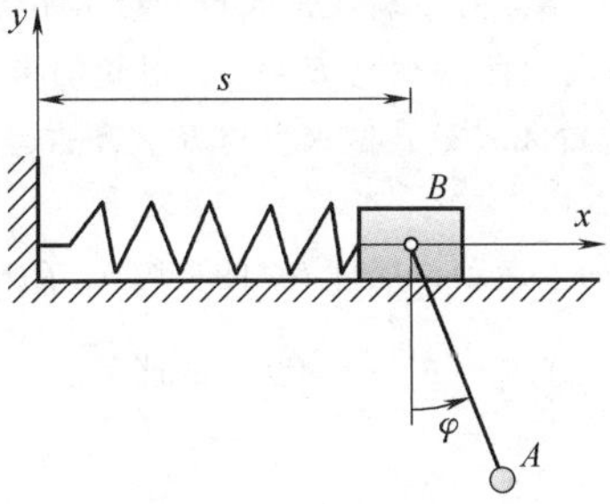


习题 5-3 图

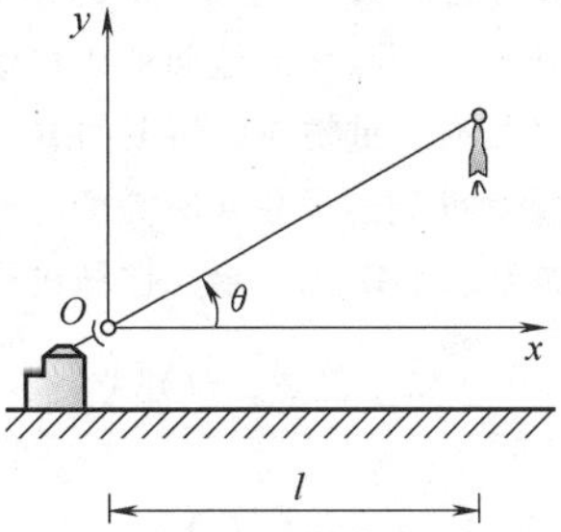


习题 5-4 图

5-5　套管 A 由绕过定滑轮 B 的绳索牵引而沿导轨上升，滑轮中心到导轨的距离为 $l$，如习题 5-5 图所示。设绳索以等速 $v_0$ 拉下，忽略滑轮尺寸，求套管 A 的速度和加速度与距离 $x$ 的关系式。

5-6　如习题 5-6 图所示摇杆滑道机构中的滑块 M 同时在固定的圆弧槽 BC 和摇杆 OA 的滑道中滑动。如弧 BC 的半径为 R，摇杆 OA 的轴 O 在弧 BC 的圆周上。摇杆绕 O 轴以等角速度 $\omega$ 转动，当运动开始时，摇杆在水平位置。试分别用自然法和直角坐标法给出点 M 的运动方程，并求其速度和加速度。

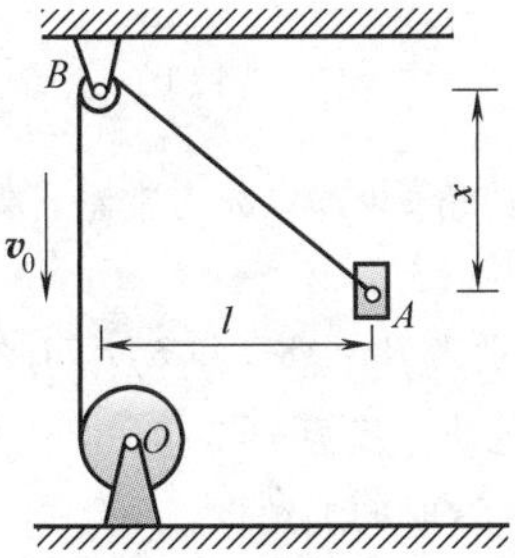


习题 5-5 图

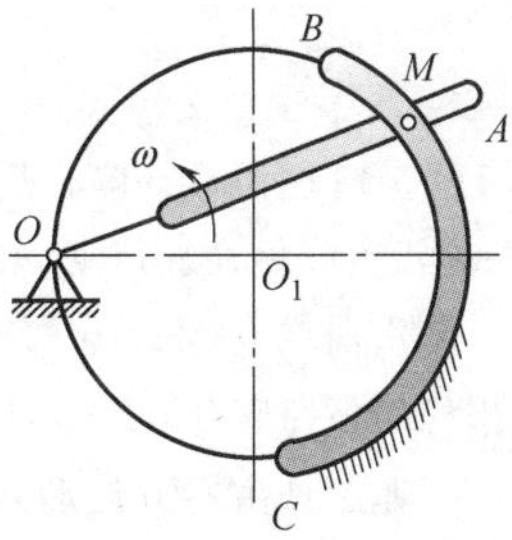


习题 5-6 图

5-7　曲柄 OA 长 $r$，在平面内绕 O 轴转动，如习题 5-7 图所示。杆 AB 通过固定于点 N 的套筒与曲柄 OA 铰接于点 A，设 $\varphi=\omega t$，杆 AB 长 $l=2r$，求点 B 的运动方程、速度和加速度。

5-8　点沿平面曲线轨迹 $y=e^x$ 向 $x$、$y$ 增大的方向运动，其中 $x$、$y$ 的单位皆为 m，速度大小为常量 $v=12\text{m/s}$。求动点经过 $y=1\text{m}$ 处时，其速度和加速度在坐标轴上的投影。

5-9　已知动点的运动方程为 $x=50t$，$y=500-5t^2$，其中 $x$、$y$ 以 m 计、$t$ 以 s 计，试求动点在 $t=0$ 时的曲率半径。

5-10　如习题 5-10 图所示，杆 AB 以等角速度 $\omega$ 绕点 A 转动，并带动套在水平杆 OC 上的小环 M 运动，当运动开始时，杆 AB 在铅直位置，设 $OA=h$，试求：（1）小环 M 沿杆 OC 滑动的速度；（2）小环 M 相对于杆 AB 运动的速度。

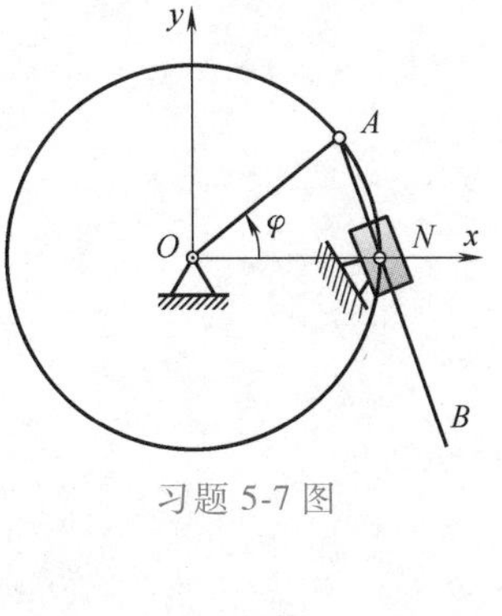


习题 5-7 图

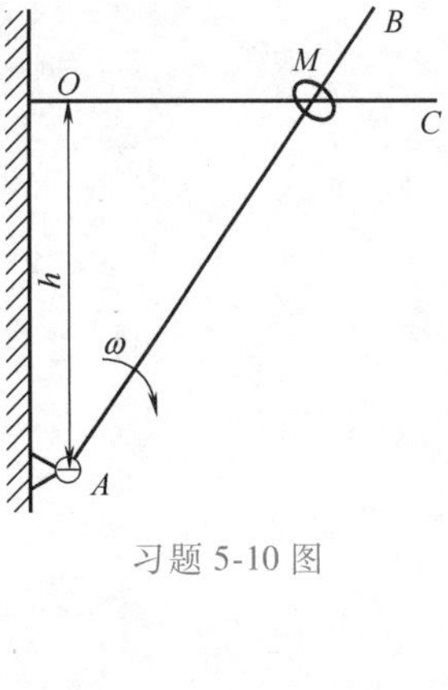


习题 5-10 图

5-11　如习题5-11图所示，跨过滑轮 $C$ 的绳子一端挂有重物 $B$，另一端 $A$ 被人拉着沿水平方向运动，其速度 $v_0=1\text{m/s}$，而点 $A$ 到地面的距离保持常量 $h=1\text{m}$。如滑轮离地面的高度 $H=9\text{m}$，滑轮的半径忽略不计，当运动开始时，重物在地面上的 $B_0$ 处，绳子 $AC$ 段在铅直位置 $A_0C$ 处，试求重物 $B$ 上升的运动方程和速度，以及重物 $B$ 到达滑轮处所需的时间。

5-12　如习题5-12图所示，摇杆机构的滑杆 $AB$ 以等速度 $\boldsymbol{u}$ 向上运动，摇杆 $OC$ 的长为 $a$，$OD=l$，初始时，摇杆 $OC$ 位于水平位置，试建立摇杆 $OC$ 上点 $C$ 的运动方程，并求当 $\theta=\dfrac{\pi}{4}$，点 $C$ 的速度。

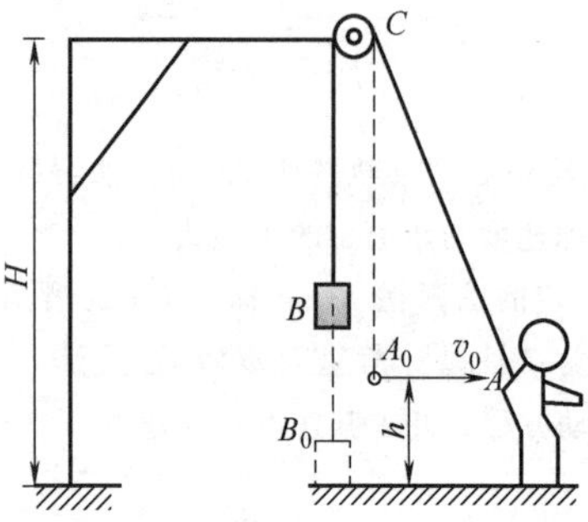


习题5-11图

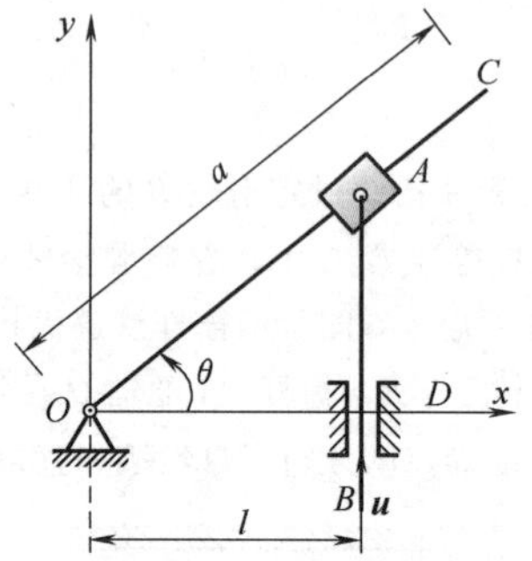


习题5-12图

5-13　如习题5-13图所示，偏心凸轮半径为 $R$，绕 $O$ 轴转动，转角 $\varphi=\omega t$，$\omega$ 为常量，偏心距 $OC=e$，凸轮带动顶杆 $AB$ 沿直线做往复运动，试求顶杆的运动方程和速度。

5-14　动点 $M$ 沿曲线 $OA$ 和 $OB$ 两段圆弧运动，其圆弧的半径分别为 $R_1=18\text{m}$ 和 $R_2=24\text{m}$，以两段圆弧的连接点为弧坐标的坐标原点 $O$，如习题5-14图所示。已知动点的运动方程为 $s=3+4t-t^2$，$s$ 以 m 计、$t$ 以 s 计，试求：(1) 动点 $M$ 由 $t=0$ 运动到 $t=5\text{s}$ 所经走的路程；(2) $t=5\text{s}$ 时的加速度。

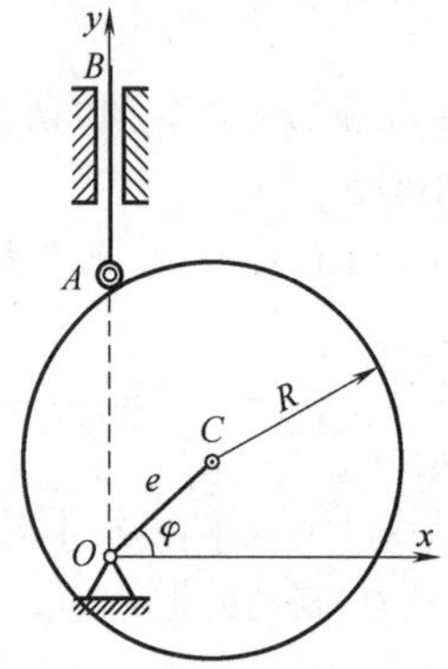


习题5-13图

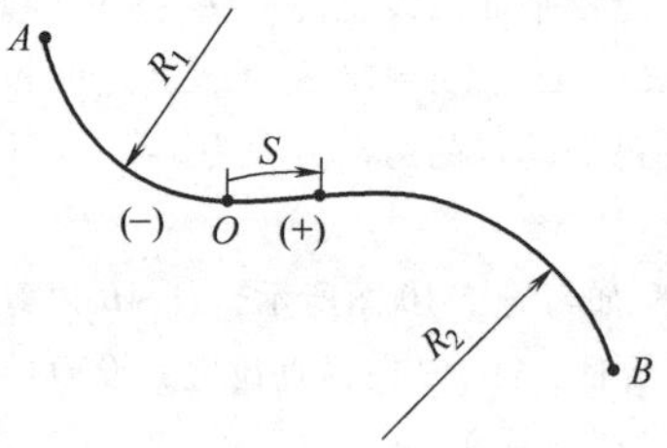


习题5-14图

# 第 6 章

# 刚体的基本运动

刚体是由无数点组成的，在点的运动学基础上可研究刚体的运动，本章将研究刚体的两种最简单、最基本的运动，即刚体的平行移动和定轴转动。由于这两种运动是研究复杂刚体运动的基础，所以将这两种运动统称为刚体的基本运动。

一般来说，刚体运动时，体内各点的运动轨迹、速度和加速度未必相同。但是，它们都是刚体内的点，各点间距离保持不变，因而，各点的运动、点与刚体整体运动存在一定的联系。这就表明，在研究刚体的运动时，一方面要研究其整体的运动特征和运动规律；另一方面还要研究组成刚体的各点的运动特征和运动规律，揭示刚体内各点的运动与整体运动的联系。

## 6.1　刚体的平行移动

知识点视频

在工程实际中，我们经常可以看到这样的一些刚体运动：火车车厢沿直线轨道的运动，如图 6-1 所示；摆式筛砂机筛子的运动，如图 6-2 所示；以及龙门刨床工作台的运动等。这些运动都具有一个共同的特点，即在刚体的运动过程中，刚体内任一直线始终与它的初始位置平行，这种运动称为刚体的**平行移动**，简称**平移**。

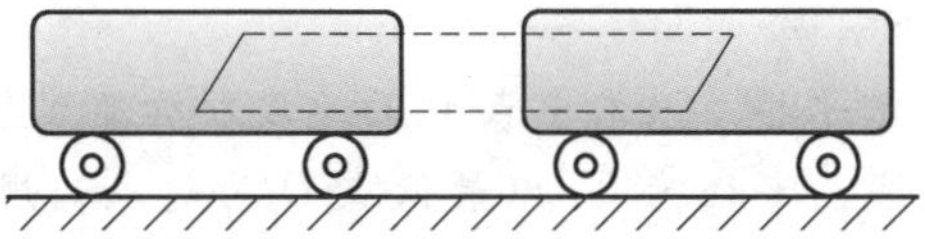

图 6-1

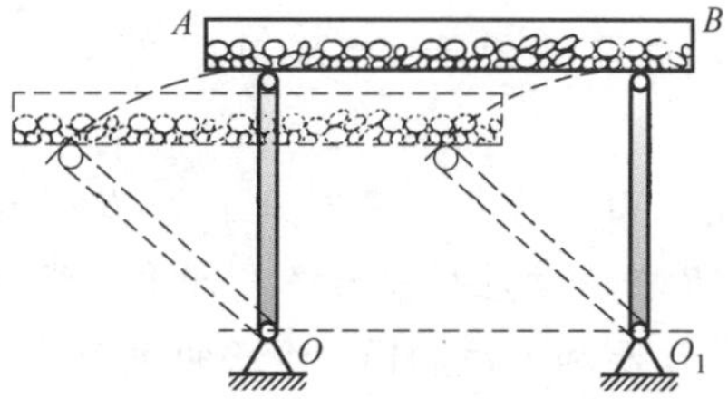


图 6-2

刚体做平移时，如果体内各点的轨迹是直线，则称为**直线平移**；如果体内各点的轨迹是曲线，则称为**曲线平移**。上述车厢就做直线平移，筛子各点做圆弧运动，筛子本身做曲线平移。

现在根据刚体平移的特征，来研究刚体内各点的运动轨迹、速度和加速度之间的关系。

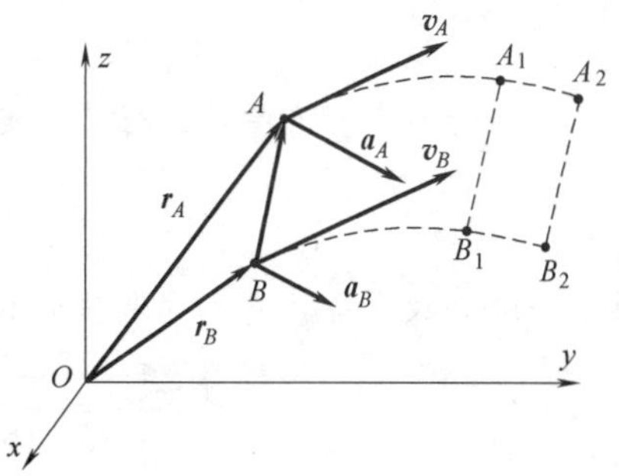


图 6-3

如图 6-3 所示，$\boldsymbol{r}_A$ 和 $\boldsymbol{r}_B$ 分别表示平移刚体上 $A$、$B$ 两点的位置矢量，矢径 $\boldsymbol{r}_A$ 和 $\boldsymbol{r}_B$ 在任一瞬时均有如

下的关系：

$$\boldsymbol{r}_A=\boldsymbol{r}_B+\overrightarrow{BA} \tag{6-1}$$

根据刚体不变形的性质和平移刚体的运动特征，可知矢量 $\overrightarrow{BA}$ 在刚体平移时，其大小和方向都不改变，所以 $\overrightarrow{BA}$ 是常矢量。因此，如将 $B$ 点的轨迹沿矢量 $\overrightarrow{BA}$ 方向平行移动一段距离 $BA$，就能与 $A$ 点的轨迹完全重合。这说明平移刚体上各点的轨迹形状相同且相互平行。这里须注意，刚体平移时，其上各点的轨迹可能是直线，也可能是曲线，但是它们的形状是完全相同的。

由式（6-1）对时间分别求一阶导数和二阶导数，注意 $\overrightarrow{BA}$ 是常矢量其导数等于零，于是可得

$$\frac{\mathrm{d}\boldsymbol{r}_A}{\mathrm{d}t}=\frac{\mathrm{d}\boldsymbol{r}_B}{\mathrm{d}t} \quad \text{或 } \boldsymbol{v}_A=\boldsymbol{v}_B \tag{6-2}$$

$$\frac{\mathrm{d}^2\boldsymbol{r}_A}{\mathrm{d}t^2}=\frac{\mathrm{d}^2\boldsymbol{r}_B}{\mathrm{d}t^2} \quad \text{或 } \boldsymbol{a}_A=\boldsymbol{a}_B \tag{6-3}$$

因为 $A$、$B$ 两点是任意选取的，故由式（6-1）~式（6-3）可得如下结论：

**当刚体平移时，其上各点的轨迹形状相同，在同一瞬时，各点的速度和加速度也相同。** 由此可见，刚体平移时，整个刚体的运动，完全可由刚体内任一点的运动来确定，而且已知刚体上一点的运动情况，则其他各点的运动情况也随之确定。故刚体的平移问题可以归结为点的运动问题。这样，描述点的运动的各种方法完全可适用于刚体的平行移动，也就是归结为前一章里所研究过的点的运动学问题。

**例 6-1** 杆 $AB$ 用两条长为 $l$（单位为 m）的钢索平行吊起，如图 6-4 所示。浪木摆动时，钢索的摆动规律为 $\varphi=\varphi_0\sin\frac{\pi}{4}t$，其中 $t$ 为时间，单位为 s，$\varphi_0$ 的单位为 rad。试求当 $t=0$ 和 $t=2\text{s}$ 时，浪木中点 $M$ 的速度和加速度。

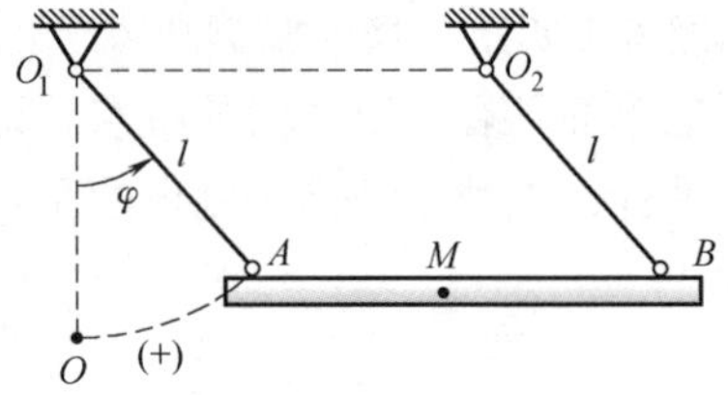


图 6-4

**解：** 由于两条钢索 $O_1A$ 和 $O_2B$ 等长且互相平行，故浪木 $AB$ 在运动过程中始终平行于直线 $O_1O_2$，浪木做平移。浪木中点 $M$ 的速度和加速度与 $A$ 点的速度和加速度相同，$A$ 点的运动轨迹为圆弧曲线，半径为 $l$。以最低点 $O$ 为起点，规定弧坐标 $s$ 向右为正，则 $A$ 点的运动方程为

$$s=l\varphi=\varphi_0 l\sin\frac{\pi}{4}t$$

将上式对时间求一阶导数，得 $A$ 点速度

$$v_A=\frac{\mathrm{d}s}{\mathrm{d}t}=\frac{\pi}{4}\varphi_0 l\cos\frac{\pi}{4}t$$

再求一阶导数，得 $A$ 点切向和法向加速度

$$a_A^{\mathrm{t}}=\frac{\mathrm{d}v_A}{\mathrm{d}t}=-\frac{\pi^2}{16}\varphi_0 l\sin\frac{\pi}{4}t,\quad a_A^{\mathrm{n}}=\frac{v_A^2}{l}=\frac{\pi^2}{16}\varphi_0^2 l\cos^2\frac{\pi}{4}t$$

代入 $t=0$ 和 $t=2\text{s}$，即可求得这两个瞬时 $A$ 点的速度和加速度，亦即 $M$ 点的速度和加速度。

当 $t=0$ 时，

$$v_M=v_A=\frac{\pi}{4}\varphi_0 l;\ a_M^{t}=a_A^{t}=0,\ a_M^{n}=a_A^{n}=\frac{\pi^2}{16}\varphi_0^2 l$$

当 $t=2s$ 时

$$v_M=v_A=0;\ a_M^{t}=a_A^{t}=-\frac{\pi^2}{16}\varphi_0 l,\ a_M^{n}=a_A^{n}=0$$

知识点视频

## 6.2 刚体的定轴转动

在工程实际中，带轮、齿轮和电动机转子等的运动都具有一个共同的特点，即刚体运动时，刚体内（或其延展部分）有一条直线始终固定不动，这种运动称为**刚体绕固定轴的转动**，简称刚体的定轴转动。固定不动的直线称为**轴线**或**转轴**。显然，刚体转动时，轴线上各点的速度恒为零，其他各点都在垂直于转轴的平面内绕轴做圆周运动，圆心在转轴上，半径分别为各点到转轴的垂直距离。

### 6.2.1 转动方程

在研究刚体的定轴转动时，首先要确定刚体的位置随时间变化的规律。

设有一刚体绕定轴 $z$ 做转动，取 $z$ 轴的正向如图 6-5 所示。通过轴线作一固定平面 $Q$，此外，再选一与刚体固结的平面 $P$，这个平面和刚体一起转动。由于刚体的各点相对于动平面 $P$ 的位置是一定的，因此，只要知道平面 $P$ 的位置也就知道刚体上各点的位置，亦即知道整个刚体的位置。而平面 $P$ 在任一瞬时 $t$ 的位置可由它与固定平面 $Q$ 的夹角来确定，这一夹角称为转动刚体的**转角**，用 $\varphi$ 来表示。

转角 $\varphi$ 是一个代数量，其正负号这样来确定：自 $z$ 轴的正向往负向看去，从固定平面 $Q$ 按逆时针方向转动到动平面 $P$，得到的转角 $\varphi$ 规定为正值；反之，转角 $\varphi$ 取负值。转角一般用 rad（弧度）表示。

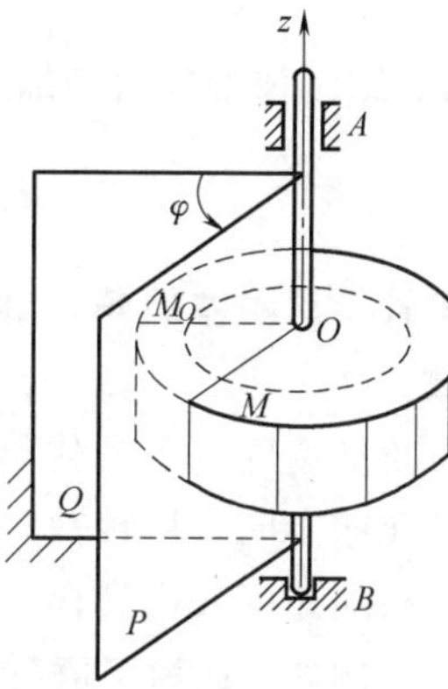

图 6-5

刚体定轴转动时，它的位置随时间而变化，即转角 $\varphi$ 随时间而变化，是时间 $t$ 的单值连续函数，即

$$\varphi=\varphi(t) \tag{6-4}$$

式（6-4）称为**刚体定轴转动的运动方程**。

### 6.2.2 角速度

刚体定轴转动的快慢程度，通过角速度来描述。

设刚体按规律 $\varphi=\varphi(t)$ 绕 $z$ 轴转动。在瞬时 $t$，刚体的转角为 $\varphi$，经过时间间隔 $\Delta t$ 后，刚体的转角为 $\varphi'$，则在时间间隔 $\Delta t$ 内，刚体转过的角度 $\Delta\varphi=\varphi'-\varphi$。$\Delta\varphi$ 称为刚体在 $\Delta t$ 时间内的**角位移**。$\omega^*=\dfrac{\Delta\varphi}{\Delta t}$称为时间间隔 $\Delta t$ 内的平均角速度。当 $\Delta t\to 0$ 时，则刚体的**瞬时角速度**

定义为

$$\omega=\lim_{\Delta t\to 0}\frac{\Delta\varphi}{\Delta t}=\frac{\mathrm{d}\varphi}{\mathrm{d}t} \tag{6-5}$$

**即定轴转动刚体的角速度等于转角 $\varphi$ 对时间的一阶导数。**

角速度 $\omega$ 是代数量，它的大小表示刚体在瞬时 $t$ 转动的快慢程度；它的正负号表示该瞬时的转动方向，从转轴 $z$ 正向往下看，正号表示刚体是逆时针转动，负号表示刚体是顺时针转动。在国际单位制中，角速度的单位是 rad/s。工程上还常用转速 $n$(r/min) 来表示转动的快慢。当采用上述单位时，$n$ 与 $\omega$ 的关系，可由下式给出换算：

$$\omega=\frac{2\pi n}{60}=\frac{\pi n}{30} \tag{6-6}$$

### 6.2.3 角加速度

电机起动时，转子从静止开始越转越快；在制动或停止时，转子越转越慢。这说明转子转动的角速度是随时间而变化的。为了描述角速度变化的快慢程度，需要建立角加速度的概念。

设刚体在瞬时 $t$ 的角速度为 $\omega$，经过时间间隔 $\Delta t$ 后，其角速度为 $\omega'$。则在时间间隔 $\Delta t$ 内，刚体角速度的变化量 $\Delta\omega=\omega'-\omega$。$\alpha^*=\frac{\Delta\omega}{\Delta t}$称为时间间隔 $\Delta t$ 内的平均角加速度。当 $\Delta t\to 0$ 时，则刚体的**瞬时角加速度**定义为

$$\alpha=\lim_{\Delta t\to 0}\frac{\Delta\omega}{\Delta t}=\frac{\mathrm{d}\omega}{\mathrm{d}t}=\frac{\mathrm{d}^2\varphi}{\mathrm{d}t^2} \tag{6-7}$$

**即定轴转动刚体的角加速度等于角速度 $\omega$ 对时间的一阶导数，亦等于转角对时间的二阶导数。**

角加速度 $\alpha$ 也是代数量，它的大小代表角速度瞬时变化的大小；它的正负号表示角速度变化的方向。从转轴 $z$ 正向往负向看，$\alpha$ 为逆时针转向时，其值为正，反之为负。应该注意，角加速度 $\alpha$ 的转向并不能表示刚体转动的方向，也不能确定刚体是加速转动还是减速转动。例如，$\omega$ 为正值时（表示刚体逆时针转动），如果 $\alpha$ 为正值，由式（6-7）知，$\omega'>\omega$，即经过时间间隔 $\Delta t$ 后，刚体的角速度增大，刚体按逆时针方向加速运动；又如 $\omega$ 为负值时（表示刚体顺时针转动），如果 $\alpha$ 为负值，则 $\omega'<\omega$，$|\omega'|>|\omega|$，刚体按顺时针方向加速转动。因此，$\omega$ 与 $\alpha$ 同号，刚体做加速转动；$\omega$ 与 $\alpha$ 异号，刚体做减速转动。在国际单位制中，角加速度的单位是 rad/s$^2$。

下面讨论两种特殊情形。

（1）**匀速转动** 刚体的角速度不变，即 $\omega$ 为常量，这种转动称为匀速转动。依照点的匀速运动公式，可得

$$\varphi=\varphi_0+\omega t \tag{6-8}$$

其中 $\varphi_0$ 为 $t=0$ 的初始转角。

（2）**匀变速转动** 刚体的角加速度不变，即 $\alpha$ 为常量，这种转动称为匀变速转动。仿照点的匀变速运动公式，可得

$$\omega=\omega_0+\alpha t \tag{6-9}$$

$$\varphi=\varphi_0+\omega_0 t+\frac{1}{2}\alpha t^2 \tag{6-10}$$

由上面一些公式可知：匀变速转动时，刚体的角速度、转角和时间之间的关系与点在匀变速运动中的速度、坐标和时间之间的关系相似。

## 6.3　转动刚体内各点的速度和加速度

知识点视频

### 6.3.1　转动刚体上各点的速度

当刚体做定轴转动时，除了转轴上的点以外，刚体上其他各点都在垂直于转轴的平面上做圆周运动，圆心都在转轴上，半径等于点到转轴的垂直距离。对此，在各点轨迹明确的情况下，宜采用自然法研究各点的运动。

如图 6-6a 所示，$M$ 点为刚体上任意一点，$O$ 为转轴与圆周所在平面的交点，$M$ 点到转轴的距离为 $R$，称为转动半径。为确定 $M$ 点的运动，可选当刚体转角 $\varphi$ 为零时，$M$ 点所在的位置 $O_1$ 为弧坐标原点，以转角 $\varphi$ 的正向为弧坐标 $s$ 的正向，则 $M$ 点的运动方程为

$$s=R\varphi \tag{6-11}$$

将式（6-11）对时间 $t$ 求一阶导数，得 $M$ 点速度为

$$v=\frac{\mathrm{d}s}{\mathrm{d}t}=R\frac{\mathrm{d}\varphi}{\mathrm{d}t}=R\omega \tag{6-12}$$

转动刚体内任一点的速度大小，等于刚体转动的角速度与该点到转轴的垂直距离的乘积，它的方向沿圆周的切线而指向转动的一方。

基于上述分析，任一条通过轴心的直线上，各点速度的分布如图 6-6b 所示。不在同一直线上的各点速度分布如图 6-6c 所示。

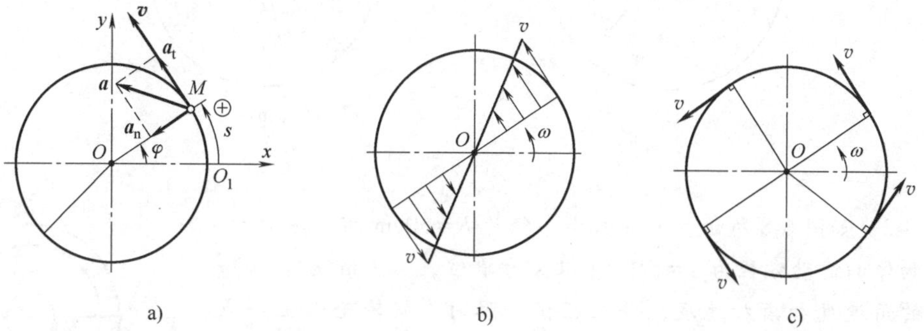


图 6-6

### 6.3.2　转动刚体上各点的加速度

因为点做圆周运动，需求切向加速度和法向加速度。由点的运动规律可知，切向加速度

$$a_t=\frac{\mathrm{d}v}{\mathrm{d}t}=R\frac{\mathrm{d}\omega}{\mathrm{d}t}=R\alpha \tag{6-13}$$

即转动刚体内一点的切向加速度的大小，等于该点的转动半径与刚体角加速度的乘积，方向

垂直于转动半径并与角加速度转向一致。如果 $\omega$ 与 $\alpha$ 同号，角速度的绝对值增加，刚体做加速度转动，点的切向加速度 $\boldsymbol{a}_t$ 与速度 $\boldsymbol{v}$ 指向相同；如果 $\omega$ 与 $\alpha$ 异号，刚体做减速转动，$\boldsymbol{a}_t$ 与 $\boldsymbol{v}$ 指向相反。

法向加速度

$$a_n = \frac{v^2}{R} = R\omega^2 \tag{6-14}$$

即转动刚体上任一点的法向加速度的大小，等于该点的转动半径与刚体角速度平方的乘积，方向始终指向转轴。

$M$ 点全加速度 $\boldsymbol{a}$ 的大小可由下式求得：

$$a = \sqrt{a_t^2 + a_n^2} = \sqrt{R^2\alpha^2 + R^2\omega^4} = R\sqrt{\alpha^2 + \omega^4} \tag{6-15}$$

要确定加速度 $\boldsymbol{a}$ 的方向，只需求出 $\boldsymbol{a}$ 与转动半径 $R$ 的夹角即可。从图 6-7a 所示三角关系得

$$\tan\beta = \frac{|a_t|}{a_n} = \frac{|R\alpha|}{R\omega^2} = \frac{|\alpha|}{\omega^2} \tag{6-16}$$

由于在每一瞬时，刚体的 $\omega$ 与 $\alpha$ 只有一个确定的值，所以由以上分析可知：每一瞬时，刚体上各点加速度的大小与该点到转轴的距离成正比；在同一瞬时，刚体内所有各点的加速度与相应点转动半径间的夹角都相同。据上述分析，可用图 6-7b 表示通过轴心的直径上各点的加速度的分布规律。

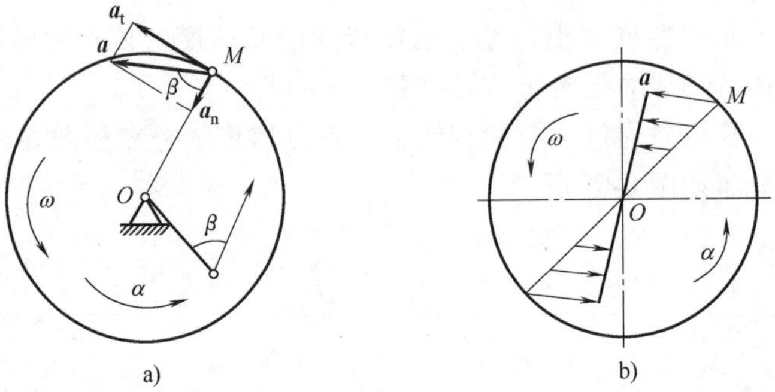


图 6-7

**例 6-2** 如图 6-8 所示，升降机由半径为 $R=50$cm 的鼓轮带动，被升降物体的运动方程为 $x=5t^2$（$t$ 以 s 为单位，$x$ 以 m 为单位）。求鼓轮的角速度和角加速度，并求在任一瞬时，鼓轮轮缘上一点全加速度的大小。

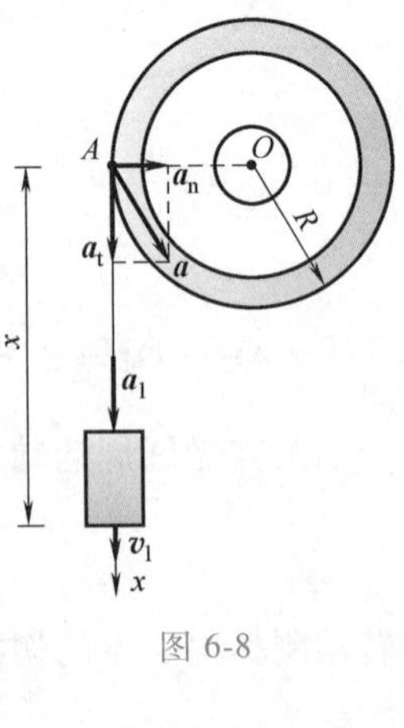


图 6-8

**解：** 在系统运动过程中，鼓轮做定轴转动，被升降物体做直线平移。在任一瞬时，轮缘上一点速度的大小和切向加速度的大小，都与物体运动速度的大小和加速度的大小相同。由物体运动方程 $x=5t^2$，可计算出物体的速度和加速度分别为

$$v_1 = \frac{dx}{dt} = 10t \ ,\ a_1 = 10\text{m/s}^2$$

即轮缘上一点的速度、切向加速度分别为

$$v=10t(\mathrm{m/s}),\ a_{\mathrm{t}}=10\mathrm{m/s}^2$$

又由于 $v=R\omega$，$a_{\mathrm{t}}=R\alpha$，可得角速度和角加速度分别为

$$\omega=\frac{v}{R}=20t(\mathrm{rad/s}),\ \alpha=\frac{a_{\mathrm{t}}}{R}=20\mathrm{rad/s}$$

轮缘上一点的法向加速度

$$a_{\mathrm{n}}=\frac{v^2}{R}=200t^2(\mathrm{m/s})$$

于是可得在任意瞬时，轮缘上一点全加速度的大小为

$$a=\sqrt{a_{\mathrm{t}}^2+a_{\mathrm{n}}^2}=10\sqrt{1+400t^4}\ (\mathrm{m/s^2})$$

## 6.4　定轴轮系的传动比

知识点视频

工程中，常利用轮系传动提高或降低机械的转速，最常见的有齿轮系和带轮系。

### 6.4.1　齿轮传动

机械中常用齿轮作为传动部件，可用来升降转速、改变转动方向。齿轮传动中，齿轮互相啮合相当于两轮的节圆相切并做纯滚动，两节圆的切点称为啮合点，在每一瞬时可以认为啮合点之间没有相对滑动。因此，啮合点的速度和切向加速度分别相等。

现以一对啮合的圆柱齿轮为例。圆柱齿轮传动分为外啮合和内啮合两种，如图 6-9 所示。两齿轮外啮合时，它们的转向相反，内啮合时转向则相同。设两齿轮各绕固定轴 $A$ 和 $B$ 转动，已知啮合圆半径各为 $r_1$ 和 $r_2$，齿数各为 $z_1$ 和 $z_2$，角速度各为 $\omega_1$ 和 $\omega_2$。令 $M_1$ 和 $M_2$ 分别是两个齿轮啮合圆的接触点，因两圆之间没有相对滑动，故

机构动画

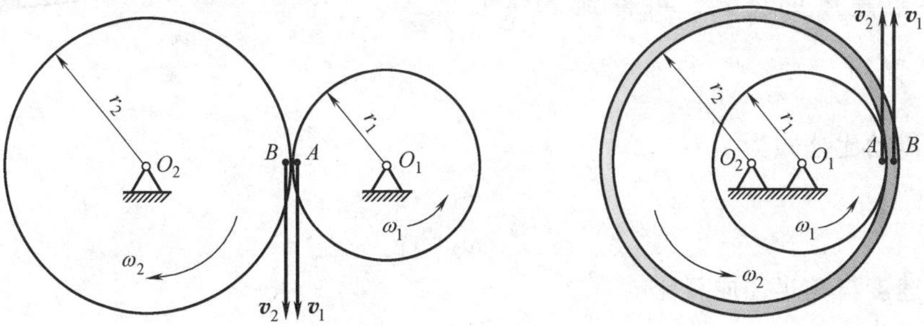


a)　　b)

机构动画

图 6-9

$$v_2=v_1$$

并且速度方向也相同。但 $v_2=r_2\omega_2$，$v_1=r_1\omega_1$，因此

$$r_2\omega_2=r_1\omega_1$$

或

$$\frac{\omega_1}{\omega_2}=\frac{r_2}{r_1}$$

由于齿轮在啮合圆上的齿距相等，它们的齿数与半径成正比，故

$$\frac{\omega_1}{\omega_2}=\frac{r_2}{r_1}=\frac{z_2}{z_1} \tag{6-17}$$

由此可知：**处于啮合中的两个定轴齿轮的角速度与两齿轮的齿数成反比**（或与两齿轮的啮合圆半径成反比）。

假如设齿轮Ⅰ为主动轮，齿轮Ⅱ为从动轮。主动轮与从动轮的角速度之比，称为传动比，用 $i_{12}$ 表示，有时为了区分轮系中各轮转向，对各轮规定统一的转动正向，这时各轮的角速度可取代数值，从而传动比也可取代数值，于是

$$i_{12}=\pm\frac{\omega_1}{\omega_2} \tag{6-18}$$

式中，“+”号表示角速度的转向相同，为内啮合情形；“-”表示转向相反，为外啮合情形。

将式（6-17）代入式（6-18），即可以得传动比的基本公式

$$i_{12}=\pm\frac{\omega_1}{\omega_2}=\pm\frac{r_2}{r_1}=\pm\frac{z_2}{z_1} \tag{6-19}$$

机构动画

### 6.4.2 带轮传动

在机床中，电动机一般通过带使变速箱的轴转动。如图 6-10 所示的带轮装置中，主动轮和从动轮的半径分别为 $r_1$ 和 $r_2$，角速度分别为 $\omega_1$ 和 $\omega_2$。如不考虑带的厚度，并假定带和带轮间无相对滑动，则应用绕定轴转动的刚体上各点速度的公式，可得到下列关系式：

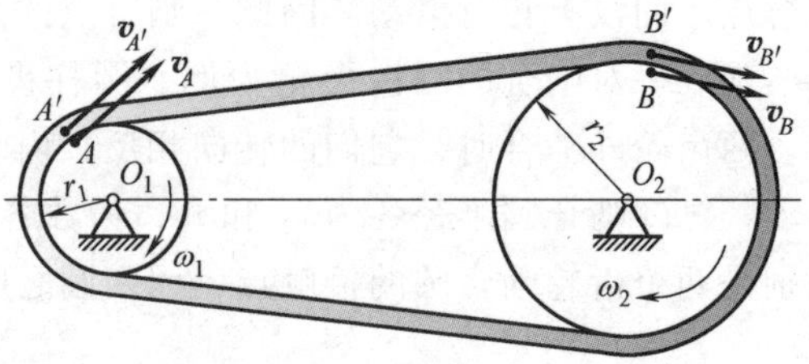

图 6-10

$$r_1\omega_1=r_2\omega_2$$

于是带轮的传动比公式为

$$i_{12}=\frac{\omega_1}{\omega_2}=\frac{r_2}{r_1} \tag{6-20}$$

**即两轮的角速度与其半径成反比。**

## 6.5 以矢量表示角速度和角加速度　以矢积表示点的速度和加速度

### 6.5.1 角速度矢量和角加速度矢量

前面把角速度和角加速度定义为代数量。但在讨论某些复杂问题时，矢量分析经常用于研究刚体的运动。为了确定刚体定轴转动的角速度和角加速度的全部性质，需确定转动轴的位置、角速度的大小（转动的快慢）和转动方向这三个要素。这三个要素可以用一矢量表示。下面给出用矢量表示刚体转动角速度和角加速度的方法。用 $\boldsymbol{\omega}$ 表示刚体的角速度矢量，$\boldsymbol{\alpha}$ 表示刚体的角加速度矢量，它们的作用线均沿转轴，它们的模分别表示角速度和角加速度

的大小，其指向则根据 $\omega$ 和 $\alpha$ 的转向按右手螺旋规则确定，如图 6-11 所示。设矢量 $\boldsymbol{k}$ 表示沿转动轴 $z$ 正向的单位矢量，于是刚体绕定轴转动的角速度矢可表示为

$$\boldsymbol{\omega}=\omega\boldsymbol{k} \tag{6-21}$$

将角速度矢量对时间求一阶导数，得角加速度矢量

$$\boldsymbol{\alpha}=\alpha\boldsymbol{k}=\frac{\mathrm{d}\boldsymbol{\omega}}{\mathrm{d}t}=\frac{\mathrm{d}\omega}{\mathrm{d}t}\boldsymbol{k}=\frac{\mathrm{d}^2\varphi}{\mathrm{d}t^2}\boldsymbol{k} \tag{6-22}$$

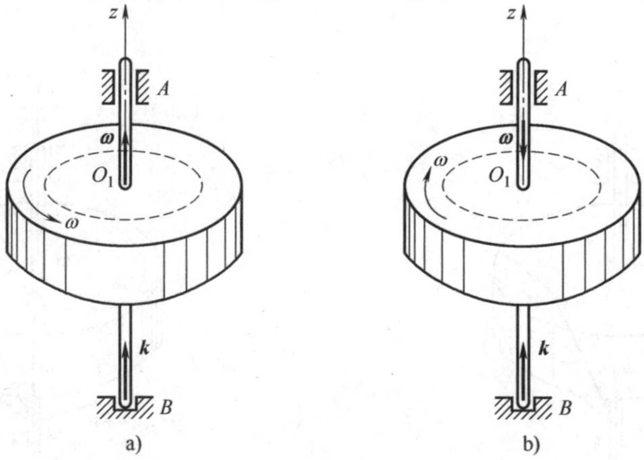


图 6-11

## 6.5.2　矢量表示一点的速度与加速度

知识点视频

将角速度、角加速度视为矢量后，转动刚体内任一点 $M$ 的速度、切向和法向加速度的大小和方向，可以方便地用矢积表示出来。

在转轴上任选一点 $O$ 作矢量 $\boldsymbol{\omega}$，点 $M$ 的矢径以 $\boldsymbol{r}$ 表示，如图 6-12 所示。那么，点 $M$ 的速度可以用角速度矢量与点的矢径 $\boldsymbol{r}$ 的矢积表示，即

$$\boldsymbol{v}=\boldsymbol{\omega}\times\boldsymbol{r} \tag{6-23}$$

事实上，根据矢积的定义，$\boldsymbol{\omega}\times\boldsymbol{r}$ 仍是一个矢量，它的大小

$$|\boldsymbol{\omega}\times\boldsymbol{r}|=|\boldsymbol{\omega}||\boldsymbol{r}|\sin\theta=|\boldsymbol{\omega}|R=|\boldsymbol{v}| \tag{6-24}$$

式中，$\theta$ 是角速度矢量 $\boldsymbol{\omega}$ 与矢径 $\boldsymbol{r}$ 之间的夹角。于是矢积 $\boldsymbol{\omega}\times\boldsymbol{r}$ 的大小等于速度的大小。矢积 $\boldsymbol{\omega}\times\boldsymbol{r}$ 的方向垂直于 $\boldsymbol{\omega}$ 和 $\boldsymbol{r}$ 所决定的平面（即图 6-12 中 $\triangle OMO_1$ 所在平面），其指向根据右手规则确定，即从矢量 $\boldsymbol{v}$ 的末端向始端看，$\boldsymbol{\omega}$ 应按逆时针转过角 $\theta$ 与 $\boldsymbol{r}$ 重合。这说明矢积 $\boldsymbol{\omega}\times\boldsymbol{r}$ 的大小和方向与速度 $\boldsymbol{v}$ 相同。由此可得结论：**定轴转动刚体上任一点的速度矢，等于刚体的角速度矢与该点矢径的矢积。**

知识点视频

将式（6-23）对时间求导，即可得到加速度 $\boldsymbol{a}$ 的矢积表达式

$$\boldsymbol{a}=\frac{\mathrm{d}\boldsymbol{v}}{\mathrm{d}t}=\frac{\mathrm{d}}{\mathrm{d}t}(\boldsymbol{\omega}\times\boldsymbol{r})=\frac{\mathrm{d}\boldsymbol{\omega}}{\mathrm{d}t}\times\boldsymbol{r}+\boldsymbol{\omega}\times\frac{\mathrm{d}\boldsymbol{r}}{\mathrm{d}t} \tag{6-25}$$

即

$$\boldsymbol{a}=\boldsymbol{\alpha}\times\boldsymbol{r}+\boldsymbol{\omega}\times\boldsymbol{v} \tag{6-26}$$

式（6-23）代入式（6-26），导出

$$\boldsymbol{a}=\boldsymbol{\alpha}\times\boldsymbol{r}+\boldsymbol{\omega}\times(\boldsymbol{\omega}\times\boldsymbol{r}) \tag{6-27}$$

式（6-26）中右端第一项的大小为

$$|\boldsymbol{\alpha}\times\boldsymbol{r}|=|\boldsymbol{\alpha}||\boldsymbol{r}|\sin\theta=|\boldsymbol{\alpha}|R$$

这个结果即为 $M$ 点的切向加速度的大小。而 $\boldsymbol{\alpha}\times\boldsymbol{r}$ 的方向垂直于 $\boldsymbol{\alpha}$ 和 $\boldsymbol{r}$ 所构成的平面，指向如图 6-13 所示，与 $M$ 点的切向加速度方向一致。因此有

$$\boldsymbol{a}_{\mathrm{t}}=\boldsymbol{\alpha}\times\boldsymbol{r} \tag{6-28}$$

同理可得，式（6-26）右端第二项就等于 $M$ 点的法向加速度，即

$$\boldsymbol{a}_{\mathrm{n}}=\boldsymbol{\omega}\times\boldsymbol{v} \tag{6-29}$$

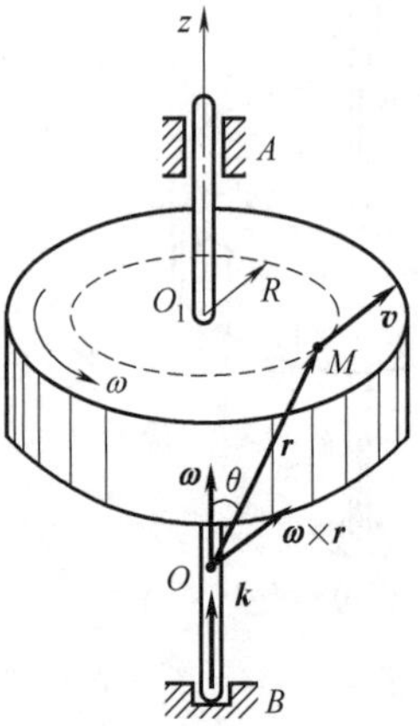


图 6-12

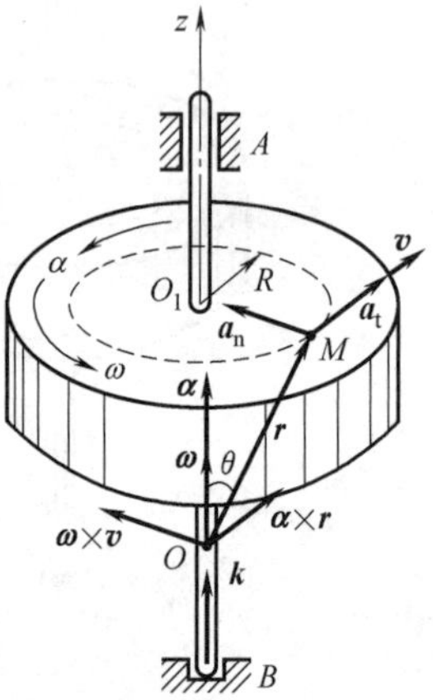


图 6-13

于是可得结论：**转动刚体内任一点的切向加速度等于刚体的角速度矢与该点矢径的矢积；法向加速度等于刚体的角速度矢与该点速度矢的矢积。**

## 6.5.3 泊松公式

知识点视频

如图 6-14 所示，设固结于刚体的动系 $O'x'y'z'$绕固定轴 $z$ 转动。以 $\boldsymbol{i}'$、$\boldsymbol{j}'$、$\boldsymbol{k}'$分别表示动系各动坐标轴正向的单位矢量。以 $\boldsymbol{r}_{O'}$、$\boldsymbol{r}$ 表示单位矢量 $\boldsymbol{i}'$的始端和终端的绝对矢径，则由图 6-14 所示得矢量关系为 $\boldsymbol{i}'=\boldsymbol{r}-\boldsymbol{r}_{O'}$。

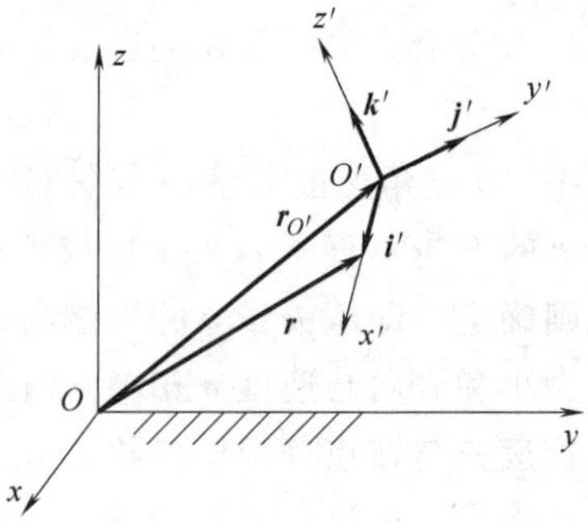


图 6-14

将上式对时间求导得

$$\frac{\mathrm{d}\boldsymbol{i}'}{\mathrm{d}t}=\frac{\mathrm{d}\boldsymbol{r}}{\mathrm{d}t}-\frac{\mathrm{d}\boldsymbol{r}_{O'}}{\mathrm{d}t}$$

式中，$\frac{\mathrm{d}\boldsymbol{r}_{O'}}{\mathrm{d}t}$和$\frac{\mathrm{d}\boldsymbol{r}}{\mathrm{d}t}$分别表示单位矢量 $\boldsymbol{i}'$的始端和终端的速度。若在图示瞬时动系绕固定轴 $z$ 转动的角速度矢为 $\boldsymbol{\omega}$，根据式（6-23），可得下面的关系：

$$\frac{\mathrm{d}\boldsymbol{r}}{\mathrm{d}t}=\boldsymbol{\omega}\times\boldsymbol{r},\ \frac{\mathrm{d}\boldsymbol{r}_{O'}}{\mathrm{d}t}=\boldsymbol{\omega}\times\boldsymbol{r}_{O'}$$

将上式代入$\frac{\mathrm{d}\boldsymbol{i}'}{\mathrm{d}t}=\frac{\mathrm{d}\boldsymbol{r}}{\mathrm{d}t}-\frac{\mathrm{d}\boldsymbol{r}_{O'}}{\mathrm{d}t}$中，得

$$\frac{\mathrm{d}\boldsymbol{i}'}{\mathrm{d}t}=\frac{\mathrm{d}\boldsymbol{r}}{\mathrm{d}t}-\frac{\mathrm{d}\boldsymbol{r}_{O'}}{\mathrm{d}t}=\boldsymbol{\omega}\times\boldsymbol{r}-\boldsymbol{\omega}\times\boldsymbol{r}_{O'}=\boldsymbol{\omega}\times(\boldsymbol{r}-\boldsymbol{r}_{O'})$$

由 $\boldsymbol{i}'=\boldsymbol{r}-\boldsymbol{r}_{O'}$代入上式可得

$$\frac{\mathrm{d}\boldsymbol{i}'}{\mathrm{d}t}=\boldsymbol{\omega}\times\boldsymbol{i}'$$

同理可得

$$\left.\begin{aligned}\frac{\mathrm{d}\boldsymbol{j}'}{\mathrm{d}t}&=\boldsymbol{\omega}\times\boldsymbol{j}'\\ \frac{\mathrm{d}\boldsymbol{k}'}{\mathrm{d}t}&=\boldsymbol{\omega}\times\boldsymbol{k}'\end{aligned}\right.\tag{6-30}$$

式（6-30）称为泊松公式。

另外，式（6-30）也可有如下证明：

因$\frac{\mathrm{d}\boldsymbol{i}'}{\mathrm{d}t}$只表示矢量 $\boldsymbol{i}'$方向及大小的变化，与$\boldsymbol{i}'$的作用点无关，因此可将$\boldsymbol{i}'$平移至 $O$ 点，若在图示瞬时动系绕固定轴 $z$ 转动的角速度矢为 $\boldsymbol{\omega}$，根据式（6-23），即可得下面的关系：

$$\frac{\mathrm{d}\boldsymbol{i}'}{\mathrm{d}t}=\boldsymbol{\omega}\times\boldsymbol{i}'$$

同理可得

$$\frac{\mathrm{d}\boldsymbol{j}'}{\mathrm{d}t}=\boldsymbol{\omega}\times\boldsymbol{j}'$$

$$\frac{\mathrm{d}\boldsymbol{k}'}{\mathrm{d}t}=\boldsymbol{\omega}\times\boldsymbol{k}'$$

由泊松公式可知：与转动参考系固结的任意矢量对时间的导数等于动系的角速度矢量与该矢量的矢积。

**例 6-3**　刚体绕定轴转动，已知转轴通过坐标原点 $O$，角速度矢为 $\boldsymbol{\omega}=5\sin\frac{\pi t}{2}\boldsymbol{i}+5\cos\frac{\pi t}{2}\boldsymbol{j}+5\sqrt{3}\boldsymbol{k}$。求 $t=1\mathrm{s}$ 时，刚体上点 $M(0,\ 2,\ 3)$ 的速度矢及加速度矢。

**解：**

$$\boldsymbol{v}=\boldsymbol{\omega}\times\boldsymbol{r}=\begin{vmatrix}\boldsymbol{i} & \boldsymbol{j} & \boldsymbol{k}\\ 5\sin\frac{\pi t}{2} & 5\cos\frac{\pi t}{2} & 5\sqrt{3}\\ 0 & 2 & 3\end{vmatrix}=-10\sqrt{3}\boldsymbol{i}-15\boldsymbol{j}+10\boldsymbol{k}$$

$$\boldsymbol{a}=\boldsymbol{\alpha}\times\boldsymbol{r}+\boldsymbol{\omega}\times\boldsymbol{v}=\frac{\mathrm{d}\boldsymbol{\omega}}{\mathrm{d}t}\times\boldsymbol{r}+\boldsymbol{\omega}\times\boldsymbol{v}=\left(-\frac{15}{2}\pi+75\sqrt{3}\right)\boldsymbol{i}-200\boldsymbol{j}-75\boldsymbol{k}$$

## 小　　结

本章研究了刚体的基本运动，即刚体的平行移动和定轴转动。

1. 刚体平移

1）任一直线永远保持与原来的位置平行，刚体上各点的轨迹完全相同，各点的轨迹可能是直线也可能是曲线；

2）在每一瞬时，各点具有相同的速度和加速度。

2. 刚体定轴转动

1）刚体内（或其延展部分）有一直线始终保持不动。

2）刚体在每一瞬时的位置可根据转动方程 $\varphi=\varphi(t)$ 来确定。

3）转动的角速度表示刚体转动的快慢程度和方向，是代数量，其表达式为

$$\omega=\dot{\varphi}$$

角速度也可以用矢量也表示，即 $\boldsymbol{\omega}=\omega\boldsymbol{k}$。

4）角加速度表示角速度对时间的变化率，是代数量，其表达式为

$$\alpha=\dot{\omega}=\ddot{\varphi}$$

当 $\alpha$ 与 $\omega$ 同号时，刚体做加速运动；当 $9\alpha$ 与 $\omega$ 异号时，刚体做减速运动。

角加速度也可以用矢量表示，即 $\boldsymbol{\alpha}=\alpha\boldsymbol{k}$。

5）绕定轴转动刚体上点的速度、加速度与角速度、角加速度的关系：

$$\boldsymbol{v}=\boldsymbol{\omega}\times\boldsymbol{r},\ \boldsymbol{a}_{\mathrm{t}}=\boldsymbol{\alpha}\times\boldsymbol{r},\ \boldsymbol{a}_{\mathrm{n}}=\boldsymbol{\omega}\times\boldsymbol{v}$$

速度、加速度的代数值为

$$v=R\omega,\ a_{\mathrm{t}}=R\alpha,\ a_{\mathrm{n}}=R\omega^2$$

## 思 考 题

6-1 平移刚体有何特征？刚体做平移时各点的轨迹一定是直线吗？直线平移和曲线平移有何不同？

6-2 各点做圆周运动的刚体一定是定轴转动吗？

6-3 自行车直线行驶时，脚蹬板做什么运动？汽车在弯道行驶时，车厢是否做平移？

6-4 刚体绕定轴转动时，角加速度为正，表示加速转动；角加速度为负，表示减速转动。这么说对吗？为什么？

思考题 6-1

6-5 刚体做平移时，各点的轨迹一定是直线或平面曲线；刚体绕定轴转动时，各点的轨迹一定是圆。这么说对吗？

6-6 刚体做定轴转动，其上某点 $A$ 到转轴的距离为 $R$。为求出刚体上任意点在某一瞬时的速度和加速度的大小，下述哪些条件是充分的？

（1）已知点 $A$ 的速度及该点的全加速度方向；

（2）已知点 $A$ 的切向加速度及法向加速度；

（3）已知点 $A$ 的法向加速度及该点的全加速度方向；

（4）已知点 $A$ 的法向加速度及该点的速度；

（5）已知点 $A$ 的法向加速度及该点全加速度的方向。

6-7 飞轮匀速转动，若半径增大一倍，边缘上点的速度和加速度是否增大一倍？若飞轮转速增大一倍，边缘上点的速度和加速度是否也增大一倍？

## 习 题

6-1 习题 6-1 图所示曲柄滑杆机构中，滑杆有一圆弧形滑道，其半径 $R=100\text{mm}$，圆心 $O_1$ 在导杆 $BC$ 上。曲柄长 $OA=100\text{mm}$，以等角速度 $\omega=4\text{rad/s}$ 绕 $O$ 轴转动。求导杆 $BC$ 的运动规律以及当轴柄与水平线间

的交角 $\varphi$ 为 30°时，导杆 $BC$ 的速度和加速度。

6-2　搅拌机的主动齿轮 $O_1$ 以 $n=950\text{r/min}$ 的转速转动。搅杆 $ABC$ 用销钉 $A$、$B$ 与齿轮 $O_2$、$O_3$ 相连，如习题 6-2 图所示。且 $AB=O_2O_3$，$O_3A=O_2B=0.25\text{m}$，各齿轮齿数为 $z_1=20$，$z_2=50$，$z_3=50$，求搅杆端点 $C$ 的速度和轨迹。

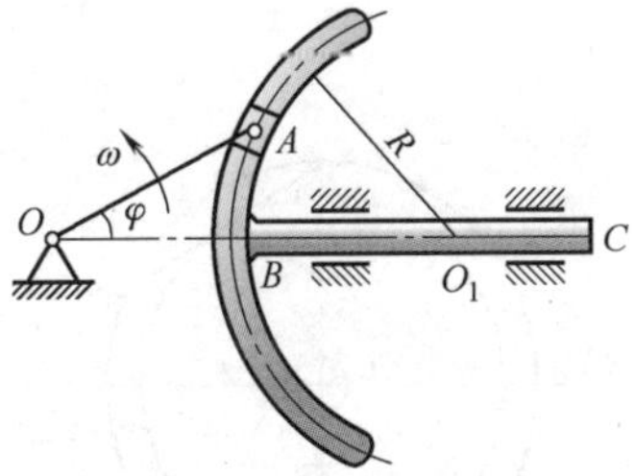


习题 6-1 图

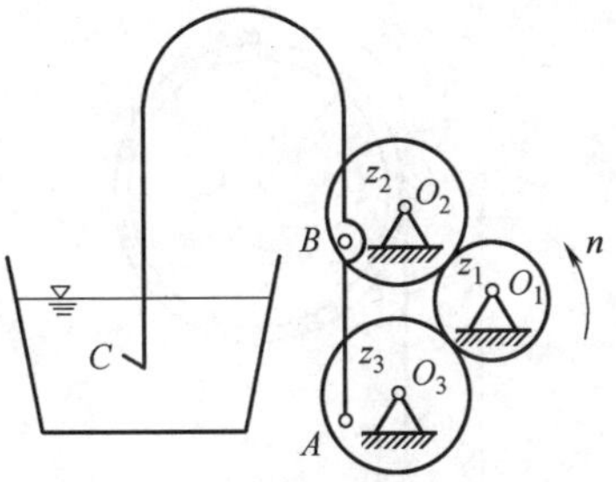


习题 6-2 图

6-3　如习题 6-3 图所示的机构中，已知 $O_1A=O_2B=AM=r=0.2\text{m}$，$O_1O_2=AB$，轮 $O_1$ 的运动方程为 $\varphi=15\pi t$（rad），试求当 $t=0.5\text{s}$ 时，杆 $AB$ 上的点 $M$ 的速度和加速度。

6-4　揉茶机的揉桶由三个曲柄支持，曲柄支座 $A$、$B$、$C$ 与支轴 $a$、$b$、$c$ 恰好组成等边三角形，如习题 6-4 图所示。三个曲柄长相等，长为 $l=15\text{cm}$，并以相同的转速 $n=45\text{r/min}$ 分别绕其支座转动，试求揉桶中心点 $O$ 的速度和加速度。

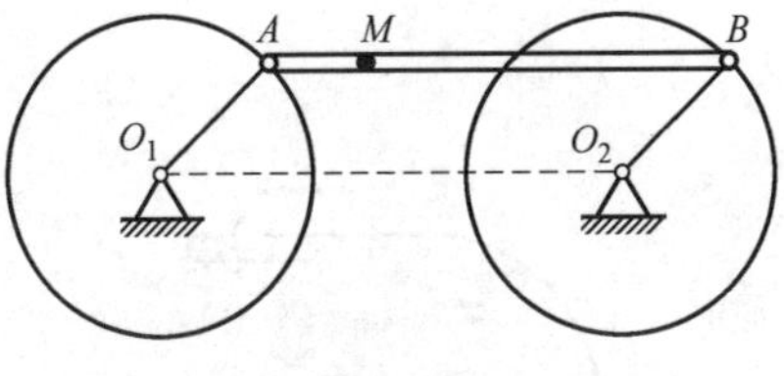


习题 6-3 图

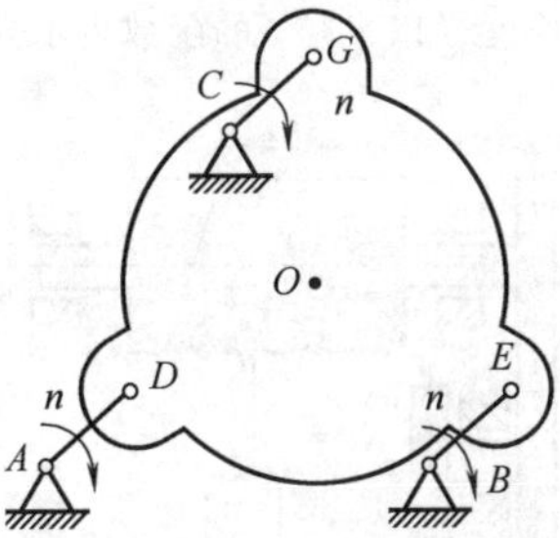


习题 6-4 图

6-5　机构如习题 6-5 图所示，假设 $AB$ 杆以匀速 $\boldsymbol{u}$ 运动，开始时 $\theta=0$。试求当 $\theta=\dfrac{\pi}{4}$时，摇杆 $OC$ 的角速度和角加速度。

6-6　如习题 6-6 图所示，曲柄 $CB$ 以等角速度 $\omega_0$ 绕 $C$ 轴转动，其转动方程为 $\varphi=\omega_0 t$。滑块 $B$ 带动摇杆 $OA$ 绕轴 $O$ 转动。设 $OC=h$，$CB=r$，求摇杆的转动方程。

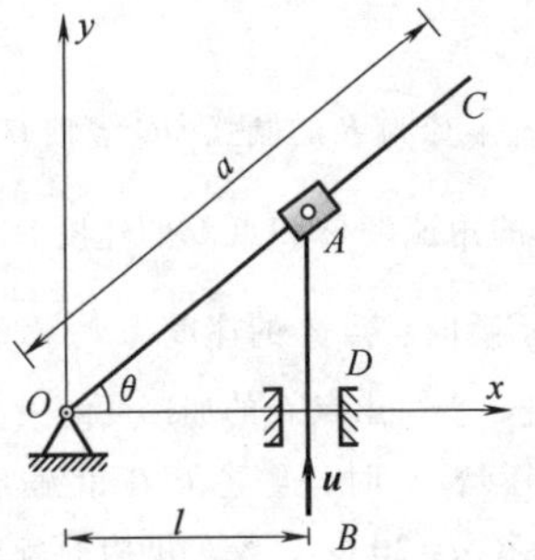


习题 6-5 图

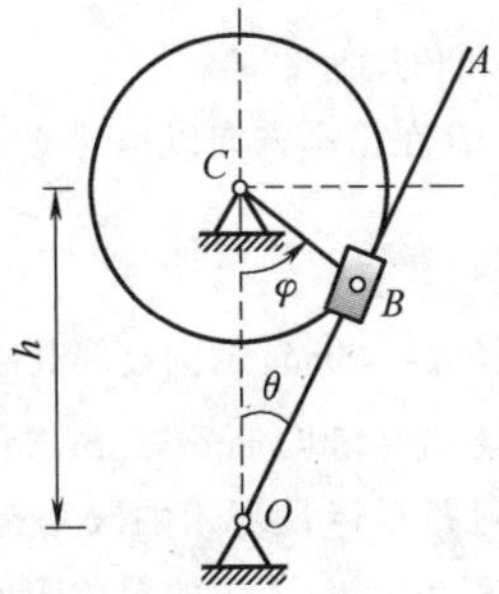


习题 6-6 图

6-7　如习题6-7图所示的升降机装置由半径 $R=50\mathrm{cm}$ 的鼓轮带动，被提升的重物的运动方程为 $x=5t^2$，$x$ 的单位为 m，$t$ 的单位为 s，试求鼓轮的角速度和角加速度，以及轮边缘上任一点的全加速度。

6-8　如习题6-8图所示飞轮绕固定轴 $O$ 转动，其轮缘上任一点的加速度在某段运动过程中与轮半径的夹角恒为60°，初始时，设转角 $\varphi=0$，角速度 $\omega=\omega_0$，试求飞轮的转动方程以及角速度与转角间的关系。

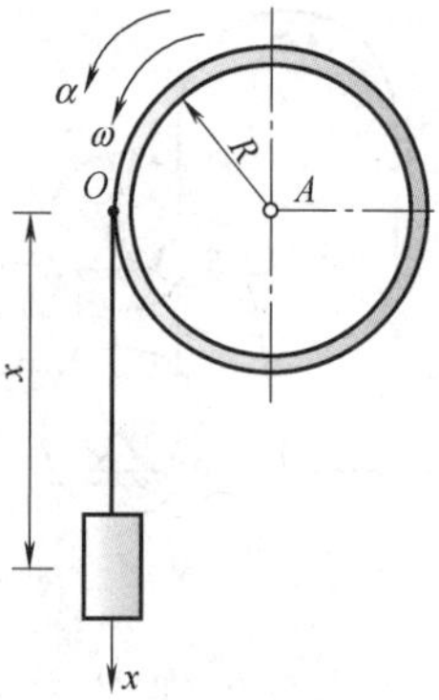

习题6-7图

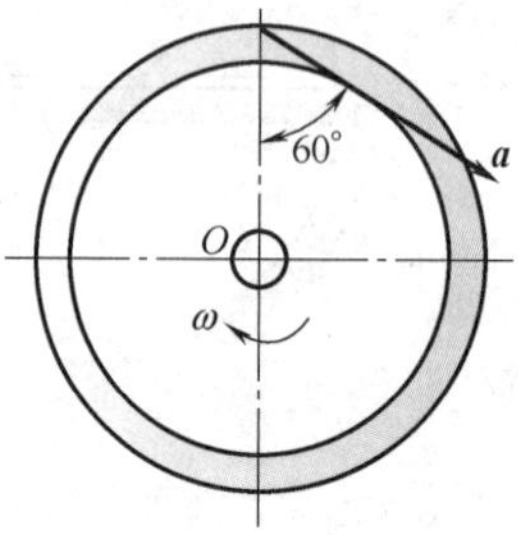

习题6-8图

6-9　车床的传动装置如习题6-9图所示。已知各齿轮的齿数分别为 $z_1=40$，$z_2=84$，$z_3=28$，$z_4=80$，带动刀具的丝杠的螺距为 $h_4=12\mathrm{mm}$。求车刀切削工件的螺距 $h_1$。

6-10　纸盘由厚度为 $t$ 的纸条卷成，令纸盘的中心不动，而以等速 $\boldsymbol{v}$ 拉纸条，如习题6-10图所示。求纸盘的角加速度（以半径 $r$ 的函数表示）。

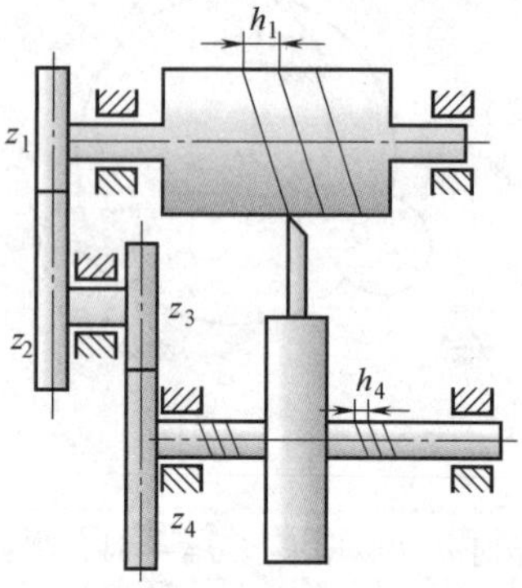

习题6-9图

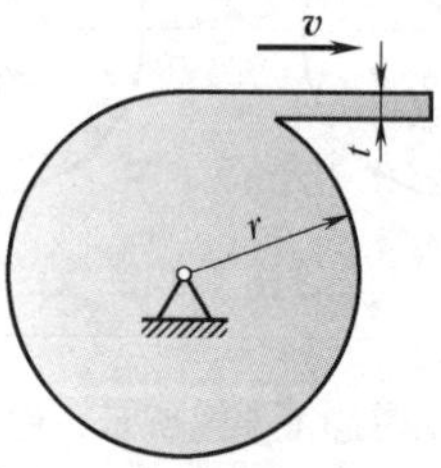

习题6-10图

6-11　习题6-11图所示机构中半径为 $r_1$ 的齿轮1紧固在杆 $AC$ 上，$AB=O_1O_2$，齿轮1和半径为 $r_2$ 的齿轮2啮合，齿轮2可绕 $O_2$ 轴转动且和曲柄 $O_2B$ 没有联系。设 $O_1A=O_2B=l$，$\varphi=b\sin\omega t$，试确定 $t=\dfrac{\pi}{2\omega}$ s时，轮2的角速度和角加速度。

6-12　杆 $AB$ 在铅垂方向以恒速 $v$ 向下运动并由 $B$ 端的小轮带着半径为 $R$ 的圆弧 $OC$ 绕轴 $O$ 转动。如习题6-12图所示。设运动开始时，$\varphi=\dfrac{\pi}{4}$，求此后任意瞬时 $t$，$OC$ 杆的角速度 $\omega$ 和点 $C$ 的速度。

6-13　半径 $R=100\mathrm{mm}$ 的圆盘绕其圆心转动，如习题6-13图所示瞬时，点 $A$ 的速度为 $v_A=200\boldsymbol{j}\,\mathrm{mm/s}$，点 $B$ 的切向加速度 $a_B^{\mathrm{t}}=150\boldsymbol{i}\ \mathrm{mm/s^2}$。试求角速度 $\omega$ 和角加速度 $\alpha$，并进一步写出点 $C$ 的加速度的矢量表达式。

6-14　如习题6-14图所示的绞车机构中，手柄长 $l=40\mathrm{cm}$，当其转动时，重物 $P$ 在铅锤方向上运动，重物的运动方程为 $x=5t^2$，$x$ 的单位为 cm，$t$ 的单位为 s，鼓轮的直径 $d=20$ cm，绞车机构的齿数为 $z_1=13$，$z_2=39$，$z_3=11$，$z_4=77$，轮Ⅱ与轮Ⅲ固连在同一轴上，试求 $t=2\mathrm{s}$ 时，手柄顶端的速度和加速度。

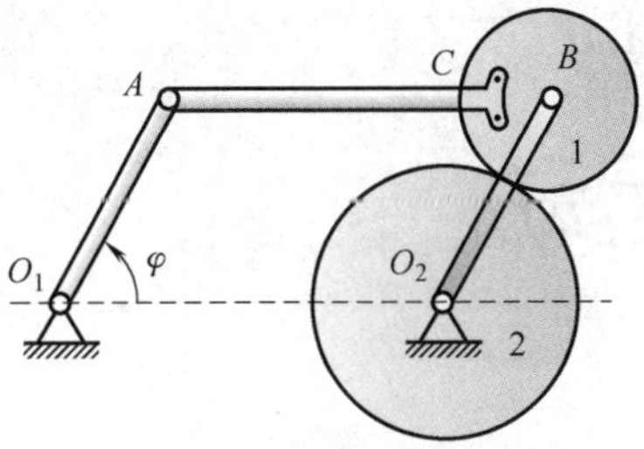


习题 6-11 图

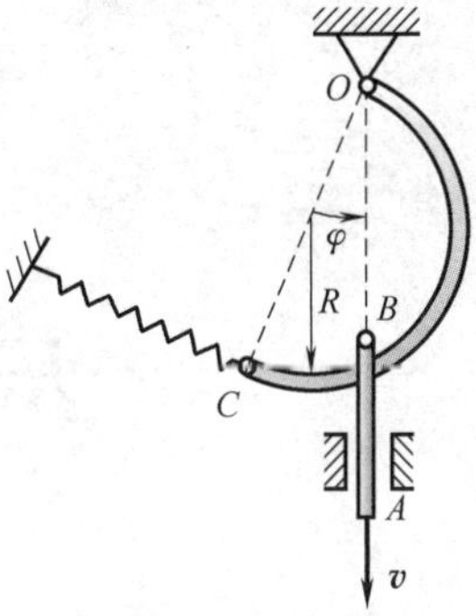


习题 6-12 图

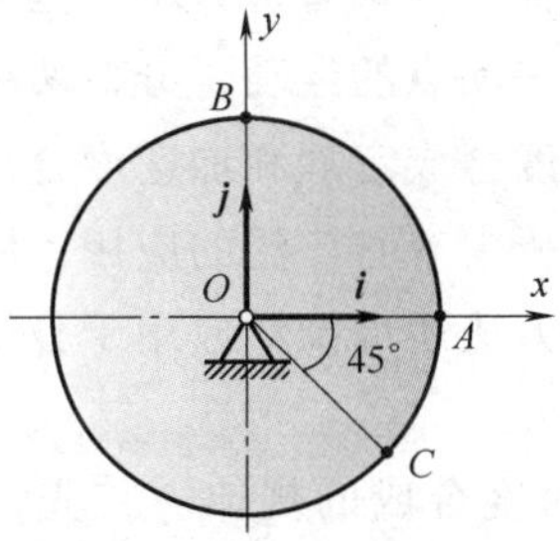


习题 6-13 图

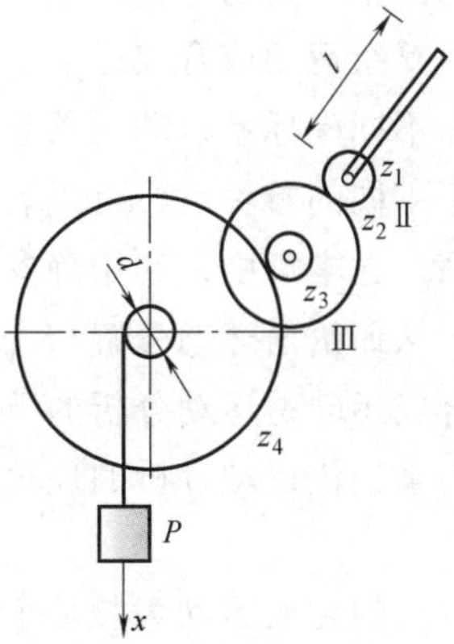


习题 6-14 图

# 第 7 章

# 点的合成运动

前两章研究点或刚体的运动都是相对某一个参考系而言的。物体相对于不同的参考系的运动是不同的。研究物体相对于不同参考系的运动，分析物体相对于不同参考系运动之间的关系，称为复杂运动或合成运动。本章进一步叙述点的合成运动的分析方法，这种分析方法建立在点在不同坐标系运动的关系的基础上。由于运动的描述具有相对性，即同一物体的运动，相对于不同的参考系，可以表现出不相同的运动学特征，本章着重介绍这些运动学特征之间的联系。在本章中，利用静参考系和动参考系描述同一动点的运动，分析两种描述间的相互关系，从而给出运动分解与合成的规律，其中包括速度合成定理和加速度合成定理。

点的合成运动是运动分析的重要内容，在工程运动分析中有着广泛的应用，同时可为相对运动动力学提供运动分析的理论基础。合成运动的分析方法还可推广应用于分析刚体的合成运动。

本章以点的合成运动为核心叙述点的速度合成和加速度合成的规律。首先，通过引入静、动两种参考系，定义绝对运动、相对运动和牵连运动，以及相应速度和加速度。其次，基于绝对速度、相对速度和牵连速度的概念，建立三者之间的联系而导出速度合成定理。最后，分析合成运动中加速度之间的关系，分别就牵连运动为平移和定轴转动两种不同的情况导出加速度合成定理，通过例题说明该定理的应用。

## 7.1 相对运动 · 牵连运动 · 绝对运动

知识点视频

工程实际中常常需要研究一个动点相对于两套坐标系的运动。例如，一个旅客在运动的车厢内走动，需要研究人相对于地球的运动，又要研究人相对于车的运动。这类问题的特点是：某物体 $A$ 相对于物体 $B$ 运动，物体 $B$ 又相对于物体 $C$ 有运动，需要确定物体 $A$ 相对于物体 $C$ 的运动。解决这类问题的方法有两种：一是直接建立物体 $A$ 相对于物体 $C$ 的运动方程，然后求出物体 $A$ 相对于物体 $C$ 有关的运动量。这种方法道理比较简单，但是，应用起来比较麻烦。二是根据这类问题的特点，先分析研究物体 $A$ 相对于物体 $B$ 的运动，物体 $B$ 相对于物体 $C$ 的运动，然后运用运动合成的概念，把物体 $A$ 相对于物体 $C$ 的运动看成上述两种运动的合成运动。这种方法需要建立合成运动的概念，它往往能够把一个比较复杂的运动看成是两种简单运动的合成运动，把比较复杂的运动的求解过程简单化。这是运动学中分析问题的一个重要方法。

为便于研究点的合成运动，习惯上将固结于某一固定参考体上的坐标系 $Oxyz$ 称为**静坐标系**，简称**静系**，通常，若不加说明，则以固结于地球表面上的坐标系作为静系；而将固结于运动的参考体上的坐标系 $O'x'y'z'$ 称为**动坐标系**，简称**动系**。相应地，动点相对于静系的运动称为**绝对运动**，动点相对于动系的运动称为**相对运动**，动系相对于静系的运动称为**牵连运动**。例如，人在运行的车厢里走动时，以人为动点，车厢为动系，则人相对于车厢的运动为相对运动；车厢相对于地面的运动为牵连运动；人相对于地面的运动为绝对运动。这里注意，在分析三种运动时，务必明确：①站在什么地方观察物体的运动？②观察什么物体的运动？

机构动画　机构动画

这里需要说明：动点的绝对运动和相对运动都是点的运动。它可能做直线运动和曲线运动；而牵连运动则是动坐标系的运动，属于刚体的运动，有平移、定轴转动和其他较复杂形式的运动。

通过以上对相对运动、牵连运动和绝对运动的分析，我们可以清楚地看到，如果没有牵连运动，此时也不需要动坐标系，则动点的相对运动就是它的绝对运动；如果没有相对运动，则动点被动坐标系牵带的运动就是它的绝对运动。如果既有相对运动又有牵连运动，则动点的绝对运动就是这两种运动的合成。因此，这种类型的运动称为点的**合成运动**或**复合运动**。反之，动点的绝对运动也可分解为牵连运动和相对运动，点的这三种运动关系如图 7-1 所示。

研究点的合成运动的主要问题，就是如何由已知动点的相对运动与牵连运动求出绝对运动，或者如何将已知的绝对运动分解为相对运动和牵连运动，即研究这三者运动的关系。解决问题的关键是建立动点相对于两个不同参考系运动时速度或加速度之间的关系。关于动点的绝对运动方程和相对运动方程之间的关系，仅通过下面一例来说明。如图 7-2 所示，设 $Oxy$ 为静系，$O'x'y'$ 为动系，$M$ 为动点。

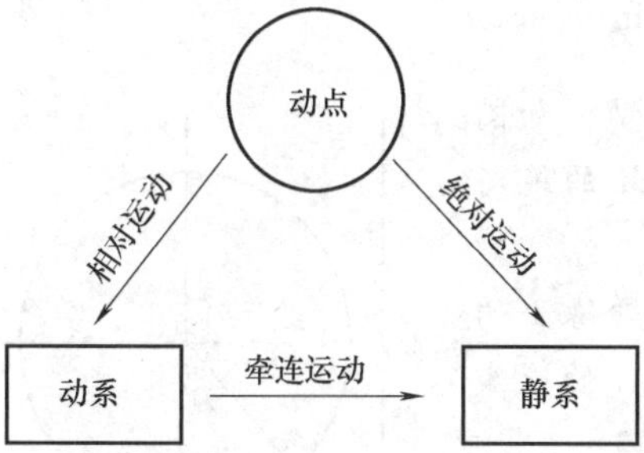


图 7-1

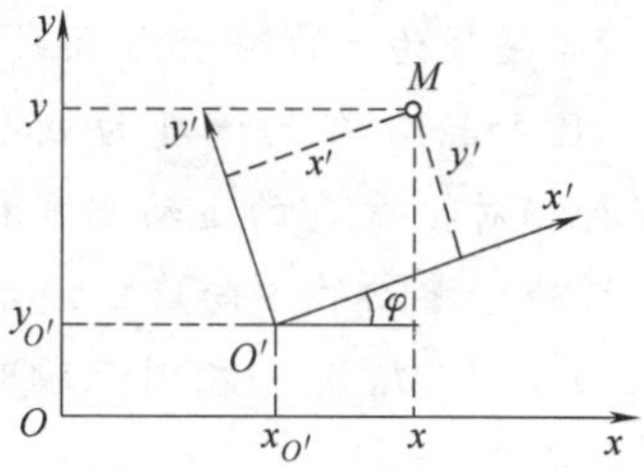


图 7-2

动点 $M$ 的绝对运动方程：$x=x(t)$，$y=y(t)$。

动点 $M$ 的相对运动方程：$x'=x'(t)$，$y'=y'(t)$。

动系 $O'x'y'$ 的运动可由三个方程描述

$$x'_O=x'_O(t),\ y'_O=y'_O(t),\ \varphi=\varphi(t)$$

其中，$\varphi$ 为从 $x$ 轴到 $x'$ 轴构成的夹角，其转向逆时针时为正。

这三个方程称为动系相对静系的牵连运动方程。由图 7-2 可得动系 $O'x'y'$ 和静系 $Oxy$ 之间的坐标变换关系为

$$\begin{cases} x=x_{O'}+x'\cos\varphi-y'\sin\varphi \\ y=y_{O'}+x'\sin\varphi+y'\cos\varphi \end{cases} \tag{7-1}$$

式（7-1）表明，动点的绝对运动方程和其相对运动方程可以通过牵连运动方程来建立

关系。据此式，可以由给定的牵连运动方程和动点的绝对运动方程求出动点的相对运动方程，或由给定的牵连运动方程和动点的相对运动方程求出动点的绝对运动方程。

**例 7-1** 点 $M$ 相对于动系 $Ox'y'$ 沿半径为 $r$ 的圆周以速度 $\boldsymbol{v}$ 做匀速圆周运动（圆心为 $O_1$），动系 $Ox'y'$ 相对于静系 $Oxy$ 以匀角速度 $\omega$ 绕点 $O$ 做定轴转动，如图 7-3 所示。初始时 $Ox'y'$ 与 $Oxy$ 重合，点 $M$ 与点 $O$ 重合。求点 $M$ 的绝对运动方程。

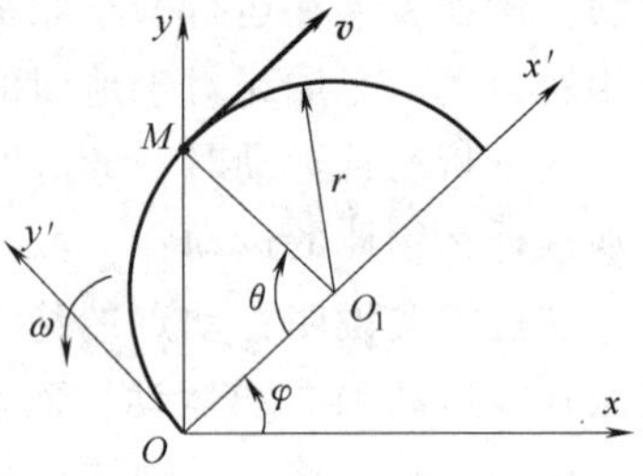

图 7-3

**解：** 连接 $O_1M$，由图 7-3 可知

$$\theta=\frac{vt}{r}$$

于是得点 $M$ 的相对运动方程为

$$x'=OO_1-O_1M\cos\theta=r\left(1-\cos\frac{vt}{r}\right)$$

$$y'=O_1M\sin\theta=r\sin\frac{vt}{r}$$

牵连运动方程为

$$x_{O'}=x_O=0,\ y_{O'}=y_O=0,\ \varphi=\omega t$$

利用坐标变换关系式（7-1），即得点 $M$ 的绝对运动方程为

$$x=r\left(1-\cos\frac{vt}{r}\right)\cos\omega t-r\sin\frac{vt}{r}\sin\omega t$$

$$y=r\left(1-\cos\frac{vt}{r}\right)\sin\omega t+r\sin\frac{vt}{r}\cos\omega t$$

**例 7-2** 半径为 $r$ 的轮子沿直线轨道无滑动地滚动，如图 7-4 所示，已知轮心 $C$ 的速度为 $\boldsymbol{v}_C$，试求轮缘上点 $M$ 的绝对运动方程和相对轮心 $C$ 的运动方程和牵连运动方程。

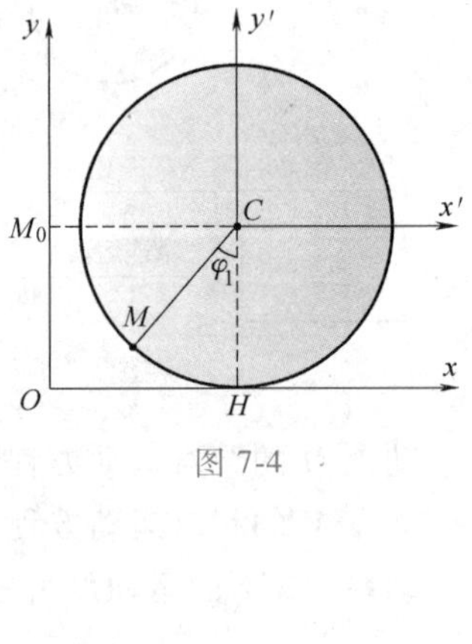

图 7-4

**解：** 沿轮子滚动的方向建立定系 $Oxy$，初始时设轮缘上的点 $M$ 位于 $y$ 轴上 $M_0$ 处。在图示瞬时，点 $M$ 和轮心 $C$ 的连线与 $CH$ 的夹角为

$$\varphi_1=\frac{\overset{\frown}{MH}}{r}=\frac{v_Ct}{r}$$

在轮心 $C$ 建立动系 $Cx'y'$，点 $M$ 的相对运动方程为

$$\begin{cases}x'=-r\sin\varphi_1=-r\sin\dfrac{v_Ct}{r}\\[2ex] y'=-r\cos\varphi_1=-r\cos\dfrac{v_Ct}{r}\end{cases}\tag{1}$$

点 $M$ 的相对运动轨迹方程为

$$x'^2+y'^2=r^2\tag{2}$$

由式（2）知点 $M$ 的相对运动轨迹为圆。

牵连运动为动系 $Cx'y'$ 相对于定系 $Oxy$ 的运动，其牵连运动方程为

$$\begin{cases} x_C = v_C t \\ y_C = r \\ \varphi = 0 \end{cases} \tag{3}$$

其中，由于动系做平移，因此动系坐标轴 $x'$ 与定系坐标轴 $x$ 的夹角 $\varphi=0$。

由式（7-1）得点 $M$ 的绝对运动方程为

$$\begin{cases} x = v_C t - r\sin\varphi_1 = v_C t - r\sin\dfrac{v_C t}{r} \\ y = r - r\cos\varphi_1 = r - r\cos\dfrac{v_C t}{r} \end{cases} \tag{4}$$

点 $M$ 的绝对运动轨迹为式（4）表示的旋轮线。

## 7.2 点的速度合成

知识点视频 机构动画 机构动画

### 7.2.1 绝对速度、相对速度和牵连速度

动点在运动过程中，在动坐标系与静坐标系中观察到的动点的速度是不同的。动点相对于静参考系的运动速度，称为动点的**绝对速度**，通常以符号 $\boldsymbol{v}_a$ 来表示。动点相对于动参考系的运动速度，称为动点的**相对速度**，通常以符号 $\boldsymbol{v}_r$ 来表示。由于牵连运动是刚体的运动，在一般情况下，其上各点的运动轨迹是不相同的，因此，通常不笼统提牵连速度。要说牵连速度就必须指明是动参考系上哪个点的速度。为此，先引入牵连点的概念。

除了刚体做平移以外，一般情况下，刚体上各点的运动并不相同。于是，动参考系中，对具体讨论的动点的运动起到直接影响作用的，应是动参考系上每一瞬时与动点相重合的那一点，这个点就称为动参考系上的**牵连点**。由于动点相对于动参考系是运动的，因此，在不同的瞬时，牵连点是动参考系上的不同点。由此可以定义：动点的牵连速度就是指某一瞬时动参考系上牵连点的速度，严格来讲应是牵连点这一瞬时的绝对速度，即是指在某一瞬时，动参考系上与动点相重合的那一点的速度为**牵连速度**，通常以符号 $\boldsymbol{v}_e$ 表示。应该注意，绝对速度或相对速度，都是指动点相对静系或动系的速度，而牵连速度，则是指动参考系上的牵连点的速度。

研究点的合成运动时，明确区分动点和它的牵连点是很重要的。动点和牵连点是一对相伴点，在运动的同一瞬时，它们是重合在一起的。前者是与动系有相对运动的点，后者是动系上的几何点。在运动的不同瞬时，动点与动系上不同的点重合，而这些点在不同瞬时的运动状态往往不同。

知识点视频

应用点的合成运动的方法时，如何选择动点、动系是解决问题的关键。一般来讲，由于合成运动方法上的要求，动点相对于动系应有相对运动，因而动点与动系不在同一刚体，即动点选在一刚体上，动系必须是其他运动的刚体；由于合成运动方法就是使复杂运动简单化处理，因此应使动点相对于动系的相对运动为简单明确的运动，不应含糊不清。所以在分析三种速度之前，应明确给出动点、动系，并且符合上述要求，分析每一种运动方式之后再讨论速度问题。

例 7-3 图 7-5 所示一小球 $M$ 沿直管 $OA$ 以匀速 $\boldsymbol{u}$ 由里向外运动，直管 $OA$ 又以匀角速度

ω 绕定轴 O 转动。设在某瞬时 $t_1$，直管的位置为 $OA_1$，小球在直管中的 $M_1$ 位置。到另一瞬时 $t_2$，直管的位置为 $OA_2$，小球在直管中的 $M_2$ 位置。以此为例说明牵连速度的概念。

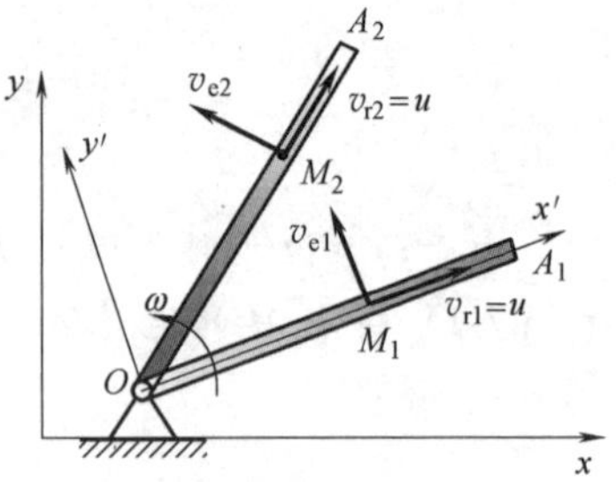

图 7-5

解：取小球 M 为动点，静系固结于固定铰支座上，动系则固结在直管上随管子一起转动。于是，动点的相对运动为直线运动，动点的绝对运动为复杂的曲线运动，牵连运动则为直管的定轴转动。动点的相对速度的大小 $v_{r1}=v_{r2}=u$，方向则沿管子由里指向外。为确定动点的牵连速度，需要先确定牵连点。瞬时 $t_1$ 的牵连点为直管上的 $M_1$ 点（不是 $M_1$ 位置的小球），因此牵连速度的大小 $v_{e1}=\omega\cdot OM_1$，方向则垂直于 $OM_1$ 而指向 ω 转动的一方。瞬时 $t_2$ 的牵连点为直管上的 $M_2$ 点（不是 $M_2$ 位置的小球），因此牵连速度的大小 $v_{e2}=\omega\cdot OM_2$，方向则垂直于 $OM_2$ 而指向 ω 转动的一方。显然，由图 7-5 可见，不同的瞬时，由于牵连点的不同，牵连速度也都不同。

知识点视频

## 7.2.2 速度合成定理

如图 7-6 所示，Oxyz 为静参考系，O′x′y′z′为动参考系。动系坐标原点 O′在定系中的矢径为 $\boldsymbol{r}_{O'}$，动系的三个单位矢量分别为 $\boldsymbol{i}'$、$\boldsymbol{j}'$、$\boldsymbol{k}'$。动点 M 在定系中的矢径为 $\boldsymbol{r}_M$，在动系中的矢径为 $\boldsymbol{r}'$。动系上与动点重合的点（牵连点）记为 M′，它在定系中的矢径为 $\boldsymbol{r}_{M'}$。三个矢径满足如下关系：

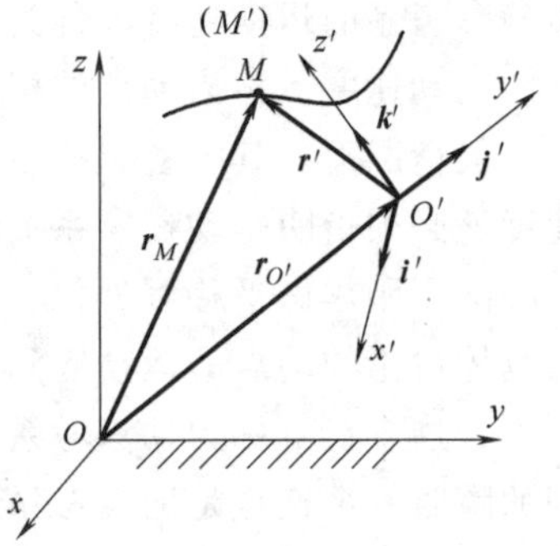

图 7-6

$$\boldsymbol{r}_M=\boldsymbol{r}_{O'}+\boldsymbol{r}'$$

$$\boldsymbol{r}'=x'\boldsymbol{i}'+y'\boldsymbol{j}'+z'\boldsymbol{k}'$$

在图示瞬时

$$\boldsymbol{r}_M=\boldsymbol{r}_{M'}$$

动点的相对速度 $\boldsymbol{v}_r$ 为

$$\boldsymbol{v}_r=\frac{\mathrm{d}\boldsymbol{r}'}{\mathrm{d}t}=\dot{x}'\boldsymbol{i}'+\dot{y}'\boldsymbol{j}'+\dot{z}'\boldsymbol{k}' \tag{7-2}$$

由于相对速度 $\boldsymbol{v}_r$ 是动点相对于动参考系的速度，因此求导时动系的三个单位矢量 $\boldsymbol{i}'$、$\boldsymbol{j}'$、$\boldsymbol{k}'$ 为常矢量。

动点的牵连速度 $\boldsymbol{v}_e$ 为

$$\boldsymbol{v}_e=\frac{\widetilde{\mathrm{d}}\boldsymbol{r}_{M'}}{\mathrm{d}t}=\dot{\boldsymbol{r}}_{O'}+x'\dot{\boldsymbol{i}}'+y'\dot{\boldsymbol{j}}'+z'\dot{\boldsymbol{k}}' \tag{7-3}$$

牵连速度是牵连点 M′的速度，该点是动系上的点，它在动系上的坐标 x′、y′、z′是常量。

动点的绝对速度 $\boldsymbol{v}_a$ 为

$$\boldsymbol{v}_a=\frac{\mathrm{d}\boldsymbol{r}_M}{\mathrm{d}t}=\dot{\boldsymbol{r}}_{O'}+x'\dot{\boldsymbol{i}}'+y'\dot{\boldsymbol{j}}'+z'\dot{\boldsymbol{k}}'+\dot{x}'\boldsymbol{i}'+\dot{y}'\boldsymbol{j}'+\dot{z}'\boldsymbol{k}'$$

绝对速度是动点相对于静系的速度，动点在动系中的三个坐标 x′、y′、z′是时间的函数，由于动系也在运动，动系的三个单位矢量的方向也在不断变化，故 $\boldsymbol{i}'$、$\boldsymbol{j}'$、$\boldsymbol{k}'$ 也是时间的函数。

因动点 $M$ 和牵连点 $M'$ 仅在该瞬时重合，其他瞬时并不重合，因此 $\boldsymbol{r}_M$ 与 $\boldsymbol{r}_{M'}$ 对时间的导数是不同的。

根据绝对速度关系式并结合式（7-2）和式（7-3）得

$$\boldsymbol{v}_a=\boldsymbol{v}_e+\boldsymbol{v}_r \tag{7-4}$$

这表明，动点在某瞬时的绝对速度，等于它在该瞬时的牵连速度与相对速度的矢量和。这就是**点的速度合成定理**。即动点的绝对速度矢量，可以由它的牵连速度矢量与相对速度矢量所构成的平行四边形的对角线来确定。这个四边形称为速度平行四边形。

必须指出，在上述推导速度合成定理的过程中，并未限制动参考系（即与之相固结的刚体）做什么样的运动，因此，这个定理适用于牵连运动为刚体的任意运动的情况。

在应用速度合成定理求解具体问题时，应该注意：

第一，动点和动系的恰当选取。选取的原则是：必须保证动点对动系有相对运动，相对运动简单、明确且便于进行分析。

第二，对三种运动和速度的正确分析，尤其注意牵连运动是指刚体的运动，而牵连速度为牵连运动刚体上一点即牵连点的速度。

第三，三种速度有三个大小和三个方向共六个要素，计算时应确定其中四个要素，才能求出剩余的两个要素。

第四，正确画出速度矢量合成图，由式（7-4）可知，$\boldsymbol{v}_a$ 为合矢量，必须确保绝对速度矢量在对角线上。

例 7-4　如图 7-7 所示，两种曲柄摇杆机构中，已知图 7-7a 中 $O_1B$ 杆和图 7-7b 中 $O_2A$ 杆的角速度分别为 $\omega_1$ 和 $\omega_2$。若要分别求图 7-7a 中 $O_2A$ 杆和图 7-7b 中 $O_1B$ 杆的角速度，试分析：（1）动点和动系应如何选取？（2）三种运动各是什么运动？（3）各自的速度平行四边形并将其画出。

例 7-4 机构动画（1）

例 7-4 机构动画（2）

例 7-4 机构动画（3）

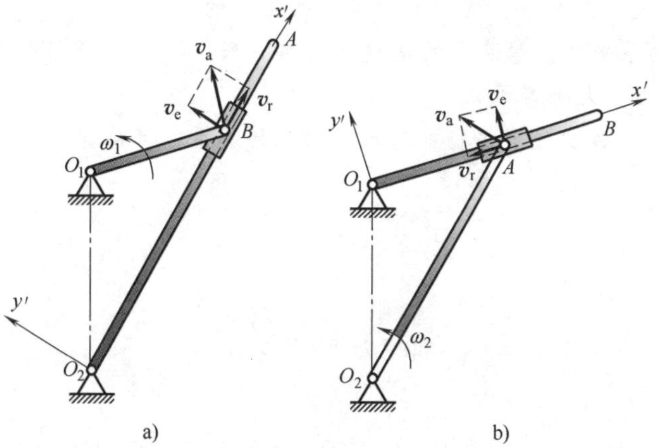


例 7-4 机构动画（4）

例 7-4 机构动画（5）

例 7-4 机构动画（6）

图 7-7

解：在图 7-7a 中，取 $O_1B$ 杆的端点 $B$（即滑块 $B$）为动点，则动系只能固结在 $O_2A$ 杆上（否则便无相对运动），静系固结在地面（一般可不画出）。显然，这时动点的相对运动是沿 $O_2A$ 杆的直线运动；动点的绝对运动是以 $O_1$ 为圆心、$O_1B$ 为半径的圆周运动；牵连运动则为 $O_2A$ 杆的定轴转动。

由对三种运动的分析结果可知，动点的绝对速度的大小 $v_a=O_1B\cdot\omega_1$，方向如图 7-7a 所示；动点的相对速度的大小$\boldsymbol{v}_r$未知，方向则沿着$O_2A$杆；在图示瞬时的牵连点为$O_2A$杆上的$B$点，因此，牵连速度的方向必垂直于$O_2A$，大小$v_e=O_2B\cdot\omega_2$待求。根据点的速度合成定理，由于每个速度矢量均有大小、方向两个要素，因此式中共有六个要素，现已知四个要素，故可作出速度平行四边形如图所示。注意，$\boldsymbol{v}_a$应是对角线。

同理，对图 7-7b，可取$O_2A$杆的端点$A$（即滑块$A$）为动点，则动系只能固结在$O_1B$杆上。这时，相对运动是沿$O_1B$杆的直线运动；动点的绝对运动是以$O_2$为圆心、$O_2A$为半径的圆周运动；牵连运动则为$O_1B$杆的定轴转动。牵连点为$O_1B$杆上的$A$点。由于$\boldsymbol{v}_a$大小、方向已知，$\boldsymbol{v}_e$的方向已知、大小未知，$\boldsymbol{v}_r$的方向已知、大小未知，故可据此画出速度平行四边形如图所示。

由本例的分析可见，具体解题时，一般可选两个构件的连接点为动点，因此，必须具体说明是哪一个构件上的点。动点选定以后，则动系必须固结在另一个构件上，否则动点便无相对运动。另外，动点和动系的选取，应尽量使相对运动的分析既简单又方便。例如，本例图 7-7a 中，动点也可选$O_2A$杆上的$B$点（不是滑块$B$），则动系应固结在$O_1B$杆上，但在分析相对运动时，就不如题中的选法那么直接和方便。

**例 7-5** 已知半径为$R$的半圆形凸轮，以等速度矢量沿水平轨道向左运动，它推动杆$AB$沿铅垂导轨上下滑动，在图 7-8 所示位置时，$\varphi=60°$，求该瞬时顶杆$AB$的速度。

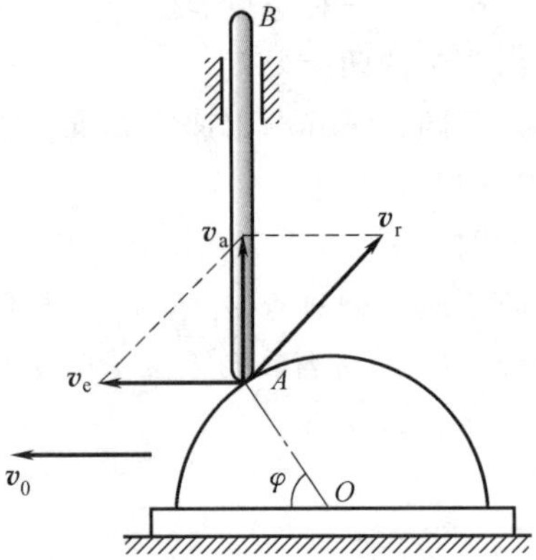

图 7-8

**解：** 取$AB$杆的端点$A$为动点，则动系应固结在凸轮上。于是，相对运动为沿凸轮表面的圆周运动，绝对运动为铅直方向的直线运动，牵连运动为凸轮的水平平移。因此$\boldsymbol{v}_a$的大小未知，方向沿铅直方向；$\boldsymbol{v}_r$的方向垂直于凸轮半径$OA$，大小未知；在图示的瞬时，凸轮上的$A$点为牵连点，因动系平移，牵连点的速度与动系一致，故$\boldsymbol{v}_e$的方向水平向左，大小等于$\boldsymbol{v}_0$。

根据式（7-4），可画出速度平行四边形。由几何关系，可得

$$v_a=v_e\cot\varphi=v_0\cot\varphi=\frac{\sqrt{3}}{3}v_0$$

于是，$AB$杆的速度

$$v_{AB}=v_A=v_a=\frac{\sqrt{3}}{3}v_0$$

方向向上。

**例 7-6** 如图 7-9 所示，半径为$R$，偏心距为$e$的凸轮，以匀角速度$\omega$绕$O$轴转动，并使滑槽内的直杆$AB$上下移动，设$OAB$在一条直线上，某瞬时轮心$C$与$O$的连线水平，试求在图示位置，杆$AB$的速度。

**解：** 由于杆$AB$做平移，所以研究杆$AB$的运动只需研究其上$A$点的运动即可。因此选杆$AB$上的$A$点为动点，凸轮为动系，地面为静系。

动点$A$的绝对运动是上下直线运动；相对运动为以凸轮中心$C$为圆心的圆周运动，即沿凸轮边缘的圆周运动；牵连运动为凸轮绕$O$轴的定轴转动，作速度的平行四边形如图 7-9

所示。

动点 $A$ 的牵连速度为

$$v_e=\omega\cdot OA$$

动点 $A$ 的绝对速度为

$$v_a=v_e\cot\theta=\omega\cdot OA\cdot\frac{e}{OA}=\omega e$$

**例 7-7**　如图 7-10 所示，在刨床的摆动导杆机构中，曲柄 $OM$ 长为 20cm，以转速 $n=30\text{r/min}$ 做逆时针转动。曲柄转动轴与导杆转轴之间的距离 $OA=30\text{cm}$，当曲柄与 $OA$ 相垂直且在右侧时，求导杆 $AB$ 的角速度 $\omega_{AB}$。

例 7-7 机构动画（1）

例 7-7 机构动画（2）

例 7-7 机构动画（3）

例 7-7 机构动画（4）

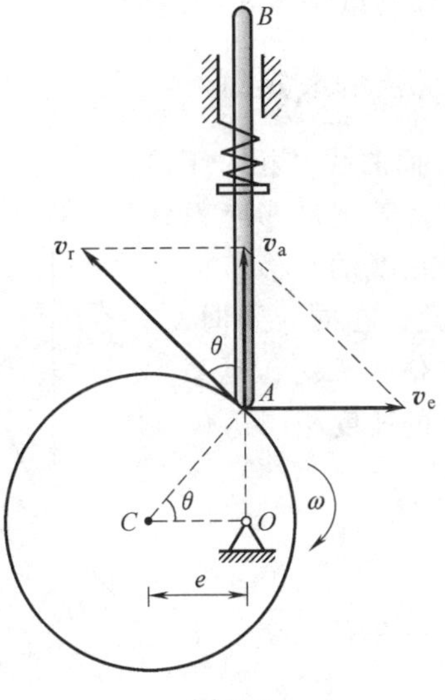


图 7-9

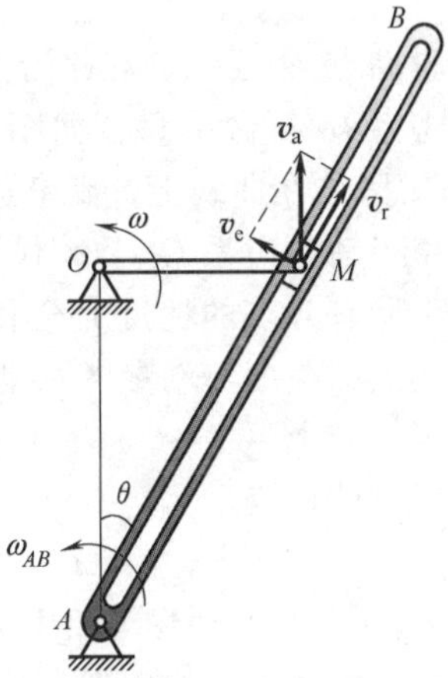


图 7-10

**解**：由于导杆 $AB$ 绕 $A$ 轴做定轴转动，若求得其上一点即与滑块重合的那一点的速度，便可得到导杆上的角速度。因此，可取滑块 $M$ 为动点，则动系应固结在 $AB$ 杆上。这时，动点的相对运动为沿 $AB$ 的直线运动，绝对运动为绕 $O$ 的圆周运动，牵连运动为 $AB$ 杆绕 $A$ 轴的定轴转动。

于是，动点 $M$ 的绝对速度 $\boldsymbol{v}_a$ 垂直于曲柄 $OM$，指向与 $OM$ 转向一致，大小 $v_a=OM\cdot\omega$；相对速度 $\boldsymbol{v}_r$ 沿 $AB$ 方向，大小未知；牵连点为 $AB$ 杆上的 $M$ 点，因 $AB$ 杆绕 $A$ 做定轴转动，因此，牵连速度 $\boldsymbol{v}_e$ 的方向则垂直于 $AM$，大小未知。据此，可画出速度平行四边形如图 7-10 所示。由几何关系可解得

$$v_e=v_a\sin\theta=OM\cdot\omega\sin\theta$$

则导杆 $AB$ 的角速度

$$\omega_{AB}=\frac{v_e}{AM}=\frac{OM\cdot\omega\sin\theta}{OM/\sin\theta}=\omega\sin^2\theta$$

$$=\left(\frac{2\pi\times30}{60}\times\frac{400}{1300}\right)\text{rad/s}=\frac{4\pi}{13}\text{rad/s}=0.967\text{rad/s}$$

由图 7-10 所示牵连速度 $\boldsymbol{v}_e$ 的方向可知 $AB$ 的角速度为逆时针方向。

# 7.3 牵连运动为平移时点的加速度合成

知识点视频

## 7.3.1 绝对加速度、相对加速度和牵连加速度

动点相对于静参考系的运动加速度，称为动点的**绝对加速度**，通常以符号 $\boldsymbol{a}_a$ 来表示。动点相对于动参考系的运动加速度，称为动点的**相对加速度**，通常以符号 $\boldsymbol{a}_r$ 来表示。与牵连速度类似，由于牵连运动是刚体的运动，在一般情况下，其上各点的运动是不相同的，因此，通常不笼统地说牵连加速度。要说牵连加速度就必须指明是动参考系上哪个点的加速度。即**牵连加速度**是牵连点的加速度。通常以符号 $\boldsymbol{a}_e$ 来表示。

## 7.3.2 牵连运动为平移时点的加速度合成定理

设动点 $M$ 按一定规律沿曲线运动，而曲线又相对于静参考系 $Oxyz$ 做平移，如图 7-11 所示。若把动参考系 $O'x'y'z'$ 固结在曲线上，则牵连运动就是曲线的平移。

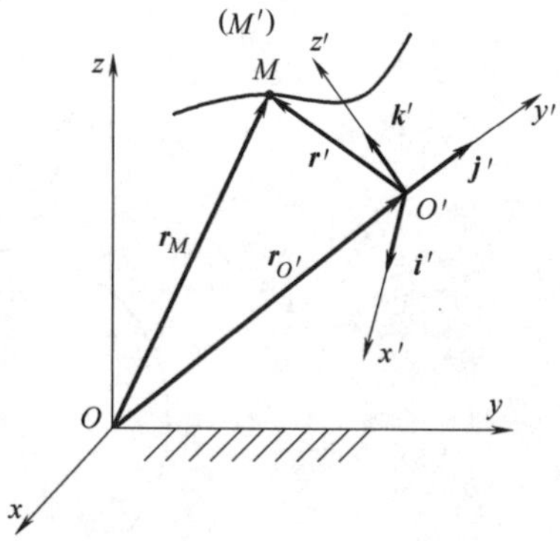


图 7-11

由于动参考系 $O'x'y'z'$ 做平移，因此，在同一瞬时，动系上所有各点的速度完全相同。即在任一瞬时，动系上牵连点的速度与动参考系坐标原点 $O'$ 的速度相同，有

$$\boldsymbol{v}_e = \boldsymbol{v}_{O'}$$

而相对速度可表示为

$$\boldsymbol{v}_r = v_{rx'}\boldsymbol{i}' + v_{ry'}\boldsymbol{j}' + v_{rz'}\boldsymbol{k}'$$

其中 $\boldsymbol{i}'$、$\boldsymbol{j}'$、$\boldsymbol{k}'$ 为动参考系中沿各轴正向的单位矢量。于是，由点的速度合成定理可得

$$\boldsymbol{v}_a = \boldsymbol{v}_{O'} + (v_{rx'}\boldsymbol{i}' + v_{ry'}\boldsymbol{j}' + v_{rz'}\boldsymbol{k}')$$

注意到由于动参考系做平移，因此动系中各坐标轴单位矢量的大小和方向均不随时间变化，即 $\boldsymbol{i}'$、$\boldsymbol{j}'$、$\boldsymbol{k}'$ 均为常矢量。故有

$$\frac{\mathrm{d}\boldsymbol{i}'}{\mathrm{d}t} = \frac{\mathrm{d}\boldsymbol{j}'}{\mathrm{d}t} = \frac{\mathrm{d}\boldsymbol{k}'}{\mathrm{d}t} = \boldsymbol{0}$$

于是，由动点绝对加速度的定义，有

$$\boldsymbol{a}_a = \frac{\mathrm{d}\boldsymbol{v}_a}{\mathrm{d}t} = \frac{\mathrm{d}\boldsymbol{v}_{O'}}{\mathrm{d}t} + \left(\frac{\mathrm{d}v_{rx'}}{\mathrm{d}t}\boldsymbol{i}' + \frac{\mathrm{d}v_{ry'}}{\mathrm{d}t}\boldsymbol{j}' + \frac{\mathrm{d}v_{rz'}}{\mathrm{d}t}\boldsymbol{k}'\right)$$

由于动系平移时，动系上所有各点在同一瞬时的加速度都相同，即有

$$\frac{\mathrm{d}\boldsymbol{v}_{O'}}{\mathrm{d}t} = \boldsymbol{a}_{O'} = \boldsymbol{a}_e$$

是动点的牵连加速度。

由于动系做平移，动系中各坐标轴单位矢量的大小和方向均不随时间变化，即 $\boldsymbol{i}'$、$\boldsymbol{j}'$、$\boldsymbol{k}'$ 均为常矢量，此时相对导数与绝对导数相同，即

$$\boldsymbol{a}_r = \frac{\mathrm{d}\boldsymbol{v}_r}{\mathrm{d}t} = \frac{\mathrm{d}v_{rx'}}{\mathrm{d}t}\boldsymbol{i}' + \frac{\mathrm{d}v_{ry'}}{\mathrm{d}t}\boldsymbol{j}' + \frac{\mathrm{d}v_{rz'}}{\mathrm{d}t}\boldsymbol{k}'$$

是动点的相对加速度。因此，由上述几式可得

$$\boldsymbol{a}_\mathrm{a}=\boldsymbol{a}_\mathrm{e}+\boldsymbol{a}_\mathrm{r} \tag{7-5}$$

**即当牵连运动为平移时，动点的绝对加速度等于牵连加速度与相对加速度的矢量和。这就是牵连运动为平移时点的加速度合成定理。**

因为动点的绝对运动轨迹和相对运动轨迹可能是曲线，动系也可能是曲线平移，因此式(7-5)一般可写成如下形式：

$$\boldsymbol{a}_\mathrm{a}^\mathrm{t}+\boldsymbol{a}_\mathrm{a}^\mathrm{n}=\boldsymbol{a}_\mathrm{e}^\mathrm{t}+\boldsymbol{a}_\mathrm{e}^\mathrm{n}+\boldsymbol{a}_\mathrm{r}^\mathrm{t}+\boldsymbol{a}_\mathrm{r}^\mathrm{n}$$

式中每一项都有大小和方向两个要素，必须认真分析每一项，才可能正确地解决问题。在平面问题中，一个矢量式相当于两个代数方程，因此上式只能求两个未知要素。

应用加速度合成定理求解点的加速度时，由于加速度合成定理中矢量较多，这时应用投影法求解，即向平面内两个坐标轴投影，得到两个代数方程。写投影式时，应注意方程两边同时投影，即绝对加速度的投影值写在等式的一边，其他加速度的投影值写在等式的另一边，切勿与静力学中的平衡方程相混淆。投影是代数量，务必注意其正负号。用投影法求解时，未知加速度在方位确定的情况下指向可以假设，然后根据计算结果的正负号来确定其真实方向。

现在举例说明牵连运动为平移时点的加速度合成定理的应用。

例 7-8　如图 7-12 所示曲柄导杆机构，已知曲柄长 $OA=r$，某瞬时它和铅直线间的夹角为 $\varphi$，曲柄转动的角速度为 $\omega$，转动的角加速度为 $\alpha$，求此瞬时导杆的加速度。

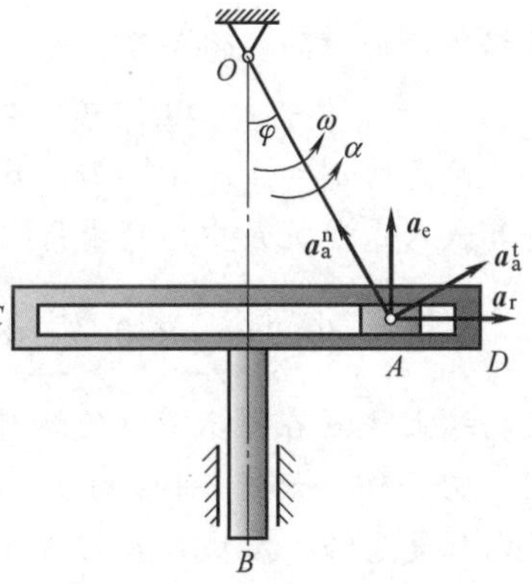


图 7-12

解：以滑块 $A$ 为动点，动系固结在导杆 $BCD$ 杆上。则动点 $A$ 的绝对运动为绕 $O$ 的圆周运动；相对运动为沿 $CD$ 方向的直线运动，牵连运动为 $BCD$ 导杆的直线平移。根据牵连平移时的加速度合成定理，有 $\boldsymbol{a}_\mathrm{a}=\boldsymbol{a}_\mathrm{a}^\mathrm{t}+\boldsymbol{a}_\mathrm{a}^\mathrm{n}=\boldsymbol{a}_\mathrm{e}+\boldsymbol{a}_\mathrm{r}$。此时 $\boldsymbol{a}_\mathrm{a}^\mathrm{n}$ 的方向沿 $AO$ 方向，大小 $a_\mathrm{a}^\mathrm{n}=r\omega^2$；$\boldsymbol{a}_\mathrm{a}^\mathrm{t}$ 的方向垂直于 $OA$，指向与 $\alpha$ 转向一致，大小 $a_\mathrm{a}^\mathrm{t}=r\alpha$；$\boldsymbol{a}_\mathrm{r}$ 的方向沿 $CD$ 直线，大小未知；牵连点为 $BCD$ 杆上的 $A$ 点，则 $\boldsymbol{a}_\mathrm{e}$ 的方向沿铅直方向，大小未知；据此，可画出加速度矢量图如图 7-12 所示。

点的加速度合成定理为

$$\boldsymbol{a}_\mathrm{a}^\mathrm{n}+\boldsymbol{a}_\mathrm{a}^\mathrm{t}=\boldsymbol{a}_\mathrm{e}+\boldsymbol{a}_\mathrm{r}$$

此矢量式中，只有 $\boldsymbol{a}_\mathrm{e}$ 及 $\boldsymbol{a}_\mathrm{r}$ 的大小未知。欲求 $\boldsymbol{a}_\mathrm{e}$，可将此矢量式向 $\boldsymbol{a}_\mathrm{e}$ 方向投影

$$a_\mathrm{a}^\mathrm{n}\cos\varphi+a_\mathrm{a}^\mathrm{t}\sin\varphi=a_\mathrm{e}$$

$$a_\mathrm{e}=a_\mathrm{a}^\mathrm{n}\cos\varphi+a_\mathrm{a}^\mathrm{t}\sin\varphi=r\omega^2\cos\varphi+r\alpha\sin\varphi$$

由于 $BCD$ 导杆平移，其加速度就等于其上一点即牵连点的加速度

$$a_{BCD}=a_\mathrm{e}=r\omega^2\cos\varphi+r\alpha\sin\varphi$$

方向如图 7-12 所示。

例 7-9　如图 7-13 所示，小车沿水平方向向右做加速运动，其加速度 $a=49.28\mathrm{cm/s^2}$，车上装有一半径 $r=20\mathrm{cm}$ 的轮子，以 $\varphi=t^2$（$t$ 以 s 计，$\varphi$ 以 rad 计）的规律绕 $O_1$ 轴转动。若在 $t=1\mathrm{s}$ 时，轮缘上某点 $A$ 的位置如图 7-13 所示。求此瞬时 $A$ 点的绝对加速度。

解：取轮缘的 $A$ 点为动点，动系固结在小车上。则动点的相对运动是以 $O_1$ 点为圆心的圆周运动，绝对运动为铅垂平面内的曲线运动（运动规律未知），牵连运动为小车的平移。

于是在图示瞬时，动点绝对加速度 $\boldsymbol{a}_a$ 的大小、方向均未知；动点的相对加速度 $\boldsymbol{a}_r=\boldsymbol{a}_r^t+\boldsymbol{a}_r^n$，其中相对切向加速度的大小 $a_r^t=r\alpha=r\mathrm{d}^2\varphi/\mathrm{d}t^2$，沿垂直于 $O_1A$ 的方向而指向上方，相对法向加速度的大小 $a_r^n=r\omega^2=r(\mathrm{d}\varphi/\mathrm{d}t)^2$，由 $A$ 点指向 $O_1$ 点；此时，牵连点为动系上的 $A$ 点，由于动系随小车做平移，故在同一瞬时，动系上所有各点的加速度完全相同，且都等于小车的加速度 $\boldsymbol{a}$，于是，牵连加速度 $\boldsymbol{a}_e=\boldsymbol{a}$。

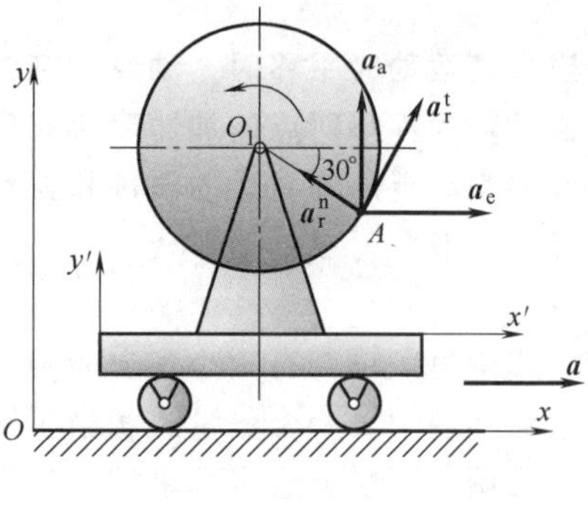

图 7-13

因为牵连运动是平移，由牵连运动为平移时的加速度合成定理表达式（7-5），有

$$\boldsymbol{a}_a=\boldsymbol{a}+\boldsymbol{a}_r^t+\boldsymbol{a}_r^n$$

在此矢量等式中，只有两个要素（$\boldsymbol{a}_a$ 的大小和方向）未知，可以求解。

为具体求 $\boldsymbol{a}_a$，可将上述矢量关系式分别向静参考系的 $x$ 轴和 $y$ 轴投影，得

$$a_{ax}=a_x+a_{rx}^t+a_{rx}^n,\quad a_{ay}=a_y+a_{ry}^t+a_{ry}^n$$

根据图示瞬时的几何关系，有

$$a_{ax}=a+a_r^t\cos60°-a_r^n\cos30°,\quad a_{ay}=a_r^t\sin60°+a_r^n\sin30°$$

注意到 $a_r^t=r\mathrm{d}^2\varphi/\mathrm{d}t^2=2r$，$a_r^n=r(\mathrm{d}\varphi/\mathrm{d}t)^2=4rt^2$，在 $t=1\mathrm{s}$ 时，$a_r^t=40\mathrm{cm/s^2}$，$a_r^n=80\mathrm{cm/s^2}$，将其代入上述关系中，可求得

$$a_{ax}=\left(49.28+\frac{1}{2}\times40-\frac{\sqrt{3}}{2}\times80\right)\mathrm{cm/s^2}=0,\quad a_{ay}=\left(\frac{\sqrt{3}}{2}\times40+\frac{1}{2}\times80\right)\mathrm{cm/s^2}=74.64\mathrm{cm/s^2}$$

故轮缘上 $A$ 点在图示瞬时的绝对加速度的大小为 $74.64\mathrm{cm/s^2}$，方向则铅垂向上。

**例 7-10** 如图 7-14a 所示，曲柄 $OA$ 以匀角速度 $\omega$ 绕定轴 $O$ 转动，丁字形杆 $BC$ 沿水平方向往复平移，滑块 $A$ 在铅直槽 $DE$ 内运动，$OA=r$，曲柄 $OA$ 与水平线夹角为 $\varphi=\omega t$，试求图示瞬时，杆 $BC$ 的速度及加速度。

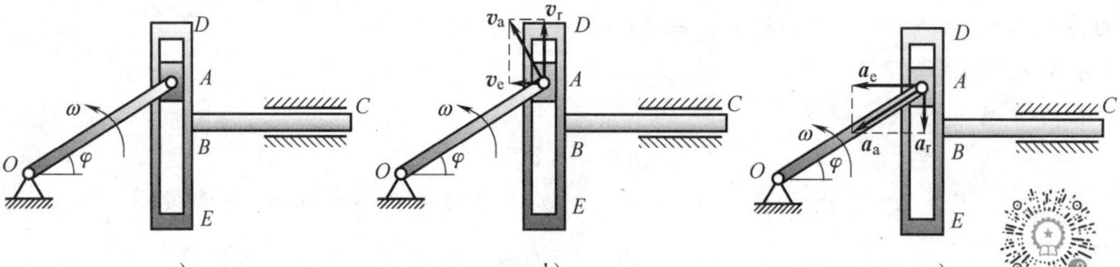

图 7-14

例 7-10　机构动画

**解：** 滑块 $A$ 为动点，丁字形杆 $BC$ 为动系，地面为静系。动点 $A$ 的绝对运动是绕 $O$ 点的圆周运动；相对运动为滑块 $A$ 在铅直槽 $DE$ 内的直线运动；牵连运动为丁字形杆 $BC$ 沿水平方向的往复平移。

（1）求杆 $BC$ 的速度

作速度的平行四边形，如图 7-14b 所示。

$$\boldsymbol{v}_a=\boldsymbol{v}_e+\boldsymbol{v}_r$$

动点 $A$ 的绝对速度为

$$v_a = r\omega$$

往水向方向投影，$v_e = v_a \sin\varphi = r\omega\sin\omega t$

杆 $BC$ 的速度为

$$v_{BC} = v_e = v_a \sin\varphi = r\omega\sin\omega t$$

（2）求杆 $BC$ 的加速度

作加速度的平行四边形，如图 7-14c 所示。

$$\boldsymbol{a}_a = \boldsymbol{a}_e + \boldsymbol{a}_r$$

动点 $A$ 的绝对加速度为

$$a_a = r\omega^2$$

往水平方向投影，$a_e = a_a\cos\varphi = r\omega^2\cos\omega t$

杆 $BC$ 的加速度为

$$a_{BC} = a_e = a_a\cos\varphi = r\omega^2\cos\omega t$$

知识点视频

## 7.4　牵连运动为定轴转动时点的加速度合成

当牵连运动为转动时，动点在进行加速度合成时，前面导出的式（7-5）是否仍然适用？为了回答这个问题，先来分析一个特例。

设一圆盘以匀角速度 $\omega$ 绕固定轴 $O$ 顺时针转动，圆盘上有一动点 $M$，在盘上半径为 $R$ 的圆槽内以匀速 $\boldsymbol{v}_r$ 相对圆盘做顺时针的圆周运动，如图 7-15 所示。现在分析动点 $M$ 对于静参考系的绝对加速度。

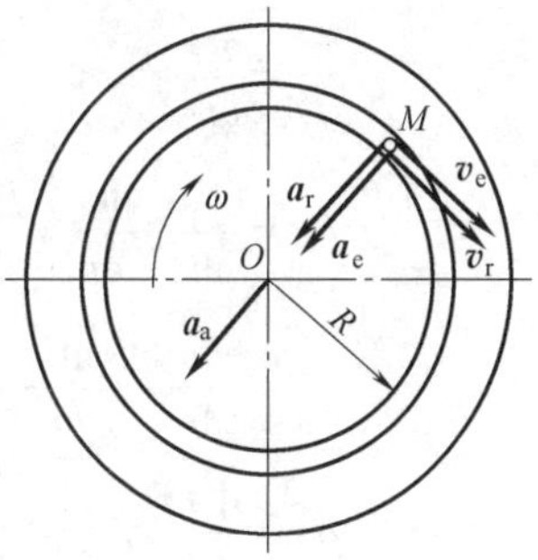

图 7-15

将动参考系固结在旋转的圆盘上。动点的相对运动为圆周运动，某瞬时为图示的 $\boldsymbol{v}_r$；相对加速度 $\boldsymbol{a}_r = \boldsymbol{a}_r^t + \boldsymbol{a}_r^n$，相对运动为匀速运动，$\boldsymbol{a}_r^t = \boldsymbol{0}$，故 $\boldsymbol{a}_r = \boldsymbol{a}_r^n$，大小为 $a_r = a_r^n = v_r^2/R$。在图示的瞬时，牵连点为圆盘上与动点相重合的 $M$ 点；牵连速度为图示的 $v_e$，大小为 $v_e = R\omega$；牵连加速度 $\boldsymbol{a}_e = \boldsymbol{a}_e^t + \boldsymbol{a}_e^n$，圆盘做匀速转动，$a_e^t = 0$，故 $\boldsymbol{a}_e = \boldsymbol{a}_e^n$，大小为 $a_e = a_e^n = R\omega^2$。

牵连速度与相对速度同指向，根据点的速度合成定理表达式（7-4），可得动点绝对速度的大小

$$v_a = R\omega + v_r = \text{常量}$$

即动点的绝对运动也是匀速圆周运动。因此，动点绝对加速度的大小应为

$$a_a = \frac{v_a^2}{R} = \frac{(R\omega + v_r)^2}{R} = R\omega^2 + \frac{v_r^2}{R} + 2\omega v_r$$

其方向沿半径 $MO$ 而指向圆心 $O$ 点。根据上面的分析，上式中右端的第一项就是牵连加速度，第二项就是相对加速度。由此可见，当牵连运动为转动时，动点的绝对加速度除了牵连加速度和相对加速度两项外，还多出了一个附加项。通过这个特例的分析即可知道，当牵连运动为转动时，动点的绝对加速度已不只等于牵连加速度与相对加速度两项的矢量和，还必须再加上一项附加加速度。这个附加加速度是由于相对运动与牵连运动相互影响而产生的，在 1832 年由科里奥利发现，因而命名为科里奥利加速度，简称**科氏加速度**，用 $\boldsymbol{a}_C$ 表示。可以在一般情形下证明这个结论。

设动系 $O'x'y'z'$ 以角速度 $\omega$ 绕静系 $Oxyz$ 的定轴 $z$ 转动，动点 $M$ 又相对于动系做相对运动，对动系 $O'x'y'z'$ 的相对矢径为 $\boldsymbol{r}'$，坐标为（$x'$，$y'$，$z'$）。动点相对于动系的相对速度与相对加速度分别为

$$\boldsymbol{v}_{\mathrm{r}}=\frac{\mathrm{d}x'}{\mathrm{d}t}\boldsymbol{i}'+\frac{\mathrm{d}y'}{\mathrm{d}t}\boldsymbol{j}'+\frac{\mathrm{d}z'}{\mathrm{d}t}\boldsymbol{k}' \tag{7-6}$$

$$\boldsymbol{a}_{\mathrm{r}}=\frac{\mathrm{d}^2x'}{\mathrm{d}t^2}\boldsymbol{i}'+\frac{\mathrm{d}^2y'}{\mathrm{d}t^2}\boldsymbol{j}'+\frac{\mathrm{d}^2z'}{\mathrm{d}t^2}\boldsymbol{k}' \tag{7-7}$$

式中，$\boldsymbol{i}'$、$\boldsymbol{j}'$、$\boldsymbol{k}'$ 为动系中各轴正向的单位矢量。动点 $M$ 对静系 $Oxyz$ 的绝对矢径为 $\boldsymbol{r}$。在任意瞬时，绝对矢径 $\boldsymbol{r}$、相对矢径 $\boldsymbol{r}'$ 与动系原点 $O'$ 对静系的矢径 $\boldsymbol{r}_{O'}$ 之间，存在如下的关系（见图 7-16）：

$$\boldsymbol{r}=\boldsymbol{r}_{O'}+\boldsymbol{r}'=\boldsymbol{r}_{O'}+x'\boldsymbol{i}'+y'\boldsymbol{j}'+z'\boldsymbol{k}' \tag{7-8}$$

将式（7-8）两端分别对时间求一阶和二阶导数，将分别得到绝对速度和绝对加速度。

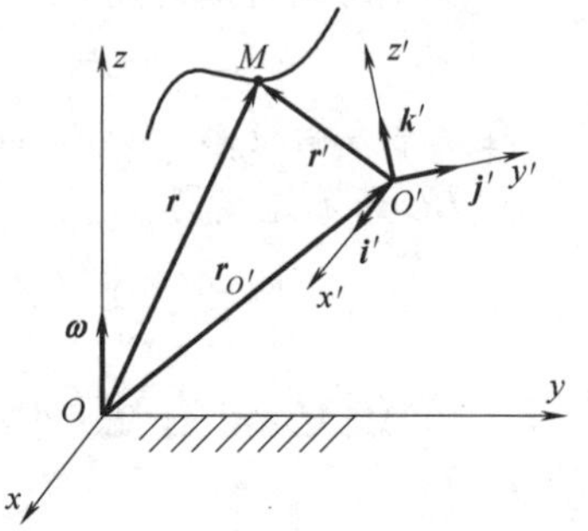


图 7-16

注意动系的单位矢量 $\boldsymbol{i}'$、$\boldsymbol{j}'$、$\boldsymbol{k}'$ 均随动系一起绕定轴 $z$ 转动，它们的大小虽然不变，但方向却随时间在不断变化，其时间导数不为零。故

$$\begin{aligned}\boldsymbol{v}_{\mathrm{a}}&=\frac{\mathrm{d}\boldsymbol{r}}{\mathrm{d}t}\\&=\frac{\mathrm{d}\boldsymbol{r}_{O'}}{\mathrm{d}t}+\frac{\mathrm{d}\boldsymbol{r}'}{\mathrm{d}t}\\&=\frac{\mathrm{d}\boldsymbol{r}_{O'}}{\mathrm{d}t}+x'\frac{\mathrm{d}\boldsymbol{i}'}{\mathrm{d}t}+y'\frac{\mathrm{d}\boldsymbol{j}'}{\mathrm{d}t}+z'\frac{\mathrm{d}\boldsymbol{k}'}{\mathrm{d}t}+\frac{\mathrm{d}x'}{\mathrm{d}t}\boldsymbol{i}'+\frac{\mathrm{d}y'}{\mathrm{d}t}\boldsymbol{j}'+\frac{\mathrm{d}z'}{\mathrm{d}t}\boldsymbol{k}'\end{aligned} \tag{7-9}$$

$$\begin{aligned}\boldsymbol{a}_{\mathrm{a}}&=\frac{\mathrm{d}^2\boldsymbol{r}}{\mathrm{d}t^2}\\&=\left(\frac{\mathrm{d}^2\boldsymbol{r}_{O'}}{\mathrm{d}t^2}+x'\frac{\mathrm{d}^2\boldsymbol{i}'}{\mathrm{d}t^2}+y'\frac{\mathrm{d}^2\boldsymbol{j}'}{\mathrm{d}t^2}+z'\frac{\mathrm{d}^2\boldsymbol{k}'}{\mathrm{d}t^2}\right)+\left(\frac{\mathrm{d}^2x'}{\mathrm{d}t^2}\boldsymbol{i}'+\frac{\mathrm{d}^2y'}{\mathrm{d}t^2}\boldsymbol{j}'+\frac{\mathrm{d}^2z'}{\mathrm{d}t^2}\boldsymbol{k}'\right)\\&\quad+2\left(\frac{\mathrm{d}x'}{\mathrm{d}t}\frac{\mathrm{d}\boldsymbol{i}'}{\mathrm{d}t}+\frac{\mathrm{d}y'}{\mathrm{d}t}\frac{\mathrm{d}\boldsymbol{j}'}{\mathrm{d}t}+\frac{\mathrm{d}z'}{\mathrm{d}t}\frac{\mathrm{d}\boldsymbol{k}'}{\mathrm{d}t}\right)\end{aligned} \tag{7-10}$$

由式（7-7）可知，式（7-10）第二个括号内的项即表示动点的相对加速度 $\boldsymbol{a}_{\mathrm{r}}$。

由于牵连点是动系上与动点相重合的点，则它对静系的矢径应与动点对静系的矢径完全相同，即矢径仍由式（7-8）确定。但因为牵连点是动系上的点，这里不存在相对运动，故牵连点在动系的坐标 $x'$、$y'$、$z'$ 对时间的导数为零。动系是转动的，故 $\boldsymbol{i}'$、$\boldsymbol{j}'$、$\boldsymbol{k}'$ 对时间的导数不为零。对式（7-8）求导，则得牵连速度和牵连加速度分别为

$$\boldsymbol{v}_{\mathrm{e}}=\frac{\mathrm{d}\boldsymbol{r}_{O'}}{\mathrm{d}t}+x'\frac{\mathrm{d}\boldsymbol{i}'}{\mathrm{d}t}+y'\frac{\mathrm{d}\boldsymbol{j}'}{\mathrm{d}t}+z'\frac{\mathrm{d}\boldsymbol{k}'}{\mathrm{d}t} \tag{7-11}$$

$$\boldsymbol{a}_{\mathrm{e}}=\frac{\mathrm{d}^2\boldsymbol{r}_{O'}}{\mathrm{d}t^2}+x'\frac{\mathrm{d}^2\boldsymbol{i}'}{\mathrm{d}t^2}+y'\frac{\mathrm{d}^2\boldsymbol{j}'}{\mathrm{d}t^2}+z'\frac{\mathrm{d}^2\boldsymbol{k}'}{\mathrm{d}t^2} \tag{7-12}$$

这就说明了式（7-10）中第一个括号内的项表示动点的牵连加速度 $\boldsymbol{a}_e$。式（7-10）右端第三个括号内的项，实际上就是前面提到的附加加速度。

根据泊松公式有

$$\frac{\mathrm{d}\boldsymbol{i}'}{\mathrm{d}t}=\boldsymbol{\omega}\times\boldsymbol{i}',\ \frac{\mathrm{d}\boldsymbol{j}'}{\mathrm{d}t}=\boldsymbol{\omega}\times\boldsymbol{j}',\ \frac{\mathrm{d}\boldsymbol{k}'}{\mathrm{d}t}=\boldsymbol{\omega}\times\boldsymbol{k}' \tag{7-13}$$

并注意到式（7-10），导出

$$\begin{aligned}&\frac{\mathrm{d}x'}{\mathrm{d}t}\frac{\mathrm{d}\boldsymbol{i}'}{\mathrm{d}t}+\frac{\mathrm{d}y'}{\mathrm{d}t}\frac{\mathrm{d}\boldsymbol{j}'}{\mathrm{d}t}+\frac{\mathrm{d}z'}{\mathrm{d}t}\frac{\mathrm{d}\boldsymbol{k}'}{\mathrm{d}t}\\&=\frac{\mathrm{d}x'}{\mathrm{d}t}(\boldsymbol{\omega}\times\boldsymbol{i}')+\frac{\mathrm{d}y'}{\mathrm{d}t}(\boldsymbol{\omega}\times\boldsymbol{j}')+\frac{\mathrm{d}z'}{\mathrm{d}t}(\boldsymbol{\omega}\times\boldsymbol{k}')\\&=\boldsymbol{\omega}\times\left(\frac{\mathrm{d}x'}{\mathrm{d}t}\boldsymbol{i}'+\frac{\mathrm{d}y'}{\mathrm{d}t}\boldsymbol{j}'+\frac{\mathrm{d}z'}{\mathrm{d}t}\boldsymbol{k}'\right)=\boldsymbol{\omega}\times\boldsymbol{v}_r\end{aligned} \tag{7-14}$$

故式（7-10）右端第三个括号内的项即是前面讨论例子中的附加加速度即科氏加速度。由此得出

$$\boldsymbol{a}_C=2\boldsymbol{\omega}\times\boldsymbol{v}_r \tag{7-15}$$

由式（7-10）可得动点的绝对加速度为

$$\boldsymbol{a}_a=\boldsymbol{a}_r+\boldsymbol{a}_e+\boldsymbol{a}_C \tag{7-16}$$

式（7-16）**表示牵连运动为转动时点的加速度合成定理：当牵连运动为转动时，动点的绝对加速度，等于该瞬时动点的牵连加速度、相对加速度与科氏加速度的矢量和。**

牵连运动为定轴转动的加速度合成定理与上一节牵连运动为平移的加速度合成定理的解析方法类似，只需增加一个科氏加速度即可。

知识点视频

科氏加速度的出现，是由于牵连运动与相对运动相互影响的结果。根据矢积的定义，由式（7-15）可知，科氏加速度的大小为

$$a_C=2\omega v_r\sin\theta \tag{7-17}$$

其中，$\theta$ 为 $\boldsymbol{\omega}$ 和 $\boldsymbol{v}_r$ 两矢量间的最小夹角。科氏加速度的方位与 $\boldsymbol{\omega}$ 和 $\boldsymbol{v}_r$ 所构成的平面相垂直，指向则按右手法则确定，如图 7-17 所示。

显然，当 $\theta=0°$ 或 $180°$ 时，$\boldsymbol{v}_r/\!/\boldsymbol{\omega}$，即当动点沿平行于动系的转轴做相对运动时，$a_C=0$。由于地球本身绕地轴自转，因而在地球表面相对地球运动的物体，只要其速度方向不与地轴平行，则一定有科氏加速度，如图 7-18 所示。

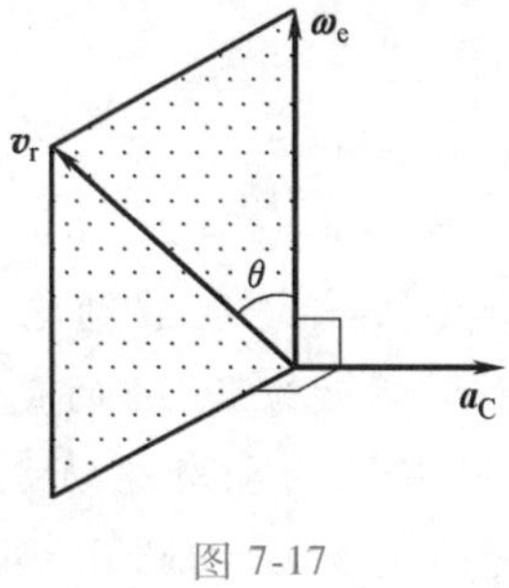

图 7-17

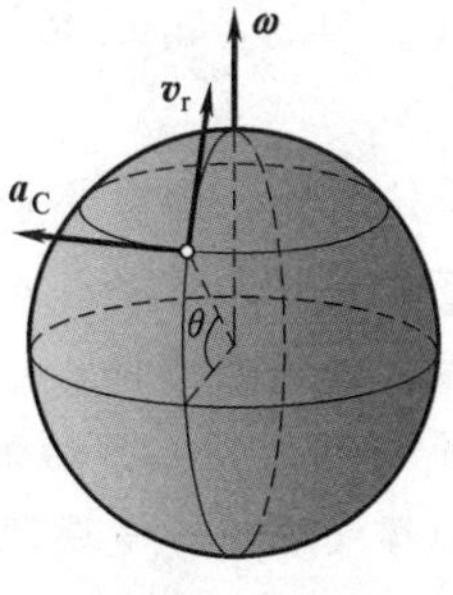

图 7-18

科氏加速度在自然现象中是有所表现的。例如，在北半球，河水向北流动时，河水的科氏加速度 $\boldsymbol{a}_C$ 向西，即指向左侧，如图 7-18 所示。由动力学可知，存在向左的加速度，河水必受右岸对水的向左的作用力。根据作用与反作用定律，河水必对右岸有反作用力。北半球的江河，其右岸都受有较明显的冲刷，这是地理学中的一项规律。

可以证明，当牵连运动为刚体的其他更复杂的运动时，动点的加速度合成关系仍适用。

**例 7-11** 半径为 $r$ 的转子相对于支承框架以匀角速度 $\omega_1$ 绕水平轴Ⅰ—Ⅰ转动，此轴连同框架又以匀角速度 $\omega_2$ 相对于固定铅垂轴Ⅱ—Ⅱ转动，如图 7-19a 所示。试求转子边缘上 $A$、$B$、$C$、$D$ 四点在图示位置时的科氏加速度。

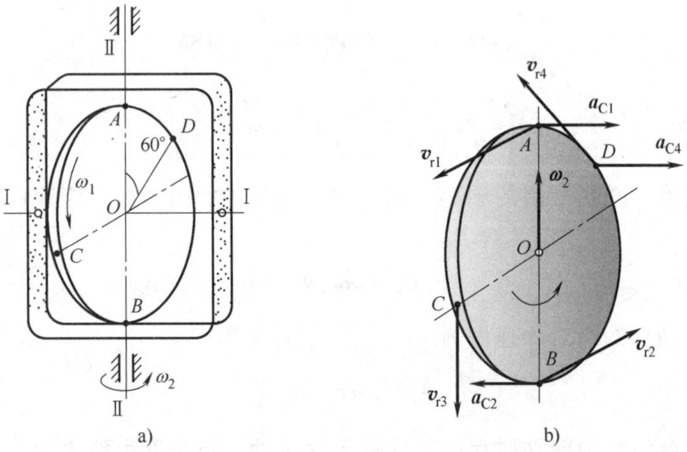


图 7-19

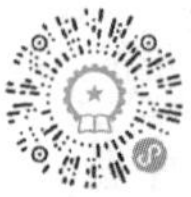

例 7-11 机构动画

**解：** 分别取 $A$、$B$、$C$、$D$ 各点为动点，动系固结在框架上。则各点的相对运动都是匀速圆周运动，绝对运动为空间曲线运动，牵连运动为框架的定轴转动。由已知条件，牵连角速度大小 $\omega_e=\omega_2$，指向则沿铅垂轴Ⅱ—Ⅱ向上；各点相对速度的大小相等，均为 $v_r=r\omega_1$，方向则如图 7-19b 所示。利用式（7-15），可计算各点的科氏加速度。

关于 $A$ 点，因 $\boldsymbol{\omega}_2\perp\boldsymbol{v}_{r1}$，故科氏加速度大小

$$a_{C1}=2\omega_2 v_{r1}=2r\omega_1\omega_2$$

关于 $B$ 点，因 $\boldsymbol{\omega}_2\perp\boldsymbol{v}_{r2}$，故科氏加速度大小

$$a_{C2}=2\omega_2 v_{r2}=2r\omega_1\omega_2$$

关于 $C$ 点，因 $\boldsymbol{\omega}_2/\!/\boldsymbol{v}_{r3}$，故科氏加速度大小

$$a_{C3}=0$$

关于 $D$ 点，因 $\boldsymbol{\omega}_2$ 与 $\boldsymbol{v}_{r4}$ 成 30°，故科氏加速度大小

$$a_{C4}=2\omega_2 v_{r4}\sin30^\circ=r\omega_1\omega_2$$

方向则由右手法则知，如图 7-19b 所示。

**例 7-12** 圆盘以匀角速度 $\omega=4\text{rad/s}$ 绕定轴 $O$ 转动，滑块 $M$ 按 $x'=2t^2$（$x'$ 单位为 cm）的规律沿圆盘上径向滑槽 $OA$ 滑动，如图 7-20 所示。求当 $t=1\text{s}$ 时，滑块 $M$ 的绝对加速度。

**解：** 以滑块 $M$ 为动点，动系固结在圆盘上，则动点的相对运动为沿 $OA$ 的直线运动，绝对运动为平面螺线运动，牵连运动为圆盘的定轴转动。已知 $M$ 点的相对运动方程 $x'=2t^2$，故动点在 $t=1\text{s}$ 时位于 $OA$ 上的 $OM=x'=2\text{cm}$ 处；相对速度的大小 $v_r=\mathrm{d}x'/\mathrm{d}t=4t$，在 $t=1\text{s}$

时，$v_r=4\text{cm/s}$，由$\boldsymbol{v}_r$为正值，故$\boldsymbol{v}_r$的方向沿$OM$向外；相对加速度的大小$a_r=\mathrm{d}^2x'/\mathrm{d}t^2=4\text{cm/s}^2$，$a_r$为正值，故方向亦沿$OM$向外。

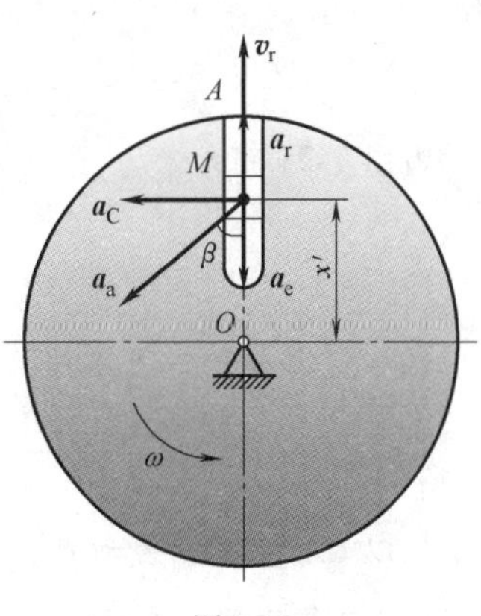

图 7-20

绝对加速度的大小、方向均为待求量。牵连点为圆盘上的$M$点，因此牵连加速度$\boldsymbol{a}_e=\boldsymbol{a}_e^t+\boldsymbol{a}_e^n$，由于圆盘匀速转动，故$\boldsymbol{a}_e^t=\mathbf{0}$，$\boldsymbol{a}_e=\boldsymbol{a}_e^n$，其大小$a_e=a_e^n=OM\cdot\omega^2=x'\omega^2=2t^2\omega^2$，在$t=1\text{s}$时，$a_e=32\text{cm/s}^2$，方向由$M$点指向轴心$O$点。$\omega_e=\omega$垂直于盘面向外，科氏加速度由式（7-15）确定，$a_C$的大小为$a_C=2\omega v_r$，在$t=1\text{s}$时，$a_C=32\text{cm/s}^2$，方向垂直于$OA$指向左方。由图示加速度矢量的几何关系，可求得滑块$M$在$t=1\text{s}$时的绝对加速度大小

$$a_a=\sqrt{(a_e-a_r)^2+a_C^2}=\sqrt{(32-4)^2+32^2}\text{ cm/s}^2=42.5\text{cm/s}^2$$

它与半径$OA$方向的夹角为

$$\beta=\arctan\frac{a_C}{a_e-a_r}=\arctan\frac{8}{7}=48°49'$$

方向如图 7-20 所示。

**例 7-13**　已知曲柄$OA=r$，距离$OO_1=l$，曲柄$OA$以匀角速度$\omega$转动，如图 7-21a 所示。求当曲柄$OA$在水平向右的位置时摇杆$O_1B$的角速度$\omega_1$及角加速度$\alpha_1$。

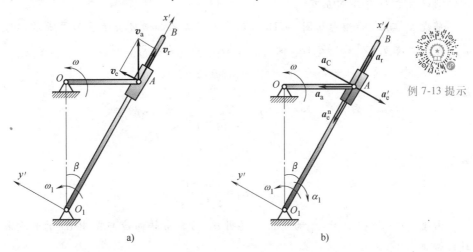

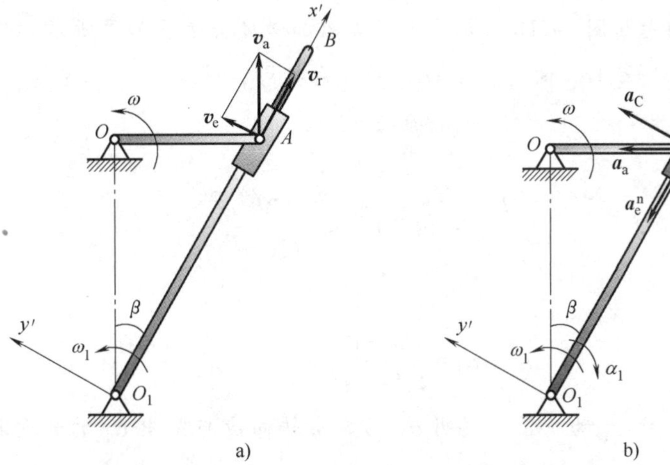

图 7-21

例 7-13 提示

**解**：取$OA$杆的端点$A$为动点，则动系应固结在$O_1B$杆上。于是，动点的相对运动为沿$O_1B$的直线运动，绝对运动为以$O$为圆心的圆周运动，牵连运动为$O_1B$杆的定轴转动。因此，动点绝对速度的大小$v_a=r\omega$，方向垂直于$OA$而指向$\omega$转动的一方；相对速度的方向沿$O_1B$，大小未知；牵连点为$O_1B$杆上的$A$点，故牵连速度的方向垂直于$O_1B$，大小未知。据此可画出速度平行四边形如图 7-21a 所示。由几何关系可得

$$v_e=v_a\sin\beta,\ v_r=v_a\cos\beta$$

又由于$v_e=O_1A\cdot\omega_1$，故有

$$\omega_1=\frac{v_e}{O_1A}=\frac{v_a}{O_1A}\sin\beta=\frac{r\omega}{O_1A}\sin\beta$$

由图 7-21 可知

$$O_1A=\sqrt{l^2+r^2}\text{，}\sin\beta=\frac{r}{\sqrt{r^2+l^2}}$$

代入以上关系，可求得

$$\omega_1=\frac{r\omega}{O_1A}\sin\beta=\frac{r^2\omega}{l^2+r^2}$$

仍以 $OA$ 杆 $A$ 点为动点，动系固结在 $O_1B$ 杆上。三种运动和三种速度的分析同上。因曲柄 $OA$ 以匀角速度 $\omega$ 转动，故 $\boldsymbol{a}_a^t=\boldsymbol{0}$，$\boldsymbol{a}_a=\boldsymbol{a}_a^n$，大小为 $a_a=a_a^n=r\omega^2$，方向则由 $A$ 点指向 $O$ 点。相对运动是沿 $O_1B$ 的直线运动，由上面速度计算可知：$v_r=rl\omega/\sqrt{l^2+r^2}$，方向沿 $O_1B$ 指向上方，相对加速度 $\boldsymbol{a}_r$ 的大小未知，方向沿 $O_1B$ 直线。由于牵连点做以 $O_1$ 点为圆心的圆周运动，故牵连加速度 $\boldsymbol{a}_e=\boldsymbol{a}_e^t+\boldsymbol{a}_e^n$，其中 $\boldsymbol{a}_e^t$ 的大小 $a_e^t=O_1A\cdot\alpha_1$，方向垂直于 $O_1B$，$\boldsymbol{a}_e^n$ 的大小 $a_e^n=O_1A\cdot\omega_1^2$，方向则由 $A$ 点指向 $O_1$ 点，如图 7-21b 所示。由上面计算可知 $\omega_1=r^2\omega/(l^2+r^2)$，$\boldsymbol{\omega}_1$ 矢量垂直于纸面朝外。科氏加速度可根据式（7-17）求得大小为

$$a_C=2\omega_1v_r\sin90°=2\omega_1v_r=2\frac{r^2\omega}{l^2+r^2}\frac{rl\omega}{\sqrt{l^2+r^2}}=2\frac{lr^3\omega^2}{(l^2+r^2)^{3/2}}$$

方向则垂直于 $O_1B$ 指向左方。

若设 $\boldsymbol{a}_r$ 与 $\boldsymbol{a}_e^t$ 的指向如图 7-21b 所示，则可画出加速度矢量图如图所示。为求 $\alpha_1$，应求 $\boldsymbol{a}_e^t$。为此，将 $\boldsymbol{a}_a=\boldsymbol{a}_e^t+\boldsymbol{a}_e^n+\boldsymbol{a}_r+\boldsymbol{a}_C$ 向垂直于 $O_1B$ 的方向投影，得

$$a_a\cos\beta=-a_e^t+a_C$$

即

$$r\omega^2\frac{l}{\sqrt{l^2+r^2}}=-\sqrt{l^2+r^2}\alpha_1+\frac{2lr^3\omega^2}{(l^2+r^2)^{3/2}}$$

解得

$$\alpha_1=\frac{lr(r^2-l^2)}{(l^2+r^2)^2}\omega^2$$

由于 $(r^2-l^2)<0$，故 $\alpha_1$ 为负值，说明 $\alpha_1$ 的真实转向应与图中 $\alpha_1$ 的转向相反，即为逆时针转向。

**例 7-14** 如图 7-22a 所示直角曲杆 $OBC$ 绕 $O$ 轴转动，使套在其上的小环 $M$ 沿固定直杆 $OA$ 滑动。已知 $OB=0.1\text{m}$，$OB$ 与 $BC$ 垂直，曲杆的角速度 $\omega=0.5\text{rad/s}$，角加速度 $\alpha$ 为零，求当 $\varphi=60°$ 时，小环 $M$ 的速度和加速度。

**解：** 选小环 $M$ 为动点，直角曲杆 $OBC$ 为动系，静系固结于 $OA$。动点 $M$ 的绝对运动是沿直杆 $OA$ 的水平直线运动；相对运动为沿 $BC$ 方向的直线运动；牵连运动为凸轮绕 $O$ 轴的定轴转动，由点的速度合成定理 $\boldsymbol{v}_a=\boldsymbol{v}_e+\boldsymbol{v}_r$ 作速度平行四边形如图 7-22a 所示。

动点 $M$ 的牵连速度为

$$v_e=\omega\cdot OM=(0.5\times0.1/\cos60°)\text{m/s}=0.1\text{m/s}$$

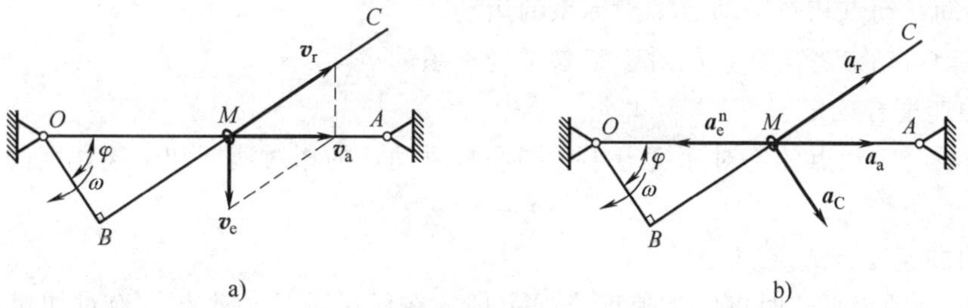


图 7-22

动点 $M$ 的绝对速度为

$$v_a = v_M = v_e \tan 60° = (0.1\times\sqrt{3})\,\text{m/s} = 0.173\text{m/s}$$

动点 $A$ 的相对速度为

$$v_r = \frac{v_e}{\sin 30°} = 2v_e = 0.2\text{m/s}$$

下面分析加速度：

应用牵连运动为定轴转动时点的加速度合成定理，即

$$\boldsymbol{a}_a = \boldsymbol{a}_e^n + \boldsymbol{a}_r + \boldsymbol{a}_C$$

动点 $M$ 的绝对加速度 $\boldsymbol{a}_a$：由于动点 $M$ 的绝对运动沿 $OA$ 做直线运动，故其加速度的方向沿水平方向，大小是未知的。

动点 $A$ 的相对加速度 $\boldsymbol{a}_r$：动点 $M$ 的相对运动是沿 $BC$ 做直线运动，故其加速度的方向沿 $BC$ 方向，大小是未知的。

牵连加速度 $\boldsymbol{a}_e$：因为杆 $OBC$ 以匀角速度 $\omega$ 绕 $O$ 轴转动，所以牵连加速度为法向加速度，大小为 $a_e^n = \omega^2 \cdot OM = 0.05\text{m/s}^2$，方向沿 $MO$ 指向 $O$，切向加速度 $\boldsymbol{a}_e^t = \boldsymbol{0}$。科氏加速度 $a_C$ 大小为

$$a_C = 2\omega v_r = (2\times0.5\times0.2)\,\text{m/s}^2 = 0.2\text{m/s}^2$$

方向按右手螺旋法则来确定，如图 7-22b 所示。

将加速度合成定理矢量式

$$\boldsymbol{a}_a = \boldsymbol{a}_e^n + \boldsymbol{a}_r + \boldsymbol{a}_C$$

向 $\boldsymbol{a}_C$ 方向投影，得

$$a_a \cos 60° = a_C - a_e^n \cos 60° = (0.2 - 0.05\cos 60°)\,\text{m/s}^2$$

故小环 $M$ 的加速度为

$$a_M = a_a = 0.35\text{m/s}^2$$

## 小　　结

1. 建立两种坐标系

定参考坐标系：建立在静止物体上的坐标系，简称静系。

动参考坐标系：建立在运动物体上的坐标系，简称动系。

2. 动点的三种运动

绝对运动：动点相对于定参考坐标系的运动。

相对运动：动点相对于动参考坐标系的运动。

牵连运动：动参考坐标系相对于定参考坐标系的运动。

3. 点的速度合成定理

在任一瞬时，动点的绝对速度等于在同一瞬时动点的相对速度和牵连速度的矢量和，即

$$\boldsymbol{v}_{\mathrm{a}}=\boldsymbol{v}_{\mathrm{e}}+\boldsymbol{v}_{\mathrm{r}}$$

4. 点的加速度合成定理

1）牵连运动为平移时点的加速度合成定理。在任一瞬时，动点的绝对加速度等于在同一瞬时动点相对加速度和牵连加速度的矢量和。即

$$\boldsymbol{a}_{\mathrm{a}}=\boldsymbol{a}_{\mathrm{e}}+\boldsymbol{a}_{\mathrm{r}}$$

在应用速度合成定理和牵连运动为平移时点的加速度合成定理时，应画速度合成的平行四边形和加速度合成的平行四边形，使绝对速度和绝对加速度位于平行四边形对角线的位置。只有画出平行四边形，才能确定三种运动的关系。

2）牵连运动为定轴转动时点的加速度合成定理。在任一瞬时，动点的绝对加速度等于在同一瞬时动点的相对加速度、牵连加速度和科氏加速度的矢量和。即

$$\boldsymbol{a}_{\mathrm{a}}=\boldsymbol{a}_{\mathrm{e}}+\boldsymbol{a}_{\mathrm{r}}+\boldsymbol{a}_{\mathrm{C}}$$

在应用牵连运动为定轴转动时点的加速度合成定理时，一般采用投影法求解。

## 思　考　题

7-1　试用合成运动的概念分析思考题 7-1 图中所指定点 $M$ 的运动，先确定动坐标系，并说明绝对运动、相对运动和牵连运动，画出动点在图示位置的绝对速度、相对速度和牵连速度。

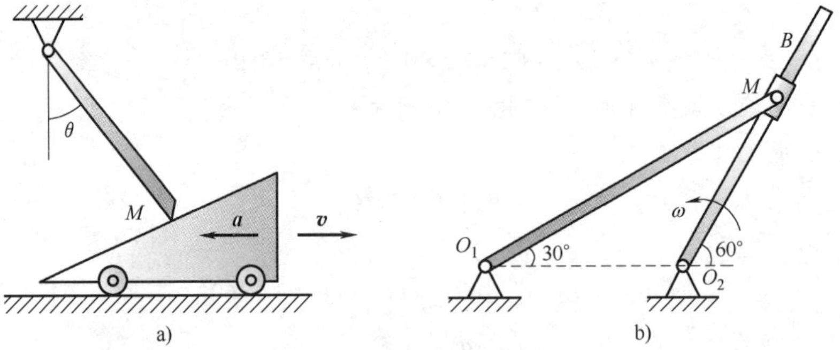


思考题 7-1 图

7-2　下列说法是否正确？为什么？

（1）牵连速度是动坐标系相对于静坐标系的速度；

（2）牵连速度是动坐标系上任一点相对于静坐标系的速度。

7-3　为什么坐在行驶的汽车中，看到后面超车的汽车速度较实际速度慢？而看到对面驶来的汽车速度较实际速度快？试说明之。

7-4　为什么牵连运动为平移时，没有科氏加速度？试述科氏加速度产生的原因。是否只要牵连运动为定轴转动，就必定有科氏加速度？

7-5　半径为 $R$ 的圆轮以角速度 $\omega$ = 常数沿固定水平面做无滑动的滚动，$OA$ 杆可绕 $O$ 轴做定轴转动，并靠在圆轮上，如思考题 7-5 图所示。若选轮心 $C$ 为动点，$OA$ 杆为动系，指出下列答案中哪个是正确的。

（1）$\boldsymbol{v}_e\begin{cases}v_e=OB\cdot\omega_{OA},\\ v_e\perp OB;\end{cases}$　（2）$\boldsymbol{v}_e\begin{cases}v_e=OC\cdot\omega_{OA},\\ v_e\perp OC;\end{cases}$　（3）$\boldsymbol{v}_e\begin{cases}v_e=R\omega,\\ v_e//OA;\end{cases}$　（4）$\boldsymbol{v}_e\begin{cases}v_e=R\omega,\\ v_e\perp BC。\end{cases}$

7-6　已知 $M$ 点以 $x=\dfrac{at^2}{2}$ 沿 $AB$ 边运动，而 $ABCD$ 绕 $CD$ 边以匀角速度 $\omega$ 转动，$AB=CD$，如思考题 7-6 图所示。求 $M$ 点的绝对加速度。若 $M$ 点的绝对加速度为 $a_a=a_r=a$，试问上述计算对不对？若有错，错在哪里？

解：$a_r=\dfrac{dx^2}{dt^2}=a$，$a_C=0$（$\boldsymbol{\omega}//\boldsymbol{v}_r$），$a_e=\dfrac{dv_e}{dt}=0$。

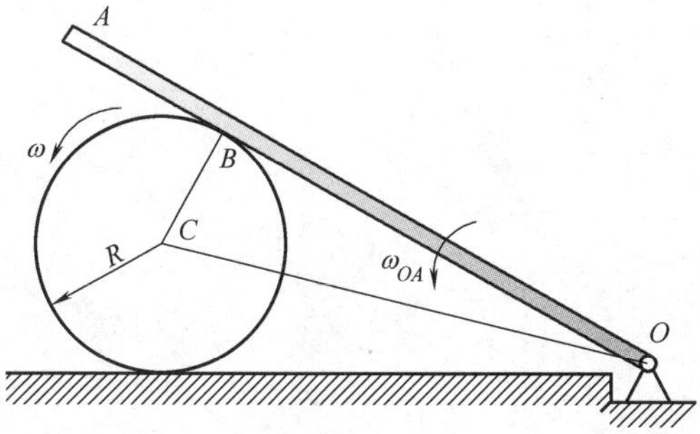

思考题 7-5 图

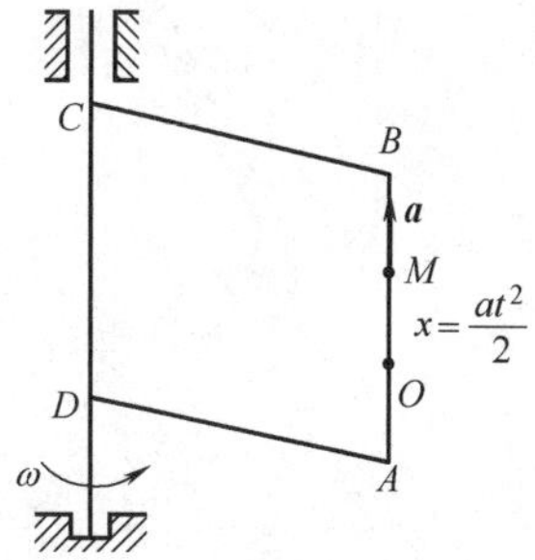

思考题 7-6 图

7-7　思考题 7-7 图中的速度平行四边形有无错误？错在哪里？

a）选小环为动点，动系固结于 $OB$；

b）选滑块为动点，动系固结于 $ABC$。

思考题 7-7

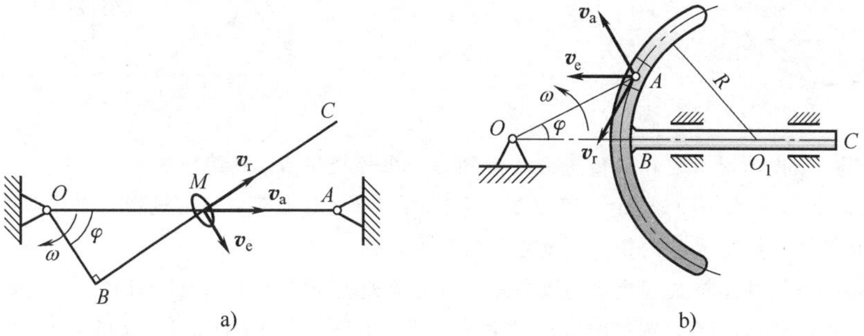

思考题 7-7 图

## 习　　题

7-1　如习题 7-1 图所示，点 $M$ 在平面 $x'Oy'$ 中运动，运动方程为 $x'=40(1-\cos t)$，$y'=40\sin t$，$t$ 以 s 计，$x'$、$y'$ 以 mm 计，平面 $x'Oy'$ 绕 $O$ 轴转动，其转动方程为 $\varphi=t$(rad)，试求点 $M$ 的相对运动轨迹和绝对运动轨迹。

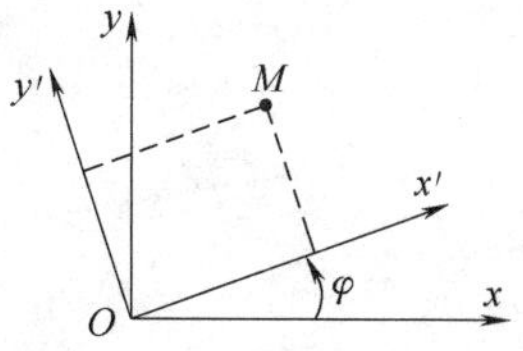

习题 7-1 图

7-2　在习题 7-2 图 a、b 所示的两种机构中，已知 $O_1O_2=a=200$mm，$\omega_1=3$rad/s。求图示位置时杆 $O_2A$ 的角速度。

7-3　如习题 7-3 图所示偏心圆轮以匀角速度 $\omega$ 绕 $O$ 轴转动，杆 $AB$ 的 $A$ 端放置在凸轮上，图示瞬时 $AB$ 杆处于水平位置，$OA$ 为铅垂，$AB=l$，半径 $AC=R$，$CO=e$，试求该瞬时 $AB$ 杆角速度的大小及转向。

7-4　如习题 7-4 图所示的机构中，杆 $AB$ 以匀速 $\boldsymbol{v}$ 沿铅直导槽向上运动，摇杆 $OC$ 穿过套筒 $A$，$OC=a$，导槽到 $O$ 的水平距离为 $l$，初始时 $\theta=0°$，试求当 $\theta=\frac{\pi}{4}$时，摇杆 $OC$ 的端点 $C$ 的速度。

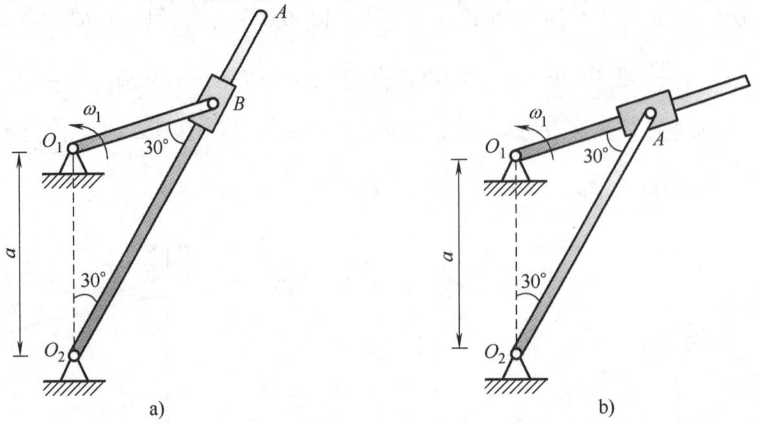


习题 7-2 图

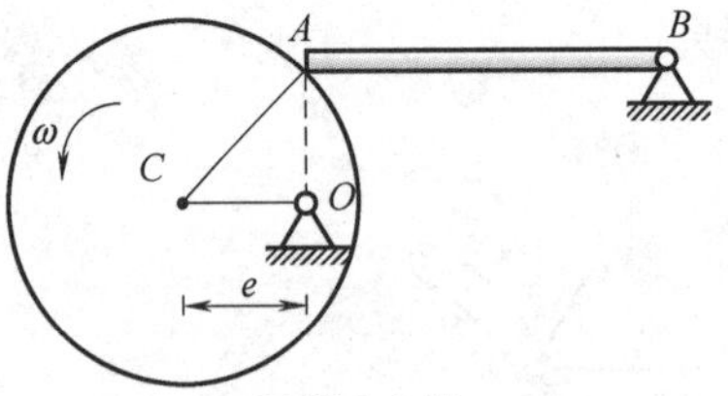


习题 7-3 图

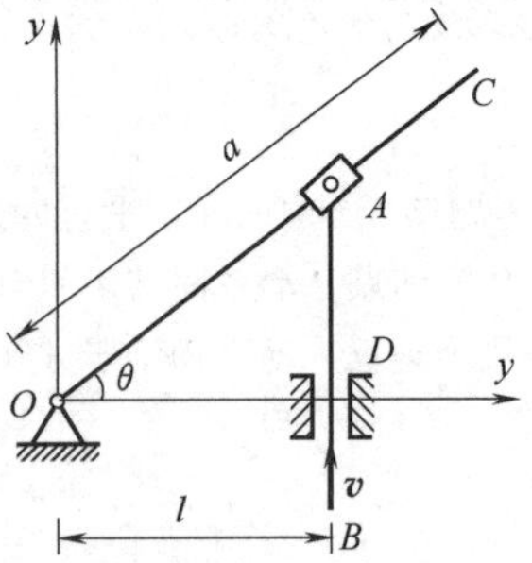


习题 7-4 图

7-5　如习题 7-5 图所示，麦粒从传送带 $A$ 落到另一个传送带 $B$，其绝对速度 $v_1=4\text{m/s}$，其方向与铅垂线成 30°，设传送带 $B$ 与水平面成 15°，其速度 $v_2=2\text{m/s}$。求此时麦粒对于传送带 $B$ 的相对速度。另外问当传送带 $B$ 的速度为多大时，麦粒的相对速度才能与它垂直？

7-6　如习题 7-6 图所示塔式起重机的水平悬臂以匀角速度 $\omega$ 绕铅垂轴 $OO_1$ 转动，同时跑车 $A$ 带着重物 $B$ 沿悬臂运动。如 $\omega=0.1\text{rad/s}$，跑车的运动规律为 $x=20-0.5t$，其中 $x$ 以 m 计，$t$ 以 s 计，并且悬挂重物的钢索 $AB$ 始终保持铅垂。求 $t=10\text{s}$ 时，重物 $B$ 的绝对速度。

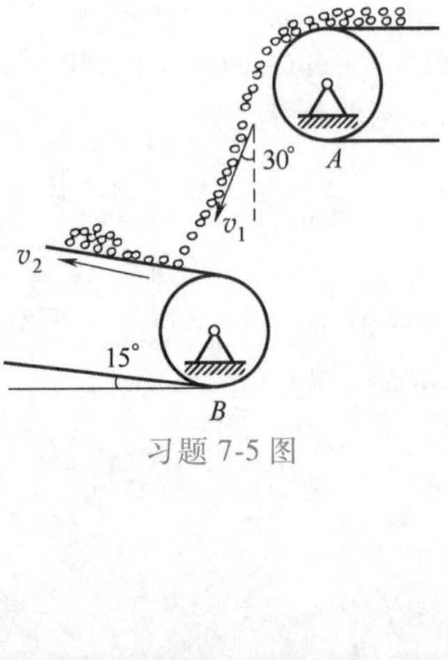


习题 7-5 图

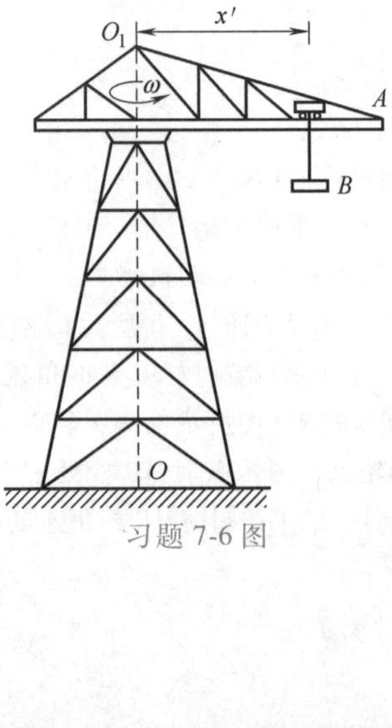


习题 7-6 图

7-7 如习题 7-7 图所示曲柄滑道机构中，杆 $BC$ 为水平，杆 $DE$ 保持铅直。曲柄长 $OA=0.1\text{m}$，并以匀角速度 $\omega=20\text{rad/s}$ 绕 $O$ 轴逆时针转动，通过滑块 $A$ 使杆 $BC$ 做往复运动。求当曲柄与水平线的交角分别为 $\varphi=0°$、$30°$、$90°$时杆 $BC$ 的速度。

7-8 如习题 7-8 图所示曲柄滑道机构中，曲柄长 $OA=10\text{cm}$，并以匀角速度 $\omega$ 绕 $O$ 轴逆时针转动，装在水平杆上的滑槽 $DE$ 与水平线成 $60°$。求当曲柄与水平线交角 $\varphi=0°$、$30°$、$60°$时，杆 $BC$ 的速度。

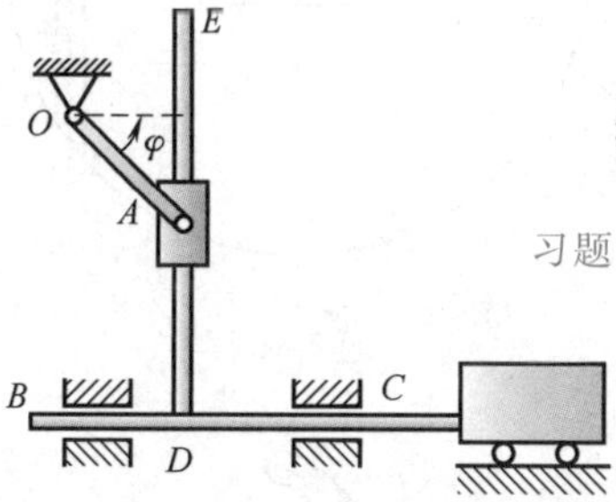

习题 7-7 图

习题 7-7 机构动画

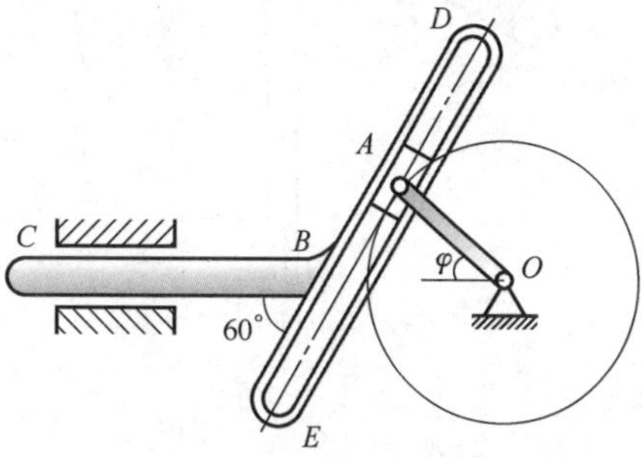

习题 7-8 图

7-9 如习题 7-9 图所示，瓦特离心调速器以角速度 $\omega$ 绕铅垂轴转动。由于机器转速的变化，调速器重球以角速度 $\omega_1$ 向外张开。如该瞬时 $\omega=10\text{rad/s}$，$\omega_1=1.2\text{rad/s}$。球柄长 $l=500\text{mm}$，悬挂球柄的支点到铅垂轴的距离为 $e=50\text{mm}$，球柄与铅垂轴间所成的夹角 $\beta=30°$。求此时重球的绝对速度。

7-10 如习题 7-10 图所示 L 形杆 $BCD$ 以匀速 $\boldsymbol{v}$ 沿导槽向右平移，$BC\perp CD$，$BC=h$。靠在它上面并保持接触的直杆 $OA$ 长为 $l$，可绕 $O$ 轴转动。试以 $x$ 的函数表示出直杆 $OA$ 端点 $A$ 的速度。

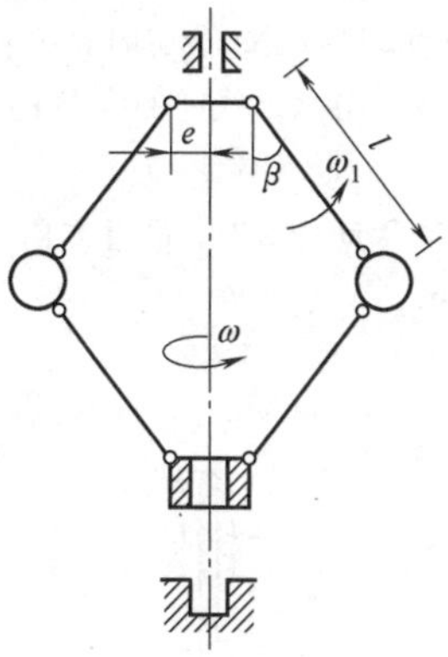

习题 7-9 图

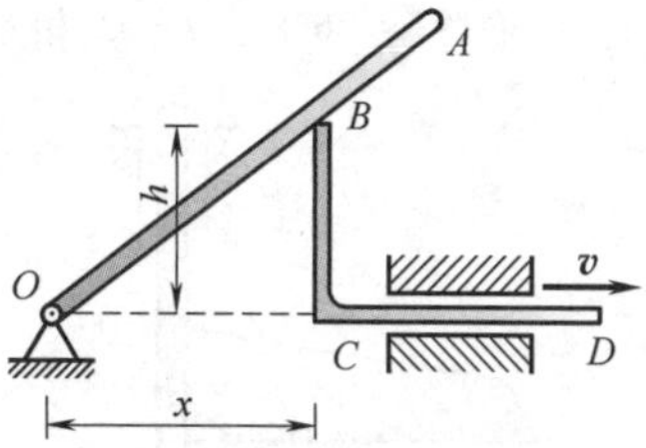

习题 7-10 图

7-11 如习题 7-11 图所示，摇杆 $OC$ 绕 $O$ 轴转动，拨动固定在齿条 $AB$ 上的销钉 $K$ 而使齿条在铅直导轨内移动，齿条再传动给半径 $r=100\text{mm}$ 的齿轮 $D$。连线 $OO_1$ 是水平的，距离 $l=400\text{mm}$。在图示位置，摇杆角速度 $\omega=0.5\text{rad/s}$，$\varphi=30°$。试求此时齿轮 $D$ 的角速度。

7-12 绕轴 $O$ 转动的圆盘及直杆 $OA$ 上均有一导槽，两导槽间有一活动销子 $M$ 如习题 7-12 图所示，$b=0.1\text{m}$。设在图示位置时，圆盘及直杆的角速度分别为 $\omega_1=9\text{rad/s}$ 和 $\omega_2=3\text{rad/s}$。求此瞬时销子 $M$ 的速度。

7-13 直线 $AB$ 以大小为 $v_1$ 的速度沿垂直于 $AB$ 杆的方向向上移动，直线 $CD$ 以大小为 $v_2$ 的速度沿垂直于 $CD$ 杆的方向向上移动，如习题 7-13 图所示，若两条直线的交角为 $\theta$，试求两条直线的交点 $M$ 的速度。

7-14 如习题 7-14 图所示曲柄滑杆机构中，滑杆上有圆弧形滑道，其半径为 $R=10\text{cm}$，圆心 $O_1$ 在导杆 $BC$ 上，曲柄长 $OA=10\text{cm}$，以匀角速度 $\omega=\dfrac{2}{3}\pi\text{rad/s}$ 绕轴 $O$ 转动，试求在图示位置 $\varphi=30°$时，滑杆 $BC$ 的速度和加速度。

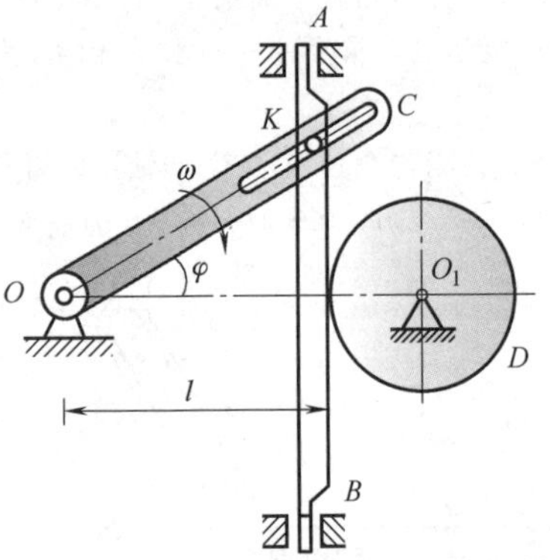


习题 7-11 图

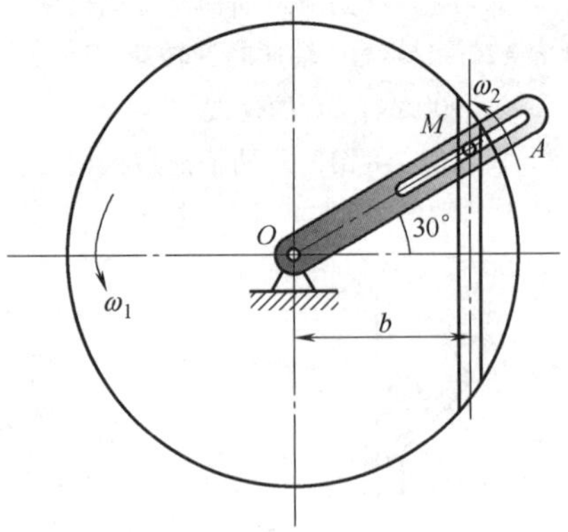


习题 7-12 图

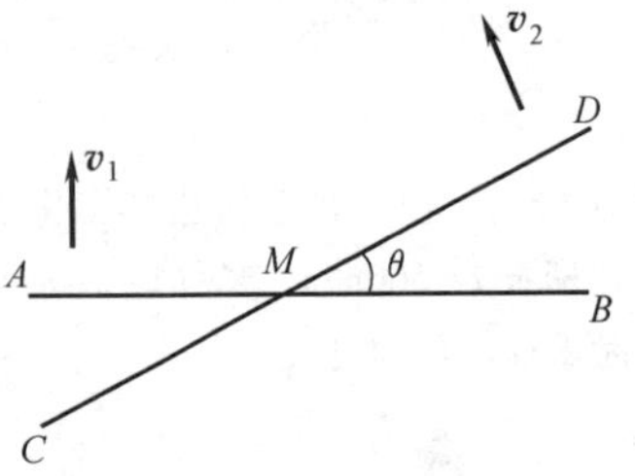


习题 7-13 图

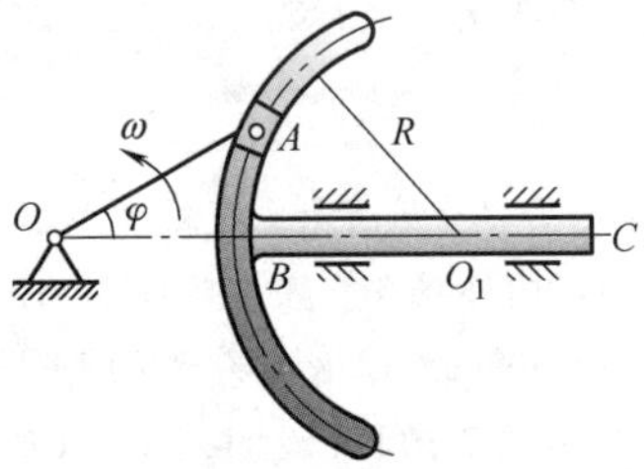


习题 7-14 图

7-15　如习题 7-15 图所示，曲柄 $OA$ 长 0.4m，以等角速度 $\omega=0.5\text{rad/s}$ 绕 $O$ 轴逆时针方向转动，由于曲柄的 $A$ 端推动水平板 $B$，而使滑杆 $C$ 沿铅直方向上升。试求当曲柄 $OA$ 与水平线间的夹角 $\theta=30°$时，滑杆 $C$ 的速度和加速度。

7-16　半径为 $R$ 的圆形凸轮 $D$ 以等速 $v_0$ 沿水平线向右运动，带动从动杆 $AB$ 沿铅直方向上升，如习题 7-16 图所示。试求当 $\varphi=30°$时，杆 $AB$ 相对于凸轮 $D$ 的速度和加速度。

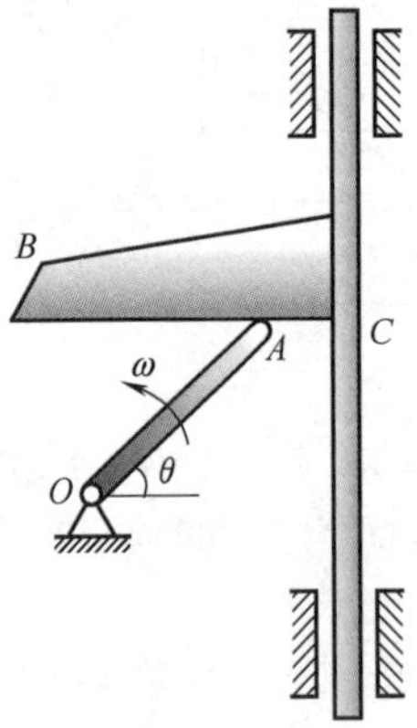


习题 7-15 图

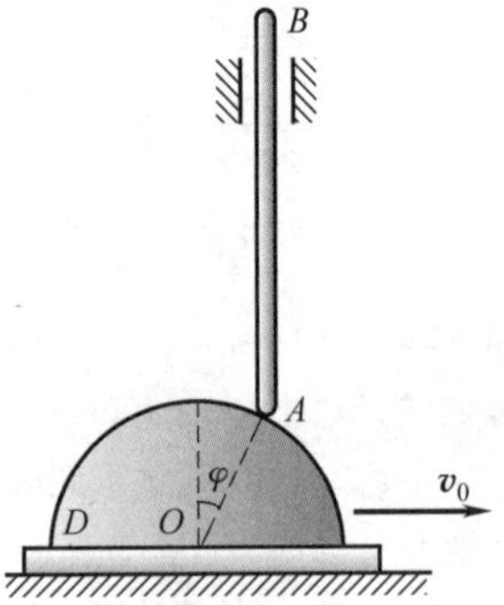


习题 7-16 图

7-17　小车沿水平方向向右做加速运动，其加速度 $a=0.493\text{m/s}^2$，在小车上有一轮绕 $O$ 轴转动，其转动方程为 $\varphi=t^2$，$t$ 以 s 计，$\varphi$ 以 rad 计。当 $t=1\text{s}$ 时，轮缘上点 $A$ 的位置如习题 7-17 图所示，轮的半径 $r=0.2\text{m}$，试求图示瞬时点 $A$ 的绝对加速度。

7-18　如习题 7-18 图所示，圆盘以角速度 $\omega=2\text{rad/s}$ 绕 $AB$ 轴转动，点 $M$ 由盘心 $O$ 沿半径向盘边运动，其运动规律为 $OM=40t^2$，其中长度以 mm 计，时间以 s 计，求 $t=1\text{s}$ 时 $M$ 点的绝对加速度。

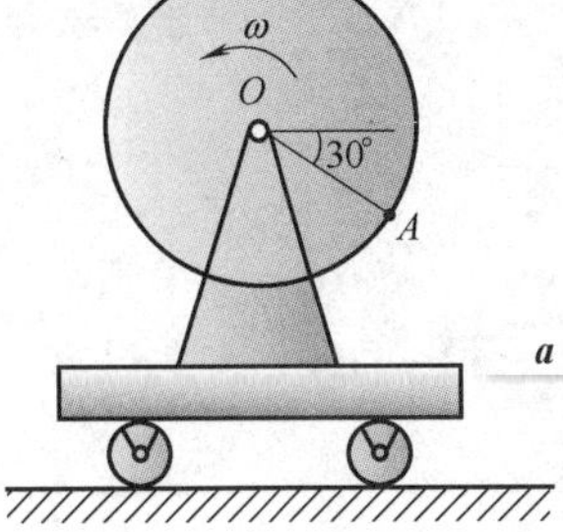


习题 7-17 图

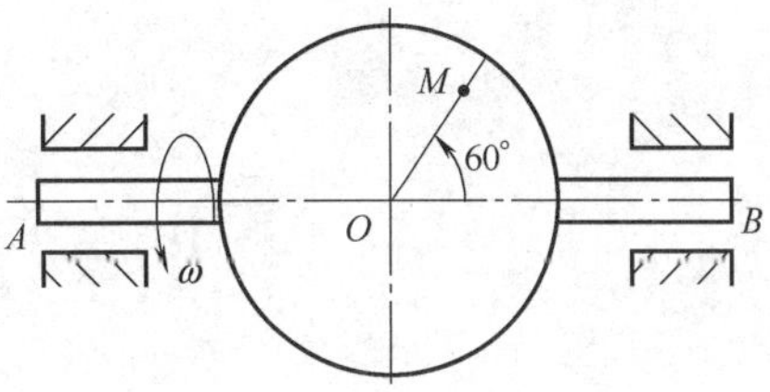


习题 7-18 图

7-19　如习题 7-19 图所示，半径为 $r$ 的空心圆环以等角速度 $\omega$ 绕 $O$ 轴转动，圆环内充满液体，液体按箭头方向以相对速度 $\boldsymbol{v}$ 在环内做匀速运动 。求在 1 和 2 点处液体的绝对加速度。

7-20　具有半径 $R=0.2\mathrm{m}$ 的半圆形槽的滑块，以速度 $v_0=1\mathrm{m/s}$，加速度 $a_0=2\mathrm{m/s^2}$，水平向右运动，推动杆 $AB$ 沿铅垂方向运动。试求在习题 7-20 图所示 $\varphi=60°$时，$AB$ 杆的速度和加速度。

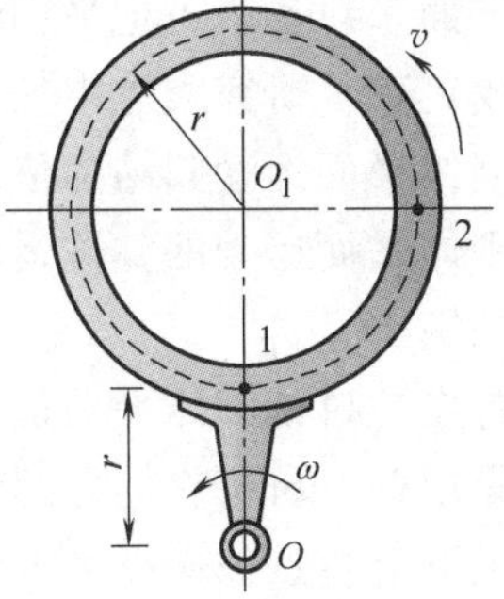


习题 7-19 图

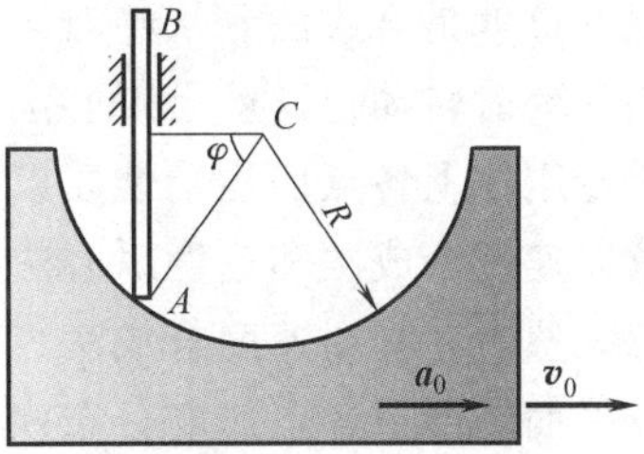


习题 7-20 图

7-21　如习题 7-21 图所示，半径为 $r$ 的圆环以匀角速度 $\omega$ 绕垂直于纸面的 $O$ 轴转动，$OA$ 杆固定于水平方向，小环 $M$ 套在大圆环及杆上。试用点的合成运动方法求当 $OC$ 垂直于 $CM$ 时，小环 $M$ 的速度和加速度。

7-22　平底顶杆凸轮机构如习题 7-22 图所示，顶杆 $AB$ 可沿导槽上下移动，偏心凸轮绕轴 $O$ 转动，轴 $O$ 位于顶杆轴线上。工作时顶杆的平底始终接触凸轮表面。该凸轮半径为 $R$，偏心距 $OC=e$，凸轮绕轴 $O$ 匀速转动，角速度为 $\omega$，$OC$ 与水平线成夹角 $\theta$。求当 $\theta=0°$时，顶杆的速度和加速度。

习题 7-22
机构动画

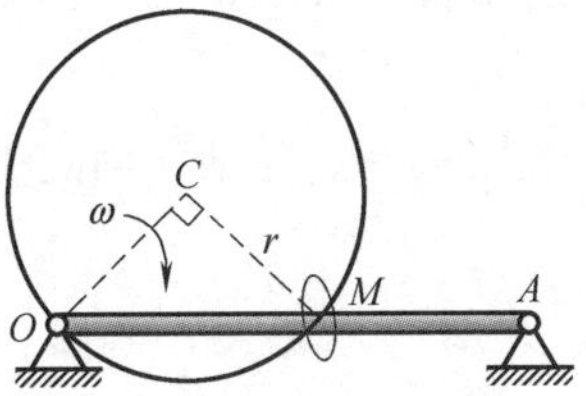


习题 7-21 图

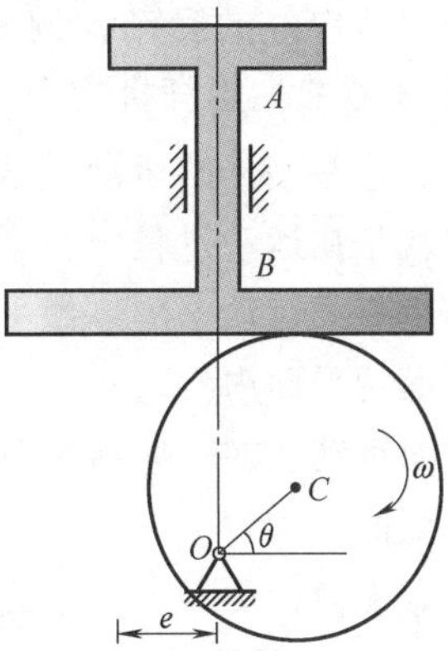


习题 7-22 图

# 第 8 章

# 刚体的平面运动

在第 6 章中，我们已经讨论了最基本也是最简单的刚体运动——刚体平移和刚体定轴转动，包括研究刚体的整体运动性质和刚体上各点的运动性质。在此基础上，本章将介绍工程中常遇到的刚体的另一种较为复杂的运动——刚体的平面运动。根据简化的顺序，刚体的平面运动先简化为平面图形在其本身平面内的运动，再分解为刚体平移和定轴转动，最后还可以简化为绕一系列瞬心的瞬时转动。从运动的合成与分解方面来讨论，可把平面运动分解为平移和转动，从而可用第 7 章的速度合成定理与加速度合成定理，研究刚体内任一点的速度与加速度，这就是合成法。从绝对运动的观点研究，可把刚体平面运动归结为依次绕一系列转动瞬心的瞬时转动，这就是瞬心法。在本章中，既讨论刚体平面运动的整体运动描述与性质，又讨论刚体上各点的运动性质以及它们之间的联系和区别。

本章以速度合成法和速度瞬心法介绍刚体平面运动。首先，讨论刚体平面运动的简化和运动分解。然后，介绍速度合成法、速度瞬心法和速度投影定理，讨论它们之间存在的内在联系以及平面图形上各点速度分布规律。最后，求解平面图形上各点加速度的方法——加速度合成法，并举例说明该方法的应用。

## 8.1 刚体平面运动概述

### 8.1.1 刚体平面运动的特征

知识点视频

机构中很多构件的运动，例如图 8-1a 所示行星齿轮机构中动齿轮 $B$ 的运动，图 8-1b 所示曲柄连杆机构中连杆 $AB$ 的运动，以及图 8-1c 所示沿直线轨道滚动的轮子。这些刚体的运动，既不是平移，也不是定轴转动，但它们运动时具有一个共同的特点，那就是在运动过程中，刚体上任意点与某一固定平面的距离始终保持不变。刚体的这种运动称为**平面运动**。刚体做平面运动时，其上各点的运动轨迹各不相同，但都在平行于某一固定平面的平面内。

**刚体平面运动**：在一般情况下，刚体运动过程中，其上任意一点与某一固定平面的距离始终保持不变的运动。

当刚体做平面运动时，作平面 $L$ 平行于固定平面 $L_0$，并与刚体相交，截出一平面图形 $S$，如图 8-2 所示。根据刚体平面运动的特点，刚体运动时，平面图形 $S$ 将始终保持在自身平面 $L$ 中运动。若取与平面图形 $S$ 垂直相交的直线 $A_1A_2$。它与平面图形 $S$ 的交点为 $A$，则当刚体运动时，直线 $A_1A_2$ 将做平移。因而，直线上各点的运动都相同，可以用其上一点 $A$ 的

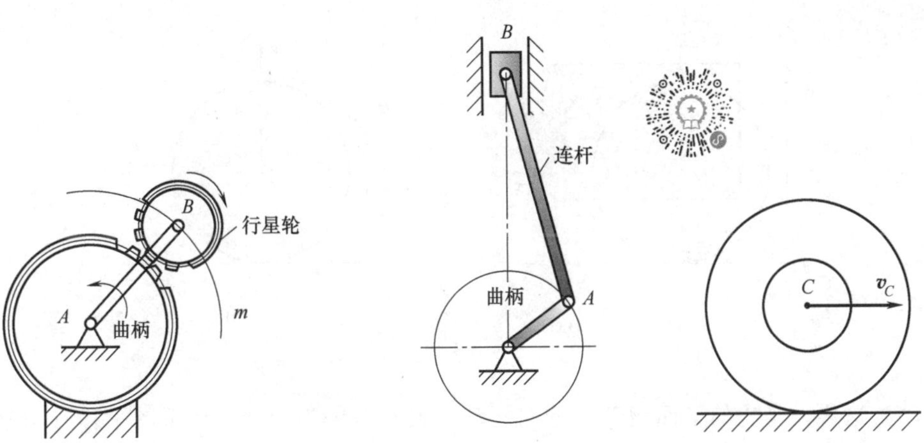


a)　　b)　　c)

图 8-1

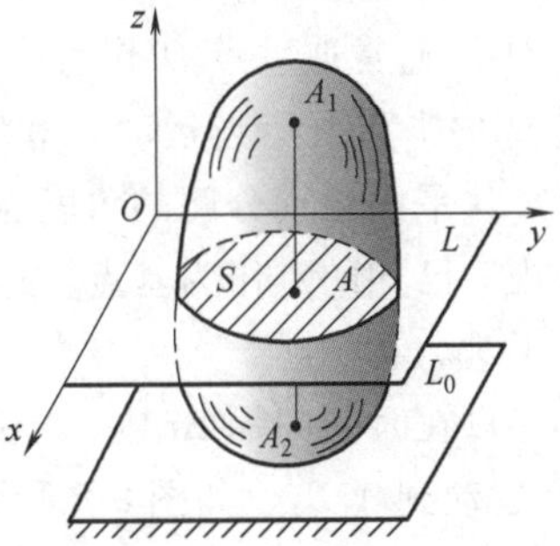


图 8-2

运动来代表。由此可见，平面图形上各点的运动就代表了刚体内所有点的运动。因此，研究刚体平面运动的问题就归结为研究平面图形 $S$ 在其自身平面内的运动问题。

### 8.1.2　刚体平面运动的运动方程

知识点视频　　图 8-2 机构动画

为了确定平面图形在任意瞬时 $t$ 的位置，只需确定图形内任一线段 $O'M$ 的位置。在图形所在的平面内取固定直角坐标系 $Oxy$，如图 8-3 所示，则线段 $O'M$ 的位置可由 $O'$点的坐标 $x_{O'}$、$y_{O'}$和线段 $O'M$ 与 $x$ 轴之间的夹角 $\varphi$ 来表示。$O'$点称为**基点**，$\varphi$ 称为平面图形的角坐标。当图形在自身平面内运动时，线段 $O'M$ 随同图形一起运动，故基点 $O'$的坐标 $x_{O'}$、$y_{O'}$和角坐标 $\varphi$ 都是时间 $t$ 的函数，即有

$$x_{O'}=x_{O'}(t),\ y_{O'}=y_{O'}(t),\ \varphi=\varphi(t) \tag{8-1}$$

式（8-1）称为**刚体的平面运动方程**。如已知图形的平面运动方程，就能确定对应于任一瞬时平面图形在其自身平面内的位置。

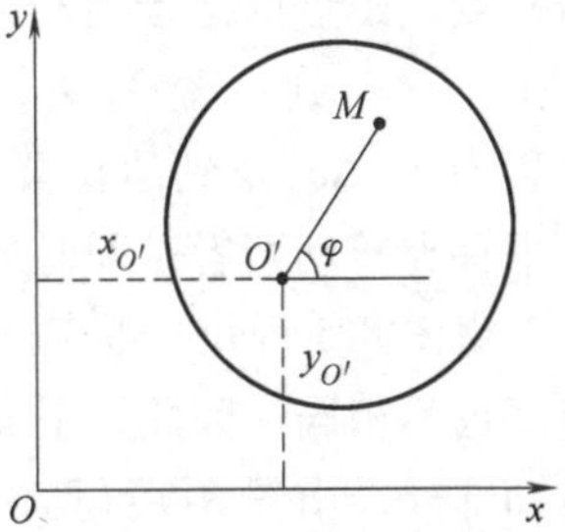


图 8-3

### 8.1.3　刚体平面运动的分解

由刚体的平面运动方程可以看到，如果图形中的 $M$ 点固定不动，则刚体将做定轴转动；如果线段 $O'M$ 的方位不变（即 $\varphi$ 为常数），则刚体将做平移。由此可见，平面图形的运动可以看成刚体平移和转动的合成运动。显然，一般情况下，$M$ 点和线段 $O'M$ 均发生位置的变化，故平面运动将包含着平移和转动这两种基本运动。由此得到启发，若能将平面运动分解为平移和转动，则可应用前面点的合成运动理论来分析平面运动刚体上各点的速度和加速度。

为了说明平面运动可以分解为平移和转动，下面以沿直线轨道做纯滚动的车轮为例来说明。如图 8-4a 所示车轮在直线路面行驶时，车轮相对于地面是平面运动，以轮心 $O'$为原点建立动坐标系 $O'x'y'$，动系的牵连运动为随车厢的直线平移。车轮相对于车厢的运动是绕 $O'$

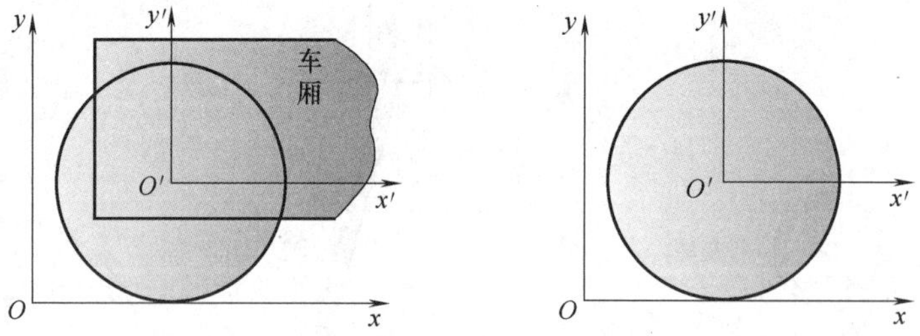


图 8-4

轴的转动。这样，车轮的平面运动（绝对运动）便可分解为随动坐标系的平移（牵连运动）和相对动坐标系的转动（相对运动）。

这种方法适用于研究任何平面图形的运动。若在平面图形上任取的 $O'$ 点处，假设安放一个平移坐标系 $O'x'y'$，当图形运动时，令平移坐标系的两轴始终分别平行于静坐标轴 $Ox$ 和 $Oy$。通常取基点 $O'$ 作为这一动坐标系的原点，则平面图形的平面运动便可看成为随同基点 $O'$ 的平移（牵连运动）和绕基点 $O'$ 的转动（相对运动）的合成，如图 8-4b 所示。

从平面运动分解的角度看，基点选取是任意的。在具体求解实际问题时，常取图形内运动规律已知的点作为基点。这样的点可能不止一个。以下分析选取不同基点对平面运动分解的影响。

设在时间间隔 $\Delta t$ 内，平面图形由位置Ⅰ运动到位置Ⅱ，相应地，图形内任取的线段从 $AB$ 运动到 $A_1B_1$，如图 8-5 所示。图形的运动，可分别以 $A$ 和 $B$ 为基点来进行研究。如取 $A$ 点为基点，则图形的运动可分解为：线段 $AB$ 随 $A$ 点平行移动到位置 $A_1B_1'$，再绕 $A_1$ 点由位置 $A_1B_1'$ 转动 $\Delta\varphi$ 角到达位置 $A_1B_1$；如取 $B$ 点为基点，图形的运动可分解为：线段 $AB$ 随 $B$ 点平行移动到位置 $A_1'B_1$，再绕 $B_1$ 点由位置 $A_1'B_1$ 转动 $\Delta\varphi'$ 角到达位置 $A_1B_1$。当然，实际上平移和转动两者是同时进行的。

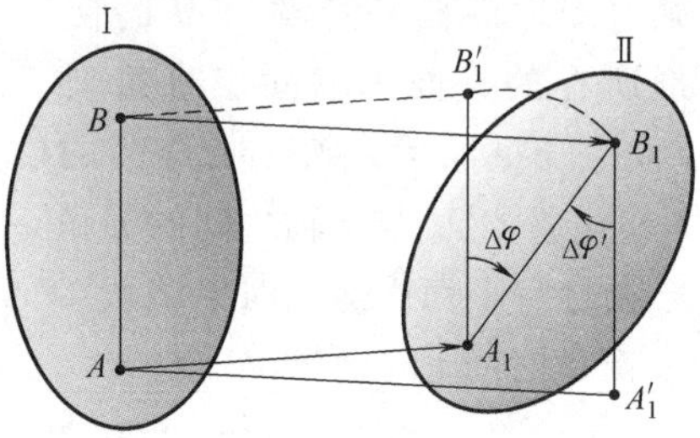


图 8-5

机构动画

由图 8-5 可知，取不同的基点，平移部分一般来说是不同的（$AA_1 \neq BB_1$），其速度和加速度也不相同。因此，平面运动分解为平移和转动时，其平移部分与基点的选取有关。对于转动部分，由图 8-5 可见，绕不同基点转动的角位移 $\Delta\varphi$ 和 $\Delta\varphi'$ 的大小及转向总是相同的，即总有 $\Delta\varphi = \Delta\varphi'$。由

$$\omega = \frac{\mathrm{d}\varphi}{\mathrm{d}t},\ \omega' = \frac{\mathrm{d}\varphi'}{\mathrm{d}t}$$

以及

$$\alpha = \frac{\mathrm{d}\omega}{\mathrm{d}t},\ \alpha' = \frac{\mathrm{d}\omega'}{\mathrm{d}t}$$

可得

$$\omega = \omega',\ \alpha = \alpha'$$

这表明，在任意瞬时，平面图形绕其平面内任意基点转动的角速度和角加速度都相同，

即平面图形绕基点转动的角速度和角加速度与基点的选取无关。因此，以后凡涉及平面图形相对转动的角速度和角加速度时，不必指明基点，而只说是平面图形的角速度和角加速度即可。

## 8.2　平面图形内各点的速度　速度投影定理

### 8.2.1　基点法

知识点视频

现在讨论平面图形内各点的速度。

由前一节分析可知，任何平面图形的运动都可视为随同基点的平移和绕基点转动的合成运动。随着平面图形运动的分解与合成，图形上任一点的运动也相应地分解与合成。由此可应用点的合成运动的方法求出图形上任一点的速度。

如图 8-6 所示，设某一瞬时图形上 $A$ 点的速度 $\boldsymbol{v}_A$ 已知，图形的角速度为 $\omega$。若选 $A$ 点为基点，则根据点的速度合成定理，图形上任一点 $B$ 的绝对速度为

$$\boldsymbol{v}_B=\boldsymbol{v}_\mathrm{e}+\boldsymbol{v}_\mathrm{r}$$

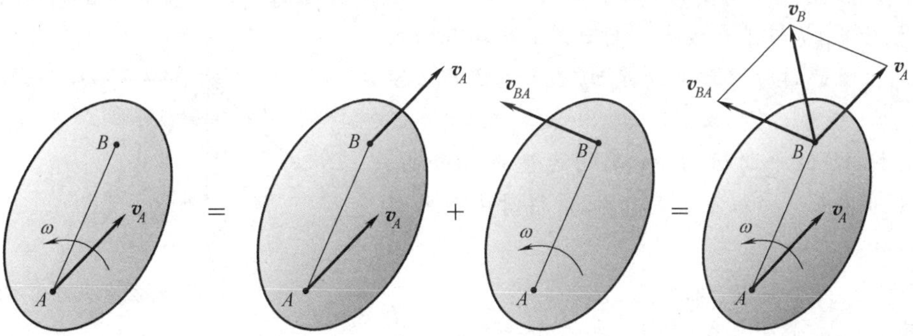


图 8-6

由于牵连运动为动坐标系随同基点的平移，故牵连速度 $\boldsymbol{v}_\mathrm{e}=\boldsymbol{v}_A$。相对运动为图形绕基点 $A$ 的转动，即图形上各点以基点 $A$ 为中心做圆周运动，故相对速度 $\boldsymbol{v}_\mathrm{r}$ 为以 $AB$ 为半径绕 $A$ 点做圆周运动时的速度，记为 $\boldsymbol{v}_{BA}$，其大小为 $v_{BA}=AB\cdot\omega$，方向垂直于 $AB$，指向与图形的转动方向相一致。因此根据速度合成定理 $B$ 点的速度 $\boldsymbol{v}_B$ 可表示为

$$\boldsymbol{v}_B=\boldsymbol{v}_A+\boldsymbol{v}_{BA} \tag{8-2}$$

即平面图形内任一点的速度，等于基点速度与该点绕基点转动速度的矢量和。这就是求平面图形内各点速度的**基点法**。它表明了平面图形内任意两点之间速度的关系，是求平面运动图形内任一点速度的基本方法。在分析具体问题中，通常把平面图形中速度已知的点选作基点。

在应用时，应该注意到式（8-2）是一个矢量表达式，各矢量均有大小和方向两个要素，式中共有六个要素。由于相对速度 $\boldsymbol{v}_{BA}$ 的方向总是已知的，它垂直于线段 $AB$。因此欲使问题可解，还应知道另外三个要素，方可求解剩余的两个要素。特别是若已知或求得平面图形的角速度，以点 $A$ 为基点，用式（8-2）可求出图形上任意点的速度。此外，应用式（8-2）作速度平行四边形时，根据式（8-2）可知 $\boldsymbol{v}_B$ 是合矢量，因此速度图中 $\boldsymbol{v}_B$ 应为速度平行四边形的对角线。

## 8.2.2 速度投影定理

知识点视频

某些情况下求平面图形上各点的速度，采用投影法更为方便。

在平面图形上任取 $A$ 和 $B$ 两点，它们的速度分别为 $\boldsymbol{v}_A$ 和 $\boldsymbol{v}_B$，则两点的速度满足式(8-2)，将该式在线段 $AB$ 方向上投影，得

$$[\boldsymbol{v}_B]_{AB}=[\boldsymbol{v}_A]_{AB}+[\boldsymbol{v}_{BA}]_{AB}$$

注意到 $\boldsymbol{v}_{BA}$ 恒垂直于线段 $AB$，因此有 $[\boldsymbol{v}_{BA}]_{AB}=0$。故

$$[\boldsymbol{v}_B]_{AB}=[\boldsymbol{v}_A]_{AB} \tag{8-3}$$

式（8-3）表明，在任一瞬时，平面图形上任意两点的速度在这两点连线上的投影相等，此为**速度投影定理**。速度投影定理反映了刚体上任意两点间的距离保持不变的特性，它不仅适用刚体做平面运动，也适用刚体作其他任何运动。

应用速度投影定理计算平面图形内任一点速度的方法称为**投影法**。使用投影法求速度时，必须知道一点的速度大小和方向以及图形内另一点的速度方向。当已知一点速度求另一点速度时速度投影定理较为方便，因为投影为代数量，不涉及矢量的叠加计算。但需注意的是，投影法无法求解平面图形的角速度。

**例 8-1** 如图 8-7 所示杆 $AB$ 长为 $l$，其 $A$ 端沿水平轨道运动，$B$ 端沿铅直轨道运动。在图示瞬时，杆 $AB$ 与铅直线成夹角 $\varphi$，$A$ 端具有向右的速度 $\boldsymbol{v}_A$，求此瞬时 $B$ 端的速度 $\boldsymbol{v}_B$ 及杆 $AB$ 的角速度 $\omega_{AB}$。

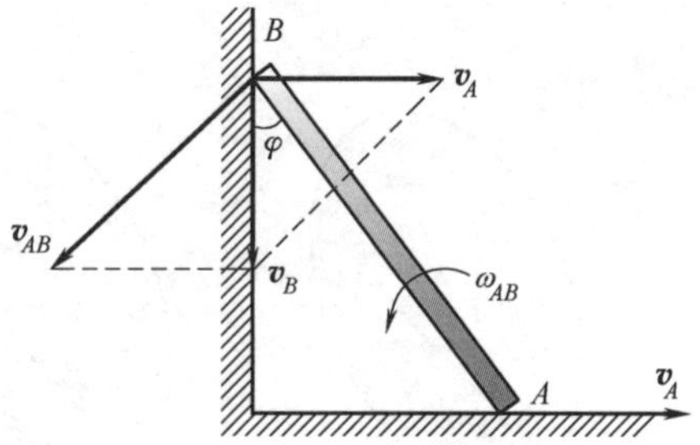

图 8-7

解：杆 $AB$ 做平面运动，$A$ 端的速度是已知的，故选点 $A$ 为基点，由基点法式（8-2）得滑块 $B$ 的速度为

$$\boldsymbol{v}_B=\boldsymbol{v}_A+\boldsymbol{v}_{AB}$$

上式中有三个大小和三个方向，共六个要素，其中 $\boldsymbol{v}_B$ 的方位是已知的，$\boldsymbol{v}_B$ 的大小是未知的；$\boldsymbol{v}_A$ 的大小和方位是已知的；点 $B$ 相对基点转动的速度 $\boldsymbol{v}_{BA}$ 的大小是未知的，$\boldsymbol{v}_{BA}=\omega\cdot AB$，方位是已知的，垂直于杆 $AB$。在点 $B$ 处作速度的平行四边形，应使 $\boldsymbol{v}_B$ 位于平行四边形对角线的位置，如图 8-7 所示。由图中的几何关系得

$$v_B=v_A\tan\varphi$$

$\boldsymbol{v}_B$ 的方向铅直向下。

点 $B$ 相对基点转动的速度为

$$v_{BA}=\frac{v_A}{\cos\varphi}$$

则连杆 $AB$ 的角速度为

$$\omega_{AB}=\frac{v_{BA}}{l}=\frac{v_A}{l\cos\varphi}$$

根据 $\boldsymbol{v}_{BA}$ 的速度方向可判断 $\omega_{AB}$ 转向为逆时针。

本题若采用速度投影法，可以很快速地求出滑块 $B$ 的速度。如图 8-7 所示，由式(8-3) 有

$$[\boldsymbol{v}_A]_{AB}=[\boldsymbol{v}_B]_{AB}$$

即

$$v_A\sin\varphi=v_B\cos\varphi$$

则

$$v_B=\frac{\sin\varphi}{\cos\varphi}v_A=v_A\tan\varphi$$

但此法不能求出连杆 $AB$ 的角速度。

**例 8-2** 如图 8-8 所示，已知大齿轮Ⅰ固定，半径为 $r_1$；行星齿轮Ⅱ沿轮Ⅰ只滚而不滑动，半径为 $r_2$，系杆 $OA$ 的角速度为 $\omega$，试求轮Ⅱ的角速度 $\omega_{\text{Ⅱ}}$ 及其 $B$、$C$ 两点的速度。

**解**：轮Ⅱ做平面运动，其上 $A$ 点的速度可根据 $A$ 点在系杆 $OA$ 上绕 $O$ 转动求得

$$v_A=\omega\cdot OA=\omega(r_1+r_2)$$

方向如图所示。

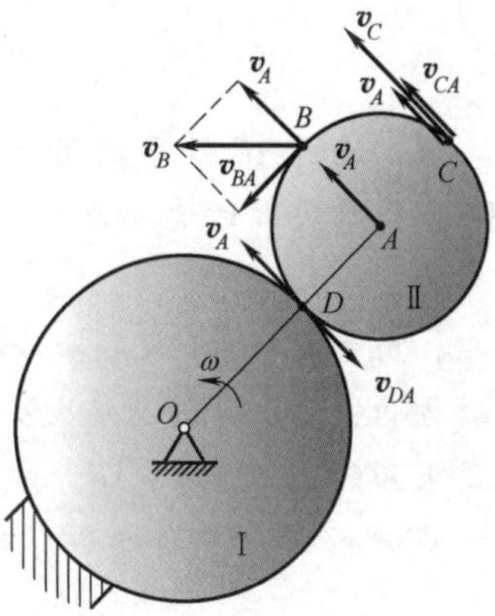


图 8-8

研究轮Ⅱ，其做平面运动，以 $A$ 为基点，轮Ⅱ和轮Ⅰ接触点的速度根据速度合成定理应为

$$\boldsymbol{v}_D=\boldsymbol{v}_A+\boldsymbol{v}_{DA}$$

画出速度合成图，由于轮Ⅰ固定不动，接触点 $D$ 不滑动，故 $v_D=0$，由 $D$ 点的速度合成图，可知

$$v_{DA}=v_A=\omega(r_1+r_2)$$

$\boldsymbol{v}_{DA}$ 为 $D$ 点绕基点 $A$ 的速度，所以 $v_{DA}=\omega_{\text{Ⅱ}}\cdot DA$，故

$$\omega_{\text{Ⅱ}}=\frac{v_{DA}}{DA}=\frac{\omega(r_1+r_2)}{r_2}$$

为逆时针转向，如图 8-8 所示。

以 $A$ 为基点，$B$ 点的速度根据速度合成定理为

$$\boldsymbol{v}_B=\boldsymbol{v}_A+\boldsymbol{v}_{BA}$$

其中 $\boldsymbol{v}_{BA}$ 的方向与 $\boldsymbol{v}_A$ 垂直，大小为

$$\boldsymbol{v}_{BA}=\omega_{\text{Ⅱ}}\cdot BA=\omega(r_1+r_2)=\boldsymbol{v}_A$$

则

$$v_B=\sqrt{2}v_A=\sqrt{2}\omega(r_1+r_2)$$

方向与 $\boldsymbol{v}_A$ 的夹角为 45°，指向如图 8-8 所示。

以 $A$ 为基点，$C$ 点的速度根据速度合成定理为

$$\boldsymbol{v}_C=\boldsymbol{v}_A+\boldsymbol{v}_{CA}$$

其中 $\boldsymbol{v}_{CA}$ 的方向与 $\boldsymbol{v}_A$ 一致，大小为

$$v_{CA}=\omega_{\text{Ⅱ}}\cdot AC=\omega(r_1+r_2)=v_A$$

得

$$v_C=2v_A=2\omega(r_1+r_2)$$

方向与 $\boldsymbol{v}_A$ 一致，指向如图 8-8 所示。

**例 8-3** 曲柄连杆机构如图 8-9 所示，曲柄 $OA$ 以匀角速度 $\omega$ 绕 $O$ 轴转动，已知曲柄 $OA$

长为 $R$，连杆 $AB$ 长为 $l$，试求当曲柄与水平线的夹角 $\varphi=\omega t$ 时，滑块 $B$ 的速度和连杆 $AB$ 的角速度。

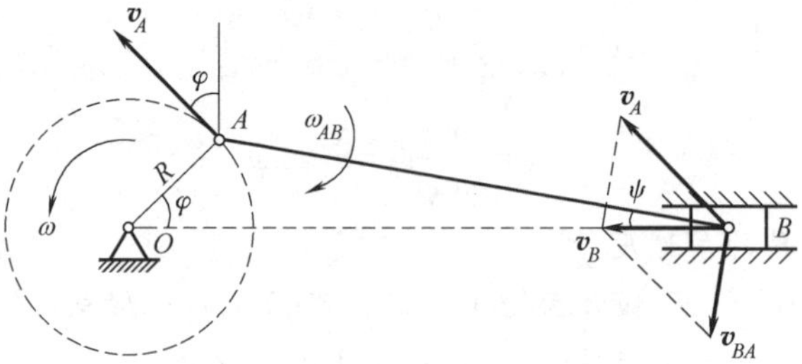


图 8-9

例 8-3
机构动画

**解**：连杆 $AB$ 做平面运动，因点 $A$ 的运动是已知的，故选点 $A$ 为基点，由基点法式（8-2）得滑块 $B$ 的速度为

$$\boldsymbol{v}_B=\boldsymbol{v}_A+\boldsymbol{v}_{BA}$$

其中，由于曲柄 $OA$ 做定轴转动，则点 $A$ 的速度大小为 $v_A=\omega R$，方位垂直于曲柄 $OA$ 沿 $\omega$ 的旋转方向；滑块 $B$ 的速度大小是未知的，方位是已知的，点 $B$ 相对基点转动的速度 $\boldsymbol{v}_{BA}$ 的大小是未知的，$v_{BA}=\omega\cdot AB$，方位是已知的，垂直于连杆 $AB$。故在点 $B$ 处作速度的平行四边形，应使 $\boldsymbol{v}_B$ 位于平行四边形对角线的位置，如图 8-9 所示。由图中的几何关系得

$$\frac{v_A}{\sin(90°-\psi)}=\frac{v_B}{\sin(\varphi+\psi)}$$

解得滑块 $B$ 的速度为

$$v_B=v_A\frac{\sin(\psi+\varphi)}{\cos\psi}=\omega R(\sin\varphi+\cos\varphi\tan\psi) \tag{1}$$

式中几何关系有

$$l\sin\psi=R\sin\varphi$$

则

$$\sin\psi=\frac{R}{l}\sin\varphi$$

$$\cos\psi=\sqrt{1-\sin^2\psi}=\frac{1}{l}\sqrt{l^2-R^2\sin^2\varphi}$$

$$\tan\psi=\frac{R\sin\varphi}{\sqrt{l^2-R^2\sin^2\varphi}} \tag{2}$$

式（2）代入式（1）中，并考虑 $\varphi=\omega t$，得

$$v_B=\omega R\left(1+\frac{R\cos\omega t}{\sqrt{l^2-R^2\sin^2\omega t}}\right)\sin\omega t$$

由几何关系有

$$\frac{v_A}{\sin(90°-\psi)}=\frac{v_{BA}}{\sin(90°-\varphi)}$$

解得

$$v_{BA}=\frac{v_A\sin(90°-\varphi)}{\sin(90°-\psi)}=\omega R\frac{\cos\varphi}{\cos\psi}$$

则连杆 $AB$ 的角速度为

$$\omega_{AB}=\frac{v_{BA}}{l}=\frac{\omega R}{l}\frac{\cos\varphi}{\cos\psi}=\frac{\omega R\cos\omega t}{\sqrt{l^2-R^2\sin^2\omega t}}$$

**例 8-4**　半径为 $R$ 的圆轮，沿直线轨道做无滑动地滚动，如图 8-10 所示。已知轮心 $O$ 以速度 $\boldsymbol{v}_O$ 运动，试求轮缘上水平位置和竖直位置处点 $A$、$B$、$C$、$D$ 的速度。

**解**：轮做平面运动，轮心运动已知，故以轮心为基点进行求解。选轮心 $O$ 为基点，轮缘上任意一点 $M$ 的速度可表示为

$$\boldsymbol{v}_M=\boldsymbol{v}_O+\boldsymbol{v}_{MO}$$

$\boldsymbol{v}_{MO}$ 的大小为 $R\omega$，方向垂直于半径，注意，这里角速度 $\omega$ 是未知的，故 $\boldsymbol{v}_{MO}$ 的大小仍属未知。而轮缘上各点速度的大小和方向都是未知的。所以直接求解轮缘上各点的速度条件尚不足。但考虑到车轮的纯滚动条件，可以设法先求得车轮的角速度。由于轨道静止不动，而轮与轨道的接触点相对于轨道没有滑动，因此轮上 $C$ 点的速度应为零，即

$$v_C=0$$

如图 8-10 所示，则有

$$v_C=v_O-v_{CO}=0$$

圆轮的角速度为

$$\omega=\frac{v_{CO}}{R}=\frac{v_O}{R}$$

当 $\omega$ 求得后，各点相对于基点的速度即可求。作 $A$、$B$、$D$ 点速度平行四边形，由几何关系可得各点速度为

$$v_{AO}=v_{BO}=v_{DO}=\omega R=v_O$$

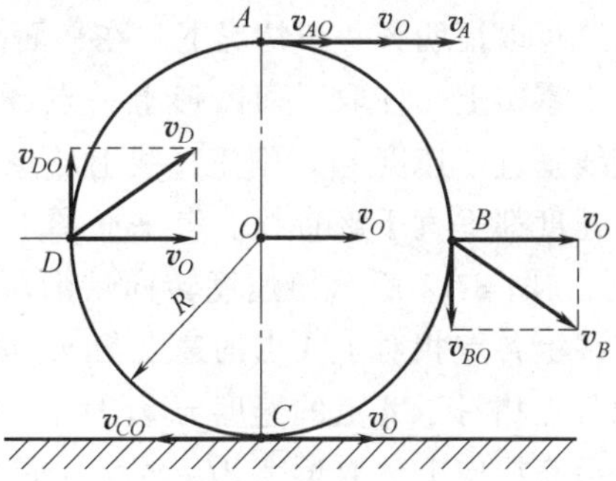


图 8-10

$A$ 点的速度为

$$v_A=v_O+v_{AO}=2v_O$$

$B$、$D$ 点的速度为

$$v_B=v_D=\sqrt{2}\,v_O$$

方向如图 8-10 所示。

**例 8-5**　如图 8-11 所示平面连杆滑块机构中，$A$、$B$、$O_2$ 和 $O_1$、$C$ 分别在两水平线上，$O_1$、$A$ 和 $O_2$、$C$ 分别在两铅垂线上。$\alpha=30°$，$\beta=45°$，$O_2C=10\text{cm}$。已知滑块 $A$ 的速度 $v_A=8\text{cm/s}$，方向水平向左。求摆杆 $O_2C$ 的角速度。

**解**：机构中杆 $O_1B$ 和杆 $O_2C$ 做定轴转动，杆 $AB$ 和杆 $BC$ 做平面运动，滑块 $A$ 平移。当滑块 $A$ 以已知速度 $\boldsymbol{v}_A$ 向左滑动时，机构中的 $B$ 点和 $C$ 点的速度如图 8-11 所示。对于 $AB$ 杆和 $BC$ 杆分别应用速度投影定理式（8-3），得到

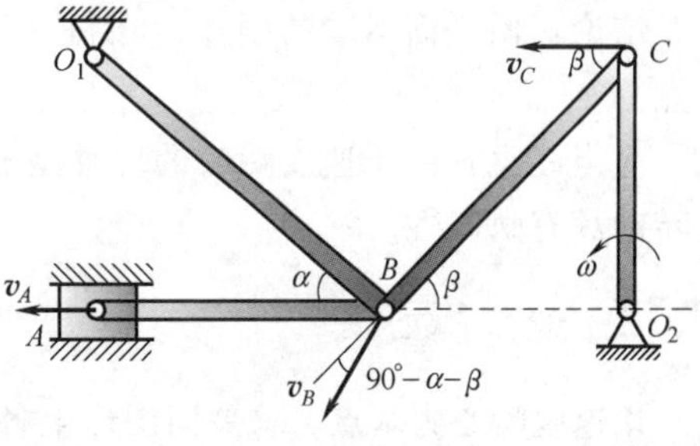


图 8-11

$$v_A = v_B\cos(90°-\alpha),\ v_B\cos(90°-\alpha-\beta) = v_C\cos\beta$$

解得

$$v_C = \frac{v_A}{\sin\alpha}\ \frac{\sin(\alpha+\beta)}{\cos\beta} = \frac{8\text{cm/s}}{\sin 30°}\ \frac{\sin(30°+45°)}{\cos 45°} = 8(\sqrt{3}+1)\text{cm/s} = 21.86\text{cm/s}$$

故 $O_2C$ 杆的角速度为

$$\omega_{O_2C} = \frac{v_C}{O_2C} = \frac{4}{5}(\sqrt{3}+1)\text{rad/s} = 2.19\text{rad/s}$$

其转向为逆时针方向。

## 8.3 求平面图形速度的瞬心法

### 8.3.1 瞬时速度中心

由于平面图形上任一点的速度等于基点速度与绕基点转动速度的矢量和，若在给定瞬时，平面图形上存在着瞬时速度等于零的点，那么选该点为基点时，求解其他各点的速度就会变得十分方便。

可以证明：一般情况下，在平面图形中，每一瞬时都唯一地存在着速度为零的点。

事实上，任取平面图形上一点 $A$，过 $A$ 点作直线垂直于速度 $\boldsymbol{v}_A$，则该直线上各点相对于 $A$ 点的速度都垂直于该直线。设平面图形的角速度为 $\omega$，在图 8-12 所示角速度转向情形下，$A$ 点下侧直线上各点相对于 $A$ 点的速度与 $\boldsymbol{v}_A$ 同向，$A$ 点上侧各点相对于 $A$ 点的速度与 $\boldsymbol{v}_A$ 反向。因此，自 $A$ 点沿直线向上量取长度 $AI = v_A/\omega$，可定出一点 $I$。可以证明，$I$ 点的瞬时速度等于零。为此，取 $A$ 点为基点来计算点 $I$ 的速度，得 $\boldsymbol{v}_I = \boldsymbol{v}_A + \boldsymbol{v}_{IA}$。因 $\boldsymbol{v}_I \perp \boldsymbol{v}_A$，$\boldsymbol{v}_{IA} \perp IA$，且 $\boldsymbol{v}_{IA}$ 的大小为 $v_{IA} = AI \cdot \omega = \frac{v_A}{\omega}\omega = v_A$，但方向与 $\boldsymbol{v}_A$ 相反。故 $v_I = v_A - v_{IA} = 0$，即点 $I$ 是在该瞬时速度为零的点。由以上分析可知，若平面图形不是在给定瞬时静止（$\boldsymbol{v}_A = \boldsymbol{0}$ 且 $\omega = 0$），则瞬时速度为零的点是唯一的。在给定瞬时平面图形上，速度为零的点称为该平面图形的**瞬时速度中心**，简称**速度瞬心**。

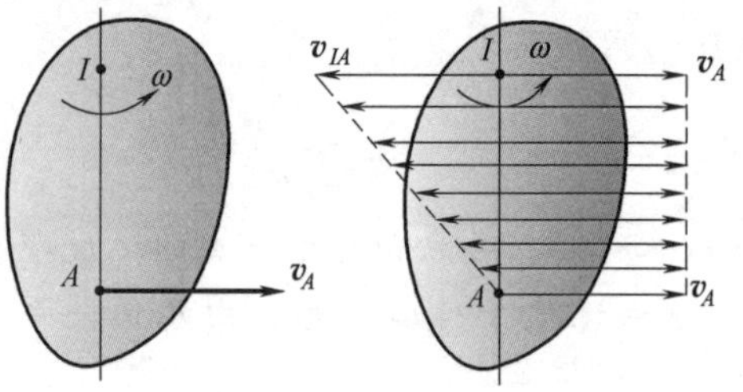


图 8-12

结论：做平面运动的刚体，在每一瞬时，都唯一地存在一个速度为零的点，即速度瞬心点。

应当注意：由于速度瞬心的位置是随时间的变化而变化的，因此平面图形相对速度瞬心的转动具有瞬时性。

### 8.3.2 速度瞬心法

以速度瞬心为基点，求平面图形上各点速度的方法，称为**速度瞬心法**。取平面图形的瞬心 $I$ 为基点，则该图形内任一点 $M$ 的速度为 $\boldsymbol{v}_M = \boldsymbol{v}_I + \boldsymbol{v}_{MI} = \boldsymbol{v}_{MI}$。故平面

知识点视频

图形内任意一点的速度，就等于该点绕速度瞬心的转动速度，其大小等于该点到速度瞬心的距离乘以图形的角速度，即

$$v_M = IM \cdot \omega \tag{8-4}$$

点 $M$ 的速度方向与 $IM$ 相垂直并指向图形转动的一方。平面图形内各点速度的分布如图 8-13 所示。它与图形绕定轴转动时各点速度的分布情况类似。因此，每一瞬时，平面图形的运动可看成是绕速度瞬心的瞬时转动。

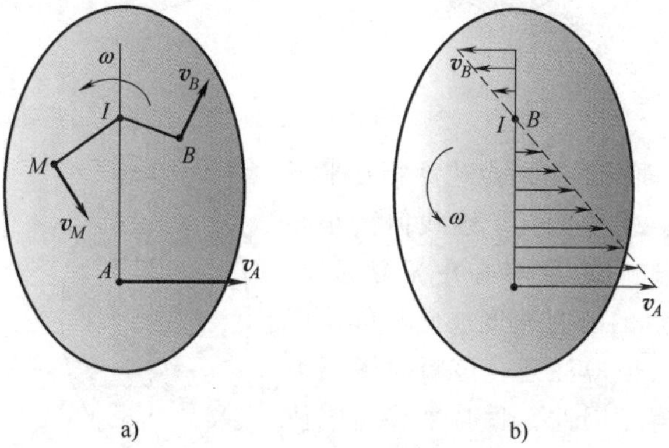


图 8-13

必须说明，尽管平面图形上各点的速度在某瞬时绕瞬心的分布与绕定轴转动时的分布类似，但它们之间有着本质的区别。绕定轴转动时，转动中心是一个固定不动的点，而速度瞬心的位置是随时间而变化的，不同的瞬时，平面图形具有不同的速度瞬心。故速度瞬心又称为平面图形的瞬时转动中心。

## 8.3.3　速度瞬心位置的确定

知识点视频

利用速度瞬心计算平面图形上各点速度的方法称为瞬心法。应用瞬心法首先必须确定速度瞬心的位置。下面说明几种可以确定速度瞬心位置的情形。

1）平面图形沿地面做无滑动地滚动。如图 8-14 所示，图形与地面的接触点 $I$ 的绝对速度等于零，故 $I$ 点就是图形在该瞬时的速度瞬心。

2）已知某瞬时平面图形上任意两点的速度方向，且两速度彼此不平行。如图 8-15 所示，由于图形的运动可以看成为绕速度瞬心做瞬时转动，故过 $A$、$B$ 两点分别作 $\boldsymbol{v}_A$ 和 $\boldsymbol{v}_B$ 的垂线，其交点 $I$ 即是图形的速度瞬心。

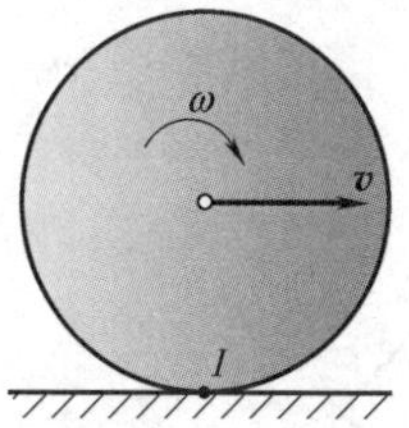


图 8-14

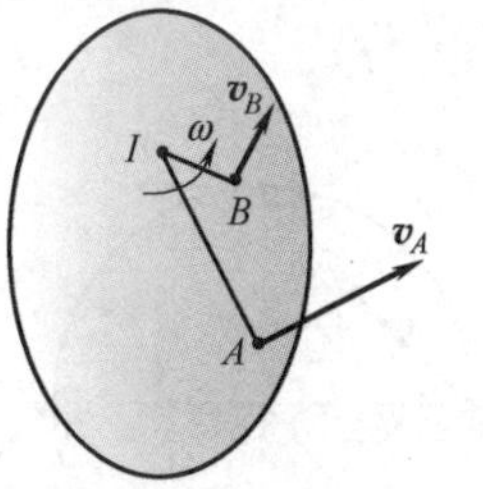


图 8-15

3）已知某瞬时平面图形上两点速度的大小，其方向均与两点的连线垂直，如图 8-16 所示。根据图形的速度分布规律，两点连线与两速度矢端连线的交点即为速度瞬心。

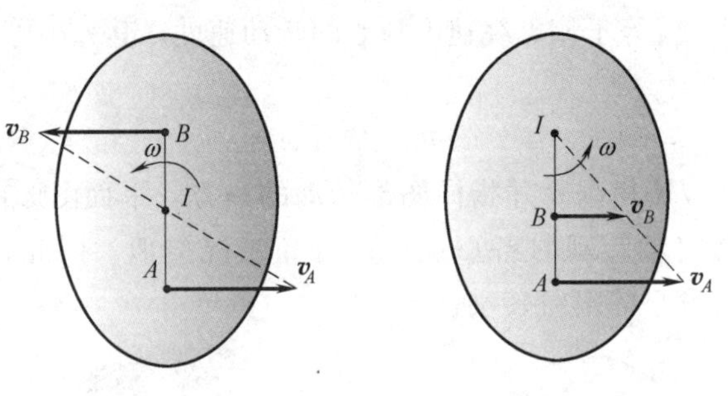


图 8-16

4）已知某瞬时平面图形上两点速度相互平行但不垂直于两点连线，或者垂直于连线但大小相等。如图 8-17 所示，这时速度瞬心在无穷远处。图中角速度 $\omega=0$，各点的瞬时速度彼此相等，即平面图形做**瞬时平移**。但应注意，该瞬时图形上各点的加速度并不相等。因此，瞬时平移与刚体平移是有本质区别的。

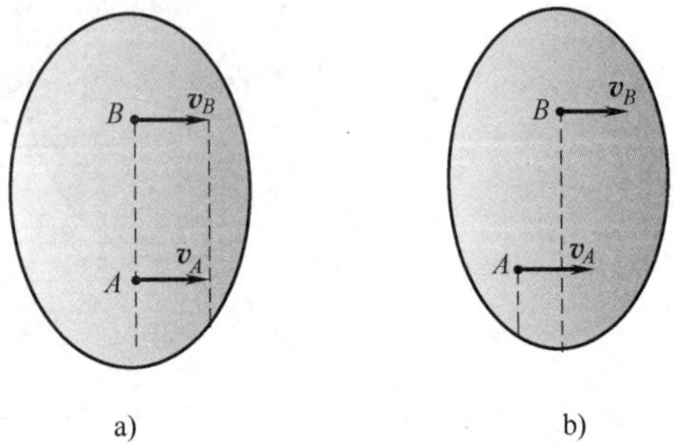


图 8-17

**例 8-6** 用速度瞬心法求例 8-4 各点的速度。

**解：** 由于圆轮沿直线轨道做无滑动地滚动，圆轮与轨道接触点的速度为零，故点 $C$ 为速度瞬心。圆轮的角速度为

$$\omega=\frac{v_O}{R}$$

圆轮上各点速度为

$$v_A=\omega\cdot AI=\frac{v_O}{R}\cdot 2R=2v_O$$

$$v_B=v_D=\omega\cdot\sqrt{2}R=\sqrt{2}v_O$$

$$v_I=0$$

各点速度的方向如图 8-18 所示。

**例 8-7** 曲柄滑块机构如图 8-19 所示，已知 $AB=l$，$OA=r$，$OA$ 杆转动的角速度为 $\omega$，$OA$ 杆与水平线间的夹角为 $\varphi$，$AB$ 杆与水平线间的夹角为 $\psi$。求 $AB$ 杆转动的角速度 $\omega_{AB}$ 和滑块 $B$ 的速度 $\boldsymbol{v}_B$。

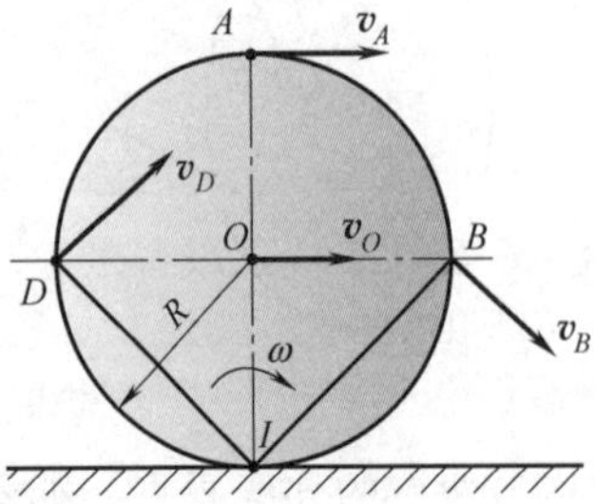


图 8-18

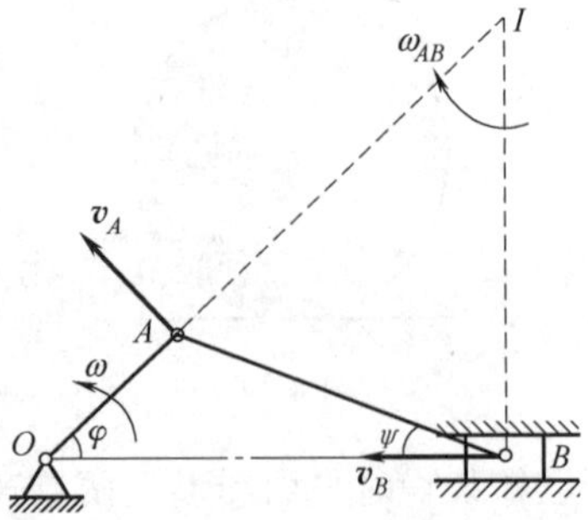


图 8-19

解：曲柄 $OA$ 绕 $O$ 轴转动，则 $A$ 点的速度方向垂直于 $OA$，指向如图 8-19 所示，其大小为 $v_A = OA \cdot \omega$，滑块 $B$ 沿水平方向平移，$B$ 点速度沿水平方向，连杆 $AB$ 做平面运动，由 $\boldsymbol{v}_A$ 和 $\boldsymbol{v}_B$ 方向，可知 $I$ 点为 $AB$ 杆的速度瞬心。

根据速度瞬心法，则

$$v_A = OA \cdot \omega = IA \cdot \omega_{AB}$$

$AB$ 杆转动的角速度 $\omega_{AB}$ 为

$$\omega_{AB} = \frac{OA \cdot \omega}{IA} = \frac{r\omega}{IA}$$

转向为顺时针方向，如图 8-19 所示。

滑块 $B$ 的速度 $\boldsymbol{v}_B$ 大小为

$$v_B = IB \cdot \omega_{AB}$$

几何关系由正弦定理可知

$$\frac{AB}{\sin(90^\circ - \varphi)} = \frac{IA}{\sin(90^\circ - \psi)} = \frac{IB}{\sin(\varphi + \psi)}$$

即

$$IA = \frac{\cos\psi}{\cos\varphi} l,\ IB = \frac{\sin(\varphi + \psi)}{\cos\varphi} l$$

代入可得

$$\omega_{AB} = \frac{r\omega}{IA} = \frac{r\omega\cos\varphi}{l\cos\psi},\ v_B = IB \cdot \omega_{AB} = \frac{r\omega\sin(\varphi + \psi)}{\cos\psi}$$

## 8.4　基点法求平面图形内各点的加速度

知识点视频

由于平面运动可以看成是随同基点的牵连平移与绕基点的相对转动的合成运动，于是图形上任一点的加速度可以由加速度合成定理求出。设已知某瞬时图形内 $A$ 点的加速度为 $\boldsymbol{a}_A$，图形的角速度为 $\omega$，角加速度为 $\alpha$，如图 8-20 所示。以 $A$ 点为基点，分析图形上任意一点 $B$ 的加速度 $\boldsymbol{a}_B$。因为牵连运动为动坐标系随同基点的平移，故牵连加速度 $\boldsymbol{a}_{\mathrm{e}} = \boldsymbol{a}_A$。相对运动是点 $B$ 随同图形绕基点 $A$ 的转动，故相对加速度 $\boldsymbol{a}_{\mathrm{r}} = \boldsymbol{a}_{BA}$，其中 $\boldsymbol{a}_{BA}$ 是点 $B$ 随同图形绕基点 $A$ 的转动加速度。由式（7-5）得

$$\boldsymbol{a}_B = \boldsymbol{a}_A + \boldsymbol{a}_{BA} \tag{8-5}$$

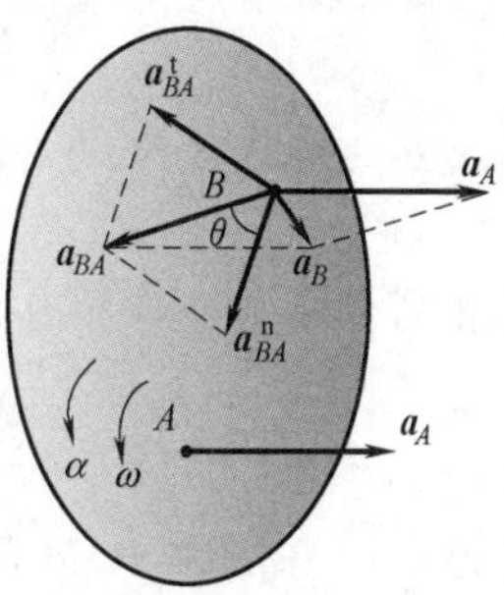

图 8-20

由于点 $B$ 随同图形绕基点 $A$ 转动的加速度包括切向加速度 $\boldsymbol{a}_{BA}^{\mathrm{t}}$ 和法向加速度 $\boldsymbol{a}_{BA}^{\mathrm{n}}$，故式（8-5）可写作

$$\boldsymbol{a}_B = \boldsymbol{a}_A + \boldsymbol{a}_{BA}^{\mathrm{t}} + \boldsymbol{a}_{BA}^{\mathrm{n}} \tag{8-6}$$

即**平面图形上任意一点的加速度，等于基点的加速度与该点随同图形绕基点转动的切向加速度和法向加速度的矢量和。**

在式（8-6）中，相对切向加速度 $\boldsymbol{a}_{BA}^{\mathrm{t}}$ 与点 $A$、$B$ 连线方向垂直，大小为 $AB \cdot \alpha$；相对法向加速度 $\boldsymbol{a}_{BA}^{\mathrm{n}}$ 沿点 $A$、$B$ 连线方向从 $B$ 指向 $A$，大小为 $AB \cdot \omega^2$。

在应用式（8-6）计算平面图形上各点的加速度时，每个矢量均有方向和大小两个要素，

而要想式子可解，未知量只能有两个要素，因此在计算之前，要先分析清楚各个要素。当问题可解时，将式（8-6）在平面直角坐标系上投影，即可由两个代数方程联立求得所需的未知量。另外需注意在实际问题中基点和所求点可能做曲线运动，式（8-6）中 $\boldsymbol{a}_A$ 与 $\boldsymbol{a}_B$ 两个矢量要根据实际情况分解到各自的切向与法向方向。

**例 8-8** 如图 8-21a 所示，曲柄 $OA$ 以匀角速度 $\omega_0=10\text{rad/s}$ 绕轴 $O$ 转动，$OA=20\text{mm}$，逆时针方向转动，并带动连杆 $AB$，$AB=100\text{mm}$，滑块 $B$ 沿铅直滑道运动，当 $\varphi=45°$ 时，曲柄 $OA$ 与连杆 $AB$ 垂直，试求此瞬时连杆 $AB$ 中点 $M$ 的加速度大小。

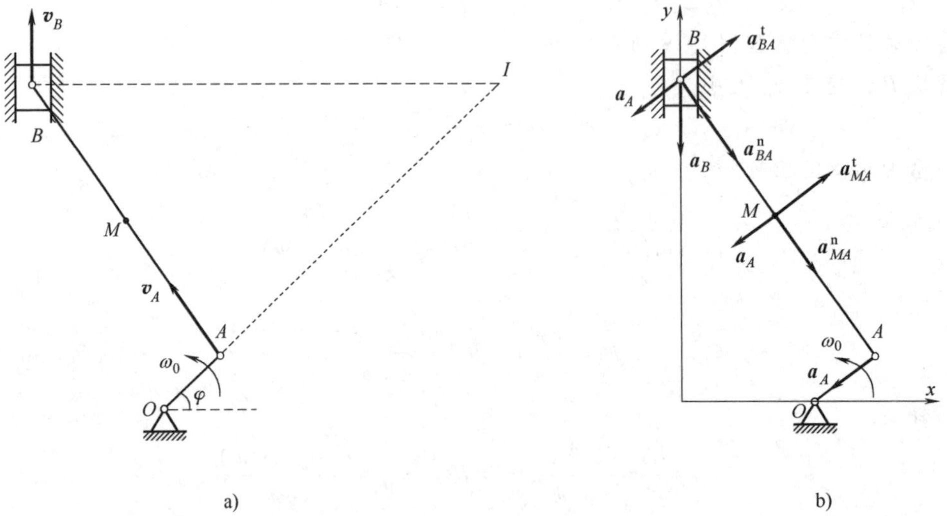


图 8-21

**解：** 由速度瞬心法求连杆 $AB$ 的角速度，如图 8-21a 所示，即

$$\omega_{AB}=\frac{v_A}{IA}=\frac{\omega_0\cdot OA}{AB}=\frac{10\text{rad/s}\times 20\text{mm}}{100\text{mm}}=2\text{rad/s}$$

选 $A$ 为基点，基点 $A$ 的加速度为

$$a_A=\omega_0^2\cdot OA=(10\text{rad/s})^2\times 20\text{mm}=2000\text{mm/s}^2$$

则点 $B$ 的加速度为

$$\boldsymbol{a}_B=\boldsymbol{a}_A+\boldsymbol{a}_{BA}=\boldsymbol{a}_A+\boldsymbol{a}_{BA}^{t}+\boldsymbol{a}_{BA}^{n} \tag{1}$$

点 $B$ 的加速度分析如图 8-21b 所示，其中

$$a_{BA}^{n}=\omega_{AB}^2\cdot AB=(2\text{rad/s})^2\times 100\text{mm}=400\ \text{mm/s}^2$$

$$a_{BA}^{t}=\alpha\cdot AB$$

将式（1）向水平方向 $x$ 轴投影，得

$$0=-a_A\cos45°+a_{BA}^{n}\cos45°+a_{BA}^{t}\cos45°$$

得连杆 $AB$ 的角加速度为

$$\begin{aligned}\alpha=\frac{a_{BA}^{t}}{AB}&=\frac{1}{100\cos45°}(a_A\cos45°-a_{BA}^{n}\cos45°)\\&=\left[\frac{1}{100\cos45°}(2000\cos45°-400\cos45°)\right]\text{rad/s}^2\\&=16\text{rad/s}^2\end{aligned}$$

连杆 $AB$ 的中点 $M$ 的加速度为

$$\boldsymbol{a}_M=\boldsymbol{a}_A+\boldsymbol{a}_{MA}=\boldsymbol{a}_A+\boldsymbol{a}_{MA}^{\mathrm{t}}+\boldsymbol{a}_{MA}^{\mathrm{n}} \tag{2}$$

其中，

$$a_{MA}^{\mathrm{t}}=\alpha\cdot MA=(16\times50)\mathrm{mm/s^2}=800\mathrm{mm/s^2}$$

$$a_{MA}^{\mathrm{n}}=\frac{1}{2}a_{BA}^{\mathrm{n}}=200\mathrm{mm/s^2}$$

将式（2）分别向 $x$、$y$ 轴投影，得

$$\begin{aligned}a_{Mx}&=-a_A\cos45°+a_{MA}^{\mathrm{t}}\cos45°+a_{MA}^{\mathrm{n}}\cos45°\\&=(-2000\cos45°+800\cos45°+200\cos45°)\mathrm{mm/s^2}\\&=-707.1\mathrm{mm/s^2}\\a_{My}&=-a_A\sin45°+a_{MA}^{\mathrm{t}}\sin45°-a_{MA}^{\mathrm{n}}\sin45°\\&=(-2000\sin45°+800\sin45°-200\sin45°)\mathrm{mm/s^2}\\&=-989.94\mathrm{mm/s^2}\\a_M&=\sqrt{a_{Mx}^2+a_{My}^2}=\sqrt{(-707.1)^2+(-989.94)^2}\mathrm{mm/s^2}\\&=1216.54\mathrm{mm/s^2}\end{aligned}$$

**例 8-9**　曲柄滑块机构如图 8-22a 所示。已知曲柄 $OA=r$，以匀角速度 $\omega$ 转动，连杆 $AB=\sqrt{3}r$。求 $\varphi=60°$时滑块 $B$ 的加速度和连杆 $AB$ 的角加速度。

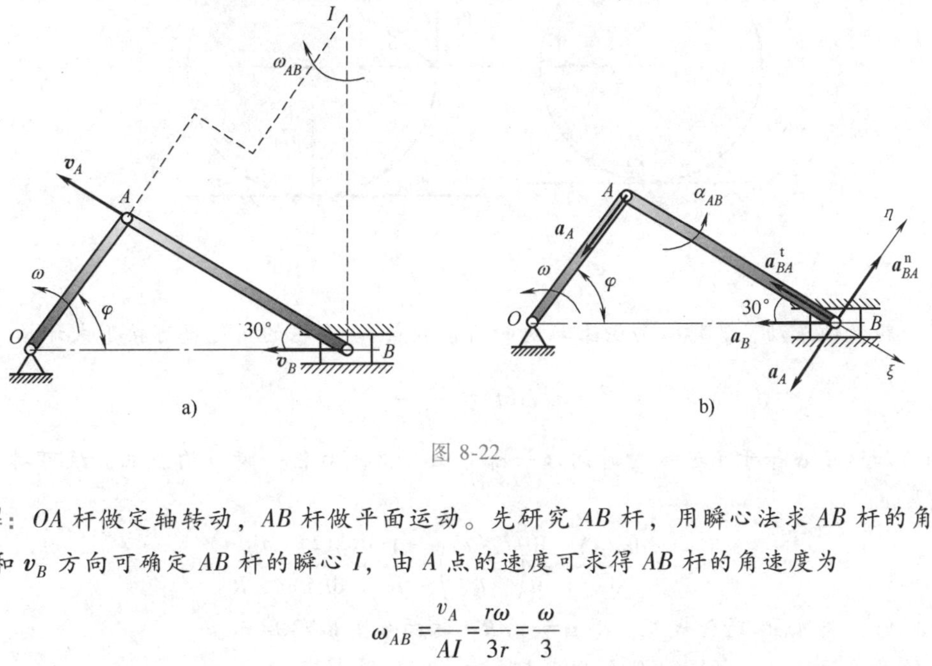


图 8-22

**解：**$OA$ 杆做定轴转动，$AB$ 杆做平面运动。先研究 $AB$ 杆，用瞬心法求 $AB$ 杆的角速度。由 $\boldsymbol{v}_A$ 和 $\boldsymbol{v}_B$ 方向可确定 $AB$ 杆的瞬心 $I$，由 $A$ 点的速度可求得 $AB$ 杆的角速度为

$$\omega_{AB}=\frac{v_A}{AI}=\frac{r\omega}{3r}=\frac{\omega}{3}$$

转向如图 8-22a 所示。再求滑块 $B$ 的加速度和连杆 $AB$ 的角加速度。以 $A$ 点为基点，分析 $B$ 点的加速度。由式（8-6），有

$$\boldsymbol{a}_B=\boldsymbol{a}_A+\boldsymbol{a}_{BA}^{\mathrm{t}}+\boldsymbol{a}_{BA}^{\mathrm{n}} \tag{*}$$

分析各项加速度的大小和方向：$\boldsymbol{a}_B$ 的方向水平，设指向左，大小未知；$a_A=r\omega^2$，方向平行

于 $OA$（因匀速转动，只有法向加速度）；$\boldsymbol{a}_{BA}^{t}$ 的方向垂直于 $AB$，设 $\alpha_{AB}$ 为逆时针转向，则 $\boldsymbol{a}_{BA}^{t}$ 指向如图所示的方向，其大小未知；$\boldsymbol{a}_{BA}^{n}$ 由 $B$ 点指向 $A$ 点，大小为 $\boldsymbol{a}_{BA}^{n}=AB\cdot\omega_{AB}^{2}=\sqrt{3}r\omega^2/9$。$B$ 点的加速度图如图 8-22b 所示。

由于式（*）中只有两个要素未知，故可由投影法求得未知量。将式（*）分别向 $\xi$ 和 $\eta$ 轴投影，得到

$$-a_B\cos30^\circ=0+0-a_{BA}^{n},\ -a_B\sin30^\circ=-a_A+a_{BA}^{t}$$

解得

$$a_B=\frac{a_{BA}^{n}}{\cos30^\circ}=\frac{\sqrt{3}}{9}r\omega^2\cdot\frac{2}{\sqrt{3}}=\frac{2}{9}r\omega^2,\ a_{BA}^{t}=a_A-a_B\sin30^\circ=r\omega^2-\frac{2}{9}r\omega^2\cdot\frac{1}{2}=\frac{8}{9}r\omega^2$$

由 $a_{BA}^{t}=AB\cdot\alpha_{AB}$，解得

$$\alpha_{AB}=\frac{a_{BA}^{t}}{AB}=\frac{8r\omega^2}{9\sqrt{3}r}=\frac{8\sqrt{3}}{27}\omega^2$$

求得的 $a_B$ 及 $a_{BA}^{t}$ 均为正值，说明它们的实际指向与假设的指向相同，如图 8-22b 所示。

**例 8-10** 半径为 $R$ 的车轮沿直线滚动，如图 8-23a 所示。某瞬时轮心 $O$ 点的速度为 $\boldsymbol{v}_O$，加速度为 $\boldsymbol{a}_O$，如图 8-23b 所示。若轮做纯滚动，求图示瞬时车轮上 $A$、$B$、$I$ 三点的加速度。

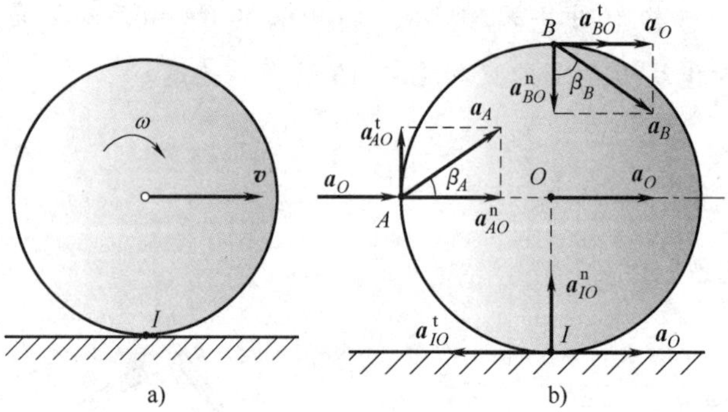


图 8-23

**解：** 轮做纯滚动，其瞬心为轮上与地面的接触点 $I$。车轮的角速度可按下式计算：

$$\omega(t)=\frac{v_O(t)}{R}$$

车轮的角加速度 $\alpha$ 等于角速度对时间求一阶导数。上式对任一瞬时均成立，故可对时间求导，得

$$\alpha(t)=\frac{\mathrm{d}\omega(t)}{\mathrm{d}t}=\frac{\mathrm{d}}{\mathrm{d}t}\left(\frac{v_O(t)}{R}\right)=\frac{1}{R}\frac{\mathrm{d}v_O(t)}{\mathrm{d}t}=\frac{a_O(t)}{R}$$

在图示瞬时，将 $a_O$ 瞬时值代入，得 $\alpha=a_O/R$，转向如图 8-23 所示。

车轮做平面运动，取轮心 $O$ 点为基点，由式（8-6），有

$$\boldsymbol{a}_A=\boldsymbol{a}_O+\boldsymbol{a}_{AO}^{t}+\boldsymbol{a}_{AO}^{n},\ \boldsymbol{a}_B=\boldsymbol{a}_O+\boldsymbol{a}_{BO}^{t}+\boldsymbol{a}_{BO}^{n},\ \boldsymbol{a}_I=\boldsymbol{a}_O+\boldsymbol{a}_{IO}^{t}+\boldsymbol{a}_{IO}^{n}$$

其中，

$$a_{AO}^{t}=a_{BO}^{t}=a_{IO}^{t}=R\alpha=a_O,\ a_{AO}^{n}=a_{BO}^{n}=a_{CO}^{n}=R\omega^2=v_O^2/R$$

各点的加速度图如图 8-23b 所示。于是可求得各点加速度的大小和方向分别为

$$a_A=\sqrt{(a_{AO}^{\mathrm{t}})^2+(a_O+a_{AO}^{\mathrm{n}})^2}=\sqrt{a_O^2+(a_O+v_O^2/R)^2}\,,\ \beta_A=\arctan\frac{a_OR}{a_OR+v_O^2}$$

$$a_B=\sqrt{(a_{BO}^{\mathrm{n}})^2+(a_O+a_{BO}^{\mathrm{t}})^2}=\sqrt{(v_O^2/R)^2+4a_O^2}\,,\ \beta_B=\arctan\frac{2a_OR}{v_O^2}$$

$$a_I=a_{IO}^{\mathrm{n}}=v_O^2/R,\ \tan\beta_C=0$$

由 $I$ 点加速度的结果可见，速度瞬心的加速度不等于零。当车轮在地面上只滚不滑时，速度瞬心 $I$ 的加速度指向轮心 $O$。

**例 8-11**　如图 8-24a 所示行星轮系机构中，大齿轮Ⅰ固定不动，半径为 $r_1$，曲柄 $OA$ 以匀角速度 $\omega_0$ 绕 $O$ 轴转动，并带动行星齿轮Ⅱ沿轮Ⅰ只滚动而不滑动，齿轮Ⅱ的半径为 $r_2$，试求轮缘上点 $C$、$B$ 的加速度。（点 $C$ 在曲柄 $OA$ 的延长线上、点 $B$ 在与 $OA$ 垂直的半径上）

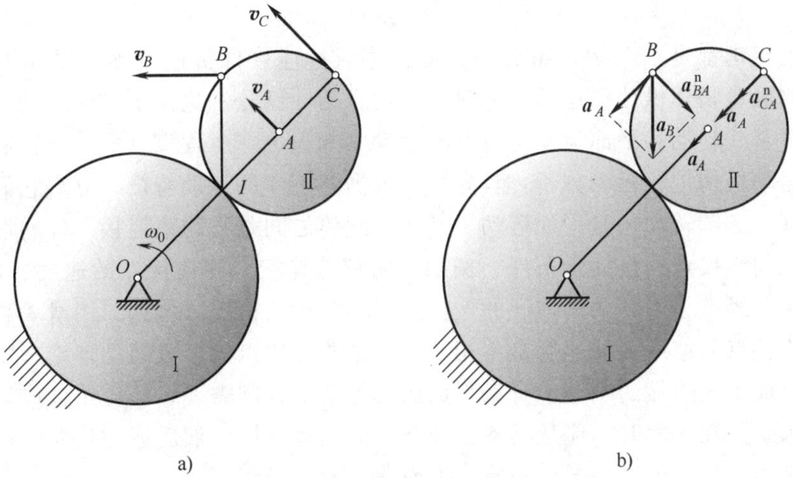


图 8-24

**解：** 由于行星齿轮Ⅱ做平面运动，其上点 $A$ 的速度由曲柄转动求得，即

$$v_A=\omega_0\cdot OA=\omega_0(r_1+r_2)$$

由于行星齿轮Ⅱ沿轮Ⅰ只滚动而不滑动，则两轮接触点 $I$ 为速度瞬心，轮Ⅱ的角速度为

$$\omega_{\mathrm{II}}=\frac{v_A}{r_2}=\frac{\omega_0(r_1+r_2)}{r_2} \tag{1}$$

由于曲柄 $OA$ 以匀角速度 $\omega_0$ 转动，则式（1）对时间求导，得轮Ⅱ的角加速度为

$$\alpha=0$$

选点 $A$ 为基点，轮缘上点 $C$、$B$ 的加速度为

$$\boldsymbol{a}_B=\boldsymbol{a}_A+\boldsymbol{a}_{BA}=\boldsymbol{a}_A^{\mathrm{t}}+\boldsymbol{a}_A^{\mathrm{n}}+\boldsymbol{a}_{BA}^{\mathrm{t}}+\boldsymbol{a}_{BA}^{\mathrm{n}}$$

$$\boldsymbol{a}_C=\boldsymbol{a}_A+\boldsymbol{a}_{CA}=\boldsymbol{a}_A^{\mathrm{t}}+\boldsymbol{a}_A^{\mathrm{n}}+\boldsymbol{a}_{CA}^{\mathrm{t}}+\boldsymbol{a}_{CA}^{\mathrm{n}}$$

其中，

$$a_A^{\mathrm{t}}=a_{BA}^{\mathrm{t}}=a_{CA}^{\mathrm{t}}=0$$

$$a_A=a_A^{\mathrm{n}}=\omega_0^2(r_1+r_2)$$

$$a_{BA}^{\mathrm{n}}=a_{CA}^{\mathrm{n}}=\omega_{\mathrm{II}}^2r_2=\frac{\omega_0^2(r_1+r_2)^2}{r_2}$$

$$a_C=a_A+a_{CA}^{n}=\omega_0^2(r_1+r_2)+\frac{\omega_0^2(r_1+r_2)^2}{r_2}$$

$$a_B=\sqrt{a_A^2+(a_{BA}^{n})^2}=\sqrt{\omega_0^4(r_1+r_2)^2+\frac{\omega_0^4(r_1+r_2)^4}{r_2^2}}$$

$a_B$ 与 $AB$ 的夹角为

$$\theta=\arctan\frac{a_A}{a_{BA}^{n}}=\arctan\frac{r_2}{r_1+r_2}$$

方向如图 8-24b 所示。

## 8.5 运动学综合应用举例

知识点视频

工程中的机构都是数个物体组成的，各物体通过连接件传递运动。要分析清机构的运动，首先应明确各物体做什么运动。通过前面的介绍，已分别论述了点的运动、点的合成运动，刚体的平移、转动和平面运动等方面的运动学知识。在工程实际中，往往需要应用这些理论对平面运动机构进行运动分析。首先，要根据各刚体的运动特征，分辨它们各自做什么运动，是平移、定轴转动还是平面运动。其次，刚体之间是靠约束连接来传递运动，这就需要建立刚体之间连接点的运动学条件。例如，用铰链连接，则连接点的速度、加速度相等。值得注意的是，经常会遇到两刚体间的连接点有相对运动情况。例如，用滑块和滑槽来连接两刚体时，连接点的速度、加速度是不相等的，需要应用点的合成运动理论来建立连接点的运动学条件。如果被连接的刚体中有做平面运动的情形，则需要综合应用合成运动和平面运动的理论去求解。在求解时，应从具备已知条件的刚体开始，然后通过建立的运动学条件过渡到相邻的刚体，最终解出全部未知量。下面通过例题说明。

**例 8-12** 如图 8-25 所示轻型杠杆式推钢机，曲柄 $O_2A$ 借连杆 $AB$ 带动摇杆 $O_1B$ 绕 $O_1$ 轴摆动，$v_A=\omega_{O_2A}\cdot O_2A=0.01\text{m/s}$，$v_{AB}=\omega_{AB}\cdot AB$ 杆 $EC$ 以铰链与滑块 $C$ 相连，滑块 $C$ 可沿杆 $O_1B$ 滑动。摇杆摆动时带动杆 $EC$ 推动钢材。已知 $O_2A=a$，$AB=\sqrt{3}a$，$O_1B=\dfrac{2b}{3}$，$BC=\dfrac{4b}{3}$，$\omega_{O_2A}=0.5\text{rad/s}$，且知 $a=0.2\text{m}$，$b=1\text{m}$。求图示瞬时：（1）滑块 $C$ 的绝对速度和相对于摇杆 $O_1B$ 的速度；（2）滑块 $C$ 的绝对加速度和相对于摇杆 $O_1B$ 的加速度。

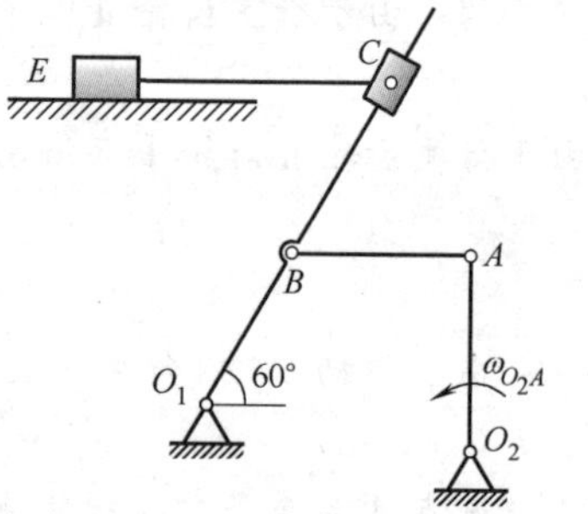


图 8-25

解：（1）速度分析

分析 $O_2A$ 杆，$O_2A$ 杆做定轴转动，则 $A$ 点的速度为 $v_A=O_2A\cdot\omega_{O_2A}=0.01\text{m/s}$，分析 $AB$ 杆，$AB$ 杆做平面运动，以 $A$ 为基点，$\boldsymbol{v}_B=\boldsymbol{v}_A+\boldsymbol{v}_{BA}$ 则 $B$ 点的速度分析如图 8-26a 所示，由图可知

$$v_B=\frac{v_A}{\sin60^\circ}=\frac{\omega_{O_2A}\cdot O_2A}{\sqrt{3}/2}=\frac{\sqrt{3}}{15}\text{m/s},\ v_{BA}=v_A\cdot\tan30^\circ=\frac{\sqrt{3}}{30}\text{m/s}$$

而 $v_B=O_1B\cdot\omega_{O_1B}$，$v_{BA}=AB\cdot\omega_{AB}$，则 $\omega_{AB}=\dfrac{v_{BA}}{AB}=\dfrac{1}{6}\text{rad/s}$，分析 $O_1B$ 杆，$O_1B$ 杆做定轴转动，

$v_B = O_1B \cdot \omega_{O_1B}$，$\omega_{O_1B} = \dfrac{v_B}{O_1B} = \dfrac{\sqrt{3}}{10}\text{rad/s}$。

再分析 $C$ 点，以 $C$ 为动点，动系固连于 $O_1B$ 杆上，动系 $O_1B$ 绕 $O_1$ 做定轴转动，根据速度合成定理 $\boldsymbol{v}_{Ca} = \boldsymbol{v}_{Ce} + \boldsymbol{v}_{Cr}$ 作 $C$ 点速度合成图，如图 8-26a 所示。于是有

$$v_C = v_{Ca} = \frac{v_{Ce}}{\sin 60°} = \frac{\omega_{O_1B} \cdot O_1C}{\dfrac{\sqrt{3}}{2}} = 0.4\text{m/s},\ v_{Cr} = v_{Ca}\cos 60° = 0.2\text{m/s}$$

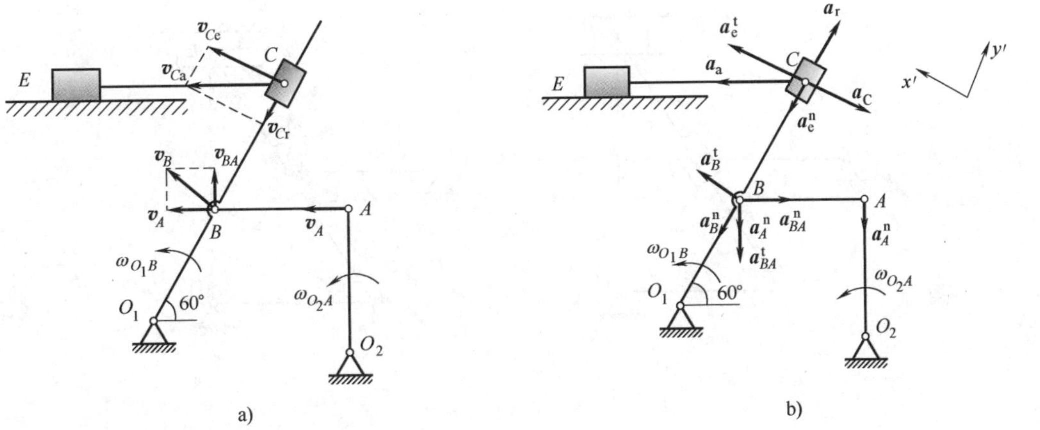


图 8-26

(2) 加速度分析

分析 $O_2A$ 杆，$O_2A$ 杆做定轴转动，则 $A$ 点的加速度为 $a_A^n = O_2A \cdot \omega_{O_2A}^2 = 0.05\text{m/s}^2$，分析 $AB$ 杆，$AB$ 杆做平面运动，以 $A$ 为基点，$\boldsymbol{a}_B^t + \boldsymbol{a}_B^n = \boldsymbol{a}_A^n + \boldsymbol{a}_{BA}^t + \boldsymbol{a}_{BA}^n$，$B$ 点加速度分析如图 8-26b 所示，将加速度矢量式投影于 $x$ 轴，于是有

$$a_B^t \cos 30° + a_B^n \sin 30° = -a_{BA}^n$$

其中，$a_B^n = \omega_{O_1B}^2 \cdot O_1B = 0.02\text{m/s}$，$a_{BA}^n = \omega_{AB}^2 \cdot AB = \dfrac{\sqrt{3}}{180}\text{m/s}^2$

解得 $a_B^t = -0.023\text{m/s}^2$。分析 $O_1B$ 杆，$O_1B$ 杆做定轴转动，则 $a_B^t = \alpha_{O_1B} \cdot O_1B = \dfrac{2}{3}b \cdot \alpha_{O_1B}$，$\alpha_{O_1B} = -0.034\text{rad/s}^2$

然后再分析 $C$ 点，以 $C$ 点为动点，动系固连于 $O_1B$ 杆上，动系做定轴转动，由于

$$\boldsymbol{a}_a = \boldsymbol{a}_e + \boldsymbol{a}_r + \boldsymbol{a}_C$$

作 $C$ 点加速度图，如图 8-26b 所示。注意这里 $\boldsymbol{a}_C$ 为科氏加速度。

将加速度矢量式投影于 $x'$ 轴，于是有

$$a_a \cdot \cos 30° = a_e^t - a_C$$

其中，$a_e^t = \alpha_{O_1B} \cdot O_1C = -0.068\text{m/s}^2$，$a_C = 2\omega_{O_1B} \cdot v_{Cr} = 0.069\text{m/s}^2$

故

$$a_a = \frac{2}{\sqrt{3}}(a_e^t - a_C) = -0.159\text{m/s}^2$$

又 $a_{\mathrm{a}}\sin30° = a_{\mathrm{e}}^{\mathrm{n}} - a_{\mathrm{r}}$；其中 $a_{\mathrm{e}}^{\mathrm{n}} = \omega_{O_1B}^2 \cdot O_1C = \left[\left(\dfrac{\sqrt{3}}{10}\right)^2 \times 2\right]\mathrm{m/s^2} = \dfrac{3}{50}\mathrm{m/s^2}$

所以 $a_{\mathrm{r}} = -\dfrac{1}{2}a_{\mathrm{a}} + a_{\mathrm{e}}^{\mathrm{n}} = \left[-\dfrac{1}{2}\times(-0.1585) + \dfrac{3}{50}\right]\mathrm{m/s^2} = 0.139\mathrm{m/s^2}$

**例 8-13** 如图 8-27a 所示，曲柄 $OA$ 以匀角速度 $\omega_O$ 绕 $O$ 轴转动，连杆 $AB$ 穿过套筒 $D$，套筒 $D$ 与曲柄 $CD$ 相连，连杆 $AB$ 的另一端连接滑块 $B$，滑块 $B$ 在水平的滑道内运动。已知 $OA=CD=AD=DB=r$，试求当曲柄 $OA$ 和曲柄 $CD$ 位于水平位置，$\angle BAO=60°$时，曲柄 $CD$ 的角速度和加速度。

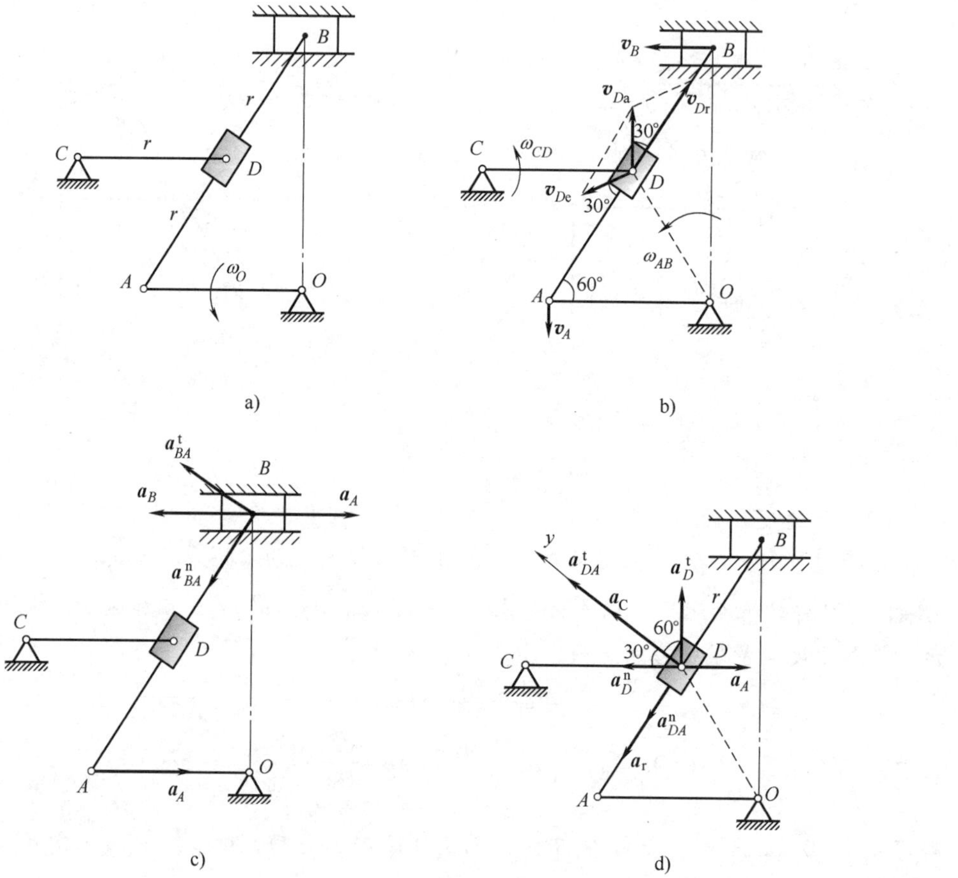


图 8-27

**解**：(1) 求曲柄 $CD$ 的角速度

连杆 $AB$ 做平面运动，速度瞬心与 $O$ 重合，用瞬心法求得连杆 $AB$ 的角速度为

$$\omega_{AB} = \frac{v_A}{OA} = \frac{\omega_O \cdot OA}{OA} = \omega_O$$

选取套筒 $D$ 为动点，连杆 $AB$ 为动系，静系固结于支座 $C$ 上。

套筒 $D$ 的牵连速度为

$$v_{De} = \omega_{AB} \cdot OD = \omega_O r$$

如图 8-27b 所示，由套筒 $D$ 速度的平行四边形得

$$v_{Dr}=2v_{De}\cos30°=\sqrt{3}\,\omega_O r$$

$$v_{Da}=v_{De}=\omega_O r$$

则曲柄 $CD$ 的角速度为

$$\omega_{CD}=\frac{v_{Da}}{CD}=\frac{\omega_O r}{r}=\omega_O$$

转向为逆时针。

（2）求曲柄 $CD$ 的角加速度

选点 $A$ 为基点，滑块 $B$ 的加速度为

$$\boldsymbol{a}_B=\boldsymbol{a}_A^{t}+\boldsymbol{a}_A^{n}+\boldsymbol{a}_{BA}^{t}+\boldsymbol{a}_{BA}^{n} \tag{1}$$

其中，基点 $A$ 的加速度　　　　$a_A^{t}=0$，$a_A=a_A^{n}=r\omega_O^2$

相对基点转动的加速度：$a_{BA}^{t}=2r\alpha_{AB}$，$a_{BA}^{n}=2r\omega_{AB}^2=2r\omega_O^2$

如图 8-27c 所示，将式（1）向 $OB$ 投影得

$$0=a_{BA}^{t}\cos60°-a_{BA}^{n}\cos30°$$

解得

$$\alpha_{AB}=\sqrt{3}\,\omega_O^2$$

连杆 $AB$ 做平面运动，以 $A$ 为基点，则 $AB$ 上与套筒 $D$ 重合的点 $D'$ 即牵连点的加速度为

$$\boldsymbol{a}_e=\boldsymbol{a}_{D'}=\boldsymbol{a}_A+\boldsymbol{a}_{DA}^{n}+\boldsymbol{a}_{DA}^{t}$$

选取套筒 $D$ 为动点，连杆 $AB$ 为动系，静系固结于支座 $C$ 上。

套筒 $D$ 的加速度为

$$\boldsymbol{a}_D=\boldsymbol{a}_e+\boldsymbol{a}_r+\boldsymbol{a}_C$$

而绝对运动中有

$$\boldsymbol{a}_D=\boldsymbol{a}_D^{n}+\boldsymbol{a}_D^{t}$$

所以有

$$\boldsymbol{a}_D^{n}+\boldsymbol{a}_D^{t}=\boldsymbol{a}_A+\boldsymbol{a}_{DA}^{n}+\boldsymbol{a}_{DA}^{t}+\boldsymbol{a}_r+\boldsymbol{a}_C \tag{2}$$

其中，基点 $A$ 的加速度：$a_A=a_A^{n}=r\omega_O^2$

套筒 $D$ 的绝对加速度：$a_D^{t}=\alpha_{CD}r$，$a_D^{n}=r\omega_{CD}^2=r\omega_O^2$

套筒 $D$ 的牵连加速度：$a_{DA}^{t}=\alpha_{AB}\cdot AD=\sqrt{3}\,\omega_O^2 r$，$a_{DA}^{n}=\omega_{AB}^2\cdot AD=\omega_O^2 r$

套筒 $D$ 的科氏加速度：$a_C=2\omega_{AB}v_{Dr}=2\sqrt{3}\,\omega_O^2 r$

套筒 $D$ 的相对加速度：$\boldsymbol{a}_r$ 沿连杆 $AB$

如图 8-27d 所示，将式（2）向 $y$ 轴投影得

$$a_D^{t}\cos60°+a_D^{n}\cos30°=-a_A\cos30°+a_{DA}^{t}+a_C$$

$$\frac{1}{2}\alpha_{CD}r+\omega_O^2 r\frac{\sqrt{3}}{2}=-\omega_O^2 r\frac{\sqrt{3}}{2}+\sqrt{3}\,\omega_O^2 r+2\sqrt{3}\,\omega_O^2 r$$

$$\alpha_{CD}=4\sqrt{3}\,\omega_O^2$$

转向为逆时针。

**例 8-14**　图 8-28a 所示机构中，$AB$ 杆一端连接在水平面上做纯滚动的滚子 $A$，滚子的中心 $A$ 以速度 $v_A=16\text{cm/s}$ 沿水平方向匀速运动，$AB$ 杆活套在可绕 $O$ 轴转动的套管内。求 $AB$ 杆的角速度和角加速度。

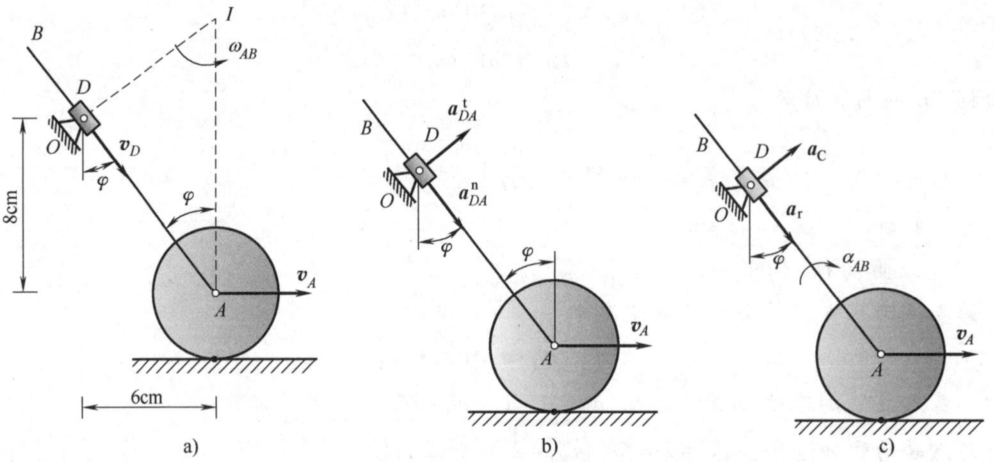


图 8-28

**解：** 本题可以用几种方法求解。

方法 1：

$AB$ 杆和轮 $A$ 都做平面运动，通过铰链 $A$ 连接。$AB$ 杆又相对于绕定轴转动的套管 $C$ 在运动。

(1) 求 $AB$ 杆的角速度 $\omega_{AB}$。

以 $AB$ 杆为研究对象，其上 $A$ 点的速度 $\boldsymbol{v}_A$ 大小、方向已知，如能再知道 $AB$ 杆上某一点速度的方向，则可确定出 $AB$ 杆的瞬心。在 $AB$ 杆上与套管 $D$ 重合的那一点的速度方向能够确定。$AB$ 杆上的 $D$ 点相对于套筒有运动，用点的合成运动方法分析 $D$ 点的速度方向。以 $AB$ 杆上 $D$ 点为动点，动系固定在套筒上，因 $D$ 点的牵连速度为零，所以 $\boldsymbol{v}_D=\boldsymbol{v}_r$，$AB$ 杆上 $D$ 点的速度方向沿 $AB$ 杆。$AB$ 杆做平面运动，由 $\boldsymbol{v}_A$ 和 $\boldsymbol{v}_D$ 已知方向，确定其瞬心在 $I$ 点，如图 8-28a 所示。注意到 $IA=AD/\cos\varphi=AD^2/8=12.5\text{cm}$，故 $AB$ 杆的角速度和点 $D$ 的速度分别为

$$\omega_{AB}=\frac{v_A}{IA}=1.28\text{rad/s},\ v_D=ID\cdot\omega_{AB}=AD\cdot\tan\varphi\cdot\omega_{AB}=9.6\text{cm/s}$$

(2) 求 $AB$ 杆的角加速度 $\alpha_{AB}$。

取 $AB$ 杆为研究对象。选 $A$ 为基点，由式 (8-6)，$AB$ 杆上 $D$ 点的加速度公式为

$$\boldsymbol{a}_D=\boldsymbol{a}_A+\boldsymbol{a}_{DA}^{t}+\boldsymbol{a}_{DA}^{n} \tag{1}$$

其中 $\boldsymbol{a}_D$ 的大小和方向未知，由 $\boldsymbol{v}_A$ 为常数知 $\boldsymbol{a}_A=\boldsymbol{0}$，$\boldsymbol{a}_{DA}^{t}$ 的大小 $a_{DA}^{t}=DA\cdot\alpha_{DA}$，方向垂直于 $DA$；$\boldsymbol{a}_{DA}^{n}$ 的大小 $a_{DA}^{n}=DA\cdot\omega_{AB}^2$，沿 $DA$ 方向指向 $A$ 点，矢量图如图 8-28b 所示。式 (1) 有三个未知要素，故不能求解，需另找补充方程。

再由点的合成运动，取 $AB$ 杆上 $D$ 点为动点，套筒固定动系，由于牵连运动为转动，故

$$\boldsymbol{a}_D=\boldsymbol{a}_e+\boldsymbol{a}_r+\boldsymbol{a}_C \tag{2}$$

其中，$\boldsymbol{a}_D$ 的大小和方向未知，$\boldsymbol{a}_e=\boldsymbol{0}$；$\boldsymbol{a}_r$ 的大小未知，方向沿 $BA$，假设图示方向；$\boldsymbol{a}_C$ 的大小 $a_C=2\omega_e v_r\sin(\boldsymbol{\omega}_e,\ \boldsymbol{v}_r)$，因为套筒和杆 $AB$ 始终在同一直线上，转角相同，故 $\omega_e=\omega_{AB}=1.28\text{rad/s}$。相对速度 $v_r$ 沿 $AB$ 方向，前面已求出 $v_r=v_D=8.6\text{cm/s}$，$\boldsymbol{\omega}_e$ 与 $\boldsymbol{v}_r$ 垂直，故科氏加速度 $a_C=2\omega_e v_r=24.576\text{cm}^2/\text{s}$。加速度图如图 8-28c 所示。因此式 (2) 也有三个未知要素。

综合式（1）和式（2），共有四个未知要素，故可联立求解两个矢量方程。

由式（1）和式（2）相等知

$$\boldsymbol{a}_{DA}^{\mathrm{t}}+\boldsymbol{a}_{DA}^{\mathrm{n}}=\boldsymbol{a}_{\mathrm{r}}+\boldsymbol{a}_{\mathrm{C}} \tag{3}$$

可见式（3）只有两个未知要素，故可求解。

将式（3）向 $a_{DA}^{\mathrm{t}}$ 方向投影得 $a_{DA}^{\mathrm{t}}=a_{\mathrm{C}}=24.576\mathrm{cm}^2/\mathrm{s}$。故

$$\alpha_{AB}=\frac{a_{DA}^{\mathrm{t}}}{DA}=\frac{24.576}{\sqrt{8^2+6^2}}=2.4576\mathrm{cm}^2/\mathrm{s}$$

转向为顺时针。

方法2：

讨论：此题直接确定 $AB$ 杆的转动方程 $\varphi=\varphi(t)$，然后对时间 $t$ 求导数，可得到 $\omega_{AB}=\dot{\varphi}$，$\alpha_{AB}=\ddot{\varphi}$。具体地，设 $t=0$ 时，$AB$ 杆的位置沿垂线，则 $AB$ 杆的转动方程为

$$\varphi=\arctan\frac{v_A t}{8}$$

求导数得

$$\omega_{AB}=\frac{8v_A}{64+v_A^2t^2}$$

再求导数得

$$\alpha_{AB}=-\frac{16v_A^3t}{(64+v_A^2t^2)^2}$$

当 $v_At=6\mathrm{cm}$，即 $t=0.375\mathrm{s}$ 时，并以 $v_A=16\mathrm{cm/s}$ 代入上两式，得 $\omega=1.28\mathrm{rad/s}$ 和 $\alpha=-2.4576\mathrm{rad/s}^2$（负号表示转向为顺时针）。

**例 8-15**　图 8-29a 所示曲柄连杆机构带动摇杆 $O_1D$ 绕 $O_1$ 轴转动。在连杆 $AC$ 上装有两个滑块，滑块 $B$ 在水平滑道上滑动，滑块 $C$ 沿摇杆 $O_1D$ 滑动，已知曲柄长 $OA=l$，以匀角速度 $\omega$ 绕 $O$ 轴转动，$AB=BC=2l$。在图示位置时，曲柄与水平线的夹角成 90°，摇杆与水平线的夹角成 60°。求摇杆 $O_1D$ 的角速度和角加速度。

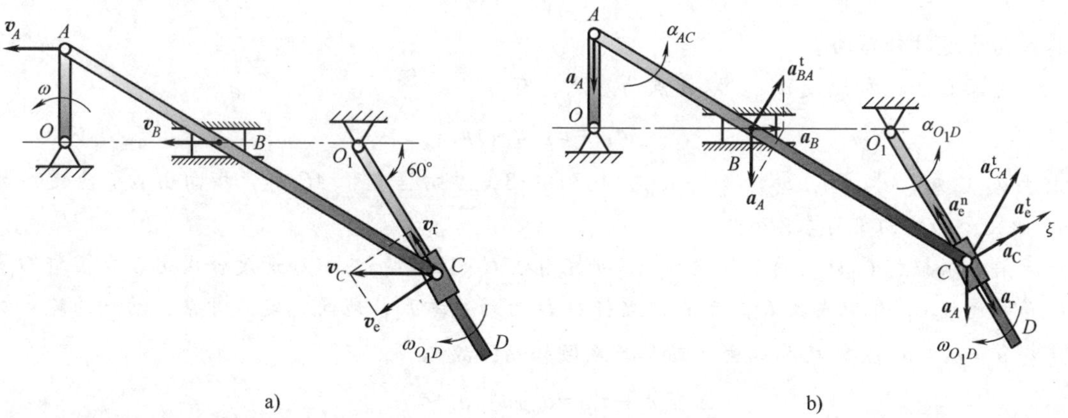


图 8-29

**解**：由题可知，曲柄 $OA$ 和摇杆 $O_1D$ 做定轴转动，连杆 $AC$ 做平面运动，滑块 $B$ 沿水平

滑道平移，滑块 $C$ 沿摇杆 $O_1D$ 滑动。

（1）求摇杆 $O_1D$ 的角速度 $\omega_{O1}$。

研究连杆 $AC$ 的运动，求滑块 $C$ 的速度 $\boldsymbol{v}_C$。在图示位置，由于连杆上 $A$ 点和 $B$ 点的速度相互平行，故连杆的速度瞬心在无穷远处，$AC$ 杆做瞬时平移。因此连杆上各点的速度相同，即有

$$v_C=v_B=v_A=l\omega$$

方向水平向左。取滑块 $C$ 为动点，摇杆 $O_1D$ 为动参考系，地面为静参考系。由速度合成定理，有 $\boldsymbol{v}_C=\boldsymbol{v}_e+\boldsymbol{v}_r$。其中 $\boldsymbol{v}_C$ 已知，$\boldsymbol{v}_e$ 和 $\boldsymbol{v}_r$ 大小未知，方向已知，故可解。以 $\boldsymbol{v}_C$ 为对角线作速度平行四边形，如图 8-29a 所示。由几何关系得

$$v_r=v_C\sin30°=\frac{1}{2}l\omega,\ v_e=v_C\cos30°=\frac{\sqrt{3}}{2}l\omega$$

注意到 $O_1C=2l/(2\cos30°)=2l/\sqrt{3}$，则摇杆 $O_1D$ 的角速度为

$$\omega_{O_1D}=\frac{v_e}{O_1C}=\frac{3}{4}\omega$$

转向如图所示。

（2）求摇杆 $O_1D$ 的角加速度 $\alpha_{O1}$。

先以连杆 $AC$ 为研究对象，先通过 $B$ 点，求连杆的角加速度 $\alpha_{AC}$。取 $A$ 点为基点，有

$$\boldsymbol{a}_B=\boldsymbol{a}_A+\boldsymbol{a}_{BA}^t+\boldsymbol{a}_{BA}^n$$

其中 $a_A=a_A^n=l\omega^2$，方向沿 $OA$ 指向 $O$ 点，$\boldsymbol{a}_B$ 大小未知，方向沿水平方向；$a_{BA}^t$ 大小未知，方向垂直于 $AB$；由 $\omega_{AB}=0$ 知 $a_{BA}^n=0$。由于 $a_{BA}^n=0$，式中只有三个矢量，作加速度平行四边形如图 8-29b 所示。由几何关系可得

$$a_{BA}^t=\frac{a_A}{\cos30°}=\frac{2}{\sqrt{3}}l\omega^2$$

从而求得

$$\alpha_{AC}=\frac{a_{BA}^t}{2l}=\frac{\sqrt{3}}{3}\omega^2$$

其方向为逆时针转向。

再求 $C$ 点的加速度 $\boldsymbol{a}_{C1}$。以 $A$ 点为基点，有

$$\boldsymbol{a}_{C1}=\boldsymbol{a}_A+\boldsymbol{a}_{CA}^t+\boldsymbol{a}_{CA}^n$$

由于 $\boldsymbol{a}_A$ 已知，$a_{CA}^n=0$；$a_{CA}^t=AC\cdot\alpha_{AC}=4\sqrt{3}\,l\omega^2/3$，方向垂直于 $AC$ 杆，指向由 $\alpha_{AC}$ 决定。故 $\boldsymbol{a}_C$ 的大小和方向都可求。

最后求摇杆 $O_1D$ 的角加速度 $\alpha_{O1}$。研究滑块 $C$ 的运动，应用加速度合成定理求摇杆 $O_1D$ 的角加速度 $\alpha_{O1}$。取滑块 $C$ 为动点，摇杆 $O_1D$ 为动参考系，地面为定参考系，动点的绝对加速度 $\boldsymbol{a}_a=\boldsymbol{a}_C=\boldsymbol{a}_A+\boldsymbol{a}_{CA}^t$ 已知。由于动参考系做转动，故

$$\boldsymbol{a}_A+\boldsymbol{a}_{CA}^t=\boldsymbol{a}_e^t+\boldsymbol{a}_e^n+\boldsymbol{a}_r+\boldsymbol{a}_C$$

其中 $\boldsymbol{a}_A$、$\boldsymbol{a}_{CA}^t$ 已在前面求出，$\boldsymbol{a}_e^n=O_1C\cdot\omega_{O1D}^2=3\sqrt{3}\,l\omega^2/8$，方向由 $C$ 点指向 $O_1$ 点；$a_C=2\omega_{O_1D}v_r=3l\omega^2/4$，方向由右手螺旋法则决定，如图 8-29b 所示；$\boldsymbol{a}_e^t$ 的大小未知，方向垂直于

$O_1D$ 杆，$\boldsymbol{a}_r$ 的大小未知，方向沿 $O_1D$ 杆。由分析可见，问题中只含有两个未知数，故可解。为直接求得 $\boldsymbol{a}_e^t$ 的大小，取图 8-29b 所示的投影轴，设 $\boldsymbol{a}_e^t$ 及 $\boldsymbol{a}_r$ 的指向如图所示。将上式向 $\xi$ 轴投影得

$$-a_A\sin30°+a_{CA}^t\cos30°=a_e^t+a_C$$

于是

$$a_e^t=-a_C-a_A\sin30°+a_{CA}^t\cos30°=-\frac{3l\omega^2}{4}-\frac{l\omega^2}{2}+\frac{4\sqrt{3}}{3}l\omega^2\cdot\frac{\sqrt{3}}{2}=\frac{3}{4}l\omega^2$$

$\boldsymbol{a}_e^t$ 为正值表示 $\boldsymbol{a}_e^t$ 的实际指向与假设的指向相同，由此可求得

$$\alpha_{O1D}=\frac{a_e^t}{O_1C}=\frac{3\sqrt{3}}{8}\omega^2$$

其转向应与 $\boldsymbol{a}_e^t$ 的指向一致，即逆时针方向，如图 8-29b 所示。

从上面的例题可以看出，某些问题可以用多种方法求解。解题时应该注意，若已知条件适用于运动全过程时，可建立运动方程，进行微积分运算，用解析法求解；若已知条件是图示瞬时的，不是全过程的条件，可通过机构分析求出所需位置的结果。

## 小　　结

1. 平面运动特征

刚体内任意一点在运动过程中始终与某一固定平面保持不变的距离，这种运动称为刚体的平面运动。平行于固定平面所截出的任何平面图形的运动都可代表刚体的平面运动。

平面运动的分解：平面图形 $S$ 的运动可以看成是随着基点的平移和绕基点的转动的合成。其平移部分与基点的选择有关，而图形绕基点的转动规律与基点的选择无关。

平面图形 $S$ 的运动方程

$$x_{O'}=x_{O'}(t),\ y_{O'}=y_{O'}(t),\ \varphi=\varphi(t)$$

其中，$x_{O'}$、$y_{O'}$ 为基点 $O'$ 的坐标，$\varphi$ 为平面图形的角坐标。

2. 求平面图形内各点速度的三种方法

1）基点法。在任一瞬时，平面图形内任一点的速度等于基点的速度和绕基点转动速度的矢量和，即

$$\boldsymbol{v}_B=\boldsymbol{v}_A+\boldsymbol{v}_{BA}$$

其中，基点 $A$ 的速度为 $\boldsymbol{v}_A$，相对基点转动的速度为 $v_{BA}=\omega\cdot AB$。

2）速度投影法。平面图形 $S$ 内任意两点的速度在两点连线上的投影相等，即

$$[\boldsymbol{v}_A]_{AB}=[\boldsymbol{v}_B]_{AB}$$

此法必须是已知两点速度的方向，才能使用。

3）速度瞬心法。做平面运动的刚体，每一瞬时存在速度为零的点，此时平面图形相对于该点做纯转动。因此，求平面图形内各点的速度可以用定轴转动的知识来求解。

应当注意：由于速度瞬心的位置是随时间的变化而变化的，因此平面图形相对速度瞬心的转动具有瞬时性。

通常求解平面图形上任一点的速度选用速度投影法或速度瞬心法，求解平面图形的角速

度选用速度瞬心法。当给出的题意条件不能选用此两法求解未知量时，则可选用基点法。

3. 求平面图形 $S$ 各点加速度的基点法

在任一瞬时，平面图形内任一点的加速度等于基点的加速度和相对于基点转动的加速度的矢量和，即

$$\boldsymbol{a}_B=\boldsymbol{a}_A+\boldsymbol{a}_{BA}=\boldsymbol{a}_A+\boldsymbol{a}_{BA}^{\mathrm{t}}+\boldsymbol{a}_{BA}^{\mathrm{n}}$$

当基点做曲线运动时，$\boldsymbol{a}_B=\boldsymbol{a}_A+\boldsymbol{a}_{BA}=\boldsymbol{a}_A^{\mathrm{t}}+\boldsymbol{a}_A^{\mathrm{n}}+\boldsymbol{a}_{BA}^{\mathrm{t}}+\boldsymbol{a}_{BA}^{\mathrm{n}}$

同时 $B$ 点也可能做曲线运动，则

$$\boldsymbol{a}_B^{\mathrm{t}}+\boldsymbol{a}_B^{\mathrm{n}}=\boldsymbol{a}_A+\boldsymbol{a}_{BA}=\boldsymbol{a}_A^{\mathrm{t}}+\boldsymbol{a}_A^{\mathrm{n}}+\boldsymbol{a}_{BA}^{\mathrm{t}}+\boldsymbol{a}_{BA}^{\mathrm{n}}$$

其中，$A$ 为基点。求解时只能求两个要素，其余均为已知要素，常采用向坐标投影的方法。

## 思　考　题

8-1　一平面图形 $S$，若选其上一点 $A$ 为基点，则图形 $S$ 绕 $A$ 点转动的角速度为 $\omega_A$；若选另一点 $B$ 为基点，则图形 $S$ 绕 $B$ 点转动的角速度为 $\omega_B$，且一般情况下 $\omega_A$ 和 $\omega_B$ 不相等。你认为这种说法对吗？为什么？

8-2　平面图形上任意两点 $A$、$B$ 的速度 $\boldsymbol{v}_A$ 和 $\boldsymbol{v}_B$ 有何关系？若 $\boldsymbol{v}_A\perp AB$，$\boldsymbol{v}_B$ 的方向怎样判断？

8-3　思考题 8-3 图 a、b、c 所示平面图形上 $A$、$B$、$C$ 三点的速度分布情况，其中哪一种是可能的，为什么？

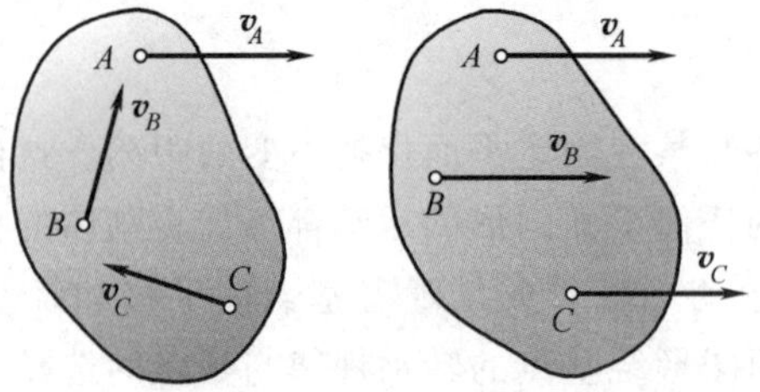

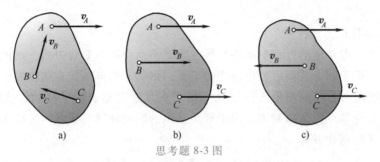

思考题 8-3 图

8-4　如思考题 8-4 图所示，平面图形上 $A$、$B$ 两点的加速度大小相等、方向相同，即 $\boldsymbol{a}_A=\boldsymbol{a}_B$，试问此瞬时平面图形的角速度 $\boldsymbol{\omega}$ 和角加速度 $\alpha$ 哪一个等于零？

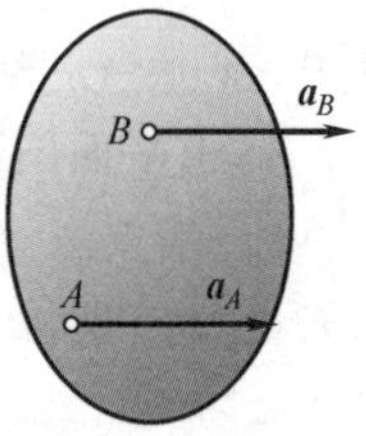


思考题 8-4 图

8-5　已知 $O_1A \underline{\underline{/\!/}} O_2B$，问在思考题 8-5 图 a、b 所示瞬时，$\omega_1$ 与 $\omega_2$、$\alpha_1$ 与 $\alpha_2$ 是否相等？

思考题 8-5

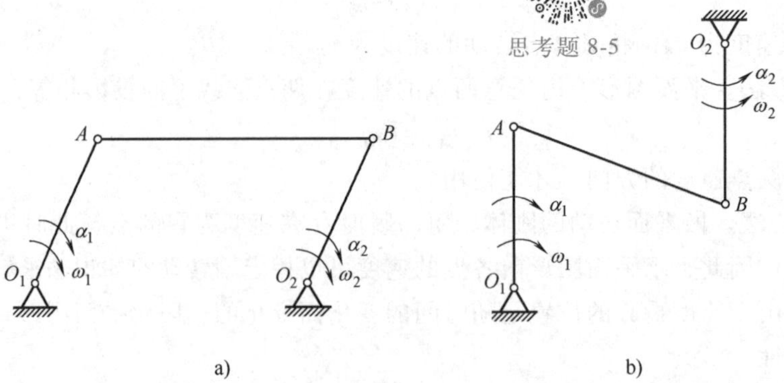


思考题 8-5 图

8-6　下列各题的计算过程有没有错误？如有错，为什么错？（1）如思考题 8-6 图 a 所示，已知 $\boldsymbol{v}_B$，则 $v_{AB}=v_B\cdot\sin\alpha$ 所以 $\omega_{AB}=\dfrac{v_{AB}}{AB}$；（2）如思考题 8-6 图 b 所示，已知 $\omega$=常量，$OA=r$，$v_A=r\omega$=常量，在图示瞬时，$\boldsymbol{v}_A=\boldsymbol{v}_B$，即 $\boldsymbol{v}_B=\omega r$=常量，所以 $a_B=\dfrac{\mathrm{d}v_B}{\mathrm{d}t}=0$。

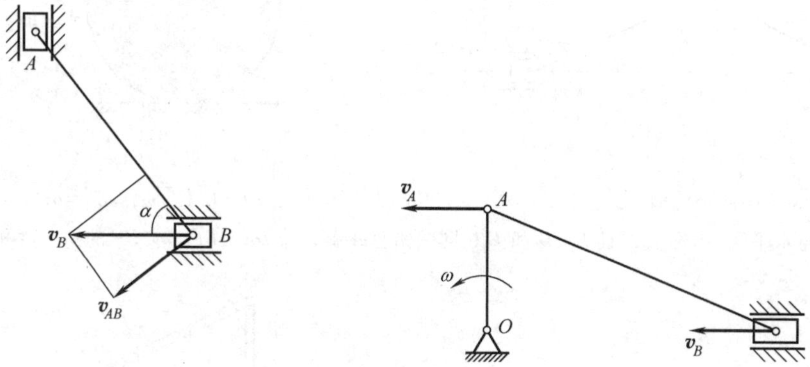


a)　　b)

思考题 8-6 图

8-7　如思考题 8-7 图所示，滑台的导轮 $A$ 与圆柱垫轮 $B$ 的半径均为 $r$，问当滑台以速度 $\boldsymbol{v}$ 前进时，轮 $A$ 与轮 $B$ 的角速度是否相等？（设轮 $A$、轮 $B$ 与地面及滑台间均无相对滑动）

8-8　思考题 8-8 图所示四杆机构 $O_1A$ 的角速度为 $\omega_1$，板 $ABC$ 和杆 $O_1A$ 铰接。问图中 $O_1A$ 和 $AC$ 上各点的速度分布规律对不对？

8-9　如思考题 8-9 图所示，平面图形上 $A$、$B$ 两点的速度方向可能是这样的吗？为什么？

思考题 8-9

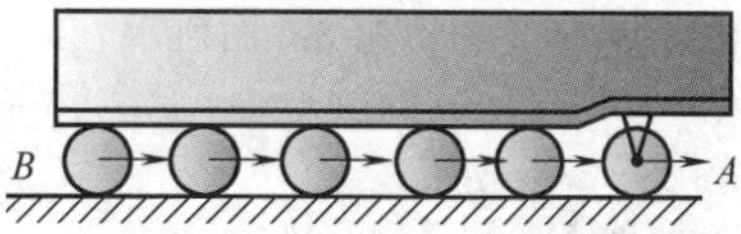


思考题 8-7 图

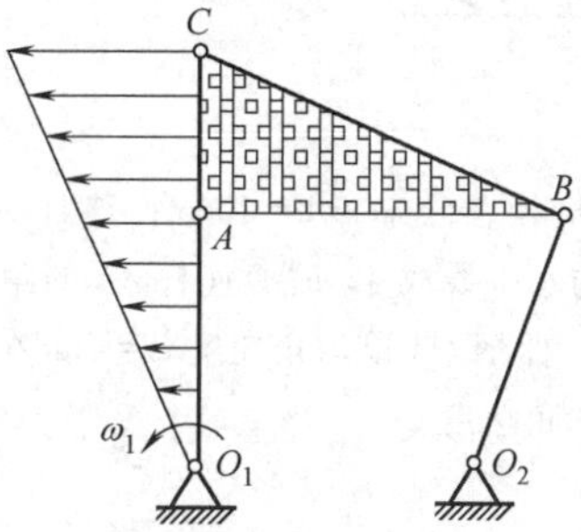


思考题 8-8 图

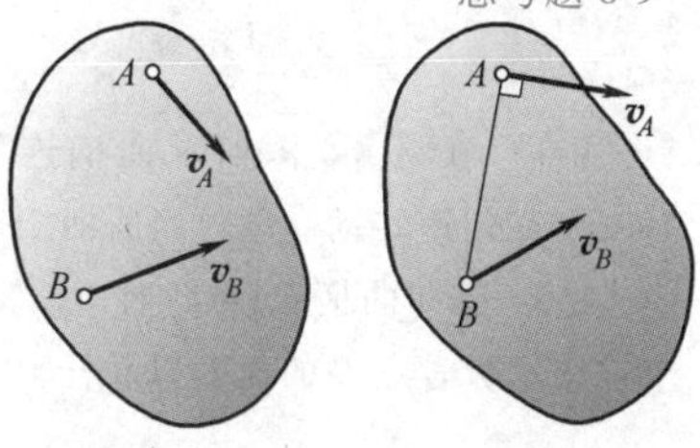


a)　　b)

思考题 8-9 图

## 习　　题

8-1　椭圆规尺 $AB$ 由曲柄 $OC$ 带动，曲柄以匀角速度 $\omega_0$ 绕 $O$ 轴转动，如习题 8-1 图所示，若取 $C$ 为基点，$OC=BC=AC=r$，试求椭圆规尺 $AB$ 的平面运动方程。

8-2　半径为 $r$ 的齿轮由曲柄 $OA$ 带动，沿半径为 $R$ 的固定齿轮滚动，如习题 8-2 图所示。曲柄以匀角加速度 $\alpha$ 绕 $O$ 轴转动，设初始时角速度 $\omega=0$，转角 $\varphi=0$，若选动齿轮的轮心 $A$ 点为基点，试求动齿轮的平面运动方程。

8-3　杆 $AB$ 的 $A$ 端沿水平线以等速 $\boldsymbol{v}$ 运动，在运动时杆恒与一半圆周相切，半圆周半径为 $R$，如习题 8-3 图所示。如杆与水平线的夹角为 $\theta$，试以角 $\theta$ 表示杆的角速度。

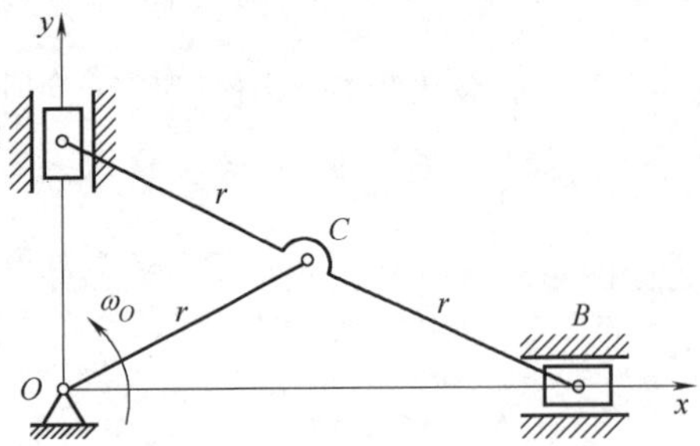


习题 8-1 图

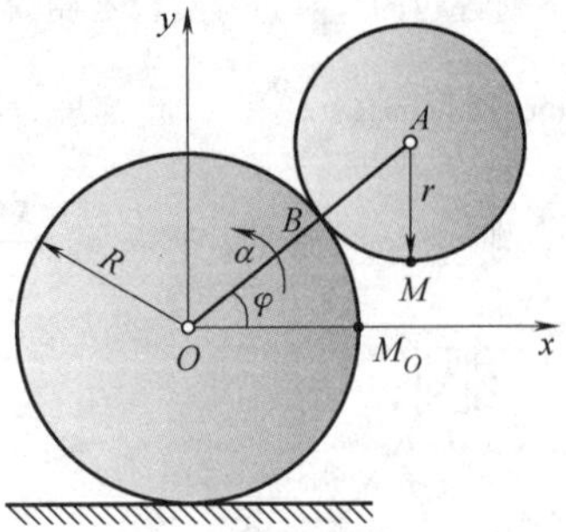


习题 8-2 图

8-4　习题 8-4 图所示机构中，已知 $OA=0.1\text{m}$，$BD=DE=0.1\text{m}$，$EF=0.1\sqrt{3}\text{m}$，$\omega_{OA}=4\text{rad/s}$。在图示位置时，曲柄 $OA$ 与水平线 $OB$ 垂直，且 $B$、$D$ 和 $F$ 在同一铅直线上，又 $DE\perp EF$。求 $EF$ 的角速度和点 $F$ 的速度。

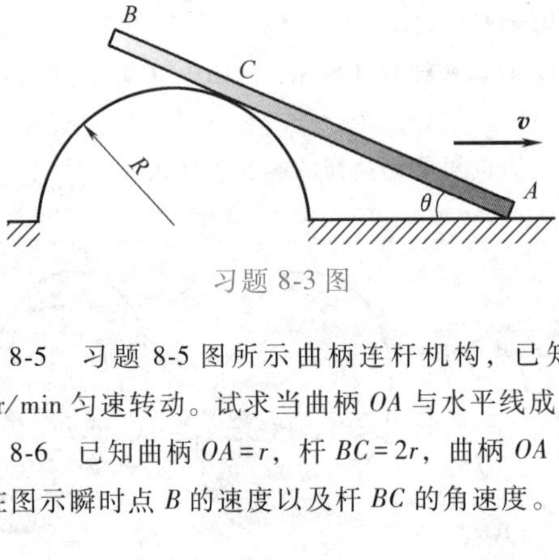


习题 8-3 图

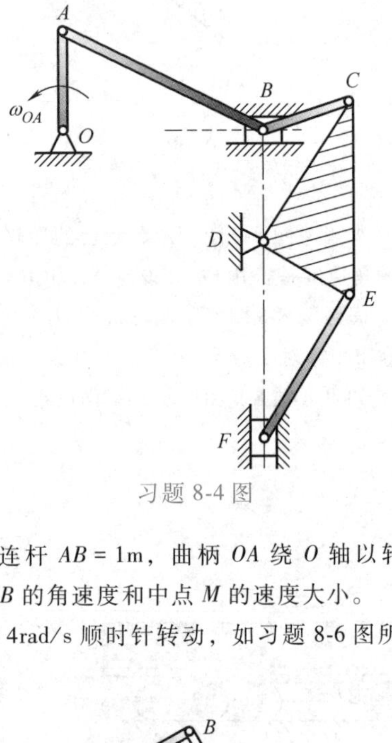


习题 8-4 图

8-5　习题 8-5 图所示曲柄连杆机构，已知 $OA=40\text{cm}$，连杆 $AB=1\text{m}$，曲柄 $OA$ 绕 $O$ 轴以转速 $n=180\text{r/min}$ 匀速转动。试求当曲柄 $OA$ 与水平线成 45°时，连杆 $AB$ 的角速度和中点 $M$ 的速度大小。

8-6　已知曲柄 $OA=r$，杆 $BC=2r$，曲柄 $OA$ 以匀角速度 $\omega=4\text{rad/s}$ 顺时针转动，如习题 8-6 图所示。试求在图示瞬时点 $B$ 的速度以及杆 $BC$ 的角速度。

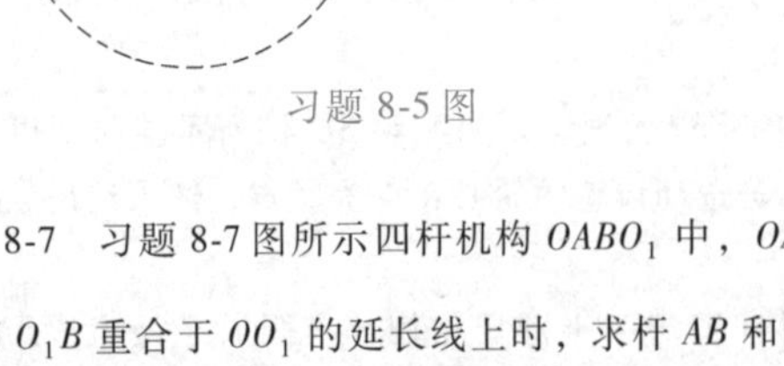

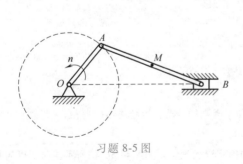

习题 8-5 图

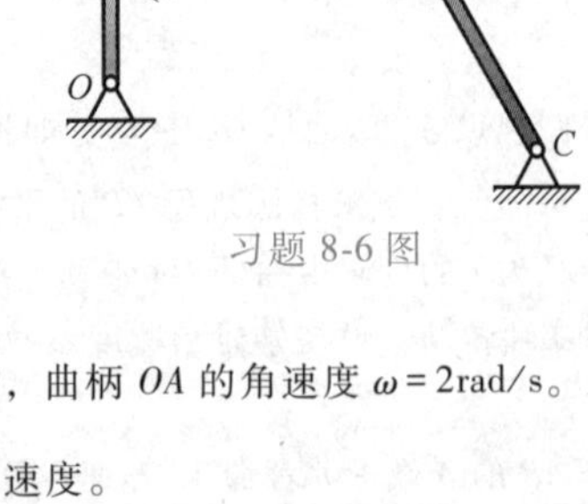

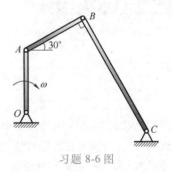

习题 8-6 图

8-7　习题 8-7 图所示四杆机构 $OABO_1$ 中，$OA=O_1B=\dfrac{1}{2}AB$，曲柄 $OA$ 的角速度 $\omega=2\text{rad/s}$。当 $\varphi=90°$ 而曲柄 $O_1B$ 重合于 $OO_1$ 的延长线上时，求杆 $AB$ 和曲柄 $O_1B$ 的角速度。

8-8　习题 8-8 图所示四连杆机构中，连杆 $AB$ 上固连一块三角板 $ABD$。机构由曲柄 $O_1A$ 带动。已知曲

柄的角速度 $\omega_{O_1A}=2\text{rad/s}$，曲柄 $O_1A=10\text{cm}$，水平距离 $O_1O_2=5\text{cm}$，$AD=5\text{cm}$，当 $O_1A$ 铅垂时，$AB$ 平行于 $O_1O_2$，且 $AD$ 与 $O_1A$ 在同一直线上，角 $\varphi=30°$。求三角板 $ABD$ 的角速度和 $D$ 点的速度。

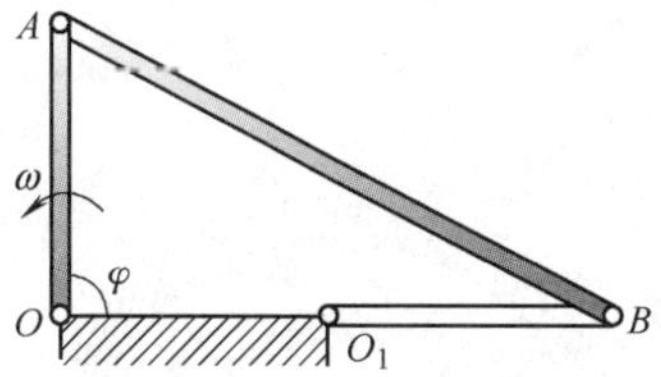


习题 8-7 图

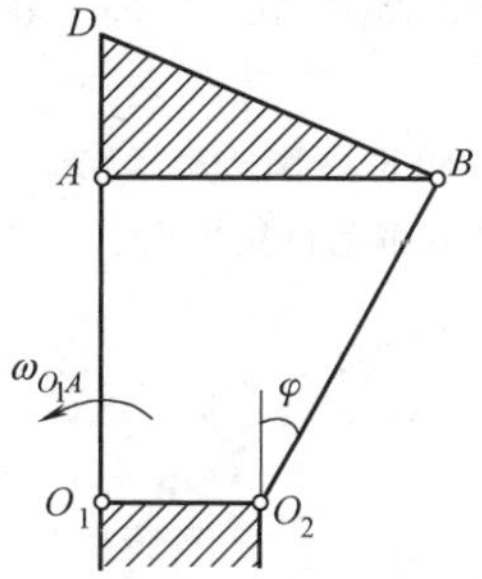


习题 8-8 图

8-9 如习题 8-9 图所示筛料机，由曲柄 $OA$ 带动筛子 $BC$ 摆动。已知曲柄 $OA$ 以转速 $n=40\text{r/min}$ 匀速转动，$OA=0.3\text{m}$，当筛子 $BC$ 运动到与点 $O$ 在同一水平线时，$\angle BAO=90°$，摆杆与水平线的夹角为 60°，试求在图示瞬时筛子 $BC$ 的速度。

8-10 如习题 8-10 图所示，两齿条以速度 $\boldsymbol{v}_1$ 和 $\boldsymbol{v}_2$ 做同方向运动，在两齿条间夹一齿轮，其半径为 $r$，求齿轮的角速度及其中心的速度。

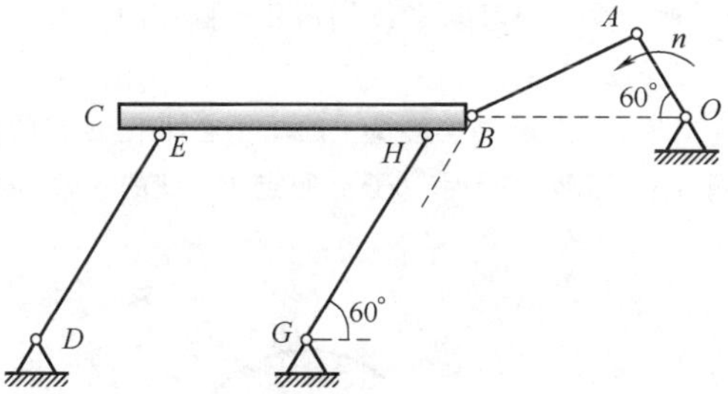


习题 8-9 图

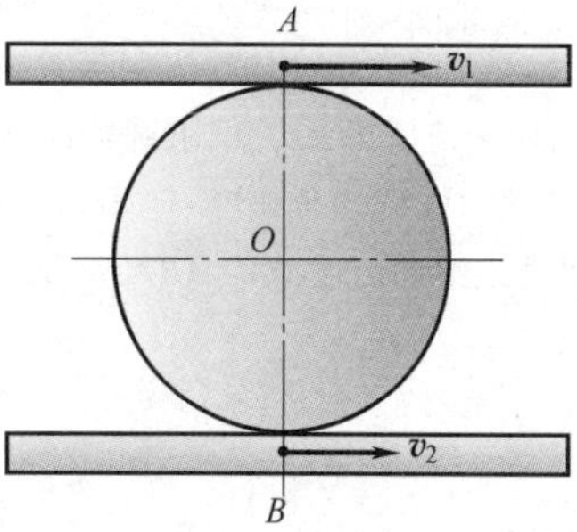


习题 8-10 图

8-11 习题 8-11 图所示双曲柄连杆机构中，滑块 $B$ 和 $E$ 用杆 $BE$ 连接，主动曲柄 $OA$ 和从动曲柄 $OD$ 都绕 $O$ 轴转动。$OA$ 以匀角速度 $\omega_0=12\text{rad/s}$ 转动。已知 $OA=100\text{mm}$，$OD=120\text{mm}$，$AB=260\text{mm}$，$BE=120\text{mm}$，$DE=120\sqrt{3}\,\text{mm}$。求当曲柄 $OA$ 垂直于滑块的导轨方向时，曲柄 $OD$ 和连杆 $DE$ 的角速度。

8-12 使砂轮高速转动的装置如习题 8-12 图所示。杆 $O_1O_2$ 绕 $O_1$ 轴转动，转速为 $n_4=900\text{r/min}$，$O_2$ 处用铰链连接一半径为 $r_2$ 的动齿轮 2，杆 $O_1O_2$ 转动时，轮 2 在半径为 $r_3$ 的固定内齿轮 3 上滚动，并使半径 $\dfrac{r_2}{r_1}=11$ 的轮 1 绕 $O_1$ 轴转动。轮 1 上装有砂轮，随同轮 1 高速转动。求砂轮的转速。

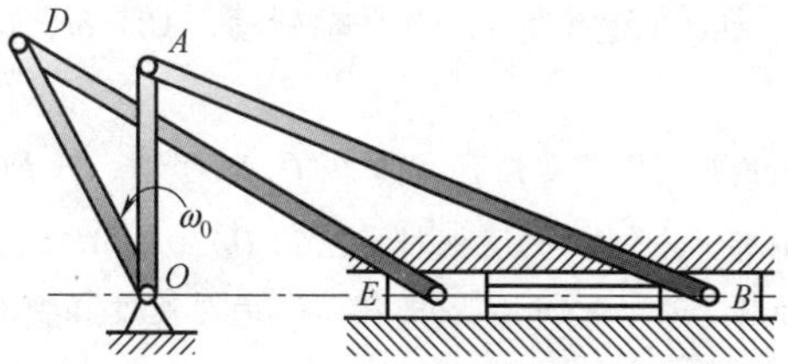


习题 8-11 图

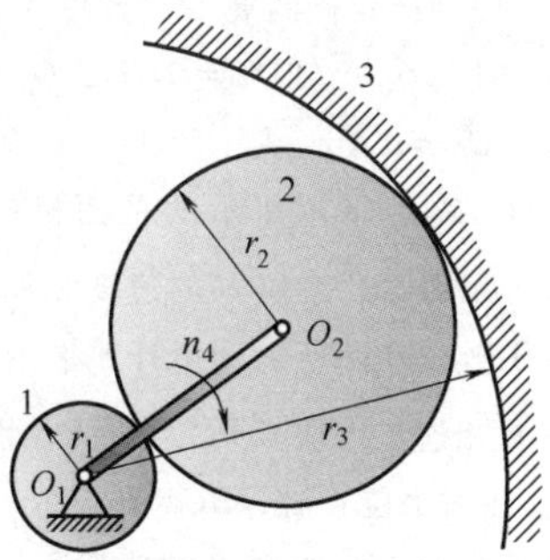


习题 8-12 图

8-13　如习题 8-13 图所示的瓦特行星齿轮机构中，平衡杆 $O_1A$ 绕 $O_1$ 轴转动，并借连杆 $AB$ 带动曲柄 $OB$；而曲柄 $OB$ 活动地装在 $O$ 轴上。在 $O$ 轴上装有齿轮Ⅰ，齿轮Ⅱ与连杆 $AB$ 固连于一体。已知 $r_1=r_2=0.3\sqrt{3}\,\text{m}$，$O_1A=0.75\text{m}$，$AB=1.5\text{m}$，平衡杆的角速度 $\omega=6\text{rad/s}$，试求当 $\theta=60°$ 且 $\beta=90°$ 时，曲柄 $OB$ 和齿轮Ⅰ的角速度。

8-14　如习题 8-14 图所示齿轮Ⅰ在齿轮Ⅱ内滚动，其半径分别为 $r$ 和 $R=2r$。曲柄 $OO_1$ 绕 $O$ 轴以等角速度 $\omega_O$ 转动，并带动行星齿轮Ⅰ。试求轮Ⅰ速度瞬心 $I$ 点的加速度。

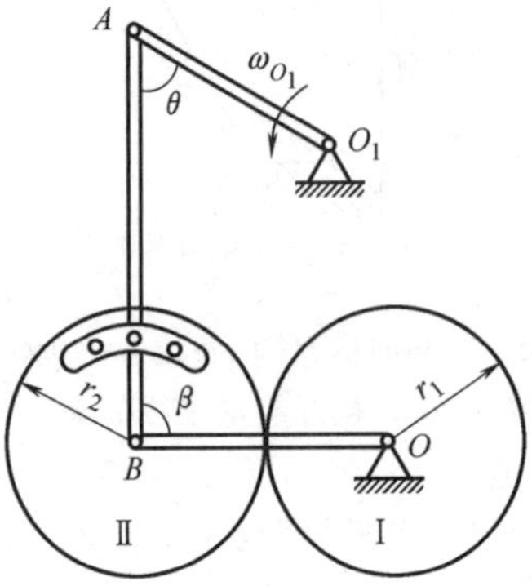

习题 8-13 图

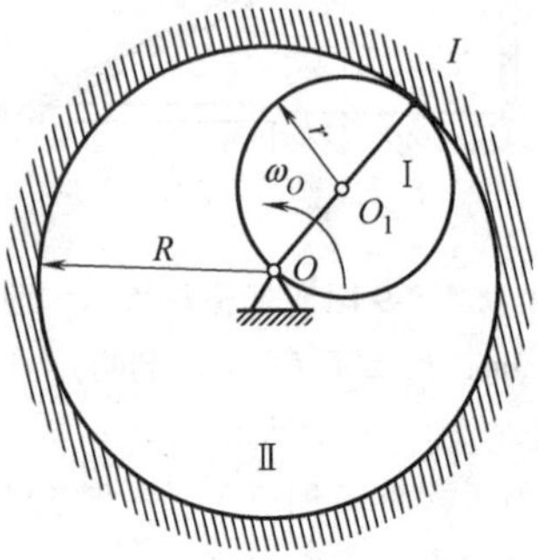

习题 8-14 图

8-15　半径为 $r$ 的圆柱体在半径为 $R$ 的圆弧内做无滑动地滚动，如习题 8-15 图所示，圆柱中心 $C$ 的速度为 $\boldsymbol{v}_C$，切向加速度为 $\boldsymbol{a}_C^{t}$，试求圆柱的最低点 $A$ 和最高点 $B$ 的加速度。

8-16　曲柄 $OA$ 以匀角速度 $\omega=2\text{rad/s}$ 绕 $O$ 轴转动，并借连杆 $AB$ 驱动半径为 $r$ 的轮子在半径为 $R$ 的圆弧内做无滑动地滚动。设 $OA=AB=R=2r=1\text{m}$，试求习题 8-16 图所示瞬时轮子上的点 $B$、$C$ 的速度和加速度。

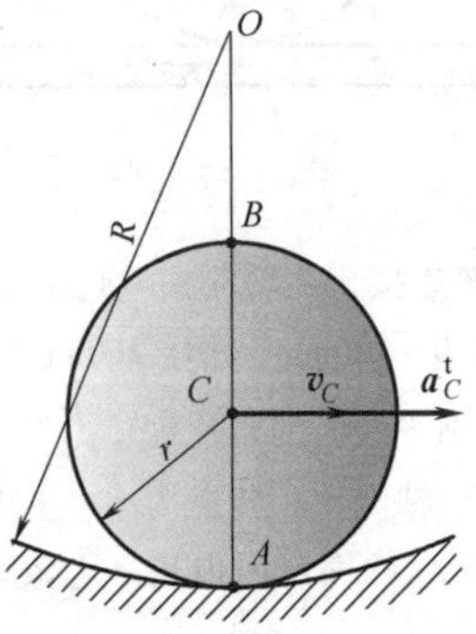

习题 8-15 图

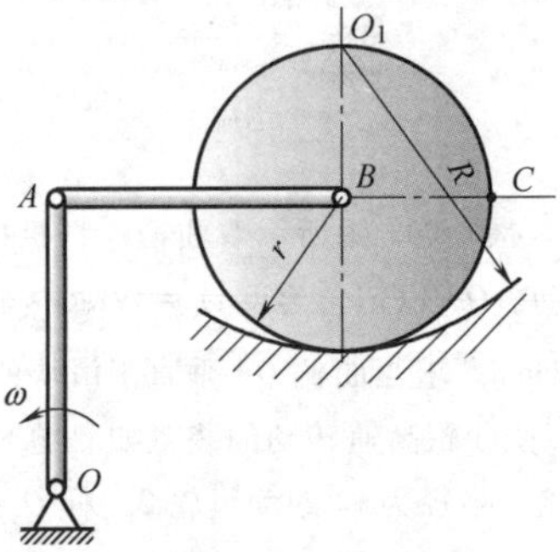

习题 8-16 图

8-17　在曲柄齿轮椭圆规中，齿轮 $A$ 和曲柄 $O_1A$ 固结为一体，齿轮 $C$ 和齿轮 $A$ 半径均为 $r$ 并互相啮合，如习题 8-17 图所示。已知 $AB=O_1O_2$，$O_1A=O_2B=0.4\text{m}$，$O_1A$ 以匀角速度 $\omega=0.2\text{rad/s}$ 绕 $O_1$ 轴转动。$M$ 为轮 $C$ 上的点，$CM=0.1\text{m}$。图示瞬时，$CM$ 为铅直，试求此瞬时点 $M$ 的速度和加速度。

8-18　如习题 8-18 图所示的平面机构中，曲柄 $OA=r$，以匀角速度 $\omega_O$ 绕 $O$ 轴转动，$AB=6r$，$BC=3\sqrt{3}r$，试求图示瞬时，滑块 $C$ 的速度和加速度。

8-19　习题 8-19 图所示轻型杆式推钢机中，曲柄 $OA$ 借连杆 $AB$ 带动摇杆 $O_1B$ 绕 $O_1$ 轴摆动，杆 $EC$ 以铰链与滑块 $C$ 相连，滑块 $C$ 可沿杆 $O_1B$ 滑动。摇杆摆动时带动杆 $EC$ 推动钢材。已知 $OA=a$，$AB=\sqrt{3}a$，$O_1B=2b/3$，在图示位置时，$BC=4b/3$，$\omega_{OA}=0.5\text{rad/s}$，$a=0.2\text{m}$，$b=1\text{m}$。求滑块 $C$ 的绝对速度和绝对加速度，滑块 $C$ 相对于摇杆 $O_1B$ 的速度和加速度。

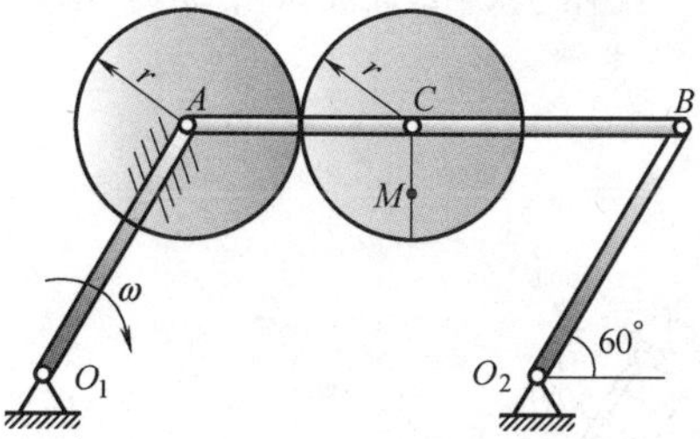


习题 8-17 图

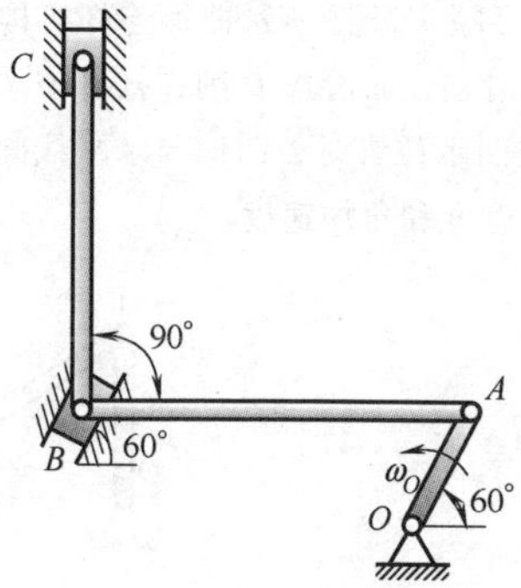


习题 8-18 图

8-20　习题 8-20 图所示行星齿轮传动机构中，曲柄 $OA$ 以角速度 $\omega_0$ 绕 $O$ 轴转动，使与齿轮 $A$ 固结在一起的杆 $BD$ 运动，并借铰链 $B$ 带动 $BE$ 杆运动。如定齿轮的半径为 $2r$，动齿轮的半径为 $r$，且 $AB=\sqrt{5}r$，图示瞬时，$OA$ 在铅直位置，$BD$ 在水平位置，杆 $BE$ 与水平线间成 $\varphi$ 角。求杆 $BE$ 上与点 $C$ 相重合一点的速度和加速度。

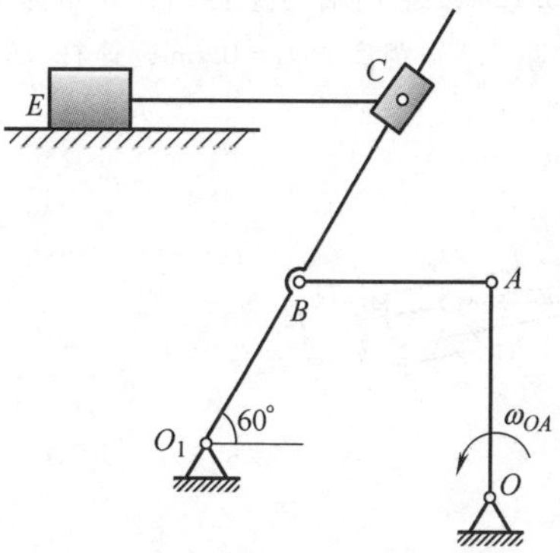


习题 8-19 图

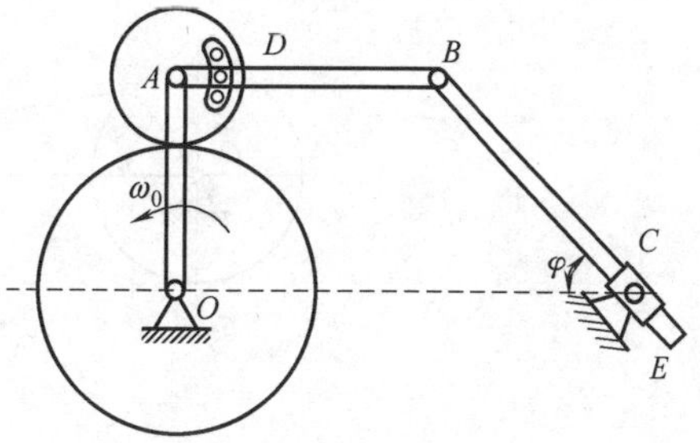


习题 8-20 图

8-21　如习题 8-21 图所示，轮 $O$ 在水平面上滚动，而不滑动，轮心以匀速 $v_O=0.2\text{m/s}$ 运动，轮缘上固连销钉 $B$，此销钉在摇杆 $O_1A$ 的槽内滑动，并带动摇杆绕 $O_1$ 轴转动。已知轮的半径 $R=0.5\text{m}$，图示瞬时 $O_1A$ 是轮的切线，摇杆与水平线的夹角为 60°，试求此瞬时摇杆 $O_1A$ 的角速度和角加速度。

8-22　平面机构的曲柄 $OA$ 长为 $2l$，以匀角速度 $\omega_0$ 绕 $O$ 轴转动。习题 8-22 图所示瞬时 $AB=BO$，并且 $\angle OAD=90°$，试求此瞬时套筒 $D$ 相对于杆 $BC$ 的速度和加速度。

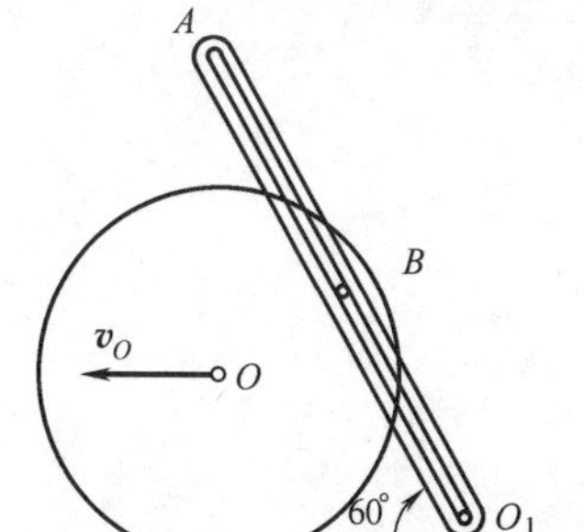


习题 8-21 图

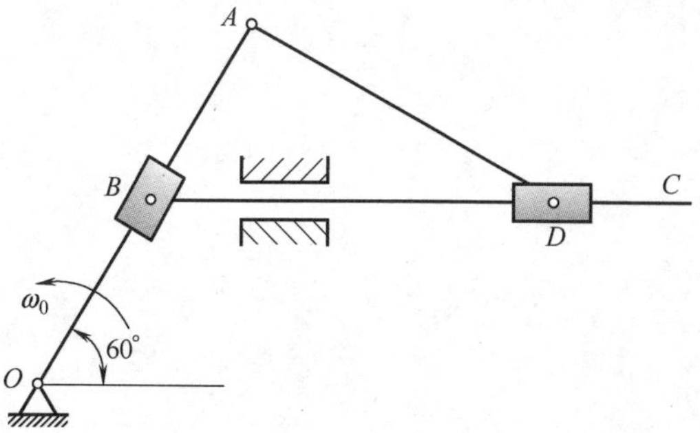


习题 8-22 图

8-23　习题 8-23 图所示曲柄连杆机构带动摇杆 $O_1C$ 绕 $O_1$ 轴摆动。在连杆 $AB$ 上装有两个滑块，滑块 $B$ 在水平槽内滑动，而滑块 $D$ 则在摇杆 $O_1C$ 的槽内滑动。已知曲柄 $OA=50\text{mm}$，绕 $O$ 轴转动的匀角速度 $\omega=10\text{rad/s}$。在图示位置时，曲柄与水平线间成 90°，$\angle OAB=60°$，摇杆与水平线间成 60°；距离 $O_1D=70\text{mm}$。求摇杆的角速度和角加速度。

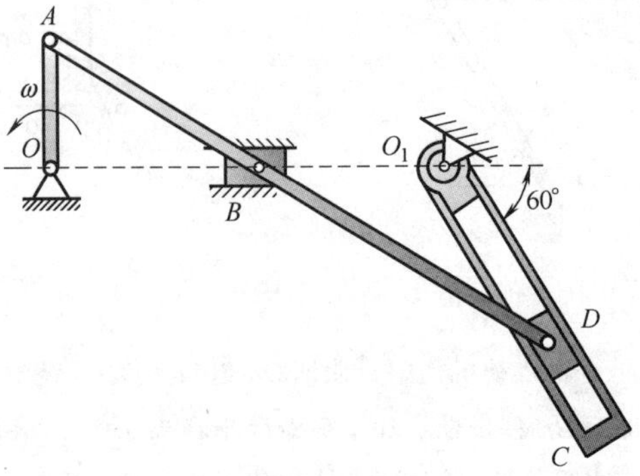


习题 8-23 图

8-24　在习题 8-24 图所示摆动汽缸式蒸汽机，曲柄 $OA=0.12\text{m}$，绕 $O$ 轴匀速转动，其角速度为 $\omega=5\text{rad/s}$。汽缸绕 $O_1$ 轴摆动，连杆 $AB$ 端部的活塞 $B$ 在汽缸内滑动。已知距离 $OO_1=0.6\text{m}$，连杆 $AB=0.6\text{m}$。求当曲柄在 $\varphi=0°$、45°、90°三个位置时活塞的速度。

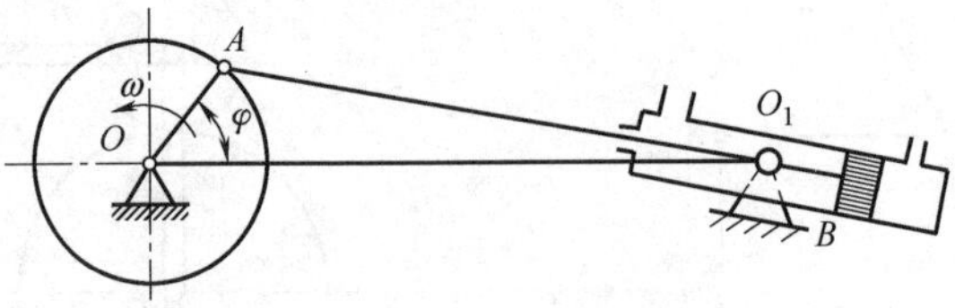


习题 8-24 图

# 动 力 学

# 引　言

知识点视频

动力学是研究作用于物体的力和物体机械运动之间一般规律的科学。

静力学研究了作用于物体上的力及力系作用下物体的平衡问题，而对物体的运动情况，特别是物体受不平衡力系作用的情况未进行研究。运动学研究的是质点和刚体运动的几何特征，但没有探究运动产生的原因，也就是不讨论作用于其上的力。因此，静力学和运动学研究的只是物体机械运动的某一个方面，而动力学要结合静力学和运动学，找出作用于物体上的力与物体的质量，以及物体运动状态量之间的关系，对物体的机械运动进行全面的分析，建立物体机械运动的普遍定律。

在现代工业和科学技术迅速发展的今天，动力学有着广泛的应用前景，如高速运转的机械、高速车辆、机器人、航空、航天等领域，都需要应用动力学的理论。

动力学的研究对象是质点和质点系，所以动力学可分为质点动力学和质点系动力学，前者是后者的基础。质点是具有一定质量而几何形状和尺寸大小可以忽略不计的物体。例如，在研究人造地球卫星的轨道时，卫星的形状和大小对所研究的问题没有什么影响，可将卫星抽象为一个质量集中在质心的质点。刚体做平移时，因刚体内各点的运动情况完全相同，也可以不考虑这个刚体的形状和大小，而将它抽象为一个质点来研究。质点系是由几个或无限个相互有联系的质点所组成的系统，包括刚体、变形固体和流体。刚体是质点系的一种特殊情形，其中任意两个质点间的距离保持不变，也称为不变的质点系。

动力学的内容可以分为经典动力学和分析动力学两部分，前者由牛顿运动定律和动力学普遍定理（包括动量定理、动量矩定理和动能定理）构成，采用矢量描述，称为矢量动力学；后者以达朗贝尔原理和虚位移原理为基础，包括动力学普遍方程、拉格朗日方程、哈密顿正则方程及哈密顿原理等内容，采用标量描述，称为分析动力学。矢量动力学和分析动力学都属于经典动力学。经典动力学只适用于惯性参考系，运动学中的定系在动力学中应理解为惯性系。

动力学研究两类基本问题：

① 已知物体的运动规律，求作用于物体上的力；

② 已知作用于物体上的力，求物体的运动规律。

实际工程中所遇到的动力学问题，往往比较复杂，涉及的知识面也比较广泛，这里研究的动力学只是了解和处理这些问题的基础。

# 第 9 章

# 质点动力学的基本方程

质点是物体最简单、最基本的模型，是构成复杂物体系统的基础。质点动力学研究作用于质点上的力和质点运动之间的一般关系。

本章将先介绍作为动力学理论基础的动力学基本定律，然后根据动力学基本方程建立质点的运动方程，解决质点动力学的两类基本问题。

知识点视频

## 9.1 动力学的基本定律

质点动力学的基本定律是牛顿在总结前人特别是伽利略的研究成果的基础上，在其著作《自然哲学的数学原理》中提出来的，称为牛顿三定律。这些定律是质点动力学的基础，也是整个动力学的理论基础。

**牛顿第一定律（惯性定律）：不受力作用的质点，将保持静止或做匀速直线运动的状态。**

此定律表明：任何质点都具有保持静止或匀速直线运动状态的属性，这种属性称为**惯性**。而匀速直线运动也称为惯性运动，因此牛顿第一定律也称为惯性定律。

此定律还表明：质点必须受到其他物体作用时，也就是受到外力的作用时，才会改变其运动状态，即外力是改变质点运动状态的原因。

必须指出，自然界中不存在不受任何力的作用的物体。所谓不受外力作用，应理解为物体所受外力构成平衡力系的情形。

**牛顿第二定律（力与加速度关系定律）：质点受外力作用时，所产生的运动加速度的大小与力的大小成正比，与质点的质量成反比，加速度的方向与力的方向相同，即**

$$m\boldsymbol{a}=\boldsymbol{F} \tag{9-1}$$

其中 $m$ 表示质点的质量，$\boldsymbol{F}$ 和 $\boldsymbol{a}$ 分别表示作用于质点上的力和质点的加速度。

式（9-1）是牛顿第二定律的数学表达式，它建立了质点的质量、作用力和加速度之间的定量关系，称为质点动力学基本方程，它是推导其他动力学方程的出发点。当质点受到多个力作用时，式中力 $\boldsymbol{F}$ 应为这些力的合力。

由牛顿第二定律可知，相同质量的质点，要获得较大的加速度，需要作用较大的力。而作用相同外力的质点，质量较大的获得的加速度较小，质量较小的获得的加速度较大。这说明质量较大的质点惯性较大，即保持原有运动状态的能力较强；质量较小的质点惯性较小，即保持原有运动状态的能力较弱。所以，**质量是质点惯性的度量。**

在式（9-1）中，若外力 $\boldsymbol{F}$ 为零，则质点的加速度为零，此时，质点做惯性运动，这就是牛顿第一定律所说的情况。

在地球表面附近任何一点，物体都将受到地球引力作用，这种作用称为**重力**，用符号 $\boldsymbol{P}$ 表示。地球对物体作用的重力大小称为**重量**。物体在重力 $\boldsymbol{P}$ 作用下所产生的加速度称为**重力加速度**，用符号 $\boldsymbol{g}$ 表示。由牛顿第二定律表示的物体的重力与质量和重力加速度之间的关系为

$$m\boldsymbol{g}=\boldsymbol{P} \tag{9-2}$$

由式（9-2）可知，质量和重量是两个完全不同的概念。在古典力学中，质量是一个不变的常量，是物体自身的性质，由物质构成所决定。重量则是地球对物体的吸引力的大小，服从万有引力定律，除与物体的质量有关外，还与物体到地心的距离有关。但是在离地面一般高度范围内（几千米乃至几万米之内），重力加速度变化很小。根据国际计量委员会规定的标准，重力加速度的数值为 $9.80665\text{m/s}^2$，一般取 $9.80\text{m/s}^2$。

**牛顿第三定律（作用与反作用定律）：两个物体间的作用力与反作用力总是大小相等，方向相反，沿同一直线，且同时分别作用在这两个物体上。**

这个定律在静力学中已讲过，这里进一步指出：它不仅适用于静力平衡物体，也适用于运动的物体。

必须指出，牛顿定律涉及物体的运动与作用在物体上的力。显然，物体及所受的力不因参考系的选择而改变，但同一物体的运动在不同的参考系中的描述可能是完全不同的，这就存在着根本性的矛盾。这说明牛顿定律不可能适用于一切参考系，只适用于某些参考系。那么，牛顿定律是否就无用了呢？近代科学实验表明，以牛顿定律为基础的古典力学（又称经典力学），对于一般工程中的机械运动问题是正确的。而当质点的速度大到接近光速时，古典力学才不适用。

凡牛顿定律成立的参考系，称为**惯性参考系**。相对于惯性参考系静止或做匀速直线平移的参考系都是惯性参考系。

实验观察结果表明，对于一般的工程问题，可以近似地去选取与地球固连的参考系为惯性参考系。而对于必须考虑地球自转影响的问题，可以选取以地心为原点而三个轴分别指向三颗恒星的参考系为惯性参考系。在研究天体的运动时，地心运动的影响也不可忽略时，可取太阳为原点，以三个轴分别指向其他三个恒星的参考系为惯性参考系。在以后的论述中，若没有特别说明，则所有的运动都是相对惯性参考系而言的。

## 9.2 质点运动微分方程

知识点视频

由牛顿第二定律直接导出含有表示质点位置或速度对时间的变化率的方程称为质点的运动微分方程。下面给出常用的三种质点运动微分方程的表达形式。

### 9.2.1 矢量形式的质点运动微分方程

设一质量为 $m$ 的质点受到 $n$ 个力 $\boldsymbol{F}_1$，$\boldsymbol{F}_2$，…，$\boldsymbol{F}_n$ 作用，如图 9-1 所示。根据牛顿第二定律，有

$$m\boldsymbol{a}=\sum \boldsymbol{F}_i \tag{9-3}$$

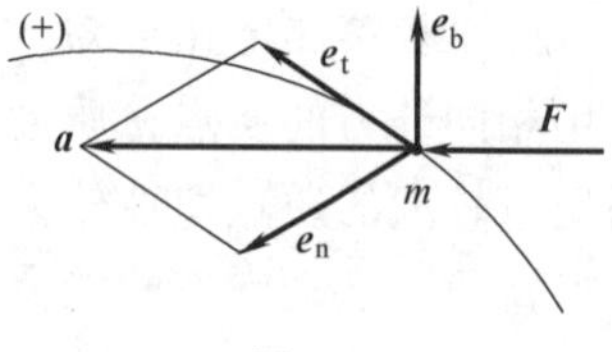


图 9-1

由运动学可知
$$a=\frac{\mathrm{d}\boldsymbol{v}}{\mathrm{d}t}=\frac{\mathrm{d}^2\boldsymbol{r}}{\mathrm{d}t^2} \tag{9-4}$$

将式（9-4）代入式（9-3）后可得
$$m\frac{\mathrm{d}\boldsymbol{v}}{\mathrm{d}t}=\sum \boldsymbol{F}_i \text{ 或 } m\frac{\mathrm{d}^2\boldsymbol{r}}{\mathrm{d}t^2}=\sum \boldsymbol{F}_i \tag{9-5}$$

这就是矢量形式的质点运动微分方程。

式（9-5）主要用于理论推导，在计算实际问题时，需应用它的投影形式。

### 9.2.2　直角坐标形式的质点运动微分方程

设 $x$，$y$，$z$ 为矢径 $\boldsymbol{r}$ 在直角坐标轴上的投影，$F_{ix}$，$F_{iy}$，$F_{iz}$ 为力 $\boldsymbol{F}$ 在轴上的投影，则式（9-5）投影到直角坐标轴上，则有
$$m\frac{\mathrm{d}^2x}{\mathrm{d}t^2}=\sum F_{ix},\ m\frac{\mathrm{d}^2y}{\mathrm{d}t^2}=\sum F_{iy},\ m\frac{\mathrm{d}^2z}{\mathrm{d}t^2}=\sum F_{iz} \tag{9-6}$$

这就是直角坐标形式的质点运动微分方程。

### 9.2.3　自然轴系形式的质点运动微分方程

设 $\boldsymbol{e}_\mathrm{t}$、$\boldsymbol{e}_\mathrm{n}$、$\boldsymbol{e}_\mathrm{b}$ 为质点的切线、主法线和副法线的单位矢量，$F_\mathrm{t}$、$F_\mathrm{n}$、$F_\mathrm{b}$ 为力 $\boldsymbol{F}$ 在轴上的投影，将式（9-5）投影到自然坐标轴上，则有
$$m\frac{\mathrm{d}v}{\mathrm{d}t}=ma_\mathrm{t}=F_\mathrm{t},\ m\frac{v^2}{\rho}=ma_\mathrm{n}=F_\mathrm{n},\ 0=ma_\mathrm{b}=F_\mathrm{b} \tag{9-7}$$

这就是自然轴系形式的质点运动微分方程。

## 9.3　质点动力学的两类基本问题

应用质点运动微分方程，可以求解质点动力学的两类基本问题。

第一类基本问题（微分问题）：已知质点的运动规律，即已知质点的运动方程，或已知质点在任意瞬时的速度或者加速度，求作用于质点上的未知力。

第二类基本问题（积分问题）：已知作用于质点上的力，求质点的运动规律。

求解第一类基本问题比较简单，若已知质点的运动方程，只需对时间求两次导数得到质点的加速度，代入质点的运动微分方程中即可求解。

第二类基本问题相对复杂，因为作用于质点上的力可能是常力，也可能是变力，而且变力可能是时间的函数，也可能是质点的位置坐标的函数，或者是质点的速度的函数，还有可能是上述三种变量的函数。因此，只有当函数关系比较简单时，才能求解得到微分方程的精确解，否则求解会非常困难，可能只能得到近似解。此外，求解微分方程时还会出现积分常数，这些积分常数往往与质点运动的初始条件有关，如质点的初始位置、初始速度等。所以求解这类问题，除了要知道作用于质点上的力以外，还要知道质点运动的初始条件，才能完全确定质点的运动。

必须指出，在质点动力学问题中，有一些问题是同时包含这两类问题的。

**例 9-1**　物块 $A$、$B$ 的质量分别为 $m_1=100\mathrm{kg}$，$m_2=200\mathrm{kg}$，用弹簧连接如图 9-2a 所示。

设物块 $A$ 在弹簧上按 $y=20\sin 10t$ 做简谐运动（$y$ 以 mm 计，$t$ 以 s 计），求地面所受的压力的最大值和最小值。

**解：** 分别取 $A$ 和 $B$ 为研究对象，受力图如图 9-2b 所示。

先取 $A$ 为研究对象，$A$ 的加速度为

$$a=\frac{\mathrm{d}^2y}{\mathrm{d}t^2}=-2000\sin 10t(\mathrm{mm/s^2})=-2\sin 10t(\mathrm{m/s^2})$$

将 $ma=\sum_{i=1}^{n}F_i$ 在 $y$ 轴上投影得

$$m_1\frac{\mathrm{d}^2y}{\mathrm{d}t^2}=F-m_1g \quad (1)$$

再取 $B$ 为研究对象，可写出运动微分方程为

$$0=F_N-m_2g-F' \quad (2)$$

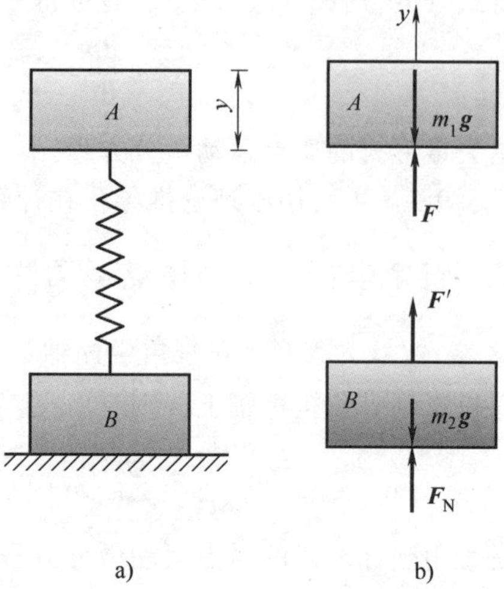


图 9-2

由于 $F=F'$，由式（1）和式（2）可得

$$F_N=m_1g+m_2g+m_1\frac{\mathrm{d}^2y}{\mathrm{d}t^2}$$

最后可得

$$F_{N\max}=3.14\mathrm{kN},\ F_{N\min}=2.74\mathrm{kN}$$

地面所受的压力是它们的反作用力。

例 9-1 属于动力学第一类基本问题。

**例 9-2** 从某处抛射一物体，已知初速度为 $\boldsymbol{v}_0$，抛射角即初速度对水平线的仰角 $\theta$。如图 9-3 所示。不计空气阻力，试求物体在重力 $\boldsymbol{W}$ 作用下的运动规律。

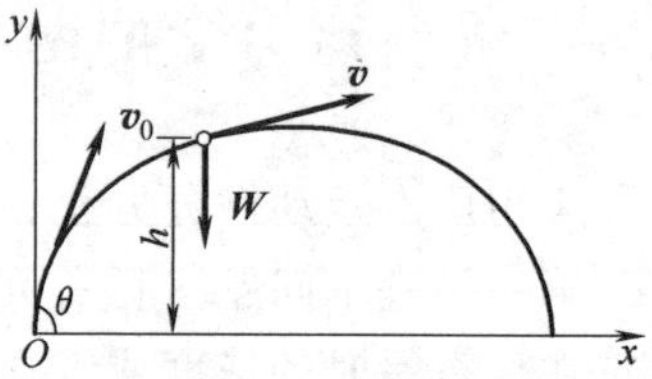


图 9-3

**解：** 将抛射体视为质点，以初始位置为坐标原点 $O$，$x$ 轴沿水平方向，$y$ 轴沿铅垂方向，并使初速度 $\boldsymbol{v}_0$ 在坐标平面 $xOy$ 内，如图 9-3 所示。

确定运动的初始条件为 $t=0$ 时，

$$x_0=y_0=0$$

$$v_{0x}=v_0\cos\theta,\ v_{0y}=v_0\sin\theta$$

在任意位置进行受力分析，物体仅受重力 $\boldsymbol{W}$ 作用。由式（9-4）的前两式，即

$$\left.\begin{aligned}m\frac{\mathrm{d}^2x}{\mathrm{d}t^2}&=\sum_{i=1}^{n}F_{xi}\\ m\frac{\mathrm{d}^2y}{\mathrm{d}t^2}&=\sum_{i=1}^{n}F_{yi}\end{aligned}\right\}$$

得到
$$\frac{W}{g}\frac{\mathrm{d}^2x}{\mathrm{d}t^2}=0,\ \frac{W}{g}\frac{\mathrm{d}^2y}{\mathrm{d}t^2}=-W$$

积分后得
$$\frac{\mathrm{d}x}{\mathrm{d}t}=C_1,\ \frac{\mathrm{d}y}{\mathrm{d}t}=-gt+C_2$$

再积分后得

$$x=C_1t+C_3,\ y=-\frac{1}{2}gt^2+C_2t+C_4$$

式中，$C_1$、$C_2$、$C_3$、$C_4$ 均为积分常数，由初始条件得

$$C_1=v_0\cos\theta,\ C_2=v_0\sin\theta,\ C_3=C_4=0$$

因此物体的运动方程为

$$x=v_0t\cos\theta,\ y=v_0t\sin\theta-\frac{1}{2}gt^2$$

消去时间 $t$，即得抛射体的轨迹方程为

$$y=x\tan\theta-\frac{gx^2}{2v_0^2\cos^2\theta}$$

故物体的轨迹是抛物线。

例 9-2 为质点动力学的第二类基本问题。求解过程一般需要积分，还要分析题意，合理应用运动初始条件确定积分常数，使问题得到确定的解。当质点受力复杂，特别是几个质点相互作用时，质点的运动微分方程难以积分求得解析解。使用计算机，选用适当的计算程序，逐步积分，可求其数值近似解。

有的工程问题既需要求质点的运动规律，又需要求未知的约束力，是第一类基本问题与第二类基本问题综合在一起的动力学问题，称为混合问题。下面举例说明这类问题求解的方法。

**例 9-3**　一圆锥摆，如图 9-4 所示，质量 $m=0.1\text{kg}$ 的小球系于长 $l=0.3\text{m}$ 的绳上，绳的另一端系在固定点 $O$，并与铅直线成 $\theta=60°$。如小球在水平面内做匀速圆周运动，求小球的速度 $\boldsymbol{v}$ 与绳的张力 $\boldsymbol{F}$ 的大小。

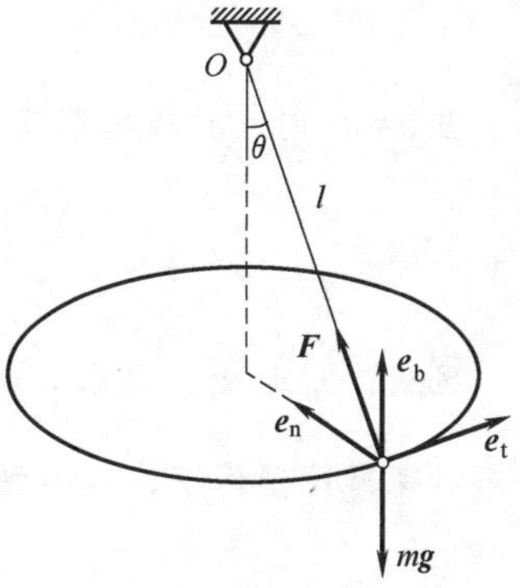

图 9-4

**解：** 以小球为研究的质点，作用于质点的力有重力 $m\boldsymbol{g}$ 和绳的拉力 $\boldsymbol{F}$。选取在自然轴上投影的运动微分方程，得

$$m\frac{v^2}{\rho}=F\sin\theta,\ 0=F\cos\theta-mg$$

因 $\rho=l\sin\theta$，于是解得

$$F=\frac{mg}{\cos\theta}=\frac{0.1\text{kg}\times 9.8\text{m/s}^2}{1/2}=1.96\text{N}$$

$$v=\sqrt{\frac{Fl\sin^2\theta}{m}}=\sqrt{\frac{1.96\text{N}\times 0.3\text{m}\times(\sqrt{3}/2)^2}{0.1\text{kg}}}=2.1\text{m/s}$$

绳的张力与拉力 $\boldsymbol{F}$ 的大小相等。

此例表明：对某些混合问题，向自然轴系投影，可使动力学两类基本问题分开求解。

**例 9-4**　如图 9-5a 所示，粉碎机滚筒半径为 $R$，绕通过中心的水平轴匀速转动，筒内铁球由筒壁上的凸棱带着上升。为了使铁球获得粉碎矿石的能量，铁球应在 $\theta=\theta_0$ 时才掉下来。求滚筒每分钟的转数 $n$。

**解：** 视铁球为质点。质点在上升过程中，受到重力 $m\boldsymbol{g}$ 和筒壁的法向约束力 $\boldsymbol{F}_\text{N}$、切向

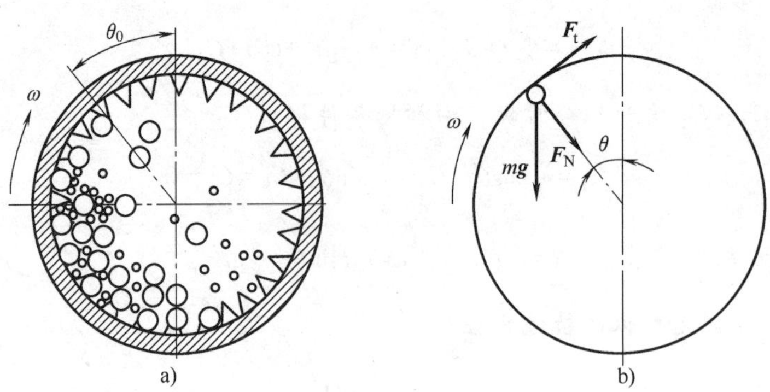


图 9-5

约束力 $\boldsymbol{F}_t$ 的作用，如图 9-5b 所示。

列出质点运动微分方程在主法线上的投影式

$$m\frac{v^2}{R}=F_N+mg\cos\theta$$

质点在未离开筒壁前的速度等于筒壁的速度，即

$$v=\frac{\pi n}{30}R$$

于是解得

$$n=\frac{30}{\pi R}\left[\frac{R}{m}(F_N+mg\cos\theta)\right]^{\frac{1}{2}}$$

当 $\theta=\theta_0$ 时，铁球将落下，这时 $F_N=0$，于是得

$$n=9.549\sqrt{\frac{g}{R}\cos\theta_0}$$

显然，$\theta_0$ 越小，要求 $n$ 越大。当 $n=9.549\sqrt{\frac{g}{R}}$ 时，$\theta_0=0$，铁球就会紧贴筒壁转过最高点而不脱离筒壁落下，起不到粉碎矿石的作用。

## 小　　结

1. 牛顿三定律适用于惯性参考系。

质点具有惯性，以其质量度量；

作用于质点的力与其加速度成比例；

作用力与反作用力等值、反向、共线，分别作用于两物体上。

2. $m\boldsymbol{a}=\sum\boldsymbol{F}$是质点动力学的基本方程，应用时一般采取投影形式。

3. 质点动力学可分为两类基本问题：

1）已知质点的运动规律，求作用于质点的力；

2）已知作用于质点的力，求质点的运动规律。

思考题 9-1

# 思　考　题

9-1　三个质量相同的质点，在某瞬时的速度分别如思考题 9-1 图所示，若对它们作用了大小、方向均相同的力 $\boldsymbol{F}$，问质点的运动情况是否相同？

9-2　如思考题 9-2 图所示，绳拉力 $F=2\mathrm{kN}$，物块Ⅱ重 1kN，物块Ⅰ重 2kN。若滑轮质量不计，问在图 a、b 所示两种情况下，重物Ⅱ的加速度是否相同？两根绳中的张力是否相同？

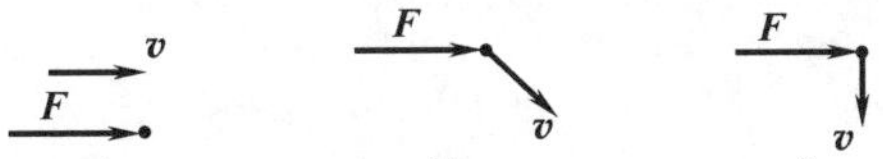

思考题 9-1 图

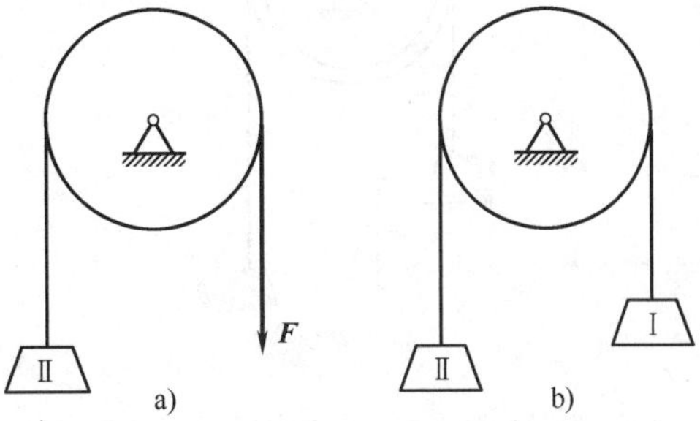

思考题 9-2 图

9-3　质点在空间运动，已知作用力。为求质点的运动方程需要几个运动初始条件？若质点在平面内运动呢？若质点沿给定的轨道运动呢？

9-4　如在子弹射出的同时靶体开始自由下落，不计空气阻力，问子弹能否击中靶体？

9-5　质点做直线运动的必要与充分条件是什么？

# 习　　题

9-1　一质量为 $m$ 的物体放在匀速转动的水平转台上，它与转轴的距离为 $r$，如习题 9-1 图所示。设物体与转台表面的摩擦系数为 $f$，求当物体不致因转台旋转而滑出时，水平台的最大转速。

9-2　如习题 9-2 图所示，在曲柄滑道机构中，滑杆与活塞的质量为 50kg，曲柄长 30cm，绕 $O$ 轴匀速转动，转速为 $n=120\mathrm{r/min}$。求当曲柄 $OA$ 运动至水平向右及铅垂向上两位置时，作用在活塞上的气体压力。曲柄质量不计。

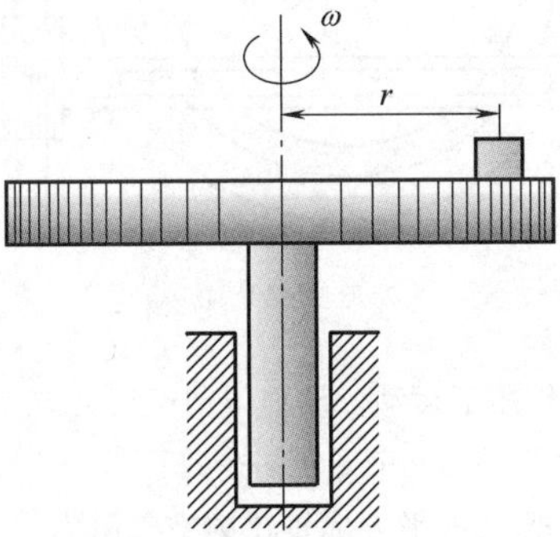

习题 9-1 图

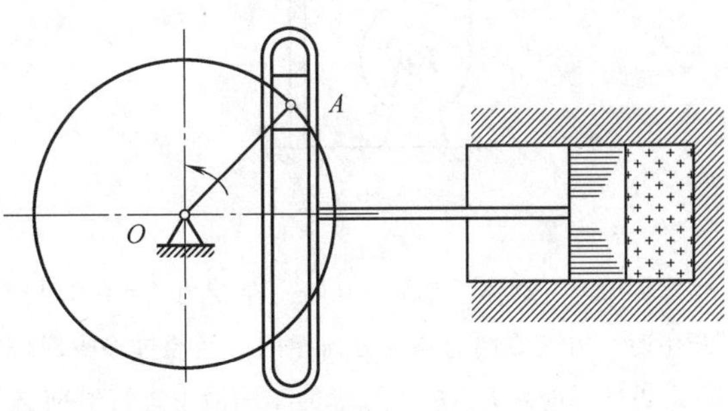

习题 9-2 图

9-3　习题 9-3 图所示 $A$、$B$ 两物体的重量分别为 $P_1$ 与 $P_2$，二者间用一绳连接，此绳跨过一半径为 $r$ 的滑轮。如在开始时，两物体的高度差为 $h$，且 $P_1>P_2$，不计滑轮重量。求由静止释放后，两物体达到相同的高度时所需的时间。

9-4　设矿粒的密度为 $\rho$，球状矿粒在水中沉降时所受到的阻力 $\boldsymbol{F}$（单位为 N）可用下式表示：$F=6\pi r\mu v$（斯托克斯公式）。其中，$r$ 为矿粒的半径（单位为 m），$\mu$ 为水的阻力系数，$v$ 为矿粒的速度（单位为 m/s）。求矿粒的极限沉降速度。

9-5　如习题 9-5 图所示，在选矿机械中，两种不同矿物沿斜面滑下，在离开斜面 $B$ 点时的速度分别为 $v_1=1\text{m/s}$ 和 $v_2=2\text{m/s}$。已知 $h=1\text{m}$，$\theta=30°$，求两种不同矿物落在 $C$、$D$ 两处所相隔的距离 $s$。

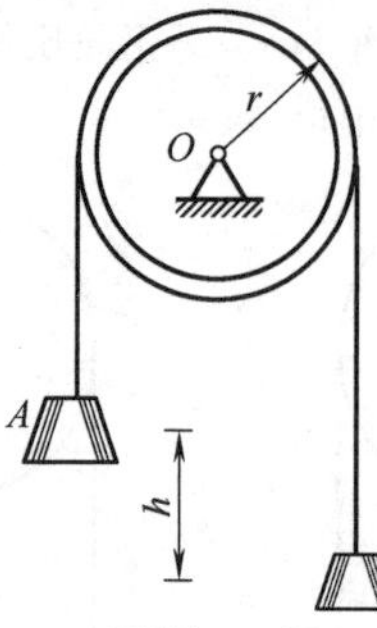


习题 9-3 图

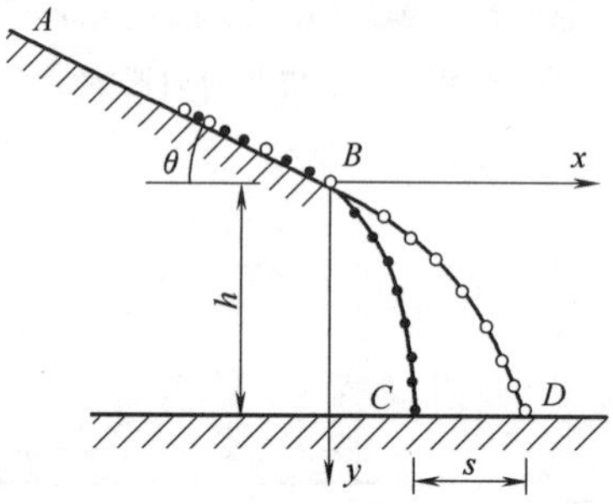


习题 9-5 图

9-6　为了使列车对铁轨的压力垂直于路基，在铁道弯曲部分，外轨要比内轨稍微提高。试就以下的数据求外轨高于内轨的高度 $h$。轨道的曲率半径为 $\rho=300\text{m}$，列车的速度 $v=12\text{m/s}$，内、外轨道间的距离为 $b=1.6\text{m}$。

9-7　一人造卫星质量为 $m$，在地球引力作用下，在距地面高 $h$ 处的圆形轨道上以速度 $\boldsymbol{v}$ 运行。设地面上的重力加速度为 $\boldsymbol{g}$，地球半径为 $R$。求卫星的运行速度及周期与高度 $h$ 的关系。

9-8　习题 9-8 图所示套管 $A$ 的重量为 $P$，受绳子牵引沿铅直杆向上滑动。绳子的另一端绕过离杆距离为 $l$ 的滑车 $B$ 而缠在鼓轮上。当鼓轮转动时，其边缘上各点的速度大小为 $v_0$。求绳子拉力与距离 $x$ 之间的关系。

9-9　销钉 $M$ 的质量为 0.2kg，由水平槽杆带动，使其在半径为 $r=200\text{mm}$ 的固定半圆槽内运动。设水平槽杆以匀速 $v=400\text{mm/s}$ 向上运动，不计摩擦。求在习题 9-9 图所示位置时圆槽对销钉 $M$ 的作用力。

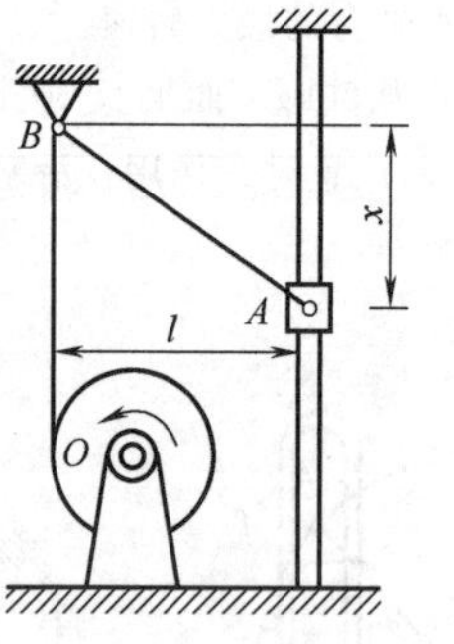


习题 9-8 图

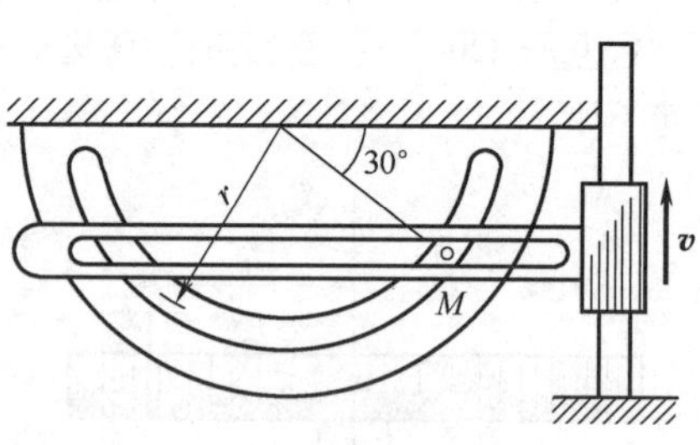


习题 9-9 图

9-10　一物体质量 $m=10\text{kg}$，在变力 $F=100(1-t)$（N）的作用下运动。设物体初速度为 $v_0=0.2\text{m/s}$，开始时，力的方向与速度方向相同。问经过多少时间后物体速度为零，此前走了多少路程？

9-11　重为 $P$、初速为 $\boldsymbol{v}_0$ 的车厢沿平直轨道前进，受有与其速度的平方成正比的空气阻力，比例常数为 $k$。假定摩擦阻力系数为 $f$，求车厢停止前所经过的路程。

9-12　物体由高度 $h$ 处以速度 $v_0$ 抛出，如习题 9-12 图所示。空气阻力可视为与速度的一次方成正比，即 $F=-kmv$，其中 $m$ 为物体的质量，$\boldsymbol{v}$ 为物体的速度，$k$ 为常系数。求物体的运动方程和轨迹。

9-13　铅垂发射的火箭由一雷达跟踪，如习题 9-13 图所示。当 $r=10000\text{m}$、$\theta=60°$、$\dot{\theta}=0.02\text{rad/s}$ 且

$\ddot{\theta}=0.03\text{rad/s}^2$ 时，火箭的质量为 5000kg。求此时的喷射反推力 $\boldsymbol{F}$ 的大小。

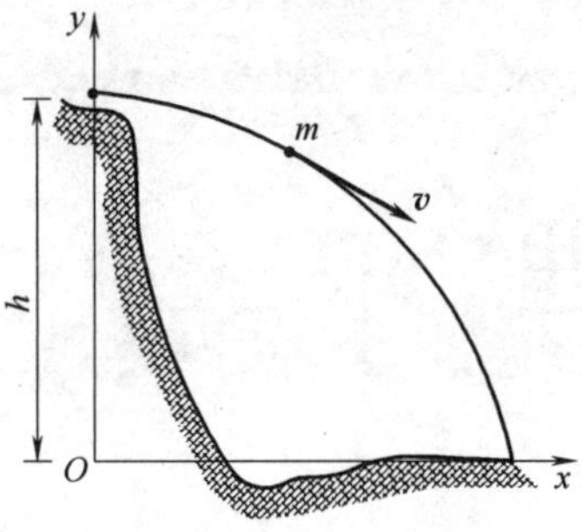

习题 9-12 图

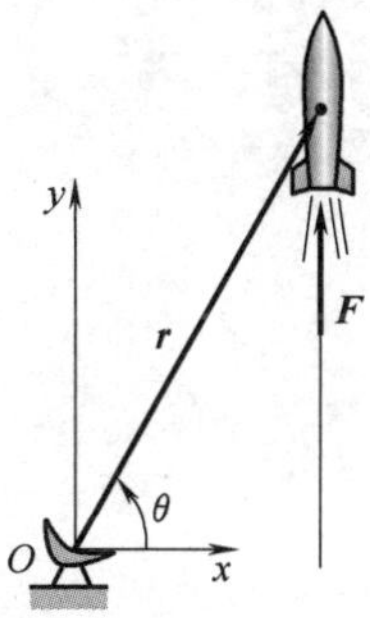

习题 9-13 图

9-14　质点带有电荷$-e$，其质量为 $m$，以初速度 $\boldsymbol{v}_0$ 进入强度为 $\boldsymbol{H}$ 的均匀磁场中，该速度方向与磁场强度方向垂直。设已知作用于质点的力为 $\boldsymbol{F}=-e(\boldsymbol{v}\times\boldsymbol{H})$，求质点的运动轨迹。

9-15　习题 9-15 图所示质点的质量为 $m$，受指向原点 $O$ 的力 $\boldsymbol{F}=kr$ 作用，力与质点到点 $O$ 的距离成正比。如初瞬时质点的坐标为 $x=x_0$，$y=0$，而速度的分量为 $v_x=0$，$v_y=v_0$。求质点的轨迹。

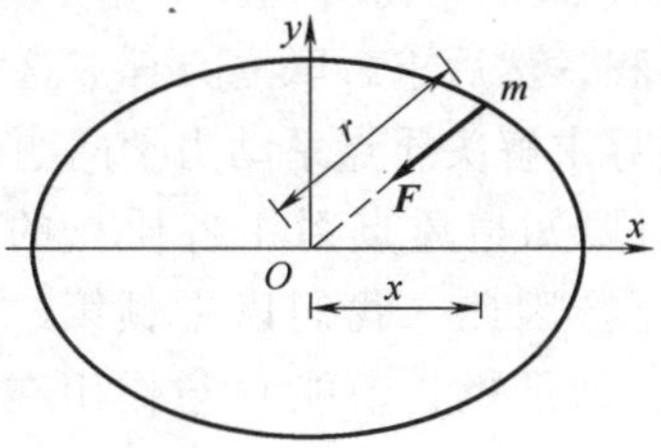

习题 9-15 图

# 第 10 章

# 动量定理

## 10.1 动力学普遍定理概述

上一章中，我们研究了质点运动微分方程，并且讨论了一些简单的质点动力学问题。但在工程实际中所遇到的研究对象往往不能简化成为单个质点，而必须把它看成由有限个或者无限个有相互联系的质点组成的质点系。在研究质点系动力学问题时，可以用上一章的方法，建立每个质点的运动微分方程，然后求解联立方程。这种方法在数学上有很大困难，在实际工程中也无必要。这就需要寻求解决质点系动力学问题的新途径。

在许多工程问题中，并不需要知道质点系中各质点的运动规律，而只需要知道整个质点系运动的某些特征就可以了。因此，我们以牛顿第二定律为基础，建立描述整个质点系运动特征的物理量（动量、动量矩、动能）与作用在质点系上的力（力的主矢、主矩和功）之间的关系，即质点系动力学普遍定理。它们包括动量定理、动量矩定理和动能定理。

动力学普遍定理建立了各个重要物理量间的联系，这有利于进一步认识机械运动的普遍规律。应用普遍定理解决实际问题，不但运算方法简便而且还给出了明确的物理概念，便于更深入地了解机械运动的性质。

本章阐述动量定理的基本理论和应用。

## 10.2 质点系的动量定理

### 10.2.1 质点系的质心

质点系的运动不仅与作用于质点系上的力及各质点的质量大小有关，而且与质点系的质量分布情况有关。质心就是反应质点系质量分布的一个特征量。质心的概念在质点系动力学中有很重要的意义。

设由 $n$ 个质点 $M_1$、$M_2$、…、$M_n$ 组成的质点系，各质点的质量分别为 $m_1$、$m_2$、…、$m_n$。质点系的总质量 $m$ 是各质点质量的总和，即 $m=\sum m_i$，$\boldsymbol{r}_1$、$\boldsymbol{r}_2$、…、$\boldsymbol{r}_n$ 表示各质点对任选的固定点 $O$ 的位置矢径，则由

$$\boldsymbol{r}_C=\frac{\sum m_i\boldsymbol{r}_i}{\sum m_i}=\frac{\sum m_i\boldsymbol{r}_i}{m} \tag{10-1}$$

所确定的点 $C$ 称为质点系的质量中心，简称**质心**。

过点 $O$ 取直角坐标系 $Oxyz$，将式（10-1）向坐标轴投影，可得到质心的坐标位置

$$\begin{cases} x_C = \dfrac{\sum m_i x_i}{\sum m_i} = \dfrac{\sum m_i x_i}{m} \\ y_C = \dfrac{\sum m_i y_i}{\sum m_i} = \dfrac{\sum m_i y_i}{m} \\ z_C = \dfrac{\sum m_i z_i}{\sum m_i} = \dfrac{\sum m_i z_i}{m} \end{cases} \tag{10-2}$$

质点系的质心是各质点的位置按其质量占总质量之比分布的平均位置，它仅与各质点的质量大小和分布的相对位置有关。若选择不同的坐标系，质心坐标的具体数值会有变化，但质心相对于质点系中各质点的相对位置与坐标系的选择无关。

### 10.2.2　动量

知识点视频

任何物体都与周围其他物体有着一定的联系，因此物体之间也有机械运动的相互传递和转换。例如：球杆击球，杆给球一个冲击力，使它获得新的运动速度，球杆也改变了原来的运动状态。而物体在传递机械运动时产生的相互作用力不仅与物体的速度变化有关，而且与它们的质量有关。例如，一颗高速飞行的子弹，虽然它的质量小，但速度很大，可以产生非常大的杀伤力。轮船靠岸时，速度虽小，但质量很大，操纵稍有疏忽，足以将船撞坏。据此，为了表征物体机械运动的强弱，引入动量这一物理量。

在国际单位制中，动量的单位为 kg · m/s。

**1. 质点的动量**

质点的质量与速度的乘积称为质点的动量，记为

$$\boldsymbol{p} = m\boldsymbol{v}$$

质点的动量是矢量，它的方向与质点速度的方向一致。

**2. 质点系的动量**

质点系内各质点动量的矢量和称为质点系的动量，即

$$\boldsymbol{P} = \sum_{i=1}^{n} m_i \boldsymbol{v}_i \tag{10-3}$$

其中，$n$ 为质点系内的质点数，$m_i$ 为第 $i$ 个质点的质量，$\boldsymbol{v}_i$ 为该质点的速度。质点系的动量是矢量。

根据式（10-1）又可将质点系的动量表示为

$$\boldsymbol{P} = \sum_{i=1}^{n} m_i \boldsymbol{v}_i = m\boldsymbol{v}_C \tag{10-4}$$

其中，$\boldsymbol{v}_C$ 为质点系质心 $C$ 的速度。式（10-4）表明，质点系的动量等于质心速度与其全部质量的乘积。

由于动量是矢量，因此在具体计算时常常使用投影形式

$$
\begin{cases}
P_x = \sum_{i=1}^{n} m_i v_{ix} = m v_{Cx} \\
P_y = \sum_{i=1}^{n} m_i v_{iy} = m v_{Cy} \\
P_z = \sum_{i=1}^{n} m_i v_{iz} = m v_{Cz}
\end{cases}
\tag{10-5}
$$

即质点系动量在某一轴上的投影等于质点系的质量与其质心速度在该轴上投影的乘积。

刚体是由无限多个质点组成的不变质点系，质心是刚体内某一确定点。对于质量均匀分布的规则刚体，质心也就是几何中心，用式（10-5）计算刚体的动量是非常方便的。例如，长为 $l$、质量为 $m$ 的均质细杆，在平面内绕 $O$ 点转动，角速度为 $\omega$，如图 10-1a 所示。细杆质心的速度 $v_C = \dfrac{l}{2}\omega$，则细杆的动量为 $m\boldsymbol{v}_C$，方向与 $\boldsymbol{v}_C$ 相同。又如图 10-1b 所示的均质滚轮，质量为 $m$，轮心速度为 $\boldsymbol{v}_C$，则其动量为 $m\boldsymbol{v}_C$。而图 10-1c 所示的绕中心转动的均质轮，无论有多大的角速度和质量，由于其质心不动，其动量总是零。

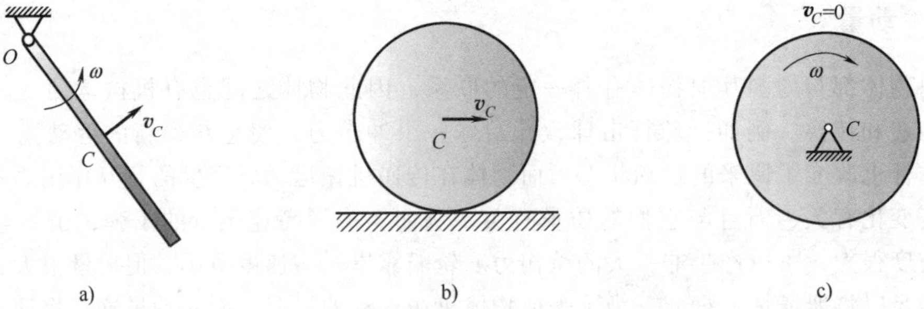


图 10-1

**例 10-1** 已知轮 $A$ 重 $W$，均质杆 $AB$ 重 $G$，杆长 $l$，如图 10-2 所示，图示位置时轮心 $A$ 的速度为 $\boldsymbol{v}$，$AB$ 的倾角为 45°。求此瞬时系统的动量。

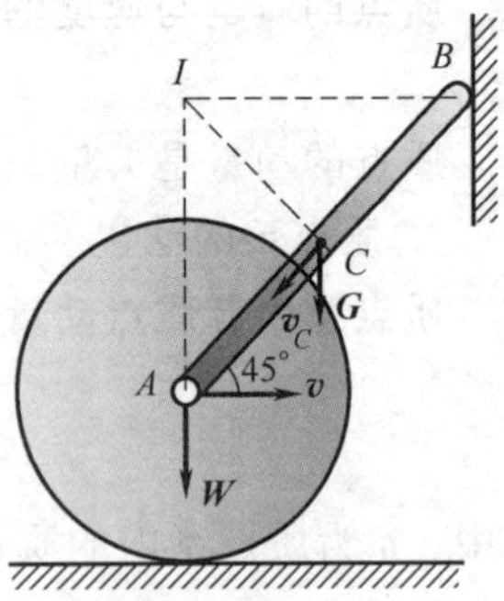


图 10-2

解：$I$ 为 $AB$ 杆的瞬心，由运动学的知识可知

$$\omega_{AB} = \frac{v}{AI} = \frac{\sqrt{2}v}{l}$$

杆 $AB$ 的质心 $C$ 的速度

$$v_C = IC \cdot \omega_{AB} = \frac{l}{2} \cdot \frac{\sqrt{2}v}{l} = \frac{\sqrt{2}}{2}v$$

系统动量在 $x$ 轴的投影得

$$P_x = \frac{W}{g}v + \frac{G}{g}v_C\cos45° = \frac{2W+G}{2g}v$$

系统动量在 $y$ 轴的投影得

$$P_y = \frac{G}{g}v_C\sin45° = \frac{G}{2g}v$$

则系统的动量

$$P=-\frac{2W+G}{2g}v\boldsymbol{i}-\frac{G}{2g}v\boldsymbol{j}$$

### 10.2.3　冲量

物体在力的作用下发生的运动变化，不仅与力的大小和方向有关，还与力作用时间的长短有关。例如，人力推动车厢沿铁轨运动，经过一段时间，可使车厢得到一害的速度；如改用机车牵引车厢，只需很短的时间便能达到同样的速度。

如果作用力是常量，我们用力与作用时间的乘积来衡量力在这段时间内积累的作用。作用力与作用时间的乘积称为常力的冲量。以 $\boldsymbol{F}$ 表示此常力，作用的时间为 $t$，则此力的冲量为

$$\boldsymbol{I}=\boldsymbol{F}t \tag{10-6}$$

冲量是矢量，它的方向与常力的方向相同。

如果作用力 $\boldsymbol{F}$ 是变量，在微小时间间隔 $\mathrm{d}t$ 内，力 $\boldsymbol{F}$ 的冲量称为元冲量，即

$$\mathrm{d}\boldsymbol{I}=\boldsymbol{F}\mathrm{d}t$$

而 $\boldsymbol{F}$ 在作用时间 $t$ 内的冲量是矢量积分

$$\boldsymbol{I}=\int_0^t \boldsymbol{F}\mathrm{d}t \tag{10-7}$$

在国际单位制中，冲量的单位是 N·s。

### 10.2.4　动量定理

知识点视频

设质点系有 $n$ 个质点。其中，第 $i$ 个质点 $M_i$ 的质量为 $m_i$，速度为 $\boldsymbol{v}_i$。各质点所受的力可分为内力和外力，质点系内其他质点对该质点的作用力称为内力，记为 $\boldsymbol{F}_i^{\mathrm{i}}$，外界物体对该质点的作用力称为外力，记为 $\boldsymbol{F}_i^{\mathrm{e}}$。根据牛顿第二定律，有

$$\frac{\mathrm{d}(m_i\boldsymbol{v}_i)}{\mathrm{d}t}=\boldsymbol{F}_i^{\mathrm{e}}+\boldsymbol{F}_i^{\mathrm{i}}\quad(i=1,2,\cdots,n)$$

对每个质点均可写出这样一个方程，将这样的 $n$ 个方程两端分别相加可得

$$\sum_{i=1}^{n}\frac{\mathrm{d}(m_i\boldsymbol{v}_i)}{\mathrm{d}t}=\sum\boldsymbol{F}_i^{\mathrm{e}}+\sum\boldsymbol{F}_i^{\mathrm{i}}$$

即

$$\frac{\mathrm{d}}{\mathrm{d}t}\sum_{i=1}^{n}(m_i\boldsymbol{v}_i)=\sum\boldsymbol{F}_i^{\mathrm{e}}+\sum\boldsymbol{F}_i^{\mathrm{i}}$$

其中，$\sum\limits_{i=1}^{n}(m_i\boldsymbol{v}_i)$ 是质点系各质点的动量的矢量和，即质点系的动量 $\boldsymbol{P}$。$\sum\boldsymbol{F}_i^{\mathrm{e}}$ 为作用在质点系上外力系的主矢；$\sum\boldsymbol{F}_i^{\mathrm{i}}$ 为质点系内力的矢量和。因为作用在质点系上的所有内力都是成对出现的，即大小相等，方向相反，故所有内力的矢量和恒等于零，即

$$\sum\boldsymbol{F}_i^{\mathrm{i}}=\boldsymbol{0}$$

则质点系的动量定理可写为

$$\frac{\mathrm{d}\boldsymbol{P}}{\mathrm{d}t}=\frac{\mathrm{d}}{\mathrm{d}t}\sum_{i=1}^{n}(m_i\boldsymbol{v}_i)=\sum\boldsymbol{F}_i^{\mathrm{e}} \tag{10-8}$$

即质点系的动量对时间的导数等于作用在质点系上的所有外力的矢量和（外力系的主矢）。这是质点系动量定理的微分形式。

具体计算时，一般采用投影形式，将式（10-8）投影在直角坐标轴上得

$$\begin{cases}\dfrac{\mathrm{d}P_x}{\mathrm{d}t}=\sum F_x^{\mathrm{e}}\\ \dfrac{\mathrm{d}P_y}{\mathrm{d}t}=\sum F_y^{\mathrm{e}}\\ \dfrac{\mathrm{d}P_z}{\mathrm{d}t}=\sum F_z^{\mathrm{e}}\end{cases} \tag{10-9}$$

即质点系的动量在某一坐标轴上的投影对时间的导数，等于作用在质点系上的所有外力在同一轴上投影的代数和（外力系的主矢在同一轴上的投影）。

设 $t=0$ 时，质点系的动量为 $\boldsymbol{P}_0$，在 $t$ 时刻动量为 $\boldsymbol{P}$，则

$$\int_{P_0}^{P}\mathrm{d}\boldsymbol{P}=\sum\int_0^t \boldsymbol{F}_i^{\mathrm{e}}\mathrm{d}t$$

即

$$\boldsymbol{P}-\boldsymbol{P}_0=\sum_{i=1}^{n}\boldsymbol{I}_i^{\mathrm{e}} \tag{10-10}$$

这是质点系动量定理的积分形式，也称为有限形式，即在某一时间段内，质点系动量的改变量等于在这段时间内作用于质点系的外力冲量的矢量和。

式（10-10）是矢量式，计算中宜采用投影式，将式（10-10）向直角坐标轴投影得

$$P_x-P_{0x}=\sum I_x^{\mathrm{e}},\ P_y-P_{0y}=\sum I_y^{\mathrm{e}},\ P_z-P_{0z}=\sum I_z^{\mathrm{e}} \tag{10-11}$$

由质点系动量定理可知，质点系的内力虽然可以引起各质点的动量发生改变，但是对整个质点系的总动量没有任何影响，只有外力才能改变质点系的动量。因此，当主要研究质点系的总动量时，质点系内各质点之间的相互作用可以不必考虑，这将给研究带来很大的方便。

例 10-2　锤的质量 $m=3000\text{kg}$，从高度 $h=1.5\text{m}$ 处自由下落到锻压的工件上，工件发生变形，历时 $\Delta t=0.01\text{s}$；求锤对于工件的平均压力。

解：取锤为研究对象，其上作用的力有重力 $\boldsymbol{P}$ 和与工件接触后的约束力。后者是一变力，在短暂的时间间隔 $\Delta t$ 内迅速发生变化，用平均力 $F_{\mathrm{N}}^{*}=0$ 来表示，如图 10-3 所示。

设锤自由下落 $h$ 后的速度为 $\boldsymbol{v}$，则

$$v=\sqrt{2gh}$$

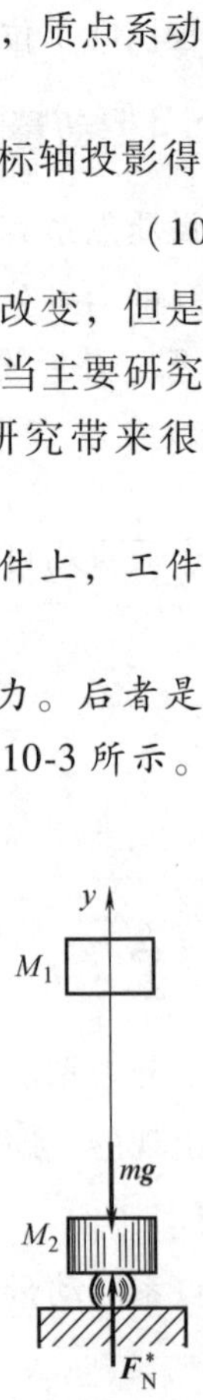

图 10-3

方向铅垂向下，取铅垂轴 $y$ 向上为正。研究锤与工件接触的过程，初始锤的速度为 $v_1=v=\sqrt{2gh}$，经过时间 $\Delta t$ 后的速度为 $v_2=0$，重力的冲量为 $mg\Delta t$，方向铅垂向下，约束力的冲量为 $\boldsymbol{F}_{\mathrm{N}}^{*}\Delta t$，方向铅垂向上，由质点的动量定理得

$$0-(-m\sqrt{2gh})=-mg\Delta t+F_{\mathrm{N}}^{*}\Delta t$$

解得

$$F_{\mathrm{N}}^{*}=\frac{m(\sqrt{2gt}+g\Delta t)}{\Delta t}$$

代入数据得

$$F_N^* = 1656\text{kN}$$

锤对于工件的平均压力与约束力 $F_N^*$ 大小相等，方向相反。与锤的重量相比，是它的56倍，可见这个力是相当大的。

**例 10-3**　如图 10-4a 所示，电动机重 $\boldsymbol{G}_1$，外壳用螺栓固定在基础上。另有一均质杆，长 $l$，重 $\boldsymbol{G}_2$，一端固连在电动机轴上，并与机轴垂直，另一端则连一重 $\boldsymbol{G}_3$ 的小球。设电动机轴以匀角速度 $\omega$ 转动，求螺栓和基础作用于电动机的最大总水平力及铅直力。

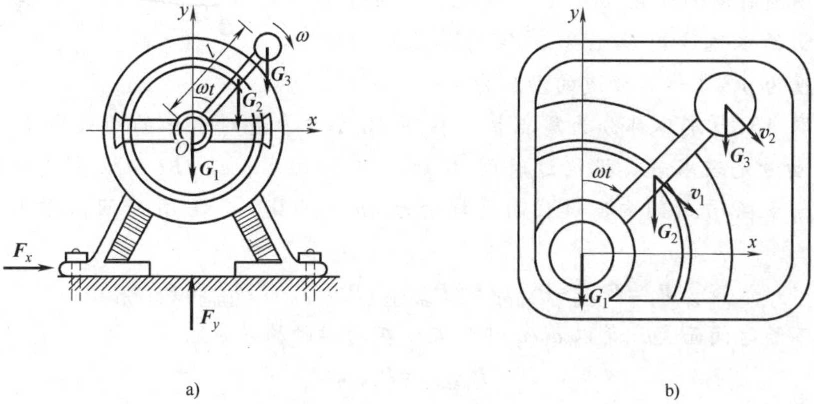


例 10-3
机构动画

图 10-4

**解**：以整体（电动机、匀质杆、小球）为分析对象，仍选原来确定的坐标系，因机身固定，故任意时刻电动机的速度为零，匀质杆质心的速度为 $v_1 = \dfrac{l}{2}\omega$，小球的速度 $v_2 = l\omega$，方向均如图 10-4b 所示。

整个质点系的动量为

$$\boldsymbol{P} = \left(\frac{G_2}{g}v_1\cos\omega t + \frac{G_3}{g}v_2\cos\omega t\right)\boldsymbol{i} - \left(\frac{G_2}{g}v_1\sin\omega t + \frac{G_3}{g}v_2\sin\omega t\right)\boldsymbol{j}$$

$$= \frac{l\omega}{g}\left(\frac{G_2}{2}+G_3\right)\cos\omega t\boldsymbol{i} - \frac{l\omega}{g}\left(\frac{G_2}{2}+G_3\right)\sin\omega t\boldsymbol{j}$$

代入动量定理表达式（10-8），有

$$\frac{\mathrm{d}\boldsymbol{P}}{\mathrm{d}t} = F_x\boldsymbol{i} + (F_y - G_1 - G_2 - G_3)\boldsymbol{j}$$

即

$$-\frac{l\omega^2}{g}\left(\frac{G_2}{2}+G_3\right)\sin\omega t\boldsymbol{i} - \frac{l\omega^2}{g}\left(\frac{G_2}{2}+G_3\right)\cos\omega t\boldsymbol{j}$$

$$= F_x\boldsymbol{i} + (F_y - G_1 - G_2 - G_3)\boldsymbol{j}$$

于是

$$F_x = -\frac{l\omega^2}{g}\left(\frac{G_2}{2}+G_3\right)\sin\omega t$$

$$F_y=G_1+G_2+G_3-\frac{l\omega^2}{g}\left(\frac{G_2}{2}+G_3\right)\cos\omega t$$

**例 10-4** 动量定理在流体力学中有广泛应用。例如，在水流流过弯管时，将对弯管产生压力。设在 $AB$、$CD$ 两断面处的平均流速分别为 $\boldsymbol{v}_1$ 和 $\boldsymbol{v}_2$（以 m/s 为单位）。如图 10-5 所示。图中 $\boldsymbol{F}_1$、$\boldsymbol{F}_2$ 分别是前后水体对于 $AB$、$CD$ 两断面处的总压力，$\boldsymbol{W}$ 为 $ABCD$ 段水体的自重。假设水体是稳定流，即管内各处的流速不随时间的变化而变化，而且在单位时间内流经各截面的水体流量 $\boldsymbol{Q}$（以 $\mathrm{m^3/s}$ 为单位）为常量。水的密度为 $\rho$，求水对管道的动压力。

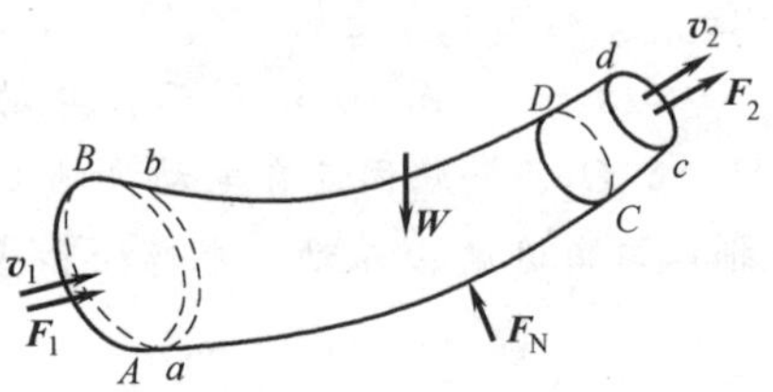


图 10-5

**解：** 选取 $ABCD$ 水体部分为质点系。在图 10-5 中管道对水体的约束力 $\boldsymbol{F}_\mathrm{N}$ 为未知力。应用质点系动量定理求解。设经过时间 $\mathrm{d}t$ 后，水体由原来的 $ABCD$ 位置位移到新的位置 $abcd$，则质点系在 $\mathrm{d}t$ 时间内流过截面的质量为 $\mathrm{d}m=\rho Q\mathrm{d}t$，而在 $\mathrm{d}t$ 时间内质点系动量的改变量为

$$\boldsymbol{P}_2-\boldsymbol{P}_1=\boldsymbol{P}_{abcd}-\boldsymbol{P}_{ABCD}=(\boldsymbol{P}_{abCD2}+\boldsymbol{P}_{CDcd})-(\boldsymbol{P}_{ABab}+\boldsymbol{P}_{abCD1})$$

因水流情况不随时间而变，所以 $abcd$ 部分流体在两瞬时的动量相等，即

$$\boldsymbol{P}_{abCD2}=\boldsymbol{P}_{abCD1}$$

故

$$\boldsymbol{P}_2-\boldsymbol{P}_1=\boldsymbol{P}_{CDcd}-\boldsymbol{P}_{ABab}=\rho Q\mathrm{d}t(\boldsymbol{v}_2-\boldsymbol{v}_1)$$

根据动量定理有

$$\rho Q\mathrm{d}t(\boldsymbol{v}_2-\boldsymbol{v}_1)=(\boldsymbol{W}+\boldsymbol{F}_1+\boldsymbol{F}_2+\boldsymbol{F}_\mathrm{N})\mathrm{d}t$$

即

$$\boldsymbol{F}_\mathrm{N}=-(\boldsymbol{W}+\boldsymbol{F}_1+\boldsymbol{F}_2)+\rho Q(\boldsymbol{v}_2-\boldsymbol{v}_1)$$

于是，为使流体改变方向，管壁作用于流体的力应为

$$\boldsymbol{F}'_\mathrm{N}=\rho Q(\boldsymbol{v}_2-\boldsymbol{v}_1) \qquad (*)$$

这部分力是由水体的流动而产生的附加约束力。

本题所得的结论式（*），可作为公式直接应用于同类问题的计算，而无须再从头进行推导。例如在本例题中，若 $\boldsymbol{v}_1$ 方向水平，$\boldsymbol{v}_2$ 与水平线成 45°夹角，$v_1=v_2=2.547\mathrm{m/s}$，$Q=0.5\mathrm{m^3/s}$，水的密度为 $1000\mathrm{kg/m^3}$，则管壁对水体的附加动约束力为

$$F'_{\mathrm{N}x}=-\rho Q(v_2\cos45°-v_1)=0.37\mathrm{kN}$$
$$F'_{\mathrm{N}y}=-\rho Q(v_2\sin45°-0)=0.9\mathrm{kN}$$

**例 10-5** 有一火箭如图 10-6 所示，起飞前的总质量为 $m_0$，其中燃料的质量为 $m_1$，设单位时间消耗的燃料质量为 $q$，喷出的燃料气体的相对速度为 $\boldsymbol{v}_\mathrm{r}$。不计空气阻力，火箭在重力场中铅垂向上飞行，求火箭速度的变化规律。

**解：** 正在喷气飞行的火箭，它的质量在不断变化，但在任意瞬时 $t$ 和 $t+\Delta t$ 时间内，火箭本身和喷出的燃料气体一起可看作一个质量不变的质点系。在瞬时 $t$，火箭质量为 $m$，速度为 $\boldsymbol{v}$，动量为

$$\boldsymbol{P}_1=m\boldsymbol{v}$$

在瞬时 $t+\Delta t$，火箭的质量变为 $(m-q\mathrm{d}t)$，速度则变为 $(\boldsymbol{v}+\mathrm{d}\boldsymbol{v})$，喷出的气体的质量为 $q\mathrm{d}t$，

其速度则为 $(\boldsymbol{v}+\mathrm{d}\boldsymbol{v})+\boldsymbol{v}_r$，此时动量为

$$\boldsymbol{P}_2=(m-q\mathrm{d}t)(\boldsymbol{v}+\mathrm{d}\boldsymbol{v})+q\mathrm{d}t(\boldsymbol{v}+\mathrm{d}\boldsymbol{v}+\boldsymbol{v}_r)$$
$$=m\boldsymbol{v}+m\mathrm{d}\boldsymbol{v}+q\mathrm{d}t\cdot\boldsymbol{v}_r$$

则

$$\mathrm{d}\boldsymbol{P}=m\mathrm{d}\boldsymbol{v}+q\mathrm{d}t\cdot\boldsymbol{v}_r$$

根据微分形式的质点系的动量定理得

$$\frac{\mathrm{d}\boldsymbol{P}}{\mathrm{d}t}=m\frac{\mathrm{d}\boldsymbol{v}}{\mathrm{d}t}+q\boldsymbol{v}_r=\boldsymbol{G}$$

令 $\boldsymbol{F}_\phi=-q\boldsymbol{v}_r$，称为反推力，代入上式得

$$m\frac{\mathrm{d}\boldsymbol{v}}{\mathrm{d}t}=\boldsymbol{G}+\boldsymbol{F}_\phi$$

这就是变质量质点的运动微分方程。

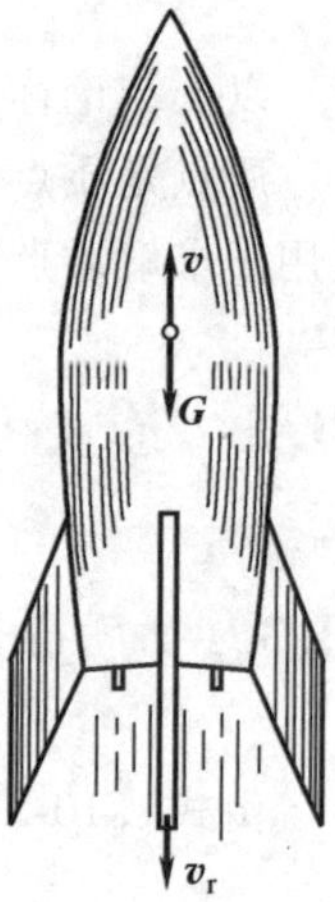

图 10-6

以地面发射点为原点，取 $x$ 轴为铅垂向上，从起飞计算时间，则 $t=0$ 时，$v_0=0$，在瞬时 $t$，火箭的质量为 $(m_0-q\mathrm{d}t)$，将上式投影在 $x$ 轴上，相对速度 $\boldsymbol{v}_r$ 的投影 $v_{rx}=-v_r$，反推力 $\boldsymbol{F}_\phi$ 的投影 $F_{\phi x}=-qv_{rx}=qv_r$，于是得

$$(m_0-qt)\frac{\mathrm{d}v_x}{\mathrm{d}t}=-(m_0-qt)g+qv_r$$

整理得

$$\frac{\mathrm{d}v_x}{\mathrm{d}t}=-g+\frac{qv_r}{m_0-qt}$$

分离变量积分得

$$\int_0^{v_x}\mathrm{d}v_x=\int_0^t\left(-g+\frac{qv_r}{m_0-qt}\right)\mathrm{d}t$$

即

$$v_x=-gt+v_r\ln\frac{m_0}{m_0-qt}$$

$t=\dfrac{m_1}{q}$时燃料燃烧完，这时火箭达到的速度为

$$v_m=-g\frac{m_1}{q}+v_r\ln\frac{m_0}{m_0-m_1}$$

由于忽略的空气阻力，并假定重力加速度为常数，故本体的计算结果只是理想情况。

### 10.2.5 质点系的动量守恒定律

知识点视频

当作用于质点系的外系的主矢恒等于零时，即 $\sum \boldsymbol{F}_i^e\equiv 0$，则由式（10-8）知，质点系的动量保持不变，即

$$\boldsymbol{P}=\text{常矢量}$$

当作用于质点系的外系的主矢在某一坐标轴上的投影值等于零时，如 $\sum F_{ix}^e\equiv 0$，则由式（10-9）知，质点系的动量在该轴上的投影保持不变，即

$$P_x = 常量$$

以上结论称为质点系的动量守恒定律。

质点是质点系的一种特殊情况，故以上关于质点系的动量定理或者动量守恒定律也同样适用于求解质点的动力学问题。

## 10.3 质心运动定理及质心运动守恒定律

### 10.3.1 质心运动定理

知识点视频

由式（10-3）到式（10-4）知，质点系的动量 $\boldsymbol{P} = \sum_{i=1}^{n} m_i \boldsymbol{v}_i = m\boldsymbol{v}_C$，将此式代入式（10-8），得到

$$m\boldsymbol{a}_C = \sum m_i \boldsymbol{a}_i = \sum \boldsymbol{F}_i^{\mathrm{e}} = \boldsymbol{F}_{\mathrm{R}}^{\mathrm{e}} \tag{10-12}$$

式（10-12）表明质点系质量与质心加速度的乘积等于作用于质点系上所有外力的矢量和，即外力系的主矢。这就是质心运动定理。

式（10-12）是矢量式，计算中一般应用投影式，将其向直角坐标轴投影得

$$\begin{cases} ma_{Cx} = \sum m_i a_{ix} = \sum F_{ix}^{\mathrm{e}} \\ ma_{Cy} = \sum m_i a_{iy} = \sum F_{iy}^{\mathrm{e}} \\ ma_{Cz} = \sum m_i a_{iz} = \sum F_{iz}^{\mathrm{e}} \end{cases} \tag{10-13}$$

将其向自然轴系投影得

$$\begin{cases} ma_C^{\mathrm{t}} = \sum m_i a_i^{\mathrm{t}} = \sum F_{i\mathrm{t}}^{\mathrm{e}} \\ ma_C^{\mathrm{n}} = \sum m_i a_i^{\mathrm{n}} = \sum F_{i\mathrm{n}}^{\mathrm{e}} \\ 0 = \sum F_{i\mathrm{b}}^{\mathrm{e}} \end{cases} \tag{10-14}$$

质心运动定理在质点系动力学中具有重要意义。当作用于质点系的外力已知时，根据这一定理可以确定质心的运动规律。在很多实际问题中，质心的运动往往是问题的主要方面。例如研究卫星的运行轨迹、炮弹的弹道问题，又如采矿工程和土建水利工程中采用定向爆破，爆破后图示的运动很复杂，但就它的整体而言，如不计空气的阻力，就只受重力作用，则质心的运动就像一个质点在重力作用下做抛射运动一样，因此只要控制好质心的初速度，就可使爆破后大部分土石抛掷到指定的地方。

从质心运动定理可以看出，质心的运动与质点系的内力无关，而只与外力系的主矢有关即内力不能改变质心的运动。例如，停在光滑冰面上的汽车，无论如何加大油门都不能使汽车前进，只有当地面与轮子间的摩擦力达到足够大时汽车才能前进。同理，人们在光滑的平面上只靠自己的肌肉的力量是无法行走的。

**例 10-6** 用质心运动定理求解例 10-3。

**解：**如图 10-7 所示，将电动机、匀质杆、小球组成的质点系作为研究对象。因电动机机身固定不动，故取静坐标系 $Oxy$ 固结于机身。在任一瞬时 $t$，匀质杆与 $y$ 轴的夹角为 $\omega t$，

于是，可得

$$a_{C1x}=0$$

$$a_{C2x}=\frac{\mathrm{d}^2}{\mathrm{d}t^2}\left(\frac{l}{2}\sin\omega t\right)=-\frac{l}{2}\omega^2\sin\omega t$$

$$a_{C3x}=\frac{\mathrm{d}^2}{\mathrm{d}t^2}(l\sin\omega t)=-l\omega^2\sin\omega t$$

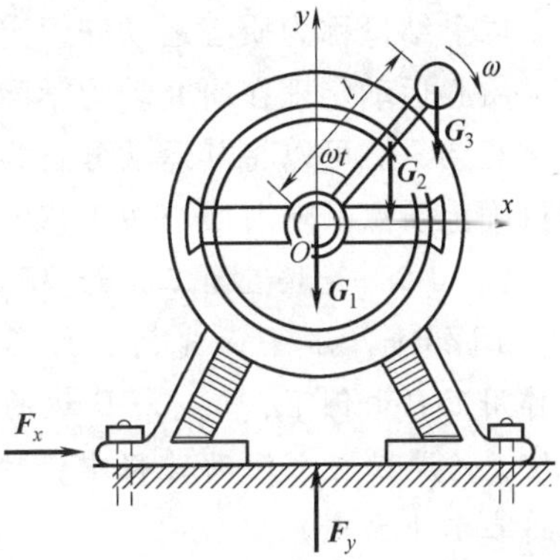

图 10-7

代入式（10-13），有

$$-\frac{G_2}{g}\frac{l}{2}\omega^2\sin\omega t-\frac{G_3}{g}l\omega^2\sin\omega t=F_x$$

得

$$F_x=-\frac{(G_2+2G_3)l\omega^2}{2g}\sin\omega t$$

水平力 $F_x$ 的最大值

$$F_{x\max}=\frac{(G_2+2G_3)l\omega^2}{2g}\tag{1}$$

$$a_{C1y}=0$$

$$a_{C2y}=\frac{\mathrm{d}^2}{\mathrm{d}t^2}\left(\frac{l}{2}\cos\omega t\right)=-\frac{l}{2}\omega^2\cos\omega t$$

$$a_{C3y}=\frac{\mathrm{d}^2}{\mathrm{d}t^2}(l\cos\omega t)=-l\omega^2\cos\omega t$$

代入式（10-13），有

$$-\frac{G_2}{g}\frac{l}{2}\omega^2\cos\omega t-\frac{G_3}{g}l\omega^2\cos\omega t=F_y-G_1-G_2-G_3$$

得

$$F_y=G_1+G_2+G_3-\frac{(G_2+2G_3)l\omega^2}{2g}\cos\omega t\tag{2}$$

铅直力 $F_y$ 的最大值

$$F_{y\max}=G_1+G_2+G_3+\frac{(G_2+2G_3)l\omega^2}{2g}$$

计算结果式（1）和式（2）中，与 $\omega$ 有关的那部分，是由于质点系质心的运动而引起的约束力，这部分约束力称为动反力。式（1）中 $F_x$ 完全是由动反力组成。而式（2）中的 $F_y$ 则由静反力（$G_1+G_2+G_3$）和动反力两部分组成，称为全反力。

### 10.3.2　质心运动守恒定律

由式（10-12）知，若 $\sum \boldsymbol{F}_i^{\mathrm{e}}=\mathbf{0}$，即作用于外力系的主矢恒等于零或质点系不受外力作用，则 $\boldsymbol{v}_C=$常矢量，这表明质心处于静止或做匀速直线运动，若开始静止，则质心位置始终保持不变。

由式（10-13）知，若作用于质点系上的所有外力在某一轴上投影的代数和恒等于零，

如 $\sum F_{ix}^{e}=0$，则 $v_{Cx}=$常量，这表明质心的横坐标 $x_C$ 不变或质心沿 $x$ 轴的运动是匀速的。

以上结论称为质心运动守恒定律。

质心运动定理在研究动力学问题中起着重要的作用。对于任意质点系来说，不管其运动多么复杂，总可以将其运动分解为随着质心的平移和相对于质心的运动。应用质心运动定理即可确定质点系随着质心做平移的这一部分运动。

**例 10-7** 等腰直角三角形 $ABD$ 的斜边 $AB$ 长为 12cm，今将此三角形如图 10-8a 所示放置，$AB$ 铅垂，水平面光滑，然后让平板在重力作用下自由倒下，试求 $BD$ 边的中点 $M$ 点的轨迹。（设在整个运动过程中，顶点 $A$ 始终都保持在水平面内）

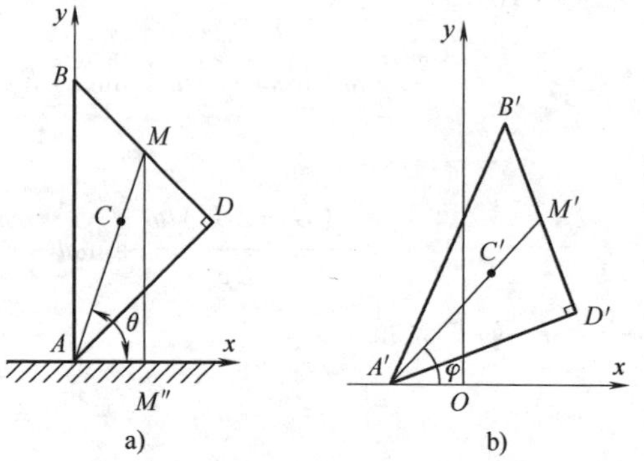


图 10-8

解：由已知条件，$AM=\sqrt{90}$ cm，$C$ 为质心，$AC=\frac{2}{3}AM=\frac{2}{3}\sqrt{90}$ cm，$M''$ 为 $M$ 到 $x$ 轴的垂足，可求得 $AM''=3$cm，$MM''=\frac{3}{4}AB=9$cm，故

$$\cos\theta=\frac{AM''}{AM}=\frac{3}{\sqrt{90}}=\frac{1}{\sqrt{10}}$$

平板下落到任意位置如图 10-8b 所示，因水平面光滑，故 $F_x=0$，$v_{Cx}=$常量；又因为初始时静止，即 $v_{Cx_0}=0$，故 $x_C=$常量。初始时，

$$x_C=AC\cdot\cos\theta=\frac{2}{3}\sqrt{90}\cos\theta\text{cm}=2\text{cm}$$

所以，$M$ 点的位置为

$$y_M=A'M'\sin\varphi=\sqrt{90}\sin\varphi$$

$$x_M=x_C+C'M'\cos\varphi=2+\frac{\sqrt{90}}{3}\cos\varphi$$

即

$$\frac{y_M}{\sqrt{90}}=\sin\varphi,\ \frac{x_M-2}{\sqrt{10}}=\cos\varphi$$

消去 $\varphi$，得

$$9(x_M-2)^2+y_M^2=90$$

即为 $M$ 点的轨迹。

## 小　结

1. 质点系的动量定理

质点系的质心 $$\boldsymbol{r}_C=\frac{\sum m_i\boldsymbol{r}_i}{\sum m_i}=\frac{\sum m_i\boldsymbol{r}_i}{m}$$

$$\begin{cases} x_C = \dfrac{\sum m_i x_i}{\sum m_i} = \dfrac{\sum m_i x_i}{m} \\ y_C = \dfrac{\sum m_i y_i}{\sum m_i} = \dfrac{\sum m_i y_i}{m} \\ z_C = \dfrac{\sum m_i z_i}{\sum m_i} = \dfrac{\sum m_i z_i}{m} \end{cases}$$

动量　质点的动量　　$\boldsymbol{p} = m\boldsymbol{v}$

质点系的动量　　$\boldsymbol{P} = \sum_{i=1}^{n} m_i \boldsymbol{v}_i = m\boldsymbol{v}_C$

冲量　　$\boldsymbol{I} = \int_0^t \boldsymbol{F}\mathrm{d}t$

质点系的动量定理　　$\dfrac{\mathrm{d}\boldsymbol{P}}{\mathrm{d}t} = \dfrac{\mathrm{d}}{\mathrm{d}t}\sum_{i=1}^{n}(m_i\boldsymbol{v}_i) = \sum \boldsymbol{F}_i^{\mathrm{e}} = \boldsymbol{F}_{\mathrm{R}}^{\mathrm{e}}$

$$\boldsymbol{P} - \boldsymbol{P}_0 = \sum_{i=1}^{n} \boldsymbol{I}_i^{\mathrm{e}}$$

质量系的动量守恒定律　　$\sum \boldsymbol{F}_i^{\mathrm{e}} = \boldsymbol{F}_{\mathrm{R}}^{\mathrm{e}} \equiv 0$，$\boldsymbol{P}$ = 常矢量

$\sum F_{ix}^{\mathrm{e}} = F_{\mathrm{R}x}^{\mathrm{e}} \equiv 0$，$P_x$ = 常量

2. 质心运动定理

$$m\boldsymbol{a}_C = \sum m_i \boldsymbol{a}_i = \sum \boldsymbol{F}_i^{\mathrm{e}} = \boldsymbol{F}_{\mathrm{R}}^{\mathrm{e}}$$

质心运动守恒定律

（1）当 $\sum \boldsymbol{F}_i^{\mathrm{e}} = \boldsymbol{F}_{\mathrm{R}}^{\mathrm{e}} = \boldsymbol{0}$，即 $\boldsymbol{v}_C$ = 常矢量，若 $\boldsymbol{v}_{C0} = \boldsymbol{0}$，$\boldsymbol{r}_C$ = 常矢量，则质心位置不变；

（2）当 $\sum F_{ix}^{\mathrm{e}} = F_{\mathrm{R}x}^{\mathrm{e}} = 0$，即 $v_{Cx}$ = 常量，$v_{C0x} = 0$，$x_C$ = 常量，则质心 $x$ 坐标不变。

## 思　考　题

思考题 10-1

10-1　两均质直杆 $AC$ 和 $CB$，长度相同，质量分别为 $m_1$ 和 $m_2$。两杆在点 $C$ 由铰链连接，初始时维持在铅垂面内不动，如思考题 10-1 图所示。设地面绝对光滑，两杆被释放后将分开倒向地面。问 $m_1$ 与 $m_2$ 相等或不相等时，$C$ 点的运动轨迹是否相同？

10-2　两物块 $A$ 和 $B$，质量分别为 $m_A$ 和 $m_B$，初始静止。如 $A$ 沿斜面下滑的相对速度为 $\boldsymbol{v}_{\mathrm{r}}$，如思考题 10-2 图所示。设 $B$ 向左的速度为 $\boldsymbol{v}$，根据动量守恒定律，有

$$m_A v_{\mathrm{r}} \cos\theta = m_B v$$

上式对吗？

10-3　刚体受有一群力作用，不论各力作用点如何，此刚体质心的加速度都一样吗？

10-4　在光滑的水平面上放置一静止的均质圆盘，当它受一力偶作用时，盘心将如何运动？盘心运动情况与力偶作用位置有关吗？如果圆盘面内受一大小和方向都不变的力作用，盘心将如何运动？盘心运动情况与此力的作用点有关吗？

思考题 10-3

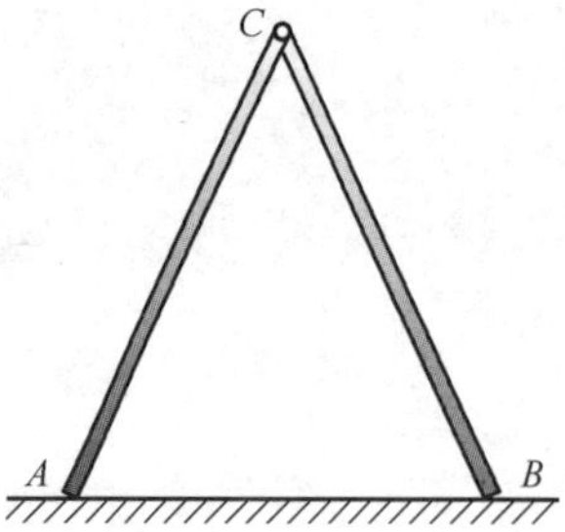

思考题 10-1 图

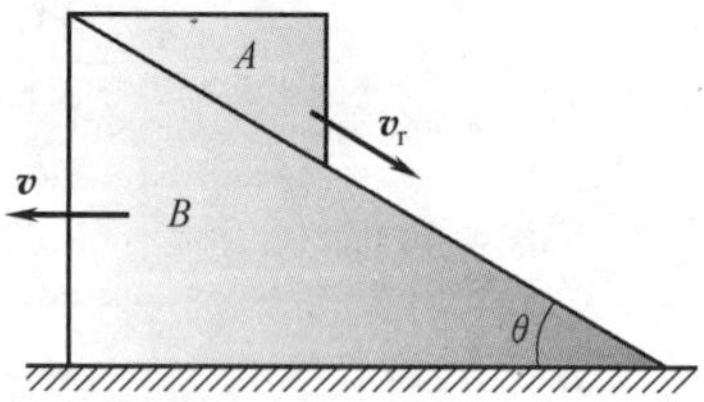

思考题 10-2 图

# 习　　题

10-1　计算下列情况下质点系的动量：(1) 均质杆质量为 $m$，长 $l$，以角速度 $\omega$ 绕 $O$ 轴转动，如习题 10-1 图 a 所示；

(2) 非均质圆盘质量为 $m$，质心 $C$ 距转轴 $OC=e$，以角速度 $\omega$ 绕 $O$ 轴转动，如习题 10-1 图 b 所示；

(3) 带传动机构中，设带轮及胶带都是均质的，质量各为 $m_1$、$m_2$ 和 $m$，带轮半径各为 $r_1$ 和 $r_2$，带轮 $O_1$ 转动的角速度为 $\omega$，如习题 10-1 图 c 所示；

(4) 质量为 $m_1$ 的平板放在质量均为 $m_2$ 的两个均质轮子上，平板的速度为 $\boldsymbol{v}$，各接触处没有相对滑动，如习题 10-1 图 d 所示。

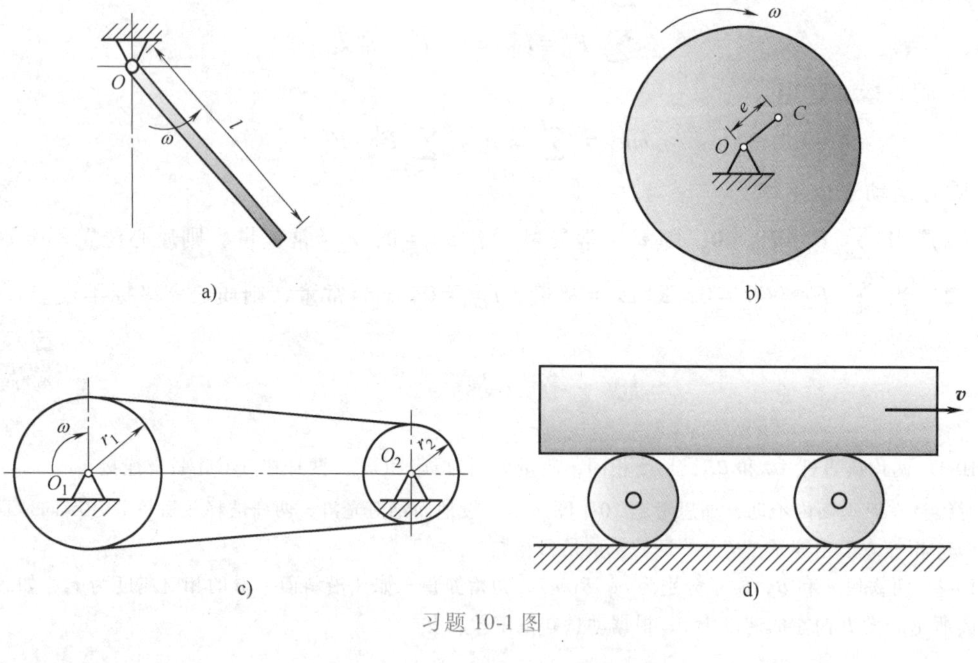

习题 10-1 图

10-2　棒球质量为 0.14kg，速度 $v_0=50\text{m/s}$，方向如习题 10-2 图所示。被棒打击后，速度降低为 $v=40\text{m/s}$，方向如图所示。试计算打击力的冲量。若棒与球接触的时间为 0.02s，求打击力的平均值。

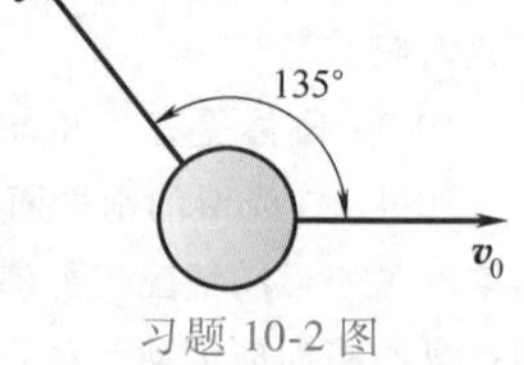

习题 10-2 图

10-3　跳伞者质量为 60kg，自停留在高空中的直升机中跳出，落下 100m 后，将降落伞打开。设开伞前的空气阻力略去不计，伞重不计，开伞后所受的阻力不变，经 5s 后跳伞者的速度减为 4.3m/s。求阻力的大小。

10-4　如习题10-4图所示，一重力为 $G_1$，长为 $l$ 的单摆的支点高度在小车 $A$ 上。小车 $A$ 重力为 $G_2$，放在光滑的直线轨道上。开始时，小车 $A$ 与摆均处于静止，而摆和铅垂线的交角为 $\theta_0$。以后，摆即以幅角 $\theta_0$ 左右摆动。求在摆动过程中小车 $A$ 移动的距离。

10-5　如习题10-5图所示水平面上放一均质三棱柱 $A$，在其斜面上又放一均质三棱柱 $B$。两三棱柱的横截面均为直角三角形。三棱柱 $A$ 的质量 $m_A$ 为三棱柱 $B$ 的质量 $m_B$ 的3倍，其尺寸如图所示。设各处摩擦不计，初始时系统静止。求当三棱柱 $B$ 沿三棱柱 $A$ 滑下接触到水平面时，三棱柱 $A$ 移动的距离。

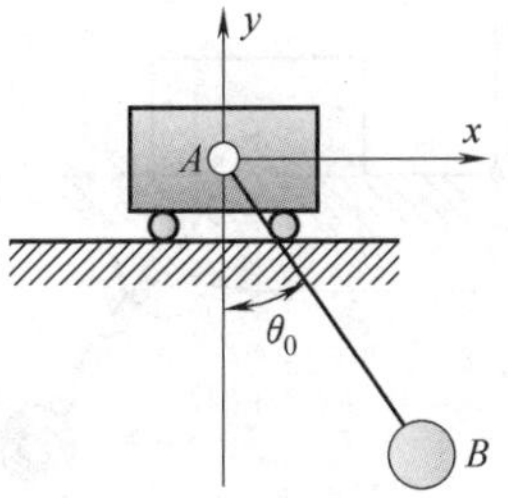

习题10-4图

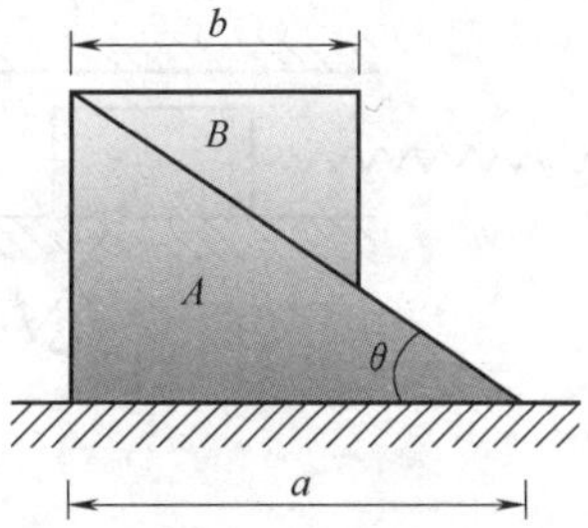

习题10-5图

10-6　物体沿倾角为 $\theta$ 的斜面下滑，其与斜面间的动摩擦系数为 $f'$，且 $\tan\theta>f'$。如物体下滑的初速度为 $\boldsymbol{v}_0$，求物体速度增加一倍时，所经过的时间。

10-7　如习题10-7图所示，均质杆 $AB$ 长为 $2l$，其一端 $B$ 搁置在光滑水平面上，并与水平成 $\theta_0$ 角，求当杆倒下时点 $A$ 的轨迹方程。

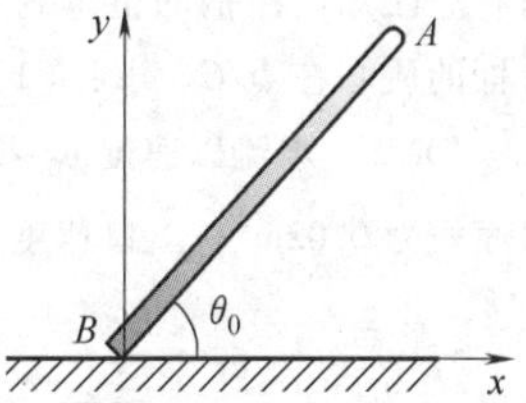

习题10-7图

10-8　如习题10-8图所示椭圆规尺 $AB$ 的重量为 $2P_1$，曲柄 $OC$ 的重量为 $P_1$，而滑块 $A$ 和 $B$ 的重量均为 $P_2$。已知：$OC=AC=CB=l$；曲柄和椭圆规尺的质心分别在其中点上；曲柄绕 $O$ 轴转动的角速度 $\omega$ 为常量。当开始时，曲柄水平向右，求此时质点系的动量。

10-9　一个质量为 $m_1$ 的人手上拿着一个质量为 $m_2$ 的物体，此人以与地平线成 $\theta$ 角的速度 $\boldsymbol{v}_0$ 向前跳去，当他到达最高点时将物体以相对速度 $\mu$ 水平向后抛出。问由于物体的抛出，跳的距离增加了多少?

10-10　如习题10-10图所示重量为 $P_1$ 的平台 $AB$ 放于水平面上，平台与水平面间的动滑动摩擦系数为 $f$。重量为 $P_2$ 的小车 $D$ 由绞车拖动，相对于平台的运动规律为 $s=\dfrac{1}{2}bt^2$，其中 $b$ 为已知常数。不计绞车的质量，求平台的加速度。

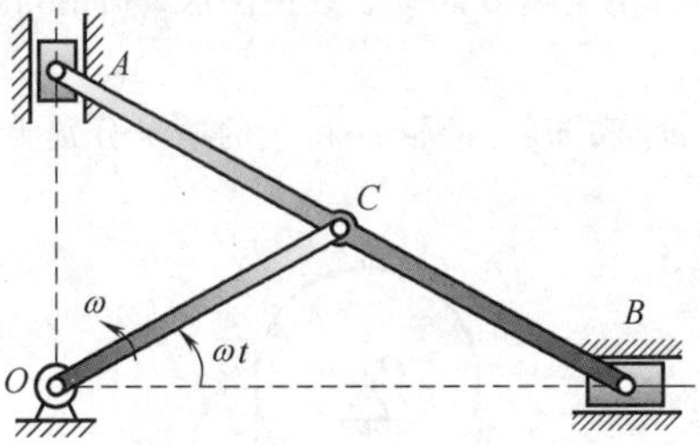

习题10-8图

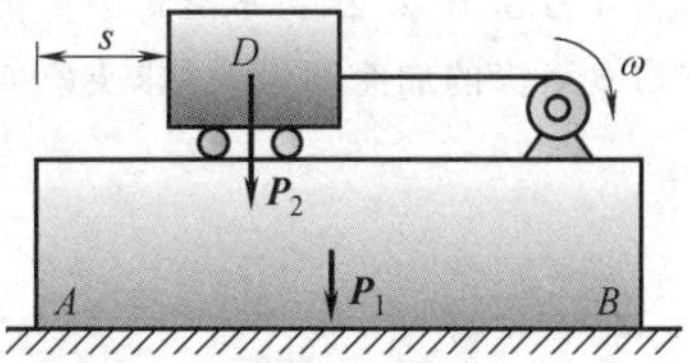

习题10-10图

10-11　火箭 $A$ 和 $B$ 组成二级火箭，自地面铅垂向上发射，每一级的总质量为500kg，其中燃料质量为450kg，燃料消耗量为10kg/s，燃气喷出的相对速度为2100m/s。当火箭 $A$ 喷完燃料，它的壳体就脱开，火箭立即点火起动。求 $A$ 脱开时的速度及 $B$ 所能获得的最大速度。

10-12　如习题10-12图所示，重量为 $P$ 的滑块 $A$，可以在水平光滑槽中运动，具有刚度系数为 $k$ 的弹簧一端与滑块相连接，另一端固定。杆 $AB$ 长度为 $l$，质量忽略不计，$A$ 端与滑块 $A$ 铰接，$B$ 端装有重量 $P_1$，在铅直平面内可绕点 $A$ 旋转的小球。设在力偶 $M$ 作用下转动角速度 $\omega$ 为常数。求滑块 $A$ 的运动微分方程。

10-13　椭圆摆由一滑块 $A$ 与小球 $B$ 所构成，如习题 10-13 图所示。滑块的质量为 $m_1$，可沿光滑水平面滑动；小球的质量为 $m_2$，用长为 $l$ 的杆 $AB$ 与滑块相连。在运动的初瞬时，杆与铅垂线的偏角为 $\varphi_0$，且无初速地释放。不计杆的质量，求滑块 $A$ 的位移，用偏角 $\varphi$ 表示。

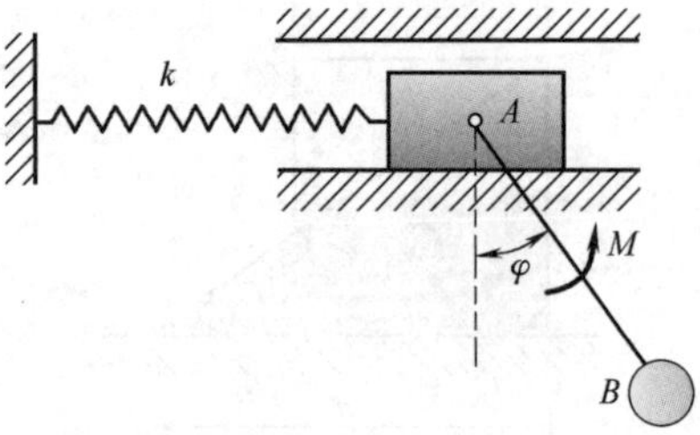


习题 10-12 图

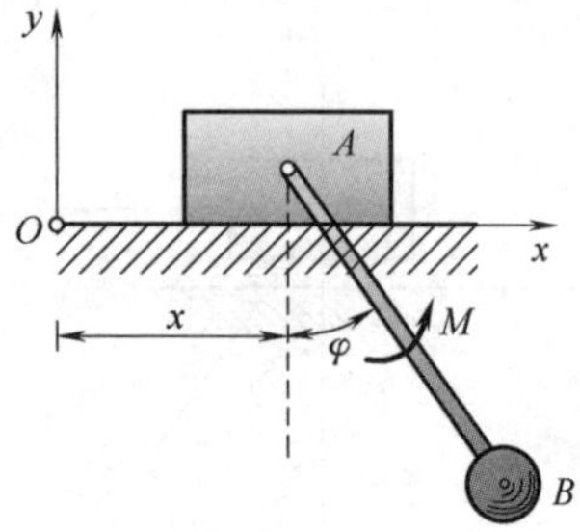


习题 10-13 图

10-14　在习题 10-14 图所示曲柄滑杆机构中，曲柄以等角速度 $\omega$ 绕 $O$ 轴转动。开始时，曲柄 $OA$ 水平向右。已知：曲柄的重量为 $P_1$，滑块 $A$ 的重量为 $P_2$，滑杆的重量为 $P_3$，曲柄的质心在 $OA$ 的中点，$OA=l$；滑杆的质心在点 $C$。求：(1) 机构质量中心的运动方程；(2) 作用在轴 $O$ 的最大水平约束力。

10-15　水流以速度 $v_0=2\text{m/s}$ 流入固定水道，速度方向与水平面成 90°，如习题 10-15 图所示。水流进口截面积为 $0.02\text{m}^2$，出口速度 $v_1=4\text{m/s}$，它与水平面成 30°。求水作用在水道壁上的水平和铅直的附加压力。

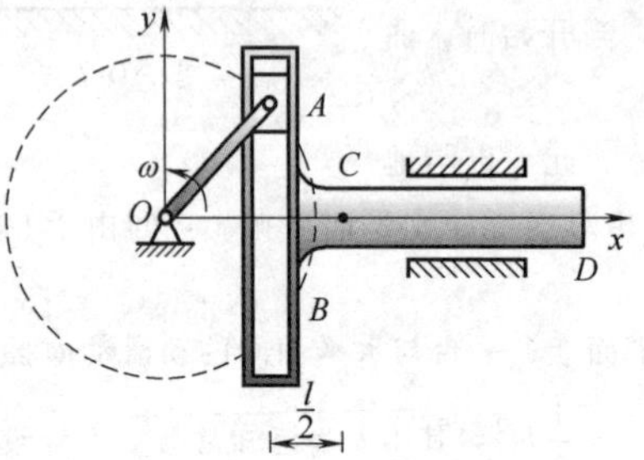


习题 10-14 图

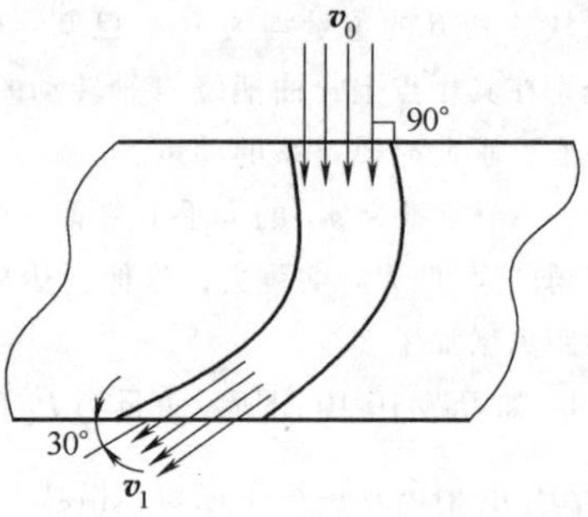


习题 10-15 图

10-16　如习题 10-16 所示，质量为 $m$，长为 $2l$ 的均质杆 $OA$ 绕定轴 $O$ 转动，设在图示瞬时的角速度为 $\omega$，角加速度为 $\alpha$，求此时轴 $O$ 对杆的约束力。

10-17　如习题 10-17 图所示滑轮中重物 $A$ 和 $B$ 的质量为 $m_A$ 和 $m_B$，滑轮 $D$ 和 $E$ 的质量分别为 $m_D$ 和 $m_E$，设重物 $B$ 下降的加速度为 $a$，求支座 $O$ 处的约束力。

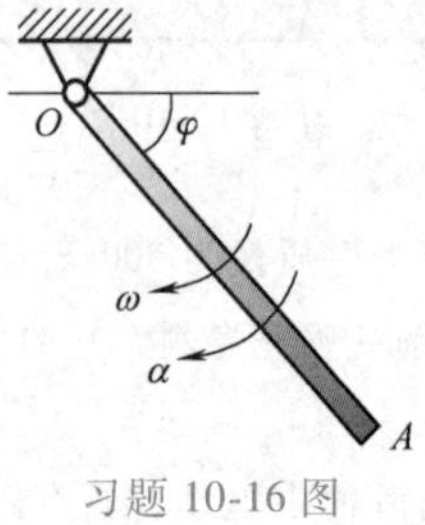


习题 10-16 图

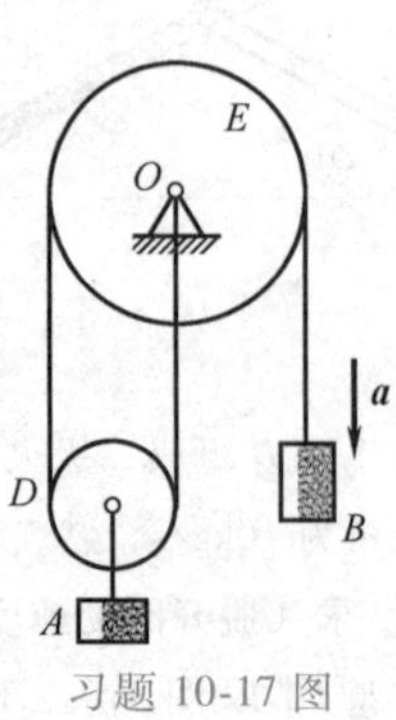


习题 10-17 图

# 第 11 章

# 动量矩定理

度量力对绕某点或者某轴转动的刚体的作用效应，不能仅用力的大小和方向，还要用到力对该点或者该轴之矩。同样，度量绕某点或者某轴转动的刚体的机械运动，就不能仅用刚体的动量，还要用动量对该点或者该轴之矩。例如，当某刚体绕质心点或过质心的轴转动时，无论转速多快，也无论其转动状态如何变化，它的动量恒等于零。因而虽然第 10 章阐述的动量定理建立了作用力与动量变化之间的关系，但它只揭示了质点系机械运动规律的一个侧面，而不是全貌。动量矩定理则是从另一个侧面，揭示出质点系相对于某一点的运动规律。对做一般运动的质点系或刚体而言，需将动量和动量矩结合起来才能表征质点系（或刚体）的运动。第 10 章的动量定理建立了质点系动量的变化和外力系主矢之间的关系，本章将阐述的动量矩定理则是建立了质点系动量矩的变化与外力系主矩之间的关系，这就使我们更深入地了解了当刚体绕某点或某轴转动时机械运动的规律。

知识点视频

## 11.1 转动惯量

在以后将要讨论的问题里，有很多是与刚体的转动有关的。求解这些问题，将要用到表征刚体的力学特征的一个重要物理量——转动惯量。

### 11.1.1 刚体对轴的转动惯量

转动惯量反映了刚体转动时的惯性，是刚体在转动时惯性的度量，刚体对任意轴 $z$ 的转动惯量定义为

$$J_z = \sum m_i r_i^2 \tag{11-1}$$

可见刚体对某一轴的转动惯量不仅与刚体的质量大小有关，而且与质量相对于轴的分布情况有关。一个刚体的各质点离轴越远，它对该轴的转动惯量越大，反之则越小。在国际单位制中，转动惯量的单位为 $\mathrm{kg \cdot m^2}$。

工程中，常常根据工作需要来选定转动惯量的大小。例如常在往复式活塞发动机、冲床和剪床等机器的转轴上安装一个大飞轮，并使飞轮的质量大部分分布在轮缘，如图 11-1 所示。这样的飞轮转动惯量大，机器受到冲击时，角加速度小，可以保持比较平稳的运转状态。又如，仪表中的某些零件必须具有较高的灵敏度，因此这些零件的转动惯量必

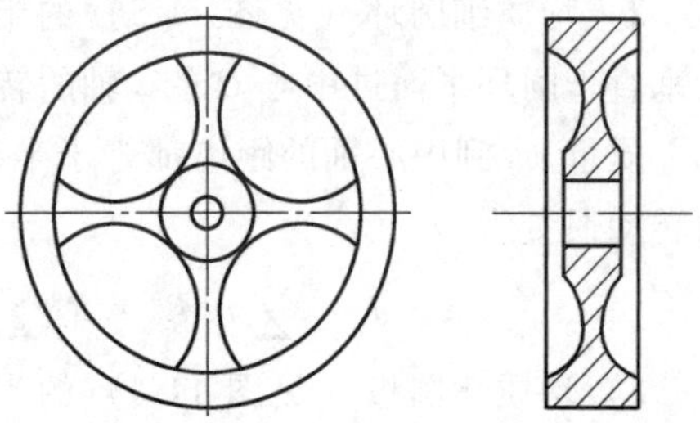

图 11-1

须尽可能小，为此这些零件用轻金属制成，并且尽量减小体积。

对于简单形状的刚体，若刚体的质量连续分布，则式（11-1）应该写为

$$J_z = \int_m r^2 \mathrm{d}m \tag{11-2}$$

工程上在计算刚体的转动惯量时，常应用下面的公式

$$J_z = m\rho_z^2 \tag{11-3}$$

其中，$m$ 为整个刚体的质量，$\rho_z$ 称为刚体对 $z$ 轴的惯性半径（或回转半径），它具有长度的量纲。

由式（11-3）得

$$\rho_z = \sqrt{\frac{J_z}{m}} \tag{11-4}$$

对于几何形状相同的均质物体，其回转半径的公式是相同的。例如：对于细直杆，$\rho_z = \frac{\sqrt{3}}{3}l$；对于均质圆环，$\rho_z = R$；对于均质圆板，$\rho_z = \frac{\sqrt{2}}{2}R$。

必须注意，惯性半径不是刚体某一部分的尺寸，它只是在计算刚体的转动惯量时，假想地把刚体的全部质量集中在离轴距离为惯性半径的某一圆柱（或点上），这样在计算刚体对轴的转动惯量时，就简化为计算这个圆柱面或点对该轴的转动惯量。

在机械工程手册中，列出了简单几何形状或几何形状已标准化的零件的惯性半径，以供工程技术人员查阅。

下面讨论几种简单形状物体的转动惯量。

1）设均质细直杆的杆长为 $l$，质量为 $m$，求其对于垂直于轴线的 $z$ 轴的转动惯量（见图 11-2）。

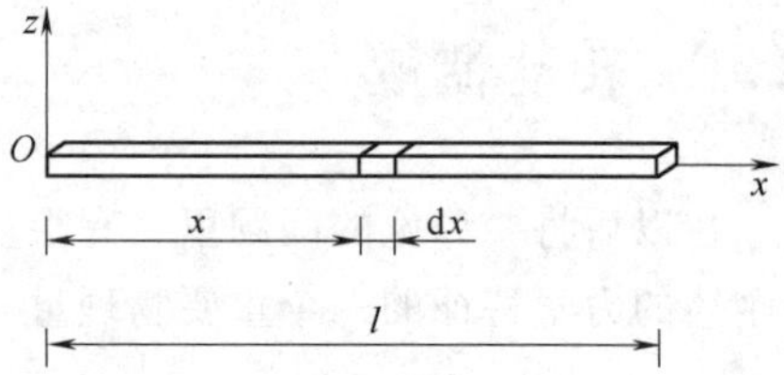

图 11-2

杆件单位长度的质量为 $\rho_l = \frac{m}{l}$，设轴线为 $x$ 轴，取杆上一微段 $\mathrm{d}x$，其质量 $\mathrm{d}m = \frac{m}{l}\mathrm{d}x$，则此杆对于 $z$ 轴的转动惯量为

$$J_z = \int_0^l \left(\frac{m}{l}\mathrm{d}x \cdot x^2\right) = \frac{ml^2}{3} \tag{11-5}$$

2）均质细圆环（见图 11-3）的半径为 $R$，质量为 $m$，求其对于垂直于圆环平面过中心 $O$ 的 $z$ 轴的转动惯量。

质量 $m_i$ 到中心轴的距离都等于半径 $R$，所以圆环对于中心轴 $z$ 的转动惯量为

$$J_z = \sum m_i R^2 = R^2 \sum m_i = mR^2 \tag{11-6}$$

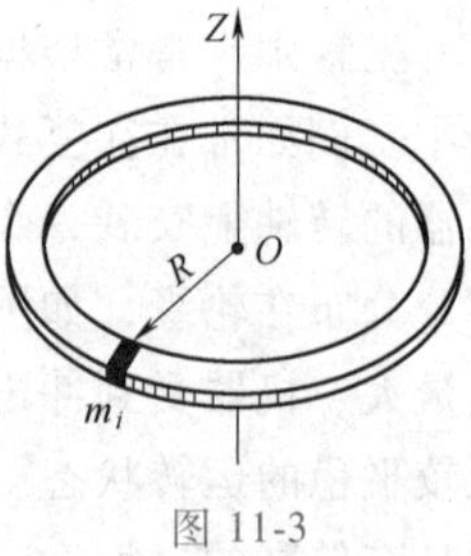

图 11-3

3）均质薄圆板（见图 11-4）的半径为 $R$，质量为 $m$，求其对于垂直于板面过中心 $O$ 的 $z$ 轴的转动惯量。

将圆板分为无数同心的薄圆环，任一圆环的半径为 $r_i$，宽度为 $dr_i$，则薄圆环的质量为

$$m_i = 2\pi r_i dr_i \cdot \rho_A$$

其中，$\rho_A = \frac{m}{\pi R^2}$，是均质圆板单位面积的质量。因此圆板对于中心轴的转动惯量为

$$J_O = \int_0^R 2\pi r \rho_A dr \cdot r^2 = 2\pi\rho_A \frac{R^4}{4}$$

或

$$J_O = \frac{1}{2}mR^2 \tag{11-7}$$

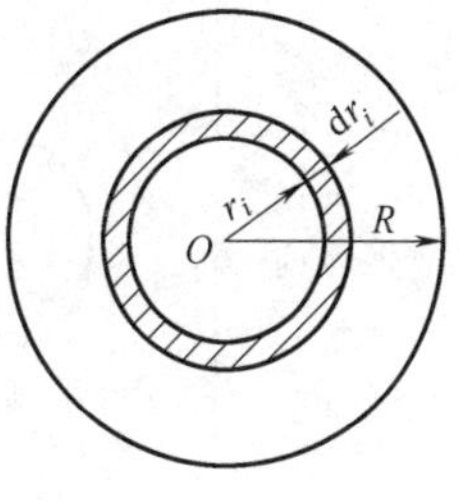

图 11-4

4）设均质矩形薄板的边长分别为 $a$ 和 $b$，质量为 $m$（见图 11-5），求其对于 $y$ 轴的转动惯量。

将矩形板分成若干个细长条如图 11-5 所示。任意细长条的质量为 $m_i$，由 1）可知其对于 $y$ 轴的转动惯量为$\frac{1}{3}m_i a^2$。于是整个矩形板对于 $y$ 轴的转动惯量为

$$J_y = \sum \frac{1}{3}m_i a^2 = \frac{1}{3}a^2 \sum m_i = \frac{1}{3}ma^2 \tag{11-8}$$

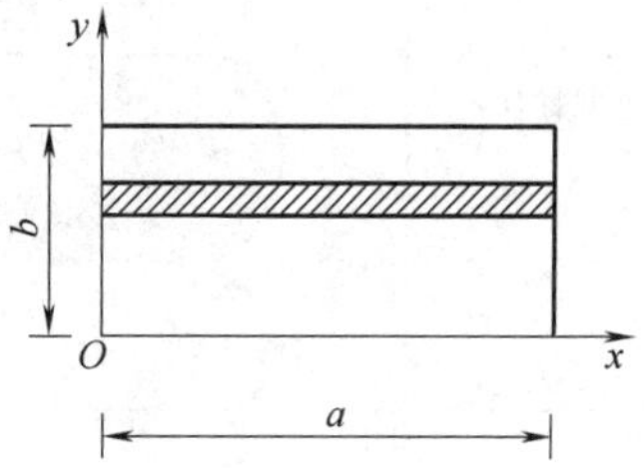

图 11-5

同理可求矩形板对于 $x$ 轴的转动惯量为

$$J_x = \frac{1}{3}mb^2$$

5）设均质圆柱体的半径为 $R$，质量为 $m$，求其对于纵向中心轴 $z$ 的转动惯量。

将圆柱体分成若干个薄圆板如图 11-6 所示，任意圆板的质量为 $m_i$，由 3）可知其对于 $z$ 轴的转动惯量为$\frac{1}{2}m_i R^2$，则整个圆柱体对于 $z$ 轴的转动惯量为

$$J_z = \sum \frac{1}{2}m_i R^2 = \frac{1}{2}R^2 \sum m_i = \frac{1}{2}mR^2 \tag{11-9}$$

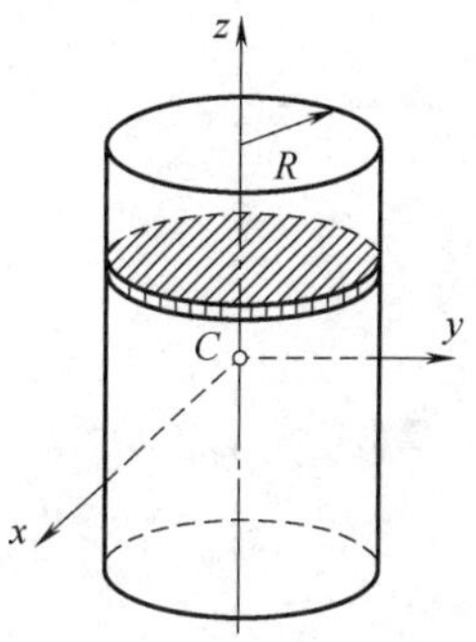

图 11-6

表 11-1 列出了一些常见均质物体的转动惯量和惯性半径，以备查用。

**表 11-1　简单形状均质物体的转动惯量和惯性半径**

| 物体形状 | 简图 | 转动惯量 | 惯性半径 |
|---|---|---|---|
| 细直杆 | 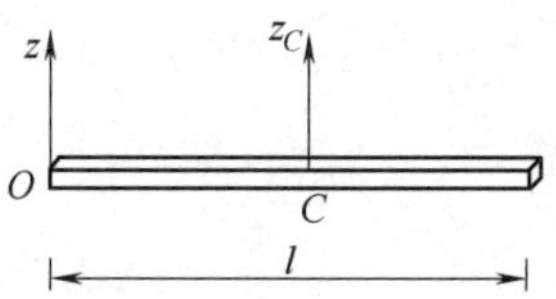 | $J_{zC} = \frac{m}{12}l^2$<br>$J_z = \frac{m}{3}l^2$ | $\rho_{zC} = \frac{l}{2\sqrt{3}}$<br>$\rho_z = \frac{l}{\sqrt{3}}$ |

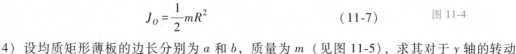

（续）

| 物体形状 | 简图 | 转动惯量 | 惯性半径 |
|---|---|---|---|
| 薄壁圆筒 | 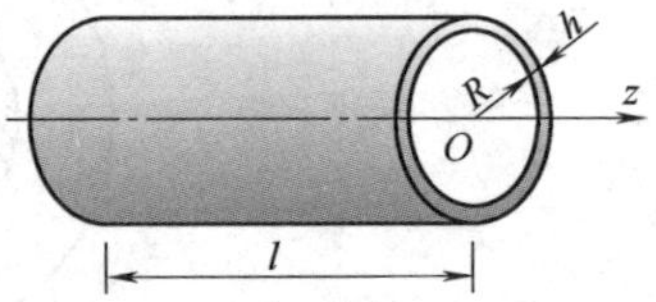  | $J_z = mR^2$ | $\rho_z = R$ |
| 圆柱体 | 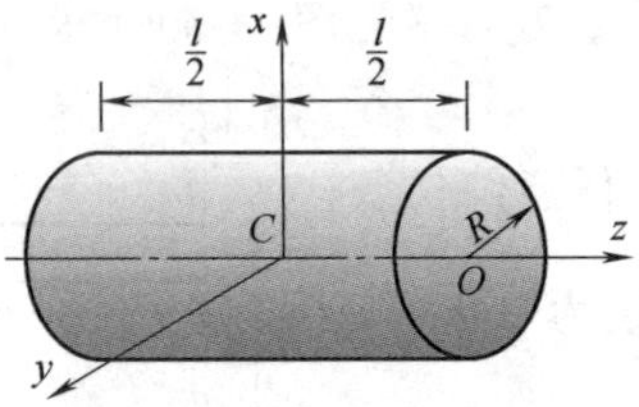  | $J_z = \frac{1}{2}mR^2$<br>$J_x = J_y = \frac{m}{12}(3R^2 + l^2)$ | $\rho_z = \frac{R}{\sqrt{2}}$<br>$\rho_x = \rho_y = \sqrt{\frac{1}{12}(3R^2 + l^2)}$ |
| 空心圆主体 | 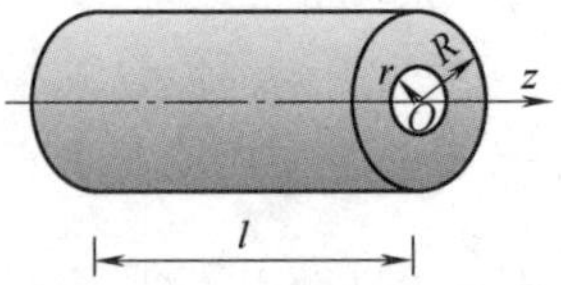  | $J_z = \frac{m}{2}(R^2 + r^2)$ | $\rho_z = \sqrt{\frac{1}{2}(R^2 + r^2)}$ |
| 薄壁空心球 | 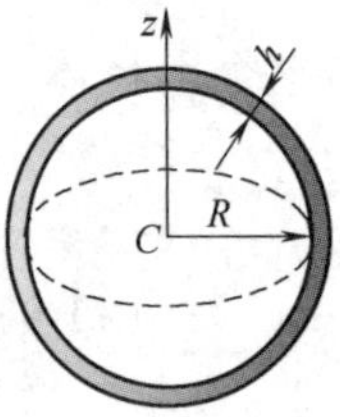  | $J_z = \frac{2}{3}mR^2$ | $\rho_z = \sqrt{\frac{2}{3}}R$ |
| 实心球 | 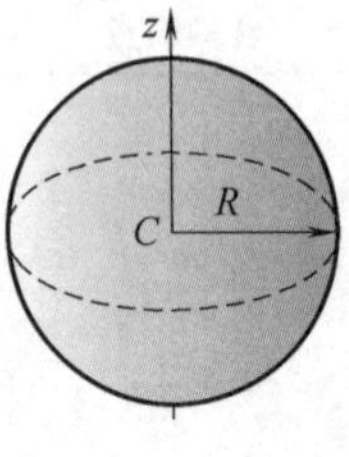  | $J_z = \frac{2}{5}mR^2$ | $\rho_z = \sqrt{\frac{2}{5}}R$ |

（续）

| 物体形状 | 简图 | 转动惯量 | 惯性半径 |
|---|---|---|---|
| 圆锥体 | 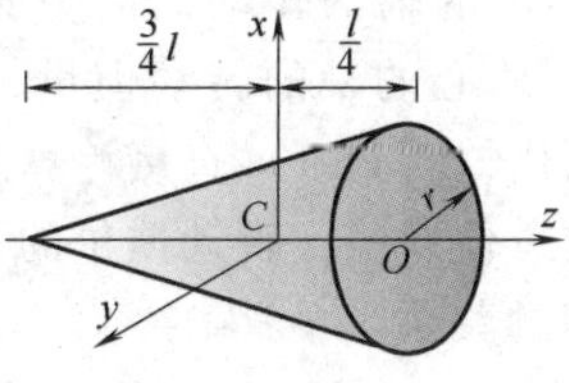 | $J_z=\frac{3}{10}mr^2$<br>$J_x=J_y=\frac{3}{80}m(4r^2+l^2)$ | $\rho_z=\sqrt{\frac{3}{10}}r$<br>$\rho_x=\rho_y=\sqrt{\frac{3}{80}(4r^2+l^2)}$ |
| 圆环 | 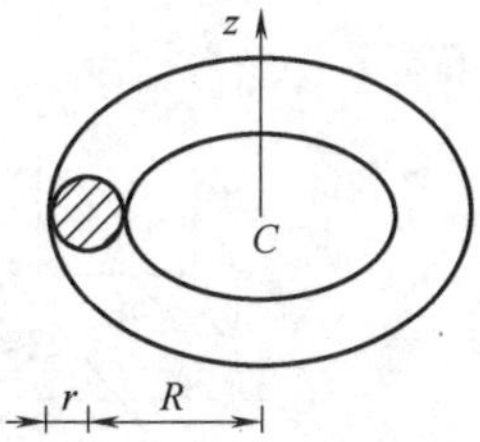 | $J_z=m\left(R^2+\frac{3}{4}r^2\right)$ | $\rho_z=\sqrt{R^2+\frac{3}{4}r^2}$ |
| 椭圆形薄板 | 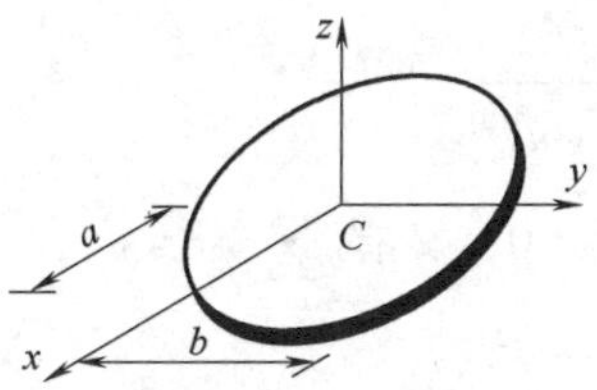 | $J_z=\frac{m}{4}(a^2+b^2)$<br>$J_x=\frac{m}{4}a^2$<br>$J_y=\frac{m}{4}b^2$ | $\rho_z=\frac{1}{2}\sqrt{a^2+b^2}$<br>$\rho_x=\frac{a}{2}$<br>$\rho_y=\frac{b}{2}$ |
| 长方体 | 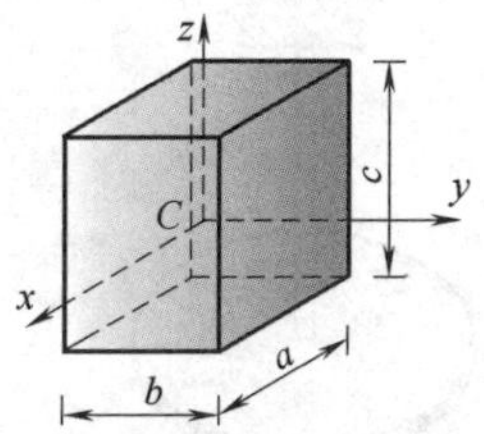 | $J_z=\frac{m}{12}(a^2+b^2)$<br>$J_x=\frac{m}{12}(a^2+c^2)$<br>$J_y=\frac{m}{12}(b^2+c^2)$ | $\rho_z=\sqrt{\frac{1}{12}(a^2+b^2)}$<br>$\rho_x=\sqrt{\frac{1}{12}(a^2+c^2)}$<br>$\rho_y=\sqrt{\frac{1}{12}(b^2+c^2)}$ |
| 矩形薄板 | 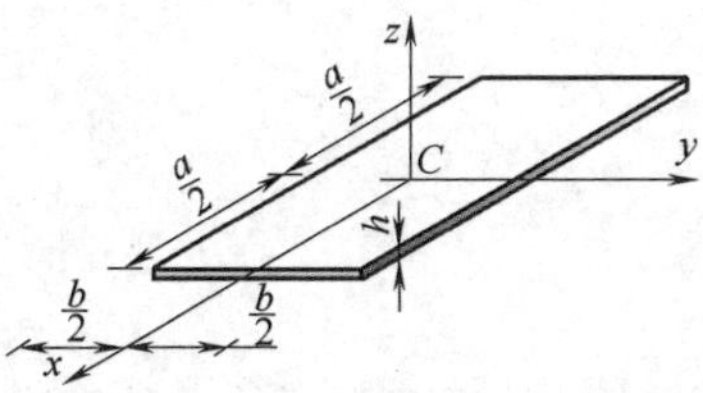 | $J_z=\frac{m}{12}(a^2+b^2)$<br>$J_x=\frac{m}{12}a^2$<br>$J_y=\frac{m}{12}b^2$ | $\rho_z=\sqrt{\frac{1}{12}(a^2+b^2)}$<br>$\rho_x=\frac{1}{2\sqrt{3}}a$<br>$\rho_y=\frac{1}{2\sqrt{3}}b$ |

### 11.1.2 平行轴定理

知识点视频

从转动惯量的计算公式可知，同一刚体对不同的轴的转动惯量一般是不同的。在工程手册中往往只能查出物体对于通过其质心的轴的转动惯量，但在实际问题中，物体常常绕不通过质心的轴转动，而由式（11-1）直接计算刚体对这些轴的转动惯量又非常困难。因此，需寻找求解转动惯量的方便途径，转动惯量的平行轴定理给出了刚体对通过质心的轴和与它平行的轴转动惯量之间的关系。

设刚体的质量为 $m$，点 $C$ 为刚体的质心，刚体对于通过质心的 $z_C$ 轴的转动惯量为 $J_{zC}$，刚体对于平行于该轴的另一 $z$ 轴的转动惯量为 $J_z$，两轴间距离为 $d$。分别以 $C$、$O$ 两点为原点，作直角坐标系 $Cx'y'z'$ 和 $Oxyz$（见图 11-7），不失一般性，可令 $y$ 轴与 $y'$轴重合。由图易见：

$$J_{zC} = \sum m_i r_i'^2 = \sum m_i(x_i'^2 + y_i'^2)$$

$$J_z = \sum m_i r_i^2 = \sum m_i(x_i^2 + y_i^2)$$

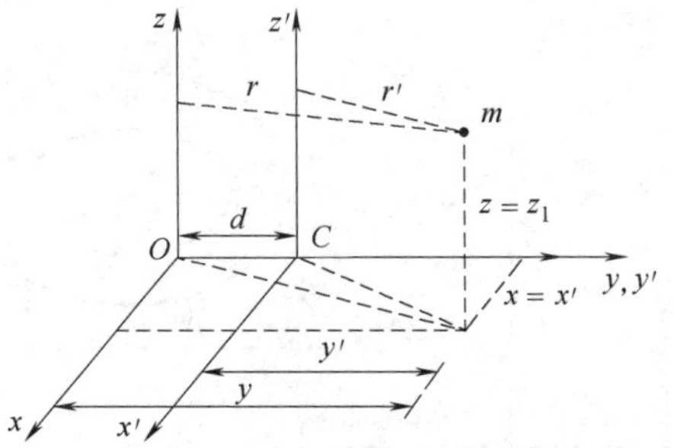


图 11-7

因为 $x=x'$，$y=y'+d$，于是

$$J_z = \sum m_i[x_i'^2 + (y'_i + d)^2]$$

$$= \sum m_i(x_i'^2 + y_i'^2) + 2d\sum m_i y'_i + d^2\sum m_i$$

由质心坐标公式

$$y'_C = \frac{\sum m_i y'_i}{\sum m_i}$$

当坐标原点取在质心 $C$ 时，$y'_C=0$，$\sum m_i y'_i = 0$，又有 $\sum m_i = m$，于是得

$$J_z = J_{zC} + md^2 \tag{11-10}$$

即刚体对任一轴的转动惯量，等于该刚体对于过质心且与这一轴平行的轴的转动惯量，加上该刚体的质量与两轴间距离的平方的乘积。这就是刚体转动惯量的平行轴定理。

由平行轴定理可知，在所有相互平行的轴中，刚体对过其质心的轴的转动惯量为最小。

工程中，对于几何形状复杂的物体，常用实验方法测定其转动惯量。

如欲求圆轮对于中心轴的转动惯量，可用单轴扭振（见图 11-8a）、三线悬挂扭振（见图 11-8b）等方法测定扭振周期，根据周期与转动惯量之间的关系计算转动惯量。

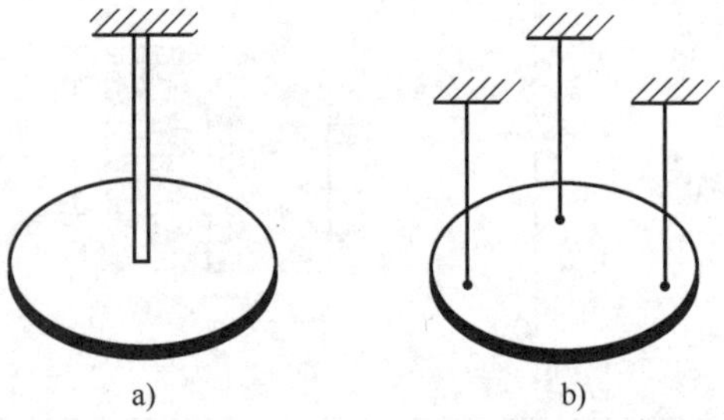


图 11-8

## 11.2 动量矩

### 11.2.1 质点的动量矩

知识点视频

质点的动量矩是表征质点绕某点（或某轴）的运动强度的一种度量。设质

点 $Q$ 某瞬时的动量为 $m\boldsymbol{v}$，质点相对于点 $O$ 的位置用矢径 $\boldsymbol{r}$ 表示，如图 11-9 所示。质点 $Q$ 的动量对于点 $O$ 的矩，定义为质点对于点 $O$ 的动量矩，即

$$\boldsymbol{M}_O(m\boldsymbol{v})=\boldsymbol{r}\times m\boldsymbol{v} \tag{11-11}$$

质点对某点的动量矩为矢量，大小等于质点的动量与质点速度矢到该点的距离的乘积，方位垂直于 $\boldsymbol{r}$ 和 $m\boldsymbol{v}$ 矢量所决定的平面，指向按右手螺旋法则确定。

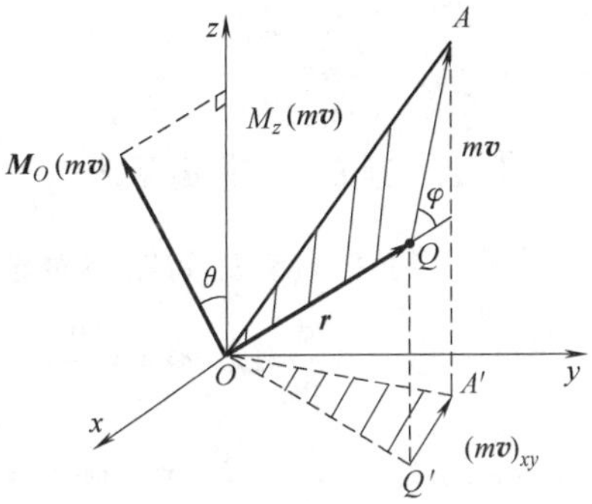


图 11-9

质点动量 $m\boldsymbol{v}$ 在 $xOy$ 平面内的投影 $(m\boldsymbol{v})_{xy}$ 对于点 $O$ 的矩，定义为质点动量对于 $z$ 轴的矩，简称对于 $z$ 轴的动量矩，对轴的动量矩是代数量。

由图 11-9 可见质点对点 $O$ 的动量矩与对 $z$ 轴的动量矩和力对点与对轴的矩相似，则有质点对点 $O$ 的动量矩矢在 $z$ 轴上的投影，等于对 $z$ 轴的动量矩，即

$$[\boldsymbol{M}_O(m\boldsymbol{v})]_z=M_z(m\boldsymbol{v}) \tag{11-12}$$

在国际单位制中动量矩的单位为 kg · m²/s。

### 11.2.2　质点系的动量矩

质点系对某点 $O$ 的动量矩等于各质点对同一点 $O$ 的动量矩的矢量和，或称为质点系动量对点 $O$ 的主矩，即

$$\boldsymbol{L}_O=\sum_{i=1}^{n}\boldsymbol{M}_O(m_i\boldsymbol{v}_i) \tag{11-13}$$

质点系对某轴 $z$ 的动量矩等于各质点对同一 $z$ 轴动量矩的代数和，即

$$L_z=\sum_{i=1}^{n}M_z(m_i\boldsymbol{v}_i) \tag{11-14}$$

利用式（11-12），有

$$[\boldsymbol{L}_O]_z=L_z \tag{11-15}$$

即质点系对某点 $O$ 的动量矩矢在通过该点的 $z$ 轴上的投影等于质点系对于该轴的动量矩。

刚体平移时，可将全部质量集中于质心，作为一个质点计算其动量矩。

刚体绕定轴转动是工程中最常见的一种运动情况。绕 $z$ 轴转动的刚体如图 11-10 所示，它对转轴的动量矩为

$$L_z=\sum_{i=1}^{n}M_z(m_i\boldsymbol{v}_i)=\sum_{i=1}^{n}m_iv_ir_i$$

$$=\sum_{i=1}^{n}m_i\omega r_ir_i=\omega\sum_{i=1}^{n}m_ir_i^2$$

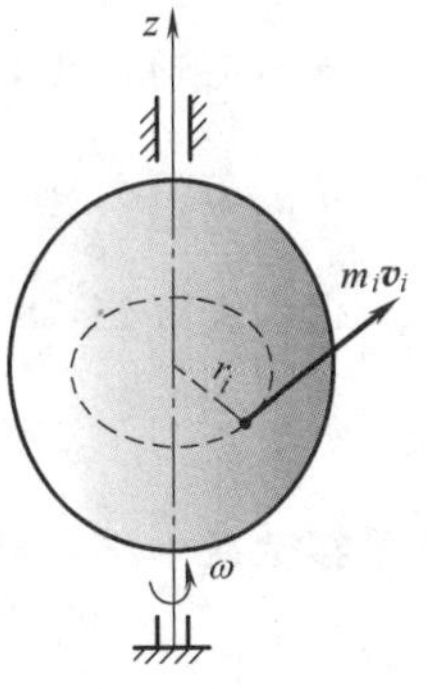


图 11-10

令 $\sum_{i=1}^{n}m_ir_i^2=J_z$，称为刚体对于 $z$ 轴的转动惯量。得

$$L_z=J_z\omega \tag{11-16}$$

即绕定轴转动刚体对其转轴的动量矩等于刚体对转轴的转动惯量与转动角速度的乘积。

## 11.3 动量矩定理

知识点视频

### 11.3.1 质点的动量矩定理

将式（11-11）对时间取一次导数，得

$$\frac{\mathrm{d}}{\mathrm{d}t}\boldsymbol{M}_O(m\boldsymbol{v})=\frac{\mathrm{d}}{\mathrm{d}t}(\boldsymbol{r}\times m\boldsymbol{v})=\frac{\mathrm{d}\boldsymbol{r}}{\mathrm{d}t}\times m\boldsymbol{v}+\boldsymbol{r}\times\frac{\mathrm{d}}{\mathrm{d}t}(m\boldsymbol{v})=\boldsymbol{v}\times m\boldsymbol{v}+\boldsymbol{r}\times m\frac{\mathrm{d}\boldsymbol{v}}{\mathrm{d}t}$$

根据质点动量定理 $m\frac{\mathrm{d}\boldsymbol{v}}{\mathrm{d}t}=\boldsymbol{F}$，则上式可改写为

$$\frac{\mathrm{d}}{\mathrm{d}t}\boldsymbol{M}_O(m\boldsymbol{v})=\boldsymbol{v}\times m\boldsymbol{v}+\boldsymbol{r}\times\boldsymbol{F}$$

因为 $\boldsymbol{v}\times m\boldsymbol{v}=\boldsymbol{0}$，$\boldsymbol{r}\times\boldsymbol{F}=\boldsymbol{M}_O(\boldsymbol{F})$，得

$$\frac{\mathrm{d}}{\mathrm{d}t}\boldsymbol{M}_O(m\boldsymbol{v})=\boldsymbol{M}_O(\boldsymbol{F}) \tag{11-17}$$

即质点对某固定点的动量矩对时间的一阶导数，等于作用于质点的力对同一点的力矩。这就是质点对固定点的动量矩定理。

式（11-17）是一矢量式，取其在直角坐标轴上的投影式，并将对点的动量矩与对轴的动量矩的关系式（11-12）代入，得

$$\frac{\mathrm{d}}{\mathrm{d}t}M_x(m\boldsymbol{v})=M_x(\boldsymbol{F}),\ \frac{\mathrm{d}}{\mathrm{d}t}M_y(m\boldsymbol{v})=M_y(\boldsymbol{F}),\ \frac{\mathrm{d}}{\mathrm{d}t}M_z(m\boldsymbol{v})=M_z(\boldsymbol{F}) \tag{11-18}$$

即质点的动量对于某一固定轴的矩对时间的一阶导数等于作用于质点上的力对于同一轴的矩，这是质点对固定轴动量矩定理。

**例 11-1** 单摆如图 11-11 所示，质点 $Q$ 的质量为 $m$，摆长为 $l$，如果摆线的初始偏角为 $\varphi_0$，初速度为零，求单摆做微小摆动时的运动规律。

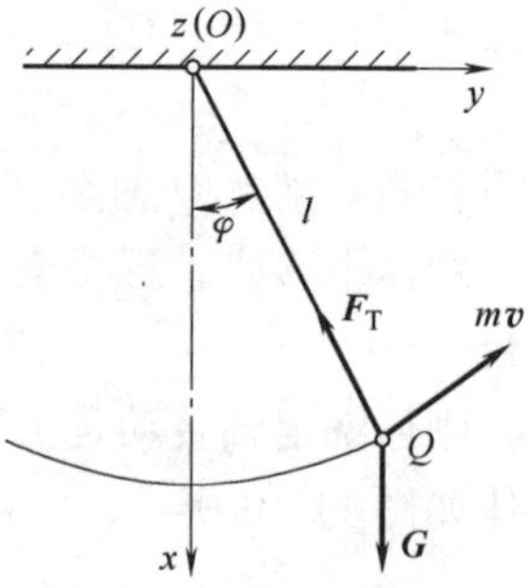

图 11-11

**解**：取质点 $Q$ 为研究对象，所受的力有重力 $\boldsymbol{G}$ 和摆线的拉力 $\boldsymbol{F}_\mathrm{T}$，质点 $Q$ 围绕通过点 $O$ 且垂直于图面的 $z$ 轴做圆周运动，质点所受的力对 $z$ 轴的动量矩已知，因此可用质点动量矩定理求解质点的运动。由题意知：

$$M_O(m\boldsymbol{v})=\frac{G}{g}vl=\frac{G}{g}l^2\frac{\mathrm{d}\varphi}{\mathrm{d}t},\ M_O(\boldsymbol{F})=-Gl\sin\varphi$$

代入式（11-18）得

$$\frac{\mathrm{d}^2\varphi}{\mathrm{d}t^2}+\frac{g}{l}\sin\varphi=0$$

当单摆做微小摆动时，可取 $\sin\varphi=\varphi$，上式成为

$$\frac{\mathrm{d}^2\varphi}{\mathrm{d}t^2}+\frac{g}{l}\cdot\varphi=0$$

解此微分方程，得单摆做微小摆动时的运动方程

$$\varphi=\varphi_0\sin\left(\sqrt{\frac{g}{l}}t+\alpha\right)$$

其中 $\alpha$ 为单摆的初相位。

### 11.3.2 质点系的动量矩定理

设质点系内有 $n$ 个质点，作用于每个质点的力分为内力 $\boldsymbol{F}_i^{\mathrm{i}}$ 和外力 $\boldsymbol{F}_i^{\mathrm{e}}$。根据质点的动量矩定理有

$$\frac{\mathrm{d}}{\mathrm{d}t}\boldsymbol{M}_O(m_i\boldsymbol{v}_i)=\boldsymbol{M}_O(\boldsymbol{F}_i^{\mathrm{i}})+\boldsymbol{M}_O(\boldsymbol{F}_i^{\mathrm{e}})$$

这样的方程共有 $n$ 个，相加后得

$$\sum_{i=1}^{n}\frac{\mathrm{d}}{\mathrm{d}t}\boldsymbol{M}_O(m_i\boldsymbol{v}_i)=\sum_{i=1}^{n}\boldsymbol{M}_O(\boldsymbol{F}_i^{\mathrm{i}})+\sum_{i=1}^{n}\boldsymbol{M}_O(\boldsymbol{F}_i^{\mathrm{e}})$$

由于内力总是大小相等、方向相反地成对出现，因此上式右端的第一项

$$\sum \boldsymbol{M}_O(\boldsymbol{F}_i^{\mathrm{i}})=0$$

$$\sum_{i=1}^{n}\frac{\mathrm{d}}{\mathrm{d}t}\boldsymbol{M}_O(m_i\boldsymbol{v}_i)=\frac{\mathrm{d}}{\mathrm{d}t}\sum_{i=1}^{n}\boldsymbol{M}_O(m_i\boldsymbol{v}_i)=\frac{\mathrm{d}}{\mathrm{d}t}\boldsymbol{L}_O$$

则

$$\frac{\mathrm{d}}{\mathrm{d}t}\boldsymbol{L}_O=\sum_{i=1}^{n}\boldsymbol{M}_O(\boldsymbol{F}_i^{\mathrm{e}}) \tag{11-19}$$

即质点系对于某固定点 $O$ 的动量矩对时间的一阶导数，等于作用于质点系的所有外力对同一点的矩的矢量和（外力对点 $O$ 的主矩）。这就是质点系对固定点的动量矩定理。

式（11-19）是一矢量式，应用时，取投影式，向直角坐标轴投影得

$$\frac{\mathrm{d}}{\mathrm{d}t}L_x=\sum_{i=1}^{n}M_x(\boldsymbol{F}_i^{\mathrm{e}}),\ \frac{\mathrm{d}}{\mathrm{d}t}L_y=\sum_{i=1}^{n}M_y(\boldsymbol{F}_i^{\mathrm{e}}),\ \frac{\mathrm{d}}{\mathrm{d}t}L_z=\sum_{i=1}^{n}M_z(\boldsymbol{F}_i^{\mathrm{e}}) \tag{11-20}$$

即质点系对于某一固定轴的动量矩对时间的一阶导数，等于作用于质点系的所有外力对同一轴的矩的代数和（外力对轴的主矩）。这就是质点系对固定轴的动量矩定理。

必须指出，上述动量矩定理的表达形式只适用于对固定点或固定轴。对于一般的动点或动轴，其动量矩定理具有较复杂的表达式。

**例 11-2** 如图 11-12 所示，谷物运输装置。漏斗输出谷物的流量为 $q=100\mathrm{kg/s}$，谷物下落到斜槽 $CAB$ 上的速度为 $v_1=6\mathrm{m/s}$，脱离斜槽时的速度为 $v_2=4.5\mathrm{m/s}$，角 $\alpha=10°$。斜槽及谷物的总重为 $W=2\mathrm{kN}$。求固定铰链支座 $C$ 与滚轴支座 $B$ 的约束力。

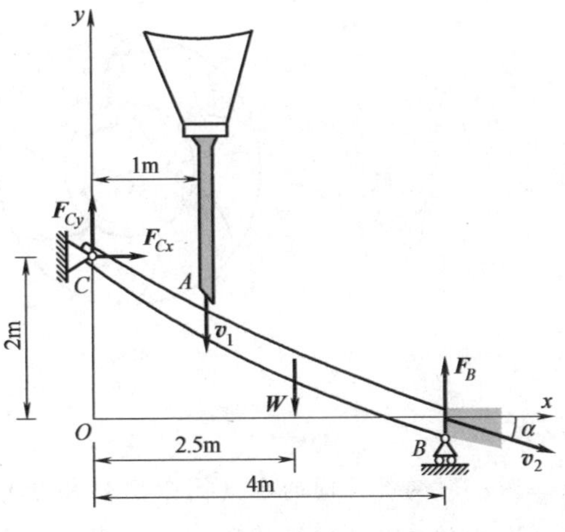


图 11-12

**解：** 取斜槽及其上的谷物为一质点系。斜槽处于静止状态，它的动量恒为零，应用动量定理和动量矩定理求解。

作用在质点系的外力有重力 $\boldsymbol{W}$，支座约束力 $\boldsymbol{F}_{Cx}$、$\boldsymbol{F}_{Cy}$ 与 $\boldsymbol{F}_B$（谷物在 $A$、$B$ 处对质点系作用的力忽略不计）。取 $C$ 为矩心，由质点系

动量矩定理，得

$$\frac{\mathrm{d}}{\mathrm{d}t}L_C=\sum_{i=1}^{n}M_C(\boldsymbol{F}_i)$$

将 $\mathrm{d}L_C=\mathrm{d}m(2v_2\cos10°-4v_2\sin10°)-(-\mathrm{d}mv_1)$ 和 $\sum\limits_{i=1}^{n}M_C(\boldsymbol{F}_i)=F_B\times4\mathrm{m}-W\times2.5\mathrm{m}$ 代入上式得

$$\frac{\mathrm{d}m}{\mathrm{d}t}[v_2(2\cos10°-4\sin10°)+v_1]=4F_B-2.5W \tag{1}$$

将 $\frac{\mathrm{d}m}{\mathrm{d}t}=q$、$v_1$、$v_2$ 及 $\boldsymbol{W}$ 的大小代入式（1），得

$$4F_B=100[4.5(2\cos10°-4\sin10°)+6]+2.5\times2000$$
$$F_B=1543.3\mathrm{N}$$

由质点系动量定理的微分形式，式（11-20）

$$\begin{cases}\dfrac{\mathrm{d}P_x}{\mathrm{d}t}=\sum\limits_{i=1}^{n}F_{ix}\\ \dfrac{\mathrm{d}P_y}{\mathrm{d}t}=\sum\limits_{i=1}^{n}F_{iy}\end{cases}$$

得到

$$\frac{\mathrm{d}m}{\mathrm{d}t}v_2\cos10°=F_{Cx} \tag{2}$$

$$\frac{\mathrm{d}m}{\mathrm{d}t}=[-v_2\sin10°-(-v_1)]=F_{Cy}+F_B-W \tag{3}$$

由式（2）求得约束力

$$F_{Cx}=(100\times4.5\cos10°)\mathrm{N}=443\mathrm{N}$$

由式（3）求得约束力

$$F_{Cy}=[100(-4.5\sin10°+6)+2000-1543]\mathrm{N}=978.9\mathrm{N}$$

**例 11-3** 如图 11-13 所示的水轮机转轮，每两叶片间的水流皆相同。在图面内的进口水的速度为 $\boldsymbol{v}_1$，出口速度为 $\boldsymbol{v}_2$，$\theta_1$ 和 $\theta_2$ 分别为 $\boldsymbol{v}_1$ 和 $\boldsymbol{v}_2$ 与切线方向的夹角。如总的体积流量为 $q_V$，求水流对转轮的转动力矩。

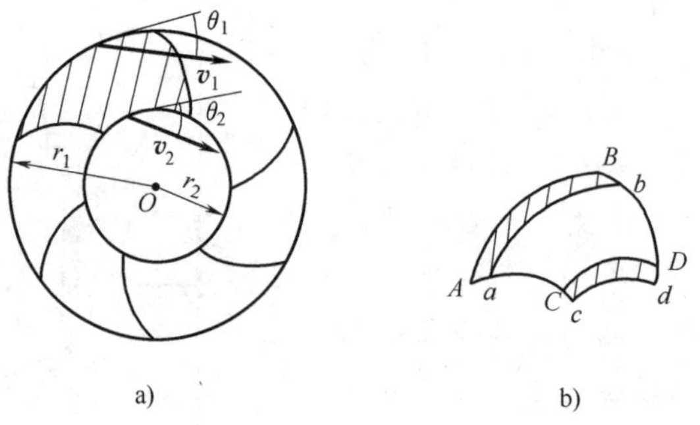


图 11-13

**解**：取两叶片间的水（图中阴影部分）为研究的质点系，经过时间 d$t$，此部分水由图 11-13b 中的 $ABCD$ 位置移到 $abcd$。设流动是稳定的，则其对转轴 $O$ 的动量矩改变为

$$\mathrm{d}L_O = L_{abcd} - L_{ABCD} = L_{CDcd} - L_{ABab}$$

如转轮有 $n$ 个叶片，水的密度为 $\rho$，则有

$$L_{CDcd} = \frac{1}{n} q_V \rho \mathrm{d}t v_2 r_2 \cos\theta_2$$

$$L_{ABab} = \frac{1}{n} q_V \rho \mathrm{d}t v_1 r_1 \cos\theta_1$$

由此，

$$\mathrm{d}L_O = \frac{1}{n} q_V \rho \mathrm{d}t (v_2 r_2 \cos\theta_2 - v_1 r_1 \cos\theta_1)$$

转轮有 $n$ 个叶片，由动量矩定理，水流所受到的对点 $O$ 的总力矩为

$$\boldsymbol{M}_O(\boldsymbol{F}) = n\frac{\mathrm{d}L_O}{\mathrm{d}t} = q_V \rho (v_2 r_2 \cos\theta_2 - v_1 r_1 \cos\theta_1)$$

转轮所受的转动力矩 $M$ 与 $M_O(\boldsymbol{F})$ 等值反向。

知识点视频

### 11.3.3　动量矩守恒定律

由式（11-19）和式（11-20）可知，质点系在运动过程中，若外力对于某定点（或某定轴）的主矩等于零，即 $\sum \boldsymbol{M}_O(\boldsymbol{F}_i^e) = \boldsymbol{0}$，则质点系对于该点（或该轴）的动量矩保持不变，即 $\boldsymbol{L}_O = \sum_{i=1}^{n} \boldsymbol{M}_O(m_i \boldsymbol{v}_i) =$ 常矢量。这就是质点系动量矩守恒定律。

实例动画

由此可见，质点系的内力不能改变质点系的动量矩，只有作用于质点系的外力才能使质点系的动量矩发生改变。

若作用于质点系上所有外力对于某定轴的矩的代数和恒等于零，则质点系对该轴的动量矩保持不变，例如 $\sum M_x(\boldsymbol{F}_i^e) = 0$，则

$$L_x = \sum M_x(m_i \boldsymbol{v}_i) = \text{常量}$$

质点系的动量矩定理用于解决质点系有关转动的动力学问题，由于定理中不包含内力，与动量定理一样，广泛应用于流体力学和碰撞问题中。至于质点系的动量矩守恒定律，只能解决已知质点系在某一状态下的运动要素求另一状态下的运动要素（速度、位置坐标）的问题。

**例 11-4**　人造地球卫星原来在位于离地面 $h = 600\text{km}$ 的圆形轨道上运行，如图 11-14 所示，为使其进入 $r = 10^4\text{km}$ 的另一圆形轨道，需要开动火箭，使卫星在 $A$ 点的速度于很短时间内增加 0.646km/s，然后令其沿椭圆轨道（图中虚线）自由飞行到达远地点 $B$，再进入新的圆形轨道。求：

（1）卫星在椭圆轨道的远地点 $B$ 处时的速度为多少？

（2）为使卫星沿新的圆形轨道运行，当它到达 $B$ 点时应如何调整其速度？太空阻力及其他星球的影响不计，地球半径 $R = 6370\text{km}$。

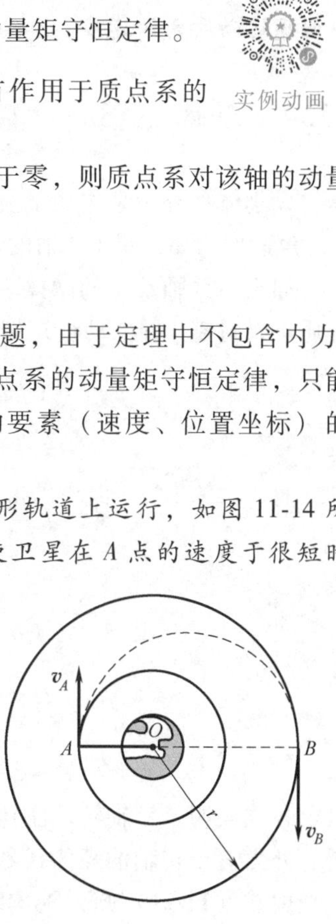


图 11-14

**解：** 卫星沿第一圆轨道运行时，只受到地球引力的作用，地球引力为 $F = \dfrac{mgR^2}{(R+h)^2}$，其中 $m$ 为卫星的质量，$R$ 为地

球半径。因此有

$$F=\frac{mv^2}{R+h}=mg\frac{R^2}{(R+h)^2} \tag{1}$$

即

$$v^2=\frac{gR^2}{R+h} \tag{2}$$

将数据代入，得卫星在第一个圆形轨道上运行的速度

$$v_1=7.553\text{km/s}$$

所以卫星在椭圆轨道上运行时，所受的引力始终指向地心，为有心力，则卫星对地心 $O$ 的动量矩保持为常量

$$r_A v_A=r_B v_B$$

故

$$v_B=\frac{r_A v_A}{r_B}=\left[\frac{(6370+600)\times 8.199}{10^4}\right]\text{km/s}=5.715\text{km/s}$$

可见，为使卫星沿着第二个圆形轨道运行，当它沿椭圆轨道到达 $B$ 点时，应再开动火箭，使其速度有一个增量

$$\Delta v_B=v_2-v_B=0.591\text{km/s}$$

顺便指出，在式（2）中令 $h\to 0$，就得到 $v=7.9\text{km/s}$，这就是为使卫星在离地面不远处做圆周运动所需的速度，称为第一宇宙速度。

知识点视频

## 11.4 刚体定轴转动微分方程

设刚体在外力系作用下绕固定轴 $z$ 转动，如图 11-15 所示。刚体对于 $z$ 轴的转动惯量为 $J_z$，角速度为 $\omega$，对于 $z$ 轴的动量矩为 $J_z\omega$。

如果不计轴承中的摩擦，轴承约束力对于 $z$ 轴的力矩等于零，根据质点系对于 $z$ 轴的动量矩定理有

$$\frac{\mathrm{d}}{\mathrm{d}t}(J_z\omega)=\sum M_z(\boldsymbol{F}_i^{\mathrm{e}})$$

或

$$J_z\frac{\mathrm{d}\omega}{\mathrm{d}t}=\sum M_z(\boldsymbol{F}_i^{\mathrm{e}}) \tag{11-21a}$$

或

$$J_z\alpha=\sum M_z(\boldsymbol{F}_i^{\mathrm{e}}) \tag{11-21b}$$

或

$$J_z\frac{\mathrm{d}^2\varphi}{\mathrm{d}t^2}=\sum M_z(\boldsymbol{F}_i^{\mathrm{e}}) \tag{11-21c}$$

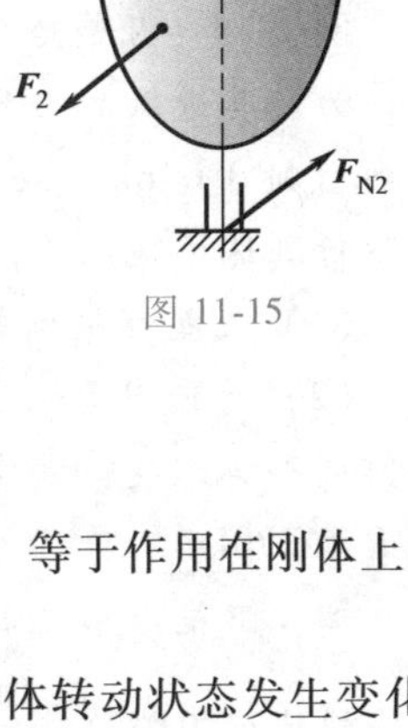

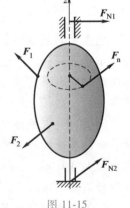

图 11-15

以上各式表明，定轴转动刚体对转轴的转动惯量与其角加速度的乘积，等于作用在刚体上的所有外力对于转轴的矩的代数和，这就是刚体的定轴转动微分方程。

由式（11-21）知，刚体绕定轴转动时，其主动力对转轴的矩使刚体转动状态发生变化。力矩大，转动角加速度大；如力矩相同，刚体转动惯量大，则角加速度小，反之，角加速度

大。可见，刚体转动惯量的大小体现了刚体转动状态改变的难易程度，即转动惯量是刚体转动时的惯性的度量。

刚体的转动微分方程 $J_z\alpha = \sum M_z(\boldsymbol{F}_i^e)$ 与质点的运动微分方程 $m\boldsymbol{a} = \sum \boldsymbol{F}$ 有相似的形式，因而，其求解方法也是相似的。

**例 11-5**　如图 11-16a 所示，已知滑轮半径为 $R$，对转轴 $O$ 的转动惯量为 $J$，带动滑轮的带拉力为 $\boldsymbol{F}_1$ 和 $\boldsymbol{F}_2$。求滑轮的角加速度 $\alpha$。

**解：** 选滑轮为研究对象，受力图如图 11-16b 所示，根据刚体绕定轴的转动微分方程有

$$J\alpha=(F_1-F_2)R$$

于是得

$$\alpha=\frac{(F_1-F_2)R}{J}$$

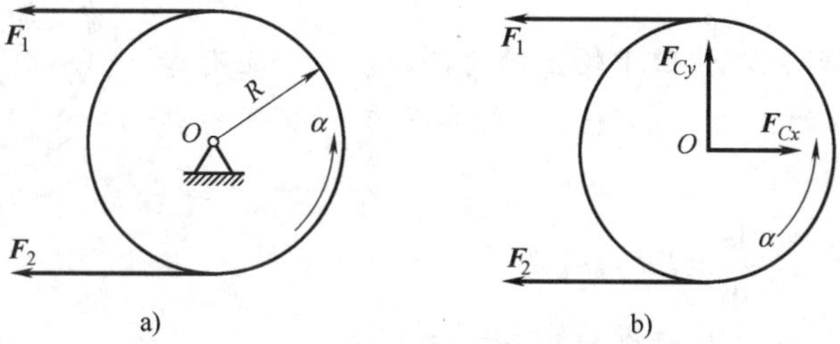


图 11-16

由上式可见，只有当定滑轮为匀速转动（包括静止）或虽非匀速转动，但可忽略滑轮的转动惯量时，跨过定滑轮的带拉力才是相等的。

**例 11-6**　将一刚体悬挂在水平轴 $Oz$ 上，使其在重力作用下绕 $O$ 悬挂自由摆动，这种装置称为复摆，又称物理摆，如图 11-17 所示。现研究复摆的运动规律。假设空气阻力及转动轴处的摩擦忽略不计。

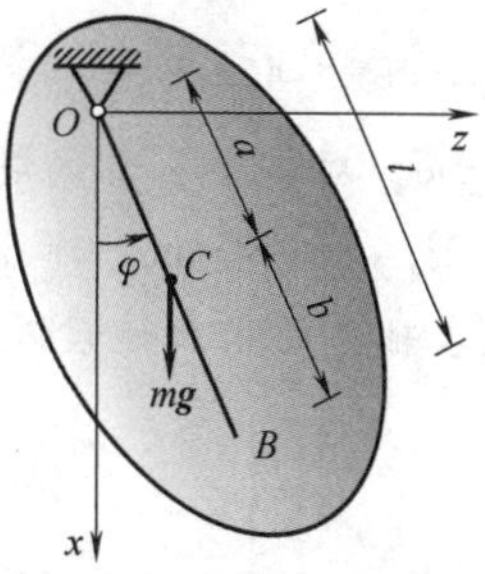


图 11-17

**解：** 刚体在任一瞬时的位置可由 $OC$ 与铅垂线所成的角 $\varphi$ 来表示（角 $\varphi$ 以逆时针为正）。则

$$J_O\ddot{\varphi}=-mga\sin\varphi$$

即

$$\ddot{\varphi}+\frac{mga}{J_O}\sin\varphi=0 \tag{1}$$

对于微幅振动，$\sin\varphi\approx\varphi$ 并令 $\frac{mga}{J_O}=\omega_O^2$，则式（1）变为

$$\ddot{\varphi}+\omega_O^2\varphi=0 \tag{2}$$

微分方程（2）的解为

$$\varphi=A\sin(\omega_O t+\alpha) \tag{3}$$

式（3）中的 $A$ 及 $\alpha$ 为积分常数，由初始条件决定。复摆的周期为

$$T=\frac{2\pi}{\omega_O}=2\pi\sqrt{\frac{J_O}{mga}} \tag{4}$$

而已知长度为 $l$ 的单摆的振动周期为

$$T=2\pi\sqrt{\frac{l}{g}}$$

现假设有一单摆，其摆长 $l$ 满足

$$l=\frac{J_O}{ma} \tag{5}$$

这样，该单摆的振动周期与这里考察的复摆的振动周期相等。长度 $l=\frac{J_O}{ma}$ 称为复摆的简化长度。

**例 11-7** 飞轮对轴 $O$ 的转动惯量为 $J_O$，以角速度 $\omega_0$ 绕轴 $O$ 转动，如图 11-18 所示。制动时，闸块给轮以正压力 $\boldsymbol{F}_{\mathrm{N}}$。已知闸块与轮之间的滑动摩擦系数为 $f$，轮的半径为 $R$，轴承的摩擦忽略不计。求制动所需的时间 $t$。

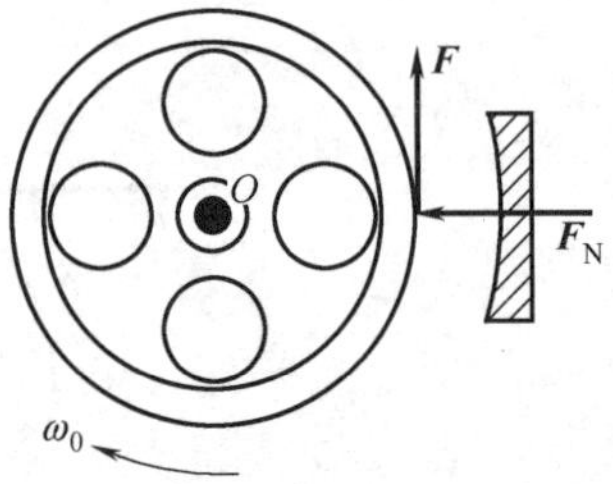


图 11-18

**解：** 以轮为研究对象。作用于轮上的力除 $\boldsymbol{F}_{\mathrm{N}}$ 外，还有摩擦力 $\boldsymbol{F}$ 和重力、轴承约束力。取逆时针转向为正，刚体的转动微分方程为

$$J_O\frac{\mathrm{d}\omega}{\mathrm{d}t}=FR=fF_{\mathrm{N}}R$$

将上式积分，并根据已知条件确定积分上下限，有

$$\int_{-\omega_0}^{0}J_O\mathrm{d}\omega=\int_0^t fF_{\mathrm{N}}R\mathrm{d}t$$

由此解得

$$t=\frac{J_O\omega_0}{fF_{\mathrm{N}}R}$$

**例 11-8** 齿轮传动系统如图 11-19a 所示，啮合处两齿轮的半径分别为 $r_1=0.4\mathrm{m}$，$r_2=0.2\mathrm{m}$，对轴Ⅰ、Ⅱ的转动惯量分别为 $J_1=10\mathrm{kg\cdot m^2}$，$J_2=7.5\mathrm{kg\cdot m^2}$，轴Ⅰ上作用有主动力矩 $M_1=20\mathrm{kN\cdot m}$，轴Ⅱ上有阻力矩 $M_2=4\mathrm{kN\cdot m}$，转向如图所示。设各处的摩擦忽略不计，试求轴Ⅰ的角加速度及两轮间的切向压力 $\boldsymbol{F}_{\mathrm{t}}$。

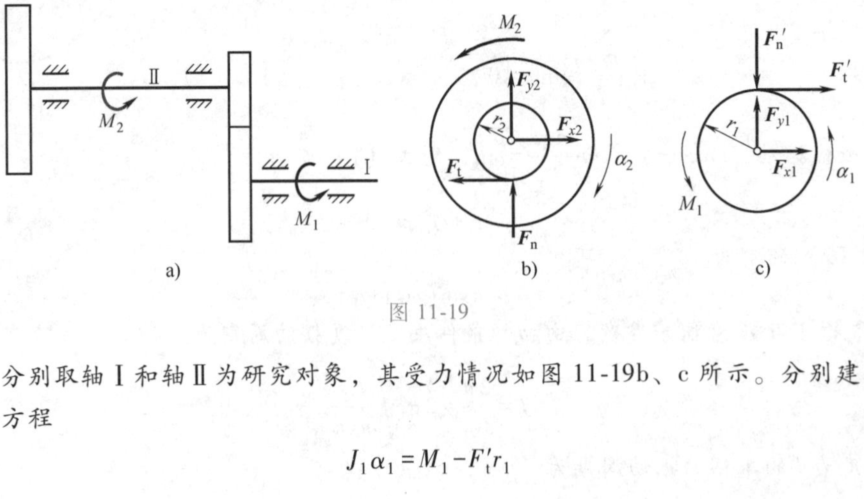


图 11-19

**解：** 分别取轴Ⅰ和轴Ⅱ为研究对象，其受力情况如图 11-19b、c 所示。分别建立两轴的转动微分方程

$$J_1\alpha_1=M_1-F_{\mathrm{t}}'r_1$$

$$J_2(-\alpha_2)=M_2-F_t r_2$$

其中 $F_t'=F_t$，$\dfrac{\alpha_1}{\alpha_2}=\dfrac{r_2}{r_1}=i_{12}$，代入以上两式，联立求解，得

$$\alpha_1=\frac{M_1-\dfrac{M_2}{i_{12}}}{J_1+\dfrac{J_2}{i_{12}^2}},\quad F_t=\frac{M_1-J_1\alpha_1}{r_1}$$

将各已知量代入，得

$$\alpha_1=0.3\text{rad/s}^2,\quad F_t=42.5\text{kN}$$

## 11.5　质点系相对于质心的动量矩定理

知识点视频

前面阐述的动量矩定理只适用于惯性参考系中的固定点或固定轴，对于一般的动点或动轴，动量矩定理具有较复杂的形式。然而，相对于质点系的质心或通过质心的动轴，动量矩定理仍保持其简单的形式。

以质心 $C$ 为原点，取一平移参考系 $Cx'y'z'$ 如图 11-20 所示。在此平移参考系内，任一质点 $m_i$ 的相对矢径为 $\boldsymbol{r}_i'$、相对速度为 $\boldsymbol{v}_{ri}$，令质点系相对于其质心 $C$ 的动量矩为

$$\boldsymbol{L}_C=\sum \boldsymbol{M}_C(m_i\boldsymbol{v}_{ri})=\sum \boldsymbol{r}_i'\times m_i\boldsymbol{v}_{ri}=\sum \boldsymbol{r}_i'\times m_i(\boldsymbol{v}_i-\boldsymbol{v}_e) \tag{11-22}$$

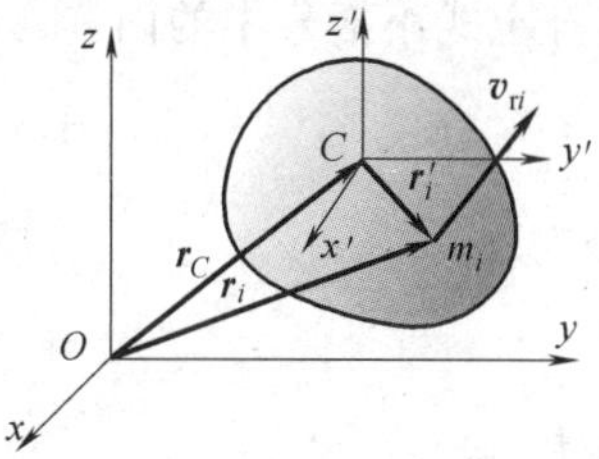


图 11-20

由于参考系随质心平移，故 $\boldsymbol{v}_e=\boldsymbol{v}_C$，则

$$\boldsymbol{L}_C=\sum \boldsymbol{r}_i'\times m_i(\boldsymbol{v}_i-\boldsymbol{v}_C)=\sum \boldsymbol{r}_i'\times m_i\boldsymbol{v}_i-\sum \boldsymbol{r}_i'\times m_i\boldsymbol{v}_C=\sum \boldsymbol{r}_i'\times m_i\boldsymbol{v}_i-\sum m_i\boldsymbol{r}_i'\times\boldsymbol{v}_C$$

由于 $\boldsymbol{r}'_C=\dfrac{\sum m_i\boldsymbol{r}'_i}{\sum m_i}$ 且 $\boldsymbol{r}_C'=\boldsymbol{0}$，所以

$$\boldsymbol{L}_C=\sum \boldsymbol{r}_i'\times m_i\boldsymbol{v}_{ri}=\sum \boldsymbol{r}_i'\times m_i\boldsymbol{v}_i$$

即以质点的相对速度或以其绝对速度计算质点系对于质心的动量矩，其结果是相等的。

质点 $m_i$ 对固定点 $O$ 的矢径为 $\boldsymbol{r}_i$、绝对速度为 $\boldsymbol{v}_i$，则质点系对定点 $O$ 的动量矩为

$$\boldsymbol{L}_O=\sum \boldsymbol{M}_O(m_i\boldsymbol{v}_i)=\sum \boldsymbol{r}_i\times m_i\boldsymbol{v}_i$$

由图可见

$$\boldsymbol{r}_i=\boldsymbol{r}_C+\boldsymbol{r}_i'$$

于是

$$\begin{aligned}\boldsymbol{L}_O&=\sum(\boldsymbol{r}_C+\boldsymbol{r}_i')\times m_i\boldsymbol{v}_i\\&=\boldsymbol{r}_C\times\sum m_i\boldsymbol{v}_i+\sum \boldsymbol{r}_i'\times m_i\boldsymbol{v}_i\end{aligned}$$

根据点的速度合成定理，有

$$\boldsymbol{v}_i=\boldsymbol{v}_C+\boldsymbol{v}_{ri}$$

由质点系动量计算式（10-4），有

$$\sum m_i\boldsymbol{v}_i=m\boldsymbol{v}_C$$

其中 $m$ 为质点系总质量，$\boldsymbol{v}_C$ 为其质心 $C$ 的速度。代入上两式，质点系对于定点 $O$ 的动量矩可写为

$$\boldsymbol{L}_O=\boldsymbol{r}_C\times m\boldsymbol{v}_C+\sum \boldsymbol{r}_i'\times m_i\boldsymbol{v}_C+\sum \boldsymbol{r}_i'\times m_i\boldsymbol{v}_{ri}=\boldsymbol{r}_C\times m\boldsymbol{v}_C+\sum m_i\boldsymbol{r}_i'\times\boldsymbol{v}_C+\sum \boldsymbol{r}_i'\times m_i\boldsymbol{v}_{ri}$$

上式最后一项就是 $\boldsymbol{L}_C$，而由质心坐标公式有

$$\sum m_i\boldsymbol{r}_i'=m\boldsymbol{r}_C'$$

其中，$\boldsymbol{r}_C'$为质心 $C$ 对于动系 $Cx'y'z'$的矢径。此处 $C$ 为此动系的原点，显然 $\boldsymbol{r}_C'=\boldsymbol{0}$，即 $\sum m_i\boldsymbol{r}_i'=\boldsymbol{0}$，于是上式中间一项为零，而

$$\boldsymbol{L}_O=\boldsymbol{r}_C\times m\boldsymbol{v}_C+\boldsymbol{L}_C \tag{11-23}$$

式（11-23）表明，质点系对任一点 $O$ 的动量矩等于集中于系统质心的动量 $m\boldsymbol{v}_C$ 对于点 $O$ 的动量矩再加上此系统对于质心 $C$ 的动量矩 $\boldsymbol{L}_C$（为矢量和）。

质点系对于定点 $O$ 的动量矩定理可写成

知识点视频

$$\frac{\mathrm{d}\boldsymbol{L}_O}{\mathrm{d}t}=\frac{\mathrm{d}}{\mathrm{d}t}(\boldsymbol{r}_C\times m\boldsymbol{v}_C+\boldsymbol{L}_C)=\sum_{i=1}^{n}\boldsymbol{r}_i\times\boldsymbol{F}_i^{\mathrm{e}}$$

展开上式小括号中的内容，注意右端项中 $\boldsymbol{r}_i=\boldsymbol{r}_C+\boldsymbol{r}_i'$，于是上式化为

$$\begin{aligned}&\frac{\mathrm{d}\boldsymbol{r}_C}{\mathrm{d}t}\times m\boldsymbol{v}_C+\boldsymbol{r}_C\times\frac{\mathrm{d}}{\mathrm{d}t}m\boldsymbol{v}_C+\frac{\mathrm{d}\boldsymbol{L}_C}{\mathrm{d}t}\\&=\sum_{i=1}^{n}\boldsymbol{r}_C\times\boldsymbol{F}_i^{\mathrm{e}}+\sum_{i=1}^{n}\boldsymbol{r}_i'\times\boldsymbol{F}_i^{\mathrm{e}}\end{aligned}$$

由于

$$\frac{\mathrm{d}\boldsymbol{r}_C}{\mathrm{d}t}=\boldsymbol{v}_C,\ \frac{\mathrm{d}m\boldsymbol{v}_C}{\mathrm{d}t}=\sum F_i^{\mathrm{e}},\ \boldsymbol{v}_C\times\boldsymbol{v}_C=\boldsymbol{0}$$

则上式可写为

$$\frac{\mathrm{d}\boldsymbol{L}_C}{\mathrm{d}t}=\sum_{i=1}^{n}\boldsymbol{r}_i'\times\boldsymbol{F}_i^{\mathrm{e}}$$

上式右端是外力对于质心的主矩，于是得

$$\frac{\mathrm{d}\boldsymbol{L}_C}{\mathrm{d}t}=\sum_{i=1}^{n}\boldsymbol{M}_C(\boldsymbol{F}_i^{\mathrm{e}}) \tag{11-24}$$

即质点系相对于质心的动量矩对时间的导数，等于作用于质点系的外力对质心的主矩。这就是质点系对于质心的动量矩定理。该定理在形式上与质点系对于固定点的动量矩定理完全一样。

## 11.6 刚体的平面运动微分方程

知识点视频

通过运动学的学习，我们已经知道了刚体的平面运动可以用平面图形的运动代替，可由基点的位置与刚体绕基点的转角确定。若取质心 $C$ 为基点，如图 11-21 所示，它的坐标为（$x_C$，$y_C$）。则刚体的位置可由 $C$ 的坐标（$x_C$，$y_C$）和刚体绕质心平移参考系的转角 $\varphi$ 完全确定。

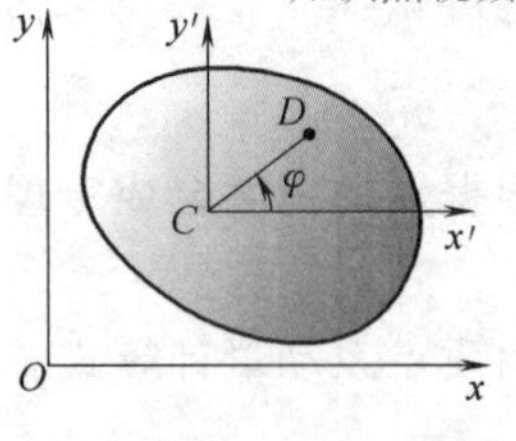

图 11-21

设刚体质心所在平面内作用有一力系 $\boldsymbol{F}_1$，$\boldsymbol{F}_2$，…，$\boldsymbol{F}_n$。如

图 11-22 所示。又 $Cx'y'$ 为固连于质心 $C$ 的平移参考系，平面运动刚体相对于此动系的运动就是绕质心 $C$ 的转动，则刚体对质心的动量矩为

$$L_C = J_C\omega \tag{11-25}$$

其中，$J_C$ 为刚体对通过质心 $C$ 且与运动平面垂直的轴的转动惯量，$\omega$ 为其角速度。

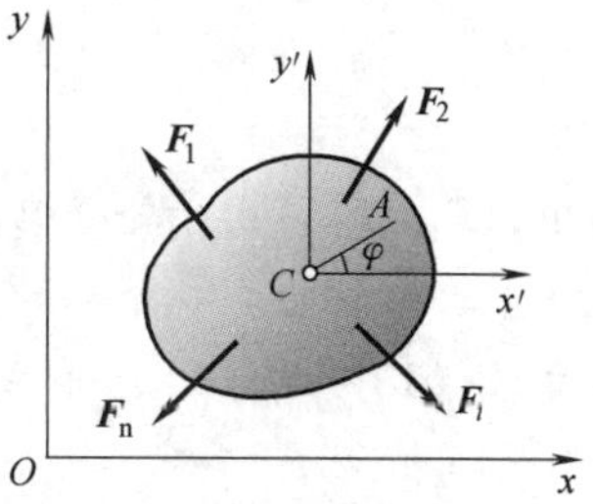

图 11-22

根据质心运动定理和相对于质心的动量矩定理可知

$$m\boldsymbol{a}_C = \sum \boldsymbol{F}_i^e,\ \frac{\mathrm{d}}{\mathrm{d}t}(J_C\omega) = J_C\alpha = \sum M_C(\boldsymbol{F}_i^e) \tag{11-26}$$

其中，$m$ 为刚体质量，$\boldsymbol{a}_C$ 为质心加速度，$\alpha = \dfrac{\mathrm{d}\omega}{\mathrm{d}t}$ 为刚体角加速度。式（11-26）也可写成

$$m\frac{\mathrm{d}^2\boldsymbol{r}_C}{\mathrm{d}t^2} = \sum \boldsymbol{F}_i^e,\ J_C = \frac{\mathrm{d}^2\varphi}{\mathrm{d}t^2} = \sum M_C(\boldsymbol{F}_i^e) \tag{11-27}$$

以上两式称为刚体的平面运动微分方程。应用时，常取其投影式。

在直角坐标轴上的投影式为

$$ma_{Cx} = \sum F_x^e$$
$$ma_{Cy} = \sum F_y^e$$
$$ma_{Cz} = \sum F_z^e$$

在自然轴系上的投影式为

$$ma_C^t = \sum F_t^e$$
$$ma_C^n = \sum F_n^e$$
$$ma_C^b = 0 = \sum F_b^e$$

**例 11-9** 重物 $A$ 的质量为 $m_1$，系在绳子上，绳子跨过不计质量的固定滑轮 $D$，并绕在鼓轮 $C$ 上，如图 11-23 所示，鼓轮短半径为 $r$，长半径为 $R$，质量为 $m_2$，其对水平轴 $C$ 的回转半径为 $\rho$，在水平轨道做纯滚动。求重物 $A$ 下落的加速度。

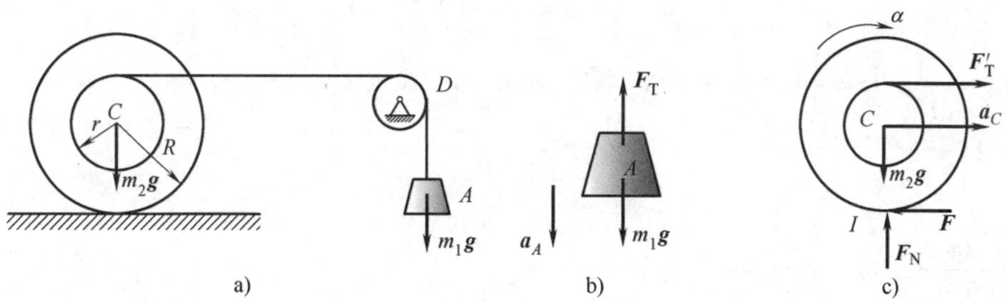

图 11-23

**解：** 分别选取重物 $A$ 和鼓轮 $C$ 为研究对象，受力分析与运动分析如图 11-23b、c 所示。对重物 $A$，有

$$m_1a_A = m_1g - F_T \tag{1}$$

轮 $C$ 做平面运动，运用式（11-26）有

$$m_2 a_C = F'_T - F \tag{2}$$

$$m_2 \rho^2 \alpha = F'_T \cdot r + FR \tag{3}$$

其中，$F_T = F'_T$。由于轮子只滚不滑，故有

$$a_C = R\alpha,\ a_A = (r+R)\alpha$$

联立式（1）~式（3），并注意到轮子只滚不滑的运动关系，得

$$a_A = \frac{m_1 g (r+R)^2}{m_1 (R+r)^2 + m_2 (\rho^2 + R^2)}$$

由于鼓轮 $C$ 的瞬心 $I$ 的加速度恒指向质心，所以也可选 $I$ 点为动量矩的矩心，此时，式（3）可改写为 $J_I \alpha = T(r+R)$，其中 $J_I = m_2(\rho^2 + R^2)$，也可得同样结果。读者可自行验算。

**例 11-10** 均质圆轮半径为 $r$，质量为 $m$，受到轻微扰动后，在半径为 $R$ 的圆弧上往复滚动，如图 11-24 所示。设表面足够粗糙，使圆轮在滚动时无滑动。求质心 $C$ 的运动规律。

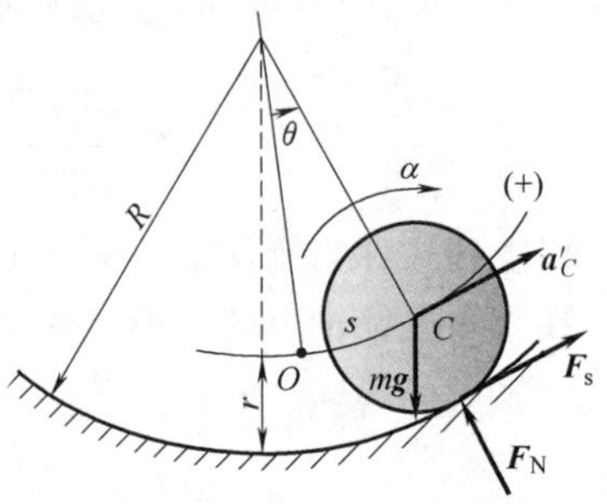


图 11-24

**解：** 圆轮在曲面上做平面运动，受到的外力有重力 $\boldsymbol{mg}$，圆弧表面的法向约束力 $\boldsymbol{F}_N$ 和摩擦力 $\boldsymbol{F}_s$。

设 $\theta$ 角以逆时针方向为正，取切线轴的正向如图所示，并设圆轮以顺时针转动为正，则图示瞬时刚体平面运动微分方程在自然轴上的投影式为

$$m a_C^t = F - mg\sin\theta \tag{1}$$

$$m \frac{v_C^2}{R-r} = F_N - mg\cos\theta \tag{2}$$

$$J_C \alpha = -Fr \tag{3}$$

由运动学知，当圆轮只滚不滑时，角加速度的大小为

$$\alpha = \frac{a_C^t}{r} \tag{4}$$

取 $s$ 为质心的弧坐标，由图可知

$$s = (R-r)\theta$$

注意到 $a_C^t = \dfrac{\mathrm{d}^2 s}{\mathrm{d}t^2}$，$J_C = \dfrac{1}{2} m r^2$，当 $\theta$ 很小时，$\sin\theta \approx \theta$，联立式（1）~式（3）求得

$$\frac{3}{2} \frac{\mathrm{d}^2 s}{\mathrm{d}t^2} + \frac{g}{R-r} s = 0$$

令 $\omega_0^2 = \dfrac{2g}{3(R-r)}$，则上式成为

$$\frac{\mathrm{d}^2 s}{\mathrm{d}t^2} + \omega_0^2 s = 0$$

此方程的解为

$$s = v_0 \sqrt{\frac{3(R-r)}{2g}} \sin(\omega_0 t + \beta)$$

其中 $\omega_0$ 和 $\beta$ 为两个常数，由运动起始条件确定。如 $t=0$ 时，$s=0$，初速度为 $v_0$，于是

$$0=s_0\sin\beta,\ v_0=s_0\omega_0\cos\beta$$

解得

$$\tan\beta=0,\ \beta=0°,\ s_0=\frac{v_0}{\omega_0}=v_0\sqrt{\frac{3(R-r)}{2g}}$$

最后得质心沿轨迹的运动方程

$$s=v_0\sqrt{\frac{3(R-r)}{2g}}\sin\left(t\sqrt{\frac{2}{3}\frac{g}{(R-r)}}\right)$$

由式（2）可求得圆轮在滚动时对地面的压力 $F'_N$

$$F'_N=F_N=m\frac{v_C^2}{R-r}+mg\cos\theta$$

式中右端第一项为附加动压力，其中

$$v_C=\frac{ds}{dt}=v_0\cos\left(t\sqrt{\frac{2}{3}\frac{g}{R-r}}\right)$$

## 小　　结

1. 转动惯量

$$J_z=\sum m_i r_i^2$$

若 $z_C$ 与 $z$ 轴平行，有

$$J_z=J_{zC}+md^2$$

2. 动量矩

质点系对点 $O$ 的动量矩定理的常用微分形式为

$$\frac{d\boldsymbol{L}_O}{dt}=\sum_{i=1}^{n}\boldsymbol{M}_O(\boldsymbol{F}_i^e)$$

其投影式为

$$\frac{dL_x}{dt}=\sum_{i=1}^{n}M_x(\boldsymbol{F}_i^e),\ \frac{dL_y}{dt}=\sum_{i=1}^{n}M_y(\boldsymbol{F}_i^e),\ \frac{dL_z}{dt}=\sum_{i=1}^{n}M_z(\boldsymbol{F}_i^e)$$

若 $C$ 为质心，$Cxyz$ 坐标系固连在质心，也有

$$\frac{d\boldsymbol{L}_C}{dt}=\sum_{i=1}^{n}\boldsymbol{M}_C(\boldsymbol{F}_i^e)$$

其投影式为

$$\frac{dL_{Cx}}{dt}=\sum_{i=1}^{n}M_{Cx}(\boldsymbol{F}_i^e),\ \frac{dL_{Cy}}{dt}=\sum_{i=1}^{n}M_{Cy}(\boldsymbol{F}_i^e),\ \frac{dL_{Cz}}{dt}=\sum_{i=1}^{n}M_{Cz}(\boldsymbol{F}_i^e)$$

3. 刚体绕 $z$ 轴转动的动量矩为

$$L_z=J_z\omega$$

若 $z$ 轴为定轴或通过质心，有

$$J_z\alpha=\sum M_z(\boldsymbol{F}_i^e)$$

4. 应用质心运动定理和相对于质心的动量矩定理，可得刚体的平面运动微分方程

$$m\boldsymbol{a}_C=\sum \boldsymbol{F}_i^{\mathrm{e}},\ \frac{\mathrm{d}}{\mathrm{d}t}(J_C\omega)=J_C\alpha=\sum M_C(\boldsymbol{F}_i^{\mathrm{e}})$$

或

$$m\frac{\mathrm{d}^2\boldsymbol{r}_C}{\mathrm{d}t^2}=\sum \boldsymbol{F}_i^{\mathrm{e}},\ J_C\frac{\mathrm{d}^2\varphi}{\mathrm{d}t^2}=\sum M_C(\boldsymbol{F}_i^{\mathrm{e}})$$

## 思 考 题

11-1 如思考题 11-1 图所示传动系统中 $J_1$，$J_2$ 分别为轮Ⅰ、轮Ⅱ的转动惯量，轮Ⅰ的角加速度 $\alpha_1=\frac{M_1}{J_1+J_2}$，对不对？

11-2 某质点系对空间任一固定点的动量矩都完全相同，且不等于零。这种运动情况可能吗？

11-3 均质圆轮沿水平面只滚不滑，如在圆轮面内作用一水平力 $\boldsymbol{F}$，问力作用于什么位置能使地面摩擦力等于零？在什么情况下，地面摩擦力能与力 $\boldsymbol{F}$ 同方向？

11-4 如思考题 11-4 图所示，在铅垂面内，杆 $OA$ 可绕轴 $O$ 自由转动，均质圆盘可绕其质心轴 $A$ 自由转动。如杆 $OA$ 水平时系统为静止，问自由释放后圆盘做什么运动？

思考题 11-4

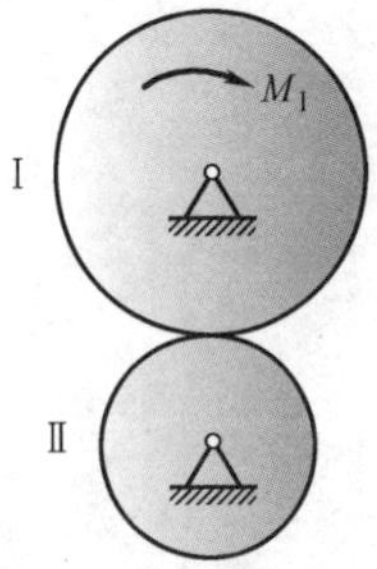


思考题 11-1 图

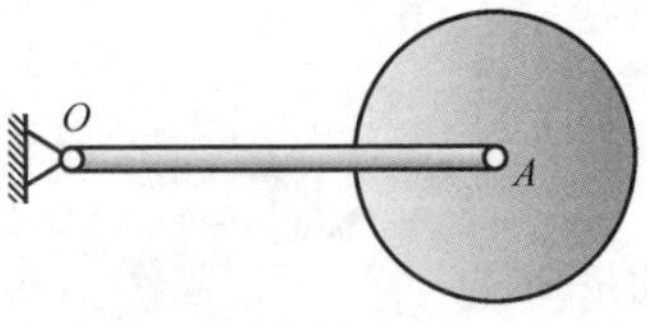


思考题 11-4 图

11-5 做平面运动的刚体，如所受外力主矢为零，刚体只能是绕质心的转动吗？如所受外力对质心的主矩为零，刚体只能是平移吗？

11-6 质量为 $m$ 的均质圆盘，平放在光滑的水平面上，其受力情况如思考题 11-6 图所示。设开始时，圆盘静止，图中 $r=\frac{R}{2}$。试说明各圆盘将如何运动。

思考题 11-6

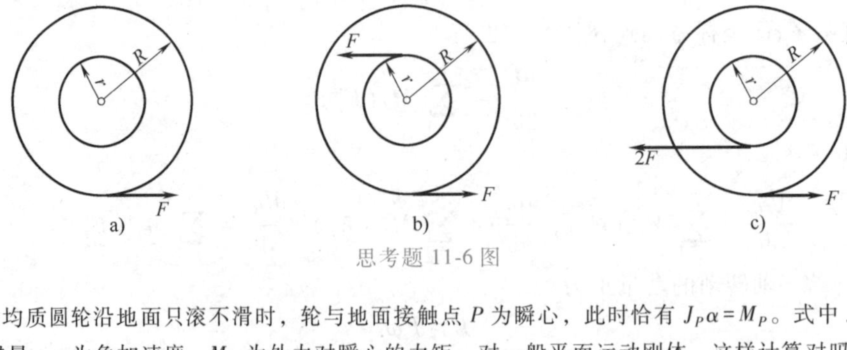


思考题 11-6 图

11-7 均质圆轮沿地面只滚不滑时，轮与地面接触点 $P$ 为瞬心，此时恰有 $J_P\alpha=M_P$。式中 $J_P$ 为轮对瞬心的转动惯量，$\alpha$ 为角加速度，$M_P$ 为外力对瞬心的力矩。对一般平面运动刚体，这样计算对吗？用于此轮为什么能对？

11-8 一半径为 $R$ 的均质圆轮在水平面上只滚动而不滑动。如不计滚动摩阻，试问在下列两种情况下，

轮心的加速度是否相等？接触面的摩擦力是否相同？

（1）在轮上作用一顺时针转向的力偶，力偶矩为 $M$；

（2）在轮心作用一水平向右的力 $\boldsymbol{F}$，$F=\dfrac{M}{R}$。

## 习　题

11-1 计算下列情况下物体对转轴 $O$ 的动量矩：（1）均质圆盘半径为 $r$，重量为 $P$，以角速度 $\omega$ 转动（见习题 11-1 图 a)；（2）均质杆长 $l$、重量为 $P$，以角速度 $\omega$ 转动（见习题 11-1 图 b)；（3）均质偏心圆盘半径为 $r$、偏心距为 $e$，重量为 $P$，以角速度 $\omega$ 转动（见习题 11-1 图 c)。

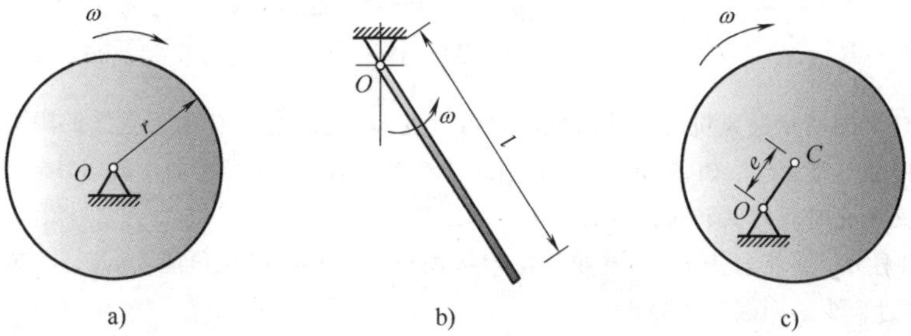


习题 11-1 图

11-2 无重杆 $OA$ 以角速度 $\omega_O$ 绕轴 $O$ 转动，质量 $m=25\text{kg}$、半径 $R=200\text{mm}$ 的均质圆盘以三种方式安装于杆 $OA$ 的点 $A$，如习题 11-2 图所示。在图 a 中，圆盘与杆 $OA$ 焊接在一起；在图 b 中，圆盘与杆 $OA$ 在点 $A$ 铰接，且相对杆 $OA$ 以角速度 $\omega_r$ 逆时针向转动；在图 c 中，圆盘相对杆 $OA$ 以角速度 $\omega_r$ 顺时针向转动。已知 $\omega_O=\omega_r=4\text{rad/s}$，计算在此三种情况下，圆盘对轴 $O$ 的动量矩。

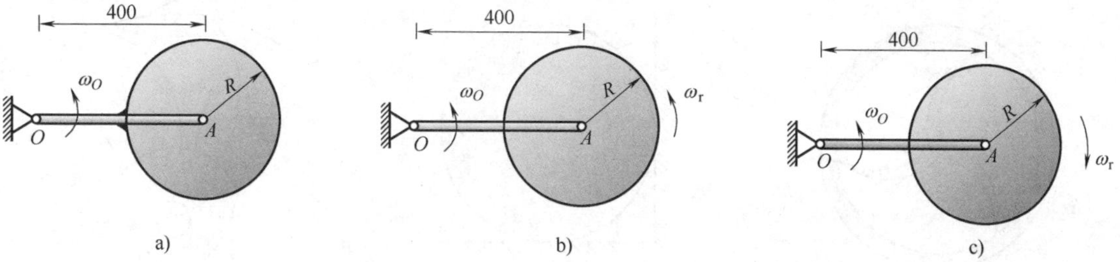


习题 11-2 图

11-3 如习题 11-3 图所示，滑轮重 $W$、半径为 $R$，对转轴 $O$ 的回转半径为 $\rho$；一绳绕在滑轮上，另一端系一重为 $P$ 的物体 $A$；滑轮上作用一不变转矩 $M$，忽略绳的质量，求重物 $A$ 上升的加速度和绳的拉力。

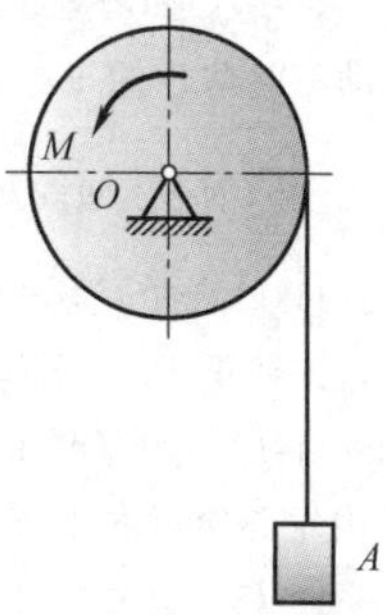


习题 11-3 图

11-4 均质细杆 $AB$ 长 $l$，重为 $G_1$，$B$ 端连一重为 $G_2$ 的小球（小球可看作质点），在 $O$ 点连一常数为 $k$ 的弹簧，使杆在水平位置保持平衡，如习题 11-4 图所示。设给小球一微小初位移 $\delta_0$，而 $v_0=0$，试求 $AB$ 杆的运动规律。

11-5 习题 11-5 图所示两轮的半径各为 $R_1$ 和 $R_2$，其质量各为 $m_1$ 和 $m_2$，两轮以胶带相连接，各绕两平行的固定轴转动。如在第一个带轮上作用矩为 $M$ 的主动力偶，在第二个带轮上作用矩为 $M'$ 的阻力偶。带轮可视为均质圆盘，胶带与轮间无滑动，胶带质量略去不计。求第一个带轮的角加速度。

11-6　均质圆柱重 1.96kN，半径为 30cm。在垂直中心面上，沿圆周方向挖有狭槽，狭槽半径为 15cm。在狭槽内绕以绳索，并在绳索上施以向右的水平力 $F=100\text{N}$，使圆柱在水平面上纯滚动，如习题 11-6 图所示。如圆柱对其中心的转动惯量可近似地按实心圆柱计算，并忽略滚动摩擦，试求圆柱自静止开始运动 4s 后，圆心的加速度和速度。

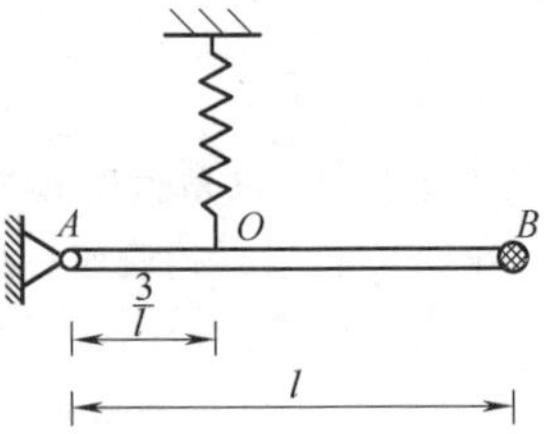

习题 11-4 图

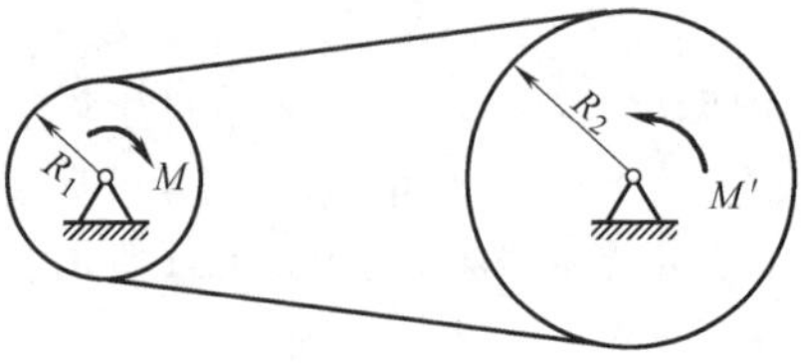

习题 11-5 图

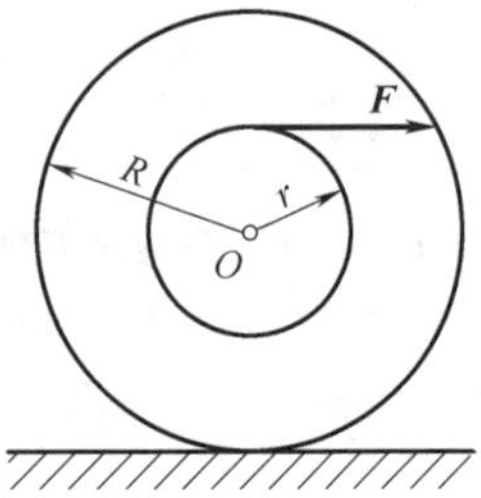

习题 11-6 图

11-7　习题 11-7 图所示通风机的转动部分以初角速度 $\omega_0$ 绕中心轴转动，空气的阻力矩与角速度成正比，即 $M=k\omega$，其中 $k$ 为常数。如转动部分对其轴的转动惯量为 $J$，问经过多少时间其转动角速度减少为初角速度的一半？又在此时间内共转过多少转？

11-8　均质圆柱重 $P$，半径为 $r$，放置如习题 11-8 图所示，并给以初角速度 $\omega_0$。设在 $A$ 和 $B$ 处的摩擦系数皆为 $f$，问经过多少时间圆柱才静止？

11-9　习题 11-9 图所示离心式空气压缩机的转速 $n=8600\text{r/min}$，体积流量为 $q_v=370\text{m}^3/\text{min}$，第一级叶轮气道进口直径为 $D_1=0.355\text{m}$，出口直径为 $D_2=0.6\text{m}$。气流进口绝对速度 $v_1=109\text{m/s}$，与切线成角 $\theta_1=90°$；气流出口绝对速度 $v_2=183\text{m/s}$，与切线成角 $\theta_2=21°30'$。设空气密度 $\rho=1.16\text{kg/m}^3$，试求这一级叶轮的转矩。

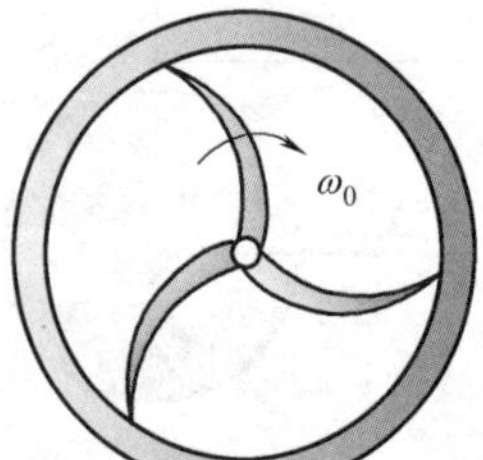

习题 11-7 图

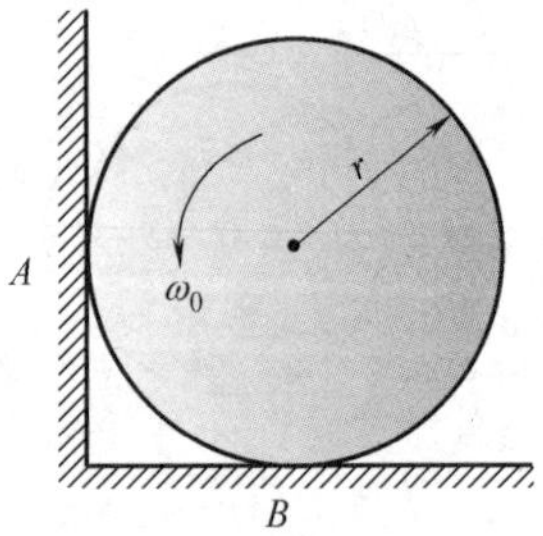

习题 11-8 图

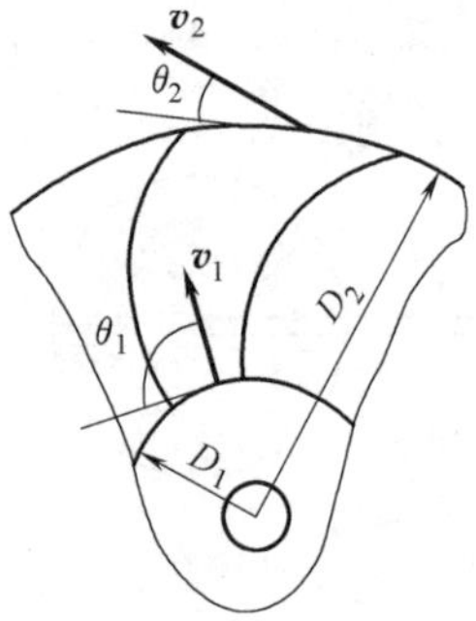

习题 11-9 图

11-10　如习题 11-10 图所示，矩形薄片 $ABCD$，边长分别为 $a$ 和 $b$，重为 $G$，绕铅垂轴 $AB$ 以初速度 $\omega_0$ 转动。此薄片的每一部分均受到空气阻力，其方向垂直于薄片平面，其大小与面积及角速度平方成正比，比例常数为 $k$。问经过多少时间后薄片角速度减为初角速度的 $\frac{1}{2}$？

11-11　如习题 11-11 图所示，撞击摆由摆杆 $OA$ 和摆锤 $B$ 组成。若将杆和锤视为均质的细长杆和等厚圆盘，杆重 $P_1$、长为 $l$，盘重 $P_2$、半径为 $R$；求摆对于轴 $O$ 的转动惯量。

11-12　如习题 11-12 图所示，有一轮子，轴的直径为 50mm，无初速地沿倾角 $\theta=20°$ 的轨道只滚不滑，5s 内轮心滚过的距离为 $s=3\text{m}$。求轮子对轮心的惯性半径。

11-13　鼓轮的质量 $m_1=100\text{kg}$，半径 $r=0.2\text{m}$，$R=0.5\text{m}$，可在水平面上做纯滚动，鼓轮对中心 $C$ 的回转半径 $\rho=0.25\text{m}$，弹簧的刚度系数 $k=60\text{N/m}$，开始时弹簧为自然长度，弹簧和 $EH$ 段绳与水平面平行，定

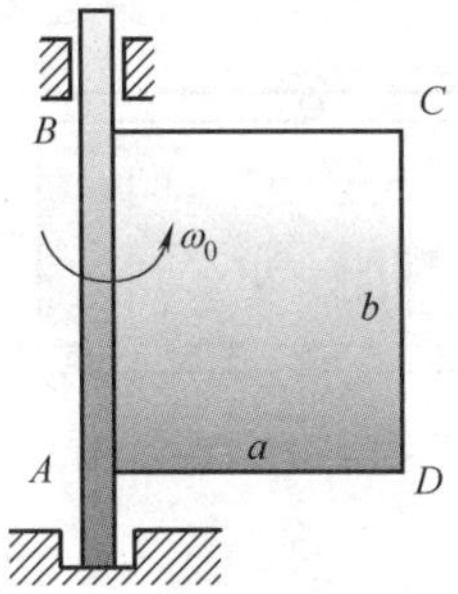


习题 11-10 图

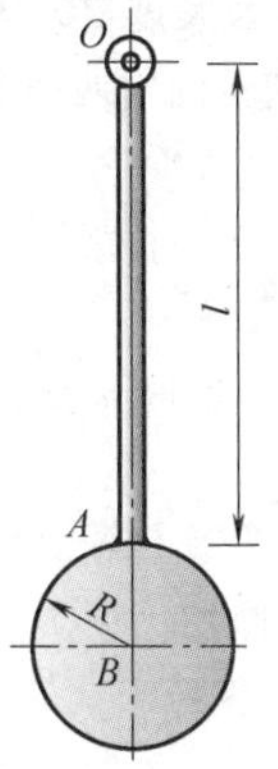


习题 11-11 图

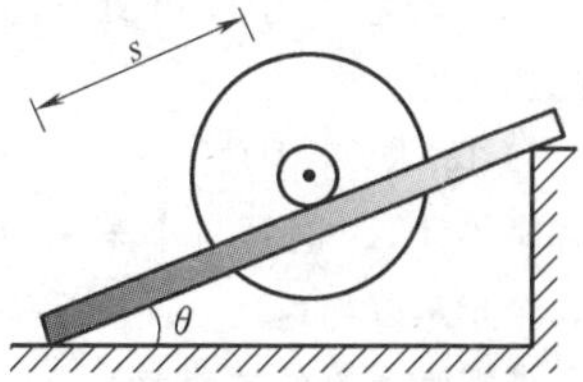


习题 11-12 图

滑轮的质量不计。若在轮上加一矩为 $M=20\text{N}\cdot\text{m}$ 的常力偶，当质量 $m_2=20\text{kg}$ 的物体 $D$ 无初速度下降 $s=0.4\text{m}$ 时，如习题 11-13 图所示，试求鼓轮的角速度。

11-14　习题 11-14 图所示均质杆 $AB$ 长为 $l$，放在铅直平面内，杆的一端 $A$ 靠在光滑的铅直墙上，另一端 $B$ 放在光滑的水平地板上，并与水平面成 $\varphi_0$ 角。此后，杆由静止状态倒下。求：

（1）杆在任意位置时的角加速度和角速度；

（2）当杆脱离墙时，此杆与水平面所夹的角。

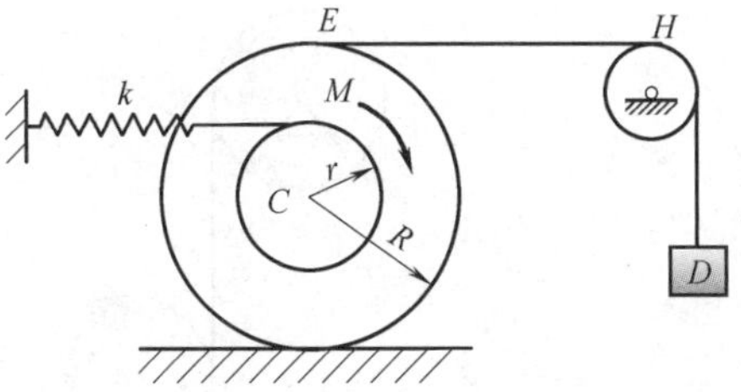


习题 11-13 图

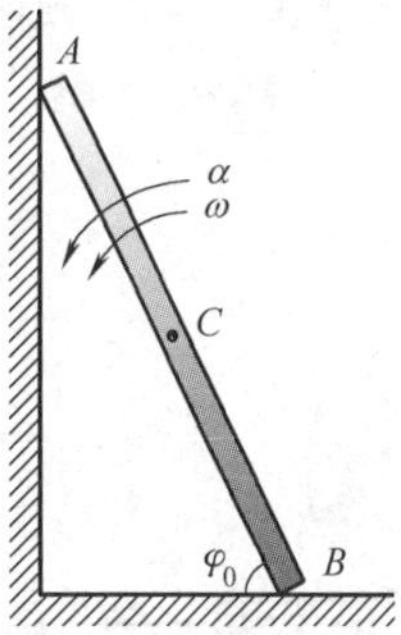


习题 11-14 图

11-15　习题 11-15 图所示均质细长杆 $AB$，质量为 $m$，长度为 $l$，在铅垂位置由静止释放，借 $A$ 端的小滑轮沿倾角为 $\theta$ 的轨道滑下。不计摩擦和小滑轮的质量，求刚释放时点 $A$ 的加速度。

11-16　均质实心圆柱体 $A$ 和薄铁环 $B$ 的质量均为 $m$，半径都等于 $r$，两者用杆 $AB$ 铰接，无滑动地沿斜面滚下，斜面与水平面的夹角为 $\theta$，如习题 11-16 图所示。如杆的质量忽略不计，求杆 $AB$ 的加速度和杆的内力。

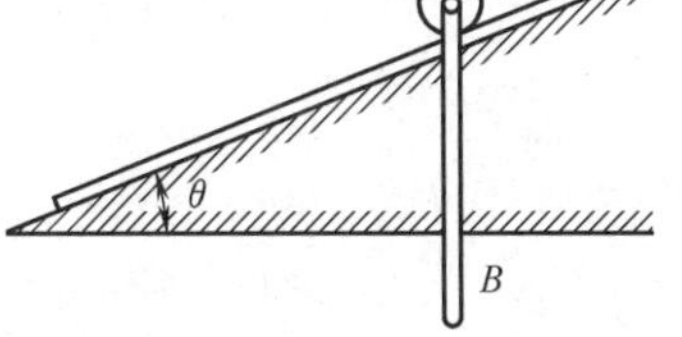


习题 11-15 图

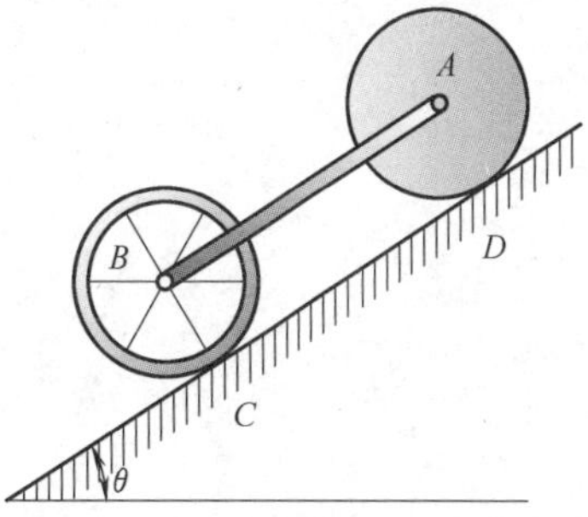


习题 11-16 图

11-17 如习题 11-17 图所示，质量 $m=3\text{kg}$ 且长度 $ED=EA=200\text{mm}$ 的直角弯杆，在 $D$ 点铰接于加速运动的板上。为了防止杆的转动，在板上 $A$、$B$ 两点固定两个光滑螺栓，整个系统位于铅垂面内，板沿直线轨道运动。

（1）若板的加速度 $a=2g$（$g$ 为重力加速度），求螺栓 $A$ 或 $B$ 及铰 $D$ 对弯杆的约束力；

（2）若弯杆在 $A$、$B$ 处均不受力，求板的加速度 $\boldsymbol{a}$ 及铰 $D$ 对弯杆的约束力。

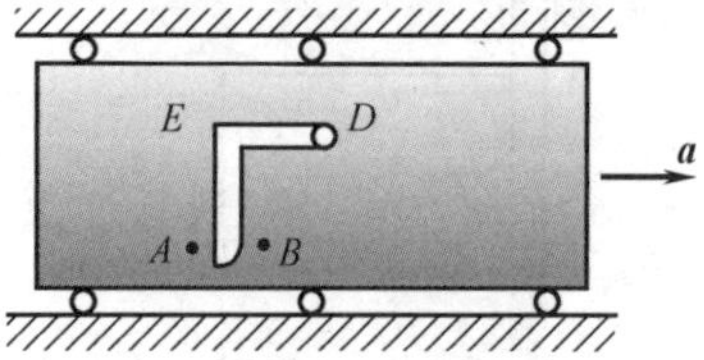

习题 11-17 图

11-18 小车上放一半径为 $r$、质量为 $M$ 的铜管（铜管的厚度可以忽略不计），铜管与小车平面之间有足够的摩擦力，防止相对滑动。今小车以加速度 $a$ 向右运动，如习题 11-18 图所示，不计滚动摩擦，求铜管中心的加速度。

11-19 习题 11-19 图所示均质圆柱体的质量为 $m$，半径为 $r$，放在倾角为 60°的斜面上。一细绳缠绕在圆柱体上，其一端固定于点 $A$，此绳与点 $A$ 相连部分与斜面平行。若圆柱体与斜面间的摩擦系数 $f=\dfrac{1}{3}$，求其中心沿斜面落下的加速度 $\boldsymbol{a}_C$。

11-20 均质圆柱体 $A$ 和 $B$ 的质量均为 $m$，半径均为 $r$，一绳缠在绕固定轴 $O$ 转动的圆柱 $A$ 上，绳的另一端绕在圆柱 $B$ 上，直线绳段铅垂，如习题 11-20 图所示。摩擦不计。求：

（1）圆柱体 $B$ 下落时质心的加速度；

（2）若在圆柱体 $A$ 上作用一逆时针转向、矩为 $M$ 的力偶，试问在什么条件下圆柱体 $B$ 的质心加速度将向上？

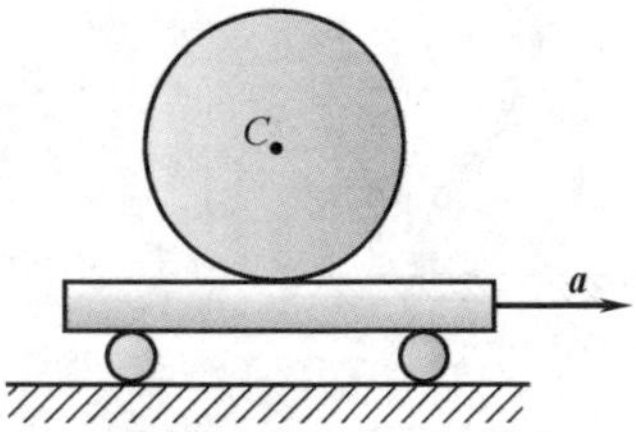

习题 11-18 图

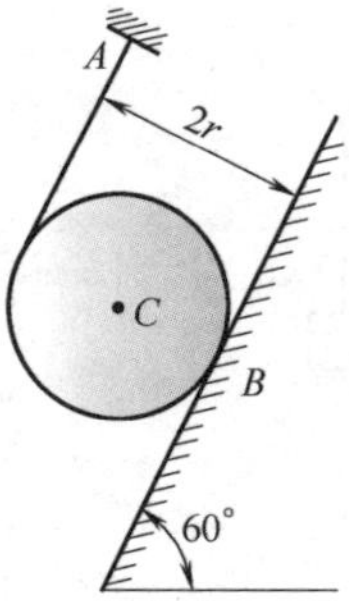

习题 11-19 图

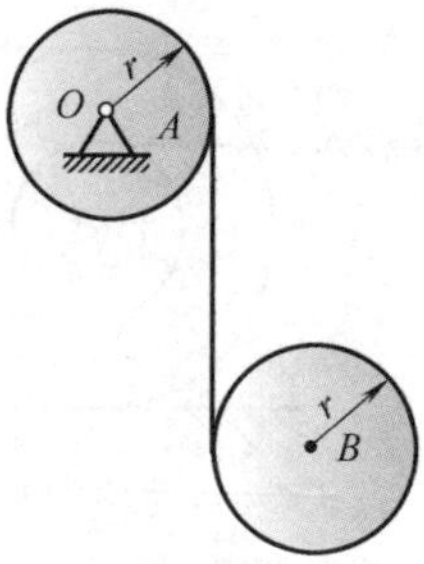

习题 11-20 图

# 第12章 动能定理

能量是物理中最基本的概念之一。物体的机械运动可以有不同的度量方法，动量和动量矩是物体机械运动量的一种度量，动能则是机械运动量的另一种度量。

自然界物质运动的形式多种多样，各种运动形式都有与其对应的能量。在一定条件下各种运动形式可以相互转化，在转化过程中，一种形式的一定量的运动总是与另一种形式的一定量的运动相当，能量就是对这类运动量进行度量的物理量。

能量转换与功之间的关系是自然界中各种形式运动的普遍规律，在机械运动中则表现为动能定理。不同于动量和动量矩定理，动能定理是从能量的角度来分析质点和质点系的动力学问题，有时这是更为方便和有效的。同时，它还可以建立机械运动与其他形式运动之间的联系。

本章将讨论力的功、动能和势能等重要概念，推导动能定理和机械能守恒定律，并将综合运用动量定理、动量矩定理和动能定理分析较复杂的动力学问题。

## 12.1 力的功

知识点视频

力的功是力在空间上对质点或质点系作用的积累效应的度量，其结果将引起质点或者质点系能量的变化。

### 12.1.1 常力在直线位移中的功

设有大小和方向都不变的常力 $\boldsymbol{F}$ 作用于沿直线路程运动的物体，力 $\boldsymbol{F}$ 的作用点位移为 $\boldsymbol{s}$，如图 12-1 所示。则力 $\boldsymbol{F}$ 与位移 $\boldsymbol{s}$ 的点积定义为力 $\boldsymbol{F}$ 对该物体在位移 $\boldsymbol{s}$ 上所做的功，用符号 $W$ 表示。即

$$W=\boldsymbol{F}\cdot\boldsymbol{s}=Fs\cos\varphi \tag{12-1}$$

式中，$\varphi$ 为 $\boldsymbol{F}$ 与 $\boldsymbol{s}$ 正向之间的夹角，当 $\varphi<90°$时，功为正值；当 $\varphi>90°$，功为负值；当 $\varphi=90°$，即力和位移方向垂直，力在此位移上不做功。

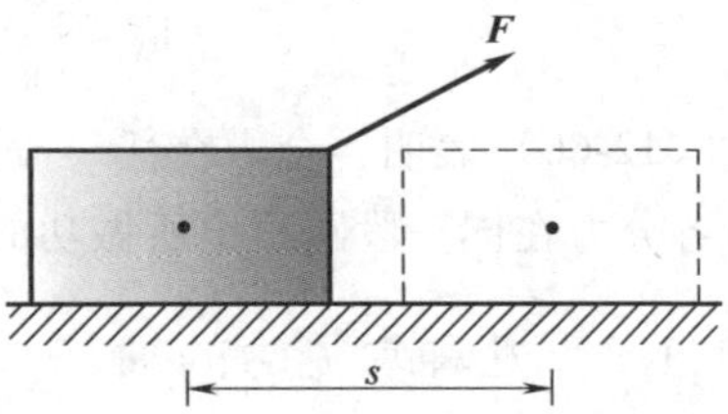


图 12-1

功的国际单位是焦耳（J）。且

$$1\mathrm{J}=1\mathrm{N}\cdot\mathrm{m}=1\mathrm{kg}\cdot\mathrm{m}^2\cdot\mathrm{s}^{-2}$$

### 12.1.2 变力在任意曲线路程中的功

设有变力 $\boldsymbol{F}$ 作用于沿曲线运动的质点 $M$ 上，如图 12-2 所示。

**1. 元功**

当质点 $M$ 有无限小位移 $d\boldsymbol{r}$（其对应的弧坐标的改变量为 $ds$，可视为直线）时，作用于其上的力可视为常力，则变力 $\boldsymbol{F}$ 在此无限小位移上所做的功称为元功，用 $\delta W$ 表示，即

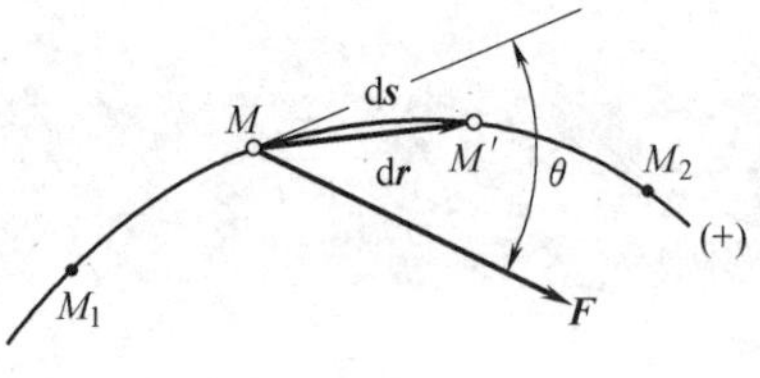


图 12-2

$$\delta W=\boldsymbol{F}\cdot d\boldsymbol{r} \tag{12-2}$$

式（12-2）称为元功的矢量形式。

采用直角坐标法时，

$$\delta W=F_x dx+F_y dy+F_z dz \tag{12-3}$$

式中，$F_x$、$F_y$、$F_z$ 分别为力 $\boldsymbol{F}$ 在直角坐标轴上的投影。式（12-3）称为直角坐标形式的元功。

采用自然法时，

$$\delta W=F\cdot ds\cdot\cos\varphi=F_t\cdot ds \tag{12-4}$$

式中，$\varphi$ 为 $\boldsymbol{F}$ 与 $\boldsymbol{e}_t$ 正向之间的夹角；$F_t$ 为力 $\boldsymbol{F}$ 在 $\boldsymbol{e}_t$ 方向的投影。式（12-4）称为自然形式的元功。

元功符号为 $\delta W$，而不是全微分符号 $dW$。这是因为在一般情况下，等式右端不能表示为某一位置坐标函数的全微分，写成 $\delta W$ 可避免误解。

**2. 功**

当质点沿空间曲线从位置 $M_1$ 运动到 $M_2$ 时，力 $\boldsymbol{F}$ 所做的功就等于在这段路程中所有元功的和，即

$$W=\int_{M_1}^{M_2}\boldsymbol{F}\cdot d\boldsymbol{r}=\int_{M_1}^{M_2}F_t ds=\int_{M_1}^{M_2}(F_x dx+F_y dy+F_z dz) \tag{12-5}$$

**3. 合力的功**

质点受到 $n$ 个力 $\boldsymbol{F}_1$，$\boldsymbol{F}_2$，…，$\boldsymbol{F}_n$ 作用，其合力 $\boldsymbol{F}_R=\sum\boldsymbol{F}_i$ 在质点无限小位移 $d\boldsymbol{r}$ 上的元功为

$$\delta W=\boldsymbol{F}_R\cdot d\boldsymbol{r}=(\sum\boldsymbol{F}_i)\cdot d\boldsymbol{r}=\sum(\boldsymbol{F}_i\cdot d\boldsymbol{r})=\sum\delta W_i \tag{12-6a}$$

在该力系作用下质点由 $M_1$ 运动到 $M_2$ 时合力所做的总功为

$$W=\int_{M_1}^{M_2}\boldsymbol{F}_R\cdot d\boldsymbol{r}=\sum\int_{M_1}^{M_2}\boldsymbol{F}_i\cdot d\boldsymbol{r}=\sum W_i \tag{12-6b}$$

式（12-6b）表明：合力在任一段路程中所做的功等于各分力在同一段路程中所做功的代数和。

## 12.1.3 几种常见力的功

知识点视频

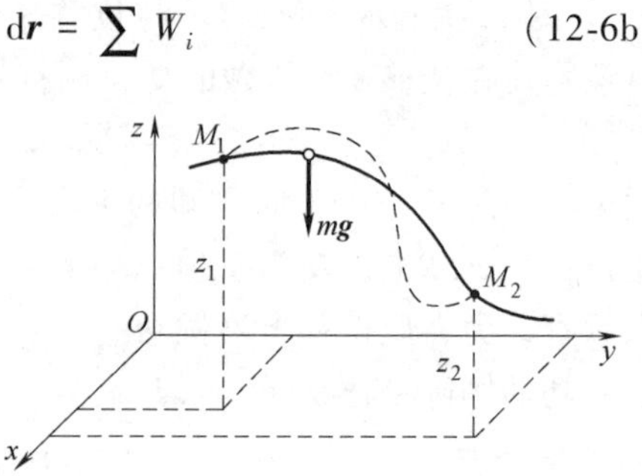


图 12-3

**1. 重力的功**

设质点沿轨道由 $M_1$ 运动到 $M_2$，如图 12-3 所示。重力 $\boldsymbol{P}=m\boldsymbol{g}$ 做功为

$$W_{12}=\int_{z_1}^{z_2}(-mg)dz=mg(z_1-z_2) \tag{12-7}$$

式中，$(z_1-z_2)$ 为质点运动初始和末了位置的高度差，可见重力做功等于质点的重量与其初

始位置和终了位置的高度差的乘积，与运动轨迹的形状无关。

对于质点系，其总重力 $\boldsymbol{P}=m\boldsymbol{g}$ 在质点系的某一运动过程中所做的功为各质点的重力 $m_i\boldsymbol{g}$ 在对应过程中所做功的代数和，即

$$W=\sum m_i g(z_{i1}-z_{i2})=g\sum m_i z_{i1}-g\sum m_i z_{i2}$$

由质心坐标公式，有

$$mz_C=\sum m_i z_i$$

由此可得

$$W=mg(z_{C1}-z_{C2}) \tag{12-8}$$

式中，$m$ 为质点系全部质量之和；$(z_{C1}-z_{C2})$ 为运动始末位置其质心的高度差。即质点系重力所做的功等于质点系的重量与其质心的高度差的乘积。质心下降，重力做正功；质心上升，重力做负功。质点系重力做功仍与质心的运动轨迹形状无关。

**2. 弹性力的功**

物体受到弹性力的作用，作用点 $A$ 的轨迹为图 12-4 所示的曲线 $\widehat{A_1A_2}$。在弹簧的弹性极限内，弹性力的大小与其变形量 $\delta$ 成正比，即

$$F=k\delta$$

力的方向总是指向未变形时的自然位置。比例系数 $k$ 称为弹簧的刚度系数（或刚性系数）。在国际单位制中，$k$ 的单位为 N/m 或 N/mm。

以点 $O$ 为原点，点 $A$ 的矢径为 $\boldsymbol{r}$，其长度为 $r$。令沿矢径方向的单位矢量为 $\boldsymbol{e}_r$，弹簧的自然长度为 $l_0$，则弹性力

$$\boldsymbol{F}=-k(r-l_0)\boldsymbol{e}_r$$

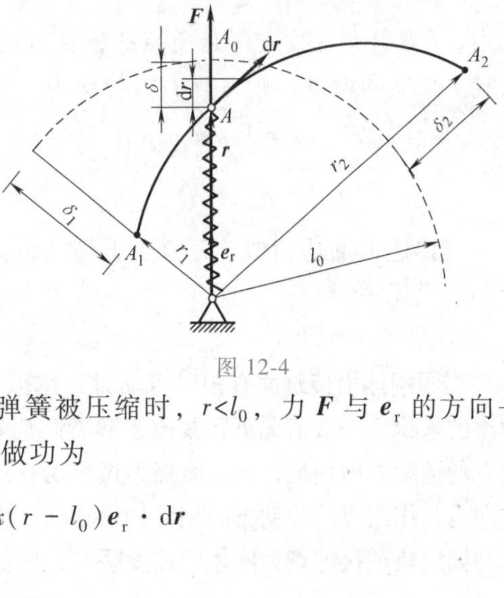


图 12-4

当弹簧伸长时，$r>l_0$，力 $\boldsymbol{F}$ 与 $\boldsymbol{e}_r$ 的方向相反；当弹簧被压缩时，$r<l_0$，力 $\boldsymbol{F}$ 与 $\boldsymbol{e}_r$ 的方向一致。应用式（12-5），点 $A$ 由 $A_1$ 到 $A_2$ 时，弹性力做功为

$$W=\int_{A_1}^{A_2}\boldsymbol{F}\cdot \mathrm{d}\boldsymbol{r}=\int_{A_1}^{A_2}-k(r-l_0)\boldsymbol{e}_r\cdot \mathrm{d}\boldsymbol{r}$$

因为

$$\boldsymbol{e}_r\cdot \mathrm{d}\boldsymbol{r}=\frac{\boldsymbol{r}}{r}\cdot \mathrm{d}\boldsymbol{r}=\frac{1}{2r}\mathrm{d}(\boldsymbol{r}\cdot\boldsymbol{r})=\frac{1}{2r}\mathrm{d}(r^2)=\mathrm{d}r$$

于是

$$W=\int_{r_1}^{r_2}-k(r-l_0)\mathrm{d}r=\frac{k}{2}[(r_1-l_0)^2-(r_2-l_0)^2]$$

或

$$W=\frac{k}{2}(\delta_1^2-\delta_2^2) \tag{12-9}$$

由此可见，弹性力做的功只与弹簧在初始和末了位置的变形量 $\delta$ 有关，与力作用点 $A$ 的轨迹形状无关。由式（12-9）可见，当 $\delta_1>\delta_2$ 时，弹性力做正功；当 $\delta_1<\delta_2$ 时，弹性力做负功。弹性力的功的大小可由图 12-5 所示的阴影面积表示，其横轴为弹簧变形量 $\delta$，纵轴为弹性力

的大小 $F$。由图可见，当弹簧变形量由 $\delta_1$ 增为 $\delta_2$，再由 $\delta_2$ 增为 $\delta_3$ 时，即使 $\delta_3-\delta_2=\delta_2-\delta_1$，在此两段相同位移内，弹性力做功也是不相等的。

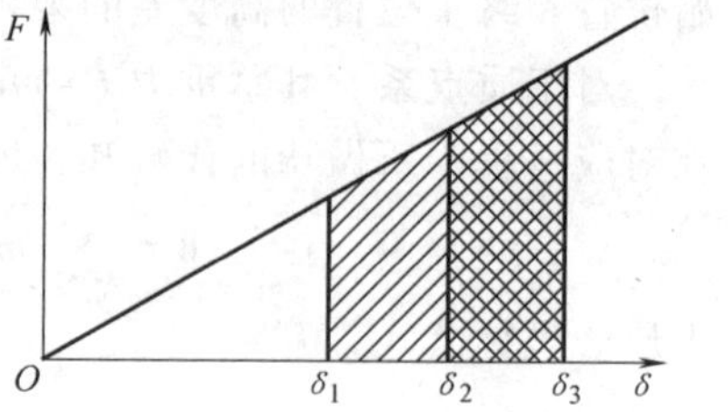

图 12-5

3. 万有引力的功

设质量为 $m_1$ 的质点受质量为 $m_2$ 的物体的万有引力 $\boldsymbol{F}$ 作用，由位置 $A_0$ 运动到位置 $A$，如图 12-6 所示。

万有引力表示为矢量式为

$$\boldsymbol{F}=-\frac{fm_1m_2}{r^2}\boldsymbol{e}_{\mathrm{r}}=-\frac{fm_1m_2}{r^2}\frac{\boldsymbol{r}}{r}=-\frac{fm_1m_2}{r^3}\boldsymbol{r}$$

$$\mathrm{d}W=\boldsymbol{F}\cdot\mathrm{d}\boldsymbol{r}=-\frac{fm_1m_2}{r^2}\boldsymbol{e}_{\mathrm{r}}\cdot\mathrm{d}\boldsymbol{r}=-\frac{fm_1m_2}{r^3}\boldsymbol{r}\cdot\mathrm{d}\boldsymbol{r}=-\frac{fm_1m_2}{r^3}\mathrm{d}\frac{\boldsymbol{r}\cdot\boldsymbol{r}}{2}$$

$$=-\frac{fm_1m_2}{r^2}\mathrm{d}r=fm_1m_2\mathrm{d}\left(\frac{1}{r}\right)$$

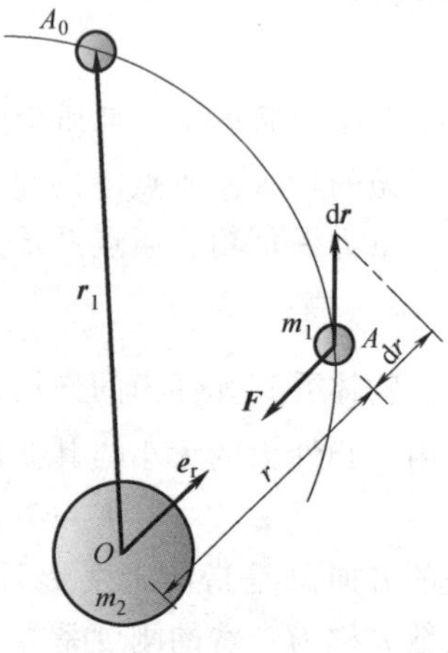

图 12-6

式中，$f$ 为引力常数，$\boldsymbol{e}_{\mathrm{r}}$ 是质点的矢径方向的单位矢量；$\mathrm{d}r$ 为矢径 $\boldsymbol{r}$ 长度的增量，则万有引力的功为

$$W=\int_{A_0}^{A}\boldsymbol{F}\cdot\mathrm{d}\boldsymbol{r}=\int_{A_0}^{A}fm_1m_2\mathrm{d}\left(\frac{1}{r}\right)=fm_1m_2\left(\frac{1}{r}-\frac{1}{r_0}\right) \tag{12-10}$$

与弹性力的功相似，万有引力做功也只与质点的初始位置和终了位置有关，而与质点的运动路径无关。

4. 摩擦力的功

知识点视频

当两刚体沿接触面有相对滑动时，摩擦力是做功的，其大小等于摩擦力与滑动距离的乘积。一般情况下，摩擦力起着阻碍物体运动的作用，即摩擦力方向与其作用点的运动方向相反，所以摩擦力做负功；但有时候摩擦力对物体起着主动力的作用，即摩擦力方向与其作用点的运动方向相同，做正功；但如果刚体在固定轨道上做无滑动地滚动时，由于刚体与固定轨道接触点为刚体的速度瞬心，因而该点速度为零。同时该点也为摩擦力作用点，故

$$\delta W=\boldsymbol{F}\cdot\mathrm{d}\boldsymbol{r}=\boldsymbol{F}\cdot\boldsymbol{v}\mathrm{d}t=0$$

则刚体沿固定轨道做纯滚动时，其接触点处的摩擦力不做功。

5. 作用于转动刚体上的力的功

设刚体绕固定轴 $z$ 转动，一力 $\boldsymbol{F}$ 作用在刚体上 $A$ 点，如图 12-7 所示。

若力 $\boldsymbol{F}$ 与力作用点 $A$ 处的轨迹切线之间的夹角为 $\theta$，则力 $\boldsymbol{F}$ 在切线上的投影为

$$F_{\mathrm{t}}=F\cos\theta$$

当刚体绕定轴转动时，转角 $\varphi$ 与弧长 $s$ 的关系为

$$\mathrm{d}s=r\mathrm{d}\varphi$$

式中，$r$ 为力作用点 $A$ 到轴的垂直距离。则力 $\boldsymbol{F}$ 的元功为

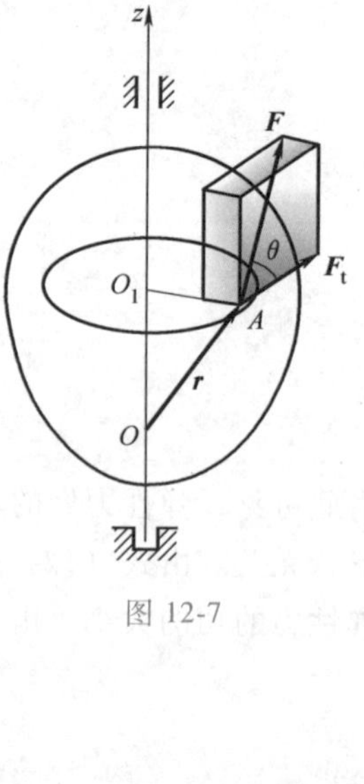

图 12-7

$$\delta W=\boldsymbol{F}\cdot\mathrm{d}\boldsymbol{r}=F_{\mathrm{t}}\mathrm{d}s=F_{\mathrm{t}}r\mathrm{d}\varphi$$

因为 $F_{\mathrm{t}}r=M_z$ 是力 $\boldsymbol{F}$ 对于转轴 $z$ 的矩，则

$$\delta W=M_z\mathrm{d}\varphi \tag{12-11}$$

力 $F$ 在刚体从角 $\varphi_1$ 到 $\varphi_2$ 转动过程中做的功为

$$W=\int_{\varphi_2}^{\varphi_1}M_z\mathrm{d}\varphi \tag{12-12}$$

如果刚体上作用一力偶，则力偶所做的功仍可用式（12-12）计算，其中 $M_z$ 为力偶对转轴 $z$ 的矩，也等于力偶矩矢 $\boldsymbol{M}$ 在 $z$ 轴上的投影。

**6. 平面运动刚体上力系的功**

知识点视频

平面运动刚体上力系的功，等于刚体上所受各力做功的代数和。

平面运动刚体上力系的功，与力系向平面内某点简化所得的力与力偶做功之和是否相等?

分析：平面运动刚体上受有多个力作用，不失一般性，将力系向质心简化。

取刚体的质心 $C$ 为简化中心，当刚体有无限小位移时，任一力 $\boldsymbol{F}_i$ 作用点 $M_i$ 的位移为

$$\mathrm{d}\boldsymbol{r}_i=\mathrm{d}\boldsymbol{r}_C+\mathrm{d}\boldsymbol{r}_{iC}$$

其中 $\mathrm{d}\boldsymbol{r}_C$ 为质心的无限小位移，$\mathrm{d}\boldsymbol{r}_{iC}$ 为点 $M_i$ 绕质心 $C$ 的微小转动位移，如刚体无限小转角为 $\mathrm{d}\varphi$，如图 12-8 所示。力 $\boldsymbol{F}_i$ 在点 $M_i$ 位移上所做的元功为

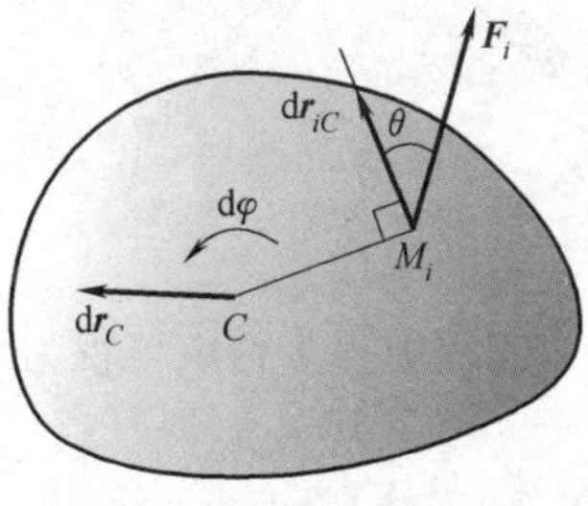

图 12-8

$$\delta W_i=\boldsymbol{F}_i\cdot\mathrm{d}\boldsymbol{r}_i=\boldsymbol{F}_i\cdot\mathrm{d}\boldsymbol{r}_C+\boldsymbol{F}_i\cdot\mathrm{d}\boldsymbol{r}_{iC}$$

又 $$\boldsymbol{F}_i\cdot\mathrm{d}\boldsymbol{r}_{iC}=F_i\cos\theta\cdot M_iC\cdot\mathrm{d}\varphi=M_C(\boldsymbol{F}_i)\mathrm{d}\varphi$$

其中 $\theta$ 为力 $\boldsymbol{F}_i$ 与转动位移 $\mathrm{d}\boldsymbol{r}_{iC}$ 间的夹角，$M_C(\boldsymbol{F}_i)$ 为力 $\boldsymbol{F}_i$ 对质心 $C$ 的矩。

力系全部力所做元功之和为

$$\delta W=\sum\delta W_i=\sum\boldsymbol{F}_i\cdot\mathrm{d}\boldsymbol{r}_C+\sum M_C(\boldsymbol{F}_i)\mathrm{d}\varphi=\boldsymbol{F}'_{\mathrm{R}}\cdot\mathrm{d}\boldsymbol{r}_C+M_C\mathrm{d}\varphi \tag{12-13}$$

式中，$\boldsymbol{F}'_{\mathrm{R}}$为力系主矢；$M_C$ 为力系对质心的主矩。刚体质心 $C$ 由 $C_1$ 移到 $C_2$，同时刚体又由 $\varphi_1$ 转到 $\varphi_2$ 角度时，力系做功为

$$W=\int_{C_1}^{C_2}\boldsymbol{F}'_{\mathrm{R}}\cdot\mathrm{d}\boldsymbol{r}_C+\int_{\varphi_1}^{\varphi_2}M_C\mathrm{d}\varphi \tag{12-14}$$

可见，平面运动刚体上力系的功等于力系向质心简化所得的力和力偶做功之和。这个结论对于做一般运动的刚体同样也适用，简化中心也可以是刚体上任意一点。

**7. 内力做功**

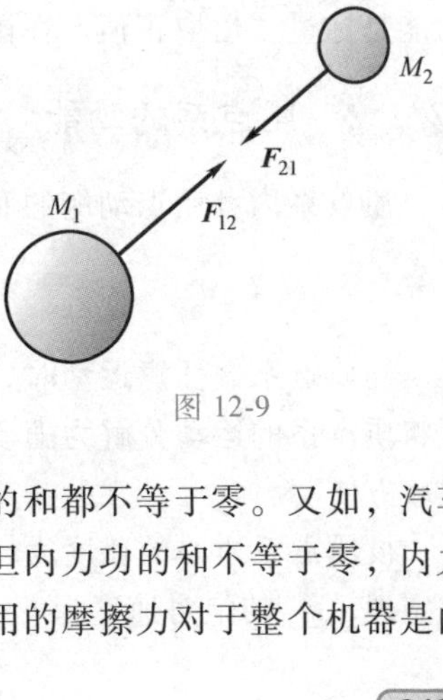

图 12-9

作用于质点系的力既有外力，也有内力，在某些情形下，内力虽然等值而反向，但所做功的和并不等于零。例如，由两个相互吸引的质点 $M_1$ 和 $M_2$ 组成的质点系，两质点相互作用的力 $\boldsymbol{F}_{12}$ 和 $\boldsymbol{F}_{21}$ 是一对内力，如图 12-9 所示。虽然内力的矢量和等于零，但是当两质点相互趋近或离开时，两力所做功的和都不等于零。又如，汽车发动机的气缸内膨胀的气体对活塞和气缸的作用力都是内力，但内力功的和不等于零，内力的功使汽车的动能增加。此外，如机器中轴与轴承之间相互作用的摩擦力对于整个机器是内

力，它们做负功，总和为负。但在刚体内两质点相互作用的力是内力，两力大小相等、方向相反。因为刚体上任意两点的距离保持不变，沿这两点连线的位移必定相等，其中一力做正功，另一力做负功，这一对力所做的功的和等于零。刚体内任一对内力所做的功的和都等于零。于是可以得到结论：**刚体所有内力做功的和等于零。**

**8. 理想约束力做功**

知识点视频

质点系内对于光滑固定面和一端固定的绳索等约束，其约束力都垂直于力作用点的位移，约束力不做功。又如光滑接触、光滑铰支座、固定端、刚化了的柔索约束、二力构件等约束，如图 12-10 所示，显然其约束力也不做功。约束力做功等于零的约束称为理想约束。

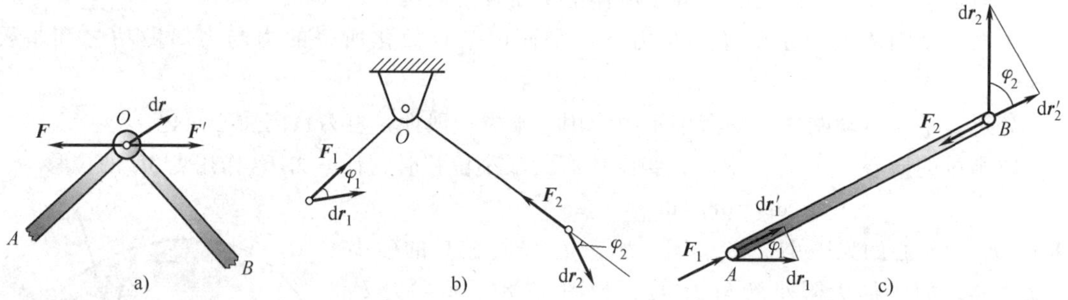


图 12-10

工程中很多约束可视为理想约束，此时未知的约束力并不做功。

## 12.2 动能

动能是从运动的角度描述物体机械能的一种形式，也是物体做功能力的一种度量。

### 12.2.1 质点的动能

设质点的质量为 $m$，某瞬时的速度为$\boldsymbol{v}$，则质点的动能为

$$T=\frac{1}{2}mv^2 \tag{12-15}$$

动能是标量，恒取正值。在国际单位制中动能的单位与功的单位相同，也是 J。

### 12.2.2 质点系的动能

质点系内各质点动能的和称为质点系的动能，即

$$T=\sum\frac{1}{2}m_iv_i^2 \tag{12-16}$$

当质点系做任意运动时，直接利用式（12-15）计算质点系的动能可能较为烦琐。为此，可将质点系的运动分解为随质心的平移和相对于质心的运动，据此来计算质点系的动能往往比较方便。

设质点系质心的速度为$\boldsymbol{v}_C$，质点系内任一点 $m_i$ 相对于质心的速度为$\boldsymbol{v}_{ri}$，则根据速度合成定理，$m_i$ 的绝对速度为

$$\boldsymbol{v}_i=\boldsymbol{v}_C+\boldsymbol{v}_{ri}$$

质点系的动能为

$$T=\sum\frac{1}{2}m_iv_i^2$$

由于
$$v_i^2=\boldsymbol{v}_i\cdot\boldsymbol{v}_i=(\boldsymbol{v}_C+\boldsymbol{v}_{ri})\cdot(\boldsymbol{v}_C+\boldsymbol{v}_{ri})=v_C^2+2\boldsymbol{v}_C\cdot\boldsymbol{v}_{ri}+v_{ri}^2$$
则

$$T=\sum\frac{1}{2}m_iv_i^2=\frac{1}{2}\sum m_iv_C^2+\sum m_i\boldsymbol{v}_C\cdot\boldsymbol{v}_{ri}+\frac{1}{2}\sum m_iv_{ri}^2$$
$$=\frac{1}{2}mv_C^2+\boldsymbol{v}_C\cdot\sum m_i\boldsymbol{v}_{ri}+\frac{1}{2}\sum m_iv_{ri}^2$$

又

$$\sum m_i\boldsymbol{v}_{ri}=\sum m_i\frac{\mathrm{d}\boldsymbol{r}'}{\mathrm{d}t}=\frac{\mathrm{d}\sum m_i\boldsymbol{r}'}{\mathrm{d}t}=\frac{\mathrm{d}(m\boldsymbol{r}'_C)}{\mathrm{d}t}=\boldsymbol{0}$$

式中，$\boldsymbol{r}'$和$\boldsymbol{r}'_C$是点 $m_i$ 和质心相对于固结在质心的动坐标系的位置矢径。所以质点系的动能为

$$T=\frac{1}{2}mv_C^2+\frac{1}{2}\sum m_iv_{ri}^2\tag{12-17}$$

式（12-17）表明质点系的动能等于随同其质心平移的动能与相对其质心运动的动能之和。这一关系称为柯尼希定理。

### 12.2.3　刚体的动能

刚体是工程中常见的质点系，下面分别介绍刚体做平移、定轴转动和平面运动的动能。

知识点视频

#### 1. 平移刚体的动能

刚体做平移时，同一瞬时其上各点的速度都相同，用质心的速度$\boldsymbol{v}_C$ 表示，于是得平移刚体的动能为

$$T=\sum\frac{1}{2}m_iv_i^2=\frac{1}{2}v_C^2\cdot\sum m_i=\frac{1}{2}mv_C^2\tag{12-18}$$

式中，$m=\sum m_i$ 是刚体的质量。即平移刚体的动能，等于刚体的总质量与刚体平移速度的平方乘积的一半。

#### 2. 绕定轴转动刚体的动能

设刚体在某瞬时绕固定轴 $z$ 转动的角速度为 $\omega$，与转轴相距 $r_i$，如图 12-11 所示，其中任一点 $m_i$ 的速度为 $v_i=r_i\omega$。于是绕定轴转动刚体的动能为

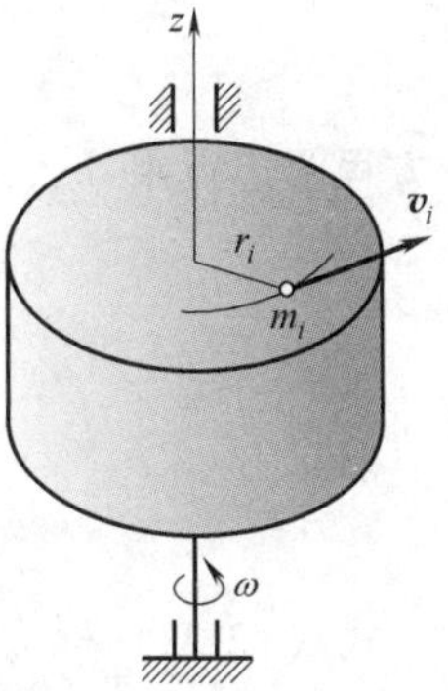

图 12-11

$$T=\sum\frac{1}{2}m_iv_i^2=\sum\left(\frac{1}{2}m_ir_i^2\omega^2\right)=\frac{1}{2}\omega^2\cdot\sum m_ir_i^2=\frac{1}{2}J_z\omega^2\tag{12-19}$$

式中，$J_z=\sum m_ir_i^2$ 是刚体对于转轴 $z$ 的转动惯量。即定轴转动刚体的动能，等于刚体对于转轴 $z$ 的转动惯量与刚体转动角速度的平方乘积的一半。

#### 3. 平面运动刚体的动能

刚体的平面运动可以看作随同质心的平移和绕质心的转动合成，运用柯尼希定理求其动

能可得

$$T=\frac{1}{2}mv_C^2+\frac{1}{2}J_C\omega^2 \tag{12-20}$$

式中，$J_C$ 为对于质心的转动惯量。

如图 12-12 所示，设图形中的点 $I$ 是某瞬时的瞬心，根据转动惯量的平移轴公式 $J_I=J_C+md^2$，于是

$$T=\frac{1}{2}m(d\omega)^2+\frac{1}{2}J_C\omega^2=\frac{1}{2}(J_C+md^2)\omega^2$$

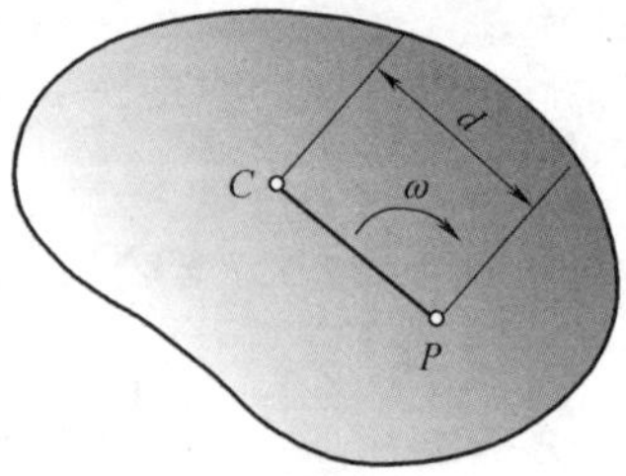


图 12-12

做平面运动的刚体的动能可表示为

$$T=\frac{1}{2}J_I\omega^2 \tag{12-21}$$

式中，$J_P$ 是刚体对于过瞬心且垂直于运动平面的轴的转动惯量。即平面运动刚体的动能，等于刚体随质心平移的动能与绕质心转动的动能之和；或等于刚体绕速度瞬心轴做瞬时转动的动能。

## 12.3 质点系的动能定理

前面讨论了力的功、质点和质点系的动能的计算，现在研究质点系动能的变化与作用力（包括全部外力和内力）所做的功之间的关系，即动能定理。动能定理有微分形式和积分形式两种表达方式。

### 12.3.1 微分形式的动能定理

知识点视频

设质点系内任一质点的质量为 $m_i$，某瞬时速度为$\boldsymbol{v}_i$，取质点运动微分方程的矢量形式

$$m\frac{\mathrm{d}\boldsymbol{v}_i}{\mathrm{d}t}=\boldsymbol{F}_i$$

在方程两边点乘 $\mathrm{d}\boldsymbol{r}_i$，得

$$m\frac{\mathrm{d}\boldsymbol{v}_i}{\mathrm{d}t}\cdot\mathrm{d}\boldsymbol{r}_i=m\boldsymbol{v}_i\cdot\mathrm{d}\boldsymbol{v}_i=\boldsymbol{F}_i\cdot\mathrm{d}\boldsymbol{r}_i$$

或

$$\mathrm{d}\left(\frac{1}{2}m_iv_i^2\right)=\delta W_i \tag{12-22}$$

式（12-22）称为微分形式的质点动能定理，即质点动能的增量等于作用在质点上力的元功。

设质点系有 $n$ 个质点，对于每个质点都可列出一个如上的方程，将 $n$ 个方程相加，得

$$\sum_{i=1}^{n}\mathrm{d}\left(\frac{1}{2}m_iv_i^2\right)=\sum_{i=1}^{n}\delta W_i$$

即

$$\mathrm{d}\left[\sum\left(\frac{1}{2}m_iv_i^2\right)\right]=\sum\delta W_i$$

式中，$\sum \frac{1}{2}m_iv_i^2$ 是质点系的动能，以 $T$ 表示。于是上式可写成

$$dT = \sum \delta W_i \tag{12-23}$$

式（12-23）为微分形式的质点系动能定理：质点系动能的增量，等于作用于质点系上所有力的元功的代数和。

将式（12-23）两边除以 $dt$，又 $\delta W_i = \boldsymbol{F}_i \cdot \boldsymbol{v}_i dt$，可得

$$\frac{dT}{dt} = \sum \boldsymbol{F}_i \cdot \boldsymbol{v}_i = \sum P_i \tag{12-24}$$

式中，$\sum P_i = \sum \boldsymbol{F}_i \cdot \boldsymbol{v}_i$ 为作用在质点系上力的功率。式（12-24）称为功率方程，即质点系动能的变化率等于作用在质点系的所有力的功率的代数和。

### 12.3.2　积分形式的动能定理

对式（12-22）两边积分可得

$$\frac{1}{2}mv_2^2 - \frac{1}{2}mv_1^2 = W \tag{12-25}$$

式（12-25）称为积分形式的质点动能定理：在质点运动的某个过程中，质点动能的改变量等于作用于质点的力做的功。

对式（12-23）两边积分可得

$$T_2 - T_1 = \sum W_i \tag{12-26}$$

式中，$T_1$ 和 $T_2$ 分别是质点系在某一段运动过程的起点和终点的动能。

式（12-26）称为积分形式的质点系动能定理：在某一运动过程中，质点系动能的改变量等于作用于质点系上的所有力在同一运动过程中做功的代数和。

**例 12-1**　在图 12-13a 所示系统中，物块 $M$ 和滑轮 $A$、$B$ 的重量均为 $P$，滑轮可视为均质圆盘，弹簧的刚度系数为 $k$，不计轴承摩擦，绳与轮之间无滑动。当物块 $M$ 离地面为 $h$ 时，系统平衡。若给物块 $M$ 以向下的初速度 $\boldsymbol{v}_0$，使其恰能到达地面，求物块 $M$ 的初速度 $\boldsymbol{v}_0$。

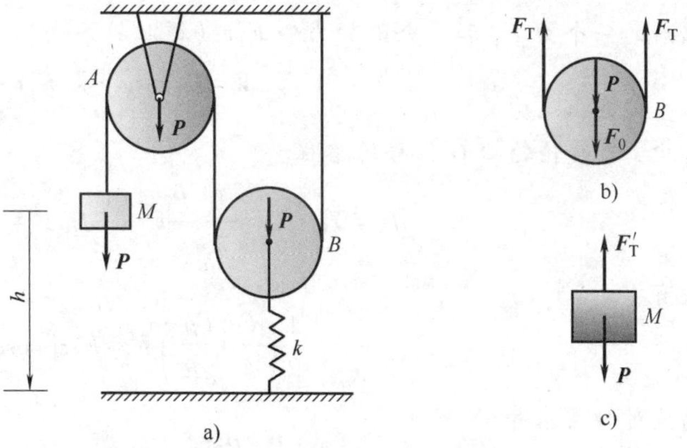

图 12-13

解：对于整体，当系统处于平衡时，弹簧具有静变形 $\delta_{st}$。

选滑轮 $B$ 为研究对象，受力图如图 12-13b 所示，在竖直方向由质心运动定理

$$ma_{Cy} = \sum F_y$$

可得

$$0 = 2F_T - (P + F_0)$$

并由物块 $M$ 的受力分析图 12-13c 可知

$$F'_T = P$$

所以

$$F_0 = P$$

即

$$\delta_{st}=\frac{F_0}{k}=\frac{P}{k}$$

由动能定理

$$T_2-T_1=\sum W_i$$

因不计柔体的弹性，所以系统所有内力功之和为零。而外力则有重物 $M$、轮 $B$ 的重力 $P$ 和弹性力做功。取初瞬时为 $t_1$，物块恰能到达地面时为 $t_2$，则 $T_2=0$，所以

$$0-\left[\frac{P}{2g}v_0^2+\frac{1}{2}\left(\frac{1}{2}\ \frac{P}{g}r_A^2\right)\omega_A^2+\frac{1}{2}\ \frac{P}{g}\left(\frac{v_0}{2}\right)^2+\frac{1}{2}\left(\frac{1}{2}\ \frac{P}{g}r_B^2\right)\cdot\omega_B^2\right]$$
$$=Ph-P\ \frac{h}{2}+\frac{k}{2}\left[\delta_{st}^2-\left(\delta_{st}+\frac{h}{2}\right)^2\right]$$

所以

$$-\left(\frac{P}{2g}v_0^2+\frac{P}{4g}v_0^2+\frac{P}{8g}v_0^2+\frac{P}{16g}v_0^2\right)=P\ \frac{h}{2}+\frac{k}{2}\delta_{st}^2-\frac{k}{2}\left(\delta_{st}^2+\frac{h^2}{4}+\delta_{st}h\right)$$
$$-\frac{15P}{16g}v_0^2=P\ \frac{h}{2}-\frac{k}{8}h^2-\frac{k}{2}\delta_{st}h=-\frac{k}{8}h^2$$
$$v_0=h\sqrt{\frac{2kg}{15P}}$$

**例 12-2** 鼓轮重 $\boldsymbol{P}$，对轮心 $O$ 的回转半径为 $\rho$，在常力 $\boldsymbol{F}_T$ 的拉动下从静止开始做纯滚动，如图 12-14a 所示。求任意时刻轮心 $O$ 的加速度 $a$，并讨论运动方向。

**解：** 选鼓轮为研究对象，受力图如图 12-14b 所示，若用刚体平面运动微分方程求解，将考虑摩擦力 $\boldsymbol{F}_s$ 和法向约束力 $\boldsymbol{F}_N$ 两个未知力，而用动能定理求解，$\boldsymbol{F}_s$ 和 $\boldsymbol{F}_N$ 均不做功。

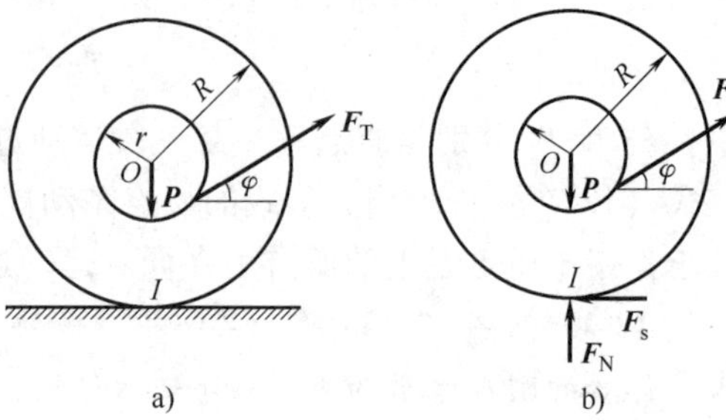


图 12-14

考虑 $\boldsymbol{F}_T$ 做功时，可将 $\boldsymbol{F}_T$ 视为向 $O$ 点平移后的一个力 $\boldsymbol{F}_T$ 和一个附加力偶 $F_Tr$（逆时针方向），因此，主动力的功为

$$W=F_T\cos\varphi\cdot s-F_Tr\ \frac{s}{R}$$

其中 $s$ 为鼓轮轮心 $O$ 位移的路程。

$$T_1=0,\quad T_2=\frac{1}{2}\ \frac{P}{g}v^2+\frac{1}{2}J_O\omega^2=\frac{1}{2}\left(\frac{P}{g}+\frac{P\rho^2}{gR^2}\right)v^2$$

故有

$$\frac{1}{2}\left(\frac{P}{g}+\frac{P\rho^2}{gR^2}\right)v^2=F_Ts\left(\cos\varphi-\frac{r}{R}\right)$$

两边对时间求导得

$$\frac{1}{2}\left(\frac{P}{g}+\frac{P\rho^2}{gR^2}\right)2v\ \frac{dv}{dt}=F_T\left(\cos\varphi-\frac{r}{R}\right)\frac{ds}{dt}$$

因

$$\frac{ds}{dt}=v,\ \frac{dv}{dt}=a$$

故得

$$a=\frac{F_{\mathrm{T}}(\cos\varphi-r/R)}{P/g+P\rho^2/(gR^2)}$$

当 $\cos\varphi>\dfrac{r}{R}$时，$a>0$，轮向右运动；当 $\cos\varphi<\dfrac{r}{R}$时，$a<0$，轮向左运动；当 $\cos\varphi=\dfrac{r}{R}$时，$a=0$，此时 $F_{\mathrm{T}}$ 的作用线过瞬心 $I$ 点，轮不动。

**例 12-3**　匀质杆 $AB$ 长 $l$，质量为 $m_1$，上端 $B$ 靠在光滑墙上，下端铰接于均质轮轮心 $A$，轮 $A$ 的质量为 $m_2$，半径为 $R$，在粗糙的水平面上做纯滚动，如图 12-15 所示。当 $AB$ 杆与水平线的夹角 $\theta=45°$时，该系统由静止开始运动，求此瞬时轮心 $A$ 的加速度。

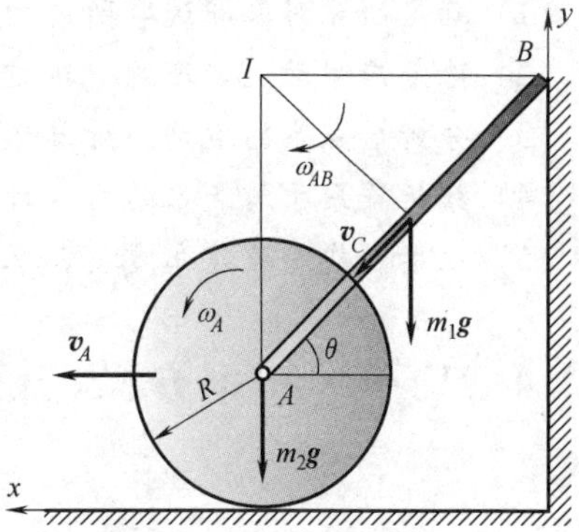


图 12-15

**解**：以整个系统为研究对象，杆与均质轮做平面运动。本题求 $\theta=45°$时系统起动瞬时的加速度，宜用动能定理的微分形式 $\mathrm{d}T=\delta W$ 进行求解。

系统动能

$$T=\frac{1}{2}m_1v_C^2+\frac{1}{2}J_C\omega_{AB}^2+\frac{1}{2}m_2v_A^2+\frac{1}{2}J_A\omega_A^2 \qquad (1)$$

由

$$v_C=\frac{1}{2}\omega_{AB}$$

$$v_A=l\sin\theta\cdot\omega_{AB}$$

得

$$v_C=\frac{v_A}{2\sin\theta},\quad \omega_{AB}=\frac{v_A}{l\sin\theta}$$

又

$$\omega_A=\frac{v_A}{R},\quad J_C=\frac{1}{12}m_1l^2,\quad J_C=\frac{1}{2}m_2R^2$$

代入式（1）得

$$T=\frac{1}{2}\left(\frac{3}{2}m_2+\frac{1}{3}m_1\,\frac{1}{\sin^2\theta}\right)v_A^2 \qquad (2)$$

作用于系统上主动力的元功

$$\delta W=-m_1g\cdot\mathrm{d}y_C \qquad (3)$$

代入动能定理的微分形式得

$$\mathrm{d}\left(\frac{3}{4}m_2v_A^2+\frac{1}{6}m_1v_A^2\,\frac{1}{\sin^2\theta}\right)=-m_1g\cdot\mathrm{d}y_C$$

上式等号两边同除以 $\mathrm{d}t$，并展开得

$$\left(\frac{3}{2}m_2+\frac{1}{3}m_1\,\frac{1}{\sin^2\theta}\right)v_A\,\frac{\mathrm{d}v_A}{\mathrm{d}t}+v_A^2\,\frac{\mathrm{d}}{\mathrm{d}t}\left(\frac{3}{4}m_2+\frac{1}{6}m_1\,\frac{1}{\sin^2\theta}\right)=-m_1g\,\frac{\mathrm{d}y_C}{\mathrm{d}t} \qquad (4)$$

其中

$$\frac{\mathrm{d}y_C}{\mathrm{d}t}=-v_C\cos\theta=-\frac{v_A\cos\theta}{2\sin\theta}$$

代入式（4）并消去 $v_A$，得

$$\left(\frac{3}{2}m_2+\frac{1}{3}m_1\frac{1}{\sin^2\theta}\right)\frac{\mathrm{d}v_A}{\mathrm{d}t}+v_A\cdot\frac{\mathrm{d}}{\mathrm{d}t}\left(\frac{3}{4}m_2+\frac{1}{6}m_1\frac{1}{\sin^2\theta}\right)=m_1g\cdot\frac{1}{2}\cot\theta \tag{5}$$

初瞬时，有 $\theta=45°$，$v_A=0$，代入式（5），得

$$\frac{\mathrm{d}v_A}{\mathrm{d}t}=a_A=\frac{3m_1g}{4m_1+9m_2}$$

综合以上各例，应用动能定理解题的步骤可总结如下：

1）确定研究对象即选取研究的某质点系（或质点）；

2）选定应用动能定理的一段过程；

3）分析质点系的运动，计算选定过程起点和终点的动能；

4）分析作用于质点系的力，计算各力在选定过程中所做的功；

5）应用动能定理建立方程，求解未知量。

## 12.4 功率·功率方程·机械效率

知识点视频

### 12.4.1 功率

为了表明力做功的快慢，必须知道力在一定时间内做的功，通常以单位时间内力所做的功来度量，并称之为功率，以 $P$ 表示。功率是衡量机械性能的一项重要指标。

功率的数学表达式为

$$P=\frac{\delta W}{\mathrm{d}t}$$

由于 $\delta W=\boldsymbol{F}\cdot\mathrm{d}\boldsymbol{r}$，则

$$P=\boldsymbol{F}\cdot\frac{\mathrm{d}\boldsymbol{r}}{\mathrm{d}t}=\boldsymbol{F}\cdot\boldsymbol{v}=F_tv \tag{12-27}$$

式中，$\boldsymbol{v}$ 是力 $\boldsymbol{F}$ 作用点的速度。功率等于切向力与力作用点速度的乘积。每台机床、每部机器能够输出的最大功率是一定的，因此用机床加工时，如果切削力较大，必须选择较小的切削速度。又如汽车上坡时，由于需要较大的驱动力，这时驾驶员须换用低速挡，以求在发动机功率一定的条件下，产生大的驱动力。

作用于转动刚体上的力的功率为

$$P=\frac{\delta W}{\mathrm{d}t}=M_x\frac{\mathrm{d}\varphi}{\mathrm{d}t}=M_x\omega \tag{12-28}$$

式中，$M_x$ 是力对转轴 $x$ 的矩；$\omega$ 是角速度。即：作用于转动刚体上的力的功率等于该力对转轴的矩与角速度的乘积。

在国际单位制中，每秒钟力所做的功等于 1J 时，其功率定为 1W（瓦特）（1W = 1J/s），工程中常用 kW（千瓦）做单位，1000W = 1kW。

### 12.4.2 功率方程

质点系动能定理的微分形式

$$\mathrm{d}T=\sum\delta W_i$$

两端除以 d$t$，得

$$\frac{dT}{dt}=\frac{\sum \delta W_i}{dt}=\sum_{i=1}^{n}\frac{\delta W_i}{dt}=\sum_{i=1}^{n}P_i \tag{12-29}$$

式（12-29）称为功率方程，即质点系动能对时间的一阶导数，等于作用于质点系的所有力的功率的代数和。

功率方程常用来研究机器在工作时能量的变化和转化的问题。任何机械工作时必须输入一定的功，其功率记为 $P_{输入}$，机械做的有用功，其功率记为 $P_{有用}$，同时还要克服机械传动过程中由于摩擦等而消耗的功，其功率记为 $P_{无用}$，而机械运转的动能记为 $T$，则

$$\frac{dT}{dt}=P_{输入}-P_{有用}-P_{无用}$$

当机械处于起动阶段时，要求 $P_{输入}>P_{有用}+P_{无用}$，即要求$\frac{dT}{dt}>0$ 才能保证机械加速运转。反之，当机械处于减速运转阶段时，要求 $P_{输入}<P_{有用}+P_{无用}$，即要求$\frac{dT}{dt}<0$ 才能实现机械减速运转；当处于正常运转阶段时，机械动能保持恒定即$\frac{dT}{dt}=0$，此时 $P_{输入}=P_{有用}+P_{无用}$。

### 12.4.3　机械效率

工程中，要用到有效功率的概念，有效功率等于 $P_{有用}+\frac{dT}{dt}$，机械在稳定运转时的有效功率与输入功率之比称为机器的机械效率，用 $\eta$ 表示，即

$$\eta=\frac{有效功率}{输入功率}\times 100\% \tag{12-30}$$

由式（12-30）可知，机械效率可表明机器对输入功率的有效利用程度，它是评定机器质量好坏的指标之一。显然，一般情况下，$\eta<1$。

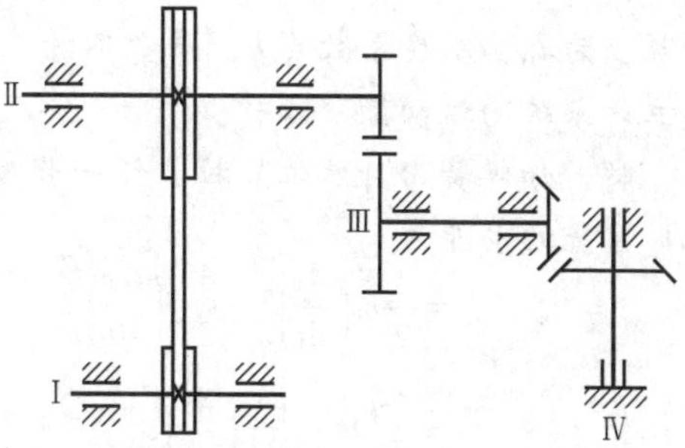


图 12-16

一部机器的传动部分一般由许多零件组成。如图 12-16 所示系统，轴承与轴之间、胶带与轮之间、齿轮与齿轮之间各级传动都因摩擦而消耗功率，各级传动都有各自的效率。设Ⅰ—Ⅱ、Ⅱ—Ⅲ、Ⅲ—Ⅳ各级的效率分别为 $\eta_1$、$\eta_2$、$\eta_3$，则Ⅰ—Ⅳ的总效率为

$$\eta=\eta_1\cdot\eta_2\cdot\eta_3$$

对于有 $n$ 级传动的系统，总效率等于各级效率的连乘积，即

$$\eta=\eta_1\eta_2\cdots\eta_n$$

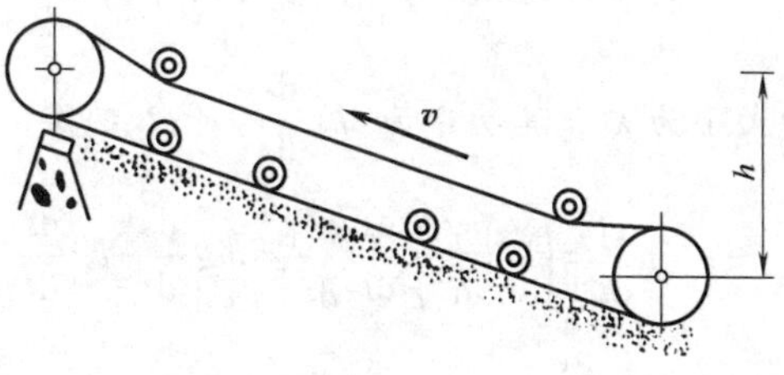


图 12-17

**例 12-4**　胶带运输机如图 12-17 所示，已知胶带的速度 $v=1.26$m/s，运输量 $Q=455$t/h，提升高度 $h=40$m、机械效率 $\eta=68\%$，求运输

机所需的电动机的功率。

**解**：取整段胶带上运输的物料为研究对象，由于速度 $v$ 为常量，故可研究 $\Delta t$s 内动能的变化和功之间的关系。

在 $\Delta t$ 时间内有质量为 $Q\times1000\times\Delta t/3600$ 的物料被提升到高度为 $h=40$m 处，则重力所做的功为

$$W_P=-\left(\frac{Q\times1000}{3600}\times\Delta t\right)gh$$

在 $\Delta t$ 时间内有同样多的物料又补充到胶带上，并且它们的速度由零变为 $v$，因此系统的动能变化量为

$$\Delta T=\frac{1}{2}\left(\frac{Q\times1000}{3600}\times\Delta t\right)v^2$$

设运输机所需的电动机的功率为 $P$，由于机器效率 $\eta=68\%$，故在 $\Delta t$ 时间内所做的有效功为

$$W_{有效}=\eta P\times\Delta t$$

根据动能定理可得

$$\frac{1}{2}\left(\frac{Q\times1000}{3600}\times\Delta t\right)v^2=\eta P\times\Delta t-\left(\frac{Q\times1000}{3600}\times\Delta t\right)gh$$

整理得

$$P=\frac{1}{\eta}\,\frac{1000Q}{3600}\left(\frac{v^2}{2}+gh\right)=73007\text{W}=73.007\text{kW}$$

功率方程给出了动能变化率与功率之间的关系。动能与速度有关，其变化率含有加速度项，因而功率方程也就给出了系统的加速度与作用力之间的关系。由于功率方程中不含理想约束的约束力，因而用功率方程求解系统的加速度、建立系统的运动微分方程是很方便的。下面举例说明。

**例 12-5** 如图 12-18 所示，物块质量为 $m$，用不计质量的细绳跨过滑轮与弹簧相连。弹簧原长为 $l_0$，刚度系数为 $k$，质量不计。滑轮半径为 $R$，转动惯量为 $J$。不计轴承摩擦，试建立此系统的运动微分方程。

**解**：如弹簧由自然位置拉长任一长度 $s$，滑轮转过了角 $\varphi$，物块下降 $s$，显然有 $s=R\varphi$。此时系统的动能为

$$T=\frac{1}{2}m\left(\frac{\mathrm{d}s}{\mathrm{d}t}\right)^2+\frac{1}{2}J\left(\frac{\mathrm{d}\varphi}{\mathrm{d}t}\right)^2$$

$$=\frac{1}{2}\left(m+\frac{J}{R^2}\right)\left(\frac{\mathrm{d}s}{\mathrm{d}t}\right)^2$$

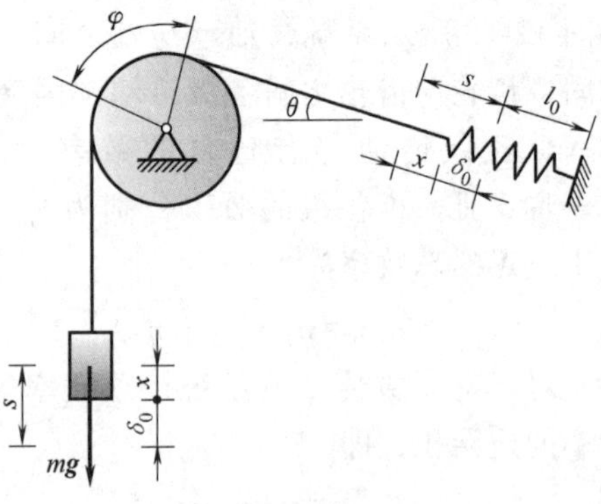


图 12-18

重物下降速度 $v=\frac{\mathrm{d}s}{\mathrm{d}t}$，重力功率为 $mg\frac{\mathrm{d}s}{\mathrm{d}t}$；弹性力大小为 $ks$，其功率为 $-ks\frac{\mathrm{d}s}{\mathrm{d}t}$。代入功率方程，得

$$\frac{\mathrm{d}T}{\mathrm{d}t}=\left(m+\frac{J}{R^2}\right)\frac{\mathrm{d}s}{\mathrm{d}t}\,\frac{\mathrm{d}^2s}{\mathrm{d}t^2}=mg\frac{\mathrm{d}s}{\mathrm{d}t}-ks\frac{\mathrm{d}s}{\mathrm{d}t}$$

两端各消去 $\frac{\mathrm{d}s}{\mathrm{d}t}$，得到对于坐标 $s$ 的运动微分方程

$$\left(m+\frac{J}{R^2}\right)\frac{\mathrm{d}^2 s}{\mathrm{d}t^2}=mg-ks$$

如此系统静止时弹簧伸长量为 $\delta_0$，而 $mg=k\delta_0$。以平衡位置为参考点，物体下降 $x$ 时弹簧伸长量为 $s=\delta_0+x$，代入上式，得

$$\left(m+\frac{J}{R^2}\right)\frac{\mathrm{d}^2 x}{\mathrm{d}t^2}=mg-k\delta_0-kx=-kx$$

移项后，得到对于坐标 $x$ 的运动微分方程

$$\left(m+\frac{J}{R^2}\right)\frac{\mathrm{d}^2 x}{\mathrm{d}t^2}+kx=0$$

这是系统自由振动微分方程的标准形式。由上述计算可见，弹簧倾斜角度 $\theta$ 与系统运动微分方程无关。

## 12.5　势力场·势能·机械能守恒定律

知识点视频

### 12.5.1　势力场

如果存在某一部分空间，当质点进入该部分空间时，就受到一个大小和方向完全由所在位置确定的力作用，则这部分空间称为力场。例如，质点在地球表面附近的任何位置都要受到一个确定的重力作用，我们称地球表面附近的这部分空间为重力场。当质点离地面较远时，质点将受到万有引力的作用，引力的大小和方向也完全取决于质点的位置，所有这部分空间称为万有引力场，等等。

当质点在某力场内运动时，如果作用于质点的力所做的功只与质点的初始位置和终了位置有关，而与质点运动的路径无关，则该力场称为势力场或保守力场。在势力场中，质点受到的力称为有势力或保守力。由前面章节的学习可知重力、弹性力和万有引力做的功都有这个特点，因此它们都是保守力。于是重力场、弹性力场、万有引力场都是势力场。

### 12.5.2　势能

在势力场中，质点从点 $M$ 运动到任选的基准点 $M_0$，有势力所做的功称为质点在点 $M$ 相对于点 $M_0$ 的势能。以 $V$ 表示为

$$V=\int_M^{M_0}\boldsymbol{F}\cdot\mathrm{d}\boldsymbol{r}=\int_M^{M_0}(F_x\mathrm{d}x+F_y\mathrm{d}y+F_z\mathrm{d}z)=-\int_{M_0}^{M}(F_x\mathrm{d}x+F_y\mathrm{d}y+F_z\mathrm{d}z)\qquad(12\text{-}31)$$

通常取基准点 $M_0$ 的势能等于零，我们称它为零势能点或零势能位置。在势力场中，势能的大小总是相对于零势能点而言的。零势能点 $M_0$ 可以任意选取，对于不同的零势能点，在势力场中同一位置的势能会有不同的数值，所以势能是一个相对的概念。

现在计算几种常见的势能。

**1. 重力场中的势能**

在重力场中，以铅垂轴为 $z$ 轴，$z_0$ 处为零势能点。则质量为 $m$ 的质点在 $z$ 坐标处的重力势能为

$$V=\int_{z}^{z_0}(-mg)\mathrm{d}z=mg(z-z_0) \tag{12-32}$$

对于质点系，则有

$$V=mg(z_C-z_{C0}) \tag{12-33}$$

式中，$m$ 为质点系的总质量；$z_C$ 和 $z_{C0}$ 分别为质点系在给定位置和零势能位置时的质心位置坐标。

**2. 弹性力场中的势能**

设弹簧的一端固定，另一端与物体连接，弹簧的刚度系数为 $k$。以变形量 $\delta_0$ 处为零势能点，则变形量为 $\delta$ 的弹簧势能 $V$ 为

$$V=\frac{k}{2}(\delta^2-\delta_0^2) \tag{12-34}$$

如果取弹簧的自然位置为零势能点，则有 $\delta_0=0$，于是得

$$V=\frac{k}{2}\delta^2 \tag{12-35}$$

**3. 万有引力场中的势能**

设质量为 $m_1$ 的质点受质量为 $m_2$ 的物体的万有引力 $\boldsymbol{F}$ 作用，如图 12-19 所示。

取点 $A_0$ 为零势能点，则质点在点 $A$ 的势能为

$$V=\int_A^{A_0}\boldsymbol{F}\cdot\mathrm{d}\boldsymbol{r}=\int_A^{A_0}\left(-\frac{fm_1m_2}{r^2}\boldsymbol{e}_\mathrm{r}\right)\cdot\mathrm{d}\boldsymbol{r}$$

式中，$f$ 为引力常数；$\boldsymbol{e}_\mathrm{r}$ 是质点的矢径方向的单位矢量；由前面章节的学习知 $\boldsymbol{e}_\mathrm{r}\cdot\mathrm{d}\boldsymbol{r}=\mathrm{d}r$，$\mathrm{d}r$ 为矢径 $\boldsymbol{r}$ 长度的增量。设 $\boldsymbol{r}_1$ 是零势能点的矢径，于是有

$$V=\int_r^{r_1}\left(-\frac{fm_1m_2}{r^2}\right)\mathrm{d}r=fm_1m_2\left(\frac{1}{r_1}-\frac{1}{r}\right) \tag{12-36}$$

如果选取的零势能点在无穷远处，即 $r_1=\infty$，于是得

$$V=-\frac{fm_1m_2}{r} \tag{12-37}$$

如质点系受到多个有势力的作用，各有势力可有各自的零势能点。质点系的“零势能位置”是各质点都处于其零势能点的一组位置。质点系从某位置到其“零势能位置”的运动过程中，各有势力做功的代数和称为质点系在该位置的势能。

例如质点系在重力场中，取各质点的 $z$ 坐标为 $z_{10}$，$z_{20}$，…，$z_{n0}$ 为零势能位置；则质点系各质点 $z$ 坐标为 $z_1$，$z_2$，…，$z_n$ 时的势能为

$$V=\sum m_ig(z_i-z_{i0})$$

与质点系重力做功式（12-8）相似，质点系重力势能可写为

$$V=mg(z_C-z_{C0}) \tag{12-38}$$

式中，$m$ 为质点系的总质量；$z_C$ 为质心的 $z$ 坐标；$z_{C0}$ 为零势能位置质心的 $z$ 坐标。

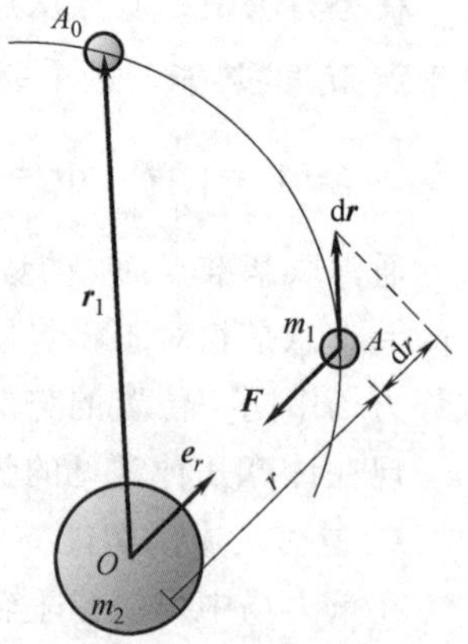

图 12-19

质点系在势力场中运动，有势力做的功可通过势能计算。

设某个有势力的作用点在质点系的运动过程中，从点 $M_1$ 到点 $M_2$，如图 12-20 所示，该力所做的功为 $W_{12}$。若取 $M_0$ 为零势能点，若 $M_1$ 和 $M_2$ 位置的势能分别记为 $V_1$ 和 $V_2$，则

$$W_{12}=V_1-V_2 \tag{12-39}$$

即有势力所做的功等于质点系在运动过程的初始与终了位置的势能的差（推导过程请读者自己证明）。

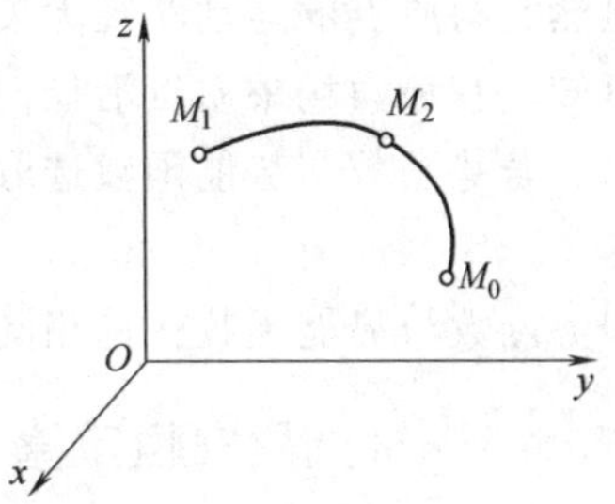

图 12-20

### 12.5.3 势能函数和势函数（或力函数）

由重力场和弹性力场的质点或质点系的势能可以看出，其仅与质点或质心的位置有关，一般情况下，质点或质点系的势能是其坐标的单值连续函数，这个函数称为势能函数，表示为

$$V=V(x,y,z)$$

在势力场中势能相等的 $n$ 个点组成的曲面称为等势面，表示为

$$V=V(x,y,z)=C$$

当 $C=0$ 时的等势面称为零等势面，在该面上的所有点的势能都等于零。

当质点沿一等势面运动时，势力所做的功恒等于零，表明势力的方向恒垂直于等势面。

由式（12-31）两边取微分得

$$\delta W=F_x\mathrm{d}x+F_y\mathrm{d}y+F_z\mathrm{d}z=-\mathrm{d}V \tag{12-40}$$

由于势能函数近似坐标的函数，故

$$\mathrm{d}V=\frac{\partial V}{\partial x}\mathrm{d}x+\frac{\partial V}{\partial y}\mathrm{d}y+\frac{\partial V}{\partial z}\mathrm{d}z$$

则

$$F_x\mathrm{d}x+F_y\mathrm{d}y+F_z\mathrm{d}z=-\frac{\partial V}{\partial x}\mathrm{d}x-\frac{\partial V}{\partial y}\mathrm{d}y-\frac{\partial V}{\partial z}\mathrm{d}z$$

即

$$F_x=-\frac{\partial V}{\partial x},\ F_y=-\frac{\partial V}{\partial y},\ F_z=-\frac{\partial V}{\partial z} \tag{12-41}$$

式（12-41）表明，势力在各轴上的投影等于势能函数对于相应坐标的偏导数的负值。

有时采用另一坐标的单值函数 $U(x,\ y,\ z)$ 来描述势力场的性质，该函数称为势函数（或力函数），它与势能函数的关系为

$$\mathrm{d}U=-\mathrm{d}V=\delta W=F_x\mathrm{d}x+F_y\mathrm{d}y+F_z\mathrm{d}z \tag{12-42}$$

又

$$\mathrm{d}U=\frac{\partial U}{\partial x}\mathrm{d}x+\frac{\partial U}{\partial y}\mathrm{d}y+\frac{\partial U}{\partial z}\mathrm{d}z$$

则

$$F_x=\frac{\partial U}{\partial x},\ F_y=\frac{\partial U}{\partial y},\ F_z=\frac{\partial U}{\partial z} \tag{12-43}$$

将式（12-42）积分得质点在势力场中沿曲线从 $M_1$ 运动到 $M_2$ 有势力做的功为

$$\int_{M_1}^{M_2}F_x\mathrm{d}x+F_y\mathrm{d}y+F_z\mathrm{d}z=W_{12}=U_2-U_1=-(V_2-V_1) \tag{12-44}$$

显然它与质点的运动路径无关，当点 $M_1$ 和 $M_2$ 重合时，运动曲线是封闭的。由式（12-44）可知，在势力场中质点沿任何封闭曲线的功恒等于零。该性质可作为势力场的定义。

若势函数与势能函数选取相同的基点，则

$$U=-V \tag{12-45}$$

即势函数与势能函数在选相同基点时仅有正负号的差别。

### 12.5.4 机械能守恒定律

知识点视频

质点系在某瞬时的动能与势能的代数和称为机械能。设质点系在运动过程的初始和终了瞬时的动能分别为 $T_1$ 和 $T_2$，所受力在这过程中所做的功为 $W_{12}$，根据动能定理有

$$T_2-T_1=W_{12}$$

又

$$W_{12}=V_1-V_2$$

则

$$T_1+V_1=T_2+V_2 \tag{12-46}$$

式（12-46）就是机械能守恒定律的数学表达式，即质点系仅在有势力的作用下运动时，其机械能保持不变。这样的质点系称为保守系统。

如果质点系还受到非保守力的作用，称为非保守系统，非保守系统的机械能是不守恒的。设保守力所做的功为 $W_{12}$，非保守力所做的功为 $W'_{12}$，由动能定理有

$$T_2-T_1=W_{12}+W'_{12}$$

又

$$W_{12}=V_1-V_2$$

则

$$T_2-T_1=V_1-V_2+W'_{12}$$

或

$$(T_2+V_2)-(T_1+V_1)=W'_{12} \tag{12-47}$$

当 $W'_{12}<0$ 时，质点系在运动过程中机械能减小，称为机械能耗散；如果 $W'_{12}>0$，则质点系在运动过程中机械能增加，这时外界对系统输入了能量。

质点系在非保守力作用下，将机械能转化为其他形式（如热能、声能、电能、光能等）的能量，或将其他形式的能量转化为机械能。但从广义的能量关系看，无论什么系统，总能量是不变的。即在质点系的运动过程中，机械能和其他形式的能量之和仍保持不变，这就是能量守恒定律。

**例 12-6** 一质量为 $m$、长为 $l$ 的均质杆 $AB$，$A$ 端铰支，$B$ 端由无重弹簧拉住，并于水平位置平衡，如图 12-21 所示。此时弹簧已有伸长量 $\delta_0$。如弹簧刚度系数为 $k$，求：

（1）重力以杆的水平位置处为零势能位置，弹簧以自然位置 $O$ 为零势能点，杆于微小摆角 $\varphi$ 处时系统的势能；



图 12-21

（2）如取杆的平衡位置为系统的零势能点，杆于微小摆角 $\varphi$ 处时系统的势能。

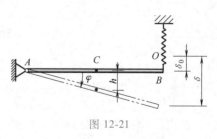

解：由平衡方程 $\sum M_A(\boldsymbol{F})=0$，有

$$k\delta_0 l = mg\frac{l}{2} \quad 或 \quad \delta_0=\frac{mg}{2k}$$

此系统所受重力及弹性力都是有势力。

(1) 如重力以杆的水平位置处为零势能位置，弹簧以自然位置 $O$ 为零势能点，则杆于微小摆角 $\varphi$ 处，重力势能为 $-mg\varphi l/2$，弹性势能为 $\frac{k}{2}(\delta_0+\varphi l)^2$。由 $\delta_0=\frac{mg}{2k}$，总势能为

$$V'=\frac{1}{2}k(\delta_0+\varphi l)^2-mg\frac{\varphi l}{2}=\frac{1}{2}k\varphi^2 l^2+\frac{m^2g^2}{8k}$$

(2) 如取杆的平衡位置为系统的零势能位置，杆于微小摆角 $\varphi$ 处，系统相对于零势能位置的势能应改为

$$V=\frac{1}{2}k(\delta^2-\delta_0^2)-mgh=\frac{1}{2}k(\delta_0^2+2\delta_0\varphi l+\varphi^2 l^2-\delta_0^2)-mg\frac{\varphi l}{2}$$

注意到 $\delta_0=\frac{mg}{2k}$，可得

$$V=\frac{1}{2}k\varphi^2 l^2$$

可见，对于不同的零势能位置，系统的势能是不相同的。对于常见的重力-弹力系统，以其平衡位置为零势能点，往往更简便。

**例 12-7**　如图 12-22 所示的鼓轮 $D$ 匀速转动，使绕在轮上钢索下端的重物以 $v=0.5\text{m/s}$ 匀速下降，重物质量为 $m=250\text{kg}$。设当鼓轮突然被卡住时，钢索的刚度系数 $k=3.35\times10^6\text{N/m}$。求此后钢索的最大张力。

解：鼓轮匀速转动时，重物处于平衡状态，临卡住的前一瞬时钢索的伸长量 $\delta_{st}=\frac{mg}{k}$，钢索的张力 $F=k\delta_{st}=mg=2.45\text{kN}$。

当鼓轮被卡住后，由于惯性，重物仍继续下降，钢索继续伸长，钢索的弹性力逐渐增大，重物的速度逐渐减小。当速度等于零时，弹性力达到最大值。

因重物只受重力和弹性力的作用，因此系统的机械能守恒。取重物平衡位置Ⅰ为重力和弹性力的零势能点，在Ⅱ位置处张力最大。则在Ⅰ、Ⅱ两位置系统的势能分别为

$$V_1=0$$

$$V_2=\frac{k}{2}(\delta_{max}^2-\delta_{st}^2)-mg(\delta_{max}-\delta_{st})$$

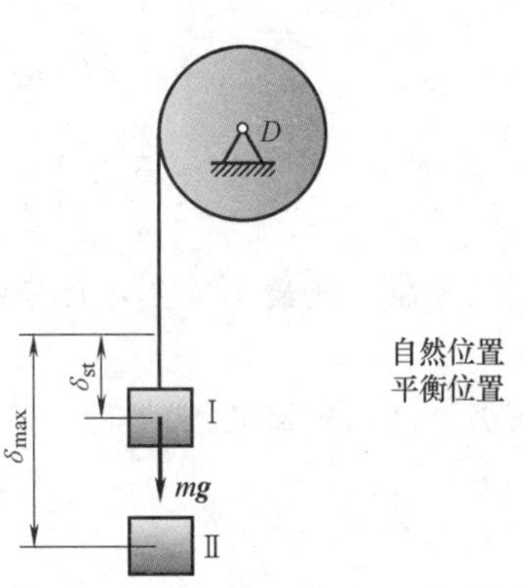


图 12-22

因 $T_1=\frac{1}{2}mv^2$，$T_2=0$，由机械能守恒定律有

$$\frac{1}{2}mv^2+0=0+\frac{k}{2}(\delta_{max}^2-\delta_{st}^2)-mg(\delta_{max}-\delta_{st})$$

注意到 $k\delta_{st}=mg$，上式可改写为

$$\delta_{\max}^2-2\delta_{st}\delta_{\max}+\left(\delta_{st}^2-\frac{v^2}{g}\delta_{st}\right)=0$$

解得

$$\delta_{\max}=\delta_{st}\left(1\pm\sqrt{\frac{v^2}{g\delta_{st}}}\right)$$

因 $\delta_{\max}$ 应大于 $\delta_{st}$，因此上式应取正号。

钢索的最大张力为

$$F_{\max}=k\delta_{\max}=k\delta_{st}\left(1+\sqrt{\frac{v^2}{g\delta_{st}}}\right)=mg\left(1+\frac{v}{g}\sqrt{\frac{k}{m}}\right)$$

代入数据，求得

$$F_{\max}=\left[2.45\times10^3\times\left(1+\frac{0.5}{9.8}\sqrt{\frac{3.35\times10^6}{250}}\right)\right]\text{N}=16.6\text{kN}$$

由此可见，当鼓轮被突然卡住后，钢索的张力增大了5.8倍。

请读者考虑，是否可取平衡位置为重力场的零势能点，而取弹簧自然位置为弹性力场的零势能点，计算结果是否相同？

例 12-8　重为 $\boldsymbol{P}$、半径为 $r$ 的圆柱体在一个半径为 $R$ 的大圆槽内做纯滚动，如不计滚动摩擦力偶，求圆柱在平衡位置附近做摆动的方程。

解：圆柱体的受力如图 12-23 所示，在这些力中，虽然摩擦力 $\boldsymbol{F}_s$ 属于非保守力，但由于 $\boldsymbol{F}_s$ 不做功（$\boldsymbol{F}_N$ 也不做功），仍可考虑运用机械能守恒定律。

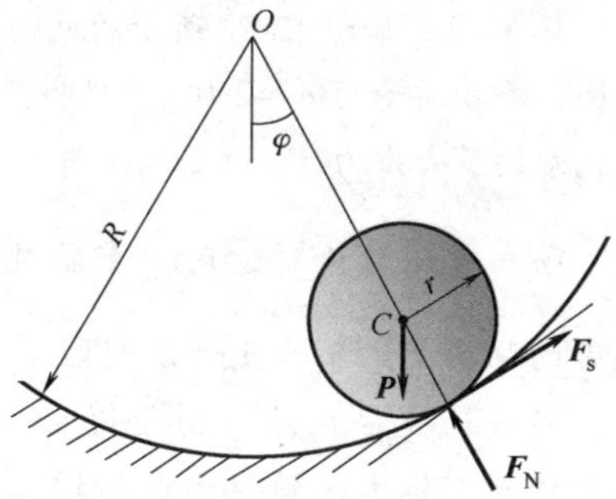


图 12-23

取自平衡位置起的任意角度 $\varphi$ 为系统的一般位置。圆柱体做平面运动，其动能为

$$\begin{aligned}T&=\frac{1}{2}\frac{P}{g}v_C^2+\frac{1}{2}J_C\omega^2\\&=\frac{P}{2g}(R-r)^2\dot{\varphi}^2+\frac{1}{2}\frac{P}{2g}r^2\frac{(R-r)^2\dot{\varphi}^2}{r^2}\\&=\frac{3}{4}\frac{P}{g}(R-r)^2\dot{\varphi}^2\end{aligned}$$

势能：选最低位置处的势能为势能的零位置，则有

$$V=Pz_C=P(R-r)(1-\cos\varphi)$$

根据机械能守恒定律，有

$$\frac{3}{4}\frac{P}{g}(R-r)^2\dot{\varphi}^2+P(R-r)(1-\cos\varphi)=C$$

两边对时间求导得

$$\frac{3P}{4g}(R-r)^2 2\dot{\varphi}\ddot{\varphi}+P(R-r)\sin\varphi\dot{\varphi}=0$$

$$\ddot{\varphi}+\frac{2g}{3(R-r)}\sin\varphi=0$$

小摆动时，可令 $\sin\varphi\approx\varphi$，于是得

$$\ddot{\varphi}+\frac{2g}{3(R-r)}\varphi=0$$

由以上各例可见，应用机械能守恒定律解题的步骤如下：

1）选取某质点或质点系为研究对象，分析研究对象所受的力，所有做功的力都应为有势力；

2）确定运动过程的始、末位置；

3）确定零势能位置，分别计算两位置的动能和势能；

4）应用机械能守恒定律求解未知量。

## 12.6　普遍定理的综合应用举例

知识点视频

质点和质点系的普遍定理包括动量定理、动量矩定理和动能定理。这些定理可分为两类：动量定理和动量矩定理属于一类，动能定理属于另一类。前者是矢量形式，后者是标量形式；两者都用于研究机械运动，而后者还可用于研究机械运动与其他运动形式有能量转化的问题。

动力学的普遍定理是求解动力学问题的有效手段。但各定理都有其自身的侧重面，应用过程中应视求解量灵活运用。动量定理侧重于运动量和外力系主矢的关系；动量矩定理侧重于运动量和外力系主矩的关系，动能定理则侧重于运动量和力系。

基本定理提供了解决动力学问题的一般方法，有些问题可以应用不同的定理来求解，但求解的难易程度却不同；而在求解比较复杂的问题时，往往需要根据各定理的特点，需要同时应用几个定理才能求解全部未知量，究竟如何合理而又有效地综合应用这些定理来解决实际问题，没有固定不变的规则，只有对各定理有比较透彻的理解，熟悉其特点才能在求解中选择合适的定理。

**例 12-9**　建立例 11-10 中圆轮质心的运动微分方程。

**解**：在例 11-10 中，应用刚体的平面运动微分方程建立了圆轮质心的运动微分方程。现在运用功率方程建立该方程。

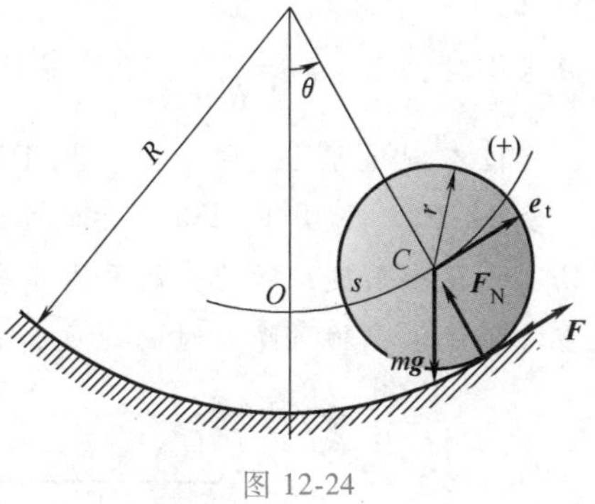

图 12-24

均质圆轮做平面运动，如图 12-24 所示，动能为

$$T=\frac{1}{2}mv_C^2+\frac{1}{2}J_C\omega^2=\frac{3}{4}mv_C^2$$

轮与地面接触点为瞬心，接触点的约束力不做功。重力的功率为

$$\begin{aligned}P&=m\boldsymbol{g}\cdot\boldsymbol{v}=m\boldsymbol{g}\cdot\left(\frac{\mathrm{d}s}{\mathrm{d}t}\boldsymbol{e}_\mathrm{t}\right)\\&=m\frac{\mathrm{d}s}{\mathrm{d}t}\boldsymbol{g}\cdot\boldsymbol{e}_\mathrm{t}=m\frac{\mathrm{d}s}{\mathrm{d}t}(-g\sin\theta)=-mg\sin\theta\frac{\mathrm{d}s}{\mathrm{d}t}\end{aligned}$$

应用功率方程：

$$\frac{\mathrm{d}T}{\mathrm{d}t}=P$$

得

$$\frac{3}{4}m\cdot 2v_C\frac{\mathrm{d}v_C}{\mathrm{d}t}=-mg\sin\theta\frac{\mathrm{d}s}{\mathrm{d}t}$$

因$\frac{\mathrm{d}v_C}{\mathrm{d}t}=\frac{\mathrm{d}^2s}{\mathrm{d}t^2}$，$\frac{\mathrm{d}s}{\mathrm{d}t}=v_C$，$\theta=\frac{s}{R-r}$，当 $\theta$ 很小时 $\sin\theta\approx\theta$，于是得质心 $C$ 的运动微分方程为

$$\frac{\mathrm{d}^2s}{\mathrm{d}t^2}+\frac{2g}{3(R-r)}s=0$$

此系统的机械能守恒，也可通过机械能守恒建立质心的运动微分方程。

取质心的最低位置 $O$ 为重力场零势能点，圆轮在任一位置的势能为

$$V=mg(R-r)(1-\cos\theta)$$

同一瞬时的动能为

$$T=\frac{3}{4}mv_C^2$$

由机械能守恒，有

$$\frac{\mathrm{d}}{\mathrm{d}t}(V+T)=0$$

把 $V$ 和 $T$ 的表达式代入，取导数后得

$$mg(R-r)\sin\theta\frac{\mathrm{d}\theta}{\mathrm{d}t}+\frac{3}{2}mv_C\frac{\mathrm{d}v_C}{\mathrm{d}t}=0$$

因$\frac{\mathrm{d}\theta}{\mathrm{d}t}=\frac{v_C}{R-r}$，$\frac{\mathrm{d}v_C}{\mathrm{d}t}=\frac{\mathrm{d}^2s}{\mathrm{d}t^2}$，于是得

$$\frac{\mathrm{d}^2s}{\mathrm{d}t^2}+\frac{2}{3}g\sin\theta=0$$

当 $\theta$ 很小时，$\sin\theta\approx\theta=\frac{s}{R-r}$，于是得同样的质心运动微分方程。

通过本例题可见，同一个问题可用不同的理论求解，结果是相同的。

**例 12-10**　如图 12-25a 所示的系统中，物块及两均质轮的质量皆为 $m$，轮半径皆为 $R$。滚轮上缘绕一刚度系数为 $k$ 的无重水平弹簧，轮与地面间无滑动。现于弹簧的原长处自由释放重物，试求重物下降 $h$ 时的速度、加速度以及滚轮与地面间的摩擦力。

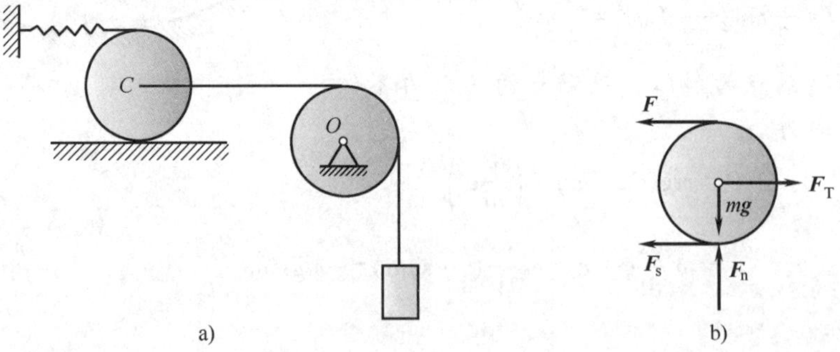


图 12-25

解：为求重物下降 $h$ 时的速度和加速度，可用动能定理。系统初始动能为零，当物块有速度 $\boldsymbol{v}$ 时，两轮的角速度皆为 $\omega=v/R$，系统动能为

$$T=\frac{1}{2}mv^2+\frac{1}{2}\cdot\frac{1}{2}mR^2\omega^2+\frac{1}{2}\left(mv^2+\frac{1}{2}mR^2\omega^2\right)=\frac{3}{2}mv^2$$

重物下降 $h$ 时弹簧拉长 $2h$，重力和弹簧力做功和为

$$W=mgh-\frac{1}{2}k(2h)^2=mgh-2kh^2$$

由动能定理，得
$$\frac{3}{2}mv^2-0=mgh-2kh^2 \tag{1}$$

求得重物的速度为

$$v=\sqrt{\frac{2(mg-2kh)h}{3m}}$$

为求重物加速度，可用动能定理的微分形式，式（1）已给出速度 $v$ 与下降距离 $h$ 之间的函数关系，式（1）两端对时间求一次导数，得

$$3mv\frac{\mathrm{d}v}{\mathrm{d}t}=(mg-4kh)\frac{\mathrm{d}h}{\mathrm{d}t}$$

从而求得重物加速度
$$a=\frac{g}{3}-\frac{4kh}{3m}$$

为求地面摩擦力，可取滚轮为研究对象，如图 12-25b 所示，其中弹性力 $F=2kh$。应用对质心 $C$ 的动量矩定理，即

$$\frac{\mathrm{d}}{\mathrm{d}t}\left(\frac{1}{2}mR^2\cdot\frac{v}{R}\right)=(F_s-F)R \tag{2}$$

求得地面摩擦力
$$F_s=F+\frac{1}{2}ma \tag{3}$$

把 $F$ 和 $a$ 的值代入，得地面摩擦力

$$F_s=\frac{mg}{6}+\frac{4}{3}kh$$

**例 12-11**　三角柱体 $ABC$ 的质量为 $M$，放置于光滑水平面上。质量为 $m$ 的均质圆柱体沿斜面 $AB$ 向下滚动而不滑动，如图 12-26 所示。若斜面倾角为 $\theta$，求三角柱体的加速度。

解：受力分析如图 12-26 所示。

设圆柱体质心 $O$ 相对三角柱体的速度为 $\boldsymbol{u}$，三角柱体向左滑动的速度为 $\boldsymbol{v}$，并设系统开始时静止，根据动量守恒定理，有

$$P_x=-Mv+m(u\cos\theta-v)=0$$

得

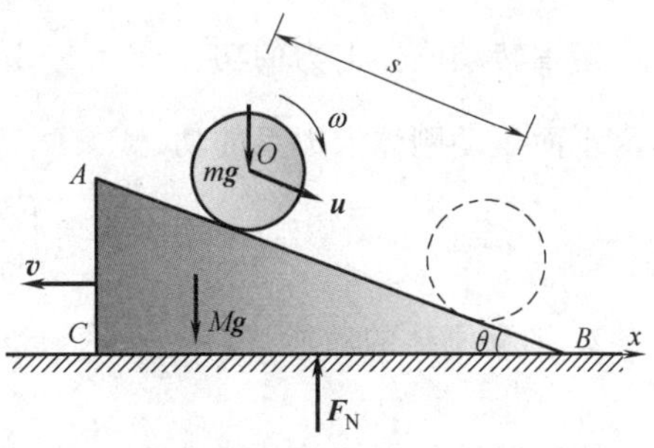


图 12-26

$$u=\frac{M+m}{m\cos\theta}v \tag{1}$$

系统的动能
$$T_1=0$$

$$T_2=\frac{1}{2}Mv^2+\frac{1}{2}m(v^2+u^2-2vu\cos\theta)+\frac{1}{2}J_O\omega^2$$

其中 $J_O=\frac{1}{2}mr^2$，$\omega=\frac{u}{r}$，代入上式，得

$$T_2=\frac{1}{2}Mv^2+\frac{1}{2}m(v^2+u^2-2vu\cos\theta)+\frac{1}{4}mu^2$$

在运动过程中，作用于系统的力只有重力 $m\boldsymbol{g}$ 做功，故

$$W=mgs\sin\theta$$

由动能定理，得

$$\frac{1}{2}Mv^2+\frac{1}{2}m(v^2+u^2-2vu\cos\theta)+\frac{1}{4}mu^2=mgs\sin\theta \tag{2}$$

将式（1）代入式（2），得

$$\frac{M+m}{4m\cos^2\theta}[3(M+m)-2m\cos^2\theta]v^2=mgs\sin\theta$$

将上式两边对时间 $t$ 求导，并注意到 $\frac{\mathrm{d}v}{\mathrm{d}t}=a$，$\frac{\mathrm{d}s}{\mathrm{d}t}=u=\frac{M+m}{m\cos\theta}v$

可得三角柱体的加速度

$$a=\frac{mg\sin2\theta}{3M+m+2m\sin^2\theta}$$

## 小　　结

1. 力的功是力对物体作用的积累效应的度量。

重力的功　$W_{12}=mg(z_1-z_2)$

弹性力的功　$W=\frac{k}{2}(\delta_1^2-\delta_2^2)$

定轴转动刚体上力的功　$W=\int_{\varphi_1}^{\varphi_2}M_z\mathrm{d}\varphi$

平面运动刚体上力系的功

$$W=\int_{C_1}^{C_2}\boldsymbol{F}_{\mathrm{R}}'\cdot\mathrm{d}\boldsymbol{r}_C+\int_{\varphi_1}^{\varphi_2}M_C\mathrm{d}\varphi$$

2. 平移刚体的动能　$T=\frac{1}{2}mv_C^2$

绕定轴转动刚体的动能　$T=\frac{1}{2}J_z\omega^2$

平面运动刚体的动能　$T=\frac{1}{2}mv_C^2+\frac{1}{2}J_C\omega^2$

3. 动能定理

微分形式　$\mathrm{d}T=\sum\delta W_i$

积分形式　$T_2-T_1=\sum W_{12}$

理想约束条件下，只计算主动力的功，有时内力做功之和不为零。

4. 有势力的功只与物体运动的起点和终点的位置有关，而与物体内各点轨迹的形状无关。

5. 物体在势力场中某位置的势能等于有势力从该位置到一任选的零势能位置所做的功。

重力场中的势能　$V=mg(z-z_0)$

弹性力场中的势能　$V=\dfrac{k}{2}(\delta^2-\delta_0^2)$

若以自然位置为零势能点，则　$V=\dfrac{k}{2}\delta^2$

万有引力场中的势能　$V=fm_1m_2\left(\dfrac{1}{r_1}-\dfrac{1}{r}\right)$

若以无限远处为零势能点，则　$V=-fm_1m_2\dfrac{1}{r}$

6. 有势力的功可通过势能的差来计算

$$W_{12}=V_1-V_2$$

7. 机械能=动能+势能=$T+V$

机械能守恒定律：如质点或质点系只在有势力作用下运动，则机械能保持不变，即

$$T+V=\text{常值}$$

## 思　考　题

思考题 12-2

12-1　摩擦力可能做正功吗？举例说明。

12-2　一人站在塔顶上，以大小相同的初速度$\boldsymbol{v}$分别沿水平、铅直向上、铅直向下抛出小球，当这些小球落到地面时，其速度的大小是否相等？(不计空气阻力)

12-3　均质圆轮无初速地沿斜面做纯滚动，轮心降落同样高度而到达水平面，如思考题 12-3 图所示。忽略滚动摩阻和空气阻力，问到达水平面时，轮心的速度$\boldsymbol{v}$与圆轮半径大小是否有关？当轮半径趋于零时，与质点滑下结果是否一致？轮半径趋于零，还能只滚不滑吗？

12-4　长为$l$的软绳和刚杆下端各悬一小球，分别给予初速度$\boldsymbol{v}_{01}$和$\boldsymbol{v}_{02}$，如果要是小球能沿思考题 12-4 图中的虚线所示的圆周运动，问两处速度最小为多少？两者的大小是否相等？为什么？不计软绳和刚杆的自重。

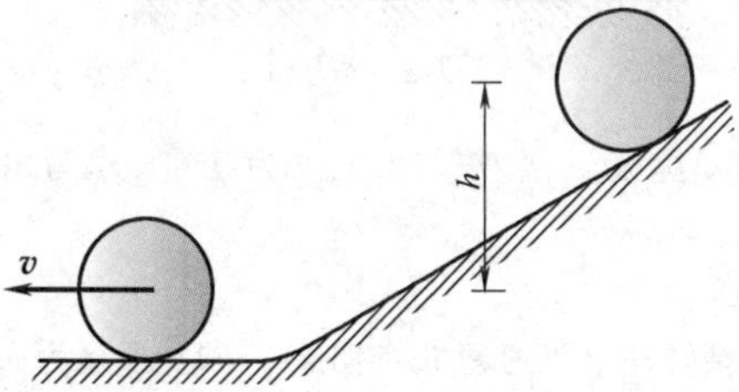

思考题 12-3 图

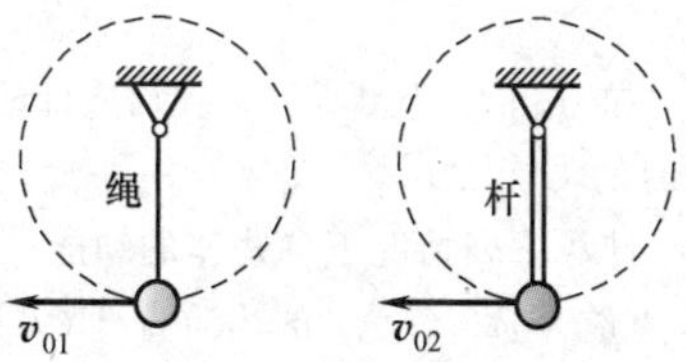

思考题 12-4 图

12-5　运动员起跑时，什么力使运动员的质心加速运动？什么力使运动员的动能增加？产生加速度的

力一定做功吗？

12-6　两个均质圆盘，质量相同，半径不同，静止平放于光滑水平面上。如在此二盘上同时作用有相同的力偶，在下述情况下比较二圆盘的动量、动量矩和动能的大小。

（1）经过同样的时间间隔。

（2）转过同样的角度。

12-7　甲、乙两人重量相同，沿绕过无重滑轮的细绳，由静止起同时向上爬升，如思考题 12-7 图所示。如甲比乙更努力上爬，问：

（1）谁先到达上端？

（2）谁的动能大？

（3）谁做的功多？

（4）如何对甲、乙两人分别应用动能定理？

思考题 12-7

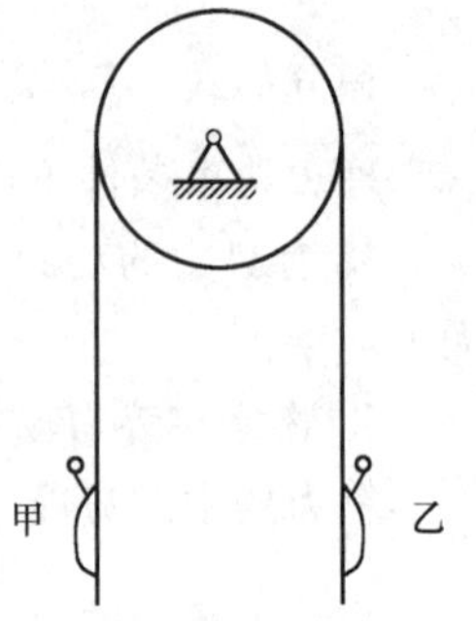


思考题 12-7 图

## 习　　题

12-1　弹簧的刚度系数为 $k$，其一端固连于铅垂平面内的圆环顶点 $O$，另一端与可沿圆环滑动的小套环 $A$ 相连如习题 12-1 图所示。设小套环重 $G$，弹簧的原长等于圆环的半径 $r$。在小环由 $A_1$ 到 $A_2$ 和由 $A_2$ 到 $A_3$ 的过程中，试分别计算重量和弹性力的功。

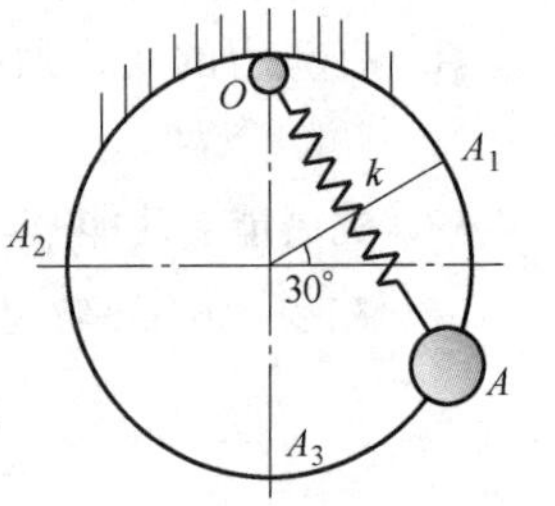


习题 12-1 图

12-2　如习题 12-2 图所示，用跨过滑轮的绳子牵引质量为 2kg 的滑块 $A$ 沿倾角为 30°的光滑斜槽运动，设绳子拉力 $F=20\text{N}$，计算滑块由位置 $A$ 至位置 $B$ 时，重力与拉力 $\boldsymbol{F}$ 所做的总功。

12-3　车身的质量为 $m_1$，支撑在两对相同的车轮上，每对车轮的质量为 $m_2$，可视为半径为 $r$ 的均质圆盘。已知车的速度 $\boldsymbol{v}$，车轮沿水平面做纯滚动，如习题 12-3 图所示。求整个系统的动能。

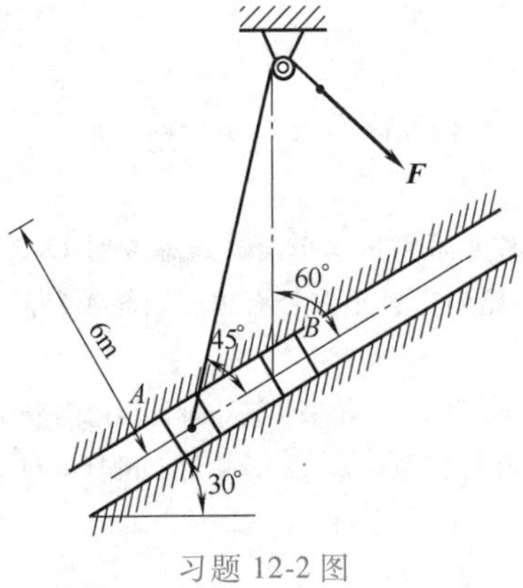


习题 12-2 图

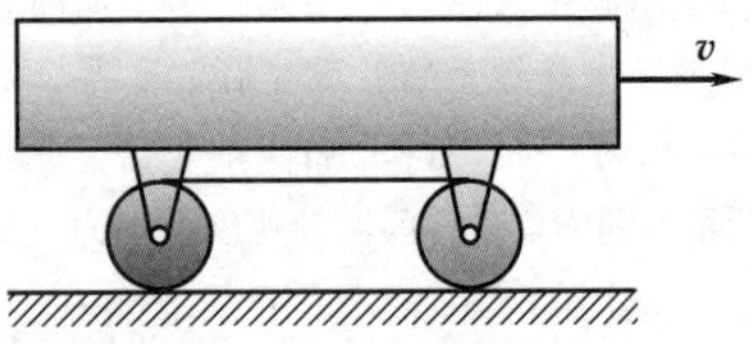


习题 12-3 图

12-4　如习题 12-4 图所示，各均质杆的质量为 $m$，且以角速度 $\omega$ 绕 $O$ 轴转动，$l$ 为已知。试写出各杆在图示瞬时的动能。

12-5　计算下列情况下各物体的动能：

（1）质量为 $m$，长为 $l$ 的均质直杆 $OB$ 以角速度 $\omega$ 绕 $O$ 轴转动（见习题 12-5 图 a）；（2）质量为 $m$，半径为 $r$ 的圆盘以角速度 $\omega$ 绕 $O$ 轴转动，其对质心 $C$ 的转动惯量为 $J_C$（见习题 12-5 图 b）；（3）质量为 $m$，半径为 $r$ 的均质圆轮在水平面上做纯滚动，质心 $C$ 的速度为 $\boldsymbol{v}$（见习题 12-5 图 c）；（4）质量为 $m$，长为 $l$ 的均质直杆 $OA$ 以角速度 $\omega$ 绕 $O$ 轴转动，杆与铅垂线的夹角为 $\theta$，其中 $\theta$ 为常数（见习题 12-5 图 d）。

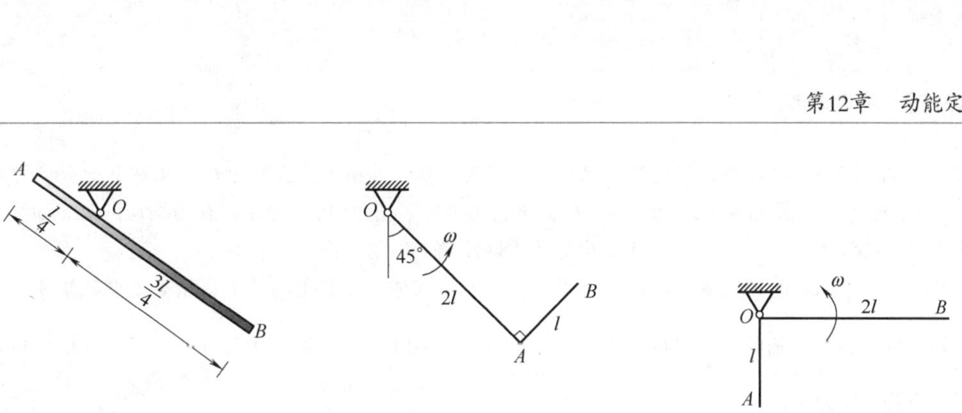


a)　　b)　　c)

习题 12-4 图

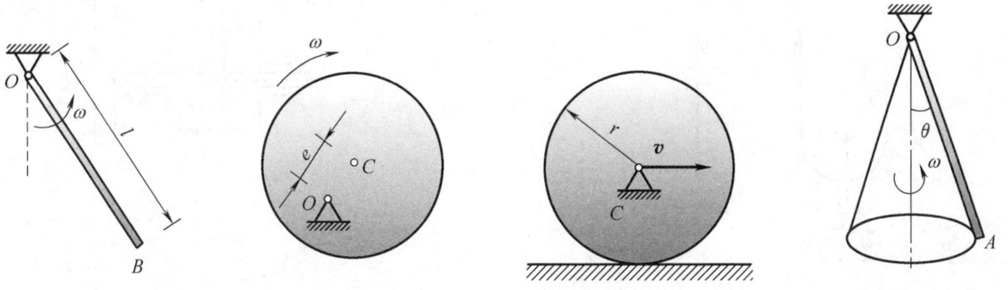


a)　　b)　　c)　　d)

习题 12-5 图

12-6　一个重为 1N 的小球 $C$，用橡皮弹弓水平弹出如习题 12-6 图所示。已知 $a=6\text{cm}$，$b=4\text{cm}$，橡皮原长 $l_0=5\text{cm}$，在图示平衡位置时，拉力 $F=2\text{N}$。试求小球被弹离时的速度。

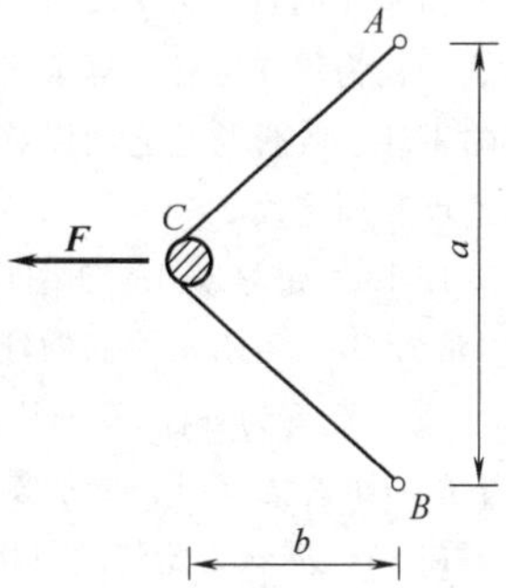


习题 12-6 图

12-7　质量为 5kg 的滑块可沿铅垂导杆滑动，同时系在绕过滑轮的绳的一端。绳的另一端施力 $F=300\text{N}$，使滑块由习题 12-7 图所示位置自静止开始运动。不计滑轮尺寸，求下列两种情况下滑块到 $B$ 点时的速度：

（1）不计导杆摩擦；

（2）滑块与导杆间的动摩擦系数 $f=0.10$。

12-8　平面机构由两均质杆 $AB$、$BO$ 组成，两杆的重量均为 $P$，长度均为 $L$，在铅垂平面内运动。在杆 $AB$ 上作用一不变的力偶矩 $M$，从习题 12-8 图所示位置由静止开始运动，不计摩擦。求当杆端 $A$ 即将碰到铰支座 $O$ 时杆端 $A$ 的速度。

12-9　如习题 12-9 图所示，滑轮重 $\boldsymbol{G}$，半径为 $R$，对转轴 $O$ 的回转半径为 $\rho$，一绳绕在滑轮上，绳的另一端系一重为 $P$ 的物体 $A$，滑轮上作用一不变转矩 $M$，使系统由静止而运动；不计绳的质量，求重物上升距离为 $s$ 时的速度及加速度。

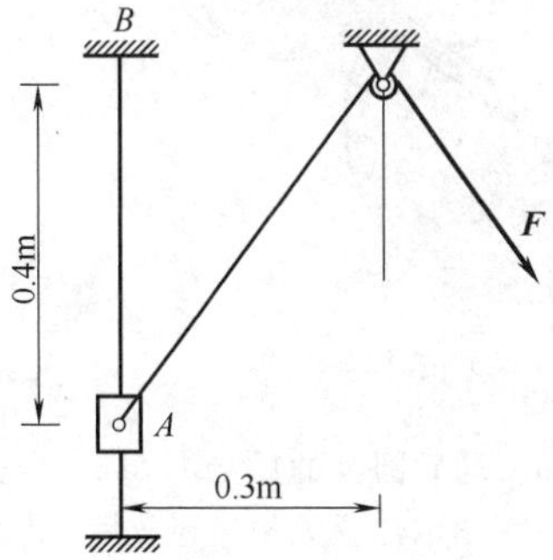


习题 12-7 图

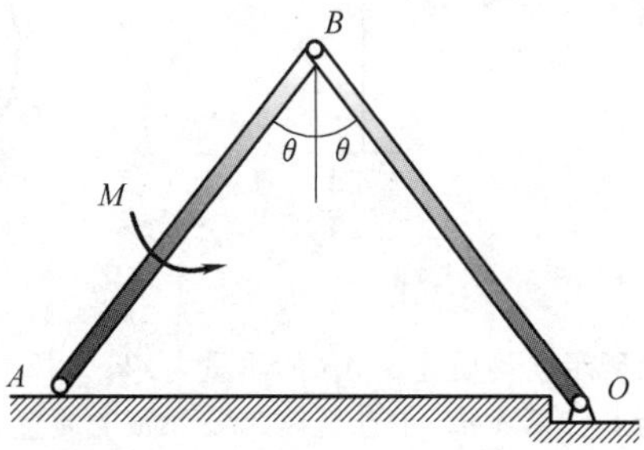


习题 12-8 图

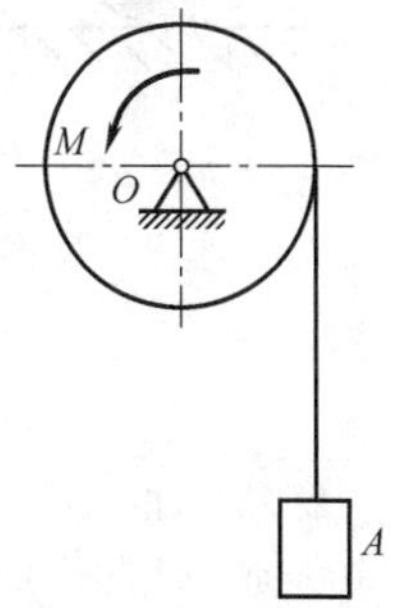


习题 12-9 图

12-10　在习题12-10图所示滑轮组中悬挂两个重物，其中重物Ⅰ的重量为$P_1$，重物Ⅱ的重量为$P_2$。定滑轮$O_1$的半径为$R_1$，重量为$P_3$；动滑轮$O_2$的半径为$R_2$，重量为$P_4$。两轮都视为均质圆盘。如绳重和摩擦略去不计，并设$P_2>2P_1-P_4$。求重物Ⅱ由静止下降距离$h$时的速度。

12-11　如习题12-11图所示，电动绞车提升一重$\boldsymbol{P}$的物体，在其主动轴上作用有不变转矩$M$，主动轴和从动轴部件对各自转轴的转动惯量分别为$J_1$和$J_2$。传动比$\frac{z_2}{z_1}=k$，鼓轮半径为$R$。不计轴承摩擦及吊索质量，求重物的加速度。

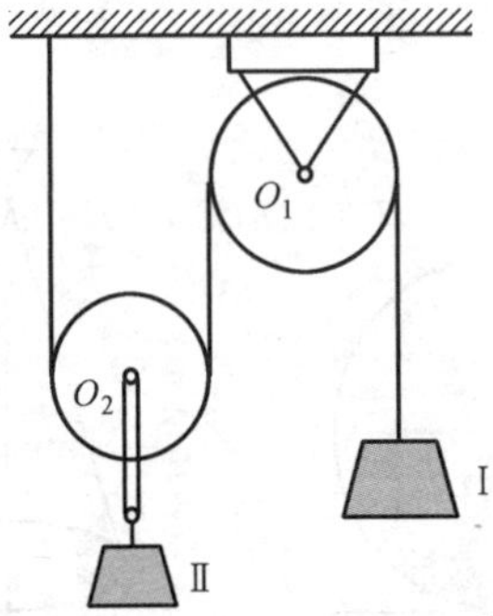

习题12-10图

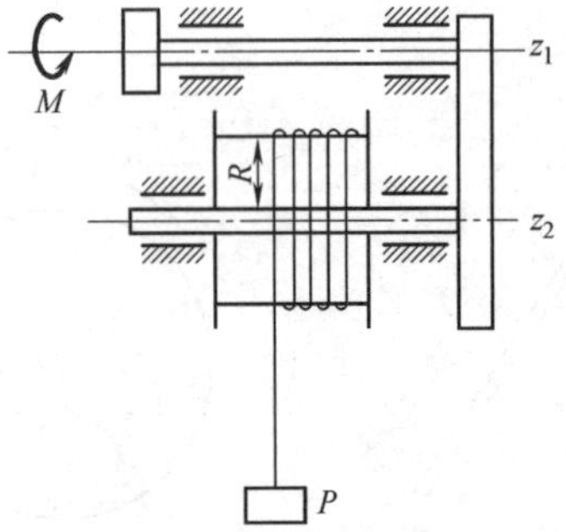

习题12-11图

12-12　习题12-12图所示带式运输机的轮$B$受恒力偶$M$的作用，使胶带运输机由静止开始运动。若被提升物体$A$的重量为$P_1$，轮$B$和轮$C$的半径均为$R$，重量均为$P_2$，并视为均质圆柱。运输机胶带与水平线成交角$\theta$，它的质量忽略不计，胶带与轮之间没有相对滑动。求物体$A$移动距离$s$时的速度和加速度。

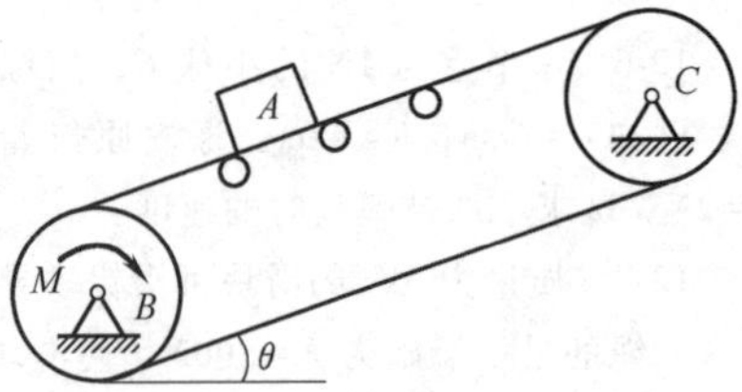

习题12-12图

12-13　如习题12-13图所示系统中，均质圆盘$A$的半径为$R$，重为$\boldsymbol{G}_1$，可沿水平面做纯滚动；动滑轮$C$的半径为$r$，重为$\boldsymbol{G}_2$，重物$B$重为$\boldsymbol{G}_3$。系统从静止开始运动，不计绳重，当重物$B$下落的距离为$h$时，试求圆盘中心的速度和加速度。

12-14　周转齿轮传动机构放在水平面内，如习题12-14图所示。已知动齿轮半径为$r$，重量为$P_1$，可看成均质圆盘；曲柄$OA$，重量为$P_2$，可看成均质杆；定齿轮半径为$R$。在曲柄上作用一不变的力偶，其矩为$M$，使此机构由静止开始运动。求曲柄转过$\varphi$角后的角速度和角加速度。

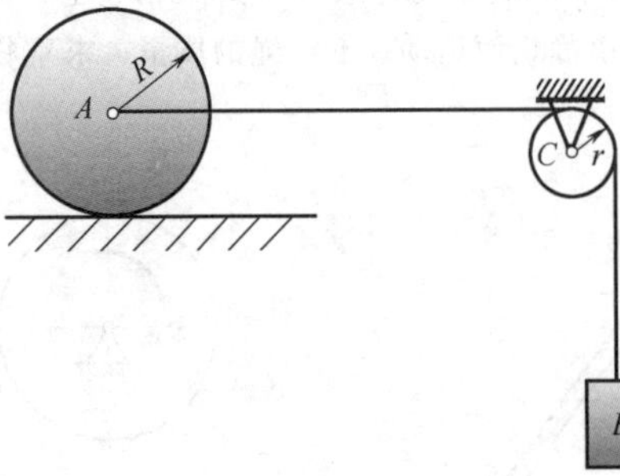

习题12-13图

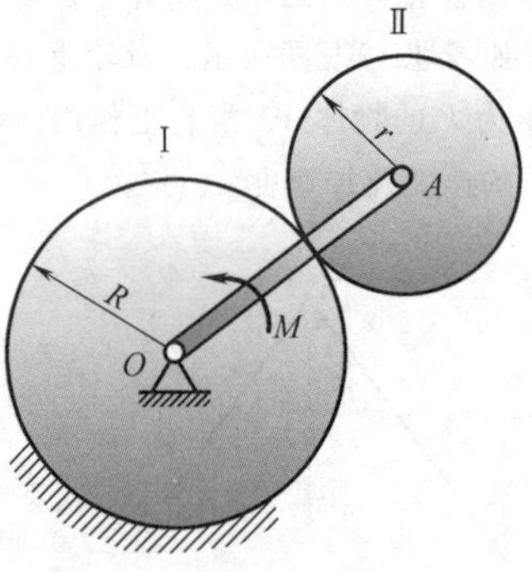

习题12-14图

12-15　如习题12-15图所示，均质连杆$AB$的质量为4kg，长$l=600$mm。均质圆盘的质量为6kg，半径$r=100$mm。弹簧刚度系数为$k=2$N/mm，不计套筒$A$及弹簧的质量。如连杆在图示位置无初速释放后，$A$端沿光滑杆滑下，圆盘做纯滚动。求：

（1）当 $AB$ 到达水平位置而接触弹簧时，圆盘与连杆的角速度；

（2）弹簧的最大压缩量 $\delta$。

12-16　习题 12-16 图 a、b 所示为在铅垂面内两种支承情况下的均质正方形板，边长均为 $L$，质量均为 $m$，初始时均处于静止状态。受某干扰后均沿顺时针方向倒下，不计摩擦，求当 $OA$ 边处于水平位置时，两方板的角速度。

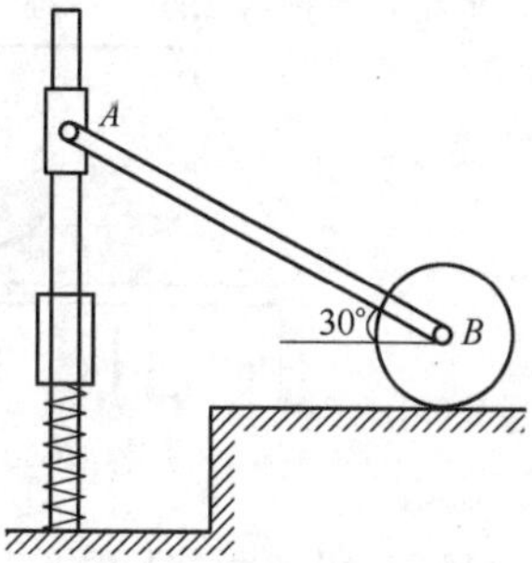

习题 12-15 图

12-17　滑块 $M$ 的质量为 $m$，可在固定于铅垂面内、半径为 $R$ 的光滑圆环上滑动，如习题 12-17 图所示。滑块 $M$ 上系有一刚度系数为 $k$ 的弹性绳 $MOA$，此绳穿过固定环 $O$，并同结在点 $A$。已知当滑块在点 $O$ 时绳的张力为零。开始时滑块在点 $B$ 静止；当它受到微小扰动时，即沿圆环滑下。求下滑速度 $v$ 与 $\varphi$ 角的关系和圆环的约束力。

12-18　习题 12-18 图所示一撞击试验机，主要部分为一质量 $m=20\text{kg}$ 的钢铸物，固定在杆上，杆重和轴承摩擦均忽略不计。钢铸物的中心到铰链 $O$ 的距离 $l=1\text{m}$，钢铸物由最高位置 $A$ 无初速地落下。求轴承约束力与杆的位置 $\varphi$ 之间的关系，并讨论 $\varphi$ 等于多少时杆受力为最大或最小。

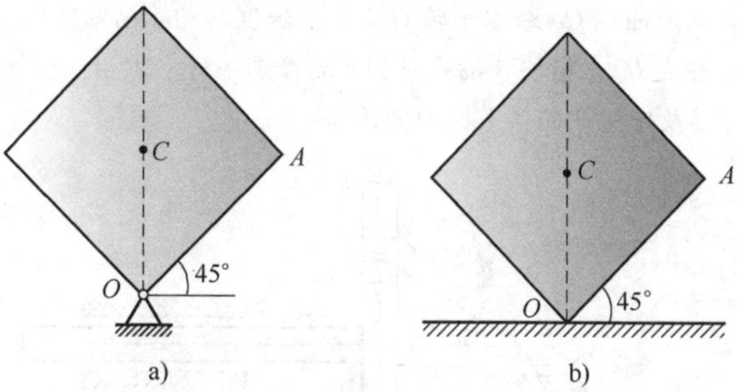

习题 12-16 图

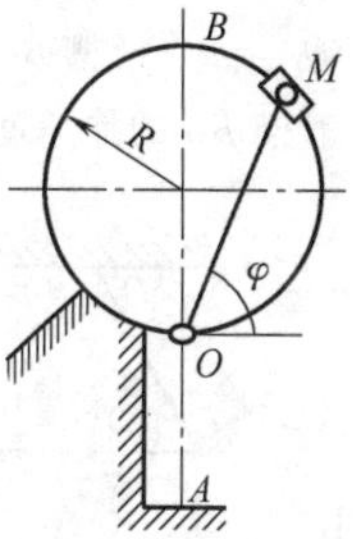

习题 12-17 图

12-19　习题 12-19 图所示三棱柱 $A$ 沿三棱柱 $B$ 的斜面滑动，$A$ 和 $B$ 的重量各为 $P_1$ 与 $P_2$，三棱柱 $B$ 的斜面与水平面成 $\theta$ 角。如开始时物系静止，忽略摩擦，求运动时三棱柱 $B$ 的加速度。

12-20　习题 12-20 图所示圆环以角速度 $\omega$ 绕铅直轴 $AC$ 自由转动。此圆环半径为 $R$，对轴的转动惯量为 $J$。在圆环中的点 $A$ 放一重量为 $P$ 的小球，设由于微小的干扰小球离开点 $A$，小球与圆环间的摩擦忽略不计。求当小球到达点 $B$ 和点 $C$ 时，圆环的角速度和小球的速度。

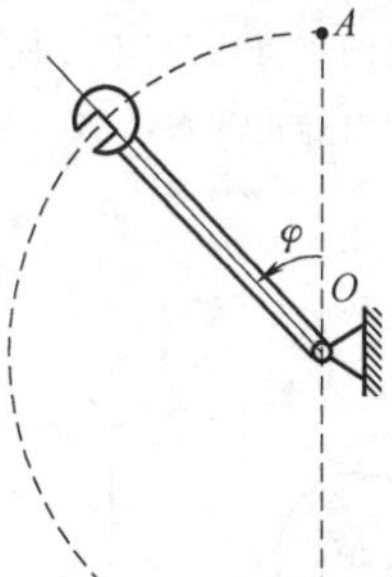

习题 12-18 图

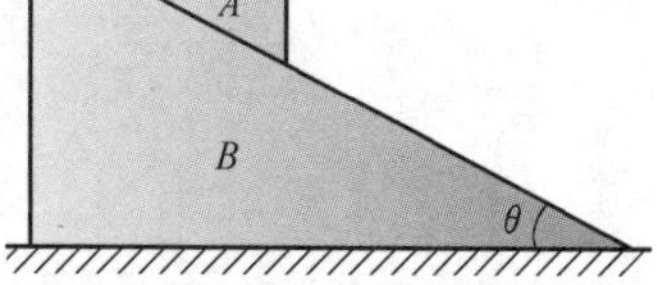

习题 12-19 图

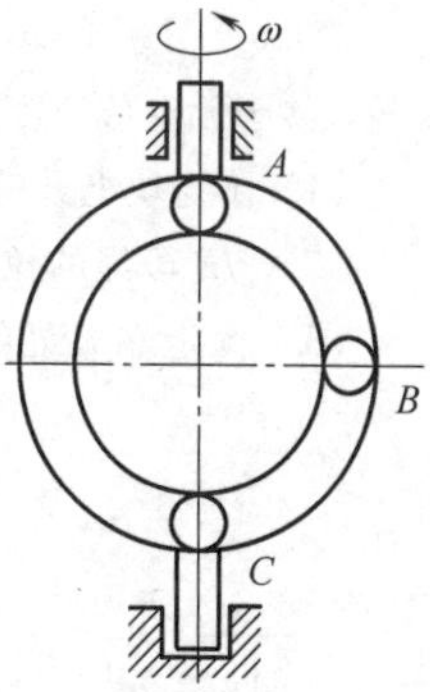

习题 12-20 图

12-21　小球重量为 $P$，用不可伸长的线拉住，在光滑的水平面上运动，如习题 12-21 图所示。线的另一端穿过一孔以等速 $\boldsymbol{v}$ 向下拉动。设开始时球与孔间的距离为 $L$，孔与球间的线段是直的，而球在初瞬时的速度$\boldsymbol{v}_0$垂直于此线段。求小球的运动方程和线的张力$F$（提示：解题时宜采用极坐标系）。

12-22　如习题12-22图所示，轮$A$和$B$可视为均质圆盘，半径均为$R$，重量均为$P_1$。绕在两轮上的绳索中间连着物块$C$，设物块$C$的重量为$P_2$，且放在理想光滑的水平面上。今在轮$A$上作用一不变的力偶$M$，求轮$A$与物块之间那段绳索的张力。

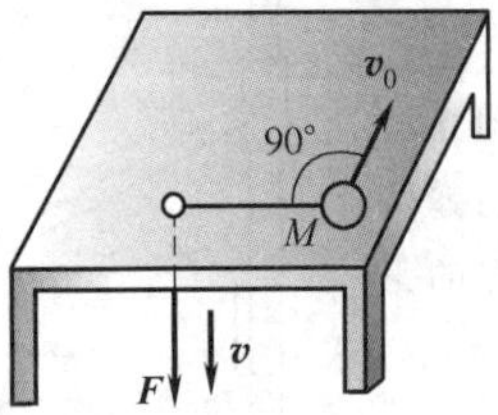

习题12-21图

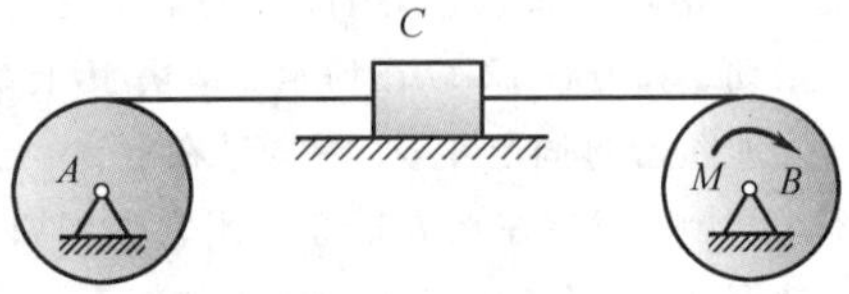

习题12-22图

12-23　正方形均质板的质量为40kg，在铅直平面内以三根软绳拉住，板的边长$b=100\text{mm}$，如习题12-23图所示。求：

（1）当软绳$FG$剪断后，木板开始运动的加速度以及$AD$和$BE$两绳的张力；

（2）当$AD$和$BE$两绳位于铅直位置时，板中心$C$的加速度和两绳的张力。

12-24　习题12-24图所示为曲柄滑槽机构，均质曲柄$OA$绕水平轴$O$做匀角速度转动。已知曲柄$OA$的重量为$P_1$，$OA=R$，滑槽$BC$的重量为$P_2$（重心在点$D$）。滑块$A$的重量和各处摩擦不计。求当曲柄转至图示位置时，滑槽$BC$的加速度、轴承$O$的约束力以及作用在曲柄上的力偶矩$M$。

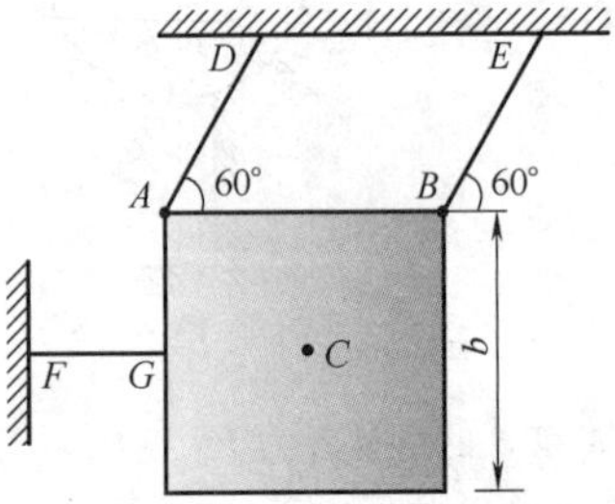

习题12-23图

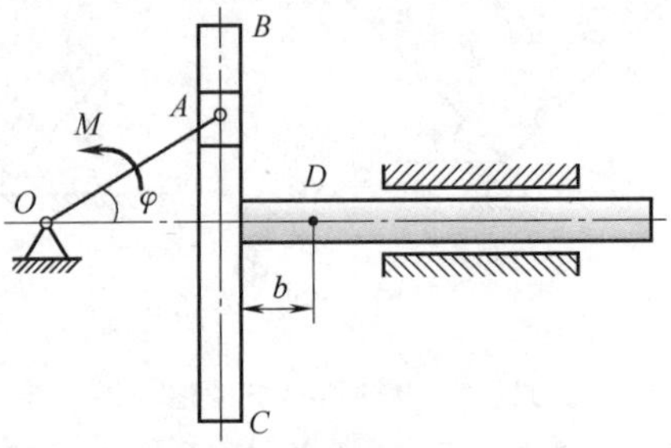

习题12-24图

12-25　习题12-25图所示均质杆长为$2l$，重量为$P$，初始时位于水平位置。如$A$端脱落，杆可绕通过$B$端的轴转动。当杆转到铅垂位置时，$B$端也脱落了，不计各种阻力。求该杆在$B$端脱落后的角速度及其质心的轨迹。

12-26　习题12-26图所示机构中，物块$A$、$B$的重量均为$P$，两均质圆轮$C$、$D$的重量均为$2P$，半径均为$r$。$C$轮铰接于无重悬臂梁$CK$上，$D$为动滑轮，梁的长度为$3r$，绳与轮间无滑动，系统由静止开始运动。求：

（1）$A$物块上升的加速度；

（2）$HE$段绳的拉力；

（3）固定端$K$处的约束力。

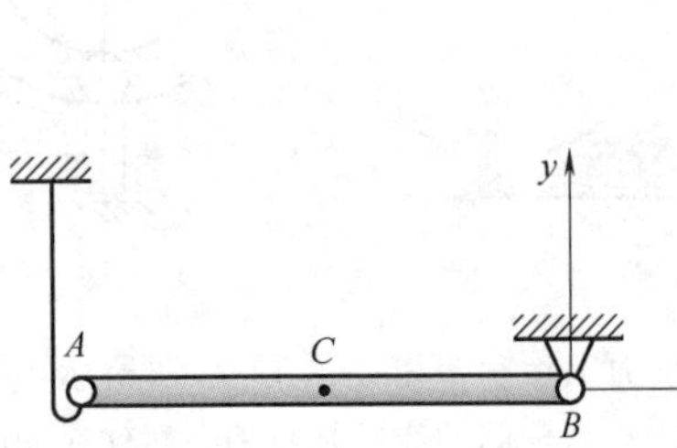

习题12-25图

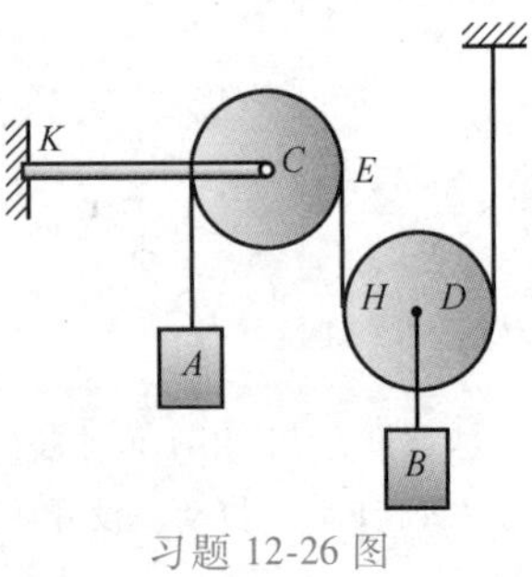

习题12-26图

12-27　如习题 12-27 图所示，重量为 $P_0$ 的物体上刻有半径为 $R$ 的半圆槽，放在光滑水平面上，原处于静止状态。有一重量为 $P$ 的小球自 $A$ 处无初速地沿光滑半圆槽下滑。若 $P_0=3P$，求小球滑到 $B$ 处时相对于物体的速度及槽对小球的正压力。

12-28　均质细杆 $AB$ 长为 $l$，重量为 $mg$，起初紧靠在铅垂墙壁上，由于微小干扰，杆绕 $B$ 点倾倒如习题 12-28 图所示。不计摩擦，求：

（1）$B$ 端未脱离墙时 $AB$ 杆的角速度、角加速度及 $B$ 处的约束力；

（2）$B$ 端脱离墙壁时的角 $\theta_1$；

（3）杆着地时质心的速度及杆的角速度。

12-29　在习题 12-29 图所示机构中，沿斜面纯滚动的圆柱体 $O'$ 和鼓轮 $O$ 为均质物体，重量均为 $P$，半径均为 $R$。绳子不能伸缩，其质量略去不计。粗糙斜面的倾角为 $\theta$，不计滚阻力偶。如在鼓轮上作用一常力偶 $M$。求：

（1）鼓轮的角加速度；

（2）轴承 $O$ 的水平约束力。

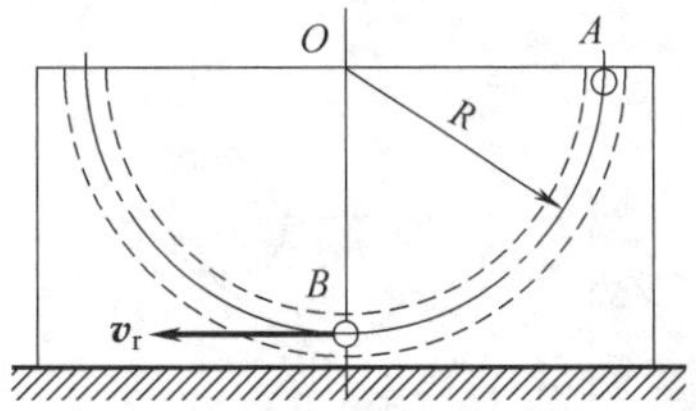


习题 12-27 图

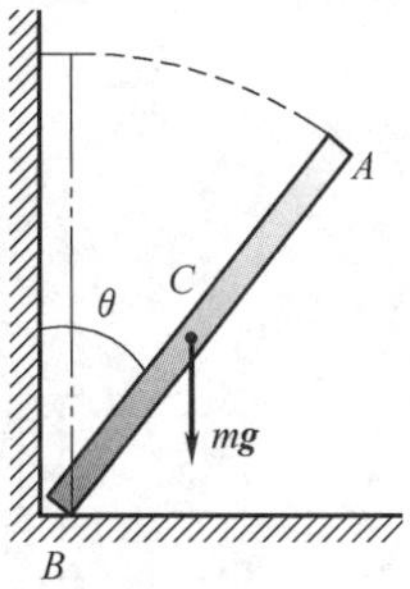


习题 12-28 图

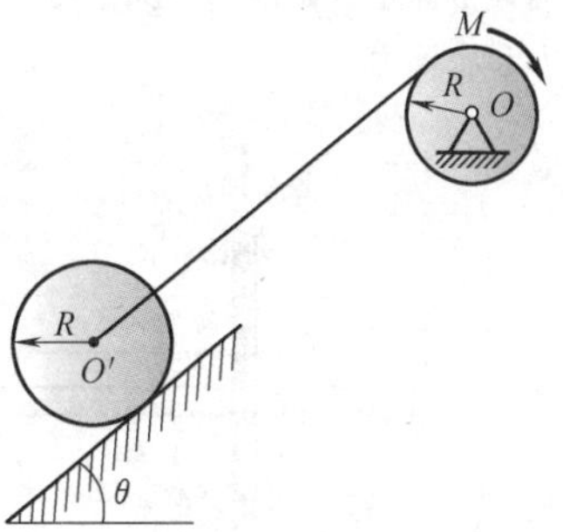


习题 12-29 图

12-30　习题 12-30 图所示系统中，已知物块 $A$、$B$ 的质量分别为 $m_A=5\text{kg}$，$m_B=1\text{kg}$；均质滑轮 $C$、$D$ 的半径均为 $r$，质量分别为 $m_C=1\text{kg}$，$m_D=2\text{kg}$；物块 $A$ 与斜面间的动摩擦系数 $f=0.1$。绳与轮间无相对滑动，轴承处摩擦不计，试求物块 $B$ 的加速度。

12-31　如习题 12-31 图所示，均质细杆 $OA$ 可绕水平轴 $O$ 转动，另一端铰接一均质圆盘，此盘可绕铰 $A$ 在铅直面内自由旋转，如图所示。已知杆 $OA$ 长 $L$，重量为 $P_1$；圆盘半径为 $R$，重量为 $P_2$。摩擦不计，初始时杆 $OA$ 水平，杆和圆盘静止。求杆与水平线成 $\theta$ 角的瞬时，杆的角速度和角加速度。

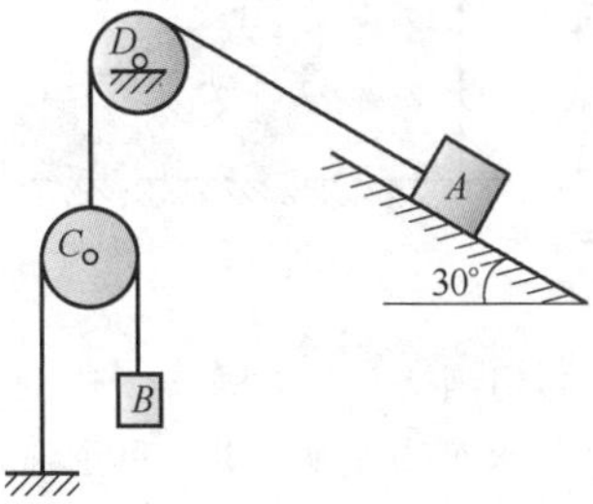


习题 12-30 图

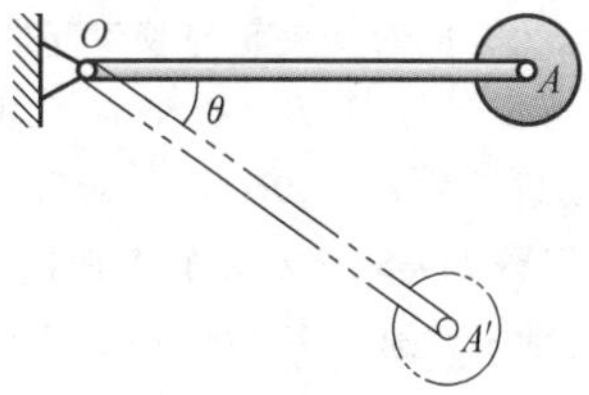


习题 12-31 图

12-32　滚子 $A$ 的重量为 $P_1$，沿倾角为 $\theta$ 的斜面向下只滚不滑，如习题 12-32 图所示。滚子借一跨过滑轮 $B$ 的绳提升重量为 $P_2$ 的物体 $C$，同时滑轮 $B$ 绕 $O$ 轴转动。滚子 $A$ 与滑轮 $B$ 的质量相等，半径相等，且都为均质圆盘。求滚子重心的加速度和系在滚子上绳的张力。

12-33　如习题 12-33 图所示，均质细杆 $AB$ 长 $L$，重量为 $P$，由直立位置开始滑动，上端 $A$ 沿墙壁向下滑，下端 $B$ 沿地板向右滑，不计摩擦。求细杆在任一位置 $\varphi$ 时的角速度 $\omega$、角加速度 $\alpha$ 和 $A$、$B$ 处的约束力。

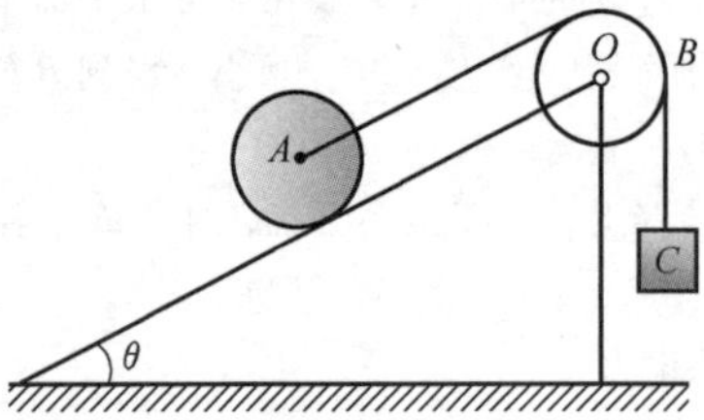


习题 12-32 图

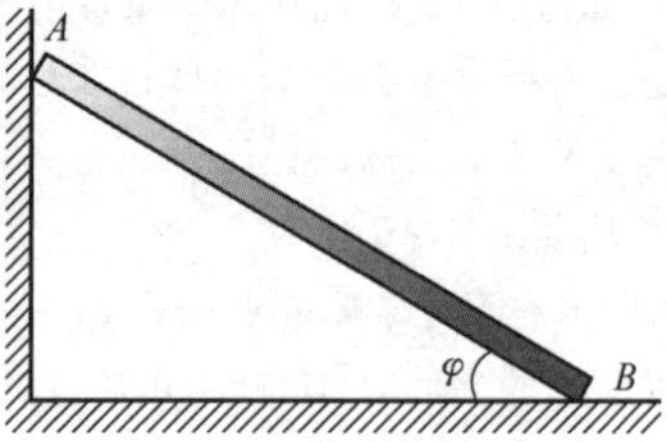


习题 12-33 图

12-34　习题 12-34 图所示均质直杆 $OA$，杆长 $L$，重量为 $P$，在常力偶的作用下在水平面内从静止开始绕轴 $z$ 转动，设力偶矩为 $M$。求：

（1）经过时间 $t$ 后系统的动量、对轴 $z$ 的动量矩和动能的变化；

（2）轴承的动约束力。

12-35　习题 12-35 图所示重量为 $P$、半径为 $r$ 的均质圆柱，开始时其质心位于与 $OB$ 同一高度的点 $C$。设圆柱由静止开始沿斜面向下做纯滚动，当它滚到半径为 $R$ 的圆弧 $AB$ 上时，求在任意位置上对圆弧的正压力和摩擦力。

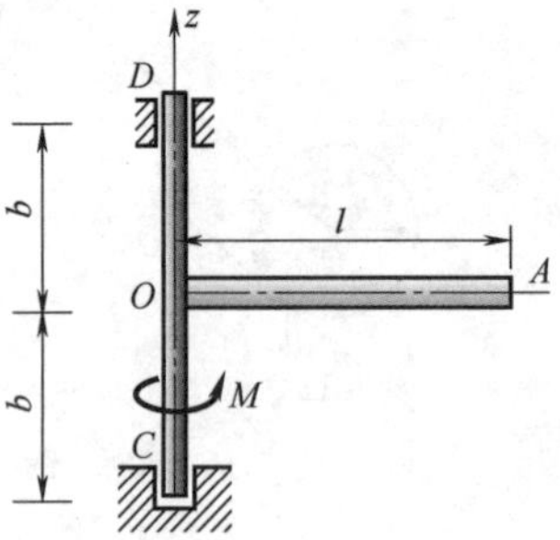


习题 12-34 图

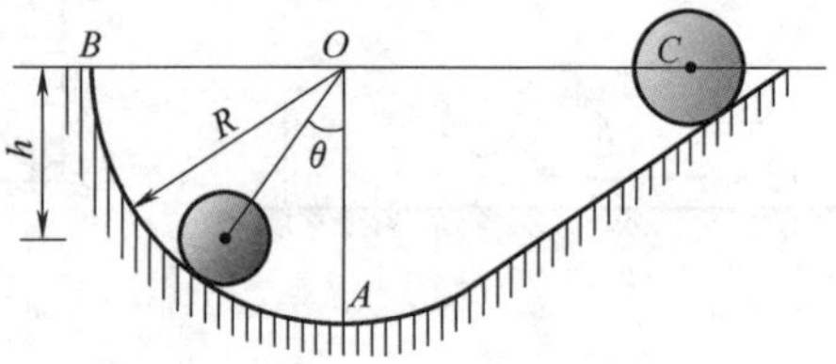


习题 12-35 图

12-36　习题 12-36 图所示三棱柱体 $ABC$ 的重量为 $P_1$，放在光滑的水平面上，可以无摩擦地滑动。重量为 $P_2$ 的均质圆柱体 $O$ 由静止沿斜面 $AB$ 向下纯滚动，如斜面的倾角为 $\theta$。求三棱柱体的加速度。

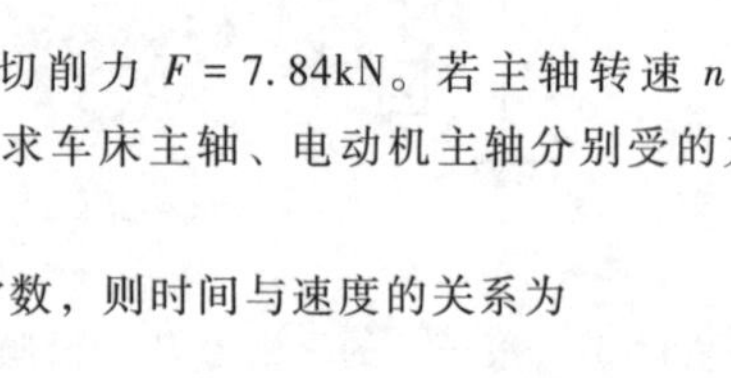

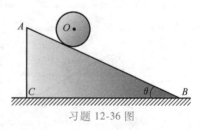

习题 12-36 图

12-37　如习题 12-37 图所示，测量机器功率的动力计，由胶带 $ACDB$ 和杠杆 $BF$ 组成。胶带具有铅直的两段 $AC$ 和 $BD$，并套住机器的滑轮 $E$ 的下半部，杠杆支点为 $O$。借升高或降低支点 $O$，可以变更胶带的张力，同时变更轮与胶带间的摩擦力。杠杆上挂一质量为 3kg 的重锤，使杠杆 $BF$ 处于水平的平衡位置。如力臂 $l=500\text{mm}$，发动机转数 $n=240\text{r/min}$，求发动机的功率。

12-38　习题 12-38 图所示车床切削直径 $D=48\text{mm}$ 的工件，主切削力 $F=7.84\text{kN}$。若主轴转速 $n=240\text{r/min}$，电动机转速为 1420r/min，主传动系统的总效率 $\eta=0.75$。求车床主轴、电动机主轴分别受的力矩和电动机的功率。

12-39　列车质量为 $m$，其功率为常数 $P$，如列车所受阻力 $F$ 为常数，则时间与速度的关系为

$$t=\frac{mP}{F^2}\ln\frac{P}{P-Fv}-\frac{mv}{F}$$

如阻力 $F$ 与速度 $v$ 成正比，则

$$t=\frac{mv}{2F}\ln\frac{P}{P-Fv}$$

试证明之。

12-40　如习题12-40图所示，用绞车提升重物，已知重物重 $G=20\text{kN}$，提升速度 $v=0.75\text{m/s}$，滚筒半径 $R=30\text{cm}$，齿数 $z_1=24$，$z_2=72$，$z_3=20$，$z_4=80$，机械效率 $\eta=0.8$；求所需电动机功率和作用于电动机轴上的转矩。

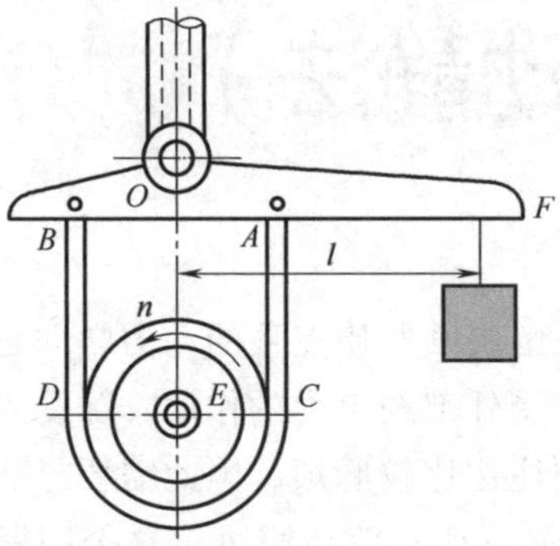


习题12-37图

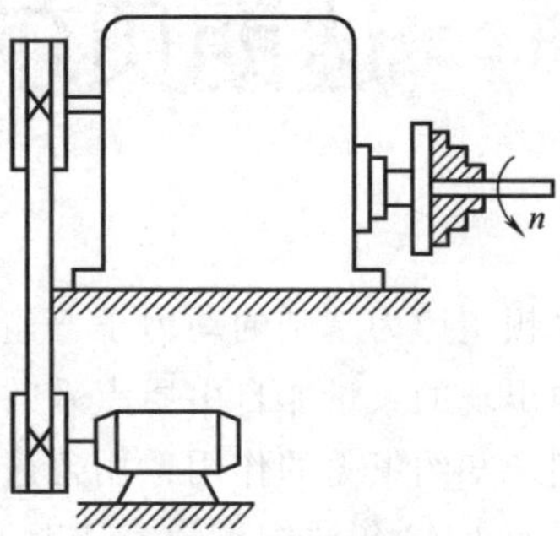


习题12-38图

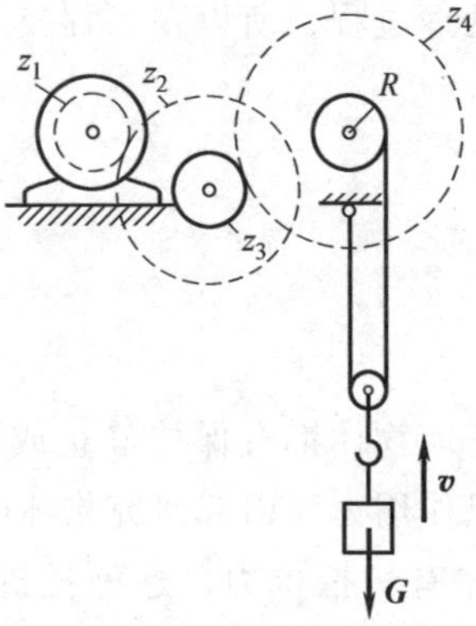


习题12-40图

# 第 13 章

# 达朗贝尔原理（动静法）

以牛顿定律为基础的动力学普遍定理，能够有效地解决某些质点系的动力学问题。但对于工程中出现的大量非自由质点系的动力学问题，由于受外部约束力的作用，除受到主动力外还受到未知约束力的作用，用普遍定理解决此类问题往往比较麻烦，因此需要寻找一条新的途径。而 1743 年法国科学家达朗贝尔提出的达朗贝尔原理有效地解决了这个问题。该原理的特点是用静力学中研究平衡问题的方法来研究动力学问题，因此又称之为动静法。动静法大大简化了动力学问题的分析处理过程，所以在工程技术中有着广泛的应用。

## 13.1 达朗贝尔原理

### 13.1.1 惯性力

根据动力学基本定律可知，任何物体都有保持静止或做匀速直线运动的属性，即惯性。因此，当其他物体对研究物体施以作用力而引起研究物体的运动状态发生变化时，由于物体本身的惯性，研究物体对施力物体有一抵抗力，这种抵抗力就称为研究物体的惯性力，用 $\boldsymbol{F}_{\mathrm{I}}$ 表示。

例如，当人沿水平直线光滑轨道推动一质量为 $m$ 的小车，设手作用于小车上的水平力为 $\boldsymbol{F}$，小车将获得水平加速度 $\boldsymbol{a}$，由牛顿第二定律知 $\boldsymbol{F}=m\boldsymbol{a}$。同时，由作用与反作用定律知，小车必定给手一个反作用力 $\boldsymbol{F}_{\mathrm{I}}$，且 $\boldsymbol{F}_{\mathrm{I}}=-\boldsymbol{F}=-m\boldsymbol{a}$。力 $\boldsymbol{F}_{\mathrm{I}}$ 就是因为人要改变小车的运动状态，由于小车的惯性而引起小车对人的抵抗力，即惯性力。

必须注意，小车的惯性力 $\boldsymbol{F}_{\mathrm{I}}$ 并不作用在小车上，而是作用在人的手上。显然，小车的质量越大，惯性力越大；而小车的运动变化越大，即加速度越大，惯性力也越大。

又如，质量为 $m$ 的小球系于绳子一端，在光滑水平面内做匀速圆周运动。小球的速度为 $\boldsymbol{v}$，圆周的半径为 $R$，小球所受绳子的拉力为 $\boldsymbol{F}$，即小球的向心力，它使小球产生向心加速度 $\boldsymbol{a}_{\mathrm{n}}$，其大小为 $a_{\mathrm{n}}=\dfrac{v^2}{R}$，由牛顿第二定律知 $\boldsymbol{F}=m\boldsymbol{a}_{\mathrm{n}}$，同时，由作用与反作用定律知，球对绳子有一反作用力 $\boldsymbol{F}_{\mathrm{I}}$，且 $\boldsymbol{F}_{\mathrm{I}}=-\boldsymbol{F}=-m\boldsymbol{a}_{\mathrm{n}}$。

力 $\boldsymbol{F}_{\mathrm{I}}$ 是因为绳子要改变球的运动状态，由于球的惯性，而引起球对绳子的抵抗力，即球的惯性力。同样，此惯性力并不作用在球上，而是作用在绳子上。

由以上两例知，质点惯性力的大小等于质点的质量与加速度大小的乘积，方向与质点加速度方向相反，即

$$\boldsymbol{F}_{\mathrm{I}}=-m\boldsymbol{a} \tag{13-1}$$

必须注意，质点的惯性力就是质点对改变其运动状态的一种反抗，它并不作用于质点上，而是作用在使质点改变运动状态的施力体上。

知识点视频

### 13.1.2　质点与质点系的达朗贝尔原理

**1. 质点的达朗贝尔原理**

设一质量为 $m$ 的非自由质点在主动力 $\boldsymbol{F}$ 和约束力 $\boldsymbol{F}_{\mathrm{N}}$ 作用下运动，如图 13-1 所示。在图示瞬时加速度为 $\boldsymbol{a}$。由牛顿第二定律，有

$$m\boldsymbol{a}=\boldsymbol{F}+\boldsymbol{F}_{\mathrm{N}}$$

将上式移项，得

$$\boldsymbol{F}+\boldsymbol{F}_{\mathrm{N}}-m\boldsymbol{a}=\boldsymbol{0}$$

令 $\boldsymbol{F}_{\mathrm{I}}=-m\boldsymbol{a}$，即为质点的惯性力，则有

$$\boldsymbol{F}+\boldsymbol{F}_{\mathrm{N}}+\boldsymbol{F}_{\mathrm{I}}=\boldsymbol{0} \tag{13-2}$$

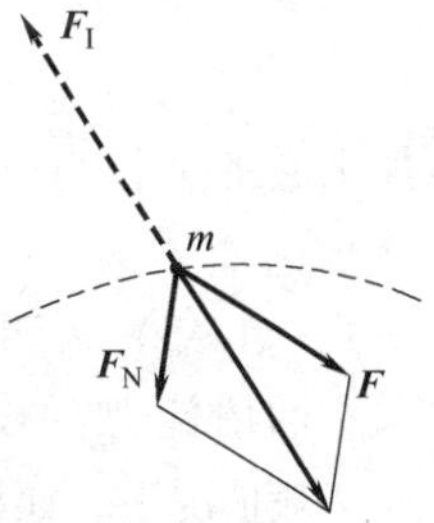

图 13-1

式（13-2）表明：在质点运动的每一瞬时，作用在质点上的主动力、约束力和质点的惯性力在形式上组成一平衡力系。这就是质点的达朗贝尔原理。

值得注意的是，质点上只作用主动力 $\boldsymbol{F}$ 和惯性力 $\boldsymbol{F}_{\mathrm{N}}$，质点的惯性力并不作用于质点上，质点并非处于平衡状态。式（13-2）所表示的只是这三个作用于不同对象上的力所满足的矢量关系。

**例 13-1**　质量 $m=10\mathrm{kg}$ 的物块 $A$ 沿与铅垂面夹角 $\theta=60°$ 的悬臂梁下滑，如图 13-2a 所示，不计梁的自重，并忽略物块的尺寸，试求当物块下滑至距固定端 $O$ 的距离 $l=0.6\mathrm{m}$、加速度 $a=2\mathrm{m/s^2}$ 时固定端 $O$ 的约束力。

**解：** 取物块和悬臂梁一起为研究对象，受有主动力 $\boldsymbol{W}$，固定端 $O$ 处的约束力 $\boldsymbol{F}_{Ox}$、$\boldsymbol{F}_{Oy}$、$M_O$ 的作用。虚加惯性力：物块的惯性力大小 $F_{\mathrm{I}}=ma$，方向与物块的加速度方向相反，加在物块上，如图 13-2b 所示。

根据达朗贝尔原理，列平衡方程

$$\sum F_x=0,\quad F_{Ox}-F_{\mathrm{I}}\sin\theta=0$$

解得

$$F_{Ox}=F_{\mathrm{I}}\sin\theta=ma\sin60°=(10\times2\times0.866)\mathrm{N}=17.32\mathrm{N}$$

$$\sum F_y=0,\quad F_{Oy}-W+F_{\mathrm{I}}\cos\theta=0$$

解得

$$F_{Oy}=W-F_{\mathrm{I}}\cos\theta=mg-ma\cos60°=(10\times9.8-10\times2\times0.5)\mathrm{N}=88\mathrm{N}$$

$$\sum M_O(\boldsymbol{F})=0,\quad M_O-Wl\sin\theta=0$$

解得

$$M_O=mgl\sin\theta=(10\times9.8\times0.6\times0.866)\mathrm{N\cdot m}=50.92\mathrm{N\cdot m}$$

知识点视频

**2. 质点系的达朗贝尔原理**

设非自由质点系由 $n$ 个质点组成，其中任一质点 $i$ 的质量为 $m_i$，加速度为 $\boldsymbol{a}_i$，把作用于此质点上的所有力分为主动力的合力 $\boldsymbol{F}_i$、约束力的合力 $\boldsymbol{F}_{\mathrm{N}i}$，对这个质点假想

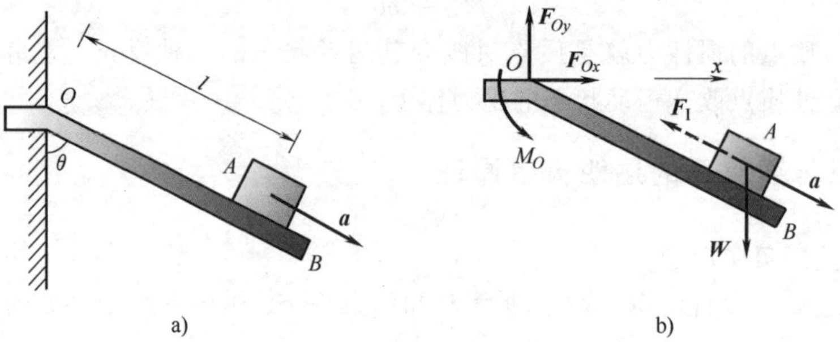


图 13-2

地加上它的惯性力 $\boldsymbol{F}_{\mathrm{I}i}=-m_i\boldsymbol{a}_i$，根据质点的达朗贝尔原理，有

$$\boldsymbol{F}_i+\boldsymbol{F}_{\mathrm{N}i}+\boldsymbol{F}_{\mathrm{I}i}=\boldsymbol{0}\quad(i=1,2,\cdots,n)\tag{13-3}$$

式（13-3）表明，即质点系运动的每一瞬时，质点系中每个质点上作用的主动力、约束力和它的惯性力在形式上构成平衡力系，这就是质点系的达朗贝尔原理。

一般情况下，如果对质点系中的每一个质点都虚加上相应的惯性力，则作用在此质点系上的所有主动力、约束力及它的惯性力将在形式上构成空间平衡力系。利用静力学平衡方程，有

$$\begin{cases}\sum \boldsymbol{F}_i+\sum \boldsymbol{F}_{\mathrm{N}i}+\sum \boldsymbol{F}_{\mathrm{I}i}=\boldsymbol{0}\\ \sum \boldsymbol{M}_O(\boldsymbol{F}_i)+\sum \boldsymbol{M}_O(\boldsymbol{F}_{\mathrm{N}i})+\sum \boldsymbol{M}_O(\boldsymbol{F}_{\mathrm{I}i})=\boldsymbol{0}\end{cases}\tag{13-4}$$

式（13-4）称为质点系动静法的平衡方程的矢量形式。

如果把作用于质点系上的主动力和约束力按内力和外力分类，式（13-4）可改写为

$$\begin{cases}\sum \boldsymbol{F}_i^{\mathrm{e}}+\sum \boldsymbol{F}_i^{\mathrm{i}}+\sum \boldsymbol{F}_{\mathrm{I}i}=\boldsymbol{0}\\ \sum \boldsymbol{M}_O(\boldsymbol{F}_i^{\mathrm{e}})+\sum \boldsymbol{M}_O(\boldsymbol{F}_i^{\mathrm{i}})+\sum \boldsymbol{M}_O(\boldsymbol{F}_{\mathrm{I}i})=\boldsymbol{0}\end{cases}\tag{13-5}$$

由于质点系的内力总是成对存在，且等值、反向、共线，则

$$\begin{cases}\sum \boldsymbol{F}_i^{\mathrm{i}}=\boldsymbol{0}\\ \sum \boldsymbol{M}_O(\boldsymbol{F}_i^{\mathrm{i}})=\boldsymbol{0}\end{cases}$$

代入式（13-5）得

$$\begin{cases}\sum \boldsymbol{F}_i^{\mathrm{e}}+\sum \boldsymbol{F}_{\mathrm{I}i}=\boldsymbol{0}\\ \sum \boldsymbol{M}_O(\boldsymbol{F}_i^{\mathrm{e}})+\sum \boldsymbol{M}_O(\boldsymbol{F}_{\mathrm{I}i})=\boldsymbol{0}\end{cases}\tag{13-6}$$

在具体应用时，可选用投影形式的平衡方程，即

$$\begin{cases}\sum F_{ix}^{\mathrm{e}}+\sum F_{\mathrm{I}ix}=0\\ \sum F_{iy}^{\mathrm{e}}+\sum F_{\mathrm{I}iy}=0\\ \sum F_{iz}^{\mathrm{e}}+\sum F_{\mathrm{I}iz}=0\\ \sum M_x(\boldsymbol{F}_i^{\mathrm{e}})+\sum M_x(\boldsymbol{F}_{\mathrm{I}i})=0\\ \sum M_y(\boldsymbol{F}_i^{\mathrm{e}})+\sum M_y(\boldsymbol{F}_{\mathrm{I}i})=0\\ \sum M_z(\boldsymbol{F}_i^{\mathrm{e}})+\sum M_z(\boldsymbol{F}_{\mathrm{I}i})=0\end{cases}\tag{13-7}$$

**例 13-2**　如图 13-3 所示，定滑轮的半径为 $r$，质量 $m$ 均匀分布在轮缘上，绕水平轴 $O$ 转动。跨过滑轮的无重绳的两端挂有质量为 $m_1$ 和 $m_2$ 的重物（$m_1>m_2$），绳与轮间不打滑，轴承摩擦忽略不计，求重物的加速度。

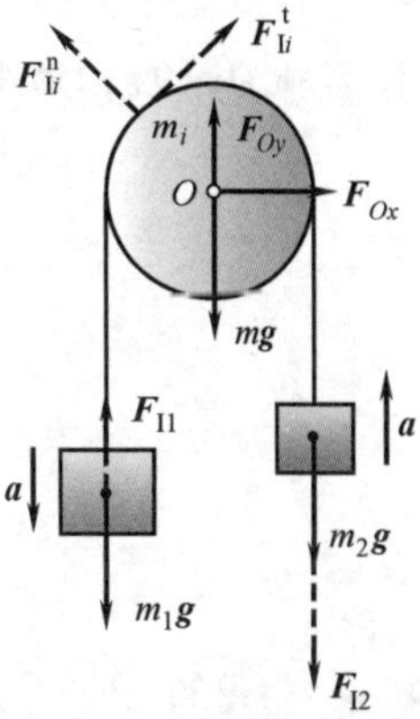

图 13-3

**解**：取滑轮与两重物组成的质点系为研究对象，作用于此质点系的外力有重力 $m_1\boldsymbol{g}$、$m_2\boldsymbol{g}$、$m\boldsymbol{g}$ 和轴承的约束力 $\boldsymbol{F}_{Ox}$、$\boldsymbol{F}_{Oy}$，对两重物加惯性力如图 13-3 所示，大小分别为

$$F_{I1}=m_1a,\ F_{I2}=m_2a$$

记滑轮边缘上任一点 $i$ 的质量为 $m_i$，加速度有切向、法向之分，加惯性力如图所示，大小分别为

$$F_{Ii}^{t}=m_ir\alpha=m_ia,\ F_{Ii}^{n}=m_i\frac{v^2}{r}$$

列平衡方程

$$\sum M_O=0,\quad (m_1g-F_{I1}-m_2g-F_{I2})r-\sum F_{Ii}^{t}\cdot r=0$$

即
$$(m_1g-m_1a-m_2g-m_2a)r-\sum m_iar=0$$

注意到
$$\sum m_iar=\left(\sum m_i\right)ar=mar$$

解得

$$a=\frac{m_1-m_2}{m_1+m_2+m}g$$

**例 13-3**　一匀质圆环放置在以匀角速度 $\omega$ 旋转的圆平台中央，如图 13-4a 所示。已知圆环平均半径为 $r$，单位体积的质量为 $\rho$，圆环的截面积为 $A$。试求圆环由于转动在横截面上引起的内力。

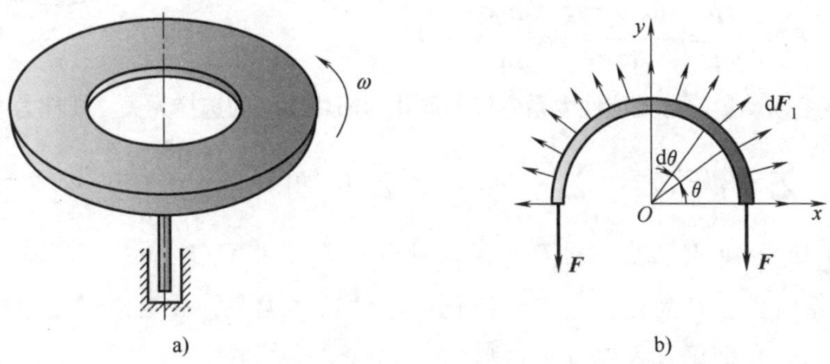

图 13-4

**解**：在计算最大动内力时，根据圆环的对称性，动内力在各径向截面均相等，故截取半个圆环为研究对象。在半圆环的两个截面上，其内力用 $\boldsymbol{F}$ 表示；虽然圆台平面粗糙，但由于圆环放在圆台中央，当圆环与圆台以同一匀角速度转动时，圆环的质心没有运动趋势，所以圆环底部没有摩擦力；半圆环的惯性力系分布如图 13-4b 所示，对应于微元质量 $\mathrm{d}m$ 的惯性力可表示为

$$\mathrm{d}F_I=r\omega^2\mathrm{d}m=r\omega^2(\rho r\cdot\mathrm{d}\theta\cdot A)$$

应用质点系的动静法，这半圆环的拉力 $\boldsymbol{F}$ 和惯性力系组成一平衡力系。因此选取图示的投影轴 $Oxy$ 后，由平衡方程

$$\sum F_{iy}=0,\ \sum \mathrm{d}F_{\mathrm{I}y}-2F=0$$

其中，$\mathrm{d}F_{\mathrm{I}y}$ 表示微元的惯性力 $\mathrm{d}F_{\mathrm{I}}$ 在 $y$ 轴上的投影，代入 $\mathrm{d}F_{\mathrm{I}}$ 的表达式后得

$$\int_0^{\pi}\rho Ar^2\omega^2\sin\theta\mathrm{d}\theta-2F=0$$

$$F=\frac{1}{2}\rho Ar^2\omega^2\int_0^{\pi}\sin\theta\mathrm{d}\theta=\rho Ar^2\omega^2=\rho Av^2$$

## 13.2 刚体惯性力系的简化

应用质点系的达朗贝尔原理求解质点系动力学问题，需要对质点系内每个质点加上各自的惯性力，这些惯性力也形成一个力系，称为惯性力系。对于复杂的质点系可先将惯性力系加以简化，再应用达朗贝尔原理求解就方便得多。

### 13.2.1 一般质点系的惯性力系简化

质点系的每个质点加上惯性力组成的力系，我们称之为惯性力系，向空间某一固定点 $O$ 简化可得惯性力系的主矢 $\sum \boldsymbol{F}_{\mathrm{I}i}$，惯性力系对点 $O$ 的主矩 $\sum \boldsymbol{M}_O(\boldsymbol{F}_{\mathrm{I}i})$，即

$$\boldsymbol{F}_{\mathrm{I}}=\sum \boldsymbol{F}_{\mathrm{I}i}=-\sum m_i\boldsymbol{a}_i=-\sum m_i\frac{\mathrm{d}\boldsymbol{v}_i}{\mathrm{d}t}=-\frac{\mathrm{d}}{\mathrm{d}t}\sum m_i\boldsymbol{v}_i$$

由于 $\boldsymbol{P}=\sum m_i\boldsymbol{v}_i=m\boldsymbol{v}_C$，则

$$\boldsymbol{F}_{\mathrm{I}}=-\frac{\mathrm{d}\boldsymbol{P}}{\mathrm{d}t}=-\frac{\mathrm{d}m\boldsymbol{v}_C}{\mathrm{d}t}=-m\frac{\mathrm{d}\boldsymbol{v}_C}{\mathrm{d}t}=-m\boldsymbol{a}_C$$

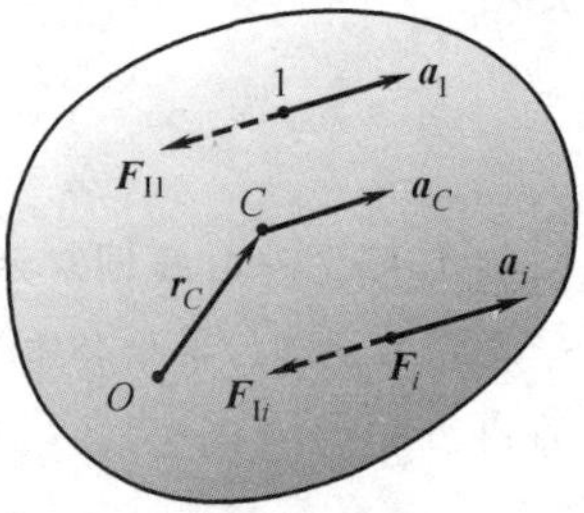


图 13-5

其中，$\boldsymbol{P}$ 是质点系的动量，可见惯性力系主矢的简化与简化中心的选择无关。惯性力系的主矩为

$$\boldsymbol{M}_{\mathrm{I}O}=\sum \boldsymbol{M}_O(\boldsymbol{F}_{\mathrm{I}i})=-\sum \boldsymbol{r}_i\times m_i\boldsymbol{a}_i=-\sum \boldsymbol{r}_i\times m_i\frac{\mathrm{d}\boldsymbol{v}_i}{\mathrm{d}t}=-\frac{\mathrm{d}}{\mathrm{d}t}(\boldsymbol{r}_i\times m_i\boldsymbol{v}_i)=-\frac{\mathrm{d}\boldsymbol{L}_O}{\mathrm{d}t}$$

式中，$\boldsymbol{L}_O=\sum \boldsymbol{r}_i\times m_i\boldsymbol{v}_i$ 是质点系对 $O$ 点的动量矩。

若惯性力系向质心 $C$ 简化，主矢与简化中心的选择无关，故只需讨论主矩。设质点系内任一点相对质心 $C$ 的位置矢径为 $\boldsymbol{\rho}_i$，则

$$\begin{aligned}M_{\mathrm{I}C}&=\sum \boldsymbol{M}_C(\boldsymbol{F}_{\mathrm{I}i})=-\sum \boldsymbol{\rho}_i\times m_i\boldsymbol{a}_i=-\sum \boldsymbol{\rho}_i\times m_i\frac{\mathrm{d}\boldsymbol{v}_i}{\mathrm{d}t}\\&=-\sum\left[\frac{\mathrm{d}}{\mathrm{d}t}(\boldsymbol{\rho}_i\times m_i\boldsymbol{v}_i)-\frac{\mathrm{d}\boldsymbol{\rho}_i}{\mathrm{d}t}\times m_i\boldsymbol{v}_i\right]\\&=-\frac{\mathrm{d}}{\mathrm{d}t}\sum(\boldsymbol{\rho}_i\times m_i\boldsymbol{v}_i)+\sum(\boldsymbol{v}_i-\boldsymbol{v}_C)\times m_i\boldsymbol{v}_i\end{aligned}$$

由于 $\sum \boldsymbol{v}_i\times m_i\boldsymbol{v}_i=\boldsymbol{0}$，$\boldsymbol{v}_C\times\sum m_i\boldsymbol{v}_i=\boldsymbol{v}_C\times m\boldsymbol{v}_C=\boldsymbol{0}$，$\sum(\boldsymbol{\rho}_i\times m_i\boldsymbol{v}_i)=L_C$，则

$$M_{IC}=-\frac{dL_C}{dt}$$

## 13.2.2 常见运动刚体的惯性力系简化

知识点视频

**1. 刚体平移**

惯性力系向质心 $C$ 简化，主矢

$$\boldsymbol{F}_{IR}=-\sum \boldsymbol{F}_{Ii}=\sum(-m_i\boldsymbol{a}_i)=-m\boldsymbol{a}_C \tag{13-8}$$

主矩

$$M_{IC}=-\frac{dL_C}{dt}=-J_C\alpha$$

由于 $\alpha=0$，则

$$M_{IC}=0$$

以上结果表明：刚体做平移时，其惯性力系简化为通过质心的合力，此合力的大小等于刚体的质量与质心加速度的乘积，方向与加速度方向相反。

**2. 刚体绕定轴转动**

知识点视频

这里仅讨论刚体有质量对称平面且该平面与转轴 $z$ 垂直，如图 13-6 所示，简化中心 $O$ 取为此平面与转轴 $z$ 的交点，则惯性力系简化的主矢为

$$\boldsymbol{F}_{IR}=-m\boldsymbol{a}_C \tag{13-9}$$

向 $O$ 点简化的主矩为

$$M_{IO}=-\frac{dL_Z}{dt}=-J_Z\alpha \tag{13-10}$$

上述结果表明：当刚体有质量对称平面且绕垂直于此对称面的轴做定轴转动时，惯性力系向转轴简化为此对称面内的一个力和一个力偶。这个力通过 $O$ 点，其大小等于刚体质量与质心加速度的乘积，方向与质心加速度方向相反；这个力偶的矩等于刚体对转轴的转动惯量与角加速度的乘积，转向与角加速度相反。

**3. 刚体做平面运动**（平行于质量对称平面）

这里只讨论刚体有质量对称平面，而且刚体在此平面内做平面运动。

与刚体绕定轴转动相似，刚体做平面运动，其上各质点的惯性力组成的空间力系，可简化为在质量对称平面内的平面力系。取质量对称平面内的平面图形如图 13-7 所示。由运动学知，平面图形的运动可分解为随基点的平移与绕基点的转动。现取质心 $C$ 为基点，设质心的加速度为 $\boldsymbol{a}_C$，绕质心转动的角速度为 $\omega$，角加

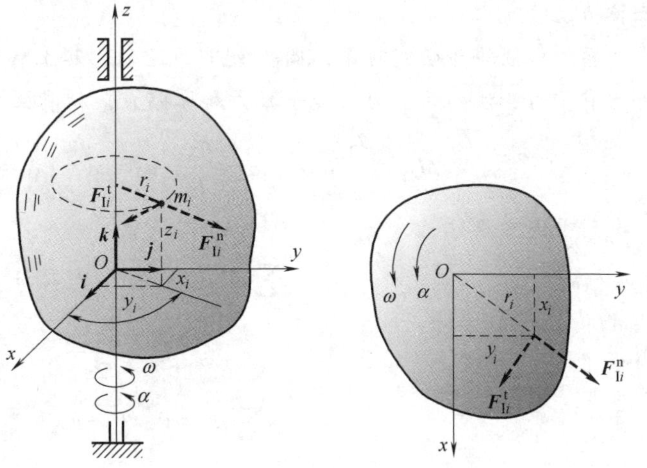


a)　　b)

图 13-6

速度为 $\alpha$，则惯性力向 $C$ 点简化的主矢和主矩分别为

$$\begin{cases}\boldsymbol{F}_{\mathrm{IR}}=-m\boldsymbol{a}_C\\ M_C(\boldsymbol{F}_{\mathrm{IR}})=-\dfrac{\mathrm{d}L_C}{\mathrm{d}t}=-J_C\alpha\end{cases}\tag{13-11}$$

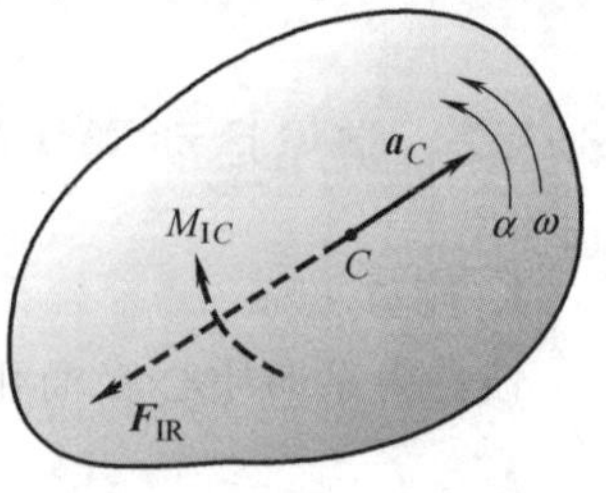


图 13-7

式中，$J_C$ 为刚体对通过质心且垂直于质量对称平面的轴的转动惯量。

上述结果表明：有质量对称平面的刚体，平行于此平面运动时，刚体的惯性力系向质心简化为在此平面内的一个力和一个力偶。这个力通过质心，其大小等于其质量与质心加速度的乘积，方向与质心加速度的方向相反；这个力偶的矩等于刚体对过质心且垂直于质量对称平面的轴的转动惯量与角加速度的乘积，转向与角加速度相反。

由以上结论可见，刚体的运动形式不同，惯性力系简化的结果也不相同。因此，在应用动静法求解动力学问题时，必须先分析刚体的运动形式，再根据刚体的运动，正确地虚加上相应惯性力的简化结果，然后再应用列方程的方法进行求解。

**例 13-4** 图 13-8a 所示均质杆的质量为 $m$，长为 $l$，绕定轴 $O$ 转动的角速度为 $\omega$，角加速度为 $\alpha$。求惯性力系向点 $O$ 简化的结果（方向在图上画出）。

**解：** 该杆做定轴转动，惯性力系向点 $O$ 简化的主矢、主矩大小分别为

$$F_{\mathrm{I}O}^{\mathrm{t}}=m\cdot\frac{l}{2}\alpha,\ F_{\mathrm{I}O}^{\mathrm{n}}=m\cdot\frac{l}{2}\omega^2,\ M_{\mathrm{I}O}=\frac{1}{3}ml\cdot\alpha$$

方向分别如图 13-8b 所示。

注意，能不能以 $\boldsymbol{F}_{\mathrm{IR}}=-m\boldsymbol{a}_C$，惯性力和质心加速度 $\boldsymbol{a}_C$ 相反为由，把惯性力系的主矢画在 $C$ 点，如图 13-8b 中 $C$ 处的虚线所示？

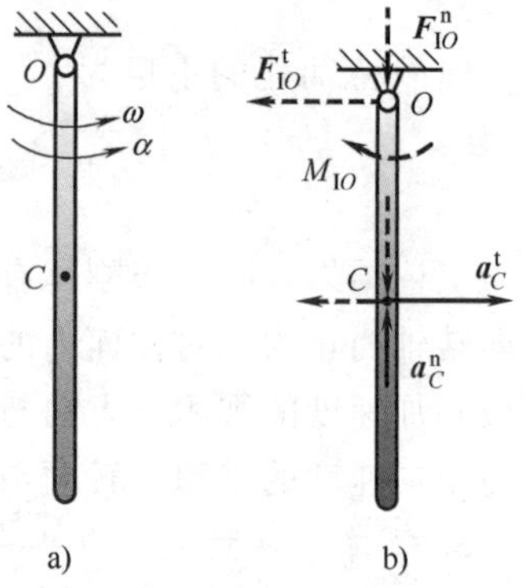


图 13-8

**例 13-5** 如图 13-9a 所示，半径为 $R$、重为 $W_1$ 的圆轮由绳牵引，在水平地面上做纯滚动。水平绳绕过不计重量的小滑轮后，与重量为 $W_2$ 的物块相连。试求轮与地面的静滑动摩擦力。

**解：** 取圆轮为研究对象，圆轮做平面运动，其上作用的外力有重力、法向约束力、绳子拉力和摩擦力，加惯性力如图 13-9b 所示。其中，

$$M_{\mathrm{I1}}=\frac{W_1}{2g}R^2\alpha_1,\ \alpha_1=\frac{a_1}{R},\ a_1=a_2,\ F_{\mathrm{I1}}=\frac{W_1}{g}a_1,\ F_{\mathrm{I2}}=\frac{W_2}{g}a_2$$

列平衡方程

$$\sum M_A(\boldsymbol{F}_i)=0,\ F_{\mathrm{s}}R-M_{\mathrm{I1}}=0$$

解得

$$F_{\mathrm{s}}=\frac{W_1a_1}{2g}\tag{1}$$

$$\sum F_x=0,\ F_{\mathrm{T}}-F_{\mathrm{I1}}-F_{\mathrm{s}}=0$$

解得

$$F_{\mathrm{T}}=\frac{3W_1a_1}{2g}$$

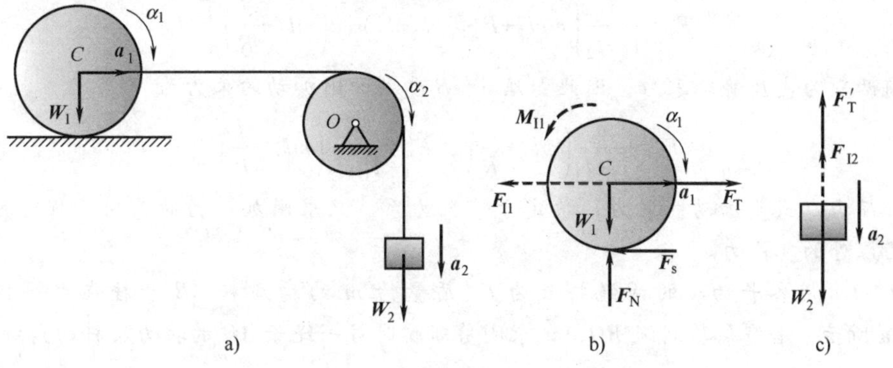


图 13-9

取重物为研究对象，重物做平动，加惯性力如图 13-9c 所示，列平衡方程

$$\sum F_y = 0,\ F'_T + F_{I2} - W_2 = 0$$

解得

$$a_1 = \frac{2gW_2}{3W_1 + 2W_2} \tag{2}$$

将式（2）代入式（1）得

$$F_s = \frac{W_1 W_2}{3W_1 + 2W_2}$$

**例 13-6**　如图 13-10 所示，电动绞车安装在梁上，梁的两端搁在支座上，绞车与梁共重为 $\boldsymbol{P}$。坡盘半径为 $R$，与电动机转子固结在一起，转动惯量为 $J$，质心位于 $O$ 处。绞车以加速度 $\boldsymbol{a}$ 提升质量为 $m$ 的重物，其他尺寸如图所示。求支座 $A$、$B$ 受到的附加约束力。

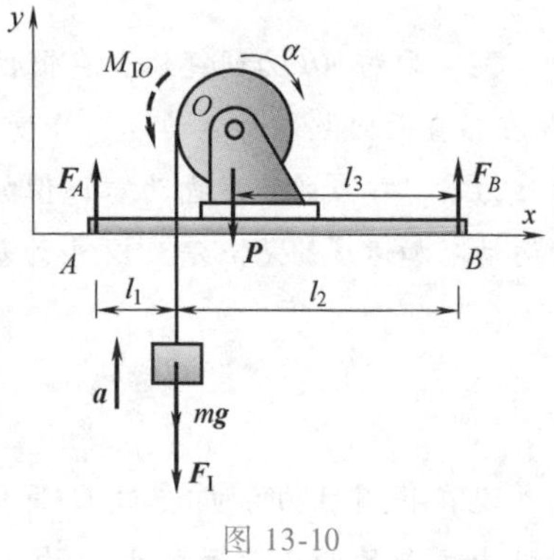


图 13-10

**解：**取整个系统为研究对象，作用于质点系的外力有重力 $m\boldsymbol{g}$、$\boldsymbol{P}$ 及支座 $A$、$B$ 对梁的法向约束力 $\boldsymbol{F}_A$、$\boldsymbol{F}_B$（忽略支座处摩擦力）。重物做平移，加惯性力如图所示，其大小为

$$F_I = ma$$

绞盘与电动机转子共同绕 $O$ 转动，由于质心位于转轴上，所以只有惯性力矩，其大小为

$$M_{IO} = J\alpha = J\frac{a}{R}$$

方向如图所示。

由质点系的达朗贝尔原理，列平衡方程

$$\sum M_B(\boldsymbol{F}) = 0,\ mgl_2 + F_I l_2 + Pl_3 + M_{IO} - F_A(l_1 + l_2) = 0$$

$$\sum F_y = 0,\ F_A + F_B - mg - P - F_I = 0$$

解得

$$F_A = \frac{1}{l_1 + l_2}\left[mgl_2 + Pl_3 + a\left(ml_2 + \frac{J}{R}\right)\right]$$

$$F_B=\frac{1}{l_1+l_2}\left[mgl_1+P(l_1+l_2-l_3)+a\left(ml_1-\frac{J}{R}\right)\right]$$

上式中前两项为支座静约束力，因此支座 $A$、$B$ 受到的附加动约束力为

$$F'_A=\frac{a}{l_1+l_2}\left(ml_2+\frac{J}{R}\right),\quad F'_B=\frac{a}{l_1+l_2}\left(ml_1-\frac{J}{R}\right)$$

附加压力（或附加动约束力）决定于惯性力系，只求附加压力时，列方程时可以不考虑惯性力以外的其他力。

**例 13-7** 用各长为 $l$ 的两绳将长为 $l$、质量为 $m$ 的均质杆 $AB$ 悬挂在水平位置，如图 13-11a 所示。若突然剪断绳 $BO$，试求刚剪断瞬时另一绳子 $AO$ 的拉力及杆的角加速度。

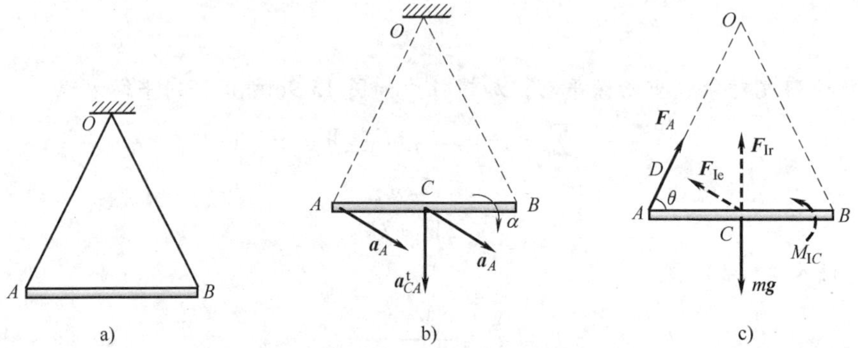


图 13-11

**解：** 取杆 $AB$ 为研究体。在惯性力系简化前，先进行杆的运动分析。绳子 $BO$ 被剪断后，杆 $AB$ 在铅直面内做平面运动。点 $A$ 受绳 $AO$ 约束，做半径为 $l$ 的圆周运动。在初瞬时，杆 $AB$ 的角速度为零，各点的速度也为零，但加速度不为零，杆 $AB$ 的角加速度也不等于零。利用刚体做平面运动求加速度的基点法，以 $A$ 为基点，则质心 $C$ 的加速度（图 13-11b）可表示为

$$\boldsymbol{a}_C=\boldsymbol{a}_A+\boldsymbol{a}_{CA}^{t}$$

其中，

$$a_{CA}^{t}=\alpha\ \frac{l}{2}$$

现在将惯性力系向质心 $C$ 简化，得到作用在 $C$ 的一个惯性力主矢和一个惯性力主矩。惯性力主矢的两个分量的大小为

$$F_{\mathrm{Ie}}=ma_A,\quad F_{\mathrm{Ir}}=m\alpha\ \frac{l}{2}$$

惯性力主矩大小为

$$M_{\mathrm{I}C}=J_C\alpha=\frac{1}{12}ml^2a$$

杆 $AB$ 受约束力 $\boldsymbol{F}_A$，主动力 $m\boldsymbol{g}$ 及惯性力系 $\boldsymbol{F}_{\mathrm{Ie}}$、$\boldsymbol{F}_{\mathrm{Ir}}$、$M_{\mathrm{I}C}$ 作用处于“平衡”（图 13-11c）。在这个力系中，基本的未知量为 $\boldsymbol{F}_A$、$\boldsymbol{a}_A$、$\alpha$，因此利用动静法，对此平面力系可建立三个独立的平衡方程，求出这三个未知量。

对 $\boldsymbol{F}_A$ 与 $\boldsymbol{F}_{\mathrm{Ie}}$ 的交点 $D$ 取矩，即

$$\sum M_D=0,\ -(mg-F_{\mathrm{Ir}})\frac{l}{2}\sin^2\theta+M_{\mathrm{I}C}=0$$

将 $\theta=60°$代入得

$$\alpha=\frac{18}{13}\frac{g}{l}$$

由 $\sum M_C(\boldsymbol{F})=0$，

$$-F_A\sin\theta\frac{l}{2}+M_{IC}=0$$

得

$$\omega_0=0$$

本题题意不要求求 $a_A(F_{Ie})$，故可选择适宜的方程，使这一未知量不出现在方程中。

对于单自由度系统（即运动学独立变量为一个）求解任意运动瞬时的加速度和约束力问题，可以与动能定理联合应用来求解。

**例 13-8**　如图 13-12a 所示，均质杆 $AB$ 长为 $l$、质量为 $m_1$，质量为 $m_2$ 的物块 $B$ 在常力 $\boldsymbol{F}$ 作用下，由 $\theta_0=30°$无初速度开始运动。不计 $A$ 块质量。试求杆 $AB$ 运动到铅直位置时：

（1）物块 $B$ 的速度；

（2）滑道对系统的约束力。

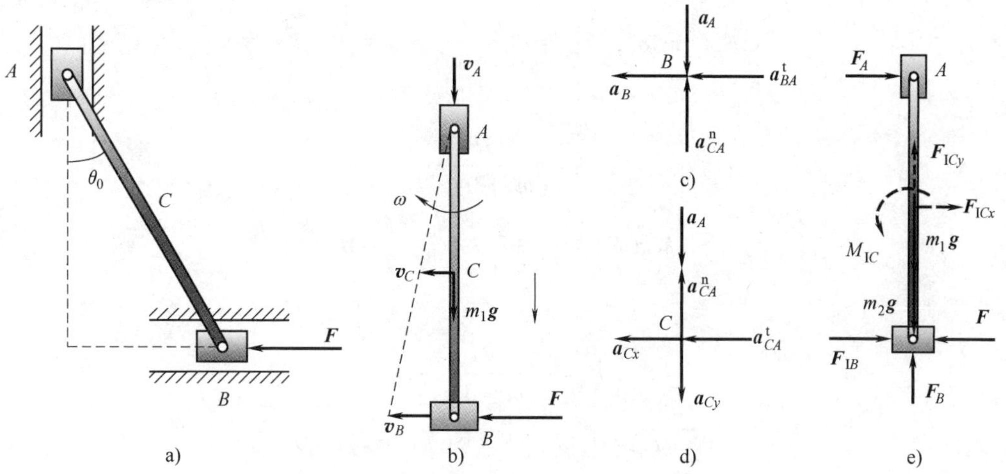


图 13-12

**解：**（1）先由动能定理来确定物块 $B$ 的速度。

由题意知 $T_1=0$，当杆 $AB$ 运动到铅直位置时，运动分析如图 13-12b 所示，$A$ 为速度瞬心。则

$$T_2=\frac{1}{2}m_1v_C^2+\frac{1}{2}J_C\omega^2+\frac{1}{2}m_2v_B^2$$

其中，

$$v_C=\frac{v_B}{2},\quad \omega=\frac{v_B}{l},\quad J_C=\frac{1}{12}m_1l^2$$

代入得

$$T_2=\frac{1}{2}\left(\frac{1}{3}m_1+m_2\right)v_B^2$$

系统具有理想约束，主动力的功为

$$\sum W_i=Fl\sin\theta_0-m_1g\frac{l}{2}(1-\cos\theta_0)=\frac{1}{2}Fl-\frac{1}{2}\left(1-\frac{\sqrt{3}}{2}\right)m_1gl$$

代入动能定理 $T_2-T_1=\sum W_i$ 得

$$v_B^2=\frac{Fl-\left(1-\frac{\sqrt{3}}{2}\right)m_1gl}{\frac{1}{3}m_1+m_2}=\frac{3}{2}\ \frac{2Fl-(2-\sqrt{3})m_1gl}{m_1+3m_2}$$

(2) 设系统处于铅直位置时，杆中心 $C$ 的加速度如图 13-12d 所示，角加速度设为顺时针转向，这样就有 $a_{Cx}$、$a_{Cy}$、$\alpha$ 三个未知量，必须先以 $A$ 为基点研究 $B$ 点，在 $v_B$ 已知的条件下，$a_B=a_{BA}^{\mathrm{t}}=\alpha l$，$a_A=a_{BA}^{\mathrm{n}}=\dfrac{v_B^2}{l}$（见图 13-12c）。再以 $A$ 为基点研究 $C$ 点，则

$$a_{Cx}=a_{CA}^{\mathrm{t}}=\alpha\frac{l}{2},\quad a_{Cy}=a_A-a_{CA}^{\mathrm{n}}=\frac{v_B^2}{l}-\frac{v_C^2}{l}=\frac{3}{4}\ \frac{v_B^2}{l}=\frac{9}{8}\ \frac{2F-(2-\sqrt{3})m_1g}{m_1+3m_2}$$

将杆与物块 $B$ 的惯性力系分别简化，并画出全部已知力、约束力（见图 13-12e），由

$$\sum M_A(\boldsymbol{F})=0,\quad -Fl+F_{\mathrm{I}B}l+F_{\mathrm{I}Cx}\frac{l}{2}+M_{\mathrm{I}C}=0$$

其中
$$F_{\mathrm{I}B}=m_2\alpha l,\quad F_{\mathrm{I}Cx}=m_1\alpha\frac{l}{2},\quad M_{\mathrm{I}C}=\frac{1}{12}m_1l^2\alpha$$

代入得

$$\alpha=\frac{3F}{(m_1+3m_2)l}$$

由
$$\sum M_B(\boldsymbol{F})=0,\quad -F_Al-F_{\mathrm{I}Cx}\frac{l}{2}+M_{\mathrm{I}C}=0$$

得

$$F_A=\frac{m_1}{2(m_1+3m_2)}F$$

由
$$\sum F_{yi}=0,\quad F_B+F_{\mathrm{I}Cy}-(m_1+m_2)g=0$$

其中
$$F_{\mathrm{I}Cy}=m_1a_{Cy}$$

代入得

$$F_B=(m_1+m_2)g-\frac{9}{8}\ \frac{2F-(2-\sqrt{3})m_1g}{m_1+3m_2}m_1$$

本例原可以用动能定理与平面运动微分方程联立求解，现用动能定理与动静法求解，在列写方程时更方便。同时必须指出，求解角加速度的方法不是唯一的，若将杆设置于任意角 $\theta$ 位置，利用动能定理对时间 $t$ 求导，也可以求出角加速度。

## 13.3 绕定轴转动刚体的轴承动约束力

在日常生活和工程实际中，大量绕定轴转动的刚体（电动机、柴油机、电风扇、车床主轴等）如何在转动时不产生破坏、振动与噪声，是工程师非常关心的问题。如果能使这些机械在转动起来之后轴承受力与不转时轴承受力一样，也就是说如果能够消除轴承动约束

力，使轴承只受到静约束力作用，就可以做到这一点。为此，先把任意一个绕定轴转动刚体的轴承全约束力（包括静约束力与动约束力）求出来，然后再推出消除动约束力的条件。

设任一质量为 $m$ 的刚体绕轴 $AB$ 做定轴转动，角速度为 $\omega$，角加速度为 $\alpha$，刚体上任意质点 $M_i$ 的质量为 $m_i$，到转轴的距离为 $r_i$，则刚体内任意质点的惯性力 $\boldsymbol{F}_{\text{I}i}=-m_i\boldsymbol{a}_i$，位置坐标为（$x_i$，$y_i$，$z_i$），则

$$x_i=r_i\cos\varphi,\quad y_i=r_i\sin\varphi,\quad z_i=\text{常量}$$

$$v_{ix}=v_i\sin\varphi=-\omega r_i\frac{y_i}{r_i}=-\omega y_i$$

$$v_{iy}=v_i\cos\varphi=\omega r_i\frac{x_i}{r_i}=\omega x_i$$

$$v_{iz}=0$$

$$a_{ix}=\frac{\mathrm{d}^2x_i}{\mathrm{d}t^2}=-y_i\alpha-x_i\omega^2,\quad \alpha_{iy}=\frac{\mathrm{d}^2y_i}{\mathrm{d}t^2}=x_i\alpha-y_i\omega^2,\quad a_{iz}=0$$

故质点 $M_i$ 的惯性力在坐标轴上的投影为

$$F_{\text{I}i}^x=-m_ia_{ix}=m_iy_i\alpha+m_ix_i\omega^2$$
$$F_{\text{I}i}^y=-m_ia_{iy}=-m_ix_i\alpha+m_iy_i\omega^2$$
$$F_{\text{I}i}^z=0$$

由于惯性力系的主矢 $\boldsymbol{F}_{\text{IR}}=\sum\boldsymbol{F}_{\text{I}i}$，对 $A$ 点的主矩 $\boldsymbol{M}_{\text{I}A}=\sum\boldsymbol{M}_A(\boldsymbol{F}_{\text{I}i})$，两者向直角坐标轴投影可写为

$$\begin{cases}F_{\text{IR}}^x=\sum F_{\text{I}i}^x=\sum m_iy_i\alpha+\sum m_ix_i\omega^2=my_C\alpha+mx_C\omega^2\\ F_{\text{IR}}^y=\sum F_{\text{I}i}^y=\sum -m_ix_i\alpha+\sum m_iy_i\omega^2=-mx_C\alpha+my_C\omega^2\\ F_{\text{IR}}^z=\sum F_{\text{I}i}^z=0\\ M_{\text{I}x}=\sum(y_iF_{\text{I}i}^z-z_iF_{\text{I}i}^y)=0-\sum z_i(-m_ix_i\alpha+m_iy_i\omega^2)\\ \quad=\alpha\sum m_iz_ix_i-\omega^2\sum m_iy_iz_i=J_{zx}\alpha-J_{yz}\omega^2\\ M_{\text{I}y}=\sum(z_iF_{\text{I}i}^x-x_iF_{\text{I}i}^z)=\sum z_i(m_iy_i\alpha+m_ix_i\omega^2)-0\\ \quad=\alpha\sum m_iz_iy_i+\omega^2\sum m_iz_ix_i=J_{yz}\alpha+J_{zx}\omega^2\\ M_{\text{I}z}=\sum(x_iF_{\text{I}i}^y-y_iF_{\text{I}i}^x)=\sum x_i(-m_ix_i\alpha+m_iy_i\omega^2)-\sum y_i(m_iy_i\alpha+m_ix_i\omega^2)\\ \quad=-\alpha(\sum m_ix_i^2+\sum m_iy_i^2)=-\alpha\sum m_i(x_i^2+y_i^2)=-J_z\alpha\end{cases}\tag{13-12}$$

式中，$J_z=\sum m_i(x_i^2+y_i^2)$ 是刚体对于转轴 $z$ 的转动惯量；$J_{yz}=\sum m_iz_iy_i$ 和 $J_{zx}=\sum m_iz_ix_i$ 是表征刚体的质量对于坐标系分布的几何性质的物理量，与转动惯量具有相同的单位，分别称为刚体对于轴 $z$、$x$ 和轴 $y$、$z$ 的惯性积，又称为离心转动惯量，与刚体相对于坐标系的质量分布有关。如果刚体具有质量对称平面 $xOy$，或者 $z$ 轴是对称轴时，$J_{xz}=J_{yz}=0$，此时 $z$ 轴

称为刚体在 $A$ 点的惯性主轴，对于通过质心的惯性主轴称为中心惯性主轴。

轴承 $A$、$B$ 处的五个全约束力分别以 $\boldsymbol{F}_{Ax}$、$\boldsymbol{F}_{Ay}$、$\boldsymbol{F}_{Bx}$、$\boldsymbol{F}_{By}$、$\boldsymbol{F}_{Bz}$ 表示，主动力系的主矢和主矩 $\boldsymbol{F}_{\mathrm{R}}$ 和主矩 $\boldsymbol{M}_O$ 在坐标轴上的投影分别表示为 $\boldsymbol{F}_{\mathrm{R}x}$、$\boldsymbol{F}_{\mathrm{R}y}$、$\boldsymbol{F}_{\mathrm{R}z}$ 和 $M_x$、$M_y$、$M_z$。

为求出轴承 $A$、$B$ 处的全约束力，建立如图 13-13 所示坐标系，根据质点系的动静法，这形成一个空间任意平衡力系，列平衡方程如下：

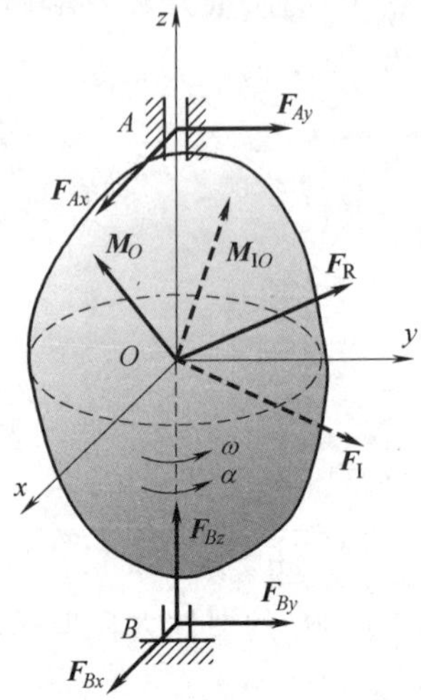


图 13-13

$$\sum F_x=0,\ F_{Ax}+F_{Bx}+F_{\mathrm{R}x}+F_{\mathrm{I}x}=0$$

$$\sum F_y=0,\ F_{Ay}+F_{By}+F_{\mathrm{R}y}+F_{\mathrm{I}y}=0$$

$$\sum F_z=0,\ F_{Bz}+F_{\mathrm{R}z}=0$$

$$\sum M_x(\boldsymbol{F})=0,\ F_{By}\cdot OB-F_{Ay}\cdot OA+M_x+M_{\mathrm{I}x}=0$$

$$\sum M_y(\boldsymbol{F})=0,\ F_{Ax}\cdot OA-F_{Bx}\cdot OB+M_y+M_{\mathrm{I}y}=0$$

由上述 5 个方程解得轴承全约束力为

$$\begin{cases} F_{Ax}=-\dfrac{1}{AB}[(M_y+F_{\mathrm{R}x}\cdot OB)+(M_{\mathrm{I}y}+F_{\mathrm{I}x}\cdot OB)] \\ F_{Ay}=\dfrac{1}{AB}[(M_x+F_{\mathrm{R}y}\cdot OB)+(M_{\mathrm{I}x}+F_{\mathrm{I}y}\cdot OB)] \\ F_{Bx}=\dfrac{1}{AB}[(M_y-F_{\mathrm{R}x}\cdot OA)+(M_{\mathrm{I}y}-F_{\mathrm{I}x}\cdot OA)] \\ F_{By}=-\dfrac{1}{AB}[(M_x+F_{\mathrm{R}y}\cdot OA)+(M_{\mathrm{I}x}+F_{\mathrm{I}y}\cdot OA)] \\ F_{Bz}=-F_{\mathrm{R}z} \end{cases} \tag{13-13}$$

由于惯性力没有沿 $z$ 轴方向的分量，所以止推轴承 $B$ 沿 $z$ 轴的约束力 $\boldsymbol{F}_{Bz}$ 与惯性力无关，而与 $z$ 轴垂直的轴承约束力 $\boldsymbol{F}_{Ax}$、$\boldsymbol{F}_{Ay}$、$\boldsymbol{F}_{Bx}$、$\boldsymbol{F}_{By}$ 显然与惯性力系的主矢 $\boldsymbol{F}_{\mathrm{IR}}$ 与主矩 $\boldsymbol{M}_{\mathrm{I}O}$ 有关。由于 $\boldsymbol{F}_{\mathrm{IR}}$、$\boldsymbol{M}_{\mathrm{I}O}$ 引起的轴承约束力称为附加动约束力，要使附加动约束力等于零，必须有

$$F_{\mathrm{I}x}=F_{\mathrm{I}y}=0,\ M_{\mathrm{I}x}=M_{\mathrm{I}y}=0$$

即要使轴承动约束力等于零的条件是：惯性力系的主矢等于零，惯性力系对于 $x$ 轴和 $y$ 轴的主矩等于零。

由式（13-13），应有

$$F_{\mathrm{I}x}=-ma_{Cx}=0,\ F_{\mathrm{I}y}=-ma_{Cy}=0$$

$$M_{\mathrm{I}x}=J_{xz}\alpha-J_{yz}\omega^2=0,\ M_{\mathrm{I}y}=J_{yz}\alpha+J_{xz}\omega^2=0$$

由此可见，要使惯性力系的主矢等于零，必须有 $\boldsymbol{a}_C=\boldsymbol{0}$，即转轴必须通过质心。而要使 $M_{\mathrm{I}x}=0$，$M_{\mathrm{I}y}=0$，必须有 $J_{xz}=J_{yz}=0$，即刚体对于转轴 $z$ 的惯性积必须等于零。

于是得结论，刚体绕定轴转动时，避免出现轴承动约束力的条件是：转轴通过质心，刚体对转轴的惯性积等于零，也就是说，刚体的转轴应是刚体的中心惯性主轴。

设刚体的转轴通过质心，且刚体除重力外，没有受到其他主动力作用，则刚体可以在任意位置静止不动即随遇平衡，称这种现象为静平衡。当刚体的转轴通过质心且为惯性主轴时，刚体转动时不出现轴承动约束力，称这种现象为动平衡。能够实现静平衡的定轴转动刚体不一定能够实现动平衡，但能够实现动平衡的定轴转动刚体肯定能够实现静平衡。

事实上，由于材料的不均匀或制造、安装误差等原因，都可能使定轴转动刚体的转轴偏离中心惯性主轴。为了避免出现轴承动约束力，确保机器运行安全可靠，在有条件的地方，可在专门的静平衡与动平衡试验机上进行静、动平衡试验，根据试验数据，在刚体的适当位置附加一些质量或去掉一些质量，使其达到静、动平衡。静平衡试验机可以调整质心在转轴上或尽可能地在转轴上，动平衡试验机可以调整对转轴的惯性积，使其对转轴的惯性积为零或尽可能地为零。

**例 13-9**　如图 13-14 所示，轮盘（连同轴）的质量 $m=20\text{kg}$，转轴 $AB$ 与轮盘的质量对称面垂直，但轮盘的质心 $C$ 不在转轴上，偏心距 $e=0.1\text{mm}$。当轮盘以匀转速 $n=12000\text{r/min}$ 转动时，求轴承 $A$、$B$ 的约束力。

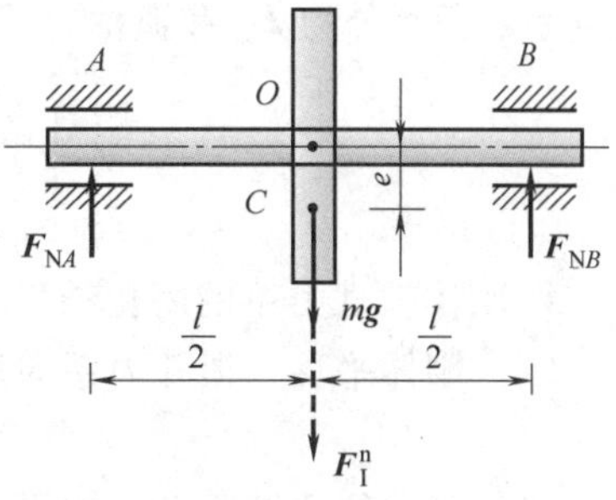

图 13-14

**解：** 由于转轴 $AB$ 与轮盘的质量对称面垂直，所以转轴 $A$ 为惯性主轴，即对此轴的惯性积为零，又由于是匀速转动，$\alpha=0$，所以惯性力矩均为零，取此刚体为研究对象，当重心 $C$ 位于最下端时，轴承处约束力最大，受力图如图 13-14 所示，由于轮盘为匀速转动，质心 $C$ 只有法向加速度

$$a_n=e\omega^2=\frac{0.1}{1000}\text{m}\times\left(\frac{12000\pi}{30}1/\text{s}\right)^2=158\text{m/s}^2$$

因此惯性力大小为

$$F_I^n=ma_n=3160\text{N}$$

方向如图所示。

由质点系的动静法，列平衡方程可得

$$F_{NA}=F_{NB}=\frac{1}{2}(mg+F_I^n)=\frac{1}{2}\times(20\times9.8+3160)\text{N}=1678\text{N}$$

其中轴承动约束力为 $\frac{1}{2}F_I^n=1580\text{N}$。由此可见，在高速转动下，0.1mm 的偏心距所引起的轴承动约束力，可达静约束力 $\frac{1}{2}mg=98\text{N}$ 的 17 倍之多！而且转速越高，偏心距越大，轴承动约束力越大，这势必使轴承磨损加快，甚至引起轴承的破坏。再者，注意到惯性力 $\boldsymbol{F}_I^n$ 的方向随刚体的旋转而呈周期性变化，使轴承动约束力的大小与方向也发生周期性变化，因而势必引起机器的振动与噪声，同样会加速轴承的磨损与破坏。因此，必须尽量减小与消除偏心距。

对此题，设系统质心位于转轴上，由于安装误差，轮盘盘面与转轴成角 $\theta=1°$，轮盘为均质圆盘，半径为 200mm，厚度为 20mm，$l$ 为 1m，轮盘质量与转速不变。可求得此时静约束力仍为 98N，但动约束力为 5493N（计算略，有兴趣的读者可以计算），是静约束力的 56 倍之多，这对轴承受力是相当不利的，所以应尽量减少安装误差。

## 小　结

1. 设质点的质量为 $m$，加速度为 $\boldsymbol{a}$，则质点的惯性力 $\boldsymbol{F}_I$ 定义为

$$\boldsymbol{F}_{\mathrm{I}}=-m\boldsymbol{a}$$

该力不是作用于物体上的真实力，是由于物体具有加速度才产生的，对运动物体而言是虚拟的力。

2. 质点的达朗贝尔原理：质点上除了作用有主动力 $\boldsymbol{F}$ 和约束力 $\boldsymbol{F}_{\mathrm{N}}$ 外，如果假想地认为还作用有该质点的惯性力 $\boldsymbol{F}_{\mathrm{I}}$，则这些力在形式上形成一个平衡力系，即

$$\boldsymbol{F}+\boldsymbol{F}_{\mathrm{N}}+\boldsymbol{F}_{\mathrm{I}}=\boldsymbol{0}$$

3. 质点系的达朗贝尔原理：在质点系中每个质点上都假想地加上各自的惯性力 $\boldsymbol{F}_{\mathrm{I}i}$，则质点系的所有外力 $\boldsymbol{F}_i^{\mathrm{e}}$ 和惯性力 $\boldsymbol{F}_{\mathrm{I}i}$，在形式上形成一个平衡力系，可以表示为

$$\begin{cases}\sum \boldsymbol{F}_i^{\mathrm{e}}+\sum \boldsymbol{F}_{\mathrm{I}i}=\boldsymbol{0}\\ \sum \boldsymbol{M}_O(\boldsymbol{F}_i^{\mathrm{e}})+\sum \boldsymbol{M}_O(\boldsymbol{F}_{\mathrm{I}i})=\boldsymbol{0}\end{cases}$$

4. 刚体惯性力系的简化结果

（1）刚体平移　惯性力系向质心 $C$ 简化，主矢与主矩分别为

$$\boldsymbol{F}_{\mathrm{I}}=-m\boldsymbol{a}_C,\ \boldsymbol{M}_{\mathrm{I}C}=\boldsymbol{0}$$

（2）刚体绕定轴转动　如果刚体有质量对称平面，且此平面与转轴 $x$ 垂直，则惯性力系向此质量对称平面与转轴 $z$ 的交点 $O$ 简化，主矢与主矩分别为

$$\boldsymbol{F}_{\mathrm{I}}=-m\boldsymbol{a}_C,\ M_{\mathrm{I}O}=-J_z\alpha$$

（3）刚体做平面运动，若此刚体有一质量对称平面且在平行于此平面的平面内做运动，惯性力系向质心 $C$ 简化，主矢和主矩分别为

$$\boldsymbol{F}_{\mathrm{I}}=-m\boldsymbol{a}_C,\ M_{\mathrm{I}C}=-J_C\alpha$$

其中 $J_C$ 为刚体对通过质心且与质量对称平面垂直的轴的转动惯量。

5. 刚体绕定轴转动，消除动约束力的条件是，此转轴是中心惯性主轴（转轴过质心且对此轴的惯性积为零）；质心在转轴上，刚体可以在任意位置静止不动，称为静平衡；转轴为中心惯性主轴，不出现轴承动约束力，称为动平衡。

## 思　考　题

13-1　如思考题 13-1 图所示半径为 $R$、质量为 $m$ 的均质圆盘沿直线轨道做纯滚动。在某瞬时圆盘具有角速度 $\omega$ 及角加速度 $\alpha$，试分析惯性力系向质心 $C$ 和接触点 $A$ 的简化结果。

13-2　应用动静法时，对静止的质点是否需要加惯性力？对运动着的质点是否都需要加惯性力？

13-3　质点在空中运动，只受到重力作用，当质点做自由落体运动、质点被上抛、质点从楼顶水平弹出时，质点惯性力的大小与方向是否相同？

13-4　如思考题 13-4 图所示，两相同的均质轮，但图 a 中用力 $\boldsymbol{F}$ 拉动，图 b 中挂一重为 $\boldsymbol{P}$（$\boldsymbol{P}=\boldsymbol{F}$）的重物。试问两轮的角速度是否相同？为什么？

13-5　如思考题 13-5 图所示，不计质量的轴上用不计质量的纳杆固连着几个质量均等于 $m$ 的小球，当轴以匀角速度 $\omega$ 转动时，图示各情况中哪些满足动平衡？哪些只满足静平衡？哪些都不满足？

13-6　任意形状的均质等厚板，垂直于板面的轴都是惯性主轴，对吗？不与板面垂直的轴都不是惯性主轴，对吗？

13-7　如思考题 13-7 图所示，均质滑轮对轴 $O$ 的转动惯量为 $J_O$，重物质量为 $m$，拉力为 $\boldsymbol{F}$，绳与轮间不打滑。当重物以等速 $\boldsymbol{v}$ 上升和下降时轮两边绳的拉力是否相同？以等加速度 $\boldsymbol{a}$ 上升和下降时，轮两边绳的拉力是否相同？

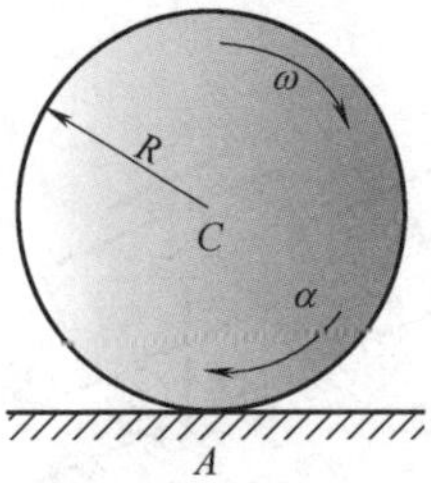


思考题 13-1 图

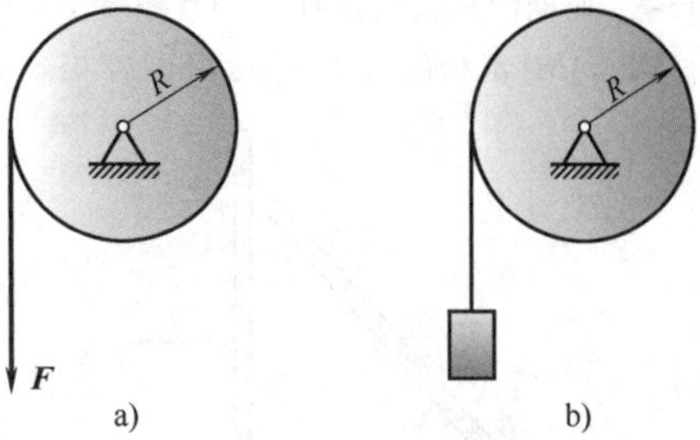


思考题 13-4 图

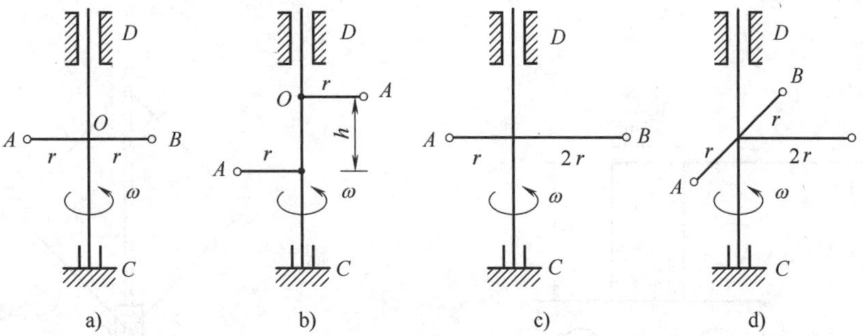


思考题 13-5 图

思考题 13-7

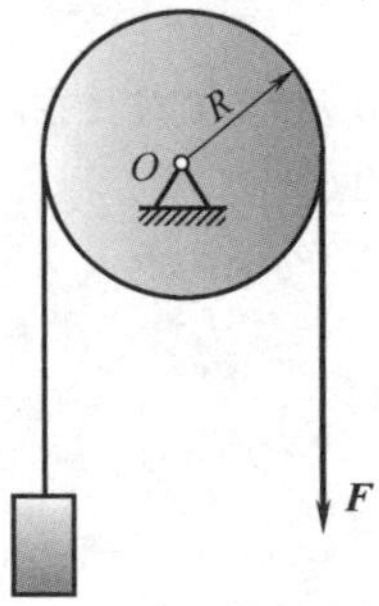


思考题 13-7 图

## 习　　题

13-1　如习题 13-1 图所示均质杆 $AB$ 靠在小车上，其 $A$、$B$ 端的摩擦系数均为 $f_s=0.4$，不使杆产生滑动时，求所允许小车的最大加速度。

13-2　矿车重 $\boldsymbol{P}$ 以速度 $\boldsymbol{v}$ 沿倾角为 $\theta$ 的斜坡匀速下降，运动总阻力系数为 $f$，尺寸如习题 13-2 图所示；不计轮的转动惯量，求钢丝绳的拉力。当制动时，矿车做匀减速运动，制动时间为 $t$，求此时钢丝绳的拉力和轨道法向约束力。

13-3　习题 13-3 图所示矩形块质量 $m_1=100\text{kg}$，置于平台车上，车质量 $m_2=50\text{kg}$，此车沿光滑的水平面运动。车和矩形块在一起由质量 $m_3$ 的物体牵引，使之做加速运动。设物块与车之间的摩擦力足够阻止相互滑动，求能够使车加速运动的质量 $m_3$ 的最大值，以及此时车的加速度大小。

13-4　如习题 13-4 图所示离心调速器中，小球 $A$ 和 $B$ 均重 $G_1$，活套 $C$ 重 $G_2$，$A$、$B$、$C$、$D$ 在同一平面内，当转轴 $OD$ 以匀角速度 $\omega$ 转动时，不计各杆重量，试求张角 $\alpha$ 与角速度 $\omega$ 的关系。

13-5　曲柄滑道机构如习题13-5图所示，已知圆轮半径为 $r$，对转轴的转动惯量为 $J$，轮上作用一不变的力偶 $M$，$ABD$ 滑槽的质量为 $m$，不计摩擦。求圆轮的转动微分方程。

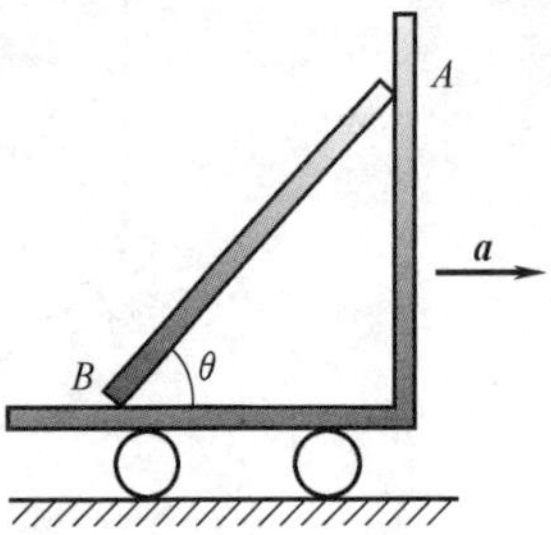


习题13-1图

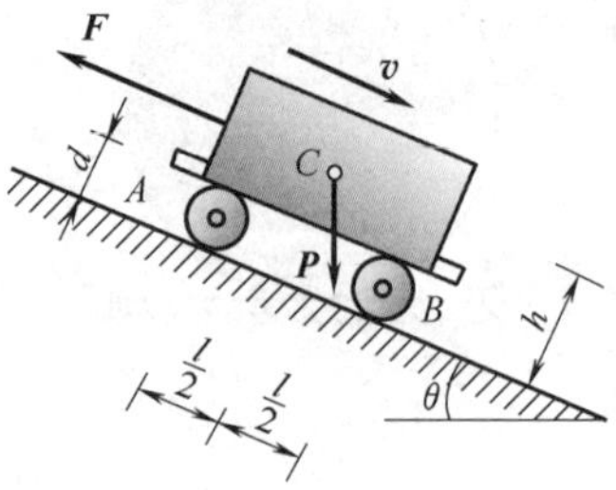


习题13-2图

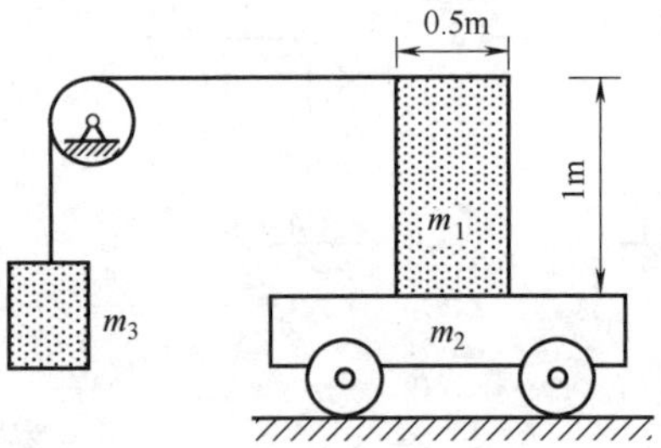


习题13-3图

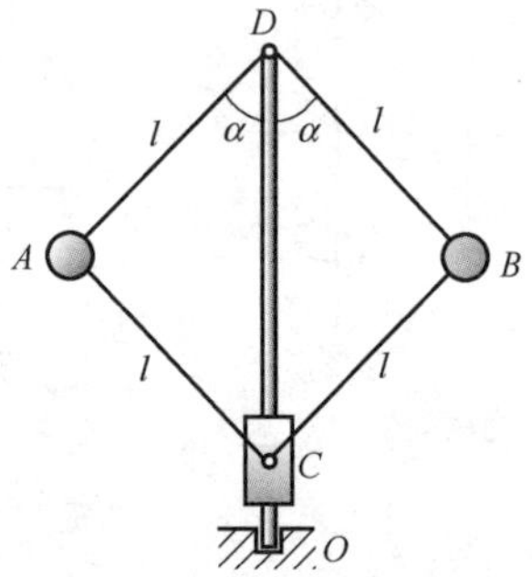


习题13-4图

13-6　长为 $l$、重为 $G$ 的均质杆 $AD$ 用铰 $B$ 及绳 $AE$ 维持在水平位置，如习题13-6图所示，若将绳突然切断，求此瞬时的角加速度和铰 $B$ 处的约束力。

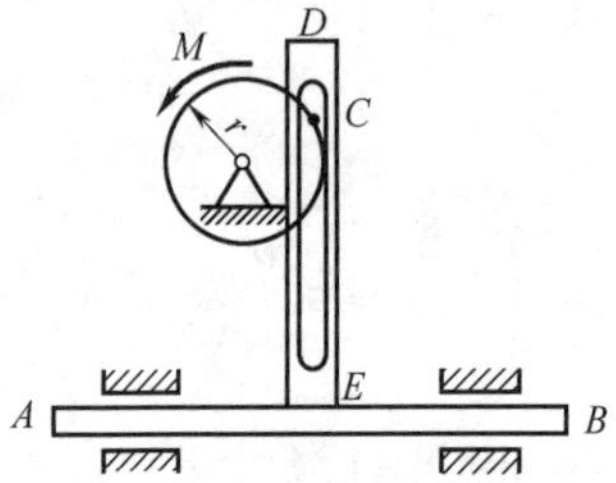


习题13-5图

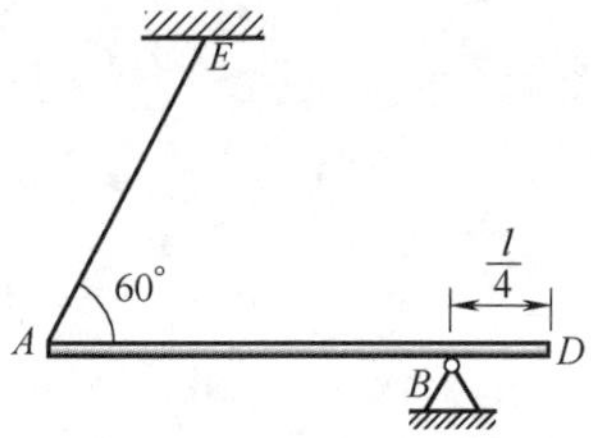


习题13-6图

13-7　习题13-7图所示振动器用于压实土壤表面，已知机座重 $\boldsymbol{G}$，对称的偏心锤重 $P_1=P_2=P$，偏心距为 $e$；两锤以相同的匀角速度 $\omega$ 相向转动，求振动器对地面压力的最大值。

13-8　如习题13-8图所示，露天装载机转弯时，弯道半径为 $\rho$，装载机重 $\boldsymbol{P}$，重心高出水平地面 $h$，内外轮间的距离为 $b$，设轮与地面的摩擦系数为 $f$，求：

（1）转弯时的极限速度，即不致打滑和倾倒的最大速度；

（2）若要求当转弯速度较大时，先打滑后倾倒，则应有什么条件？

（3）如装载机的最小转弯半径（自后轮外侧算起）为570cm，轮距为225cm，摩擦系数取0.5，则极限速度为多少？

13-9　转速表的简化模型如习题13-9图所示。杆 $CD$ 的两端各有质量为 $m$ 的 $C$ 球和 $D$ 球，杆 $CD$ 与转轴 $AB$ 铰接于各自的中点，质量不计。当转轴 $AB$ 转动时，杆 $CD$ 的转角 $\varphi$ 就发生变化。设 $\omega=0$ 时，$\varphi=\varphi_0$，且盘簧中无力。盘簧产生的力矩 $M$ 与转角 $\varphi$ 的关系为 $M=k(\varphi-\varphi_0)$，式中 $k$ 为盘簧刚度系数。轴承 $A$、$B$ 间距离为 $2b$。求：

（1）角速度 $\omega$ 与角 $\varphi$ 的关系；

（2）当系统处于图示平面时，轴承 $A$、$B$ 的约束力。$AO=OB=b$。

13-10　如习题 13-10 图所示，均质圆柱重 $\boldsymbol{P}$，半径为 $R$，在常力 $\boldsymbol{F}_T$ 作用下沿水平面纯滚动，求轮心的加速度及地面的约束力。

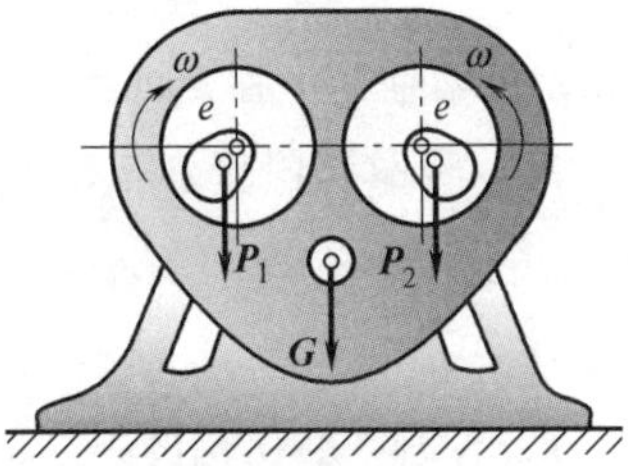


习题 13-7 图

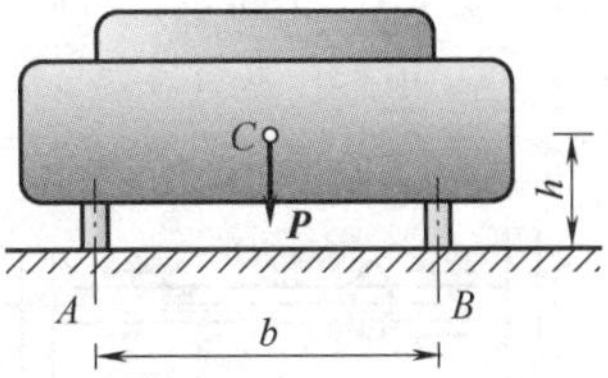


习题 13-8 图

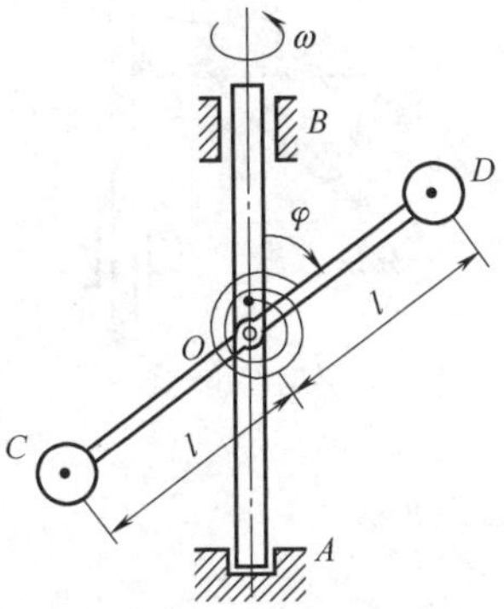


习题 13-9 图

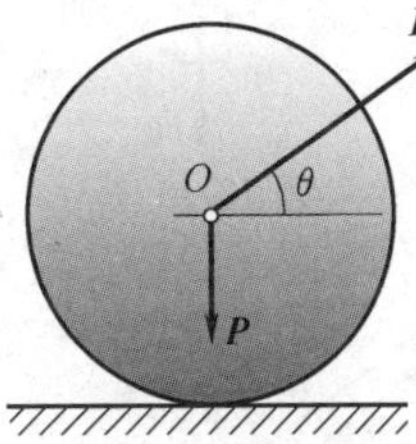


习题 13-10 图

13-11　如习题 13-11 图所示，质量为 $m_1$ 的物体 $A$ 下落时，带动质量为 $m_2$ 的均质圆盘 $B$ 转动，不计支架和绳子的重量及轴上的摩擦，$BC=a$，盘 $B$ 的半径为 $R$。求固定端 $C$ 的约束力。

13-12　如习题 13-12 图所示机构中，均质杆 $AB$ 和 $BC$ 单位长度的质量为 $m$，而圆盘在铅垂平面内绕 $O$ 轴以匀角速度 $\omega$ 转动，$OA=r$。求在图示瞬时作用在杆 $AB$ 上点 $A$ 和点 $B$ 的约束力。

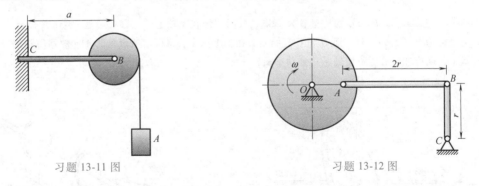

习题 13-11 图

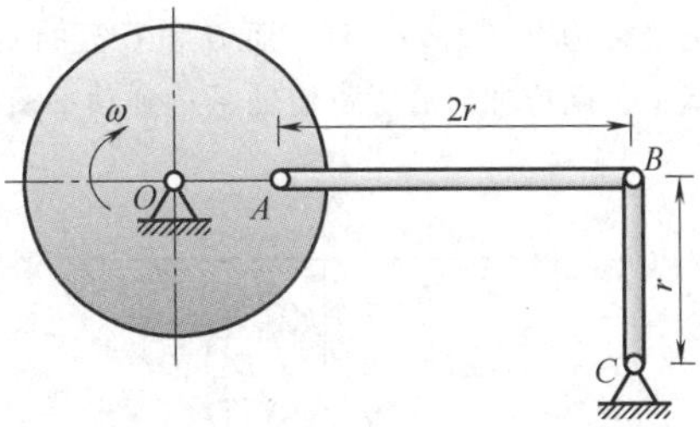


习题 13-12 图

13-13　习题 13-13 图所示电动绞车提升一质量为 $m$ 的物体，在主动轴上作用有一矩为 $M$ 的主动力偶。已知主动轴和从动轴连同安装在这两轴上的齿轮以及其他附属零件的转动惯量分别为 $J_1$ 和 $J_2$；传动比 $z_1$：$z_2=i$；吊索缠绕在鼓轮上，此轮半径为 $R$。设轴承的摩擦和吊索的质量均略去不计，求重物的加速度。

13-14　习题 13-14 图所示曲柄 $OA$ 的质量为 $m_1$，长为 $r$，以等角速度 $\omega$ 绕水平轴 $O$ 逆时针方向转动。曲柄的 $A$ 端推动水平板 $B$，使质量为 $m_2$ 的滑杆 $C$ 沿铅直方向运动。忽略摩擦，求当曲柄与水平方向夹角 $\theta=30°$时的力偶矩 $M$ 及轴承 $O$ 的约束力。

13-15　如习题 13-15 图所示，重为 $\boldsymbol{P}_1$ 的重物 $A$ 沿斜面 $D$ 下降，同时借绕过滑轮 $C$ 的绳使重为 $\boldsymbol{P}_2$ 的重物 $B$ 上升。斜面与水平面成 $\theta$ 角，不计滑轮和绳的质量及摩擦。求斜面 $D$ 给地板 $E$ 凸出部分的水平压力。

13-16　如习题 13-16 图所示，铅垂面内曲柄连杆滑块机构中，均质直杆 $OA=r$，$AB=2r$，质量分别为 $m$ 和 $2m$，滑块 $B$ 的质量为 $m$。曲柄 $OA$ 匀速转动，角速度为 $\omega_O$。在图示瞬时，滑块运行阻力为 $\boldsymbol{F}$。不计摩擦，求滑道对滑块的约束力及 $OA$ 上的驱动力偶矩 $M_O$。

13-17　如习题 13-17 图所示，均质薄圆盘重 $\boldsymbol{P}$、半径为 $r$，装在水平轴的中部，圆盘与轴线成交角 $(90°-\theta)$ 且偏心距 $OC=e$。求当圆盘与轴以匀角速度 $\omega$ 转动时，轴承 $A$、$B$ 处的附加动约束力。两轴承间的距离 $AB=2a$。

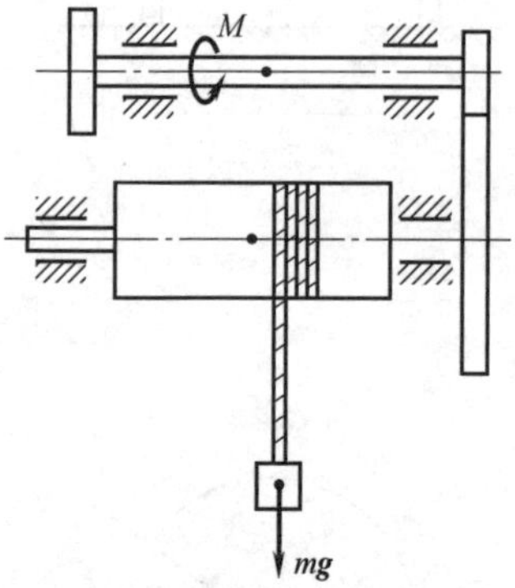


习题 13-13 图

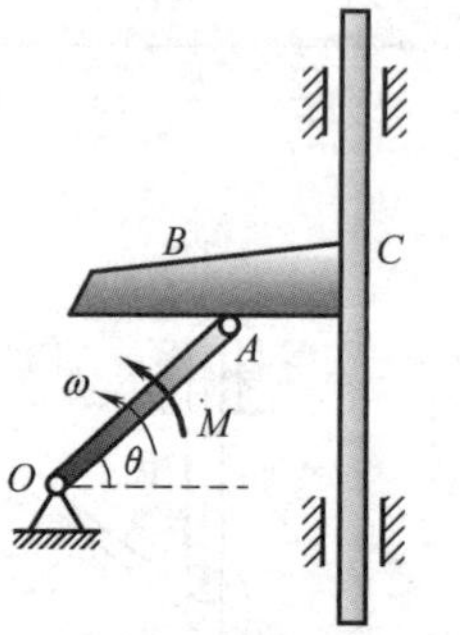


习题 13-14 图

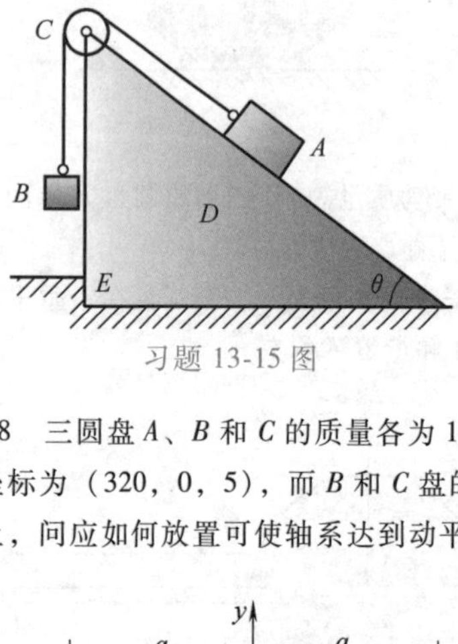


习题 13-15 图

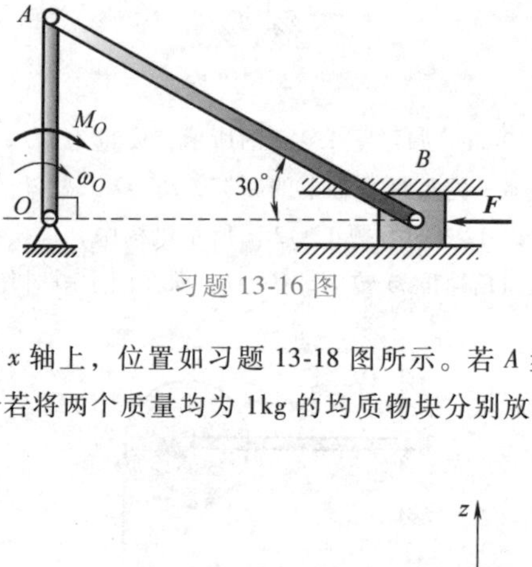


习题 13-16 图

13-18　三圆盘 $A$、$B$ 和 $C$ 的质量各为 12kg，共同固结在 $x$ 轴上，位置如习题 13-18 图所示。若 $A$ 盘质心 $G$ 的坐标为（320，0，5），而 $B$ 和 $C$ 盘的质心在轴上。今若将两个质量均为 1kg 的均质物块分别放在 $B$ 和 $C$ 盘上，问应如何放置可使轴系达到动平衡？

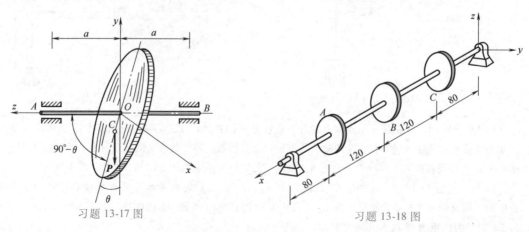

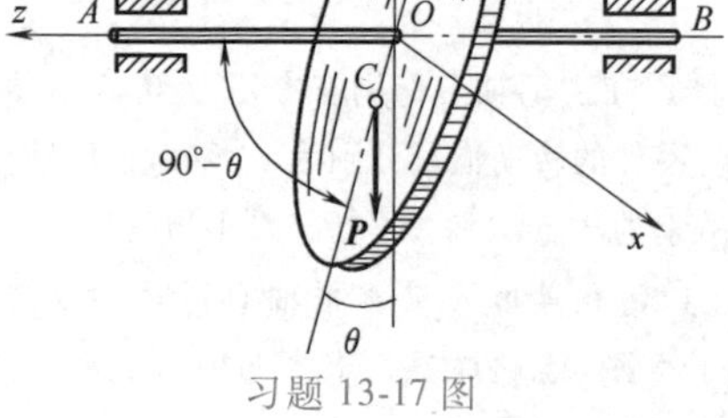


习题 13-17 图

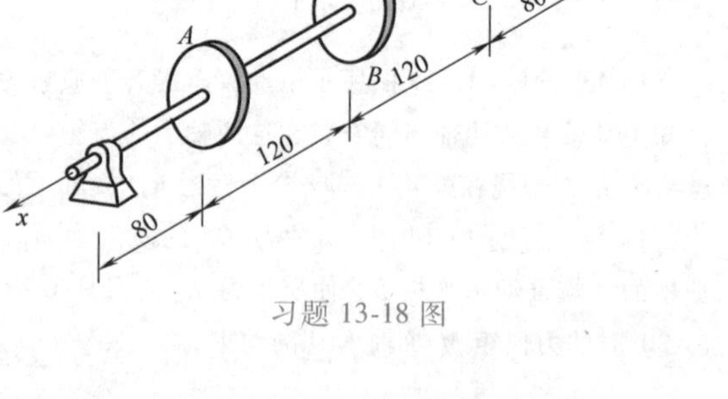


习题 13-18 图

# 第 14 章

# 虚位移原理

虚位移原理是应用虚位移和功的概念研究任意非自由质点系（包括可变形的刚体系统）的平衡问题。它与达朗贝尔原理相结合，能导出解决非自由质点系动力学问题的动力学普遍方程，为求解复杂系统的动力学问题提供了另一种普遍的方法，构成了分析力学的基础。本书只介绍虚位移原理的工程应用，而不按分析力学的体系追求其完整性和严密性。

知识点视频

## 14.1 约束·虚位移·虚功

### 14.1.1 约束及其分类

限制质点或质点系位置或速度的条件称为约束，表示这些限制条件的数学方程称为约束方程。我们从不同的角度对约束分类如下。

**1. 几何约束和运动约束**

只限制质点或质点系几何位置的约束称为几何约束。因位置由坐标表示，故几何约束的约束方程就是质点或者质点系中各质点的坐标在约束的限制下所必须满足的条件。例如图 14-1 所示单摆，摆杆对质点 $M$ 的限制条件是：质点 $M$ 必须在以点 $O$ 为圆心、以杆长 $l$ 为半径的圆周上运动，其约束方程为

$$x^2+y^2=l^2$$

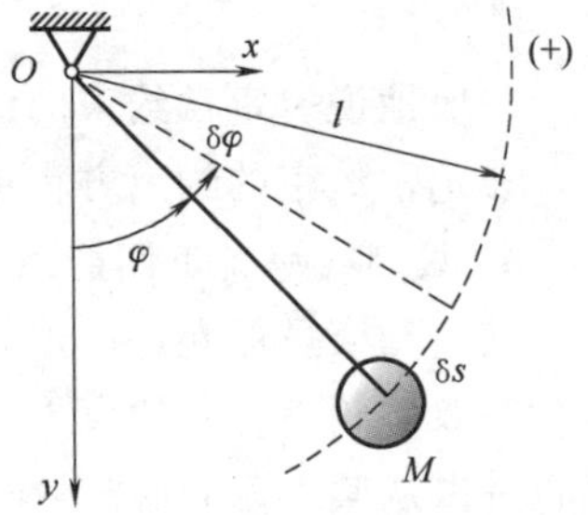

图 14-1

能限制质点系中各质点速度的约束称为运动约束。运动约束的约束方程中包含有质点系中各质点的速度。例如，图 14-2 中沿直线轨道做纯滚动的车轮，车轮受到轨道对它的约束，限制了轮缘上与地面相接触点的速度而使之为零。其约束方程为

$$\begin{cases} y_A=r \\ \dot{x}_A-r\dot{\varphi}=0 \end{cases}$$

式中，$\dot{x}_A$ 为轮心的速度 $v_A$；$\dot{\varphi}$ 为轮子的角速度。

**2. 完整约束和非完整约束**

约束方程中不包含坐标对时间的导数，或者约束方程中的微分项可以积分为有限形式，这类约束称为完整约束。约束方程中包含坐标对时间的导数（如运动约束），而且方程不可能积分为有限形式，这类约束称为非完整约束。非完整约束方程总是微分方程的形式。例如，在上述车轮沿直线轨道做纯滚动的例子中，其运动约束方程 $\dot{x}_A-r\dot{\varphi}=0$ 虽是微分方程

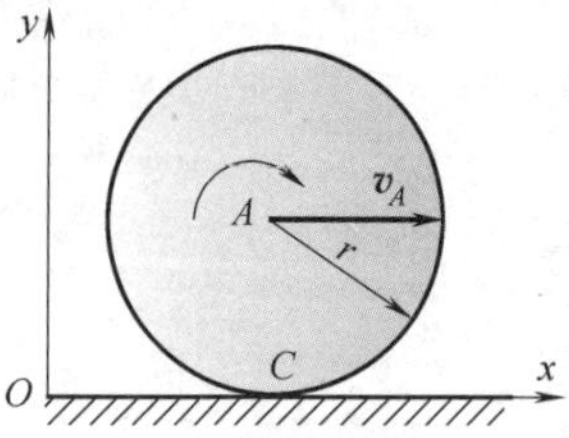


图 14-2

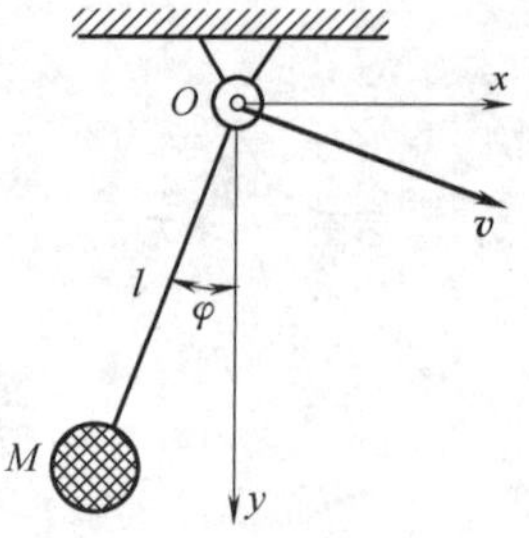


图 14-3

的形式，但它可以积分为有限形式，所以仍是完整约束。完整约束方程的一般形式为

$$f_j(x_1,y_1,z_1;\cdots;x_n,y_n,z_n;t)=0 \quad (j=1,2,\cdots,s)$$

式中，$n$ 为质点系的质点数；$x_1$，$y_1$，$z_1$；…；$x_n$，$y_n$，$z_n$ 为质点系中各质点的直角坐标；$s$ 为约束方程的数目。

非完整约束方程的一般形式为

$$f_j(x_1,y_1,z_1;\cdots;x_n,y_n,z_n;\dot{x}_1,\dot{y}_1,\dot{z}_1;\cdots;\dot{x}_n,\dot{y}_n,\dot{z}_n;t)=0 \quad (j=1,2,\cdots,s)$$

**3. 定常约束和非定常约束**

若约束性质不随时间变化的约束称为定常约束或稳定约束，在定常约束的约束方程中不显含时间 $t$，图 14-1 所示单摆的约束是定常约束；约束性质随时间变化的约束称为非定常约束或不稳定约束。图 14-3 所示为一摆长 $l$ 随时间变化的单摆，图中重物 $M$ 由一根穿过固定圆环 $O$ 的细绳系住。设摆长在开始时为 $l_0$，然后以不变的速度$\boldsymbol{v}$拉动细绳的另一端，此时单摆的约束方程为

$$x_2+y_2=(l_0-vt)^2$$

一般地说，定常约束的约束方程可表示为　$f(x,y,z)=0$

非定常约束的约束方程可表示为　$f(x,y,z,t)=0$

**4. 双侧约束和单侧约束**

某些约束虽然允许质点做一定的运动，但不允许质点从任何方向脱离这约束，这样的约束称为双侧约束，其约束方程是等式。图 14-1 中质点受到的约束就是双侧约束。若运动的质点可以从某一方向脱离约束作用，这样的约束称为单侧约束。这种约束只限制某个方向的位移，其约束方程为不等式。

总的来讲，定常约束与非定常约束有单侧约束和双侧约束，反之单侧约束与双侧约束也有定常约束和非定常约束。

本章只讨论定常的完整约束的情况。

知识点视频

### 14.1.2　虚位移

在非自由质点系中，由于约束的作用，各质点的位移必须满足约束的限制条件，即各质点的位移是以不破坏约束为前提的任意微小位移。故虚位移的定义为在给定的瞬时，质点或质点系在约束所容许的情况下，可能发生的任何微小位移。

由虚位移定义可知，虚位移必须首先指明给定的瞬时或位置，不同瞬时或位置上，质点或质点系有不同的虚位移；其次，虚位移必须为约束所容许，即满足约束方程；第三，虚位

移是无限小位移，而不是有限位移；第四，虚位移可以不止一个或一组。

必须注意，虚位移与实际位移（简称实位移）是不同的概念。实位移是在力的作用下经过一定时间完成的实际位移，它除了与约束条件有关外，还与时间、主动力以及运动的初始条件有关，并且有确定的方向；而虚位移只是在约束的限制下可能发生的位移，是一个纯几何的概念，完全由约束决定，它实际上并不存在，所以与质点或质点系所受的力无关，也不需要时间来完成。虚位移是微小的位移，实位移却既可以是微小的，也可以是有限量的。为了区别，虚位移用变分符号 δ 表示，例如 $\delta \boldsymbol{r}$、$\delta x$、$\delta \varphi$，微小实位移用微分符号表示，例如 $\mathrm{d}\boldsymbol{r}$、$\mathrm{d}x$、$\mathrm{d}\varphi$。

因为虚位移是任意的无限小的位移，所以在定常约束的条件下，微小实位移是所有虚位移中的一个，但在非定常情况下，微小实位移就不再是虚位移之一了。

### 14.1.3 虚功

知识点视频

作用于质点或质点系上的力在其虚位移上所做的功称为虚功。若某质点受力 $\boldsymbol{F}$ 作用，其虚位移为 $\delta \boldsymbol{r}$，则力 $\boldsymbol{F}$ 的虚功为

$$\delta W = \boldsymbol{F} \cdot \delta \boldsymbol{r}$$

由于虚位移不能积分，因此虚功只有元功的形式。

如图 14-4 所示，按图示的虚位移，力 $\boldsymbol{F}$ 的虚功为 $\boldsymbol{F} \cdot \delta \boldsymbol{r}_B$，是负功；力偶 $M$ 的虚功为 $M\delta\varphi$，是正功。

本书中的虚功与实位移中的元功虽然采用同一符号 $\delta W$，但它们之间是有本质区别的。因为虚位移只是假想的，不是真实发生的，因而虚功也是假想的，是虚的。

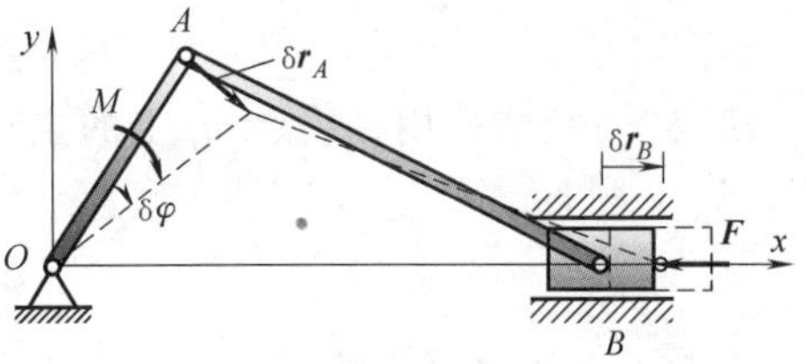


图 14-4

### 14.1.4 理想约束

约束力在质点系的任何虚位移中的元功之和为零的约束称为理想约束。若以 $\boldsymbol{F}_{\mathrm{N}i}$ 表示作用在某质点 $i$ 上的约束力，$\delta \boldsymbol{r}_i$ 表示该质点的虚位移，$\delta W_{\mathrm{N}i}$ 表示该约束力在虚位移中所做的功，则理想约束可以用数学公式表示为

$$\delta W_{\mathrm{N}} = \sum \delta W_{\mathrm{N}i} = \sum \boldsymbol{F}_{\mathrm{N}i} \cdot \delta \boldsymbol{r}_i = 0$$

在动能定理一章已分析过的光滑接触面、光滑铰链、无重刚杆、不可伸长的柔索、固定端等约束均为理想约束。

## 14.2 虚位移原理

知识点视频

在建立了虚位移、虚功和理想约束的概念后，可将虚位移原理表述如下：

具有定常、理想约束的质点系对于给定位置保持平衡的充分必要条件是：作用于质点系的所有主动力在任何虚位移中所做虚功的和等于零。

设有一质点系处于静止平衡状态，取质点系中任一质点 $m_i$，如图 14-5 所示，作用在该质点上的主动力的合力为 $\boldsymbol{F}_i$，约束力的合力为 $\boldsymbol{F}_{\mathrm{N}i}$。若给质点系以某种虚位移，其中质点 $m_i$ 的虚位移为 $\delta \boldsymbol{r}_i$，则虚位移原理的数学表达式为

$$\sum \delta W_{Fi} = \sum \boldsymbol{F}_i \cdot \delta \boldsymbol{r}_i = 0 \tag{14-1}$$

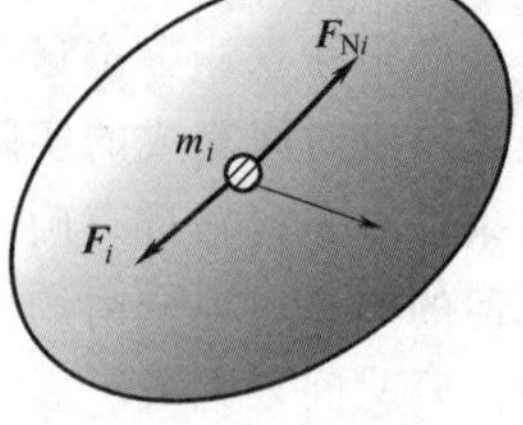

图 14-5

可以证明，式（14-1）不仅是质点系平衡的必要条件，也是充分条件。

式（14-1）也可写成解析表达式，即

$$\sum (F_{xi}\delta x_i + F_{yi}\delta y_i + F_{zi}\delta z_i) = 0 \tag{14-2}$$

式中，$F_{xi}$、$F_{yi}$、$F_{zi}$ 为作用于质点 $m_i$ 的主动力 $\boldsymbol{F}_i$ 在直角坐标轴上的投影；$\delta x_i$、$\delta y_i$、$\delta z_i$ 为虚位移 $\delta \boldsymbol{r}_i$ 在直角坐标轴上的投影。

**1. 必要性的证明**

质点系处于平衡位置时，其中任一质点 $m_i$ 所受的主动力 $\boldsymbol{F}_i$ 和约束力 $\boldsymbol{F}_{Ni}$ 平衡，即有

$$\boldsymbol{F}_i + \boldsymbol{F}_{Ni} = \boldsymbol{0}$$

设 $m_i$ 有虚位移 $\delta \boldsymbol{r}_i$，则作用在质点 $m_i$ 上的所有力的元功之和为

$$\boldsymbol{F}_i \cdot \delta \boldsymbol{r}_i + \boldsymbol{F}_{Ni} \cdot \delta \boldsymbol{r}_i = 0 \tag{14-3}$$

对于质点系内所有质点，都可以得到与式（14-3）同样的等式。将这些等式相加，得

$$\sum \boldsymbol{F}_i \cdot \delta \boldsymbol{r}_i + \sum \boldsymbol{F}_{Ni} \cdot \delta \boldsymbol{r}_i = 0 \tag{14-4}$$

如果质点系具有理想约束，则约束力在虚位移中所做虚功的和为零，即 $\sum \boldsymbol{F}_{Ni} \cdot \delta \boldsymbol{r}_i = 0$，代入式（14-4）得

$$\sum \boldsymbol{F}_i \cdot \delta \boldsymbol{r}_i = 0 \tag{14-5}$$

用 $\delta W_{Fi}$ 代表作用在质点 $m_i$ 上的主动力的虚功，由于 $\delta W_{Fi} = \boldsymbol{F}_i \cdot \delta \boldsymbol{r}_i$，则式（14-5）可以写为

$$\sum \delta W_{Fi} = 0 \tag{14-6}$$

这就是质点系平衡的必要条件的证明。

**2. 充分性的证明**

下面采用反证法证明虚位移原理的充分性。

如果质点系受力作用处于不平衡状态，则此质点系在初始静止状态下，经过 $\mathrm{d}t$ 时间，必有某些质点由静止而发生运动，而且其位移应沿该质点所受合力的方向。设该质点主动力的合力为 $\boldsymbol{F}_i$，约束力的合力为 $\boldsymbol{F}_{Ni}$。当约束条件不随时间而变化时，真实发生的小位移也应满足该质点的约束条件，是可能实现的虚位移之一，记为 $\delta \boldsymbol{r}_i$，则必有不等式

$$(\boldsymbol{F}_i + \boldsymbol{F}_{Ni}) \cdot \delta \boldsymbol{r}_i > 0$$

质点系中发生运动的质点上作用力的虚功都大于零，而保持静止的质点上作用力的虚功等于零，因而全部虚功相加仍为不等式，即

$$\sum (\boldsymbol{F}_i + \boldsymbol{F}_{Ni}) \cdot \delta \boldsymbol{r}_i > 0$$

理想约束下，有

$$\sum \boldsymbol{F}_{Ni} \cdot \delta \boldsymbol{r}_i = 0$$

由此得出

$$\sum \boldsymbol{F}_i \cdot \delta \boldsymbol{r}_i > 0$$

显然，此结果与 $\sum \boldsymbol{F}_i \cdot \delta \boldsymbol{r}_i$ 的前提条件相矛盾，故原假定不成立，即质点系必处于平衡位置。

应该指出，虽然应用虚位移原理的条件是质点系应具有理想约束，但也可以用于有摩擦的情况，只要把摩擦力当作主动力，在虚功方程中计入摩擦力所做的虚功即可。

虚位移原理的重要意义在于当解决非自由质点系的平衡问题时，不需要考虑约束力，因此可使平衡方程和未知量的数目均减少，使计算大为简化。

**例 14-1**　如图 14-6 所示，在螺旋压榨机的手柄 $AB$ 上作用有水平面内的力偶（$\boldsymbol{F}$，$\boldsymbol{F}'$），其力偶矩 $M=2Fl$，螺杆的螺距为 $h$。求机构平衡时加在被压榨物体上的力。

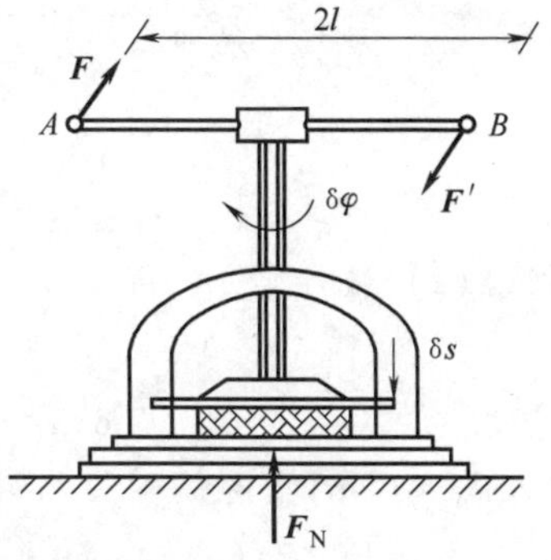


图 14-6

**解**：研究以手柄、螺杆和压板组成的平衡系统。若忽略螺杆和螺母间的摩擦，则约束是理想的。

作用于平衡系统上的力有：手柄上的力偶（$\boldsymbol{F}$，$\boldsymbol{F}'$）、被压物体对压板的阻力 $\boldsymbol{F}_{\mathrm{N}}$。

给系统以虚位移，将手柄按螺纹方向转过极小角 $\delta\varphi$，于是螺杆和压板得到向下的位移 $\delta s$。

计算所有主动力在虚位移中所做虚功的和，列出虚功方程

$$\sum \delta W_F = -F_{\mathrm{N}} \cdot \delta s + 2Fl \cdot \delta\varphi = 0$$

由机构的传动关系知：对于单头螺纹，手柄 $AB$ 转一周，螺杆上升或下降一个螺距 $h$，故有

$$\frac{\delta\varphi}{2\pi} = \frac{\delta s}{h}, \quad 即\ \delta s = \frac{h}{2\pi}\delta\varphi$$

将上述虚位移 $\delta s$ 与 $\delta\varphi$ 中的关系式代入虚功方程中，得

$$\sum \delta W_F = \left(2Fl - \frac{F_{\mathrm{N}} h}{2\pi}\right)\delta\varphi = 0$$

因 $\delta\varphi$ 是任意的，故

$$2Fl - \frac{F_{\mathrm{N}} h}{2\pi} = 0$$

解得

$$F_{\mathrm{N}} = \frac{4\pi l}{h} F$$

作用于被压榨物体上的力与此力等值反向。

**例 14-2**　在图 14-7a 所示平面机构中，已知两杆长均为 $b+h$，物块重为 $\boldsymbol{P}$，弹簧的原长为 $l$，刚度系数为 $k$，试求机构的平衡位置（以 $\theta$ 表示）。

**解**：本机构的自由度数为 1，取 $\theta$ 为广义坐标，建立图 14-7b 所示的直角坐标系。

由于机构处于一般位置，故可以利用解析式求解。先作主动力的投影，主动力有重力和一般弹性力，则有

$$F_{By} = -P, \quad F_{Dx} = F, \quad F_{Ex} = -F' \tag{1}$$

以 $\theta$ 为参数，写出相应的坐标为

$$y_B = (b+h)\sin\theta, \quad x_D = h\cos\theta$$
$$x_E = (h+2b)\cos\theta \tag{2}$$

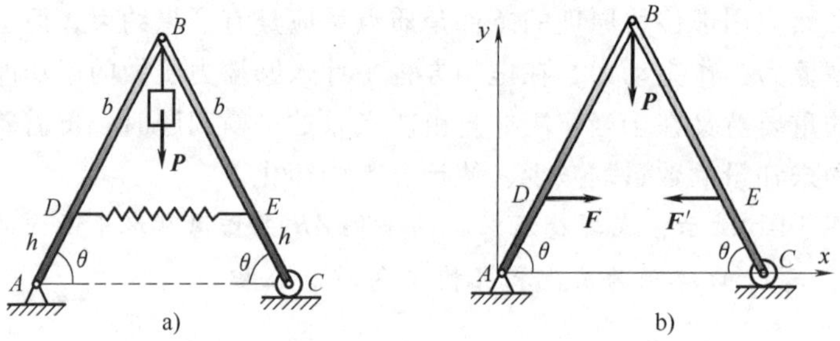


图 14-7

对式（2）进行变分，得

$$\delta y_B=(b+h)\cos\theta\cdot\delta\theta$$

$$\delta x_D=-h\sin\theta\cdot\delta\theta,\quad \delta x_E=-(h+2b)\sin\theta\cdot\delta\theta \tag{3}$$

代入式（14-6），有

$$(-P)(b+h)\cos\theta\cdot\delta\theta+F(-h\sin\theta\cdot\delta\theta)+(-F')[-(h+2b)\sin\theta\cdot\delta\theta]=0$$

注意到 $F=F'$，整理后得

$$[-P(b+h)\cos\theta+2Fb\sin\theta]\delta\theta=0$$

因 $\delta\theta\neq0$，故

$$-P(b+h)\cos\theta+2Fb\sin\theta=0$$

其中弹性力 $F=k\delta=k(2b\cos\theta-l)$，代入得

$$\tan\theta=\frac{P(h+b)}{2kb(2b\cos\theta-l)}$$

上式是关于 $\theta$ 的超越方程，由此可解出 $\theta$ 值，得到平衡位置。

**例 14-3** 一刚架的尺寸如图 14-8a 所示。已知：水平力 $\boldsymbol{F}_1$，均布载荷 $q$。试求支座 $A$ 处的水平约束力。

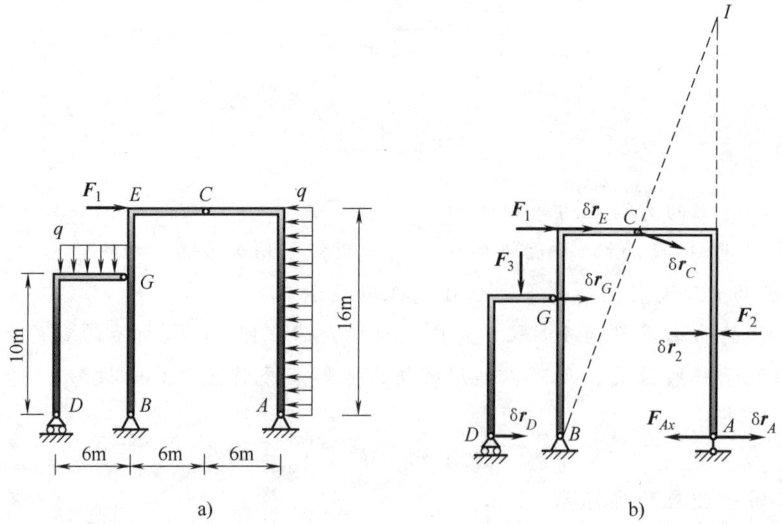


图 14-8

**解**：将 $A$ 处的铰链支座用两根正交的链杆替代，随后去除水平链杆，代之以力 $\boldsymbol{F}_{Ax}$，并将该力作为主动力，系统就有了一个自由度。其虚位移分析先从运动能够直接判定的物体开始，即 $BC$ 杆做定轴转动，从而确定出 $G$、$C$ 点虚位移，$DG$ 杆做瞬时平移，$AC$ 杆做平面运动，并找出其速度瞬心 $I$ 点（见图 14-8b）。

根据虚位移原理有

$$F_1 \cdot \delta r_E - F_2 \cdot \delta r_2 - F_{Ax} \cdot \delta r_A = 0$$

其中$\dfrac{\delta r_A}{\delta r_C}=\dfrac{AI}{CI}$，$\dfrac{\delta r_E}{\delta r_C}=\dfrac{BE}{BC}$，因为 $BC=CI$，故

$$\frac{\delta r_E}{\delta r_A}=\frac{BE}{BC}\times\frac{CI}{AI}=\frac{BE}{AI}=\frac{1}{2}$$

又$\dfrac{\delta r_A}{\delta r_2}=\dfrac{CI}{\dfrac{3}{4}CI}=\dfrac{4}{3}$及 $F_2$ 是刚体 $AC$ 部分分布力的合力，且 $F_2=16q$，代入得

$$\left(F_1-16q\,\frac{3}{4}\times 2-F_{Ax}\times 2\right)\delta r_E=0$$

因 $\delta r_E \neq 0$，得

$$F_{Ax}=\frac{1}{2}F_1-12q$$

**例 14-4** 图 14-9 所示机构，不计各构件自重与各处摩擦，求机构在图示位置平衡时，主动力偶矩 $M$ 与主动力 $\boldsymbol{F}$ 之间的关系。

**解**：系统的约束为理想约束，假想杆 $OA$ 在图示位置逆时针转过一微小角度 $\delta\theta$，则点 $C$ 将会有水平虚位移 $\delta \boldsymbol{r}_C$，由 $\sum \delta W_F=0$ 有

$$M\delta\theta - F\delta r_C = 0 \qquad (*)$$

现确定 $\delta\theta$ 与 $\delta r_C$ 的关系，杆 $OA$ 的微小转角 $\delta\theta$ 将引起滑块 $B$ 的牵连位移 $\delta\boldsymbol{r}_e$，杆 $BC$ 做平移，滑块 $B$ 绝对位移 $\delta\boldsymbol{r}_a$ 与 $\delta\boldsymbol{r}_C$ 相等，滑块 $B$ 相对于杆 $OA$ 的位移设为 $\delta\boldsymbol{r}_r$，如图 14-9 所示。由图中的几何关系可得：

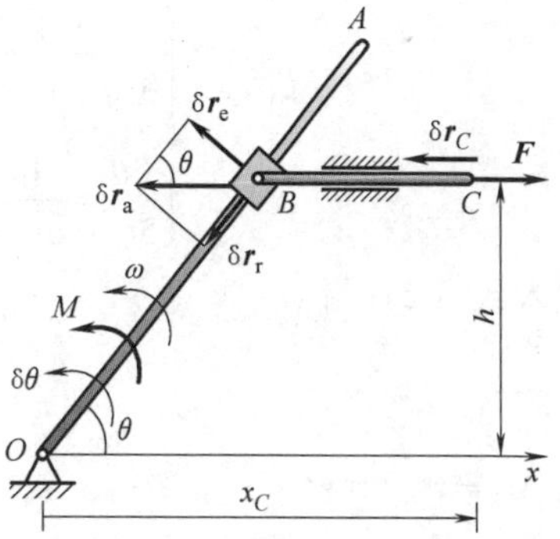


图 14-9

$$\delta r_a=\frac{\delta r_e}{\sin\theta}$$

而

$$\delta r_e = OB \cdot \delta\theta = \frac{h}{\sin\theta}\delta\theta,\quad \delta r_C=\delta r_a=\frac{h\delta\theta}{\sin^2\theta}$$

代入式（*），解得

$$M=\frac{Fh}{\sin^2\theta}$$

若用虚速度法，有 $M\omega - Fv_C=0$，虚角速度 $\omega$ 与点 $C$ 的虚速度 $\boldsymbol{v}_C$ 类似于图中的虚位移关系，只需把各虚位移改为虚速度即可，即

$$v_e = OB\cdot\omega=\frac{h}{\sin\theta}\cdot\omega,\quad v_a=v_C=\frac{h\omega}{\sin^2\theta},\quad M=\frac{Fh}{\sin^2\theta}$$

也可建图示坐标系，由 $\delta W_F=0$ 有

$$M\delta\theta+F\delta x_C=0$$

而

$$x_C=h\cot\theta+BC,\ \delta x_C=-\frac{h\delta\theta}{\sin^2\theta}$$

解得

$$M=\frac{Fh}{\sin^2\theta}$$

例 14-5　一多跨静定梁尺寸如图 14-10a 所示，已知竖直力 $\boldsymbol{P}_1$、$\boldsymbol{P}_2$，力偶矩 $M$。试求支座 $B$ 处的约束力。

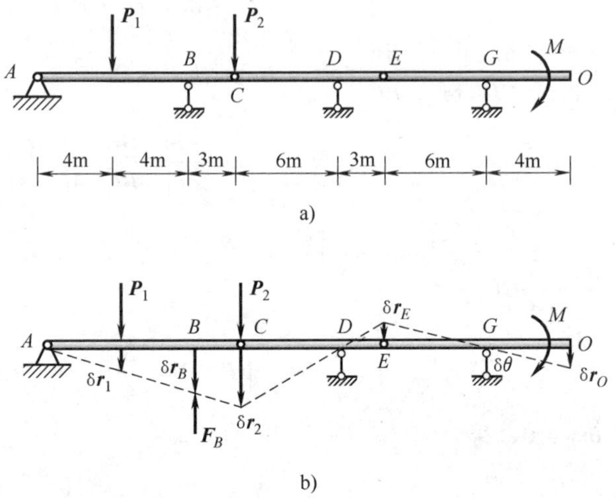

图 14-10

解：原结构受约束后无自由度，不可能发生位移。为了应用虚位移原理求支座 $B$ 的约束力，可将支座 $B$ 去除，代之以约束力 $\boldsymbol{F}_B$（将此力看作主动力）。这样，整个结构有了一个自由度，使该结构有了图 14-10b 所示的虚位移。建立虚功方程为

$$P_1\delta r_1-F_B\delta r_B+P_2\delta r_2+M\delta\theta=0\quad(1)$$

由几何关系有

$$\begin{cases}\dfrac{\delta r_1}{\delta r_B}=\dfrac{4}{8}=\dfrac{1}{2},\dfrac{\delta r_2}{\delta r_B}=\dfrac{11}{8}\\[2ex]\dfrac{\delta\theta}{\delta r_B}=\dfrac{1}{\delta r_B}\dfrac{\delta r_O}{4}=\dfrac{1}{\delta r_B}\dfrac{\delta r_E}{6}=\dfrac{1}{6\delta r_B}\dfrac{3\delta r_2}{6}=\dfrac{1}{12}\cdot\dfrac{11}{8}=\dfrac{11}{96}\end{cases}\quad(2)$$

代入式（2）有

$$\left(P_1-F_B\cdot 2+P_2\cdot\frac{11}{4}+M\cdot\frac{11}{48}\right)\delta r_1=0$$

因 $\delta r_1\neq 0$，所以

$$P_1-2F_B+\frac{11}{4}P_2+\frac{11}{48}M=0$$

得

$$F_B=\frac{1}{2}P_1+\frac{11}{8}P_2+\frac{11}{96}M$$

从本例可知，用虚位移原理求解约束力，只需逐个释放对应约束力的约束，代之以力，使系统有一个自由度。这样虚功方程中只含一个未知力，使计算大为简化。

由以上数例可见，用虚位移原理求解机构的平衡问题，关键是找出各虚位移之间的关系，一般应用中，可采用下列三种方法建立各虚位移之间的关系。

1）设机构某处产生虚位移，作图给出机构各处的虚位移，直接按几何关系，确定各有关虚位移之间的关系，如例 14-1、例 14-4、例 14-5。

2）建立坐标系，选定一合适的自变量，写出各有关点的坐标，对各坐标进行变分运

算，确定各虚位移之间的关系，如例 14-2。

3）按运动学方法，设某处产生虚速度，计算各有关点的虚速度，计算各虚速度时，可采用运动学中各种方法，如点的合成运动方法、刚体平面运动的基点法、速度投影定理、瞬心法及写出运动方程再求导数等，如例 14-4。

用虚位移原理求解结构的平衡问题时，要求某一支座约束力时，首先需解除该支座约束而代以约束力，把结构变为机构，把约束力当作主动力，这样，在虚位移方程中只包含一个未知力，然后用虚位移原理求解，如例 14-3、例 14-5。若需求多个约束力，则需要一个一个地解除约束用虚位移原理求解，这样求解有时并不方便，如例 14-3、例 14-5，若要求各处约束力，则不如用平衡方程方便。

## 小　结

1. 虚位移 · 虚功 · 理想约束

在某瞬时，质点系在约束允许的条件下，可能实现任何无限小位移称为虚位移。虚位移可以是线位移，也可以是角位移。

力在虚位移中所做的功称为虚功。

在质点系的任何虚位移中，所有约束力所做虚功的和等于零，这种约束称为理想约束。

2. 虚位移原理

对于具有理想约束的质点系，其平衡条件是作用于质点系上的所有主动力在任何虚位移上所做虚功的和等于零，其一般表达形式为 $\delta W_F = 0$。

虚位移原理是不同于列平衡方程求解静力学平衡问题的一种方法。虚位移原理可以用于具有理想约束的系统，也可以用于具有非理想约束的系统。虚位移原理可以求主动力之间的关系，也可以求约束力。

## 思 考 题

14-1　如思考题 14-1 图所示，机构均处于静止平衡状态，图中所给各虚位移有无错误？如有错误，应如何改正？

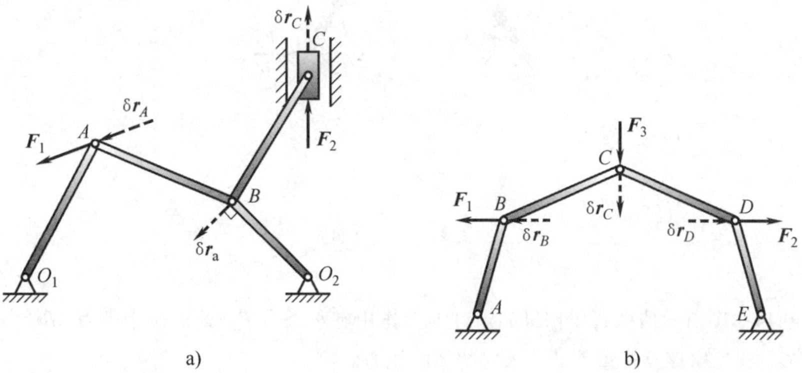


思考题 14-1 图

14-2　对思考题 14-2 图所示各机构，你能用哪些不同的方法确定虚位移 $\delta\theta$ 与力 $\boldsymbol{F}$ 作用点 $A$ 的虚位移的关系，并比较各种方法。

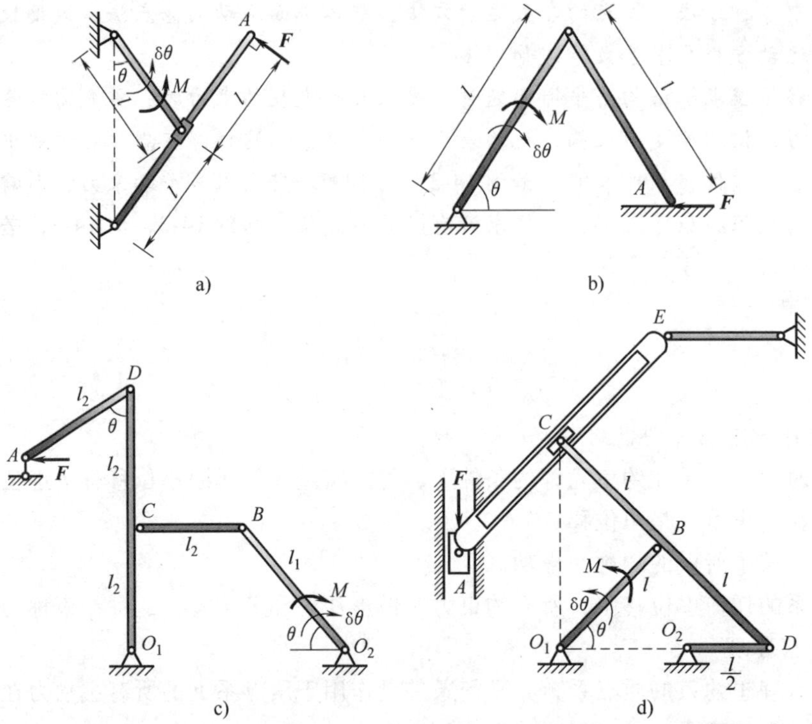


思考题 14-2 图

14-3　用虚位移原理可以推出作用在刚体上的平面力系的平衡方程，试推导之。

14-4　如思考题 14-4 图所示平面平衡系统，若对整体列平衡方程求解时，是否需要考虑弹簧的内力？若改用虚位移原理求解，弹簧力为内力，是否需要考虑弹簧力的功？

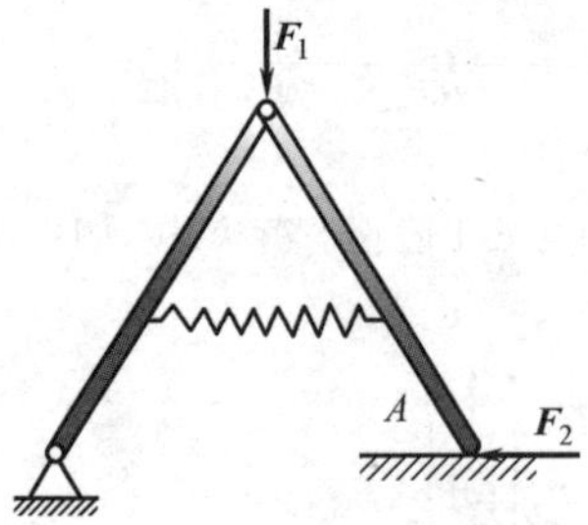


思考题 14-4 图

# 习　　题

14-1　习题 14-1 图所示曲柄式压榨机的销钉 $B$ 上作用有水平力 $\boldsymbol{F}$，此力位于平面 $ABC$ 内，作用线平分 $\angle ABC$，$AB=BC$，各处摩擦及杆重不计，求对物体的压力。

14-2　如习题 14-2 图所示曲柄连杆机构中，曲柄 $OA$ 作用有力偶 $M$，若已知 $OA=r$，$BD=DC=DE=l$，$\angle OAB=90°$，$\angle DEC=\theta$。各杆自重不计，求压榨力 $F$。

14-3 挖土机挖掘部分示意如习题 14-3 图所示。支臂 $DEF$ 不动，$A$、$B$、$D$、$E$、$F$ 为铰链，液压油缸 $AD$ 伸缩时可通过连杆 $AB$ 使挖斗 $BFC$ 绕 $F$ 转动，$EA=FB=r$。当 $\theta_1=\theta_2=30°$时杆 $AE\perp DF$，此时油缸推力为 $\boldsymbol{F}$。不计构件重量，求此时挖斗可克服的最大阻力矩 $M$。

14-4 在习题 14-4 图所示机构中，$D$ 点作用有水平力 $F_1$，求保持机构平衡时作用在滑块 $A$ 上力 $\boldsymbol{F}_2$ 的大小。已知 $AC=BC=DE=DF=l$。

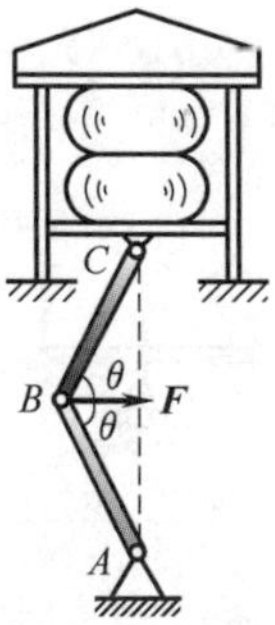

习题 14-1 图

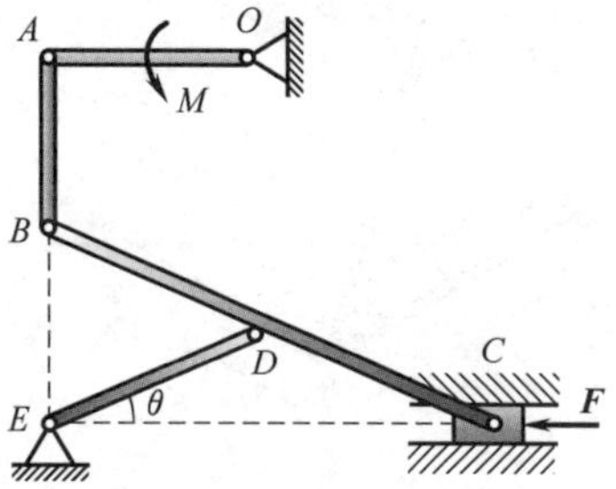

习题 14-2 图

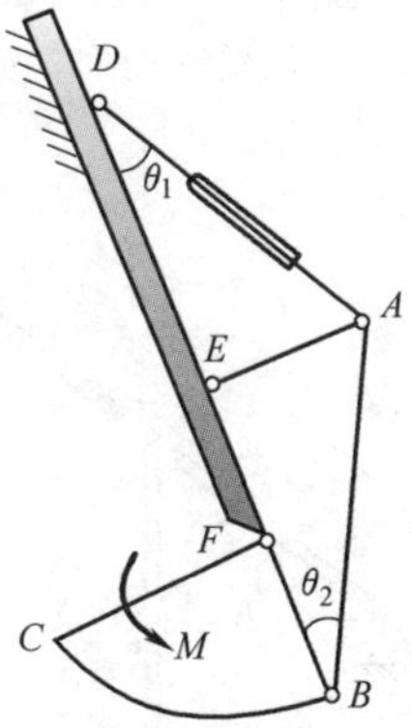

习题 14-3 图

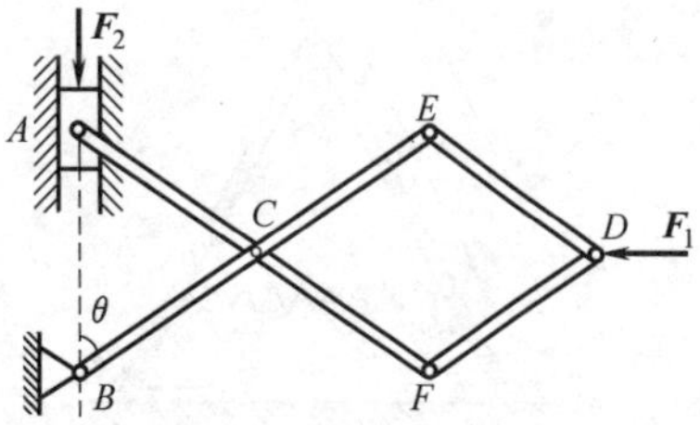

习题 14-4 图

14-5 习题 14-5 图所示远距离操纵用的夹钳为对称结构。当操纵杆 $EF$ 向右移动时，两块夹板就会合拢将物体夹住。已知操纵杆的拉力为 $\boldsymbol{F}$，在图示位置两夹板正好相互平行，求被夹物体所受的压力。

14-6 如习题 14-6 图所示曲柄摇杆机构，受力 $\boldsymbol{F}$ 及力偶 $M$ 作用而平衡。已知 $AB=2l$，$CD=l$，求力 $F$ 及 $M$ 的关系。

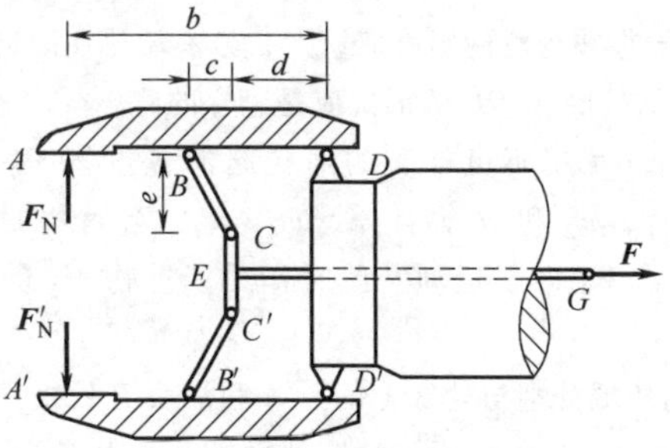

习题 14-5 图

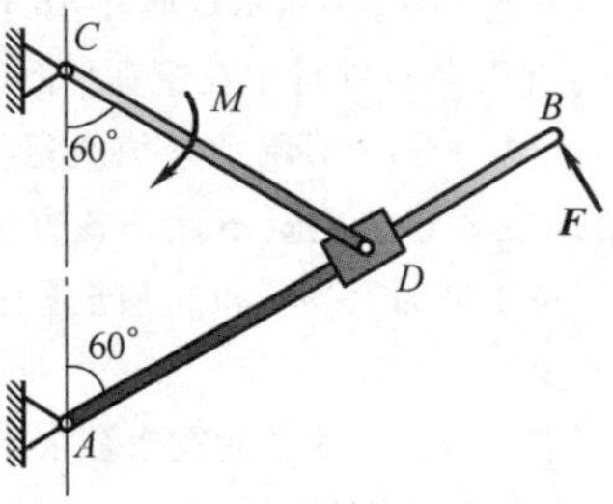

习题 14-6 图

14-7 在习题 14-7 图所示机构中，曲柄 $OA$ 上作用一力偶，其矩为 $M$，另在滑块 $D$ 上作用水平力 $\boldsymbol{F}$。机构尺寸如图所示，不计各构件自重与各处摩擦。求当机构平衡时，力 $\boldsymbol{F}$ 与力偶矩 $M$ 的关系。

14-8　一组合梁如习题 14-8 图所示，梁上作用三个铅垂力，分别为 30kN、60kN 和 20kN。求支座 $A$、$B$、$D$ 三处的约束力。

14-9　习题 14-9 图所示两等长杆 $AB$ 与 $BC$ 在点 $B$ 用铰链连接，又杆的 $D$、$E$ 两点连一弹簧。弹簧的刚度系数为 $k$，当距离 $AC$ 等于 $a$ 时，弹簧拉力为零，不计各构件自重与各处摩擦。如在点 $C$ 作用一水平力 $\boldsymbol{F}$，杆系处于平衡，求距离 $AC$ 的值。

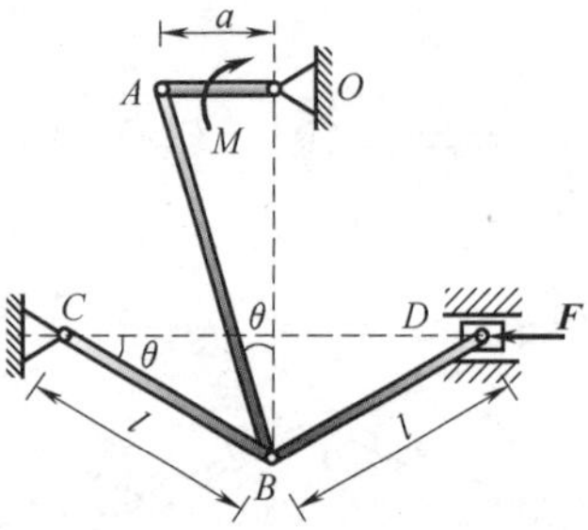


习题 14-7 图

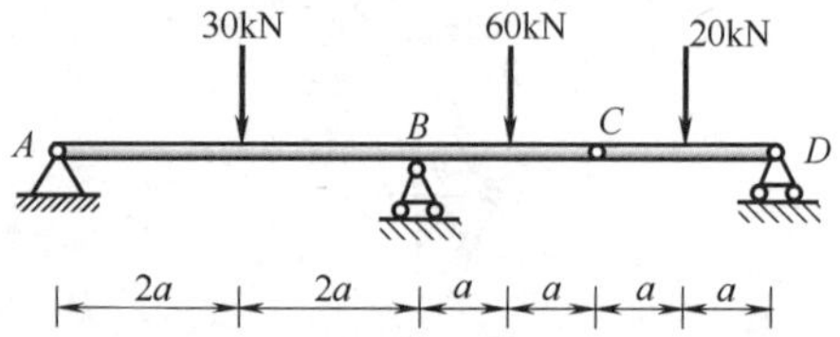


习题 14-8 图

14-10　习题 14-10 图所示套筒 $D$ 套在直杆 $AB$ 上，并带动杆 $CD$ 在铅直滑道上滑动。已知 $\theta=0°$时弹簧为原长，弹簧刚度系数为 5kN/m。不计各构件自重与各处摩擦。求在任意位置平衡时，应加多大的力偶矩 $M$。

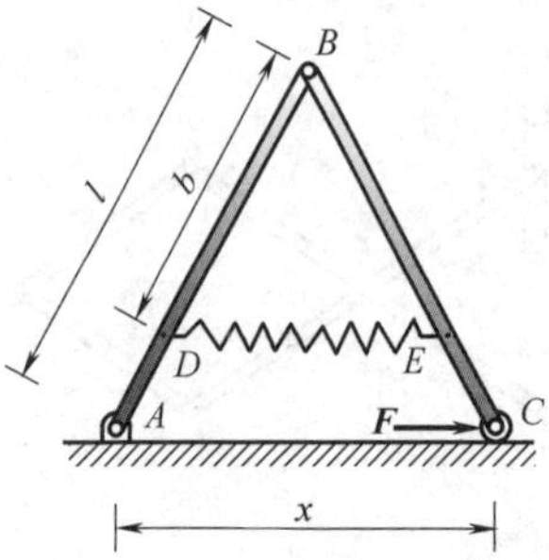


习题 14-9 图

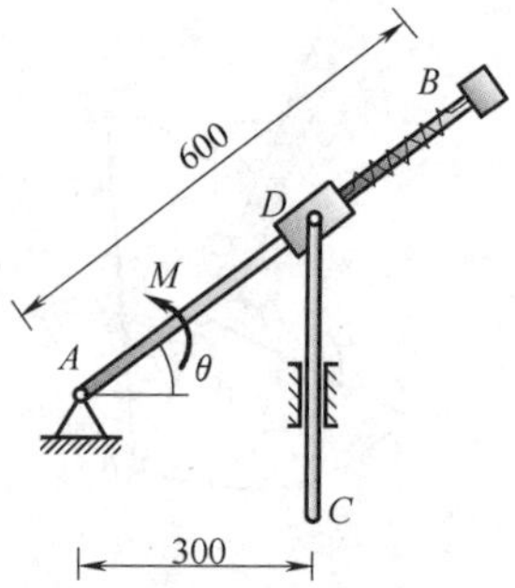


习题 14-10 图

14-11　习题 14-11 图所示为一升降机的简图，被提升的物体 $A$ 重为 $P_1$，平衡锤 $B$ 重为 $P_2$；带轮 $C$ 及 $D$ 重均为 $W$，半径均为 $r$，可视为均质圆柱。设电动机作用于轮 $C$ 的转矩为 $M$，胶带的质量不计，求重物 $A$ 的加速度。

14-12　习题 14-12 图所示均质杆 $AB$ 长 $2l$，重为 $\boldsymbol{P}$。一端靠在光滑的铅直墙壁上，另一端放在固定光滑曲面 $DE$ 上。欲使细杆能静止在铅垂平面的任意位置，问曲面的曲线 $DE$ 的形式应是怎样的？

14-13　习题 14-13 图所示系统由定滑轮 $A$、动滑轮 $B$ 以及用不可伸长的绳挂起的各重物 $M_1$、$M_2$ 和 $M_3$ 所组成。滑轮的质量不计，各重物的质量分别为 $m_1$、$m_2$ 和 $m_3$，且 $m_1<m_2+m_3$，各重物的初速度均为零。问质量 $m_1$、$m_2$ 和 $m_3$ 间应有什么关系时，重物 $M_1$ 向下运动？此时作用于重物 $M_1$ 的绳子的拉力是多少？

14-14　半径为 $R$ 的滚子放在粗糙水平面上，连杆 $AB$ 的两端分别与轮缘上的点 $A$ 和滑块 $B$ 铰接。现在滚子上施加矩为 $M$ 的力偶，在滑块上施加力 $\boldsymbol{F}$，使系统于习题 14-14 图所示位置处平衡。设力 $\boldsymbol{F}$ 为已知，忽略滚动摩阻，不计滑块和各铰链处的摩擦，不计 $AB$ 杆和滑块 $B$ 的重量，滚子有足够大的重量 $P$，求力偶矩 $M$ 以及滚子与地面间的摩擦力 $\boldsymbol{F}_s$。

14-15　求习题 14-15 图所示桁架中指定杆件的内力。

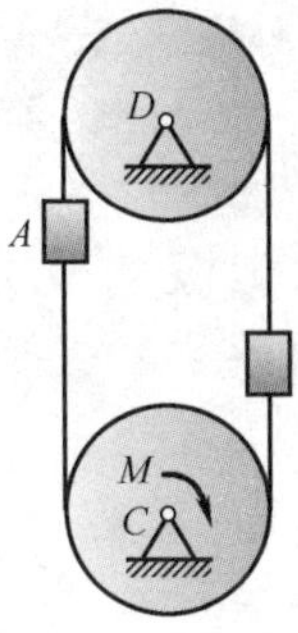


习题 14-11 图

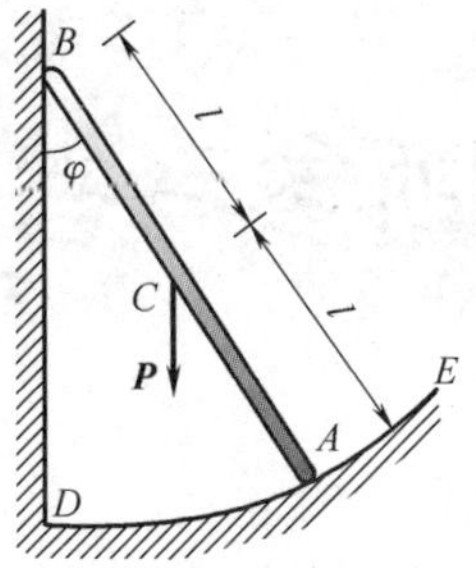


习题 14-12 图

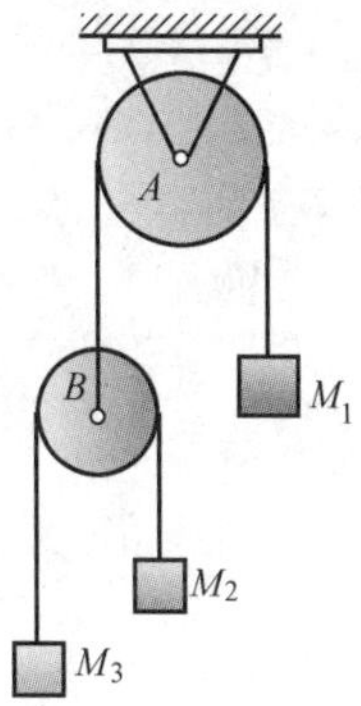


习题 14-13 图

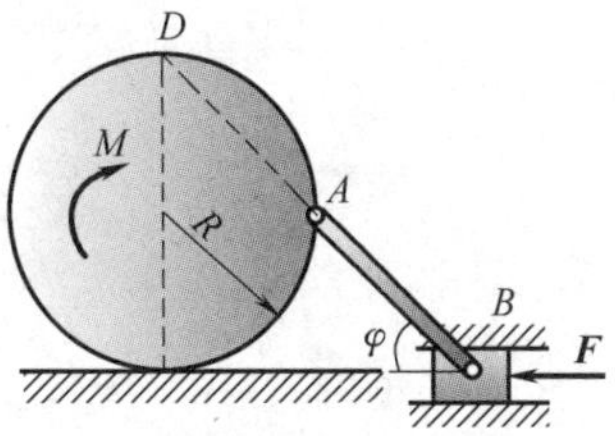


习题 14-14 图

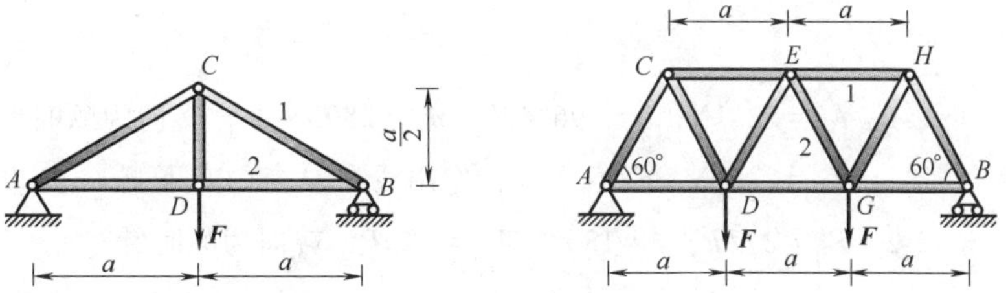


a)　　　　b)

习题 14-15 图

14-16　如习题 14-16 图所示，杆系在铅垂面内平衡，$AB=BC=l$，$CD=DE$，且 $AB$、$CE$ 为水平，$CB$ 为铅垂。均质杆 $CE$ 和刚度系数为 $k_1$ 的拉压弹簧相连，重量为 $P$ 的均质杆 $AB$ 左端有一刚度系数为 $k_2$ 的螺线弹簧。在 $BC$ 杆上作用有水平的线性分布载荷，其最大载荷集度为 $q$。不计 $BC$ 杆的重量，求水平弹簧的变形量 $\delta$ 和螺线弹簧的扭转角 $\varphi$。

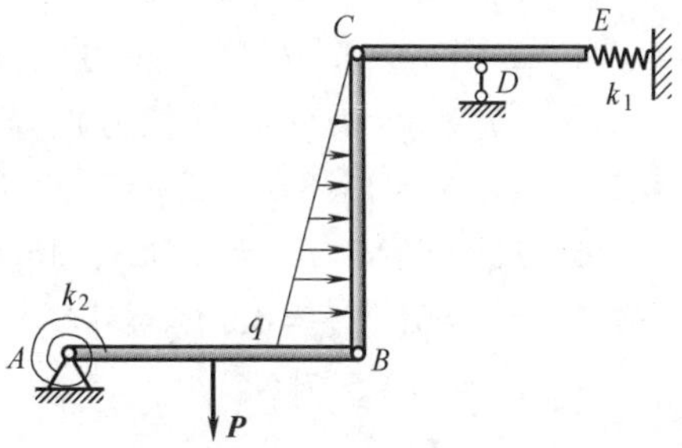


习题 14-16 图

14-17　组合梁的支承及载荷情况如习题 14-17 图所示，求各支座处的约束力。

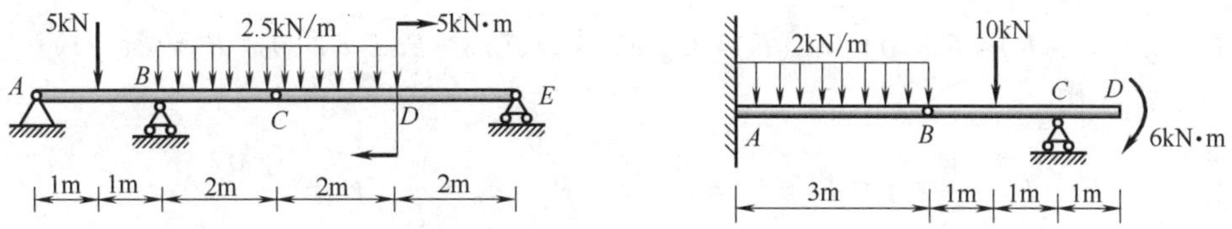


a)　　　　b)

习题 14-17 图

# 习题参考答案

## 第 1 章

1-1～1-9　略。

## 第 2 章

2-1　$F'_R=52.1\text{N}$，$\alpha=196°42'$，$M_O=280\text{N}\cdot\text{m}$，转向为顺时针；

$F_R=52.1\text{N}$，$d=5.37\text{m}$，作用线在 $O$ 点的右下侧。

2-2　$F'_R=2\sqrt{2}P$，$\alpha=135°$，$M_A=-2aP$，转向为顺时针；

$F_R=2\sqrt{2}P$，$d=\dfrac{\sqrt{2}}{2}a$，作用线在 $A$ 点的左下侧。

2-3　$F'_R=678.95\text{kN}$，$\cos(\boldsymbol{F},\boldsymbol{i})=0.502$，$\cos\langle\boldsymbol{F},\boldsymbol{j}\rangle=0.865$，$M_A=4600\text{kN}\cdot\text{cm}$；

$F_R=678.95\text{kN}$，$d=6.78\text{cm}$。

2-4　a）$F_{AB}=0.5774P$（拉力）、$F_{AC}=-1.155P$（压力）；

b）$F_{AB}=0.866P$（拉力）、$F_{AC}=-0.5P$（压力）。

2-5　a）$F_A=15.8\text{kN}$，$F_B=7.07\text{kN}$；b）$F_A=22.4\text{kN}$，$F_B=10\text{kN}$。

2-6　$F_{Ax}=6\text{kN}$，$F_{Ay}=4.5\text{kN}$，$M_A=32.5\text{kN}\cdot\text{m}$。

2-7　$F_{Ax}=0$，$F_{Ay}=0$，$F_B=5\text{kN}$。

2-8　$F_A=F_B=5.7\text{kN}$。

2-9　$F_D=\dfrac{Fl}{2h}$。

2-10　a）$M_O(\boldsymbol{F})=Fl$；b）$M_O(\boldsymbol{F})=0$；c）$M_O(\boldsymbol{F})=-Fa$；d）$M_O(\boldsymbol{F})=F(l+r)$。

2-11　$F_A=10\text{kN}$。

2-12　a）$F_A=F_B=\dfrac{M}{2l}$；b）$F_A=F_B=\dfrac{M}{l}$；c）$F_A=F_B=\dfrac{M}{l}$，$F_D=\dfrac{\sqrt{2}M}{l}$。

2-13　a）$F_{Ax}=\dfrac{\sqrt{3}}{2}F_2$，$F_{Ay}=\dfrac{1}{6}(4F_1+F_2)$，$F_B=\dfrac{1}{3}(F_1+F_2)$；

b）$F_{Ax}=0$，$F_{Ay}=\dfrac{1}{3}\left(2F+\dfrac{M}{a}\right)$，$F_B=\dfrac{1}{3}\left(F-\dfrac{M}{a}\right)$；

c）$F_{Ax}=\dfrac{1}{3\sqrt{3}}(F_1+2F_2)$，$F_{Ay}=\dfrac{1}{3}(2F_1+F_2)$，$F_B=\dfrac{2}{3\sqrt{3}}(F_1+2F_2)$；

d) $F_A=F+ql$，$M_A=Fl+\frac{1}{2}ql^2$；

e) $F_A=-\frac{1}{2}\left(F+\frac{M}{l}\right)$，$F_B=\frac{1}{2}\left(3F+\frac{M}{l}\right)$；

f) $F_A=-\frac{1}{2}\left(F+\frac{M}{l}-\frac{5}{2}ql\right)$，$F_B=\frac{1}{2}\left(3F+\frac{M}{l}-\frac{1}{2}ql\right)$。

2-14 $F_{Ax}=7.5\text{kN}$，$F_{Ay}=30\text{kN}$，$M_A=-45\text{kN}\cdot\text{m}$，$F_C=15\text{kN}$。

2-15 $F_{Ax}=80\text{kN}$，$F_{Ay}=5\text{kN}$，$M_A=240\text{kN}\cdot\text{m}$，$F_B=35\text{kN}$，$F_{Cx}=40\text{kN}$，$F_{Cy}=5\text{kN}$。

2-16 $M_A=80\text{kN}\cdot\text{m}$，$F_{Ax}=0$，$F_{Ay}=60\text{kN}$，$F_D=93.3\text{kN}$，$F_E=33.3\text{kN}$。

2-17 $F_{Ax}=0$，$F_{Ay}=15\text{kN}$，$F_B=40\text{kN}$，$F_{Cx}=0$，$F_{Cy}=5\text{kN}$，$F_D=15\text{kN}$。

2-18 $F_{Ax}=0$，$F_{Ay}=2.768\text{kN}$，$M_A=-2.428\text{kN}\cdot\text{m}$，$F_B=1.732\text{kN}$。

2-19 $F_{BE}=-2.828\text{kN}$（压力），$F_{CE}=2\text{kN}$（拉力），$F_{DE}=-2\text{kN}$（压力）。

2-20 $F_A=\frac{b-a}{\sqrt{a^2+b^2}}P$（沿着 $AB$ 方向），$F_C=\frac{a+b}{\sqrt{a^2+b^2}}P$（沿着 $BC$ 方向）。

2-21 $F_T=2253\text{N}$，$F_{Bx}=500\text{N}$，$F_{By}=2625\text{N}$。

2-22 $F_{Dx}=0$，$F_{Dy}=\frac{M}{a}$，$F_{Ex}=0$，$F_{Ey}=\frac{M}{a}$。

2-23 $F_{Ax}=42.5\text{kN}$，$F_{Ay}=70\text{kN}$，$F_{Bx}=57.5\text{kN}$，$F_{By}=145\text{kN}$，$F_C=15\text{kN}$。

2-24 $F_T=\frac{2\sqrt{3}}{3}P$。

2-25 $F_{Ax}=-\frac{F}{2}$，$F_{Ay}=0$，$M_A=rF$。

2-26 $F_1=F_3=\frac{M}{d}$，$F_2=0$。

2-27 $F_{Ex}=10800\text{N}$，$F_{Ey}=10000\text{N}$，$F_C=15600\text{N}$，$F_A=10400\text{N}$，$F_{Fx}=4800\text{N}$，$F_{Fy}=10000\text{kN}$。

2-28 $F_{CD}=-\frac{\sqrt{3}}{2}F=-0.866F$（压力）。

2-29 $F_1=\frac{\sqrt{2}}{2}(3ql+F)$（拉力），$F_2=-\frac{1}{2}(3ql+F)$（压力），$F_3=\frac{1}{2}(3ql+F)$（拉力）。

2-30 $F_1=12.99\text{kN}$（拉力），$F_2=-25.98\text{kN}$（压力），$F_3=17.32\text{kN}$（拉力），$F_4=-25\text{kN}$（压力），$F_5=-17.3\text{kN}$（拉力），$F_6=30.31\text{kN}$（拉力），$F_7=-35.0\text{kN}$（压力）。

2-31 $F_{Ax}=F-6aq$，$F_{Ay}=2F$，$M_A=5aF+18a^2q$，$F_E=\sqrt{2}F$。

2-32 $F_1=\frac{2}{3}F$。

## 第 3 章

3-1 略。

3-2 （1）平衡，$F_s=200\text{N}$；（2）不平衡，$F_s=150\text{N}$。

3-3 物体非静止，$F_d=269.8\text{N}$，向上。

3-4 $33.83\text{N}\leqslant F\leqslant 87.88\text{N}$。

3-5 将 $A$ 从 $B$ 中拉出，$F=241.2\text{N}$；将 $B$ 从 $A$ 中拉出，$F=238.8\text{N}$。

3-6 上升时，绳子拉力为 $F=26\text{kN}$；下降时，绳子拉力为 $F=21\text{kN}$。

3-7 （1）$F\geqslant\dfrac{\sin\alpha-f_s\cos\alpha}{\cos\alpha+f_s\sin\alpha}P$；（2）$F\leqslant\dfrac{\sin\alpha+f_s\cos\alpha}{\cos\alpha-f_s\sin\alpha}P$。

3-8 $49.6\text{N}\cdot\text{m}\leqslant M_C\leqslant 70.4\text{N}\cdot\text{m}$。

3-9 $W=\dfrac{\delta}{r-\delta}P$。

3-10 $F=41.8\text{N}$。

## 第 4 章

4-1 $F_x=-56.57\text{N}$，$F_y=45.25\text{N}$，$F_z=-33.94\text{N}$；$M_x=-13.57\text{N}\cdot\text{m}$，$M_y=0$，$M_z=22.63\text{N}\cdot\text{m}$。

4-2 主矢 $F_{RA}=0$；主矩 $\boldsymbol{M}_A=(-30\boldsymbol{i}+32\boldsymbol{j}+24\boldsymbol{k})\text{N}\cdot\text{m}$。

4-3 简化结果为一个合力偶，其矩矢为 $\boldsymbol{M}=-(Fl)\boldsymbol{i}-(Fl)\boldsymbol{j}$。

4-4 简化结果为一个力螺旋，其力为 $\boldsymbol{F}=(100\boldsymbol{i}+100\boldsymbol{j})\text{N}$，力偶矩矢为 $\boldsymbol{M}=(20\boldsymbol{j}+10\boldsymbol{k})\text{N}\cdot\text{m}$。

4-5 $F_{OA}=1414\text{N}$（压）；$F_{OB}=F_{OC}=707\text{N}$（拉）。

4-6 $F_1=F_2=-5\text{kN}$，$F_3=-7.07\text{kN}$，$F_4=F_5=5\text{kN}$，$F_6=-10\text{kN}$。

4-7 $F_1=-\dfrac{\sqrt{2}}{2}F$，$F_2=-\dfrac{\sqrt{2}M}{l}+F$。

4-8 $F_1=F$，$F_2=-\sqrt{2}F$，$F_3=-F$，$F_4=\sqrt{2}F$，$F_5=\sqrt{2}F$，$F_6=-F$。

4-9 $F_3=F_3'=\dfrac{F_1r_1-F_2r_2}{r_3}$。

4-10 $M_R=3000\sqrt{3}\text{N}\cdot\text{cm}$，$\alpha=\beta=114.1°$，$\gamma=144.7°$。

4-11 a）$x_C=1180\text{mm}$，$y_C=510\text{mm}$；b）$x_C=0$，$y_C=6.07\text{mm}$；c）$x_C=11\text{mm}$，$y_C=0$。

4-12 $x_C=0$，$y_C=4.0\text{cm}$。

4-13 $x_E=0.5l$，$y_E=0.634l$。

## 第 5 章

5-1 $x=200\cos\dfrac{\pi}{5}t\text{mm}$，$x=100\sin\dfrac{\pi}{5}t\text{mm}$；轨迹$\dfrac{x^2}{40000}+\dfrac{y^2}{10000}=1$。

5-2 对地：$y_A=0.01\sqrt{64-t^2}$（m），$v_A=\dfrac{0.01t}{\sqrt{64-t^2}}$（m/s），方向铅垂向下；

对凸轮：$x_A'=0.01t$（m），$y_A'=0.01\sqrt{64-t^2}$（m），$v_{Ax'}=0.01\text{m/s}$，$v_{Ay'}=-\dfrac{0.01t}{\sqrt{64-t^2}}\text{m/s}$。

5-3 椭圆：$\dfrac{(x-a)^2}{(b+l)^2}+\dfrac{y^2}{l^2}=1$。

5-4 $y=l\tan kt$，$v=lk\sec^2 kt$，$a=2lk^2\tan kt\sec^2 kt$；

当 $\theta=30°$时，$v=\frac{4}{3}lk$，$a=\frac{8\sqrt{3}}{9}lk^2$；当 $\theta=60°$，$v=4lk$，$a=8\sqrt{3}\,lk^2$。

5-5 $v=-\frac{v_0}{x}\sqrt{x^2+l^2}$，$a=-\frac{v_0^2 l^2}{x^3}$。

5-6 （1）自然法：$s=2R\omega t$，$v=2R\omega$，$a_t=0$，$a_n=4R\omega^2$；

（2）直角坐标法：$x=R+R\cos 2\omega t$，$y=R\sin 2\omega t$，$v_x=-2R\omega\sin 2\omega t$，$v_y=2R\omega\cos 2\omega t$，$a_x=-4R\omega^2 s\cos 2\omega t$，$a_y=-4R\omega^2\sin 2\omega t$。

5-7 $x=r\cos\omega t+l\sin\frac{\omega t}{2}$，$y=r\sin\omega t-l\cos\frac{\omega t}{2}$，$v=\omega\sqrt{r^2+\frac{l^2}{4}-rl\sin\frac{\omega t}{2}}$，

$a=\omega^2\sqrt{r^2+\frac{l^2}{16}-\frac{rl}{2}\sin\frac{\omega t}{2}}$。

5-8 $v_x=v_y=6\sqrt{2}\,\text{m/s}$，$a_x=-36\text{m/s}^2$，$a_y=36\text{m/s}^2$。

5-9 $\rho=250\text{m}$。

5-10 （1）$v=\frac{h\omega}{\cos^2\omega t}$；（2）$v_r=\frac{h\omega\sin\omega t}{\cos^2\omega t}$。

5-11 $y_B=\sqrt{64+t^2}-8$，$v_B=\frac{t}{\sqrt{64+t^2}}$，$t=15\text{s}$。

5-12 $x_C=\frac{al}{\sqrt{l^2+u^2t^2}}$，$y_C=\frac{aut}{\sqrt{l^2+u^2t^2}}$，$v_C=\frac{au}{2l}$。

5-13 $y=e\sin\omega t+\sqrt{R^2-e^2\cos^2\omega t}$，$v=e\omega\left(\cos\omega t+\frac{e\sin 2\omega t}{2\sqrt{R^2-e^2\cos^2\omega t}}\right)$。

5-14 （1）13m；（2）$2.83\text{m/s}^2$。

## 第 6 章

6-1 $x=0.2\cos 4t\,\text{m}$，$v=-0.4\text{m/s}$，$a=-2.771\text{m/s}^2$。

6-2 $v_C=9.948\text{m/s}$，轨迹为以半径为 0.25m 的圆。

6-3 $v_M=9.42\text{m/s}$，$a_M=444.15\text{m/s}^2$。

6-4 $v_O=0.707\text{m/s}$，$a_O=3.331\text{m/s}^2$。

6-5 $\omega=\frac{v}{2l}$，$\alpha=-\frac{v^2}{2l^2}$。

6-6 $\theta_A=\arctan\frac{\sin\omega_0 t}{\frac{h}{r}-\cos\omega_0 t}$。

6-7 $\omega=20t(\text{rad/s})$，$\alpha=20\text{rad/s}^2$，$a=10\sqrt{1+400t^4}\,(\text{m/s}^2)$。

6-8 $\varphi=\frac{\sqrt{3}}{3}\ln\left(\frac{1}{1-\sqrt{3}\,\omega_0 t}\right)$，$\omega=\omega_0 e^{\sqrt{3}\varphi}$。

6-9　$h_1=2\text{mm}$。

6-10　$a=\dfrac{tv^2}{2\pi r^3}$。

6-11　$\omega_2=0$，$\alpha_2=-\dfrac{bl\omega^2}{r_2^2}$。

6-12　$\omega=\dfrac{v}{2R\sin\varphi}$，$v_C=\dfrac{v}{\sin\varphi}\left(\sin\varphi=\dfrac{1}{2}\sqrt{2-2\sqrt{2}\dfrac{vt}{R}-\left(\dfrac{vt}{R}\right)^2}\right)$。

6-13　$\boldsymbol{\omega}=2\boldsymbol{k}$，$\boldsymbol{\alpha}=-1.5\boldsymbol{k}$，$\boldsymbol{a}_C=(-388.9\boldsymbol{i}+176.8\boldsymbol{j})$。

6-14　$v_A=16.8\text{m/s}$，$a_A=705.6\text{m/s}^2$。

## 第 7 章

7-1　相对运动轨迹为圆：$(x'-40)^2+y'^2=1600$；
　　绝对运动轨迹为圆：$(x+40)^2+y^2=1600$。

7-2　a）$\omega_2=1.5\text{rad/s}$；b）$\omega_2=2\text{rad/s}$。

7-3　$\omega_{AB}=\dfrac{e}{l}\omega$。

7-4　$v_C=\dfrac{av}{2l}$。

7-5　$v_r=3.98\text{m/s}$，当传送带 $B$ 的速度 $v_2=1.04\text{m/s}$ 时，$\boldsymbol{v}_r$ 才与带垂直。

7-6　$v_a=1.98\text{m/s}$。

7-7　当 $\varphi=0°$时，$v=0$；
　　当 $\varphi=30°$时，$v_e=1\text{m/s}$；
　　当 $\varphi=90°$时，$v_e=2\text{m/s}$。

7-8　当 $\varphi=0°$时，$v=\dfrac{\sqrt{3}}{3}r\omega$ 向左；
　　当 $\varphi=30°$时，$v=0$；
　　当 $\varphi=60°$时，$v=\dfrac{\sqrt{3}}{3}r\omega$ 向右。

7-9　$v_a=3060\text{mm/s}$。

7-10　$v_A=\dfrac{lhv}{h^2+x^2}$。

7-11　$\omega_1=2.67\text{rad/s}$。

7-12　$v_M=0.529\text{m/s}$。

7-13　$v=\dfrac{1}{\sin\theta}\sqrt{v_1^2+v_2^2-2v_1v_2\cos\theta}$。

7-14　$v_{BC}=1.257\text{m/s}$，$a_{BC}=27.4\text{m/s}^2$。

7-15　$v=17.3\text{cm/s}$，$a=0.05\text{m/s}^2$。

7-16　$v_r=\dfrac{2}{\sqrt{3}}v_0$，$a_r=\dfrac{8\sqrt{3}}{9}\dfrac{v_0^2}{R}$。

7-17 $v_M=17.3\text{cm/s}$，$a_M=35\text{cm/s}^2$。

7-18 $a_M=355.5\text{mm/s}^2$。

7-19 $a_1=r\omega^2-\dfrac{v^2}{r}-2\omega v$，$a_2=\sqrt{\left(r\omega^2+\dfrac{v^2}{r}+2\omega v\right)^2+4r^2\omega^4}$。

7-20 $v_{AB}=0.577\text{m/s}$，$a_{AB}=8.85\text{m/s}^2$。

7-21 $v_M=\sqrt{2}r\omega$，$a_M=\sqrt{2}r\omega^2$。

7-22 $v=e\omega$，$a=0$。

## 第 8 章

8-1 $x_C=r\cos\omega_O t$，$y_C=r\sin\omega_O t$。

8-2 $x_A=(R+r)\cos\dfrac{\alpha t^2}{2}$，$y_A=(R+r)\sin\dfrac{\alpha t^2}{2}$，$\varphi_A=\dfrac{1}{2r}(R+r)\alpha t^2$。

8-3 $\omega=\dfrac{v\sin^2\theta}{R\cos\theta}$。

8-4 $\omega_{EF}=1.33\text{rad/s}$，$v_F=0.46\text{m/s}$。

8-5 $\omega_{AB}=5.56\text{rad/s}$，$v_M=6.68\text{m/s}$。

8-6 $v_B=\dfrac{\sqrt{3}}{2}r\omega$，$\omega_{BC}=\dfrac{\sqrt{3}}{4}\omega$。

8-7 $\omega_{AB}=2\text{rad/s}$，$\omega_{O_1B}=2\sqrt{3}\text{rad/s}$。

8-8 $\omega_{AB}=1.07\text{rad/s}$，$v_D=0.2535\text{m/s}$。

8-9 $v_{BC}=2.512\text{m/s}$。

8-10 $\omega=\dfrac{v_1-v_2}{2r}$，$v_O=\dfrac{v_1+v_2}{2}$。

8-11 $\omega_{OD}=10\sqrt{3}\text{rad/s}$，$\omega_{DE}=\dfrac{10}{3}\sqrt{3}\text{rad/s}$。

8-12 $n=21600\text{r/min}$。

8-13 $\omega_{OB}=3.75\text{rad/s}$，$\omega_{\text{I}}=6\text{rad/s}$。

8-14 $a_{\text{I}}=2r\omega_O^2$。

8-15 $a_A=v_C^2\dfrac{R}{r(R-r)}$，$a_B^{\text{t}}=2a_C^{\text{t}}$，$a_B^{\text{n}}=v_C^2\dfrac{2r-R}{r(R-r)}$。

8-16 $v_B=2\text{m/s}$，$v_C=2.828\text{m/s}$，$a_B=8\text{m/s}^2$，$a_C=11.31\text{m/s}^2$。

8-17 $v_M=0.098\text{m/s}$，$a_M=0.013\text{m/s}^2$。

8-18 $v_C=\dfrac{3}{2}r\omega_O$，$a_C=\dfrac{\sqrt{3}}{12}r\omega_O^2$。

8-19 $v_C=0.4\text{m/s}$，$v_{\text{r}}=0.2\text{m/s}$，$a_C=0.139\text{m/s}^2$。

8-20 $v_{C'}=6.865r\omega_0$，$a_{C'}=16.14r\omega_0^2$。

8-21 $\omega_{O_1A}=0.2\text{rad/s}$，$\alpha_{O_1A}=0.0462\text{rad/s}^2$。

8-22 $v_{DB}=1.155l\omega_0$，$a_{DB}=2.222l\omega_0^2$。

8-23 $\omega_{O_1C}=6.186\text{rad/s}$，$\alpha_{O_1C}=78.17\text{rad/s}^2$。

8-24 当 $\varphi=0°$时，$v=0.15\text{m/s}$；

当 $\varphi=45°$时，$v=0.49\text{m/s}$；

当 $\varphi=90°$时，$v=0.588\text{m/s}$。

## 第 9 章

9-1 $n=\frac{30}{\pi}\sqrt{\frac{fg}{r}}\text{r/min}$。

9-2 $F_1=-2.37\text{kN}$，$F_2=0$。

9-3 $t=\sqrt{\frac{h}{g}\frac{P_1+P_2}{P_1-P_2}}$。

9-4 $v_{\max}=\frac{2gr(\rho-r)}{9\mu}$。

9-5 $s=0.28\text{m}$。

9-6 $h=78.4\text{mm}$。

9-7 $v=\sqrt{\frac{gR^2}{R+h}}$，$T=2\pi\sqrt{\frac{R}{g}\left(1+\frac{h}{R}\right)}$。

9-8 $F=\frac{P}{g}\left(g+\frac{l^2v_0^2}{x^3}\right)\sqrt{1+\left(\frac{l}{x}\right)^2}$。

9-9 $F_N=0.284\text{N}$。

9-10 $t=2.02\text{s}$，$s=7.07\text{m}$。

9-11 $s=\frac{P}{2gk}\ln\left(1+\frac{kv_0^2}{fP}\right)$。

9-12 $x=\frac{v_0}{k}(1-e^{-kt})$，$y=h-\frac{g}{k}t+\frac{g}{k^2}(1-e^{-kt})$；

轨迹为 $y=h-\frac{g}{k^2}\ln\frac{v_0}{v_0-kx}+\frac{gx}{kv_0}$。

9-13 $F=488.56\text{kN}$。

9-14 圆，半径为$\frac{Pv_0}{geH}$。

9-15 椭圆$\frac{x^2}{x_0^2}+\frac{k}{m}\frac{y^2}{v_0^2}=1$。

## 第 10 章

10-1 （1）$P=\frac{1}{2}ml\omega$；（2）$P=me\omega$；（3）$P=0$；（4）$P=(m_1+m_2)v$。

10-2 $I=11.66\text{N}\cdot\text{s}$，$F=583\text{N}$。

10-3 $F=1068\text{N}$。

10-4 $\dfrac{2G_1 l\sin\theta_0}{G_1+G_2}$。

10-5 向左移动$\dfrac{a+b}{4}$。

10-6 $t=\dfrac{v_0}{g(\sin\theta-f'\cos\theta)}$。

10-7 $(x_A-l\cos\theta_0)^2+\left(\dfrac{y_A}{4}\right)^2=l^2$。

10-8 $P=\dfrac{l\omega}{2}\left(5\dfrac{P_1}{g}+4\dfrac{P_2}{g}\right)$，方向与曲柄垂直且向上。

10-9 $\Delta s=\dfrac{m_2\mu}{m_1+m_2}\dfrac{v_0\sin\theta}{g}$。

10-10 $a=\dfrac{m_2 b-f(m_1+m_2)g}{m_1+m_2}$。

10-11 $v_A=814\text{m/s}$；$v_{B\max}=5208\text{m/s}$。

10-12 $\ddot{x}+\dfrac{gk}{P+P_1}x=\dfrac{P_1 l\omega}{P+P_1}\sin\varphi$。

10-13 $\Delta x=\dfrac{m_2 l}{m_1+m_2}(\sin\varphi_0-\sin\varphi)$。

10-14 （1）$x_C=\dfrac{P_3 l}{2(P_1+P_2+P_3)}+\dfrac{P_1+2P_2+2P_3}{2(P_1+P_2+P_3)}l\cos\omega t$，$y_C=\dfrac{P_1+2P_2}{2(P_1+P_2+P_3)}l\sin\omega t$；

（2）$F_{x\max}=\dfrac{1}{2g}(P_1+2P_2+2P_3)l\omega^2$。

10-15 $F_x=-138.6\text{N}$，$F_y=0$。

10-16 $F_{Ox}=m(l\omega^2\cos\varphi+l\alpha\sin\varphi)$；$F_{Oy}=mg+m(l\omega^2\sin\varphi+l\alpha\cos\varphi)$。

10-17 $F_{Oy}=(m_A+m_B+m_D+m_E)g+\dfrac{(m_A-2m_B+m_D)a}{2}$。

## 第 11 章

11-1 （1）$\dfrac{P}{2g}r^2\omega$；（2）$\dfrac{P}{3g}l^2\omega$；（3）$\dfrac{P}{2g}(r^2+2e^2)\omega$。

11-2 a）$L_O=18\text{kg}\cdot\text{m}^2/\text{s}$；b）$L_O=20\text{kg}\cdot\text{m}^2/\text{s}$；c）$L_O=16\text{kg}\cdot\text{m}^2/\text{s}$。

11-3 $a=\dfrac{M-PR}{PR^2+W\rho^2}Rg$，$F=P\dfrac{MR+W\rho^2}{PR^2+W\rho^2}$。

11-4 $\varphi=\dfrac{\delta_0}{l}\cos\sqrt{\dfrac{kg}{3(G_1+3G_2)}}t$。

11-5 $\alpha_1=\dfrac{2(R_2M-R_1M')}{(m_1+m_2)R_1^2R_2}$。

11-6 $a=0.5\mathrm{m/s^2}$，$v=2\mathrm{m/s}$。

11-7 $t=\dfrac{1}{k}J\ln 2$；$n=\dfrac{J\omega_0}{4\pi k}$。

11-8 $t=\dfrac{1+f^2 r\omega_0}{f(1+f)2g}$。

11-9 $M_z=365.4\mathrm{N\cdot m}$。

11-10 $t=\dfrac{2G}{3kbg\omega_0}$。

11-11 $J_O=\dfrac{P_1}{3g}l^2+\dfrac{P_2}{2g}R^2+\dfrac{P_2}{g}(l+R)^2$。

11-12 $\rho=90\mathrm{mm}$。

11-13 $\omega=1.81\mathrm{rad/s}$。

11-14 （1）$\alpha=\dfrac{3g}{2l}\cos\varphi$，$\omega=\sqrt{\dfrac{3g}{l}(\sin\varphi_0-\sin\varphi)}$；（2）$\varphi_1=\arcsin\left(\dfrac{2}{3}\sin\varphi_0\right)$。

11-15 $a=\dfrac{4\sin\theta}{1+3\sin^2\theta}g$。

11-16 $a=\dfrac{4}{7}g\sin\theta$；$F=-\dfrac{1}{7}mg\sin\theta$。

11-17 （1）$F_{AB}=7.35\mathrm{N}$，向左；$F_{Dx}=66.15\mathrm{N}$，$F_{Dy}=29.4\mathrm{N}$；
（2）$a=3g$；$F_{Dx}=88.2\mathrm{N}$，$F_{Dy}=29.4\mathrm{N}$。

11-18 $a_C=\dfrac{1}{2}a$。

11-19 $\boldsymbol{a}_C=0.355\boldsymbol{g}$。

11-20 （1）$a=\dfrac{4}{5}g$；（2）$M>2mgr$。

## 第12章

12-1 $W_G=\dfrac{3}{2}Gr$，$W_F=\dfrac{1}{2}kr^2$；$W_G=-Gr$，$W_F=(\sqrt{2}-1)kr^2$。

12-2 $W=6.29\mathrm{J}$。

12-3 $T=\dfrac{1}{2}(m_1+3m_2)v^2$。

12-4 a）$T=\dfrac{7}{96}ml^2\omega^2$；b）$T=\dfrac{31}{24}ml^2\omega^2$；c）$T=\dfrac{1}{2}ml^2\omega^2$。

12-5 （1）$T=\dfrac{1}{8}ml^2\omega^2$；（2）$T=0$；（3）$T=\dfrac{1}{2}mv^2$；（4）$T=\dfrac{1}{6}ml^2\omega^2\sin^2\theta$。

12-6 $v=76.7\mathrm{cm/s}$。

12-7 （1）$v_1=4.02\mathrm{m/s}$；（2）$v_2=3.49\mathrm{m/s}$。

12-8 $v_A=\sqrt{\dfrac{3g}{P}[M\theta-PL(1-\cos\theta)]}$。

12-9 $v=\sqrt{2gs\dfrac{M/R-P}{P+\dfrac{G\rho^2}{R^2}g}}$，$a=\dfrac{M/R-P}{P+\dfrac{G\rho^2}{R^2}}g$。

12-10 $v_2=\sqrt{\dfrac{4gh(P_2-2P_1+P_4)}{8P_1+2P_2+4P_3+3P_4}}$。

12-11 $a=R\dfrac{Mk-PR}{J_1k^2+J_2+\dfrac{PR^2}{g}}$。

12-12 $v=\sqrt{\dfrac{2gs(M-P_1R\sin\theta)}{R(P_1+P_2)}}$；$a=\dfrac{M-P_1R\sin\theta}{R(P_1+P_2)}g$。

12-13 $v=\sqrt{\dfrac{4G_3hg}{3G_1+G_2+2G_3}}$，$a=\dfrac{2G_3g}{3G_1+G_2+2G_3}$。

12-14 $\omega=\dfrac{2}{R+r}\sqrt{\dfrac{3M\varphi g}{9P_1+2P_2}}$；$\alpha=\dfrac{6Mg}{(R+r)^2(9P_1+2P_2)}$。

12-15 （1）$\omega_B=0$；$\omega_{AB}=4.95\text{rad/s}$；（2）$\delta_{\max}=87.1\text{mm}$。

12-16 a）$\omega_a=\dfrac{2.47}{\sqrt{L}}\text{rad/s}$；b）$\omega_b=\dfrac{3.12}{\sqrt{L}}\text{rad/s}$。

12-17 $v=2\cos\varphi\sqrt{R\left(gG+\dfrac{kR}{m}\right)}$，$F_N=2kR\sin^2\varphi-mg\cos2\varphi-4(mg+kR)\cos^2\varphi$。

12-18 $F_n=20g(2-3\cos\varphi)$，$F_t=0$；若 $\varphi=\pi$，$F_{\max}=980\text{N}$（拉）；若 $\varphi=\arccos\dfrac{2}{3}$，$F_{\min}=0\text{N}$。

12-19 $a_B=\dfrac{P_1g\sin2\theta}{2(P_2+P_1\sin^2\theta)}$。

12-20 $\omega_B=\dfrac{J\omega g}{Jg+PR^2}$，$v_C=\sqrt{4gR}$。

12-21 小球的运动方程以极坐标表示为 $r=R-vt$，$\varphi=\dfrac{v_0t}{R-vt}$；$F=\dfrac{mv_0^2R^2}{(R-vt)^3}$。

12-22 $F=\dfrac{M(P_1+2P_2)}{2R(P_1+P_2)}$。

12-23 （1）$a=a_t=\dfrac{1}{2}g=4.9\text{m/s}^2$，$F_A=72\text{N}$，$F_B=268\text{N}$；

（2）$a=a_n=(2-\sqrt{3})g=2.63\text{m/s}^2$，$F_A=F_B=248.5\text{N}$。

12-24 $a_{BC}=-r\omega^2\cos\omega t$；$F_{Ox}=-r\omega^2\left(\dfrac{P_1+2P_2}{2g}\right)\cos\omega t$，$F_{Oy}=P_1-\dfrac{1}{2}\dfrac{P_1}{g}r\omega^2\sin\omega t$；$M=r\left(\dfrac{1}{2}P_1+\dfrac{P_2}{g}r\omega^2\sin\omega t\right)\cos\omega t$。

12-25 $\omega=\sqrt{\frac{3g}{2l}}$，$x_C^2+3ly_C+3l^2=0$。

12-26 （1）$a=\frac{1}{6}g$；（2）$F=\frac{4}{3}P$；（3）$F_{Kx}=0$，$F_{Ky}=4.5P$，$M_K=13.5PR$。

12-27 $v_r=\sqrt{\frac{8}{3}gR}$，$F_N=\frac{11}{3}P$。

12-28 （1）$\omega=\sqrt{\frac{3g}{l}(1-\cos\theta)}$，$\alpha=\frac{3g}{2l}\sin\theta$，$F_{Bx}=\frac{3}{4}P\sin\theta(3\cos\theta-2)$，$F_{By}=P-\frac{3}{4}P(3\sin^2\theta+2\cos\theta-2)$；

（2）$\theta_1=\arccos\frac{2}{3}$；（3）$v_C=\frac{1}{3}\sqrt{7gl}$，$\omega=\sqrt{\frac{8g}{3l}}$。

12-29 （1）$\alpha=\frac{M-PR\sin\theta}{2PR^2}g$；（2）$F_x=\frac{1}{8R}(6M\cos\theta+PR\sin2\theta)$。

12-30 $a_B=0.114\text{m/s}^2$。

12-31 $\omega=\sqrt{\frac{3P_1+6P_2}{P_1+3P_2}\cdot\frac{g}{L}\sin\theta}$，$\alpha=\frac{3P_1+6P_2}{P_1+3P_2}\cdot\frac{g}{2L}\cos\theta$。

12-32 $a=\frac{P_1\sin\theta-P_2}{2P_1+P_2}g$；$F=\frac{3P_1P_2+(2P_1P_2+P_1^2)\sin\theta}{2(2P_1+P_2)}$。

12-33 $\omega=\sqrt{\frac{3g}{L}(1-\sin\varphi)}$；$\alpha=\frac{3g}{2L}\cos\varphi$；$F_A=\frac{4}{9}P\cos\varphi\left(\sin\varphi-\frac{2}{3}\right)$，

$F_B=\frac{P}{4}\left[1+9\sin\varphi\left(\sin\varphi-\frac{2}{3}\right)\right]$。

12-34 （1）$\Delta P=\frac{3Mt}{2L}$；$\Delta L=Mt$；$\Delta T=\frac{3}{2}\frac{M^2t^2}{mL^2}$；

（2）$F_{Cx}=F_{Dx}=\frac{3}{4}\frac{M}{L}$，$F_{Cy}=F_{Dy}=\frac{9}{4}\frac{M^2t^2}{PL^3}g$。

12-35 $F_N=\frac{7}{3}P\cos\theta$；$F_s=\frac{1}{3}P\sin\theta$。

12-36 $a=\frac{P_2\sin2\theta}{3P_1+P_2+2P_2\sin^2\theta}g$。

12-37 $P=0.369\text{kW}$。

12-38 $M_{主}=188.2\text{N}\cdot\text{m}$；$M=42.4\text{N}\cdot\text{m}$；$P=6.31\text{kW}$。

12-39 略。

12-40 $P=18.75\text{kW}$；$M=313\text{N}\cdot\text{m}$。

## 第 13 章

13-1 $a_{max}=3.92\text{m/s}^2$。

13-2 $F=P(\sin\theta-f\cos\theta)$； $F=P\left(\sin\theta-f\cos\theta+\dfrac{v}{gt}\right)$，

$F_{NA}=P\cos\theta-\dfrac{P}{b}\left[(h-d)\left(\sin\theta+\dfrac{v}{gt}\right)+\left(\dfrac{b}{2}+fd\right)\cos\theta\right]$，

$F_{NB}=\dfrac{P}{b}\left[(h-d)\left(\sin\theta+\dfrac{v}{gt}\right)+\left(\dfrac{b}{2}+fd\right)\cos\theta\right]$。

13-3 $m_3=50\text{kg}$，$a=2.45\text{m/s}^2$。

13-4 $\cos\alpha=\dfrac{G_1+G_2}{l\omega^2 G_1}g$。

13-5 $(J+mr^2\sin^2\varphi)\ddot{\varphi}+mr^2\dot{\varphi}^2\cos\varphi\sin\varphi=M$。

13-6 $a=\dfrac{12}{7l}g$，$F_{Bx}=0$，$F_{By}=\dfrac{4}{7}G$。

13-7 $F_{N\max}=G+2P\left(1+\dfrac{e\omega^2}{g}\right)$。

13-8 （1）不打滑的极限速度 $v_{\max}=\sqrt{fg\rho}$，不倾倒的极限速度 $v_{\max}=\sqrt{\dfrac{bg\rho}{2h}}$；

（2）$h<\dfrac{b}{2f}$；（3）$v_{\max}=17\text{km/h}$。

13-9 （1）$\omega=\sqrt{\dfrac{k(\varphi-\varphi_0)}{ml^2\sin2\varphi}}$；

（2）$F_{Ax}=0$，$F_{Ay}=\dfrac{ml^2\omega^2\sin2\varphi}{2b}$，$F_{Az}=2mg$；$F_{Bx}=0$，$F_{By}=-\dfrac{ml^2\omega^2\sin2\varphi}{2b}$。

13-10 $a_O=\dfrac{2F_T\cos\theta}{3P}g$，$F_N=P-F_T\sin\theta$，$F=\dfrac{F_T}{3}\cos\theta$。

13-11 $F_{Cx}=0$，$F_{Cy}=\dfrac{3m_1+m_2}{2m_1+m_2}m_2g$，$M_C=\dfrac{3m_1+m_2}{2m_1+m_2}m_2ga$。

13-12 $F_{Ax}=-3m\omega^2r^2$，$F_{Ay}=mgr$，$F_{Bx}=\dfrac{1}{2}m\omega^2r^2$，$F_{By}=mgr$。

13-13 $a=\dfrac{(iM-mgR)R}{mR^2+J_1i^2+J_2}$。

13-14 $M=\dfrac{\sqrt{3}}{4}(m_1+2m_2)gr-\dfrac{\sqrt{3}}{4}m_2r^2\omega^2$；$F_{Ox}=-\dfrac{\sqrt{3}}{4}m_1r^2\omega^2$，$F_{Oy}=(m_1+m_2)g-(m_1+2m_2)\dfrac{r\omega^2}{4}$。

13-15 $F_N=P_1\dfrac{P_1\sin\theta-P_2}{P_1+P_2}\cos\theta$。

13-16 $F_{NB}=\dfrac{2}{9}m\omega_O^2r+2mg+\dfrac{\sqrt{3}}{3}F$；$M_O=\dfrac{2\sqrt{3}}{3}m\omega_O^2r^2+Fr$。

13-17 $F_{Ay}=\frac{P\omega^2}{2g}\left(e\cos\theta+\frac{r^2+4e^2}{8a}\sin2\theta\right)$，$F_{By}=\frac{P\omega^2}{2g}\left(e\cos\theta-\frac{r^2+4e^2}{8a}\sin2\theta\right)$。

13-18 $y_B=0$，$z_B=-120\text{mm}$；$y_C=0$，$z_C=60\text{mm}$。

## 第 14 章

14-1 $F_N=\frac{1}{2}F\tan\theta$。

14-2 $F=\frac{M}{r}\cot\theta$。

14-3 $M=\frac{1}{2}Fr$。

14-4 $F_2=\frac{3}{2}F_1\cot\theta$。

14-5 $F_N=\frac{F}{2}\frac{e(d+c)}{bc}$。

14-6 $M=Fl$。

14-7 $F=\frac{M}{a}\cot2\theta$。

14-8 $F_A=-5\text{kN}$，$F_B=105\text{kN}$，$F_D=10\text{kN}$。

14-9 $AC=x=a+\frac{F}{k}\left(\frac{l}{b}\right)^2$。

14-10 $M=450\frac{\sin\theta(1-\cos\theta)}{\cos^3\theta}\text{N}\cdot\text{m}$。

14-11 $a_A=\frac{M+(P_2-P_1)r}{(P_1+P_2+W)r}g$。

14-12 曲线方程为$\frac{x^2}{4l^2}+\frac{y^2}{l^2}=1$。

14-13 $m_1>\frac{4m_2m_3}{m_2+m_3}$；$F=\frac{8m_1m_2m_3}{m_1(m_2+m_3)+4m_2m_3}g$。

14-14 $M=2FR$，$F_s=F$。

14-15 a）$F_1=-\frac{\sqrt{5}}{2}F$，$F_2=F$；b）$F_1=-\frac{2}{\sqrt{3}}F$，$F_2=0$。

14-16 $\delta=-\frac{ql}{6k_1}$，$\varphi=\frac{Pl}{2k_2}$。

14-17 a）$F_A=-2.5\text{kN}$，$F_B=15\text{kN}$，$F_E=2.5\text{kN}$；
b）$M_A=15\text{kN}\cdot\text{m}$，$F_A=8\text{kN}$，$F_C=8\text{kN}$。

# 索　引

机械运动 mechanical motion
机械作用 mechanical interaction
加速度 acceleration
简化 reduction
简化中心 center of reduction
角加速度 angular acceleration
铰链 hinge
角速度 angular velocity
节点 node
节点法 method of joints
截面法 method of sections
静定 statically determinate
静滑动摩擦力 static friction
静力学 statics
静摩擦系数 static friction factor
静平衡 static balance
静约束力 static constraint force
矩心 center of moment
绝对轨迹 absolute motion track
绝对加速度 absolute acceleration
绝对速度 absolute velocity
绝对运动 absolute motion

K

科氏加速度 Coriolis acceleration
空间力系 forces in space
库仑摩擦定律 Coulomb law of friction

L

理论力学 theoretical mechanics
力 force
力臂 moment arm
力场 force field
力的三要素 three factors of force
力多边形 force polygon
力对点之矩 moment of force about a point
力对轴之矩 moment of force about an axis
力螺旋 wrench
力偶 couple
力偶臂 arm of couple
力偶的作用面 active plane of couple
力偶矩 moment of a couple
力三角形 force triangle
力系 system of forces
力系的简化 reduction of force system
理想约束 ideal constraint
力学 mechanics

M

密切面 osculating plane
摩擦 friction
摩擦角 angle of friction
摩擦力 friction force
摩擦系数 factor of friction

N

内力 internal forces
牛顿定律 Newton laws

P

平衡 equilibrium
平衡方程 equilibrium equations
平衡力系 equilibrium force system
平面力系 coplanar forces
平面运动 plane motion
平行力系 parallel forces
平移 translation

Q

牵连加速度 convected acceleration
牵连速度 convected velocity
牵连运动 convected motion
切线 tangent
切向惯性力 tangential inertia force
球铰链 ball joint
全加速度 total acceleration
全约束力 total reaction

R

任意力系 general force system

S

矢径 position vector
势力 conservation force
势力场 field of conservative force
势能 potential energy
受力图 force diagram
瞬时平移 instant translation
速度 velocity
速度矢端曲线 hodograph of velocity
速度瞬心 instantaneous center of velocity
速度投影定理 theorem of projection velocities

T

弹簧刚度系数 spring constant

W

外力 external forces
万有引力 universal gravitation

# 参考文献

[1] 哈尔滨工业大学理论力学教研室. 理论力学：上册［M］. 8 版. 北京：高等教育出版社，2018.
[2] 王琪，谢传锋. 理论力学［M］. 3 版. 北京：高等教育出版社，2021.
[3] 王立峰，范钦珊. 理论力学［M］. 2 版. 北京：机械工业出版社，2020.
[4] 周衍柏. 理论力学教程［M］. 4 版. 北京：高等教育出版社，2008.
[5] 孙毅，张莉，程燕平. 理论力学习题全解［M］. 北京：高等教育出版社，2018.